KB019468

한미 연합군사령부 창설의 정치군사학

안보파트너십의 역설

윤형호 지음

목차

그림 목차

표 목차

서 문

사회과학의 대상은 자연현상과 달라 경험적인 검증이 어려워 동맹과 같은 국제관계에 관심을 갖는 학자나 독자들에게 영원한 과제가 되고 있다. 이러한 관점에서 20세기 한미동맹은 그야말로 역동적인 전개와 발전을 보여 주었고, 국제관계에 관심을 갖는 학자나 독자들에게 사회과학의 경험적 연구대상으로 귀중한 사례가 될 수 있을 것이다. 특히 1970년대에 이르기까지 양국은 양적은 물론 질적으로도 화학적인 조화나 갈등을 통해 진화를 하였다고 생각한다. 이에 따라 필자는 당시 양국 관계의 변화와 발전에 대하여 일정한 모델을 추론하면서, 이에 근거하여 한미 안보동맹의 제도화 과정을 분석해 보고자 하였다.

필자는 1960년대 말부터 1970년대에 걸쳐 급변하는 국제정세의 변화 속에서 양국은 여러 가지로 불편하고 심지어 첨예한 갈등을 겪었던 사건들이 많았으면서도, 1978년도 한미연합군사령부로 상징되는 한미 안보동맹에서의 상징적인 발전을 이루었다는 사실에 주목하였다. 이를 경험적인 관점으로 표현한다면, 양국 간에 첨예한 '정치적' 갈등을 겪으면서도 불구하고 '군사적'으로 굳건한 협력을 유지하면서 1978년도 연합방위체제로 안보동맹의 제도화가 심화된 이유와 과정을 분석하는 것이다. 왜냐하면 한미 연합방위체제는 전 세계적인 안보동맹 제도를 통틀어서 보았을 때, 양국의 상호 개입에 대한 안보규범과 상호작전 운용성이 체계적으로 정착된 유일한 제도이면서도 이후 한반도의 전쟁억제와 안정에 기여했다고 보기 때문이다.

동맹이론에 근거한 기존의 연구들은 통상 양국의 관계가 좋거나 나쁘다는 1차원적인 분석으로부터 인과론적 결과를 도출하거나 예측해 왔다. 그러나 20세기

한미동맹의 관계는 물론 다양한 국가들의 동맹국 관계에서 갈등과 협조가 공존하는 상황이 오히려 빈번하다는 점은 매우 중요한 관점의 전환을 요구한다고 본다. 따라서 이러한 현상을 분석할 수 있는 분석틀의 모색이 시도되어야 할 것이라고 생각한다. 이를 위해 양국의 동맹관계를 상징하는 안보파트너십이라는 개념을 독립변수로 상정하고, 안보파트너십의 유형을 갈등과 협조가 공존하는 다양한 개념으로 조작적 정의를 시도하고자 한다. 필자는 이러한 독립변수에 따라 종속변수로 양국 간의 안보동맹의 제도화를 구상하였다. 이에 따라서 안보파트너십의 개념을 조작적으로 정의하기 위해서 '가치체계나 이익', '위협의 인식', '손실의 감수', 그리고 '수행전략의 공조' 등의 분석요소에 따라 '정치 · 군사적' 수준에서 각각 안보동맹의 '개입'이나 '억제'에 대해 양국이 보인 공유나 이견의 태도를 통하여 형성되고 변화하는 것으로 보고자 하였다.

이를테면 안보파트너십의 유형은 정치 및 군사적 수준에서 양국이 보인 공유의 정도를 기준으로 2×2 모형(2×2 Matrix)으로 이론화하였다. 안보파트너십의 유형은 Ⅰ공고형(정치적 高, 군사적 高), Ⅱ 군사주도형(정치적 低, 군사적 高), Ⅲ 정치주도형(정치적 高, 군사적 低), 그리고 Ⅳ 쇠퇴형(정치적 低, 군사적 低) 등으로 구분하였다. 이러한 유형에 따라 이 책에서는 정치적 관계는 낮으나 군사적 관계는 높았던 Ⅱ 군사주도형 안보파트너십을 상정하여 1970년대 한미 안보동맹을 분석하고, 한반도에서 한미연합군사령부라는 안보동맹의 제도화를 가져온 것으로 분석하였다.

이러한 모형의 적실성을 좀 더 연구하기 위하여 한미 안보동맹과는 상반된 유형으로서 군사적 관계는 낮으나 정치적 관계는 높은 Ⅲ 정치주도형 안보파트너십을 타 국가의 동맹관계에서 찾아보았다. 그러한 예로서 이스라엘과 미국 그리고 북한과 중국의 안보동맹을 사례로 분석 (『국제정치논총』제50집 5호, 2010년 게제) 하였고 이를 보론에 추가하였다.

필자는 본서를 통해서 정치와 군사 간의 갈등과 협조가 사실상 빈번하게 공존하는 안보파트너십의 제모형에 친숙해 질 수 있기를 바라며 더불어 안보파트너십과 안보동맹의 제도화에 대한 이론적 연구가 정책적, 학문적인 발전에 기여할 수 있기를 기대한다. 또한 안보동맹의 발전과 현안에 관련하여 정책적 함의를 도출하게 해 주고, 국제정치 차원에서도 양국의 동맹 관계를 통하여 정치 · 군사 관계에서의 불일치 현상에 대한 분석과 설명을 가능하게 해 줄 것을 기대한다.

그러나 이 책에서 제시한 안보파트너십 모형은 서두에서 언급하였던 사회과학의 이론화에 한계를 보여준다는 비판을 겸허히 받아들인다. 이를 통해 동맹이론의 연구에 있어서 단순히 양국 간의 호불호나 안보파트너십의 1차원적 분석에 머무르지 않고 좀 더 구체화시키려 노력하였다는 변명이라도 독자들이 들어주신다면 필자는 감사할 따름이다.

본서는 서론에 이어 제1장에서는 동맹이론의 관점에서 본 안보파트너십 모델을 모색해본다. 제2장에서는 갈등과 협조가 공존할 수 있는 동맹관계를 분석할 수 있는 안보파트너십과 안보동맹의 제도화를 분석할 수 있는 모델을 모색해 보고자 하였다. 그리고 제3장에서 제5장까지는 1953년 한미 안보동맹이 형성된 이후 1978년 한미연합군사령부로 제도화되는 과정을 시대별로 분석하였다. 제3장은 한미 양국이 동맹을 결성한 이후 1960년대 말까지 정치 및 군사적으로 공고한 안보파트너십을 유지하면서 유엔군 주도의 한반도 방위체제가 유지되는 과정을 분석하고자 하였다. 제4장은 닉슨 및 포드 행정부에서 양국이 정치적으로는 갈등을 빚으면서도 군사적으로 공고한 관계를 맺으며 한미연합방위체제로의 전환을 모색하는 과정을 분석하였다. 그리고 제5장은 카터 행정부에서 이전 행정부와 유사한 군사주도형 안보파트너십이 형성되면서 한미연합방위체제로 형성되는 과정을 분석하였다. 그리고 보론으로 이스라엘과 미국, 그리고 북한과 중국의 안보파트너십을 1970년대 한미 안보파트너십과 대비되는 정치주도형 안보파트너십의 모형으로 분석하고자 하였다.

본서가 출판되기까지는 여러분들의 지도와 배려가 있었기에 가능했다. 먼저 학문에 눈을 뜨지 못하였던 몽매한 필자를 깨우쳐 준 이종찬 교수님께 깊은 감사를 드린다. 그러나 사랑하는 가족들에게는 군문에 있거나 대학에 있으면서도 여전히 좋은 남편과 아버지로서 부족하다는 생각에 항상 미안한 마음을 전한다. 그리고 대중적 영향력이 미미한 학술서적의 출판을 흔쾌히 받아 주신 연경문화사 이정수 사장님께도 감사드린다.

2014년 12월 겨울의 한가운데서

윤 형 호

서 론

제1절 한미동맹의 역설과 퍼즐

한국전쟁으로부터 시작된 한미 안보동맹은 1970년대 말에 이르러 오늘날의 한미연합방위체제를 형성하면서 현재에까지 이르고 있다. 한미동맹은 강대국과 약소국 간에 안보와 자율성의 교환을 전제하는 비대칭동맹임에도 불구하고 2차 세계대전 이후 가장 성공한 동맹이라는 평가를 받고 있다. 그러나 한미 안보동맹의 성공적인 관계에도 불구하고 그 동안 양국 간에는 간헐적으로 그리고 때로는 첨예한 갈등을 노출해 왔음은 주지의 사실이다. 필자는 이에 착안하여 최근 양국 간에 21세기 한미 전략동맹으로의 발전을 모색하는 시점에서 한미 안보동맹에 투영된 갈등과 성공이라는 상반된 모습을 통찰해 보려 한다.

1970년대는 한미 안보동맹의 제도화에 있어서 중요한 전환기였다. 1978년 한미연합군사령부 창설로 연합방위체제가 제도화된 시기이기 때문이다. 1970년대 말까지의 한미 안보동맹은 연합방위체제라고 하기보다는 한국군이 한국의 방위에 대해 직접적으로 관여하지 않고 주도권이 없는 '유엔군 주도의 한반도 방위체제'였으나 '한미연합방위체제'는 양국이 한미 연합군에 대해 공동으로 작전통제권을 행사하는 것이다.

한미연합군사령부는 전 세계적인 연합작전제도 중에서도 상호작전 운용성(interoperability)이 체계적으로 정착되고 심화된 유일한 연합작전체제이다. 이는 한미 안보동맹의 핵심기구로서 현재까지의 성공을 상징하는 역할과 기능을 수행해 왔다고 하겠다. 연합군사령부가 창설되는 과정은 다음과 같다.

최초 닉슨(Richard M. Nixon) 행정부가 중국과 데탕트(detente)를 추진하는 과정에서 유엔에 가입한 중국이 유엔군사령부(United Nations Command)의 해체를 요구하자[1] 대안적(alternative) 조치로 연합사령부(Combined Command)[2]를 구상하였으나, 이후 유엔에서 논의가 중지된 후 유보되었다. 그러나 이후 카터(James Earl Carter, Jr.) 행정부가 주한 미 지상군 완전철군을 추진하면서 한미 간에 보완적(compensatory) 조치를 논의하는 과정에서 한국의 요구에 의해 1978년 11월, 한미 연합군사령부(ROK-U.S. Combined Forces Command)로 창설되기에 이르렀다.

1970년대는 한미 관계사에 있어서 가장 첨예한 정치적 갈등을 겪었던 시기로 기억되고 있다. 한미 갈등을 유발한 주요 문제는 주한미군 철군이었다. 닉슨 독트린이나 데탕트라는 국제정치의 변화 속에서 1971년도의 철군, 이후 지속된 추가 철군 논란과 이어진 카터 행정부의 미지상군의 완전철군과 인권정책 등은 지속적으로 한미 간에 첨예한 갈등을 유발했다.

미 행정부의 철군 정책은 닉슨 행정부에서는 세계전략의 일환으로, 카터 행정부에서는 카터 대통령의 일방적인 선거공약에 따라 추진되었다. 한국은 미국의 대 한반도 정책의 변화에 대해 미국이 어떻게 동맹국 한국에게 이럴 수 있는가 하는 배신과 안보의 불안으로 받아들였다. 한국은 경제 발전에 매진하면서도 체제에 대한 위협을 극복하기 위해 고심하였다.

한미 갈등은 다른 문제를 차치하고 양국의 내재적인 입장에서만 보더라도 불가피한 '인식의 차이'라는 근원을 갖고 있다.[3] 한국은 주로 한반도에 국한된 안

---

1) 중국은 미국에게 1972년 7.4 공동성명 발표 직후 1972년 7월 26일 유엔대표 황후아를 통해 국제연합한국통일부흥위원회(UNCURK: United Nations Commission for the Unification and Rehabilitation of Korea)와 유엔군사령부의 해체를 요구하기 시작했다. 홍석률, "1970년대 전반 동북아 데탕트와 한국 통일 문제," 『역사와 현실』 제42권 (2001), p. 222.

2) 연합군사령부의 영어 명칭은 1974~1977년 9월까지는 Combined Command를 사용하다가, 1977년 12월 13일 한미 공동 건의안부터 Combined Forces Command로 확정되었다.

3) 클라우드 부스는 한미 간의 갈등의 근본원인이 양국의 인식 차이라고 주장하며, 한미 양국의 이해관계를 조정하기 위해서는 전략환경에 대한 고려와 함께 이러한 인식의 차이를 조정하려는 노력이 수반되어야 함을 강조하였다. Claud A. Buss, *The United States and The Republic of Korea: Background for Policy* (Stanford: Hoover Institution Press, 1982); 이상우는 한미 간의 갈등이 양국이 지니고 있는 이

보 상황에서 인식하는 반면에, 미국은 전 세계적인 안보전략과 동북아시아라는 지역적 안보전략, 그리고 한반도 동맹 등을 포함하는 다차원적인 안보 상황에 입각하여 인식하였다. 1978년 미 의회의 『프레이저(Donald M. Fraser) 보고서』에서도 1960~70년대의 양국의 인식 차이를 미국, 베트남, 북한과 한국의 관계 속에서 설명하면서 이를 지적하고 있다.[4)]

또한 양국은 상이한 입장이나 문화에 따라 국가이익을 다르게 해석하였다. 한국은 국가안보라는 긴박한 입장에서 미국에 의존하려 하였으나, 미국에게는 선택의 문제였다. 공개문서를 통해서 볼 때, 미국은 한국이 처한 입장과 박정희 대통령이 미국이 개입(commitment)[5)]하지 않음을 두려워하고 있음을 잘 알고 있었다. 그러나 미국은 카터의 인권정책과 같이 미국의 문화적 가치에 입각하여 대 한반도 정책을 추진하였다. 이처럼 상이한 시각, 처해진 입장 그리고 문화적 인식의 차이에 대한 근원적 이해는 과거와 현재 그리고 미래 한미동맹의 제반 수수께끼를 풀 수 있는 단초가 될 것이다.

이 시기의 한미 안보동맹에서 나타난 양국 간의 정치적 갈등에도 불구하고 연합방위체제가 정착된 것은 여러 가지 측면에서 볼 때 매우 이례적인 현상이라고

익의 차이에서 발생한다고 하였는데, 미국은 한국에 대해 본질적 이익을 갖지 않고 단지 미국의 전략이 요구하는 상황조성에 필요한 범위 내에서만 '상황적 이익'을 지닌 반면, 한국은 미국에 대해 '본질적 이익' 가져줄 것을 기대하는 데서 갈등이 발생한다는 것이다. 이상우, "한·미관계의 안보적 측면: 한미 안보연계분석," 『사회과학논집』 제9호 (연세대학교 사회과학연구소, 1978. 3), pp. 183-185.

4) "프레이저 보고서의 3부 조사결과, 결론 그리고 권고의견"에서 안보와 정치적 문제의 조사 결과의 결론으로, "안보문제는 1965년~1978년 기간의 한미 관계에서 중심적이었다. 그러나 1960년대 말기에 미국은 베트남전에 몰두해 있었던 반면, 한국은 북한에 몰두해 있었다. 미국은 한반도의 문제를 전 지구적인 관점에서 인식하려 하였고, 한국은 북한과의 대치라는 견지에서 인식하였다. … (중략) 박정희 행정부에게 북한의 행동에 대한 미국의 반응은 부적절하였다. 미국 행정부에게 때때로 한국은 정치적 목적으로 북의 위협을 과장하는 것으로 보였다." U.S. House of Representative, Report of the Subcommittee on International Organization of the Committee on International Relations of the Committee on International Relations U.S. House of Representatives, *Investigation of Korean-American Relations* (Washington: U.S. Government Printing Office, 1978), p. 74.

5) 이 책에서 사용하는 '개입'이란 용어는 한미 안보동맹에 대한 양국의 정치·군사적 commitment(의무, 약속, 임무) 혹은 engagement(약속, 계약)라는 긍정적 의미이다.

하겠다. 먼저 연합방위체제는 미국이 닉슨독트린으로 상징되는 '한국방위의 한국화' 정책을 통하여 개입을 약화하려던 발상과는 다른 결과로 나타났다. 마찬가지로 카터 대통령은 일방적인 철군정책을 추진하면서 한반도에 대한 개입을 회피 내지는 약화하려고 했으나 의도와는 다른 공고한 개입이라는 결과를 가져왔다.

그렇다면 이처럼 양국의 첨예한 갈등에도 불구하고 연합방위체제로 제도화가 심화된 이유는 무엇이고 그 과정은 어떠하였는지 한번 살펴볼 필요가 있다.

안보동맹의 제도화에 나타난 이례적인 현상은 비대칭성에 반하는 사실들로부터도 제기되는데 이는 두 가지의 검토가 요구된다. 하나는 "안보동맹의 제도화 과정이 미국의 영향력에 의해서였는가?" 또 하나는 CFC와 같이 "상호작전 운용성이 체계적으로 정착되고 심화된 연합방위체제로 발전하게 된 이유는 무엇인가?"이다.

연합방위체제로 가는 1971년 한미 1군단과 1978년 CFC의 창설 등은 한국의 요구에서 비롯되었다. 이외에도 상호방위조약과 연례안보협의회의 등 한미 안보체제의 발전도 한국의 선도적 요구에서 비롯되었다. 미국은 1970년대까지 한반도에 지속적으로 개입을 하면서 일방적으로 작전통제권을 행사하였는데, 공동으로 작전통제권을 행사하는 독특한 연합방위체제를 발전시키고 이를 받아들였다.

1970년대의 한미 안보동맹에서 나타난 갈등과 동맹의 제도화라는 이례적 현상은 양국의 정치적 이해관계에서는 갈등과 균열을 보인 반면에 군사적 협조체제는 보다 강화되었음을 의미한다. 어떻게 이러한 상반된 현상을 설명할 수 있는가? 안보에 있어서 정치와 군사의 관계는 역동적이다. 군사전략가 클라우제비츠(Carl von Clausewitz)는 "전쟁은 다른 수단에 의한 정치의 단순한 연속"[6]이라는 모호하

---

6) Carl von Clausewitz, On War, ed. and trans. by Michael Howard and Peter Paret (Princeton. N. J. : Princeton University Press, 1977), p. 87; 클라우제비츠의 "전쟁은 다른 수단에 의한 정치의 단순한 연속"이라는 언명은 모호하게 이해될 수 있다. 전쟁이 정치의 연속이라는 것이 ①전쟁이 정치의 효율성

고도 유명한 명제를 통해 정치와 군사의 관계를 논하였다. 이러한 측면에서 이 시기의 한미 안보동맹의 제도화는 정치 및 군사적인 측면에서 연구 과제를 제시해 주고 있다.

위에서 제시한 이례적 현상은 군사적 측면에서 미 군부지도자들이 보인 행태와 미 행정부의 정치 전략과 일치하지 않는 군사전략의 개진이다. 먼저 1970년대를 통해서 문민통제에 충실한 미군 지휘관들이 미 행정부의 정책에 공개적으로 반발하면서 보직 · 해임 등의 인사 조치를 받는 일들이 발생하였다. 1975년 홀링스워스(James F. Hollingsworth) 한미 1군단장은 미 행정부와 교감되지 않은 단기전쟁전략인 '9일 전쟁계획'과,[7] 1976년 1월에는 '7일 전쟁계획'[8] 등을 언론에 발표함으로써 곧 바로 전역조치를 받았다.

1977년 주한미군사 참모장이었던 싱글러브(John Singlaub) 소장은 카터 대통령의 철군정책에 반대하는 주장이 언론에 보도되면서 해임되었고 미 본토로 전속되었다. 이외에도 1977년 주한미군사령관 베시(John W. Vessey Jr.) 장군은 카터의 철군정책에 반대하면서 비밀리에 중앙정보부장 김재규에게 인편을 통해 미 행정부에 과도한 보완조치를 요구하여 미 의회가 철군정책을 거부하게 하거나 만약의 경

증진을 위한 전위적 수단(정치는 언제든지 정치의 목적을 위해 전쟁 사용 가능), ②전쟁이 정치의 무능을 보완하는 최후의 수단(전쟁이 국가의 존망을 위한 최후의 수단), 또는 ③전쟁이 정치에 완전히 종속되어야 하는 것(군사의 우위로서의 정치) 등으로 다양하게 해석될 수 있다. 여기서 세 번째 군사의 우위에 있는 정치가 클라우제비츠의 현실전쟁 이론 사상으로 발전하였고 현대의 정치적 현실주의와 연결된다. 윤형호, 『전쟁론: 평화와 실제』(서울: 도서출판 한원, 1994), pp. 57-74; 유재갑·강진석, 『전쟁과 정치 - 전략의 철학: 클라우제비츠론고-』(서울:도서출판 한원,1989), pp. 28-65.

7) 1975년 6월 15일 워싱톤 포스트지의 Evans와 Novak 기자가 홀링스워스 한미1군단장과 회견 후 보도. 홀링스워스는 9일 작전계획은 "주한미군은 북한이 남침할 경우 비무장지대에서 화력으로 맹공을 퍼부어 북한군의 전진을 불가능하게 한 뒤 보병으로 이를 소탕하는 단기간의 전략으로서 화력공격에 5일, 보병에 의한 소탕전에 4일, 총 9일에 걸친 단기전"을 의미한다고 하였다. 국방부 군사편찬연구소, 『국방편년사: 1971-1975』(2002), p.816; 4장의 논의를 참조.

8) 홀링스워스 장군은 시카고 데일리 뉴스지와의 회견에서 북한군이 남침하면 7일 만에 격멸할 수 있다고 발표하였다. 워싱톤의 공식 승인이 없는 가운데 군사지도자가 임의적인 언론 발표로 받아들여져 1976년 1월 14일에 미 국무부는 주한미대사관에 홀링스워스 중장의 전역을 통보하였다. 국방군사연구소, 『국방사년표: 1945-1990』(1994), p. 430; 4장의 논의를 참조.

우에 대비할 것을 제언하였다.[9)]

또한 1970년대 중반에 발전된 적극적, 공세적인 한반도 작전계획 5027은 닉슨 행정부에서 닉슨 독트린에 따라 개입을 축소하기 위해서 추진한 한국방위의 한국화 정책 등의 정치 전략과 배치되는 것이었다. 마찬가지로 1977년 카터 행정부의 개입 회피 의도와는 달리 군부지도자들은 지속적으로 한반도에서 개입을 지속하고자 하였다. 이는 곧 정치전략과 군사전략이 불일치되는 현상을 보여 준 것이다. 이제 우리는 이러한 의문을 갖게 될 것이다. 이례적 현상, 즉 정치 · 군사의 단절 현상은 왜 나타났으며 이를 어떻게 보아야 할 것인가?

이와 같이 한미 안보동맹에서 정치적인 갈등에 반하여 나타난 군사적인 제도의 발전과 관련한 이례적 현상들을 설명하기는 쉽지 않다. 사실 국가 간 동맹이 왜 발전하고 쇠퇴하는지에 대해서는 많은 이론적, 경험적 연구가 개진되어 왔다. 그러나 이러한 갈등이 연합방위체제의 제도화로 심화된 성공적 결과와 연계된 연구는 미약하다. 국제정치의 행위자인 국가는 이익과 권력을 추구하여 행동한다. 현실주의 논리에 따른다면 갈등은 부정적인 결과를 가져와야 할 것이다. 그렇다면 일반적으로 1970년대를 한미 안보갈등이 첨예하였던 시기로 논의하고 있는데 이것이 잘못된 일반화라는 것인가? 외부적으로 나타난 정치적 갈등에도 불구하고 내면적으로 상호 간에 어떤 합의가 존재하였다는 것인가? 더구나 비대칭동맹인 한미 안보동맹의 제도화 과정에서 강대국 미국의 일방적 영향력에 의해서가 아닌 약소국 한국의 요구에 의해서 관철되었다는 사실은 무엇을 의미하는가?

이러한 의문을 이해하고 설명하기 위해서는 세 가지의 추론을 가정할 수 있다. 첫째로 갈등이라는 현상이 반드시 부정적 결과로만 나타나지 않았다는 점이다.

---

9) 이동복, "베시 사령관, 카터에 항명하고 박정희를 도와 주한미군철수계획을 좌절시키다!," 『월간조선』 2001년 7월호; 이동복 인터뷰 (2009. 1. 4); 5장의 논의를 참조.

실제 우리는 이러한 현상을 빈번하게 접하고 있다는 사실을 받아들임에 매우 인색하다. 일상적인 감기는 더 큰 질병을 예방해 주는 긍정적 기능을 하기도 한다. 이러한 추론을 타당성 있게 주장하기 위해서는 한미 안보동맹의 갈등에서 무엇이 긍정적 기능을 수행하도록 하였는지를 제시해야 할 것이다. 둘째로는 비대칭 한미 안보동맹에서 강대국의 수직적 영향력과는 달리 양국의 수평적인 협조를 통해서 동맹의 제도화가 가능하였다는 점이다. 세 번째로는 안보동맹의 제도화는 정치와 군사의 영역에서 갈등과 협조라는 상반된 영향에 의해서 발전되었다는 점이다. 이는 정치와 군사라는 이중적인 관점에서의 분석이 필요함을 암시해 준다.

필자는 한미 간에 나타난 이례적인 퍼즐을 풀기 위해 이러한 추론을 바탕으로 체계적인 이론을 모색하고자 하였다. 이를 위해서 사회학적 관점에서의 갈등에 대한 연구로부터 교감을 얻고자 한다. 사회학에서 갈등의 기능이 부정적 혹은 긍정적인지에 대해서는 논란이 있다. 일반적으로 갈등은 부정적, 분열적 그리고 병적인 요인으로 인식되어 왔다.

파슨스(Talcott Parsons)는 사회질서를 유지하고 규범적 구조에 초점을 맞춤으로써 갈등은 역기능적 영향력을 갖는다고 생각하였다.[10] 그러나 반대의 가설을 주장하는 학자도 있다. 코저(Lewis A. Coser)는 갈등이 갖는 파괴적이고 분해적인 기능을 부정하지는 않지만, 사회갈등이 집단 및 인간관계에 있어서 수많은 결정적 기능을 수행할 수 있게 하고, 집단의 경계를 유지하는 데 기여할 수 있고, 집단으로부터 그 구성원들의 이탈을 방지할 수 있게 해주는 기능적 측면을 갖고 있음을 강조하고 있다.[11]

---

10) Talcott Parsons, "Racial and Religious Differences as Factors in Group Tension," in Bryson, Finkelstein and MacIver(eds.) *Approaches to National Unity* (New York: Harper Bros., 1945), pp. 182-199.

11) Lewis A. Coser, *The Functions of Social Conflict* (N.Y.: Free Press, 1956/1964), pp. 7-9; 루이스 A. 코저, 박재환 옮김, 『갈등의 사회적 기능』(서울: 한길사, 1980), pp. 12-13.

그렇다면 갈등의 전개 과정에서 코저가 주장한 순기능은 어떻게 작용하는가? 갈등은 일반적으로 단계적 혹은 순환론적으로 전개된다고 본다.[12] 크리스버그(Louis Kriesberg)가 제시한 갈등의 전개과정에서 갈등을 종식시키기 위해 '행위자들이 목표를 추구하면서 개입'함에 주목하였다.

코저는 갈등의 기능적 측면에 대한 명제로 "갈등은 사회 및 집단의 일체감과 경계를 확립하고 유지하는 데 도움을 준다"는 "집단결속기능(Group-Binding Functions)"으로 명제화 하였다. 그리고 이러한 집단결속기능에 대해서 "갈등에 대한 부정적이고 분해적인 역할에 반하여 순기능적인 역할을 강조한다. 특히 타집단과의 갈등은 집단일체감의 확립과 재확인에 기여하고, 주위세계에 대해 집단의 경계를 유지하고, 유형화된 적의와 상호 간의 반목은 사회분화와 계층체계를 보존한다."고 정의하였다.[13]

필자는 이처럼 갈등이 갖는 순기능적 측면을 국가 관계로 확대하여 적용해 보고, 코저의 집단결속기능을 한미동맹의 갈등에서도 존재하는 "어떤 동반자적인 행위"로 도출하고자 한다. 국가 간의 행위를 의인화하거나 정책결정자들을 외부의 위협에 대응하는 내부 집단으로 간주한다면 국제정치에서의 갈등을 동맹국가 간에도 적용할 수 있을 것으로 추정하였다. 한미 동맹에서 양국은 행위자로서 갈등을 해결하고 공동의 혹은 각국의 목표를 추구할 수 있기 때문이다.

일반적으로 1970년대 미 데탕트 정책은 미국이 추구하던 기존의 봉쇄정책의

12) 크리스버그는 갈등이 1단계: 객관적 갈등 ⇒ 2단계: 갈등의 의식화 단계 ⇒ 3단계: 갈등 목표의 추구단계(행위자들이 설득, 보상, 강제 등 수단 구사 및 경쟁) ⇒ 4단계: 갈등형태의 확대 혹은 축소(갈등의 양식, 쟁점 및 행위자들의 특성) ⇒ 5단계: 갈등의 종식과정(갈등의 규제 규칙 및 제도) ⇒ 6단계: 갈등의 종식(산출) 등의 6단계로 전개하고, 갈등의 종식(산출)은 안정된 종식이나 해소라고 보기보다는 계속적으로 단계화되는 상황의 연속으로 보았다. Louis Kriesberg, *The Sociology of Social Conflict* (Englewood Cliffs: Prentice-Hall, 1973), pp. 269-270; 순환론적 관점의 입장은, Richard E. Barringer, *War Patterns of Conflict* (Cambridge: The MIT Press, 1972), p. 24.

13) Lewis A. Coser (1956/1964), pp. 33-38.

연장[14] 혹은 외교에 의한 봉쇄[15]로 정의한다. 한미동맹은 봉쇄정책의 연장선에서 소련, 중국 그리고 북한 등 공산권과 계속 대치하였다. 이런 대치 속에서 한미 양국은 정치적 갈등에도 불구하고 동맹을 지속시키고자 집단결속기능을 작동시킨 것으로 유추해 본다. 이 집단결속기능은 양국 간에 본래적으로 내재하고 있는 정치·군사적인 수준에서의 공통적 가치체계, 전략적 이익과 위협, 그리고 동맹국으로서의 역할과 수행전략 등에 대한 동반자적인 인식을 근거로 할 것이다.

필자는 이러한 집단결속기능을 한미 양국이 안보동맹에서 공유하는 "안보파트너십(Security Partnership)"이라는 개념으로 도입하고자 한다. 이러한 안보파트너십의 개념을 도입함으로써 국제적, 지역적, 그리고 동맹 내부적인 안보 상황의 변화나 위기 등으로부터 한미 간에 제반 갈등이 발생하였을 때, 안보파트너십은 한미 안보동맹의 제도화나 발전에 영향을 미쳤다는 가설을 구상하는데 유익할 것으로 생각한다.

이미 지적하였듯이 1970년대 한미 동맹에서의 현상을 이론적으로 설명해 주는 연구결과는 미약하다. 이러한 이유는 연합방위체제의 제도화에 대한 의문을 제기하지 않았거나, 안보적 분야에 대한 연구 활동의 부족이나 자료의 제한으로부터 비롯된 것으로 생각한다. 현재 한미 간에 논의 중인 전시작전통제권의 전환에 따른 공동방위체제로의 발전은 연합방위체제의 획기적 변화를 의미한다. 또한 국제정치의 영역에서 미국과 동맹을 맺고 있는 나라들도 정치 · 군사적으로 상반된 상황에 직면하였던 사실이 있다. 이 연구는 한미 동맹이나 국제정치의 영

---

14) 봉쇄정책(Containment Policy)은 1947년 미국 외교관 조오지 케난(George Kennan)이 입안하여 냉전체제가 몰락할 때까지 미국 대외정책의 근간이 되었으며, 봉쇄정책의 핵심적인 구현방법은 직접적인 대결방식보다는 팽창을 저지할 수 있는 전략을 장기적으로 실시하여 공산주의 국가들이 "스스로 내부의 모순에 의해" 붕괴가 되도록 외곽을 봉쇄하는 것으로 제시하였다; 봉쇄정책의 연장에 대해서는, Michael B. Froman, *The Development of the Idea of Detente* (New York: St. Martin's Press, 1991), p. 5.

15) Saull Richard, *The Cold War and After: Capitalism, Revolution and Superpower Politics* (London: Pluto Press, 2006), p. 131.

역에서도 이러한 변화에 대한 이론적, 정책적 검토를 제공해 줄 수 있어야 할 것이다.

본서에서 던지는 주요 관점은 주한미군의 철군 자체보다는 한미 간에 나타난 첨예한 정치적 갈등에도 불구하고 군사적 제도화가 심화된 이유와 과정에 두고자 한다. 이에 따라서 본서의 핵심 내용은 이렇게 나누어 질 것이다.

1) 1960~1970년대 말에 걸쳐 닉슨 독트린으로부터 시작하여 데탕트, 그리고 카터의 미지상군 철군과 인권정책 등으로 인하여 한미동맹에 있어 첨예한 정치적 갈등이 노출되었다는 점.
2) 그럼에도 불구하고, 1978년도 한미연합군사령부의 창설에 따라 한미 안보동맹에서 개입에 대한 안보규범이 강화되었고 상호작전 운용성이 체계적으로 정착되고 심화된 제도화로 발전된 이유와 과정의 추적.
3) 이런 추적의 결과를 바탕으로 안보파트너십의 정치적 · 군사적 수준에서의 변화와 영향.

이에 필자는 다음과 같은 질문들을 중심으로 논의를 전개하고자 한다.

ⓠ1953년 한미 상호방위조약의 체결 이후, 1978년 한미연합군사령부 창설 시기까지의 안보파트너십은 어떻게 형성되고 변화하였는가?

이 질문의 답을 얻기 위해서는 안보파트너십이 정치적 · 군사적 수준에서 어떻게 형성되면서 각각 영향을 미치고, 어떠한 분석 요소로 구체화될 수 있는지 고찰해 보아야 한다.

ⓠ비대칭성의 변화가 안보파트너십의 변화에 미친 영향은 무엇인가? 특히 미국이 작전통제권의 일방적 행사에서 한국과 공동으로 행사하는 연합방위체제를 발전시키고 받아들인 이유는 무엇인가?

ⓠ따라서 안보파트너십의 변화가 안보동맹의 제도화에 미친 영향은 무엇인가?

이상과 같은 연구와 분석을 통하여 한미 안보파트너십과 안보동맹의 제도화에 대한 이론적 연구가 국내외적인 안보동맹 이론의 발전에 학문적으로 기여하고, 미래의 안보동맹의 발전을 위한 정책적 함의를 제시할 수 있기를 기대한다.

제2절 본서의 구성

본서의 구성은 다음과 같다. 먼저 한미 안보동맹체제의 '시대적 구분'이다. 2차 세계대전의 종전 과정에서 한반도에 진주한 미국은 자유민주주의에 입각하여 1948년 한국정부의 수립 과정에 관여하는 등 사실상 한국과 동맹관계에 있었다고 할 수 있겠으나,[16] 한미동맹의 공식적인 시작은 1953년 한미상호방위조약과 1954년 합의의사록의 체결과 발효로 보아야 할 것이다.

〈그림 서-1〉 한미 안보동맹체제의 시대적 구분

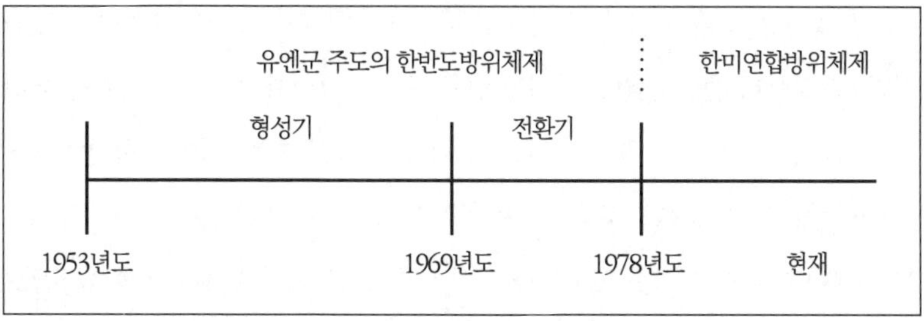

1953년을 한미동맹의 시작으로 볼 때 한미안보동맹 체제의 제도화는 1978년도 한미 연합군사령부 창설 전후로 구분할 수 있다. 즉 1953~78년도 까지는 유엔군 주도의 한반도 방위체제로, 1978년도 한미연합군사령부의 창설 이후부터

16) 이러한 의견은, 최철영, "한미상호방위조약의 수평화," 『민주법학』 제25호 (2004), p. 171.

현재까지는 한미연합방위체제로 단계화할 수 있겠다.

유엔군 주도의 한반도방위체제는 다시 2단계로 1953년도 한미상호방위조약 체결 이후 1960년대 말까지의 형성기와 1969년 닉슨 행정부 시기부터 카터행정부 초기까지 닉슨 독트린과 카터의 철군 및 인권정책을 통하여 연합사의 창설이 논의되는 전환기로 구분한다. 그리고 1978년도 한미 연합군사령부의 창설 이후부터 현재까지를 한미연합방위체제로 구분하였다.

본서에서는 1953~78년까지 안보파트너십의 유형의 변화를 기준으로 시대를 구분하고 설명하고자 한다. 먼저 형성기는 1953년도 한미 상호방위조약의 체결부터 1968년도 존슨 행정부 시절까지로 보았다. 그리고 전환기는 두 시기로 나눠, 1969년도 닉슨 행정부에서의 닉슨 독트린의 선포 이후 포드 행정부까지, 그리고 1977년도 카터 행정부의 집권 이후 1978년도 말 한미연합군사령부의 창설까지로 구분하여 거시적인 관점에서 안보파트너십이 어떻게 작용하였는지를 분석하고자 한다.

다음은 연구방법이다. 필자의 연구 인식은 1970년대 한미 양국 간의 첨예한 정치적 갈등에도 불구하고 안보동맹의 제도화가 심화된 이유와 과정에 대한 문제의식으로부터 출발하였다. 이러한 연구 목적을 달성하기 위해서 필자는 역사적인 접근방법을 적용하였다. 따라서 양국의 안보정책결정과정에 대한 동시적인 추적이 반드시 필요하다. 양국의 정책결정 과정을 추적하기 위해서 미국의 경우 1950년대 이후의 시기를 포함하나 특히 닉슨-포드-카터 행정부를 중점적으로 분석하고, 한국은 1950년대 이후의 변화와 특히 박정희 행정부의 안보정책 결정과정을 대상으로 하고자 한다.

닉슨-포드 행정부의 안보정책은 키신저 주도의 국가안보회의(NSC) 중심 체제로 이루어졌다. 연구결과는 국가안보연구서(NSSM: National Security Study Memorandum)와 국가안보결정서(NSDM: National Security Decision Memorandums)로 나타났다. 이에 대한 연구 및 토의는 차관위원회와 6개의 특별위원회가 담당하였다.[17] 또한 카터 행정부의 외교정책은 대통령의 정책검토지시(PRM/NSC: Presidential Review Memorandum) → NSC 혹은 산하 위원회의 검토 · 보고 → 대통령 명령(PD/NSC: Presidential Directive)[18] → 정책의 실행이라는 네 단계를 거쳐 수립 및 실행되었다. 한국의 경우는 외무부와 국방부, 국무총리실 등의 내각을 경유하여 청와대와의 협의과정에서 결정되었다.

본서에서는 한·미 1차 사료의 분석을 중심으로 하고 2차 자료를 보완적으로 사용하고자 한다. 1차 사료는 우선적으로 양국의 역사자료와 당시의 정책관계자들의 인터뷰를 활용하고, 2차 자료로서 연구논문 등의 제반 자료를 보완적으로 사용할 것이다. 1차 역사자료로는 미국의 닉슨-포드 및 카터 행정부의 정책결정서들과 국무부와 국방부의 자체적인 논의 과정을 주목할 것이다. 특히 본 논제가 군사적 차원의 과제를 포함하기 때문에 주한미군 및 태평양 사령부와 관련된 국방부 및 합참문서들을 검토하고자 하였다. 한국의 경우는 외교사료관의 공개 자료를 활용하고자 한다.

이 자료들은 한국 외교사료관과 미국의 국립문서보관소(NARA) 및 온라인을 통해서 획득하고자 한다. 미국의 경우 NARA, 닉슨, 포드 및 카터 대통령의 자료보관소와 조지 워싱턴 대학교의 국가안보 비밀해제 자료 및 제반 디지털 자료(DDRS, DNSA)와 노틸러스 연구소의 비밀해제자료 등을 이용할 것이다. 한국의 경우는 외무부 외교사료관에서 비밀 해제된 정부문서들을 획득할 것이다. 또한 한미 정부

17) 닉슨은 1969년 1월 11일 NSDM 1을 지시하였다. NSDM 1, Establishment of NSC Decision and Study Memoranda Series, Jan 20, 1969, folder NSDM 1, box H-209, NSC H-files, NPM, NA II; 특별위원회는 고위검토위원회, 국방사업검토위원회, 워싱턴특별조치위원회, 베트남특별연구위원회, 정보위원회, 검증위원회 등이다. 김수광, 『닉슨-포드 행정부의 대 한반도 안보정책연구: 한국방위 한국화정책과 한미 연합방위 체계의 변화』, 서울 대학교 외교학과 박사학위 논문(2008), pp. 39-53 참조.

18) 카터는 집권 후 1977년 1월 20일 국가안보회의에서 대통령이 요구하는 정책 검토와 이에 따른 결과를 대통령의 명령으로 하달하는 문서체계를 기존 정부의 NSSM과 NSDM을 취소하고 PRM/NSC와 PD/NSC로 수정할 것을 PD/NSC-1로 하달하였다. PD 1/NSC-1 Establishment of Presidential Review and Directive Series/NSC (Jan 20, 1977)

및 군부 인사들에 대한 인터뷰와 2차 문헌 검토 등을 획득하여 활용할 것이다.

이 책은 총 5개의 장으로 구성하였다. 먼저 1장에서는 본서에서 연구하고자 하는 동맹의 모델에 대한 기존 연구를 검토할 것이다. 제2장에서는 안보파트너십의 분석 모델을 제시하고자 한다. 제3장에서는 한국전쟁 이후 1960년대 말까지의 한미 동맹을 추적해 볼 것이다.

제4, 5장은 닉슨-포드 및 카터 행정부의 안보파트너십 형성과 안보동맹의 제도화에 대해 연구할 것이다. 먼저 제4장에서는 1969~76년도까지 닉슨독트린에 의한 주한미군 철군정책의 추진으로 정치적 수준에서 첨예한 이견을 보였으나 군사적 수준에서는 높은 공유를 보이며 연합방위체제로의 전환을 모색하며 제도화의 발전에 영향을 미쳤음을 밝힐 것이다.

정치적 수준에서는 UNC 해체의 '대안적 방안(alternative)'으로 연합사령부 창설안이 논의되는 과정을 분석할 것이다. 군사적 수준에서는 Battle Staff 논란이나 NATO형 연합부대 창설 등 양국 간의 활발한 연합작전체제의 발전 논의, 적극적 · 공세적인 작전계획의 발전, 그리고 이 과정에서 문민통제의 전통을 갖고 있는 미군 현지 지휘관의 보직 해임 등 미 행정부의 정치 · 군사전략의 불일치 현상 등을 검토할 것이다.

제5장에서는 카터 행정부의 집권 초기인 1977~78년까지 정치적 · 군사적 수준에서의 이례적 현상, 즉 정치적 이견은 커졌으나 군사적 수준에서의 공유는 오히려 높아지면서 미 지상군 완전 철군에 대한 '보완적(compensatory)조치'로서 한미연합군 사령부의 창설로 개입이 공고화되고 상호작전 운용성이 체계적으로 정착 · 심화된 제도화로 나타났음을 밝힐 것이다. 특히 이례 현상을 철저히 분석할 것이다. 특히 군사적 관계에 있어서는 양국의 군부는 물론, 미 행정부 · 의회 등이 어떻게 폭넓은 공감대를 형성하게 되었고, 또한 미 군부지도자들이 행정부의 정책에 어떻게 공개 · 조직적으로 저항하였는지 등을 분석할 것이다.

마지막 결론에서는 1970년대 한미 동맹에서 양국의 첨예한 갈등에도 불구하고 왜? 그리고 어떻게? 유엔군 주도의 한반도 방위체제가 한미연합방위체제로 전환되면서 안보동맹의 제도화가 체계화되었는지에 대한 가설들을 종합적으로 검증할 것이다. 본서는 이를 토대로 한 연구결과로부터 교훈을 도출하고, 한미 안보동맹의 사례연구로부터 현안 과제에 대한 정책적 함의와 국제정치 수준에서의 안보동맹 이론의 발전을 모색하고자 한다.

그리고 추가적으로 보론을 게재하였다. 필자가 학술지에 발표한 논문으로서 앞에서 제시한 한미 안보동맹의 사례와는 다른 유형으로서 이스라엘-미국, 그리고 북한-중국의 동맹에서 나타난 모형에 대하여 논의 하고자 한다.

제1장 동맹에 대한 기존연구 고찰

본서에서 제기하고 있는 핵심질문을 대상으로 한 연구는 많지 않은 것으로 보이나, 본 연구 주제에 대한 이론을 개발하기 위해서는 한미 안보동맹에 대한 기존의 이론적 혹은 경험적 연구가 전제되어야 할 것이다. 이 장에서는 기존연구를 통하여 안보파트너십의 개념과 정의 및 분석요소를 구체적으로 도출하고, 안보파트너십이 어떻게 형성되고 변화하면서 안보동맹의 제도화에 영향을 미쳤는지에 대해 고찰할 것이다.

제1절 이론적 연구

동맹 이론은 대부분 동맹이 어떻게 형성되고 유지되는가에 관심을 갖고 있다. 특히 동북아시아나 한반도에 관한 연구들은 한미동맹의 변화를 설명하는데 적절한 도구이면서 이론의 개발에 필수적인 과정이라고 생각한다.

'왜 동맹을 형성하는지'에 대한 전통적 견해로는 세력균형이론,[1)] 위협균형,[2)]

---

1) 세력균형론은 국가의 동맹 형성 이유를 지역 내 어느 국가의 국력이 지나치게 팽창되어 패전국이 될 가능성이 있을 때 주변국들이 위협을 느끼고 동맹을 형성하여 균형을 맞춰 대항하는 성향으로 본다. 모겐소와 같은 고전적 현실주의자, 월츠와 같은 방어적 현실주의자, 그리고 미어샤이머 같은 공격적 현실주의자들이 해당된다. Hans J. Morgenthau, *Politics Among Nations: The Struggle for Power and Peace* (New York: Alfred A. Knopf, 1973); Kenneth N. Waltz, *The Theory of International Politics* (N.Y.: Random House, 1979); John Mearsheimer, *The Tragedy of Great Power Politics* (N.Y.: Norton, 2001).

2) 스테판 월트는 국제정치 상황을 세력균형의 관점에서 볼 때 대항하는 동맹이 있어야 함에도 불구하고 그렇지 않은 경우가 많다고 지적하면서, 동맹을 형성하는 것은 특정국의 패권 때문이 아니라 특정 국가가 위협세력으로 인식할 경우라고 주장한다. Stephen Walt, "Alliance Formations and the Balance

이익균형론[3] 그리고 학습론적 시각[4] 등이 있다. 이러한 동맹형성이론은 한미동맹의 현실주의적 속성을 이해하는데 도움을 주지만, 동맹의 형성과 해체를 위주로 연구하여 한미동맹의 갈등과 지속에 대한 내재적 과정과 원인에 대해서는 설명할 수 없는 한계를 갖고 있다.[5] 그러나 본 연구에 있어서 한미 안보동맹이나 안보파트너십의 성격과 형성 과정을 구체화하고 동북아 강대국들의 행태 등에 대한 이해에는 유용한 점이 있다. 왜냐하면 양극체제의 대결에서 동맹국 간에 강대국은 영향력을 유지하고 약소국은 위협으로부터 보호 받기를 바랐기 때문이다. 이러한 차원에서 동북아 주변의 강대국들은 세력균형을 작동시켰다고 하겠다. 이러한 사실들로부터 안보파트너십의 개념을 구체화함에 있어서 공산세력과 자유세력 간의 가치체계의 대립, 이익과 영향력, 국가생존과 안보 위협 그리고 안보동맹 수행전략 등의 요소를 도출함으로서 이론의 개발에 유용성을 준다.

동맹유지에 관해서는 "안보-자율성교환(Autonomy-Security Trade-OffModel)", "방기-연루의딜레마(Abandonment-Entrapment Dilemma)", "후견-피후견 국가관계이론(Patron-Client State Relationship)", "공공재 이론(The Theory of Public Goods)" 등이 있다. 이 이론들은 공히 한미 안보동맹의 본질에 접근하게 해 주지만, 정치적 갈등에 반하여 왜 군사적인 협조가 촉진되었는지를 설명해 주지는 못하고 있다.

---

of World Power," *Internationnal Security,* Vol. 9, No. 4 Spring (1985); Stephen Walt, *The Origins of Alliances*, (Ithaca: Cornell University Press, 1987); Stephen Walt, "Alliances in Theory and Practice: What Lies Ahead?," *Journal of International Affairs*, Vol. 43, No. 1 Summer-Fall (1989);

3) 랜달 슈웰러는 국가가 동맹을 형성하는 계기는 현상을 유지하여 안보를 증대시키거나 현상변경에서 오는 이익을 늘이려는 성향 등에서 찾을 수 있다고 주장한다. Randall L. Schweller, "Bandwagoning for Profit: Bringing the Revisionist State Back In," *International Security*, Vol. 19, No. 1 Summer (1994).

4) 댄 라이터는 국가는 과거의 역사적 경험에서 비롯된 성공적 정책에 의존하는 경향이 있는데 이런 경향에서 동맹도 형성된다고 주장한다. Dan Reiter, "Learning, Realism, and Alliances: The Weight of the Shadow of the Past," *World Politics, Vol.* 46, No. 4 July (1994).

5) 김계동, "한미동맹관계의 재조명: 동맹이론을 분석틀로," 『국제정치논총』 제41집 2호 (2001). 이 논문에서는 한미동맹의 형성과 전개에 대해 현실주의적 세력균형의 차원에서 탈냉전적 시각에서 재조명하고 냉전 종식 이후의 한미관계에 영향을 미치는 요인을 분석하고 있다.

우선 "안보-자율성 교환모델(Autonomy-Security Trade-Off Model)"을 살펴보자. 알트펠드(Michael Altfeld)는 합리적 행위자인 정부가 무장(Arms)과 동맹(Alliance)을 자율성, 안보 그리고 부를 얻기 위한 도구로 활용하기 때문에 각국은 이에 따른 다양한 형태의 선택(Consumer Choice Theory)을 한다고 하였다.[6] 이러한 맥락에서 모로우(James Morrow)는 동맹의 형태를 "능력결집모델(Capability Aggregation Model)"과 강대국과 약소국 간의 "안보-자율성 교환모델"로 구분한다.

후자인 "안보-자율성 교환모델"은 비대칭 안보동맹에서 약소국이 동맹국으로부터 안보를 확보할 수 있는 수단을 제공받으나 자국의 정책결정에 있어서 자율성을 발휘할 수 없는 역관계를 갖는다고 하였다.[7] 강대국과 약소국은 비대칭 안보동맹과 파트너십을 결성함으로써 강대국은 약소국에 대한 안전보장을 위해 예산과 병력을 지원하고, 약소국은 강대국에 주권의 일부인 작전통제권 등의 제한이라는 손실을 감수하게 된다. 이 이론은 안보파트너십의 구체화에 있어서 강대국과 약소국이 이익의 교환과 손실의 감수라는 요소의 이론화에 유용하다.

둘째로 스나이더(Glenn H. Snyder)는 동맹국 간의 유지 관계를 상호 간의 "방기와

---

6) Michael T. Altfeld, "The Decision to Ally," *Western Political Quarterly*, Vol. 37 (1984).

7) James Morrow, "Alliances and Asymmetry: An Alternative to the Capability Aggregation Model of Alliances," *American Journal of Political Science*, Vol.35, No.4 (1991). 모로우는 동맹 형성의 주류적 시각을 위협에 대한 능력결집모델로 본다. 능력결집모델은 그 근원을 모겐소나 월츠의 현실주의적 세력균형이론에 두고 있고, 회원국의 공동위협을 격퇴하고 억제함으로써 공동이익을 추진하는데 있다. 그리고 이 주장에 대한 도전적 시각은 강대국들은 외교정책에서 현상유지 변화 추구를 위해 동맹을 사용하고 능력결집모델은 이러한 모델의 특수한 한 경우라고 주장한다; 신욱희, "한미동맹의 내부적 역동성: 분석틀의 모색," 『국가전략』 제7권 2호 (2001). 이 논문에서는 한미 간의 비대칭적 동맹의 내부적 역동성을 한국의 입장에서 설명하기 위한 분석틀로서 '순응, 저항, 협상, 구성'의 네 개념과 '후견주의'와 '주체-구조'의 틀을 고려하면서 1950~72년까지 이승만과 박정희 시대를 분석하였다. 1950-54년과 1961-65년에는 적극적 협상의 방식을 채택해서 후견주의적 틀 내에서 자신의 이익을 극대화하려 하였고, 냉전적 환경이 이완되거나 약화되는 1957-60년과 1968-72년에는 상대적으로 협상과 저항을 결합하는 대응방식을 택하나 이러한 시도는 외부적 환경의 전환기에 그 변화의 양상을 적절하게 활용하거나 또는 그를 통해 자신이 속한 구조의 질적인 전환을 모색하는 구성의 단계로까지 이어지지 못한 한계를 가졌다고 지적했다; 장노순, "교환동맹모델의 교환성: 비대칭 한미안보동맹," 『국제정치논총』 제36집 1호 (1996). 이 논문에서 한미동맹은 모델에서 상정하는 대로 자주성과 안보가 반비례 관계가 성립하지 않기 때문에 교환동맹모델로 설명할 수 없다고 주장한다. 이유는 ① 냉전 후 안보의 공공재의 성격이 약화됨, ② 미국에 대한 안보의존성이 줄지 않음, ③ 한반도 통일과정에서 미국의 영향력이 큼 등을 주장하고 있다.

연루의 안보 딜레마"로 설명하였다.[8] 1970년대 한미 관계는 미국이 세계전략의 수행과정, 특히 한국전과 베트남전에 대한 미국의 경험으로부터 닉슨 독트린을 선포하고 아시아 지역으로부터의 연루에서 벗어나고자 한 반면에, 한국 등 약소국들은 강대국 미국에 안보를 의존하는 상황에서 방기의 위험으로부터 벗어나고자 하였다.

"방기-연루의 안보딜레마 이론"은 한미 양국의 안보파트너십에서 보이는 입장이나 개념의 변화를 추론하게 해 주고 또한 손실의 감수라는 분석요소를 도출하게 해 준다. 미국은 연루를 회피하고자 1960년대 한반도에 대한 적극적 보호 입장에서부터 1970년대는 닉슨 독트린이나 카터의 대 한반도 정책을 통해서 선택적 혹은 소극적 보호로 정책을 전환하고자 하였다. 한국은 미국의 방기 위협에 따라 기존의 미국에 대한 일방적 의존으로부터 강요된 혹은 현실적 자주로 전환할 수밖에 없게 되었다.

셋째로 "후견-피후견 국가관계 이론(Patron-Client State Relationship)"이 있다. 이는 비대칭 동맹의 특정한 한 유형으로서 피후견국은 후견국으로부터 안보에 대한 지원을 받는 대신 자국의 대외적인 정치군사적 자율성의 감소를 감수하여야 한다.[9] "후견-피후견 관계이론"은 안보파트너십의 비대칭성의 변화를 반영해 주고, "안

8) Glenn H. Snyder, *Alliance Politics* (Ithaca and London: Cornell University Press, 1997); 이수형, "동맹의 안보딜레마와 포기-연루의 순환: 북핵문제를 둘러싼 한미갈등 관계를 중심으로," 『국제정치논총』 제39집 1호 (1999). 이 논문에서는 스나이더의 이론을 적용하여 동맹에 대한 상대적 자율성과 전략적 이익의 가치를 독립변수로 하여, 종속변수로는 한국은 예민한 포기와 연루의 공포 반복, 그리고 미국은 상대적으로 덜 예민함을 밝혀내고 있다.

9) S. N. Eisenstadt and L. Roniger, "Patron-Client Relations as a Model of Structuring Social Exchange," *Comparative Study of Society and History,* Vol. 46 (1980). Eisenstadt와 Roniger는 일반적인 후견-피후견 관계를 "제도적인 질서의 주요한 측면을 규정하는 하나의 특징적인 양식: 자원의 흐름, 교환, 그리고 권력관계의 구조화와 사회에 있어서 그들의 정당화"로 정의하고 있다; 신욱희, "동아시아에서의 후견-피후견 국가관계의 동학: 국가변화의 외부적/지정학적 근원," 『국제정치논총』, 제32집 2호 (1992). 이 논문에서는 후견-피후견 국가관계에 의해 형성된 외부적 연계를 통해 한국의 국가는 자신의 내부적 자율성과 능력을 증가시킨 반면, 외부적 자율성과 정당성을 상대적으로 약화시켰다고 하였다.

보-자율성의 교환이론"에서처럼 이익의 교환과 손실의 감수라는 안보파트너십의 개념을 구체화하는데 유용하다.

한미 동맹에서의 "후견-피후견 관계"는 닉슨 행정부에서 부터 동반자 관계로의 전환 논의가 제기된 후 카터 행정부에서 구체화되면서 변화를 맞이하게 되었다. 따라서 한미 안보파트너십은 비대칭성에 의한 일방적 보호와 의존의 관계가 새로운 형태로 변화하게 되었음을 추정하게 해 준다.

네 번째로 "공공재 이론" 혹은 "무임승차론"은 국제기구나 NATO 참여국의 상호작용을 경제적 시각에서 분석하면서, 어떤 특정국가가 분담금을 많이 내고 안 내고의 문제를 안보라는 공공재의 제공에 대한 무임승차(Free-Riding) 욕구로 인한 것으로 주장하였다.[10] 1960년대 이후 미국의 경제 상황 악화로 인해 한미 안보동맹에도 이러한 논의가 본격적으로 제기되면서 영향을 미쳤다. 그러나 이 시기, 한국이 미국에 대한 무임승차를 하였는지에 대해서는 논쟁적이다.[11] 미국이 지원해 준 가치와 한국의 역할을 객관적으로 계량화하여 평가하는 것이 제한되기에 상대적인 논쟁의 대상이 될 수 있다. 강대국이 항상 풍부한 자원을 약소국에 투입할 수 있거나 할 것이라고 가정하는 것은 비현실적이다. 그리고 NATO의 상황을 비

---

10) Mancur Olson and M. Zeckhauser, "An Economic Theory of Alliance," *Review of Economics and Statistics*, Vol. 48 (1966); 공공재론에 따라 냉전 종식 이후 NATO의 회원국 간 방위분담을 둘러싼 내부적 분석과 각국의 방위비 분담에 대한 논의 등 다양하게 활용되고 있는 논문으로는, John S. Duffield, "International Regimes and Alliance Behavior: Explaining NATO Conventional Force Levels," *International Organization*, Vol. 46, No. 4 Autumn (1992); Avery Goldstein, "Discounting the Free Ride: Alliances and Security in the Postwar World," *International Organization,* Vol. 49, No. 1 Winter (1992);

11) 이종섭은 한미 동맹에서 60년대 미국에 대한 한국의 안보의존은 무임승차가 아니라고 주장하였다. 왜냐하면, 한국의 방위비 부담은 미국의 기대를 충족시켰기 때문이다. 한국은 경제성장에 따라 방위비 부담을 미국의 기대에 맞게끔 증가시켰다. 69년도 닉슨독트린 이후 한국의 방위비 증가는 자발적인 측면과 미국의 요구에 의한 강요적인 측면이 모두 존재한다. 자발적인 측면은 한국은 미국의 방기의 위험 때문에 자주국방을 추구했다. 강요적인 측면은 동맹의 새로운 규범, 즉 미국 지원의 감소가 변화(한국의 방위비 부담 증가)를 강요했다는 것이다. 당시 한미 간 방위비 분담에 대한 공식적 협상이 없었기 때문에 암묵적 흥정(tacit bargaining)이라고 볼 수 있다고 하였다. Jong-Sup Lee and Uk Heo, "The U.S.-South Korea Alliance: Free-Riding or Bargaining?," *Asian Survey, Vol.* 41, No. 5 (2001).

대칭 안보동맹 관계에 동일하게 적용할 수 없다. 더구나 안보동맹에서 양국이 상호 개입에 대한 일정한 수준에 합의하였다고 가정하였을 때에도 발생할 수 있는 갈등 현상에 대해서는 설명해 주지 못한다.

안보동맹에서는 "연루-방기의 딜레마"에 추가하여 "절약-충분의 딜레마"로 안보파트너십의 변화를 진단하도록 수정이 필요하다. 예산과 자원의 투입에 있어 강대국과 약소국은 상반된 인식을 갖고 있음을 이미 언급하였다. 강대국은 가능한 적은 자원으로 공공재를 제공하고자 하고, 지원받는 약소국은 충분한 억제력의 지원을 요구한다. 가상적의 위협 분석과 최악의 경우 나타날 직·간접적 결과의 차이, 효과, 임박성, 대안선택 가능성 등의 기준은 딜레마의 원인이 된다. 이 점이 공공재의 제공에 대한 무임승차를 논하는 '공공재 이론'과 차이가 있다. 또한 개입을 가정한다는 점에서 앞에서 언급한 "방기-연루의 딜레마 이론"과 구분된다. 따라서 "절약-충분의 딜레마"는 안보파트너십의 개념을 구체화함에 있어서 양국 간의 손실의 감수라는 요소가 갈등의 요인이 될 수 있음을 이해하게 해준다.

다섯 번째로 "전망 이론"은 합리적 선택 이론(기대효용이론)에 의하면 인간은 의사결정에 있어서 효용가치를 극대화하는 선택을 하지만 위험상황 하에서는 이에 반하는 의사결정을 한다는 "위험상황 하에서의 의사결정이론(a theory of decision making under risk)"이다. 즉 개인들은 이익의 영역에서는 위험 회피적(risk-averse)인 선택을, 손실의 영역에서는 위험 감수적(risk-acceptant)인 선택을 하는데, 이는 인간의 선택이 기대효용을 극대화하는 행위라기보다는 상황에 따라 위험을 회피하거나 위험을 추구하는 선택을 한다는 것이다.[12] 이 이론은 한미 안보동맹에서 약소국

12) 카네만과 트베르스키의 실험은 100% 확률로 3천불을 얻는 선택 A(기댓값 3천불)와 80% 확률로 4천불을 벌고 20% 확률로 한푼도 벌지 못하는 선택 B(기댓값 3천2백불) 사이에서 대부분(80%)은 A를 선택하는데, 기대효용의 관점에서는 B가 더 합리적이다. 반면에 100%확률로 3천불을 잃는 선택 C(기댓값 -3천불)와 80%확률로 4천불을 잃고 20% 확률로 한 푼도 잃지 않는 선택 D(-3천 2백불)사이에서는 대부분(92%)이 D를 선택하는데, 기대효용 측면에서는 C가 더 합리적인 선택이다. 기대효용이론은 순자

한국이 보인 대결적 행태를 이해하게는 해 주나, 왜 양국 간에 정치 · 군사적 수준에서 상반되게 갈등과 협조가 전개되었는지를 설명해 주지는 못하고 있다.

"전망 이론"은 한미 안보동맹에서 양국이 수행전략에서 이견을 보였을 때 약소국 한국의 대응을 예측하게 해 준다. 즉 전망이론은 "한미 동맹에서의 수행전략의 차이와 갈등이 확대"되는 과정을 이해하게 해 준다. 전형적인 비대칭 동맹에서 한국은 자율성의 제한을 무릅쓰고 미국의 일방적인 안보전략에 저항하면서 갈등을 증폭시킨 것으로 보았다.

여섯 번째로 "외교정책 결정이론"은 다양한 관점과 방법론에서 제기되었다. 외교정책 결정 과정은 국제정치 환경의 변화와 다양한 변수로 인하여 일관된 이론으로 설명하기에는 어려움이 있다. 먼저 좁은 의미에서의 이론적 접근방법은 의사결정 과정 자체에 한정하여 관련된 개인이나 조직 그리고 집단들이 어떻게 정책을 결정하는지를 분석한다. 일반적으로 국가를 합리적 단일행위자로 가정한 합리성 모델(Rationality Model 혹은 Rational Actor Model),[13] 조직과정모델(OrganizationalProcess

산(net assets)을 가정함에 반해 전망이론은 기준점(reference point)을 고려한다. 즉 이익과 손실에 관심을 두고 있음을 발견하였다. 즉 사람들은 순자산의 수준보다는 자산의 변화, 즉 자신이 생각하는 기준점을 중심으로 손실과 이익의 발생을 고려하여 결정을 내린다. 그러나 예측되는 선택의 결과가 너무 극단적일 경우에는 재앙적 손실을 피하기 위해 손실의 영역에서도 오히려 위험회피적이 되는 선호의 역전(preference reversal)이 일어난다고 하였다. 전망이론은 국제정치학에서 예방전쟁이나 방어적현실주의의 주장과 일정부분의견을 같이한다. Daniel Kahneman and Amos Tversky, "Prospect Theory:An Analysis of Decision under Risk," *Econometrica,* Vol.47(2) (1979).

13) 합리성은 게임 이론의 가정에서 비롯되었다. 즉 어느 환경에서 인간 행동의 합리성에 관해 게임을 모델로 하여 추구하는 수학적 이론으로서 수학자 노이만(Neumann)과 경제학자 모르겐슈테른(Morgenstern)에 의해 경제이론에 도입되었다; 알리슨은 쿠바 미사일 위기를 설명하기 위해서 1971년도에 세 가지의 이론적 모형을 제시하였는데, 이후 1999년 해제된 비밀자료를 보완하여 Philip Zelikow와 함께 2판을 재발간하였다. Graham T. Allison, *Essence of Decision: Explaining the Cuban Missile, 1ed* (Boston: Little Brown and Co., 1971); Graham T. Allison and Philip Zelikow, *Essence of Decision: Explaining the Cuban Missile, 2ed* (Boston: Longman, 1999); Graham T. Allison and Philip Zelikow, "Conceptual Models and the Cuban Missile Crises," *American Political Science Review* (September 1969).

Model),[14] 관료정치모델(Governmental Politics Model 혹은 Bureaucratic Political Model),[15] 심리적 모델(Psychological Model)[16] 등은 외교정책 연구에 있어서 한 국가를 단일 행위자로 가정하거나 한 국가 내의 정책결정자들의 인식이나 관계, 표준운영절차, 관료적 이익과 거래 등을 기준으로 하고 있다.

그러나 좁은 의미의 이론적 접근과는 달리 국제정치 환경의 다양한 변화와 변수 등을 반영하는 연계이론이나 게임이론 등이 있다. 먼저 로제나우(James N. Rosenau)의 "예비이론(Pre-theory)"[17]과 같은 "연계이론(Linkage Theory)"에서는 국제사회와 국가 내부 간의 관련성 속에서 외교정책을 분석한다. 그리고 퍼트남(Robert D. Putnam)의 "양면게임 이론"[18]에서는 한 국가가 외교정책을 추진할 때 상대국 정부는 물론 자국의 국민과 상대국의 국민들에게 미치는 모든 요소를 고려한다. 이 이론들은 국제 및 국내정치 환경의 다양성, 다변수 및 다변화된 상황을 모두 고려하고자 한다. 좁은 의미의 "외교정책 결정이론"이 단일 국가 내의 행위자들을 대상으로 하는 것과는 달리 "예비 이론"이나 "양면게임 이론" 등은 한미동맹의 양자 간 행위자들과 국내외 요소를 모두 고려한다는 점에서 차이가 있다.

---

14) Allison (1969), pp. 689-718; Allison (1971); Allison and Philip Zelikow (1999).

15) Allison and Philip Zelikow (1999); Allison (1971); Morton H. Halperin, *Bureaucratic Politics and Foreign Policy* (Washington, D.C.: Brookings Institution, 1974).

16) 정책결정과정에서 최고 정책결정자의 심리 구조, 개성, 가치관 등을 분석하여 설명한다. Margaret Herman, "The Effects of Political Leader's Orientation on Foreign Policy Behavior," paper presented at Peace Science Society (1976); Margaret Herman, "Who Becomes a Political Leader? Some Societal and Regime Influences on Selection of a Head of State," *Psychological Models in International Politics* (1976).

17) James N. Rosenau, "Pre-theories and Theories of Foreign Policy," in Barry Farrell (eds.), *Approaches to Comparative and International Politics* (Evanston, IL: Northwestern University Press, 1966), pp. 27-92. 본서에서는 카터대통령의 철군결정이 한국에 쇼크를 불러일으키고, 안보 공약의 약화를 우려하는 한국과 일본 등의 반발, 그리고 미국 내의 여론에 악영향을 미친 사실을 연계정치의 한 측면을 보여주는 것으로 주장한다.

18) Robert D. Putnam, "Diplomacy and Domestic Politics: The Logic of Two-Level Games," *International Organization*, Vol. 42 (1988), pp. 427-460. 퍼트남 이론의 핵심개념은 '윈셋'(win-set)으로서 "주어진 상황에서 국내 비준을 얻을 수 있는 합의의 집합"이다. 윈셋이 클수록 합의의 가능성이 높아지고, 상대적 크기가 합의에 따른 이득의 분배를 결정짓는다.

그러나 이러한 이론들은 한미 동맹에서 양국의 다양한 의사결정 과정과 원인 및 결과 등을 이론적으로 설명해 주지는 못한다. 다만 양국의 안보파트너십의 구성요소에 대한 공유와 이견의 과정에 대한 추적, 그리고 정책결정과정을 통하여 안보파트너십의 변화가 제도화 과정에 미치는 영향을 추적할 수 있게 해줌으로써 인과관계를 설명할 수 있게 해 준다.

필자는 이 책의 연구 주제에 대한 이론 개발을 위해서 다양한 관점과 수준에서의 이론적 연구들을 활용하고자 한다. 첫째, 안보파트너십 개념의 변화와 구체적인 분석요소의 개발에 유용하였다는 점이다. 안보파트너십의 개념은 변화하였는데, 미국은 최초 한국에 대한 정치 · 경제 · 군사적인 보호의 입장에서 점차 선택적 · 소극적 입장으로 전환하였고, 한국은 미국에 대한 일방적 의존으로부터 자주로 전환한 것으로 보인다. 그리고 안보파트너십 개념의 구체화를 위한 분석요소로서 정치 및 군사적 수준에서의 분석 필요성과 국제정치 환경, 양국의 국내정치, 동맹의 비대칭성의 변화 등으로 인해 양국이 갖는 공통의 가치체계, 국가이익, 위협의 인식, 손실의 감수, 그리고 전략 등을 도출해 낼 수 있도록 해 주었다.

둘째, 안보파트너십과 동맹의 제도화 관계를 정책결정과정이나 “전망 이론” 등을 통해서 추적할 수 있게 해 준다. 정책결정과정에 대한 분석은 안보파트너십의 형성과정을 파악할 수 있게 할 뿐 아니라, 왜 그리고 어떻게 안보동맹의 제도화에 영향을 미쳤는지를 분석하는데 유용하다. 또한 개발된 이론을 검증하는 데에도 매우 유용할 것이다.

제2절 경험적 연구

본서의 주제인 안보파트너십과 안보동맹의 제도화와 직접적으로 연관된 한미 안보관계의 연구는 그리 많지 않다. 따라서 연구주제와 관련된 간접적인 연구결과들에 대해 검토하고자 한다. 이러한 주제로서는 첫째 미국의 대 한반도 안보정책의 변화, 둘째는 한국의 반응과 미국의 대응, 그리고 셋째는 한미연합방위체제로 상징되는 제도화의 연구 등에 주목하였다.

첫째로 미국의 대 한반도 정책의 변화는 주로 1970년대 닉슨-포드(Gerald R. Ford) 및 카터 행정부를 중심으로 정책 의도와 목적 그리고 결과 등의 연구들을 포함한다. 먼저 미국의 정책의도와 목적의 측면에서 닉슨-포드 행정부의 대 한반도 정책은 닉슨독트린과 데탕트 정책에 대한 분석이 우선 되어야 한다. 닉슨 독트린의 정체성이나 모호성과 관련하여서는 많은 논란이 제기되고 있다. 특히 이에 대해서는 의도적인 모호성과 예산 압력 및 군사력 감축에 의한 즉흥적인 선언에 불과하다는 평가로 양분된다.[19]

일반적으로 닉슨독트린은 다른 수단에 의한 봉쇄전략[20]으로서 현상유지에 목적을 두었고, 데탕트 정책이 이를 지원하였다고 평가하고 있다.[21] 그러나 비판적 입장으로 미국은 정전체제 하에서 냉전적 대립구도를 평화적 경쟁체제로 전환시키고 미국의 직접 개입과 방위부담을 적극적으로 감소시키려는 변화로 진단하기도 한다.[22] 그리고 카터 행정부의 주한 미 지상군의 완전철군 정책의 수립 배경에

---

19) 닉슨행정부의 억제전략을 고의적 모호성으로 평가한 논문은 McGeorge Bundy, "Maintaining Stable Deterrence," *International Security,* Vol. 3, No. 3 (Winter 1978/1979), 비판적 평가는 Zbigniew Brezinski, "The State of Nixon's World(1): Half Past Nixon," *Foreign Policy* (Summer 1971); Earl C. Ravenal, "The Nixon Doctrine and Our Asian Commitments," *Foreign Affairs,* Vol. 49, No. 2 (January 1971); 유인석, 「닉슨 행정부의 주한미군 철수정책: 안정자 역할과 부분감축」, 서울대학교 외교학과 박사학위 논문, 2006, pp. 103-104에서 재인용.

20) John L. Gaddis, *Strategies of Containment: A Critical Appraisal of Postwar Americal National Security Policy* (New York: Oxford University Press, 1982); Robert S. Litwak, *Detente and the Nixon Doctrine: American Foreign Policy and the Pursuit of Stability, 1969-1976* (Cambridge: Cambridge University Press, 1984); Richard M. Nixon, *The Memoirs of Richard Nixon* (New York: Grosset and Dunlap, 1978).

21) Litwak(1984),pp.193-194; Joo-HongNam,*America's Commitment to South Korea: The First Decade of the Nixon Doctrine* (Cambridge: Cambridge University Press, 1986).

22) 김수광(2008)

대해서도 다양한 논란이 있다.[23] 카터의 철군 정책은 미국 내 행정부 및 의회에서는 물론, 우방국 일본 등과도 사전 협조가 없이 추진됨으로써 많은 저항을 받았기 때문이다.

안보파트너십의 형성에 있어서 닉슨 독트린과 데탕트, 카터 행정부의 철군 및 인권정책은 동맹국 간의 가치체계나 국가이익의 혼란, 위협 인식의 차이, 손실의 감수에 대한 딜레마, 그리고 수행전략의 이견이라는 요소를 확인하게 해 준다. 이 분석요소들은 안보파트너십의 구체화에 유용하며, 이 과정이 안보동맹의 제도화에 영향을 미쳤음을 추론하게 해 준다.

다음으로 한미 안보동맹의 형성에 직접적 영향을 미친 한국전쟁 전후 미국의 대 한반도 정책의 변화이다. 미국은 한국전쟁 이전에 철수하였다가 북한의 남침 후 곧 바로 개입하였다. 철군 이유는 한국의 군사전략적 가치를 인정하지 않았기 때문이었으나 다시 개입(commitment)한 이유는 정치적 고려 때문이었다. 정치적 고려란 반(反)소련제국주의에 대한 정치적 이익과 국내외적으로 미국에 대한 신뢰를

23) 카터의 철군정책 배경에는 여러 가지의 주장이 있음. 1977년 6월 하비브 국무차관이 상원외교청문회에서 밝힌 공식적인 철군 배경은 ① 한국의 경제성장으로 미 지상군 없이도 가능, ② 미·소관계와 미·중관계의 진전, ③ 주한 미 지상군의 철수 이후에도 안보에 대한 미국의 확고한 공약 등이라고 제시한다. Statement by Philip C. Habib Under Secretary of State for Political Affairs, Before the Senate Foreign Relations Committee, June 10, 1977, NSA, Staff Material-Far East, Armacost-Chron File, 4/27-30/77~6/28-30/77, Box 3, Collection #26. JCL; Larry A. Niksch, "U.S. Troop Withdrawal From South Korea: Past Shortcomings and Future Prospects," Asian Survey (March 1981), p. 326; 베트남전의 여파에 의해 미국이 연루에 의한 위험과 비용을 줄이기 위한 것이라는 주장으로는, Memorandum for Zbigniew Brzezinski from Mile Armacost, "NSC Meeting on Korea," April 26, 1977, NSC, DDRS; 그리고 주로 인용되는 미 국내정치적 이유로 대통령 후보 선거유세 기간 동안 1975년의 사이공 함락으로 해외파병에 대한 여론이 절정에 달하던 시기에 여론에 편승한 정책으로 추진하였다. Don Oberdorfer, Two Korea: A Contemporary History (Indianapolis: Basic Books, 1997), pp. 86-87; 또한 카터 개인적인 인식론적 바탕에 근거한 주장으로는 부르킹스 연구소의 아시아 지상전 개입 가능성을 없애는 첩경이라는 제언, 트루만, 존슨, 닉슨 대통령과 같이 아시아 지상전에 빠져 국내문제를 힘쓰지 못한 전철 밟지 않겠다는 인식, 그리고 필리핀 기지 불필요, 7함대 전진배치 감축, 오끼나와 3해병사단 철수 등은 카터 대통령의 유럽 중시와 스윙전략의 회귀를 반영하는 것 등으로 분석하고 있다. Washington Post, June 12, 1977; Donald S. Zagoria, "Why We can't Leave Korea," The New York Times Magazine, October 2, 1977, p. 86; Barry M. Blechman, et al, *Setting National Priorities* (Washington, D.C.: Brookings Institution, 1975), pp. 140-145.

의미한다.[24] 한국전 이전 철군의 실패 경험은 이후 미국의 대 한반도 정책결정에 영향을 미쳤다. 미국은 1960~70년대에 지속적으로 군사적 충분성을 근거로 철군을 검토했으나 정치적 안정을 고려함으로서 1970년대 중반에 추가 철군은 이뤄지지 않았다.[25]

미국의 한국전 개입이 군사적 가치와 정치적 이익에 대한 상반된 평가를 근거로 하였다는 사실과 추가 철군의 중지는 한미동맹의 기원과 안보파트너십의 형성과 변화에 대한 원인을 추적할 수 있게 해 준다. 동시에 미국의 대 한반도 정책의 변화를 정치 · 군사적 요소라는 관점에서 접근할 수 있게 해 준다. 통상 군사는 정치에 종속된다는 인식에 반하여, 정치와 군사적 요소가 개별적으로 영향력을 미쳤음을 보여 준다. 즉 안보파트너십의 개념을 정치 · 군사적 요소로 구분하여 분석할 필요성을 제시해주는 것이다.

그리고 미국의 대 한반도 정책의 두 번째 측면인 결과에 대한 분석이다. 먼저 닉슨독트린과 데탕트는 한국으로 하여금 자주국방을 추진하게 하였고, 이는 한국의 국방비 증가로 나타났다.[26] '후견-피후견 국가관계'나 '안보-자율성 교환 모델'의 측면에서 볼 때, 강대국에 의존하고 있는 약소국의 자주국방 추진은 양국간의 비대칭성이 변화하였음을 보여 준다. 비대칭성의 변화는 양국이 동맹을 통해서 감수할 손실이 변화하였음을 의미하고, 이에 따라 안보파트너십이 변화하고 있음을 말해 준다. 이와 같이 미국의 대한반도 정책의 변화는 안보파트너십

---

24) Jong-Chan Rhee, "The U.S. Policy Change toward Korea, 1948-50: from Withdrawal to Intervention," 『사회과학연구』 제20집 (2007), p. 367.

25) 유인석 (2006).

26) 주한미군 철군은 국방정책의 변화에 직접적 원인이었다. '70년대 닉슨독트린으로 3차 철군시 한국의 정부재정 증가율 대 국방예산의 증가율은 평균 1.5배로, 다른 정책들보다 국방이 차지하는 정책적 우선순위가 높았고, 반면 '90년 부시정부에서의 5차 철군 철회결정은 주한미군의 장기 주둔이 예상되었고 이 시기 정부재정 대 국방예산 증가율이 1.0 이하인 0.65를 기록하면서 정책적 우선순위가 하락하였다. 이필중·김용휘, "주한미군의 군사력 변화와 한국의 군사력 건설: 한국의 국방예산 증가율 및 그 추이를 중심으로," 『국제정치논총』제47집 1호 (2007).

의 개념과 분석요소 그리고 정치 · 군사적 수준에서의 분석의 필요성을 제시해 준다.

두 번째로 미국의 대 한반도 정책의 변화에 따른 한국의 반응에 대한 연구이다. 일반적으로 미국의 대 한반도 정책에 대한 한국의 저항적 반응[27]이나 이에 대한 미국의 대응은 한미 간의 신뢰나 양국 내 정치관계에서 갈등을 초래하였다고 평가되고 있다.[28] 그러나 이러한 1970년대의 상황에 대한 역설적인 결과로서 오히려 한미 관계의 진전과 발전으로 나타났다는 주장도 있다. 또한 이 시기에 나타난 흥미로운 현상은 미국이 한국의 격렬한 반응에 대해 정치적으로 신중하게 대응하였다는 점에 주목하고자 한다.

먼저 "보호-의존 관계"에서 강대국 미국의 일방적 정책에 대한 약소국 한국의 저항적 반응에 대한 연구이다. 이러한 현상에 대한 기존의 연구는 이 시기 미국의 대 한반도 정책에 대해 한국의 반응을 방기의 위험 그리고 배신으로 묘사하여 갈등이 표출되는 것으로 분석하고 있다.[29] 미국은 닉슨독트린에 의한 미 7사단의

27) 한국은 닉슨독트린과 카터 철군 정책에 대한 한국 정부의 안보 불안으로 독자적인 핵무기 개발 정책을 추진하게 하였다는 연구결과가 국내외에서 제기되었다. 하영선, 『한반도의 핵무기와 세계질서』(서울: 나남, 1991), pp. 137-168; U.S. House of Representative (1978), pp. 76-81; Jaques E. C. Hymans, Seung-Young Kim, and Henning Riecke, "To Go of Not to Go: South and North Korea's Nuclear Decisions in Comparative Context," presented to the Conference on "Korea: Its International and Comparative Contexts," co-prepared by the Peace Research Institute of Korea University and the Weatherhead Center for International Affairs, Harvard University, March 3-4, 2000, Cambirdge, MA; 자크 하이만스·김승영·헤닝 리이키, "핵무장을 강행할 것인가 말 것인가: 비교 관점에서 본 남북한 핵무장 결정," 『사상』, 2000년 여름호, pp. 199-204; 중앙일보 특별취재팀, 『실록 박정희』(서울: 중앙 M&B, 1998), pp. 258-263.

28) 신욱희·김영호, "전환기의 동맹: 데탕트 시기의 한미안보관계," 한국정치학회 세미나, 『박정희 시대의 한국: 국가·시민사회·동맹체제』(2000). 이 논문에서는 데탕트의 시기가 월트가 지적했던 동맹의 유지에 관계되는 위협인식, 신뢰도, 그리고 국내정치적 변수를 매개로 하여 한미동맹의 주요한 전환의 계기를 제공하였다고 분석하였다.

29) 이상현, "한미동맹과 전략적 유연성: 쟁점과 전망," 『국제정치논총』 제46집 4호 (2006); 이수형 (1999).

철군[30]과 이어진 카터의 미 지상군 완전철군이나 인권정책[31] 등을 일방적으로 추진하였기 때문이다.

이와 같이 미국과 한국은 "후견-피후견 관계"의 비대칭 동맹임에도 불구하고 한국은 미국의 철군정책이라는 일방적인 안보동맹전략의 요구에 반발하였다. 박정희 대통령은 1971년 미국이 전방의 미 7사단을 철수시키고자 할 때 미 행정부에 선 보장을 요구하면서, 오히려 이를 방해하는 강압적인 반응을 나타내며 미국의 분노를 샀으며 또한 1977년 카터 대통령이 미지상군 완전철군정책을 추진하고자 할 때 "나갈 테면 나가라고 해!"와 같은 감정적인 반응을 미국에 숨기려고 하지 않았다.[32] 이 과정에서 양국은 안보동맹 전략의 수행에 있어서 상당한 이견과 첨예한 갈등을 겪었음을 의미한다. 따라서 안보동맹의 수행전략 과정에 대한 공유나 이견에 대한 분석의 필요성을 제시해 준다.

---

30) 1969. 8. 21~23일까지 샌프란시스코에서 박-닉슨 정상회담 공동성명에서 미국은 대한안보공약의 굳은 결의를 재확인한다고 하였고, 박 대통령은 귀국회견에서 닉슨의 대한반도 정책의 기본적 전환은 추호도 없을 것으로 확인했다고 발표했다. 그러나 닉슨은 1969년 2월 22일 존슨행정부에서 추진되던 주한미군의 단계적 감축 연구를 계속하도록 지시하였고, 8월 14일 정상회담 직전에도 주한미군 철군을 철수를 전제한 토의를 하였다. 조선일보, 1969. 8. 26; "U.S. Policy and Programs Toward Korea," folder: NSC Meeting (San Clemente) 8/14/69 Briefing: Korea: China [1 of 3], box H-23, NSC H-files, NPM, NA II.

31) 다수 학자들은 카터의 대외정책을 실패로 규정하면서 일부 인권정책에 대한 높은 평가에도 불구하고 비판적 입장을 보인다. Gaddis Smith, Morality, Reason, and Power: American Diplomacy in the Carter Years (New York: Hill and Wang, 1986); Burton I. Kaufman, The Presidency of Jimmy Earl Carter, Jr. (Lawrence: University Press of Kansas, 1993); Michael Hunt, Ideology and U.S. Foreign Policy (New Haven: Yale University Press, 1987); 기존의 부정적 평가와 달리 최근에 나타나고 있는 긍정적인 재평가 흐름을 소개하고 있는데, 카터의 대외정책을 기존의 '반공'과 '군사적 봉쇄'라는 냉전노선에서 탈피해 비군사적이고 국제적 협조를 추구하려 한 것으로 평가하고 카터정부의 대외정책을 최초의 '탈냉전적 대외정책'으로 평가하였으나, 보수파의 비판과 공격, 그리고 임기 후반 대외정책적 악재 속에서 임기 초의 개혁과는 정반대인 소련과의 대립, 미국의 군사적 증강으로 나가게 되었다고 분석하고 있다. 박인숙, "카터행정부와 '봉쇄군사주의'의 승리," 『미국학』 제27권 (2008).

32) Ji-whan Hwang, "Weaker States, Risk-taking and Foreign Policy: Rethinking North Korea's Nuclear Policy, 1989-2005," The University of Colorado's doctoral thesis (2005); Sang-hyun Park, "Cognitive Theory of War: Why Do Weak States Choose War Against Strong States?," The University of Tennessee's doctoral thesis (2004). 제시된 사례는 북핵 위기 시 북한의 위험감수적인 행동이나 이라크의 미국에 대한 전쟁, 아르헨티나의 영국에 대한 전쟁 등을 전망이론의 손실영역에서 약소국의 위험감수적 선택으로 설명하였다.

다음으로 한미 안보동맹에서 양국의 갈등이 결과적으로는 한국에 긍정적인 결과를 가져왔다는 연구결과이다. 닉슨독트린으로 인해 자주국방을 추진하던 박정희 행정부의 핵 정책으로 미국이 한국을 전략적으로 재평가하였고, 이는 1979년 한미 정상회담에서 '한미 동반자 관계'로 전환하도록 영향을 미쳤다는 주장이다.[33] 한국의 자주국방 정책의 추진 배경에는 미국도 알고 있었던 것처럼 미국에 대한 불신이 깔려 있었다. 포드 행정부의 키신저(Henry Kissenger)도 이러한 한국의 불신에 주목하였다.[34]

비대칭동맹에서 핵 문제는 약소국의 국가자율성과 관련이 된다. 이는 곧 한미 안보동맹에서 한국의 핵 문제가 안보파트너십의 형성에 영향을 미쳤음을 시사해 준다. 따라서 안보파트너십의 변화를 추적하기 위해서 한국의 핵 개발 문제가 손실 감수의 인식에 영향을 미쳤음을 분석해야 할 것이다.

이 시기에 미국은 한국의 격렬한 저항에 대해 기존 입장을 고수하면서도 전반적으로 정치적 안정에 유의하면서 대응하였다. 1971년도 미 7사단의 철군 이후에도 추가 철군 문제가 지속적으로 제기되었다. 레어드(Melvin Laird) 국방장관은 닉슨독트린의 시범 케이스로 주한미군의 추가 철군을 주장하였으나[35] 키신저 안보

---

33) 조철호, 「박정희 핵외교와 한미관계 변화」, 고려대학교 정치외교학과 박사학위 논문, 2000.

34) Memorandum for the President from Henry A. Kissinger, "National Security Study Memoranda on Korea and Thailand," folder: NSSM 226-Review of U.S. Policy toward the Korean Peninsula, box 36, NSC Institutional Files, Ford Library; 박 대통령은 자주국방을 위해 미사일과 핵무기와 같은 전략무기를 개발하고자 하였다. 한용섭, "한국의 자주국방과 한미동맹: 역사적 고찰과 양립가능성에 관한 연구," 국방부 군사편찬연구소 편, 『군사사 연구총서』 제4집 (2004), pp. 16-17.

35) 레어드는 지속적으로 추가 철군을 추진했다. 이 와중에 '72년 10월 15일 한국의 조선일보에 "주한미군 내년 6월 이후 추가철수"라는 제목으로 레어드 미국방장관의 2월 24일 의회 비밀증언 내용이 10월 13일 공개되었음을 보도하였다. 이 파문으로 레어드 국방장관은 11월 8일에 닉슨 대통령에게 73년 1월 20일 자로 사퇴하는 사임편지를 제출하고, 닉슨은 11월 17일 승인하였다. 조선일보 (1972. 10. 15); Laird's Letter to the President, Nov 8, 1972; President Nixon's Letter to Laird, Nov 17, 1972; 그러나 레어드는 퇴임 후 닉슨독트린을 평가하면서, "탈베트남화 과정에서 미국이 철수하지 않고 있다는 인상을 주기 위해서 최대한 과거 정책의 지속성을 유지하려 하였던 것이 닉슨의 정책이었으며, 닉슨독트린은 일본보다 한국에 더욱 적용되었는데, 한국은 미국의 국방정책에 있어 지속과 변화의 혼합된 사례로서 7사단 철수와 새로운 안보지원프로그램 가동, 그러나 한국방위에 대한 지속적인 직접공약

보좌관 등 NSC나 국무부에서는 철군의 타당성을 받아들이면서도 국방부의 성급한 움직임에 제동을 걸었다.

이후 포드 행정부에서도 미 국방부는 1971년 한시적으로 창설하였던 한미 1군단을 해체하려는 논의가 전개되었을 때, 키신저와 NSC가 대통령의 결심을 받도록 제지하는 등 조심스런 반응을 보였다. NSC는 국방부의 입장이 1949년 주한미군의 철수와 동일한 궤적에서 추진되는 것으로 보았다.[36] 1975년 추가 철군 논의가 중지되고 한미 1군단 해체 논의가 연기되었다.

미국의 이러한 반응은 미국이 개입을 축소 및 회피하면서도 한반도의 현상유지를 위하여 급격한 변화로 인한 정치적 불안정을 경계하였다는 점을 시사해 준다. 미국은 이러한 불안정이 초래할 손실과 비용의 증가를 원하지 않은 것으로 보인다. 이러한 미국의 행태는 안보파트너십의 분석요소로서 손실의 감수에 대한 중요한 분석대상이 될 것이다.

셋째로 한미연합방위체제와 동맹의 제도화에 대한 연구이다. 한미 안보동맹에 대한 대부분의 연구는 주로 정치 · 외교적 차원에서 이루어졌고, 군사적 분야는 통상 부분적으로 취급된 것으로 보인다. 미국의 핵전략과 이에 관련된 한반도의 핵전략에 대해서 일부 연구는 있었으나 재래식 방어 전략이나 안보동맹의 제도화에 대한 연구는 매우 드물다고 하겠다.

일반적으로 동맹의 제도화가 잘되어 있으면 동맹이 잘 유지되는 것으로 알려져 있다. 월트(Stephen M. Walt)는 제도화가 잘 이루어져 있을수록 동맹의 지속가능성은 증가하고, 동맹의 결합에 영향을 미치며, 스스로 적응할 수 있는 능력을 가질

의 보장으로서 2사단이 잔류하게 되었다."고 하였다. Melvin R. Laird, "A Strong Start in a Difficult Decade: Defense Policy in the Nixon-Ford Year," International Security, Vol. 10, No. 2 (1985).

36) Memorandom for Kissinger from W. R. Smyser, Clinton E. Granger, "Wrong Signals to Pyongyang," Jan 29, 1975, folder: Korea(2), box 9, NSA, PCF EA/P, Ford Library.

때 더 강력하게 작용한다고 주장한다.[37)] 또한 코헤인(Robert O. Keohane)은 동맹 형성의 원인이 사라지더라도 동맹의 제도적 관성(institutional inertia)이 동맹을 지속하게 한다고 주장하고 있다.[38)] 그는 제도를 독립변수적 입장에서 본 것이다. 이와 같이 대부분의 연구는 독립변수로서 동맹의 제도화를 언급하고 있다.

또한 한국의 연합방위체제를 종속변수로 한 괄목할 만한 연구 성과도 있다. 이 논문은 『닉슨-포드 행정부의 대한반도 안보정책에 따른 한미연합방위체제의 변화』로서 핵심 내용은 닉슨 독트린과 데탕트의 서로 다른 요구와 효과로 인하여 한미연합방위체제가 형성되었다는 주장이다. 즉 당시 데탕트에 대한 고려가 한국화 정책을 유보하게 하였고, 이는 주한미군 추가 철수를 유보하게 하였을 뿐만 아니라, 한반도 데탕트 정책의 추진은 UNC의 해체 대안으로 CFC를 창설하게 함으로써 연합지휘체제를 강화시켰다는 것이다. 또한 미·중 데탕트는 일차적으로 한국군 현대화를 가속화시키게 하였으나, 데탕트로 인한 중국 위협의 감소는 미국의 핵무기 사용을 배제하면서 재래식 위주의 공세적인 방어 전략으로 변화시켰다는 것이다.[39)] 따라서 한국의 연합방위체제 형성의 원인을 닉슨독트린과 데탕트 정책이 한반도에서 서로 다른 요구와 효과를 만들어내었기 때문인 것으로 분석하고 있다. 이 연구는 1970년대 한미군사관계에 대해 높은 연구 성과를 이뤘으나, 결과론적인 서술적 설명이라는 제한점을 보이고 있다.

그리고 '동맹안보문화'를 동맹안보정체성과 동맹규범을 구성하는 역할로 보면서 독립변수로, '동맹결속력(cohesiveness)'의 변화를 종속변수로 하면서 동맹결속력의 변화를 측정하는 요소로 주한미군 병력과 장비, 지도자의 공약, 동맹의 제도

---

37) Stephen M. Walt, "Why Alliances Endure or Collapse," Survival, Vol. 39, No.1 (Spring 1997), pp. 156-179.

38) Robert O. Keohane, "Alliances, Threats, and the Uses of Neorealism," *International Security*, Vol.13, No.1 (1988), pp. 169-176.

39) 김수광 (2008).

화, 연합군사훈련을 제시한 연구논문이 있다. 이 논문은 구성주의적 시각[40]에서 국가가 갖고 있는 동맹안보문화의 위협인식과 동맹이익에 대한 재평가가 동맹결속력의 변화를 가져온다고 주장하고 있다.[41] 여기서 동맹결속력이라는 종속변수를 측정하기 위해 동맹의 제도화를 언급하고는 있으나, 동맹의 제도화는 동맹결속력이라는 포괄적인 개념의 사전적 의미의 한 요소로 포함하면서, 제도화에 대한 인과관계의 설명을 목적으로 하지 않고, 1968~2005년을 망라하여 제도화에 대한 구체적인 분석수준을 대상으로 하고 있지는 않다.

이러한 연구들은 본 연구에서 안보파트너십과 동맹의 제도화라는 종속변수를 구체화하고, 두 변수를 이론적 틀로 구성함에 있어서 유사한 연구사례를 제공해 준다. 다만 접근 및 분석 관점의 차이로 이를 직접적으로 적용하기에는 제한된다. 그러나 이러한 연구에서 고려한 제반 데이터와 분석 내용들은 본 연구의 진행에 도움이 될 수 있을 것으로 생각한다.

기존의 경험적 연구들은 이 책의 주제인 1970년대의 한미 갈등에도 불구하고 왜? 그리고 어떻게? 한미연합방위체제로 발전할 수 있었는지에 대해 설명해 주지 못하고 있으며, 또한 안보파트너십이라는 개념을 고려하지 않았다. 그러나 한미 동맹에서의 한미 관계의 변화, 한국의 반응, 미국의 대응, 그리고 제도화에 대한 경험적 연구들은 안보파트너십의 개념과 정치적 · 군사적 측면, 그리고 축적된 연구 자료들을 활용할 수 있게 해 준다.

이상과 같이 기존의 연구는 안보파트너십과 안보동맹의 제도화 관계를 이론화

---

40) 구성주의(Constructionism)에서는 제도를 하나의 과정적 의미로 파악하면서 그 속에서의 관계를 형성에 나가는 것으로 보고 있다. 구성주의는 제도가 행위자의 이익에 대한 인식을 구성하는 측면과 반대로 행위자가 제도와의 상호작용 속에서 다시금 제도를 재구성하는가의 측면을 동시에 설명하고자 한다. Alexander Wendt, "Construction International Politics," International Security, Vol. 20, No. 1 (Summer 1995), pp. 4, 76.

41) 동맹결속력이란 용어는 칼 홀스티나 조지 리스카의 응집력(cohesion) 개념이나 강도(solidarity) 등의 개념으로 소개하고 있다. 지효근, 「동맹안보문화와 동맹결속력 변화: 한미동맹 사례연구, 1968-2005」, 연세대학교 정치학과 박사학위 논문, 2006, pp. 19-28, 47-58.

함에 있어서 유용성과 동시에 제한점을 준다. 먼저 기존연구를 통하여 안보파트너십에 대해 양국이 현실적으로 보인 입장, 분석 요소, 접근방법 등에 대한 가설을 이끌어 낼 수 있게 해 주었다.

첫 번째로 한미 안보파트너십은 비대칭성의 변화 등으로 인하여 현실적으로 양국이 보인 입장을 통하여 정의될 수 있을 것이다. 미국은 최초 동맹의 형성 시 일방적 보호로부터 1970년대를 전후하여 선택적 · 소극적으로, 한국은 최초 일방적 의존에서 자주로 각각 입장을 바꾸었음을 이해할 수 있었다. 동시에 비대칭성의 완화는 작전통제권 등 자율성의 제한을 완화시키며 핵 논란과 함께 연합작전체제에서 한국의 참여를 증가시키도록 작용하였다. 두 번째로, 한미 동맹의 최초 기원과 안보파트너십의 형성에 있어서 미국은 군사적 가치나 정치적 이익에 대한 상반된 평가를 근거로 하였고 또한 한미 갈등이 첨예하였던 1970년대를 통하여 정치 · 군사적 수준에서 세계전략과 대한안보정책에 대해 현안을 분석하고 대안을 모색하였다는 사실들로부터 정치 · 군사적 수준에서의 분석과 접근방법이 필요함을 제시해 준다. 세 번째로, 안보파트너십의 분석요소를 도출할 수 있었다. 냉전 상황에서 양극체제의 바탕이 된 이데올로기적 가치체계, 위협에 대한 인식, 이익의 공유나 교환, 이익에 상응한 손실의 감수, 그리고 수행전략의 공조 등은 안보파트너십의 형성과 변화를 가져왔음을 알 수 있었다.

그러나 기존 연구의 제한점으로부터 이론의 분석을 위해서 다음과 같은 추가적이고 구체적인 연구가 필요할 것이다. 먼저 안보파트너십의 개념을 이론적으로 정의하는 것이 필요하다. 안보파트너십의 개념에 대한 이론적 정의는 기존연구를 통해서 도출한 안보파트너십의 분석요소와 정치 · 군사적 수준의 고려를 포함해야 할 것이다. 특히 안보동맹에서 나타난 정치적 갈등과 군사적 협조라는 상반된 현상을 설명할 수 있어야 한다. 동시에 이러한 이론적 정의는 양국 간에 현실적으로 형성된 안보파트너십의 유형을 설명하고 또한 검증할 수 있어야 할 것이다.

두 번째로 안보동맹의 제도 및 제도화에 대한 정의를 구체화하여야 한다. 또한 안보파트너십의 영향에 따라 나타난 제도화의 수준을 평가할 수 있어야 한다. 제도화의 수준에 대한 평가는 기존 연구를 통해서 양국이 안보동맹에 대해 정치 · 군사적인 수준에서의 상호작용을 통하여 얼마나 공고하게 개입을 지속하고자 하였는지와 상호작전 운용성을 체계화시켰는지에 대한 논의와 검토를 필요로 할 것이다.

본서에서 연구하고자 하는 안보파트너십의 정치 · 군사적 수준의 작용이 동맹의 제도화에 미친 영향에 대한 이론화 작업을 통하여 기존 연구들과는 달리 다음과 같은 학문적 기여가 가능할 것으로 기대한다. 먼저 안보파트너십의 구체적인 정의를 제시하는 것이다. 안보파트너십이라는 용어는 정치 · 경제 · 사회 · 군사 등의 제 영역에서 그 동안 광범위하게 사용되어 왔고, 특히 동맹 관계에서도 빈번히 사용됨에도 불구하고 그 개념이 구체적으로 제시되지 않았었다.

두 번째로 기존 연구는 한미 안보동맹의 관계를 주로 한국이나 미국의 일방적 혹은 구분적 입장에서 분석하였다. 그러나 본 연구에서는 한미 양국을 동시에 주체로 하는 독립변수로서 고려한다는 점에서 새로운 접근과 분석의 관점 그리고 이론화를 제시해 준다는 점이다. 세 번째로 경험적인 측면에서 한미 안보동맹의 사례연구를 통한 안보파트너십과 제도화 이론의 개발은 국제정치 차원으로 안보연구의 영역을 넓혀 줄 것으로 기대한다. 이 이론이 개발된다면 미국과 다른 동맹국 간에도 정치 · 군사적으로 상이한 현상의 발생에 대한 연구에 적용될 수 있을 것이다.

제2장 안보파트너십의 분석틀

본서의 연구목적을 달성하기 위해서는 안보동맹에서 안보파트너십과 제도화라는 두 개념의 도입과 인과관계의 이론화를 위한 분석틀이 필요하다. 이러한 분석틀을 만들기 위해서는 무엇보다 안보파트너십과 제도화라는 두 개념을 구체화해야 한다. 이를 위해서 안보파트너십이나 제도화에 대한 명목적 정의(nominal definition)를 통해 의미를 부여함으로써 규약할 것이다.

또한 본서에서는 특히 안보파트너십의 형성과 변화에 유의하고 있다. 따라서 안보파트너십이나 제도의 개념은 관찰하거나 확인할 수 있도록 절차나 실험적 도구의 구체화를 통해서 의미를 분명하게 조작적으로 정의(operational definition)[1]할 필요가 있다. 이러한 조작적 정의를 통해서 안보파트너십이 제도화의 형성과 변화에 미친 영향을 보다 구체적으로 분석할 수 있도록 해 줄 것이기 때문이다. 그리고 분석을 위한 이론화는 두 개념의 관계를 표현하는 것이다. 표현 형식은 안보파트너십이 상대적으로 높거나 낮게 형성됨에 따라 제도화의 형성과 변화에 영향을 미쳤음을 인과관계로 서술할 것이다. 필자는 이러한 가설을 검증함으로써 경험적 일반론(empirical generalization)[2]의 수준으로 이론화할 수 있기를 기대한다.

---

1) 명목적 및 조작적 정의에 대해서는 아래를 참조하였다. Carl G. Hempel, Fundamentals of Concept Formation in Empirical Science, International Encyclopedia of Unified Science, Vol. II, No. 7 (Chicago: The University of Chicago Press, 1952), pp. 2-6; Carl G. Hempel, Philosophy of Natural Science (Englewood Cliffs, N.J.: Prentice-Hall, Inc., 1966), pp. 88-91.

2) Abraham Kaplan, The Conduct of Inquiry (San Francisco: Chandler Publishing Co., 1964), pp. 105-114. 경험적일반론은 이론적 법칙(theoretical law)에 비해 이론화가 낮은 수준이나, 안보파트너십과 안보동맹의 제도화의 관계를 경험적 설명할 수 있을 것으로 기대한다.

제1절 안보파트너십(Security Partnership)

본서에서 안보파트너십은 동맹의 제도화에 영향을 미치는 독립변수로 보고자 한다. 따라서 안보파트너십의 개념을 정의하고, 안보파트너십의 형성과 변화를 분석하기 위한 요소를 구체화하며, 각각 정치 및 군사적 수준에서 어떻게 작용하는지를 분석한 후, 정치·군사적 수준에서 다양하게 작용하는 안보파트너십의 유형을 모형화하고자 한다.

안보파트너십의 개념을 정의하기 위한 첫 단계로서 앞에서의 기존연구는 물론 제반 정의와 주장을 참조할 필요가 있다. 파트너십(Partnership)이란 용어는 정치·경제·사회·군사 등 제 분야에서 폭 넓게 사용되고 있다. 사전적으로 파트너십이란 "사업파트너들이 투자한 사업에서의 이익과 손실을 상호 공유하는 사업체의 형태"[3]로서 경제적으로 정의되고 있다. 그렇다면 안보 분야에서 이 개념을 적용하여 볼 때, 사업에서의 이익과 손실은 정치적 이익(interest)과 손실 등으로 대체할 수 있다.

안보 동맹의 차원에서 파트너십을 언급한 사례는 닉슨 독트린에서였다. 『1971년도 미 태평양사령부 부대사(部隊史)』에서 "닉슨 독트린의 핵심은 파트너십 원칙으로서 평화와 안전에 대한 책임의 공유"[4]라고 강조하고 있다. 이는 미국이 일방적으로 지원하지 않고 동맹국들이 자국의 방위를 위해 보다 많은 책임을 질 것을 기대하면서, 동시에 미국은 동맹국에게 핵우산 등의 공약을 준수한다는 정치적 선언이었다.

또한 최근의 국제적 차원의 파트너십과 관련된 안보활동으로 1994년 1월 NATO 정상회담에서 채택된 「평화를 위한 협력 협정(Partnership for Peace ; PfP)」이 있

---

3) A partnership is a type of business entity in which partners (owners) share with each other the profits or losses of the business undertaking in which all have invested.

4) *CINCPAC(Commander in Chief Pacific Command) History of 1971*, foreword, p. v.

다. 냉전의 종식 이후 구소련권의 국가들이 NATO에 가맹할 의사를 표명하자 러시아가 반발하였다. 이에 미국은 NATO가 각 나라와 개별적으로 협정을 체결하는 타협안을 제시하였다. 조인국가가 안전보장상의 위협에 처했을 경우 NATO는 방위 의무는 지지 않지만 긴급협의에 응하는 것을 주 내용으로 하고 있다.[5] PfP는 안보, 민주주의, 평화유지와 구호활동 등을 통하여 광범위한 정치 및 군사적 이익을 공유하기 위해서 과거의 적대관계를 청산하고 파트너십을 구축한 사례라고 하겠다.

안보동맹에 대한 서구의 학술 연구는 정치 및 군사 연구가 주제로 취급되어 왔다. 정치 및 군사적 목적을 달성하기 위한 동맹(politico-military alliance)에 대해 학자들은 "특수한 현상유지(status quo)를 보장하기 위해 결성하는 정치동맹과 평화 시 방어를 위한 군사동맹의 형태"[6] 혹은 "전쟁방지를 위한 정책제휴의 도구로서, 그리고 억제 실패 시 연합된 노력으로 전쟁을 밀고 나가기 위해서 필요"하다는 논의를 전개해 오고 있다.[7] 기존의 논의를 통해서 한미 안보동맹은 태생적으로 보편적인 정치-군사 동맹으로서의 성격을 갖는다고 하겠다.

이에 따라서 필자는 안보파트너십의 정의와 사례 그리고 학문적 연구를 바탕으로 안보파트너십의 개념을 정의하고자 한다. 즉 안보파트너십의 명목적 정의는 "동맹국가 간에 정치 및 군사적 수준에서의 합의와 협력의 정신"이다. 안보파트너십은 정치 및 군사적 수준에서 무형적 합의나 유형적 협조의 형태로 형성되고 변화한다. 이러한 명목적 정의는 기존의 연구 등을 통해서 정의하고자 하였던

---

5) 추가 협정사항은 군사예산에 대한 공개, 군의 민주적 통제, 평화유지나 구호 활동에 대한 공동훈련/연습 등이 있다. 2009년 NATO 창립 60주년 현재 26개 NATO회원국과 러시아를 포함한 구소련권 23개 PfP 회원국을 보유하고 있다.

6) Robert Endicott Osgood, Robert W. Tucker, Force, Order, and Justice (Baltimore: Hopkins, 1967), pp. 71-75; Julian Lider, Military Theory: Concept, structure, problems (England: Gower Pub. Co. Lt., 1983), p. 54에서 재인용.

7) William H. Riker, The Theory of Political Coalitions (New Heaven: Yale University, 1962); Julian Lider (1983), p. 54에서 재인용.

안보파트너십의 개념을 간명하게 표현하고 학문적으로나 실용적인 활용에 용이할 것으로 기대한다.

그리고 정치 · 군사적 수준에서 다양하게 해석될 수 있는 안보파트너십의 개념은 제도화와의 관계를 이론적으로 분석하기 위한 목적에 따라 조작적으로 구체화될 필요가 있다. 안보파트너십이 어떻게 제도화에 영향을 미쳤는지를 분석할 수 있도록 구체적인 분석요소들을 포함해야 할 것이다. 기존의 연구를 통해서 도출된 분석 요소들은 가치체계와 이익, 위협의 인식, 손실의 감수, 수행전략에서의 공조 등이었다.

따라서 지금까지의 논의를 종합하여 안보파트너십의 개념을 조작화하기 위해서 〈그림 2-1〉과 같이 빙산 위에 드러난 정치 · 군사적 수준의 안보파트너십과 빙산을 이루는 분석요소로 개념을 구체화하였다. 즉 안보파트너십은 동맹국 양국의 지도자로부터 정책수행자, 학계, 언론이나 국민여론 등에 이르기까지 양국이 공동 행위자로서 보인 합의나 이견을 통하여 변화할 것이다. 그러나 각 계층과 수준별로 항상 일치된 형태로 나타나지만은 않을 수도 있다. 안보파트너십의 유형은 양국이 정치 · 군사적 수준 모두에서 공고한 경우, 정치적으로 이견이 있으

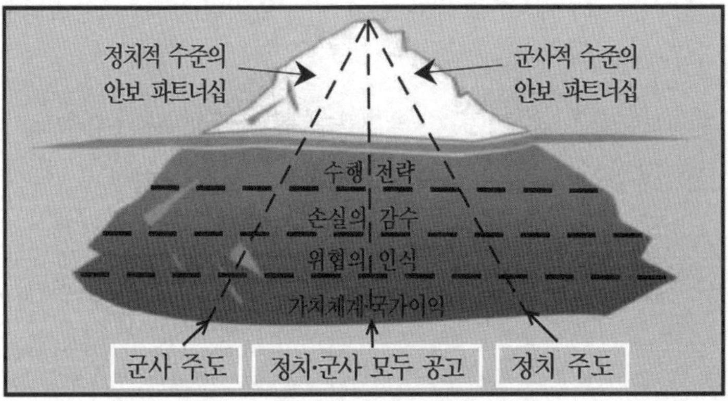

〈그림 2-1〉 안보파트너십 개념의 조작화

나 군사적으로 합의 및 협조되는 경우, 그리고 정치적 합의 및 협조에 반하여 군사적 이견이 있는 경우 등으로 형태를 달리하여 개념화하였다.

또한 조작적 정의를 위한 기준에 있어서 한미 안보동맹의 현실과 특수성이 반영됨으로써 분석의 타당성을 제고시켜야 할 것이다. 이러한 관점에서 한미 안보동맹의 비대칭성에 주목하고자 한다. 어떤 동맹이든 사실상 완전한 대칭동맹은 존재하기가 어렵다. 이에 따라 양국의 안보파트너십은 국력이나 전략의 차이에 따라 비대칭성을 보일 수밖에 없다.

특히 1970년대의 한미 동맹에서 한국은 미국에 대한 의존성에서 변화를 보였다. 1953년 상호방위조약 당시의 "후견-피후견 관계"의 비대칭 동맹을 맺은 이후 새로운 관계로의 변화가 이뤄졌다. 이러한 한미 관계의 역동성에 주목하여 한미 안보동맹은 동태적(dynamic)[8] 비대칭 동맹으로 보고자 한다.

따라서 한미 안보파트너십의 '조작적 정의'는 명목적 정의에 추가하여 분석적 기준 및 동맹에서의 대칭 혹은 비대칭성을 포함해야 하겠다. 안보파트너십은 "비대칭 동맹국가 간에 정치적 및 군사적 수준에서의 가치 체계, 이익의 공유나 교환, 위협의 인식, 손실의 감수, 그리고 수행 전략의 공조 등에 대한 합의와 협력의 정신"으로 조작적으로 정의하고자 한다. 안보파트너십의 구체적인 분석을 위해서 조작적 정의에서 제시한 분석요소들과 정치 · 군사적 수준에 대한 개념을 추가적으로 구체화하고자 한다.

먼저 안보파트너십의 분석요소들의 개념에 대한 구체화이다. 우선적으로 동맹의 기원과 동맹을 지속시키는 안보파트너십의 기반적 가치체계란 무엇인가? 왈트는 동맹국은 강한 동일성을 공유할 때 동맹이 잘 지속될 수 있다고 하면서 "이상적인 결속(Ideological Solidarity)" "공유된 동일성(Shared Identities)" 그리고 도이취(Karl W.

8) 미 경제학자 J. B. 클라크는 경제분석 용어로 동태·정태[動態靜態,dynamics;statics]를 경제적 여건과 시간의 변화를 전제하는 상태(동태)와 전제하지 않는 상태(정태)의 경제를 구분하였다.

Deutch)의 “다원론적 안보공동체(Security Communities)” 등의 개념을 제시하였다.[9)]

예를 들어서 한미 안보동맹의 가치체계는 한국전쟁을 통하여 형성되었다. 한국전쟁은 공산주의와 자유민주주의 체제의 대립을 알리는 신호탄이었다. 자유세계의 공통된 가치는 정치적으로는 자유민주주의이며 군사적으로는 반공 봉쇄주의였다. 한국전쟁 이후 양국은 안보동맹으로 발전하면서 정치적 가치체계의 공유가 진행되었는데, 한국은 미국의 세력권 하에서 냉전을 경험하면서 서구형의 민주주의와 시장경제의 가치체계를 보편화하였다.[10)]

그러나 1970년대는 안보동맹의 가치체계에서 혼란을 보이는 시기였다. 미국의 세계전략으로 추진된 데탕트나 인권정책은 양국의 안보파트너십의 공유에 제한을 가져왔다. 외교적으로 화해하는 것처럼 보였으나, 군사적으로는 냉전의 바탕에서 상대방은 여전히 잠재적 적이었다. 데탕트는 냉전의 종말이 아니고 외교적 봉쇄의 계속이었다. 정치 · 군사적으로 일관성이 없는 가치체계는 약소국에게 안보의 불안과 불확실성을 가져다주었다.

한미 안보동맹의 형성 시 미국은 깊은 개입을 회피하고자 하였으나 당시 양극체제가 강요하는 가치체계에 따라서 개입의 수준을 높이는 선택을 한 것으로 보인다. 한국은 적극적으로 동맹을 원한 반면, 미국은 망설였다. 당시 봉쇄정책을 입안하였던 케난(George Kennan) 조차도 “현명하고 노련한 지도자는 미래의 불확실성 때문에 정부의 행위를 제약할지 모르는 개입에 주의한다.”[11)]고 하였다.

기존의 연구를 통해서 보면 미국은 한국의 군사전략적 이익을 인정하지 않았다. 그럼에도 불구하고 미국이 한국전쟁에 개입하고 동맹을 결성하게 된 것은 정치적 이익과 동일한 가치체계에 기인한다. 공통의 가치체계는 정치적으로는 자

9) Stephen M. Walt (Spring 1997), pp. 168-170.

10) 이기택, “민족통일과 한미관계의 어제와 오늘,” 『민족발전연구』 (1995), p. 83.

11) George Kennan, *The Fateful Alliance: France, Russia and the Coming of the First World War* (New York: Pantheon Books, 1984), p. 238.

유민주주의 체제를 같이하는 것이며 군사적으로는 냉전이 형성되면서 비롯된 반공 및 봉쇄주의였다고 할 수 있겠다.

안보파트너십에 있어서 가치체계와 병행하여 국가이익은 중요한 고려요소가 된다. 왈트는 동맹이 지속되는 이유에 대해 급격한 외적 변화에도 불구하고 동맹을 유지하는 것은 이익이 보다 클 때라고 하였고,[12] 모겐소(Hans J. Morgenthau)도 동맹이 주는 이익에 대해 동맹이 오래 작동할 수 있는가는 동맹이 필요로 하는 이익의 평가에 달려 있다고 하였다.[13]

가치체계와 이익은 개념의 차이는 있으나 사실 구분하기가 어려운 점이 있다. 양극체제는 가치체계와 동맹의 이익을 공고하게 공유시켰다. 그러나 1970년대 양 진영의 데탕트와 탈냉전화는 가치체계와 국가이익에 대한 혼란을 주었다. 이에 대해서는 구체적으로 분석이 되어야 할 것이다.

동맹에서 이익은 어떻게 공유되는가? 동맹국은 이익을 같이 공유할 수도 있고 혹은 다른 이익을 상호 교환할 수도 있다. 한미 동맹의 기원에서 미국은 군사적 가치와 정치적 이익의 상반된 평가를 통해 한반도에 개입하였다. 미국은 국제적인 위신과 영향력이라는 이념적이고 상징적인 가치를 선택하고 이에 따라 개입하면서, 군사적 손실과 비용을 감수하여야 했다. 그렇다면 한국이 동맹을 통해 얻는 이익은 무엇인가? 1948년에 정부를 수립한 한국은 공산주의의 위협으로부터 안보는 절대적 명제였다. 동시에 경제발전을 위한 미국의 전폭적인 지원을 필요로 하였다.

한미 안보동맹에서 양국은 정치 · 군사적 이익과 손실에 있어서 반비례 관계를 보였다. 반면에 NATO의 경우 동맹이 추구하는 정치 · 군사적 가치나 이익을 공유한다. NATO는 정치 · 군사적 이익 및 가치와 손실을 '공유'하는 "비례적 동맹"

12) Stephen M. Walt (Spring 1997), pp. 156-157.

13) Hans J. Morgenthau (1973), p. 185.

임에 비해, 한미 동맹은 정치 · 군사적 이익 및 가치와 손실을 '교환'하는 "반비례적 동맹"의 성격을 보인다. 따라서 한미 동맹에서는 정치 · 군사적 이익과 손실에 대한 인식의 차이로 "연루-방기의 딜레마"나 "절약-충분의 딜레마"가 작용하면서 안보파트너십에 영향을 미쳤다.

둘째로 양국이 동맹으로서 갖는 위협에 대한 인식의 공유이다. 동맹의 형성에 관한 이론적 주장의 하나로 동맹은 위협 인식의 공유에서 비롯된다고 보았다. 왈트는 "동맹은 둘 또는 그 이상의 국가들 사이에 안보협력을 위한 공식적 또는 비공식적인 협정이자 외부 위협에 대항하는 공동의 군사지원 약속"으로 정의하였고, 동맹이 와해되는 이유로 위협 인식의 변화로 인해 동맹의 가치가 훼손되는 예를 들어서 경우를 들었다.[14] 위협의 공유는 동맹을 형성하는 핵심적인 특징이고, 이는 불특정 위협에 대응하여 결성되는 집단안전보장(Collective Security)과도 구별되는 개념이다.[15]

이처럼 위협에 대한 인식은 안보파트너십의 핵심적 이유가 되었으나 예를 들어 데탕트는 한미 양국에게 정치·군사적으로 위협의 인식에 혼란을 주었다. 정치적인 화해분위기와는 달리 군사적으로는 반공봉쇄주의가 동시에 지속되는 양면성을 지녔기 때문이다. 자유주의 국가들에게 공산권 국가는 변함없이 적으로 인식되면서, 더욱이 군사 지도자들에게는 동반자 의식으로 깊숙이 공유되어 있었다. 표면적인 데탕트와는 달리 군사 지도자들은 전쟁 억제와 유사시의 전쟁을 염두에 두고 이를 대비하였다. 데탕트는 한국전쟁 이후 어제까지의 적이었던 한국 · 미국 진영과 북한 · 중국 및 소련 진영이 혼재됨에 따라 북한과 한국은 이를

---

14) Stephen M. Walt (Spring 1997), pp. 158-159,

15) 국제사회는 1차 세계대전을 경험한 후 개별안전보장의 한계를 극복하기 위해 국제연맹을 통해 집단안전보장체제를 확립하였다. 집단안전보장은 동맹이 가상의 적을 상대로 한 국가들의 결속임에 반하여 대립관계에 있는 국가들도 같은 체제 속에 포함시켜 서로 견제하고 협력하는 연대성을 갖기에 외부에 가상의 적을 두지 않고 있다. 이는 2차 세계대전 후 국제연합에서 더욱 강화되었다.

오히려 위협으로 받아들였다.[16)]

한미가 공유하는 위협은 무엇인가? 미국은 정치적으로 공산세력에 대한 팽창을 억제하는 봉쇄정책을 추진하였고 이는 1970년대 데탕트 상황에서도 지속되었다. 그리고 군사적 위협의 실체는 공산국가들의 핵 및 재래식 전력과 의도였다. 반면에 한미 간의 위협인식에 대한 차이점은 미국이 세계전략의 차원에서 소련이나 중국 등 공산세력에 대한 위협을 기준으로 인식한 반면에 한국은 북한의 위협과 도발 및 군사력이 직접적이었다는 점이다. 이러한 인식의 차이가 1970년대 한미 관계에 영향을 미쳤다. 위협에 대한 정치 · 군사적 인식의 차이는 본 연구의 핵심적인 분석 대상이 될 것이다.

셋째로 양국이 감수해야 할 위협 · 비용 · 손실의 감수란 무엇인가? 국가는 안보위협에 직면하여 무장(Arming)(신현실주의자는 '대내적 균형(internal balance)'으로 칭함)과 동맹(Alliances)(신현실주의자는 '대외적 균형(external balance)'으로 칭함)을 고려하고, 비용과 효과에 대한 판단에 따라 선택한다. 한 국가가 독립적으로 무장을 선택하면 신뢰성이 높으나 비용의 문제가 따르고, 동맹은 신속하게 안보 지원을 받을 수 있으나 신뢰성과 정치적 비용이 따른다.[17)] 이처럼 외부 위협에 대항하기 위해서는 어떠한 형태로든 비용과 손실을 감수한다는 것을 전제로 한다.

비대칭 동맹에서 강대국과 약소국은 정치 · 군사적 수준에서 상이한 형태로 손실을 감수한다. 이 과정에서 양국은 앞에서 언급한 "방기-연루의 딜레마"나 "절

---

16) Taewan Kim, "The Korean Paradox of the 1972 Sino-American Rapprochement: An East Asian Perspective," The University of Colorado's doctoral thesis (2005). 1972년 상해 공동성명을 통해 보호국인 미국과 중국이 화해함으로써 피보호국인 한국과 북한의 긴장을 완화하고자 하였으나, 한국과 북한은 이를 체제의 위협으로 받아들이고 각국의 보호국들과 갈등을 겪었다. 1972년 한국과 북한은 상호 적대감과 불신에도 불구하고 1972년 한반도 내 데탕트에 합의하고, 7.4 공동성명을 발표하였다. 한국과 북한은 미국과 중국으로부터의 방기의 두려움과 압력에 의해 달갑지 않은 데탕트를 맺었다; 4장의 논의 참조.

17) James D. Morrow, "Arms versus allies: trade-offs in the search for security," *International Organization,* Vol. 47, No. 2 (Spring 1993), p. 208.

약-충분의 딜레마"를 겪게 된다. 강대국 미국은 2차 세계대전에서 초강대국으로 등장한 이후 정치 · 군사적인 영향력 유지를 위해 막대한 국방자원의 투입을 감수하였고, 한반도에서도 또 다른 대규모의 전쟁에 개입될 가능성을 감수해야 하였다. 미국은 가치체계나 이익을 지키기 위하여 정치 · 군사적 손실을 감수하여야 하였다. 그러나 1970년대 미국은 이러한 손실의 감수를 감소시키거나 회피하고자 하였다. 이러한 손실의 감수에 대한 회피는 안보파트너십의 변화를 가져왔다.

이에 반해 약소국 한국은 안보동맹에서 강대국에게 국가자율성의 제한을 감수해야 하였다. 따라서 한국은 강대국의 세계 전략과 동북아 전략에 동조해야 했고, 이에는 핵개발을 추진하지 않는 것도 포함되었다. 그리고 한국군에 대한 작전통제권의 이양과 제한을 감수하는 것이었다. 그러나 1970년대는 비대칭성의 변화로 정치 · 군사적 수준에서 손실의 감수에서 변화를 초래하였다. 한국은 자주국방을 추진하면서 핵 논란을 가져 왔고, 작전통제권의 완화 등 안보파트너십을 변화시켰다. 군사적으로는 작전통제권의 완화를 요구하면서 한국군 참여의 증대를 요구하게 되었다. 한국군의 참여는 궁극적으로 연합작전에서 상호작전 운용성이 확대되는 것으로 나타나게 되었다.

넷째로 안보동맹의 수행전략에서의 공조 여부이다. 양국은 국제관계의 영역에서 안보 동맹의 전략에 대한 합의와 협조를 통해서 공동의 위협인식에 따라 손실을 감수하면서도 공동의 가치체계나 이익을 옹호하고 발전시키고자 하였다. 1960년대 중반의 한국군 베트남 파병 추진과 한일국교 정상화 등은 한미 양국의 대표적인 공조를 통해서 추진되었다. 그러나 한미 양국은 인식의 차이나 제 요인에 따라 수행전략에서 항상 공조를 이룰 수는 없었다. 실례로 안보동맹의 기원이 되는 한국전쟁에서 양국은 전쟁의 목적과 수행방식에서 이견을 보였다. 미국은 대표적인 제한전쟁을, 한국은 북진통일을 바랐다. 제한전쟁에 반하는 군사행동을 추진한 맥아더(Douglas Macarthur) 장군은 문민통제의 원칙에 따라 해임되었다. 미국은 3차 세계대전의 가능성을 우려하여 재래식 무기로 한반도에 국한된 전쟁으로 제한하였다.[18] 이러한 차원에서 미국은 북한을 통제하고, 소련과 중국을 견제하였다. 동시에 미국에게 동맹국 한국도 통제의 대상이었다.[19] 그리고 1970년대 한미 안보동맹에서 미국의 일방적인 철군 및 인권 정책은 양국의 안보동맹 전략의 공조에서 중요한 시험대가 되었다.

다음으로 한미 안보파트너십은 '정치적 수준의 안보파트너십'과 '군사적 수준의 안보파트너십'으로 안보동맹의 제도화에 영향을 미친다. 정치-군사동맹인 양국의 안보파트너십에서 정치 · 군사적 수준의 개념을 어떻게 정의할 것인가? 먼저 정치적 수준이란 양국이 안보 · 경제 등 제반 측면에서 동맹에 대한 개입(commitment 혹은 engagement)의 태도로 보고자 한다. 여기서 개입이란 오스굿(Robert E. Osgood)이 언급한 정치-군사 동맹의 성격 중에서 유사시 전쟁발발을 억제하는 제반 정치적 수준에서 발생하는 '특수한 현상유지'에 동의하는 것을 의미한다. 즉 전쟁의 억제, 현상유지, 혹은 한반도나 동북아의 안정적 상태를 유지하는 것 등이 포함될 것이다.

따라서 정치적 수준의 안보파트너십은 동맹에 대한 '개입'이나 '불개입'과 관련한 정치적 이익, 손실의 감수, 위협 인식 그리고 전략의 공조 등에 대한 정치적 고려로서 형성된다. 정치적 수준의 안보파트너십은 다음과 같은 특성을 보였다. 먼저 한미 관계와 같은 안보동맹의 비대칭성에서는 기본적으로 강대국이 주도하

18) Robert E. Osgood, Limited War Revisited (Colorado, Boulder: Westview Press, 1979).

19) 한미동맹에서 데탕트 시기 미국은 적에 대한 통제는 물론, 동맹국에 대해서도 동시에 통제하였다. 1953년 휴전 협정 당시 이승만 대통령의 북한 공격에 대한 주장을 무마하기 위해서 한미상호방호조약을 체결한 것은 대표적인 예이다. 이러한 미국의 이중봉쇄 개념에 관한 문헌으로는, Robert Latham, The Liberal Moment: Modernity, Security and the Making of Postwar International Order (New York: Columbia University Press, 1997); Bruce Cumings, Parallax Visions: Making Sense of American-East Asian Relations at the End of the Century (Durham: Duke University Press, 1999); 이혜정, "한미동맹 기원의 재조명: 한미상호방위조약의 발효는 왜 연기되었는가?," 『한국정치외교사논총』, 제26집 1호 (2005).

였다. 1970년대 한미 동맹에서 강대국 미국은 한반도나 동북아 차원에서 전쟁을 억제하고 현상유지 등의 세력균형에 입각하여 정치적 안정에 초점을 두고 영향을 미쳤다는 점이다. 따라서 비대칭성의 변화는 정치적 수준의 안보파트너십을 변화시키는 주요 요인의 하나였다.

두 번째로 비대칭성의 약화는 상대적으로 약소국의 자율성을 점진적으로 회복하게 만들었다. 예를 들어 한반도에서 강대국의 정치적 영향력의 약화는 군사적으로도 강대국의 일방적인 작전통제권에 대한 영향력을 약화시키며 한국의 참여를 가져 오게 만들었다. 군사적 수준에서의 한국의 참여 확대는 안보동맹의 제도화에 있어서 양국의 상호작전 운용성을 체계적으로 정착시키며 심화시키게 해주었다. 이러한 변화는 1970년대 중반 이후 가시화 및 구체화되면서 1979년 박정희-카터 정상회담에서 한미 동반자관계의 선언을 가져오게 하였고, 군사적으로는 작전통제권의 공동행사로 나타났다.

세 번째로 정치적 수준의 안보파트너십은 양국의 국내정치나 국제정치 환경의 다양한 변화 등 광범위한 변수들로부터 영향을 받았다. 한 예로 1970년대 양국의 국내정치 상황은 한미 안보파트너십의 형성과 변화에 큰 영향을 미쳤다. 미국 내에서 베트남전에 따른 고립주의 여론이나 워터게이트 사건은 카터 행정부의 철군 및 인권정책으로 표출되면서 한미 관계에 크게 영향을 미쳤다. 또한 한국은 북한의 안보위협에 대처하면서 경제개발과 함께 민주국가의 수립 과정에서 내부적으로 혹독한 갈등을 겪었다.

다음으로 군사적 수준의 안보파트너십은 평화 시의 방어를 위한 '억제(deterrence)'[20]와 억제력의 강화 그리고 억제 실패시나 적극적 동맹에서 '전쟁을 수행'하기 위한

---

20) 억제란 위협하는 측의 나라(억제국)가 타 당사국(피억제국)에 대해 어떠한 행동을 하면 보복이나 벌을 받게 될 것이라는 위협적 수단으로서 피억제국으로 하여금 그 행위를 하지 못하도록 하는 직접적 원인을 말한다. Y. Harkabi, Nuclear War and Nuclear Peace (Jerusalem: Israel Program for Scientific Translation, 1966), Part. II.

전쟁준비와 전쟁 수행 등이 될 것이다. 따라서 군사적 수준의 안보파트너십은 주로 동맹국의 적국에 대한 억제 혹은 방임, 포기 등의 입장으로서 군사적 이익, 손실의 감수, 위협 인식, 그리고 전략의 공조 등에 대한 군사적 · 전략적 이익에 의한 고려로서 형성된다.

특히 한미 동맹에서 1970년대는 데탕트 시기임에도 불구하고 외교적 봉쇄정책을 바탕으로 지속적으로 적대국의 군사적 위협을 고려한 군사전략이 요구되었다. 억제의 필요성은 군사적 수준의 안보파트너십을 강화시켜 동맹의 제도화나 공고화에 강한 영향력을 발휘하였다.

군사적 수준의 안보파트너십은 몇 가지 특성을 보인다. 먼저 군사적 수준의 안보파트너십은 기본적으로 양국의 군부지도자들 간에 공유되나 억제에 대한 합의는 군부지도자들뿐만 아니라 행정부 · 관료 · 의회나 동맹국 등 광범위하게 형성될 수 있다. 특히 한미 관계에서 카터 행정부 초기, 주한미지상군 철군에 반대하며 억제의 필요성에 대해 미 행정부와 의회를 망라하여 광범위하게 공유되는 양상으로 발전하였다.

두 번째로 군부지도자들의 의식은 군사적 수준의 안보파트너십의 형성에 중요한 영향을 미친다. 군부지도자들은 적의 물리적 도발을 억제하거나 유사시 적과 전쟁을 치러야 한다는데 초점을 두기에 군사적 '불확실성(不確實性)'[21]이라는 요소에 주목한다. 이러한 불확실성은 특유의 직업적 동반의식을 공유하게 한다. 헌팅톤(Samuel P. Huntington)은 "직업군인의 사고방식에는 국가 위협의 지속성과 긴급성을 인식하고 강조하는 주관적인 전문직업적 편견을 반영하고 있다."고 하였다. 이러한 의식은 문민통제의 개념과 함께 논란의 소지가 있다. 헌팅톤은 직업군인과 정치의 관계를 결정짓는 문민통제의 개념에 있어서 군사전문직업의 극대화를 의미

---

21) 클라우제비츠는 전쟁에서의 환경의 불확실성을 우연성(chance)와 개연성(probabilities)의 경향으로 분석하면서 "전쟁이란 인간 행위의 전 분야가 포함되어 발로되고 이루어지는 도박과 가장 유사한 성질의 형태"라고 지적하였다. Carl von Clausewitz (1977), pp. 85-86.

하는 객관적 문민통제의 모델을 주장하였다.[22)]

미국의 전통적인 문민통제는 군부의 전문성에 대한 정치인의 통제를 강조하고 있는데, 주관적 문민통제를 강조하는 측은 객관적 문민통제의 핵심비용으로 과도한 군부자율성의 위험을 지적하였다. 피너(Samuel Finer)는 군대는 그들이 생각하는 충성의 대상을 스쳐가는 정부가 아닌 초월적인 국가라고 생각하기 때문에 전문주의를 인정한다는 것이 자동적으로 문민우위와 일관성을 갖는 것으로 보지 않았다.[23)] 이와 같이 문민통제의 개념은 전문직업주의와 정치적 통제를 명확하게 한정할 수 없는 문제점을 갖고 있다. 이러한 측면에서 1970년대 한반도에서 문민통제에 충실한 우수한 미군 지휘관들이 미 행정부의 정치 전략을 따르지 않고 공개적 · 조직적으로 저항하는 현상들을 보였다. 본서에서는 왜 이러한 현상이 발생하였고, 안보파트너십의 형성과 동맹의 제도화에 미친 영향을 분석할 것이다.

끝으로 정치 · 군사적 수준의 안보파트너십의 관계를 비교적으로 정리할 필요가 있다. 일반적으로 자유민주주의국가에서 정치 · 군사 관계를 논할 때 정치의 군사에 대한 우위로 정치적 수준의 안보파트너십이 군사적 수준의 안보파트너십의 우위에 있다고 고려할 수 있다. 그러나 기존의 연구결과를 검토하면서 확인하였듯이 안보파트너십을 개입과 억제라는 기준을 통해서 정치·군사적 수준의 안보파트너십으로 개념화하면서 한 요소가 다른 요소에 대한 일방적 우위로 작용하지 않음을 전제하고자 한다.

살펴본 바와 같이 안보파트너십에서 정치 및 군사적 수준의 안보파트너십의

---

22) Samuel P. Huntington, The Soldier and the State: the Theory and Politics of Civil-Military Relations (Cambridge, Massachusetts: Harvard University Press, 1957), pp. 65-67, 80-97.

23) Richard K. Betts, *Soldiers, Statesmen, and Cold War Crises* (New York: Columbia University Press, 1991), p. 5; 이에 대해 이동복은 미 군부는 전통적으로 정치인에 대한 뿌리 깊은 불만을 갖고 있다는 의견을 피력하였다. 첫째, 2차 세계대전의 종전 방식에서의 강경파의 의견이 반영되지 않고 온건파의 방식으로 처리되어 냉전체계가 형성되게 되었고, 둘째로는 한국전쟁에서의 불안정한 처리 방법 등 때문이라고 하였다. 이동복 인터뷰(2009.1.4).

관계는 매우 역동적인 변화를 보여 줄 수 있다. 정치적 수준의 안보파트너십이 매우 높다면 동맹의 제도화에 크게 영향을 미치지만, 반대로 낮을 경우에는 갈등을 유발하게 된다. 특히 이를 1970년대 한미 관계에 적용하여 닉슨-포드로부터 카터 행정부에 이르기까지 철군정책이 군사적 수준의 안보파트너십의 작용으로 인해 철회되고 공고하게 제도화되는 과정은 매우 중요한 분석 대상이 될 것이다.

이러한 논의를 종합하여 안보파트너십의 정치 · 군사적 수준에서의 작용을 〈그림 2-2〉와 같이 2×2 모형(Matrix)으로 개념화하였다. 각 유형에 대한 이론적 형태를 정의함과 동시에 한미 안보동맹의 형성과 변화 과정을 통해서 양국이 현실적으로 나타낸 입장을 현실형으로 제시하고 검증할 것이다.

먼저 Ⅰ 공고형에서 양국의 안보파트너십은 정치 · 군사적 수준에서 높게 공유된다. NATO처럼 이익과 위협을 공유하는 비례적 동맹에서 볼 수 있는 형태이다. 또한 능력결집모델에서도 흔히 발생할 수 있다.

한미 안보동맹에서는 동맹의 1960년대 말까지 정치 · 군사적 수준에서 높은 합의와 협조를 공유하였다. 한미 동맹은 비대칭동맹으로서 미국은 한국에 대해 일방적 보호의 입장을 보였다. 한국은 미국에 안보는 물론 정치 · 경제적으로도 의존하였다. 이 시기에 한미 안보동맹에서 양국이 보인 안보파트너십을 "보호-의존의 안보파트너십"으로 형성된 것으로 보고자 한다.

〈그림 2-2〉 안보파트너십의 2×2 모형(1953~78년 한미동맹의 적용)

高 ⇧ 정치적	Ⅲ 정치주도형	Ⅰ 공고형 (1953~68: 보호-의존)
수준 ⇩ 低	Ⅳ 쇠퇴형	Ⅱ 군사주도형 (1969~76: 선택적 보호-강요된 자주) (1977~78: 소극적 보호-현실적 자주)

低 ⇦ 군사적 수준 ⇨ 高

Ⅱ는 군사주도형으로서 정치적 수준에서는 정치적 개입에 대한 의지의 약화 및 축소와 회피로 높지 않으나, 군사적 억제의 측면에서는 높은 형태이다. 이러한 군사주도형은 정치 및 군사적 이익 · 가치와 손실을 교환하는 반비례적 동맹에서 발생할 수 있다. 양국은 이익에 상응한 손실을 감수해야 한다. 양국은 이익과 손실에 대한 인식의 차이로 "연루-방기의 딜레마"나 "절약-충분의 딜레마"를 보인다. 그러나 군사적 수준에서는 냉전 및 데탕트 체제 하에서 각각 표면적 및 내면적인 체제 간의 적대의식에 따라 억제의 인식이 지속적으로 공유된 것으로 보인다. 군사주도형 안보파트너십은 "안보-자율성 교환" "후견-피후견 관계"의 동맹에서 흔히 발생할 수 있으며, 본서에서 중점적으로 분석할 것이다.

한미 동맹에서는 1960년대 말부터 1970년대에는 군사주도형 안보파트너십으로 변화한 것으로 보인다. 미국은 닉슨-포드 행정부에서 닉슨 독트린을 통하여 이전까지의 보호의 입장에서 선택적인 보호로 전환한 것으로 보았다. 한국은 닉슨 독트린의 선포를 전후하여 자주국방정책을 표명하고 추진하였다. 그러나 한국이 대미 의존에서 자주국방정책으로 전환한 것[24)]은 자발적인 과정이 아니었다. 60년대 말 이후 한국의 자주정책은 미국의 대한반도 정책의 변화를 '언젠가는 받아들여야 했지만 당시로는 빠른 그리고 강요된 자주'로 시작하였던 것으로 보인다. 한미 안보파트너십은 "선택적 보호-강요된 자주의 안보파트너십"으로 변화된 것으로 보고자 한다.

또한 카터 행정부에서도 군사주도형 안보파트너십의 형태는 유지되었으나, 상호 공유는 정치적으로는 더욱 낮아지면서 군사적으로는 더욱 높아진 것으로 보았다. 미국은 지상군 완전철군으로 소극적으로 개입하고자 하면서, 군사적 수준의 안보파트너십에서 억제에 대해서는 높은 공유를 보인 것으로 보았다. 한국은

---

24) 이경수, 「박정희·노무현 정부의 자주국방정책 비교 연구」, 성균관대학교 정치외교학과 박사학위 논문, 2007. 박정희 정부의 자주국방은 미군철수로 인한 '방기'의 딜레마를 극복하기 위한 자구책에서 출발하였고, 박 대통령의 '반공' 의지가 중요한 요인이었다고 주장한다.

미국의 개입 회피 및 약화 의도를 현실적으로 받아들이며 현실적인 자주로 입장을 전환한 것으로 보았다. 이 시기 한미 안보파트너십은 "소극적 보호-현실적 자주"의 입장으로 변화된 것으로 보인다.

Ⅲ은 정치주도형으로서 정치적 개입에 대해서는 높은 공유를 보이나 군사적 억제나 전쟁의 수행 등에 대해서는 낮은 공유를 보이는 형태이다. 즉 정치적으로는 동맹에 적극적으로 개입하면서도, 군사적 행위의 공조로 인하여 국가이익이나 손실의 감수 등 안보파트너십의 요소에서 막대한 위협과 손실을 줄 수 있는 특정한 상황이나 시기, 혹은 다른 유형으로 전환될 과도기적인 형태 등에서 발생하는 안보동맹의 형태이다.

한 예로서 강대국이 약소국에 정치적으로 개입하면서도 군사적 행동의 공조에는 소극적 입장을 보이는 경우이다. 1970년대 데탕트 시 중국과 북한이 관계개선을 하였다[25]는 사실은 논쟁적이다. 중국은 중·소 분쟁 상황에서 미·중 데탕트를 위해 북한을 우호적인 상태로 관리하고자 하였다. 북한은 무력적화를 바랐으나, 중국은 정치적 개입을 유지하면서도 군사적인 행동은 회피한 것으로 보인다. 중국의 쩌우언라이(周恩來)는 1970년 3월 북한을 방문하여 공고한 동맹을 유지할 것을 천명하였다.[26] 그러나 중국은 미국과 함께 세력균형에 유의하며 북한이 한반도의 불안정을 야기하는 것을 바라지 않았다. 중국은 북한을 기만하면서 정치적 시위를 한 것으로 볼 수 있을 것이다.

그리고 Ⅳ 쇠퇴형은 정치적 수준과 군사적 수준에서 심각한 이견을 나타냄으로써 점진적으로 안보 동맹이 해체되는 형태가 될 것이다. 한미 안보동맹에서는

---

25) 이러한 인식은 북중동맹 관계를 지정학적 이익의 변화로 고찰하면서 1970년대에 중국의 지원과 원조를 통하여 북중 관계가 회복된 것으로 보는 시각도 있다. 박창희, "지정학적 이익 변화와 북중동맹관계: 기원, 발전, 그리고 전망," 『중소연구』 제113호 (2007 봄), pp. 39-41.

26) Intelligence Memorandum RPM-78-10186, "The Seoul-Pyongyang Dialogue on Reunification: Origin, Decline, and Prospects," Central Intelligence Agency National Foreign Assessment Center, 10 May 1978, pp. 6-8, Carter Library (NLC-4-39-1-5-9).

참여정부에서 부분적으로 이러한 징후가 나타난 것으로 추정해 본다. 한국은 정치적으로 미국에 대한 자주적 입장을 표출하면서, 군사적으로도 북한에 대한 위협의 인식에서 미국과 차이를 보였다.

제2절 안보동맹의 제도화

안보동맹의 제도화의 수준은 동맹의 공고성을 평가할 수 있는 좋은 척도가 된다. 왜냐하면 국제정치를 무정부상태라고 보는 현실주의적 관점에도 불구하고 오늘날의 국제사회에서 정치 · 경제 · 안보 등 전 분야에 걸쳐 국제법으로부터 조약 및 각종 기구 등이 계속적으로 제도화되고 있기 때문이다. 그렇다면 한미 안보동맹에서 제도란 어떻게 정의할 수 있는가? 제도화라는 것은 무엇을 의미하는 것인가? 그리고 동맹의 제도화를 종속변수로 할 때에 어떠한 기준으로 제도화의 수준을 평가할 수 있는가?

먼저 제도와 제도화에 대한 정의를 사전적 의미로부터 국제관계이론의 논의 등을 통하여 접근해 보고자 한다. 먼저 제도에 대한 위키백과의 사전적 정의는 "개인들이 모인 집단의 행위를 통제하는 사회적 질서와 협조를 위한 체계(structures)나 기제(mechanisms)이다."로 되어 있다. 제도에 대한 사회적 정의로부터 제도의 일반적 개념을 이해할 수 있게 해준다.

다음으로 국제정치에서 제도에 대한 논의를 알아보자. 1970년대 이래 국제관계의 연구에서 신현실주의 구조주의자(neorealist structuralists)와 신자유주의 제도주의자(neoliberal institutionalists) 간에 구조(Structures)와 제도(Institutions)에 대한 새로운 논쟁이 제기되었다.[27] 제도의 중요성을 강조하는 신자유주의자인 코헤인은 제도의 정의

27) 신현실주의 구조주의자는 국제정치 구조가 국가들의 외교정책 선택을 제한하고 제도에 영향을 준다고

를 “행위자들의 행동 역할을 제시하고, 활동을 제약하며, 기대를 형성하는 지속적이고 연결된 (공식적 · 비공식적) 규칙의 합(sets of rules)”이라고 보았다.[28)]

또한 사회적 관점에서 제도화의 수준에 대해 언급한 헌팅톤의 주장을 알아보자. 그는 복합화 된 ‘사회’ 내에서 정치적 공동체가 갖는 힘에 따라 정치적 질서가 좌우된다고 보고, 이러한 힘을 제도화의 수준에서 찾고자 하면서 “제도란 행동의 안정적이며, 가치 있는, 반복되는 행위 행태이다. 조직과 절차는 제도화의 정도에 따라 달라진다. 제도화란 조직(organizations)과 절차(procedures)가 가치와 안정성을 얻는 과정이다.”[29)]라고 정의하였다. 또한 그는 제도화 수준을 적응성-경직성, 복합성-단순성, 자율성-종속성, 그리고 결합성-분열성 등으로 추정할 수 있다고 보았다.[30)] 정치적 공동체의 제도화의 수준에 대한 그의 기준을 한미 동맹의 제도화에 바로 적용하기에는 제한이 있다. 사회와 동맹국이라는 분석 수준의 차이, 2개국 간의 정치-군사 동맹이라는 특수성 등을 고려해야 할 것이다.

또한 본 연구의 객관적 · 구체적인 분석을 위하여 제도의 범위를 고려할 필요가 있다. 제도는 통상적으로 공식적인 기구와 사회의 중요한 관습이나 반복되는

본다. 반면에 신자유주의 제도주의자는 신현실주의에서 주장하는 바대로 기본적으로 국제정치의 무정부상태에서 국가가 주행위자로서의 역할을 수행한다는 사실을 받아들이면서도, 제도가 국제정치체제의 힘의 구조를 단순히 반영하거나 성문화하는 이상의 역할을 한다고 보고 있다. 두 주장은 공히 국제적인 협력이 가능하다고 동의하지만 신현실주의자는 장기적인 성공에 대해 보다 더 회의적이다. 즉 전자는 구조에, 후자는 제도의 중요성을 강조하고 있다. 이러한 주장에 근거하여 NATO가 냉전 이후에도 적응(adaptation)을 통하여 존속하는 이유를 주장하고 있다.

28) Robert O. Keohane, *International Institutions and State Power: Essays in International Relations Theory* (Boulder: Westview Press, 1989), p. 3.

29) Samuel P. Huntington, *Political Order in Changing Societies* (New Heaven and London: Yale University Press, 1968), p. 12.

30) Samuel P. Huntington (1968), pp. 8-24. 적응성-경직성의 기준은 한 조직이나 절차가 기간, 지도자의 연륜, 그리고 기능적 측면에서 제도화 수준의 강약이다. 복합성-단순성은 조직이 복잡할수록 고도로 제도화되었다고 본다. 복합성은 위계적, 기능적 측면에서 하부조직을 증가시켜 새로운 요구에 적응하기가 쉬워진다고 본다. 이의 당위성을 플라톤과 아리스토텔레스가 가장 실질적인 국가형태로 민주제도와 과두정치제도를 결합한 폴리티(polity)에서 찾았다. 자율성-종속성이다. 정치조직과 절차가 다른 사회집단 및 행동방식과 어느 정도 독립해서 존재하는가로 보고 있다. 그리고 결합성-분열성은 조직의 응집과 분열의 정도는 제도화에 비례한다.

행동 형태 등의 비공식적 체계나 기구를 모두 고려하고 있다. 즉 공식적(formal) 제도는 법 · 규칙 · 절차 · 조직 기구/구조 등의 명시적인 제도이며, 비공식적(informal) 제도는 관행 · 관례 · 규범 등의 공식화되지 않은 제도를 의미한다.[31] 따라서 필자는 한미 안보동맹에서의 제도는 공식적 체계나 기구 등의 공식적 제도와 양국이 동맹에 대해 갖고 있는 규범 · 관행 등 비공식적 제도를 모두 제도로 보고 연구를 진행하고자 한다.

그렇다면 안보동맹의 제도와 제도화를 어떻게 정의할 것인가? 먼저 제도란 "동맹국가 간에 동맹이 안정적이고 가치 있게 유지되도록 동맹국의 행위 · 역할 및 기대를 형성하고 결정하게 하는 주로 공식적 그리고 비공식적 규칙과 기구들의 합(set)"으로 명목적으로 약정하고자 한다. 그리고 안보동맹의 '제도화'에 대한 정의이다. 제도화라는 용어는 '제도가 이뤄지는 과정' 및 '제도가 된 결과'라는 두 가지의 의미를 포함한다. 따라서 제도화의 명목적 정의는 "동맹국 간의 정치 · 군사적 수준에서의 합의와 협력에 따라 제도가 이뤄지는 과정(process)이나 결과(化)"로 약정하고자 한다.

또 하나의 논제가 있는데 이는 바로 안보동맹의 제도화 수준을 어떻게 평가할 것인가? 이다. 이를 위해서는 안보파트너십이 정치 · 군사적 수준의 작용에 따라서 안보동맹의 제도화가 공고하게 결속되고 발전한 정도가 평가될 수 있어야 한다. 즉 안보동맹 제도화의 정도는 정치 · 군사적 수준에서 다음의 두 요소를 충족해야 한다. 먼저 양국이 안보동맹에서 공유하는 "규범, 정체성 및 문화(norms, identity, and culture)"[32] 등에 있어서 공고한 결속을 유지하며 또한 공식적 체계나 기

31) Douglas North, Institutions,Institutional Change and Economic Performance (Cambridge: Cambridge University Press, 1990); 이종찬, "동아시아 정치경제이론들에 대한 비판적 고찰: 신제도주의 이론을 중심으로," 『한국정치학회보』 29집 4호 (1996), p. 574에서 재인용; Jong-Chan Rhee, The state and industry in South Korea (London and New York: Routledge, 1994), p. 15.

32) 구성주의적 관점에서 안보환경은 물질적(material)인 측면보다는 문화적(cultural), 제도적(institutional)인 측면에서 중요하며, 국가의 행동뿐만 아니라 기본적 속성인 '정체성'의 변화에도 영향을 미친다고 주장한다. 이에 따라서 국가안보정책의 형성에 영향을 미치는 국제적인 문화적 환경에는

구 등에 있어 체계화가 심화되어야 할 것이다.

즉 안보동맹의 제도화의 수준에 있어서 전자(前者)의 공고한 결속을 평가하기 위해 안보동맹에서 공유하는 규범, 정체성 및 문화의 개념을 도입하고자 한다. 그리고 이 중에서도 1차적인 요소인 '규범(norms)'에 주목하고자 한다. 그 이유로서는 웬트(Alexander Wendt) 등의 구성주의적 주장에 따르면 "'국가들의 환경'에 있어서의 '문화적 혹은 제도적 요소'로 지칭되는 규범은 정체성, 국가이익 그리고 안보정책의 형성에 우선적이고 공통적으로 영향을 미친다."고 주장하고 있기 때문이다.[33] 따라서 본서에서 정치 · 군사적으로 안보동맹의 제도화에 대한 공고한 결속의 평가는 "개입(commitment)에 대한 안보 규범(security norms)"으로 보고자 한다.

그리고 후자(後者)의 공식적 체계나 기구 등의 체계화 정도는 연합작전에서 양국이 얼마나 공고하게 '상호작전 운용성(interoperability)'을 구축하는가에 둔다. 크라스너(Stephen D. Krasner)는 "레짐(regimes)은 행위자들의 기대들이 국제관계의 주어진 영역에서 수렴되는 명시적 혹은 묵시적인 원칙(principles), 규범(norms), 규칙(rules) 그리고 정책결정절차(decision-making procedures)의 합(sets)으로 정의될 수 있다."고 하면서 레짐의 변화와 관련하여 요소들의 개념과 적용 수준의 차이를 밝혔다.[34]

국제적인 레짐의 개념과 요소를 안보동맹의 제도에 동일하게 적용함에는 제한

최소한 세 가지 층이 있는데, 통상적으로 인식되고 있는 공식적 제도나 안보레짐, 그 다음으로 논의되는 규칙이나 규범, 그리고 문화적 차원에서 적과 우군의 구분에 대한 국제적 관례 등이다. 보다 구체적으로, 외부적인 문화적 환경은 국가 정체성과 이에 따른 국가안보이익과 정책의 형성에 영향을 미친다. 즉 국가의 생존을 위한 전망, 체제 내에서 형성되는 국가의 속성, 그리고 국가의 성격의 변화 등에 영향을 미친다. Ronald L. Jepperson, Alexander Wendt, and Peter J. Katzenstein, "Norms, Identity, and Culture in National Security," Peter J. Katzenstein (eds.), *The Culture of National Security: Norms and Identity in World Politics* (N.Y.: Columbia University Press, 1996), pp. 33-36.

33) *Ibid.*, pp. 52-53, "Figure 2.2 Lines of Argument"를 참조

34) Stephen D. Krasner (eds.), *International Regimes* (London: Cornell University Press, 1983), pp. 2-5. 크라스너는 이러한 요소들의 차이를 레짐의 변화와 관련하여 언급하였다. 먼저 레짐 내에서의 변화는 규칙과 정책결정절차의 변화를 포함하나 규범이나 원칙의 변화는 포함하지 않고; 레짐의 변화는 규범과 원칙의 변화를 포함하며; 또한 레짐의 약화는 레짐의 요소들의 결속력이 약화되거나 혹은 레짐과 관련된 행태 간의 불일치를 포함한다고 구분하고 있다.

이 있으나, 레짐이 심화되는 단계를 상호작전 운용성의 심화에 적용함에는 큰 제한이 없을 것이다.

〈그림 2-3〉 안보파트너십의 변화에 따른 제도화 수준의 평가

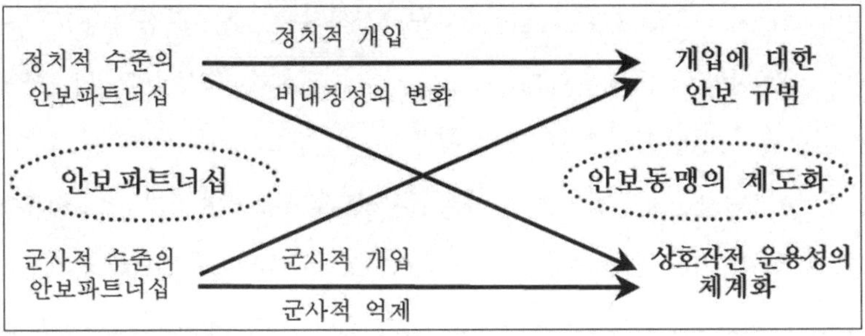

따라서 안보동맹에서 제도화의 수준을 평가할 수 있는 척도는 〈그림 2-3〉과 같이 정치·군사적 수준의 직간접적인 상호작용을 통하여 "개입(commitment)에 대한 안보 규범(security norms)"과 "상호작전 운용성(interoperability)의 체계화"의 정도로 보고자 한다.

먼저 "개입에 대한 안보 규범"은 한미 양국 간에 안보동맹이 안정적이고 가치 있게 유지되기 위해서 양국의 행위·역할 및 기대를 형성할 수 있도록 정치·군사적 개입에 대한 합의와 협조에 달려 있다.

다음으로 "상호작전 운용성의 체계화"는 안보동맹의 가치와 안정을 지키기 위한 안보체제로서의 군사적 기능성을 효과적으로 발휘할 수 있는 주로 공식적 규칙이나 기구가 될 것이다. 군사적 수준의 안보파트너십은 대칭 혹은 비대칭 동맹 하에서 군사적 억제를 위한 제도화에 영향을 미쳤을 것이다. 또한 정치적 수준의 안보파트너십은 비대칭성의 변화를 통해 연합작전체제에서 약소국의 참가가 확대되는 것을 의미한다. 이처럼 정치·군사적 수준에서 전략적 협의체제, 지휘통제 그리고 작전수행체제의 실현가능성을 구체화시키는 작전계획이나 연합연습

등이 얼마나 체계적이고 유기적으로 발전되었는가를 분석해야 할 것이다.

예를 들어서 한미 안보동맹의 제도화로는 주로 정치 · 군사적 개입과 관련한 한미 상호방위조약과 합의의사록, SOFA(약칭 Status Of Forces Agreement ; 주한미군의 법적인 지위를 규정한 협정), 1968년 국방각료회담과 이후 1971년 4차 회의 이후 한미연례안보협의회의(SCM ; Security Consultative Meeting) 등과 군사적 수준의 상호작전 운용성과 관련된 1978년의 한미군사위원회(MCM ; Military Committee Meeting)[35]와 한미 연합군사령부(ROK-U.S. CFC) 창설 등으로 구분할 수 있다.

여기서 Combined Forces란 단어는 통상적으로 독립적인 국가 간의 제휴성 연합군을 의미하는 "Coalition Forces"가 아니고, 한 부대 내에 한국군과 미군이 지휘관과 참모로 동시에 편성된 세계적으로도 유일한 "Combined Forces"란 의미를 갖는 연합군을 말한다. 그러나 정치 · 군사적 수준의 분류는 표면적 분류이고 대부분의 제도가 상황에 따라 각 수준에 중복적으로 적용된다. 실제 각종 군사제도는 군사적 수준으로 보아야 하지만, 창설 과정에서는 대부분 정치적 협상의 수단이나 결과로 다뤄졌기 때문이다.

다음으로 안보동맹의 제도화에 있어서 양국은 어떠한 입장과 역할을 하였는가? 한미동맹의 제도화는 미국의 입장에서 볼 때 기본적으로는 세계적 수준과 지역적 수준이라는 복합적 성격을 갖고 있으면서 또한 동북아나 한반도에 국한되는 지역적 속성을 띄고 있음을 이해할 필요가 있다. 따라서 한미동맹의 제도화에서 한국은 주로 '요구자로서 선도적인 역할'[36]을, 미국은 이에 대한 '응답자로서의 역할'을 공유한 것으로 보았다. 이처럼 한국이 선도하였고 선도할 수 있었던

---

35) 1978년 제11차 한미안보협의회의에서 양국 간의 합의에 따라 같은 해 7월에 구성된 한미 간의 군사협의기관으로서 설립목적은 한미연합군사령부를 공동통제하기 위해서이며, 주요 활동은 한미 양국의 국가통수 및 지휘기구의 작전지침 및 전략지침을 한미연합사령관에게 제공한다.

36) 2008. 11. 25 주한미군사령부 역사실장 Dr. Bernstine의 견해이다. 그 이유로는 미군이 유엔군으로서 한국군을 100% 작전통제(OPCON; Operational Control)하고 있었기 때문에 미국 측보다는 한국 측에서 먼저 요구하였을 것이라고 하였다.

이유는 다음과 같이 분석해 볼 수 있다. 첫째, 미국은 2차 세계대전 이후 자유권의 패권국가로서 세계적 수준의 전략에 집중할 수밖에 없었다. 둘째, 한반도 지역에 대한 정보의 양에 있어서 미국은 한국에 뒤질 수밖에 없었다.[37] 셋째, 미국은 세계전략 추진과 동맹국에 대한 통제와 안정을 목적으로 지역적 제도화를 방편으로 사용하거나 용인하였다. 넷째, 한국에게 안보는 절대적인 과제였기에 적극적이었고 국력과 군사력의 신장과 발전이 바탕이 되었기 때문이다. 한국전쟁 시 미국의 방기와 미국의 베트남에 대한 배신을 보고 과거의 전철을 되풀이하지 않고자 하였다. 그리고 끝으로 비대칭성의 점진적 완화는 상호작전 운용성의 체계화나 심화로 나타나게 되었다는 점이다.

이러한 이유로 한미동맹에서의 지역적 제도화란 한국의 입장에서 볼 때 제약적 속성보다는 첫 출발부터 한국 측의 요구에 의해 진작되었다. 상호방위조약의 체결도 미국의 거부에 대해 이승만 대통령의 북한 공격 주장을 무마하고자 정전협정을 조건으로 체결되었다. 본 연구의 주제가 되는 한미연합군사령부의 창설도 이러한 관점에서 접근할 수 있을 것이다.

제3절 가 설

본서에서 연구할 핵심적인 주제는 안보파트너십을 독립변수로 하여 종속변수인 한미 안보동맹의 제도화, 특히 이러한 안보파트너십이 1978년 한미연합군사령부의 창설에 어떤 영향을 미쳤는가를 분석하는 것이다. 한미동맹의 안보파트

37) 이동복의 인터뷰(2009. 1. 4)에 의하면, 1980~90년대까지만 하더라도 미국은 세계전략을 추진하면서 전 세계 200여개 국가의 구체적인 상황을 속속들이 파악할 수 없었다고 한다. 1991년 북핵 위기 발단 과정을 좋은 예로 제시하였다. 당시 한국의 분석관들이 '84년 미 CIA에 북한의 핵 관련 첩보를 제공했으나 '90년까지 미 CIA의 정보자산 능력의 미흡으로 무시하고 있다가 '90년 경부터 북한에 대한 재평가 작업과정에서 북핵 위기를 식별하게 되었다고 한다.

너십과 안보동맹의 제도화를 분석하기 위한 모형은 〈그림 2-4〉와 같다.

안보파트너십이 정치 · 군사적 수준에서 높다는 것은 양국 간의 가치체계와 국가이익, 위협의 인식, 손실의 감수 그리고 수행전략의 공조에 있어서 합의와 협력의 정도가 높다는 것이다. 안보파트너십이 높으면 양국 간의 개입에 대한 안보규범과 상호작전 운용성이 체계화되고 심화됨에 따라 안보동맹의 제도화가 발전하게 될 것이다.

〈그림 2-4〉 안보동맹의 제도화 모형과 가설

안보파트너십		동맹의 제도화
• 정치적 수준 • 군사적 수준	⟹	• 개입에 대한 안보 규범 • 상호작전 운용성의 체계화

〈가설 1〉 공고 모형: 안보파트너십이 정치·군사적 수준에서 높을수록 안보동맹의 제도화 수준은 높아질 것이다.
〈가설 2〉 군사주도 모형: 안보파트너십이 정치적 수준에서는 낮더라도 군사적 수준에서 높으면 군사적 억제를 위한 안보동맹의 제도화 수준은 높아질 것이다.
〈가설 3〉 정치주도 모형: 안보파트너십이 군사적 수준에서는 낮더라도 정치적 수준에서 높으면 정치적 억제를 위 안보동맹의 제도화 수준은 높아질 것이다.
〈가설 4〉 쇠퇴 모형: 안보파트너십이 정치·군사적 수준에서 낮을수록 안보동맹의 제도화 수준은 낮아질 것이다.

안보파트너십의 유형에 따라 동맹의 제도화 모형의 가설은 네 가지로 구분할 수 있을 것이다. 본서에서는 이러한 가설 중에서 1970년대 말까지 한미 안보동맹에 나타난 Ⅰ공고형 및 Ⅱ군사주도형 안보파트너십에 따른 가설을 검증하고자 한다. 그리고 추가적으로 정치주도형 안보파트너십은 보론에서 이스라엘-미국 및 북한-중국 동맹의 안보딜레마를 비교하면서 검증하고자 한다.

〈가설 1〉은 공고 모형으로서 1953~68년까지 한미 안보동맹의 안보파트너십과 동맹의 제도화 관계에 적용하고자 한다. 이 시기에는 정치 · 군사적 수준의 안보파트너십이 높게 형성되었다. 정치주도형 안보파트너십은 미국의 정치적 개입과 군사적 억제를 유지하면서 유엔군 주도의 한반도 방위체제로 제도화되도록 영향을 미쳤음을 검증할 것이다.

그리고 〈가설 2〉는 군사주도 모형으로서 1969~78년까지 한미 안보동맹의 안보파트너십과 동맹의 제도화 관계에 적용하고자 한다. 닉슨 독트린으로부터 이후 카터 행정부에 이르기까지 닉슨-포드와 카터 행정부로 나누어 분석하고자 한다. 이 시기에 양국의 정치적 수준의 안보파트너십은 낮았던 반면에, 군사적 수준의 안보파트너십은 높게 형성되었다. 1970년대를 통해서 군사주도형 안보파트너십은 정치적으로 미국의 개입을 지속시키고, 군사적으로는 상호작전 운용성을 체계적으로 정착 · 심화시키면서 한미연합방위체제로 제도화되도록 영향을 미쳤음을 검증할 것이다.

끝으로 〈가설 3〉은 정치주도 모형을 검증하기 위해서 이스라엘-중국 및 북한-중국 동맹의 사례를 연구하고자 한다. 두 동맹은 공히 최초부터 최고 수준의 공고한 동맹으로 출발하였으나, 언제부터인지 연루나 방기라는 단편적인 안보딜레마와는 다른 행태, 즉 협조와 갈등이 공존하는 현상을 보여주고 있다. 북한이나 이스라엘은 탈냉전 이후 국제사회의 일반적인 합의나 기대에 반하는 행태를 반복해서 보여 주면서 갈등을 일으키고 있다. 이에 대해 미국이나 중국은 공개적인 비호나 지원을 보내면서도 내부적으로는 갈등을 보이고 있다. 이를 통해서 안보파트너십 모형에서 가정할 수 있는 다양한 유형에 대해 두루 검증을 시도하고자 한다.

제3장 공고형 안보파트너십과 유엔군 주도의 한반도 방위체제의 형성: 1953~1968

이 장에서는 한미상호방위조약으로 안보동맹이 최초로 형성된 이후 존슨 행정부까지 안보파트너십이 어떻게 형성되었고, 이에 따라 안보동맹의 제도화에 미친 영향을 분석하고자 한다. 한미 안보동맹은 미국의 한국전쟁 개입 이후 강대국의 안보 및 경제 지원에 상응하여 약소국의 국가자율성을 제한하는 비대칭 동맹으로 결성되었다.

이 시기에 양국은 동맹의 형성부터 1960년대 말 북한도발의 대응전략 등에 이르기까지 부분적으로 갈등을 노출하였다. 그러나 한미 안보파트너십은 일반적으로 정치 · 군사적 수준에서 높게 작용하였다는 '공고형'으로 보고 제도화에 미친 영향을 고찰하고자 한다. 공고형 안보파트너십은 유엔군 주도의 한반도 방위체제를 형성하게 하였다.

필자는 본 장에서 안보파트너십과 동맹의 제도화의 관계에서 본 〈가설 1〉 '공고 모형'을 검증할 것이다. 특히 안보파트너십의 개념을 분석함에 있어서 공고형 안보파트너십은 정치 · 군사적 수준에서 모두 양국의 이견이 없이 공고하게 형성된 것으로 가정하였기 때문에 분석함에 있어서 정치 · 군사적 수준으로 별도로 구분하지 않고 종합적으로 검증하고자 한다.

〈가설 1〉 공고 모형을 검증하기 위해서 아래의 문제들을 연구할 것이다. 1960년대 말까지의 한미 안보파트너십은 안보파트너십의 분석요소에 따라 각각 어떻게 형성되었고, 또한 한미 양국이 보인 입장을 어떻게 정의할 수 있는가? 안보파트너십은 안보동맹의 제도화에 어떻게 영향을 미쳤는가? 또한 비대칭 동맹 관계에서 약소국 한국은 안보파트너십의 형성에 있어서 어떠한 역할을 하였는가? 이러한 문제들에 대한 분석을 통해서 비대칭성의 변화와 정치 · 군사적 수준에서 공고하였던 안보파트너십이 유엔군 주도의 한반도 방위체제의 형성에 영향을 미쳤음을 밝히고자 한다.

제1절 안보파트너십의 형성

이 절에서는 1960년대 말까지의 안보파트너십이 어떻게 형성되었는지를 고찰할 것이다. 또한 정치 · 군사적 수준에서 높은 공유를 보이는 공고형 안보파트너십의 형성 과정에서 한미 양국이 보인 현실적 입장을 고찰할 것이다. 비대칭적인 안보파트너십이 어떻게 공고하게 구축되었으며, 1960년대 이후에는 부분적으로 완화되면서 인식의 차이를 보이고, 1970년대의 안보파트너십의 변화로 이어졌는지도 주목할 것이다.

이에 따라 안보파트너십의 분석요소에 따라 형성과정을 구체적으로 분석할 것이다. 분석 주제는 다음과 같다.

가치체계나 이익, 위협의 인식에서 양국은 무엇을 고려하였는가? 특히 손실의 감수에 있어서 정치 · 군사적으로 어떻게 합의하였고, 비대칭성의 변화가 미친 영향은 무엇인가? 그리고 수행전략에서 양국은 공고한 공조 속에서도 도출된 이견은 어떠한 영향을 미쳤는가?

1. 가치체계 · 국가이익과 위협 인식의 공유: 미국의 한국전쟁 개입

미국의 한국전쟁 개입은 한미 안보동맹을 형성하는 계기가 되었다. 2차 세계대전의 종결 과정에서 한반도로 진주하였던 미군은 1949년 6월, 500여 명의 군사고문단을 남기고 철군을 하였다. 그러나 철군한지 1년이 지나 한국전쟁이 발발하자 곧 바로 한반도에 주한미군을 다시 투입하였다.

한국전쟁을 전후한 미국의 철군과 재개입을 통해서 정치 · 군사적 수준에서 안보파트너십의 원형이 형성되었다. 미국은 공산권의 팽창을, 한국은 북한의 남침위협에 대비하면서 자유민주주의와 봉쇄주의라는 가치체계와 이익을 공유하였다. 미국이 한반도에 대한 군사전략적 가치를 인정하지 않고 철군하였다가 다시 개입한 이유는 정치적 고려 때문이었다. 정치적 고려란 반(反)소련제국주의에 대한 정치적 이익과 국내외적으로 미국에 대한 신뢰를 의미한다고 언급하였다. 여기서는 미국의 철군과 개입에 대한 과정을 보다 구체적으로 고찰함으로써 한미안보파트너십의 형성 과정을 추적할 수 있을 것이다.

미 행정부는 1947년부터 NSC를 중심으로 주한미군 철군을 검토하였다. 주한미군 철군 검토와 관련된 3개의 기구들은 상반된 입장을 보였는데, 여기에는 3부정책조정위원회 산하의 특별위원회와 웨드마이어 현지사절단, 그리고 합참본부의 합동전략 조사위원회 등이 있었다. 앞의 두 부서는 철군으로 한반도의 안전보장에 위험이 초래될 것으로 보고 필요한 조치를 건의하였으나, 합참은 군사전략적으로 낮은 가치를 갖고 있고 당시 병력의 부족이나 경제적 지원에 어려움을 겪고 있어 철군을 주장하였다.

NSC는 1948년 4월 2일 NSC-8을 통하여 철군을 결정하였다. NSC-8을 추진하면서 최초 목표는 한국이 유엔 회원국으로서의 자격을 갖춘 독립국으로서 면모를 갖게 하는 것이었다. 이에 따라 3개의 방안이 제시되었다. 1방안은 주로 군부의 주장으로서 한반도에 정부 수립을 포기하는 것이고, 2방안은 한국에 대한 인적 · 경제적 공약을 절감하면서 미국이 달성 가능한 범위 내에서 한국에 수립된 정부를 지원하며, 3방안은 주로 국무부의 입장으로서 한국의 외부 침략과 내부 전복활동에 대처하기 위해 필요시 무력을 사용하여 보장하는 방안이었다.[1]

---

1) "Note by the Executive Secretary of the National Security Council to President Truman," April 2,

국무부의 지속적인 개입과 국방부의 철군이라는 상반된 의견 속에서 2방안이 절충안으로 선정되었다. 2방안은 미군이 철군하기 전에 한국군 훈련과 장비 그리고 경제 원조를 지원하는 것이었다. 미국은 한국에 대해 군사적으로 확고한 보장이 없이 제한적인 군사 및 경제 지원을 통하여 한국정부를 유지하는 '적절한 개입'으로 방향을 설정하면서 철군하고자 하였다.

결국 NSC-8의 최초 목표는 사라지면서 철군을 결정하는 방향으로 전환되었다. 이후 1949년 3월 22일 NSC-8/2은 NSC-8보다는 지원 사항을 늘리면서 철군일정을 6월 30일까지로 확정하였다. 이에 따라서 미국은 한국에 대한 국방경비대의 조직과 훈련, 장비이양을 지원하였다. 그러나 육군과 경찰, 해안경비대 규모에 한정하고 공군이나 해군의 창설은 배제되었다.[2)]

한국전쟁이 발발하자 트루먼(Harry Truman) 행정부는 주한미군 철수와 애치슨(Dean G. Acheson) 선언으로 대표되는 기존의 대한정책을 수정하고 즉각 개입하였다. 미국이 재개입한 이유는 양극체제에서 공산권의 팽창을 막기 위해서였다. 이에 대해 처칠(Winston Churchill) 은 1946년 미국을 방문하여 "발트 해의 수데텐란트에서부터 아드리아해의 트리에스테에 이르기까지 대륙을 횡단하여 '철의 장막'이 내려져 있다"고 경고하였었다.

이에 따라서 트루먼 대통령은 의회의 승인도 받지 않은 상태에서 즉각적으로 군사원조를 위한 조치를 단행하였다. 북한이 남침한 6월 25일 당일에 그는 NSC 회의를 주관하면서 북한의 남침에 대해 적극적으로 대응할 것을 지시했고, 6월 30일 최종적으로 지상군을 투입할 것을 결정하였다. 이와 함께 트루먼 행정부는 UN을 통한 조치도 강구하였다.

6월 26일 미국은 유엔 안보리 소집을 요청하고 결의안을 이끌어 내었다. 안보

1948, *FRUS, 1948 VI, The Far East and Australasia*, pp. 1163-1169.

2) "Report by the National Security Council to the President," March 22, 1949, *FRUS, 1949 VII, The United Nations: The Western Hemisphere*, pp. 977-978.

리 회의에서는 11개국이 참석한 가운데 장면대사의 성명문 낭독에 이어 소련의 불참과 유고의 기권으로 결의안이 가결되었다. UN 안보리의 첫 결의안은 북한이 침략을 철수하고 38선 이북으로 군대를 철수하도록 하는 것이었다.[3)]

트루먼 행정부는 최초부터 적극적이며 즉각적으로 한국에 대한 군사지원을 결정하면서도 몇 가지 특징을 보였다. 우선 공산권의 위협에 대한 봉쇄정책이 가장 핵심적 고려사항으로서 안보파트너십의 기초가 되었다. 미국의 대소봉쇄전략은 1947년 3월 트루먼 독트린, 마샬 플랜(Marshall Plan) 그리고 NATO의 강화 등으로 추진 중이었다. 대소봉쇄전략은 유럽 중심의 전략으로서 상대적으로 아시아에서의 가치는 무시되고, 개입을 축소하는 방향으로 전개되었다.

6월 27일 트루먼 대통령은 성명서를 통해서 공산주의의 위협에 대응하여 미 7함대의 대만해협 파견 및 필리핀에 대한 지원과 인도차이나에 대한 군사원조를 가속화할 것을 천명했다.[4)] 그리고 이후 9월 1일 대국민 연설에서 한국에서 북한의 침략이 성공하게 되면 세계 도처에서 소련이 배후에 있는 광범위한 침략이 이뤄질 것임을 경고하였다.[5)] 트루먼은 한국에 대한 공격을 공산주의자들의 전 세계적인 위협으로 간주하면서 봉쇄정책을 더욱 강화하고자 하였다.

두 번째로 한국전쟁은 대표적인 제한전쟁이었다. 미국은 당시 핵의 절대적 우세를 유지하고 있었고, 또한 전쟁 중에 맥아더 장군 등 군부는 중공(중화인민공화국 이하 중국)으로의 확전을 건의하기도 하였다. 그러나 트루먼 행정부는 핵무기를 사용하지 않았고 확전을 주장하던 맥아더 장군을 1951년 4월 해임하였다. 전쟁이 수행 중인 11월 30일 트루먼은 기자회견을 통해 중국군의 개입으로 전황이 악화되

3) "Resolution Adopted by the United Nations Security Council, June27,1950," *FRUS, 1950, Vol. VII, Korea*, p.211;국방부전사편찬위원회, 『한국전쟁사』제1권(1967),pp. 942-945.

4) "Statement Issued by the President, June 26, 1950," *FRUS, 1950, Vol. VII, Korea,* pp. 178-183.

5) James Matray,*Historical Dictionary of the Korean War* (Westport: Greenwood Press,1991), p. 471.

자 핵무기 사용 가능성을 암시하는 발언을 하였다.[6] 곧 이에 대한 논란이 발생하였으나 핵무기 사용은 이뤄지지 않았다.

1950년 가을 중국군이 개입하면서 전황은 복잡해졌다. 1951년 봄 UN은 중국과의 교전을 통해서 군사적 주도권을 장악하고자 노력하였다. 맥아더는 중국으로의 확전을 워싱턴에 여러 번 건의하였으나 번번이 거절되었다. 트루먼 대통령은 중국군 개입으로 전황이 불리해짐에 따라 휴전으로 전환하고자 하였다. 1951년 3월 트루먼은 휴전 제의를 하였고, 이를 알고 있었던 맥아더는 오히려 항복을 권고하는 성명서를 발표하였다. 이는 대통령의 통수권에 대한 명령 위반으로서 해임을 자초하였다. 1951년 4월 11일 트루먼은 맥아더의 소환명령서에 "한국전쟁은 제한전쟁이어야 함에도 불구하고 맥아더 장군은 이에 동의하지 않았음"을 지적하였다.[7]

이처럼 미국은 철저하게 '재래식 무기'와 '한반도 지역'으로 제한된 제한전쟁으로 한국전쟁을 한정하고자 하였다. 미 7함대를 대만으로 급파한 것도 공산세력의 침략의도를 경고하면서 동시에 중국과의 추가적인 확전이 되지 못하도록 대만을 통제하기 위해서였다. 중국의 개입으로 인해 유엔군의 전황이 불리하였음에도 불구하고 절대적으로 우세하였던 핵무기를 사용하지 않았다. 맥아더 장군의 확전 의도는 대통령의 제한전쟁 의지를 벗어나는 행동이었다.

세 번째로 트루먼 대통령은 한국전쟁 발발과 동시에 신속하게 군사지원을 결정하면서도 최초에는 지원규모를 최소화하고자 하였다. 미국은 최초 해·공군의 지원만을 고려하였으나 한국 상황의 악화로 6월 30일이 되어서야 지상군 투입을 결정하였다. NSC에서의 6월 25~26일의 회의를 통해서 한국 지원을 결정하고 지원규모를 검토하면서, 상황 악화로 지상군 투입 시 주방위군이나 예비군의

6) "Editorial Note", *FRUS, 1950, Vol. VII, Korea*, pp. 1261-1262.

7) "Editorial Note", FRUS, 1951, *Vol. VII, Korea and China*, p. 337.

투입 등의 문제점 등으로 주저하였다. 그러나 6월 30일 미 지상군의 지원이 없으면 전황을 회복할 수 없다는 맥아더 장군의 한국 현지전선 시찰 보고서를 받고 트루먼은 즉각 1개 전투단의 투입을 승인하였고 다음날 2개 사단의 투입을 승인하였다.[8)]

최초 미국이 지상군 투입을 망설인 것은 깊숙이 개입되는 것을 원하지 않았기 때문이었다. 전쟁의 목적 자체가 공산세력을 봉쇄하는 것이었기 때문에 공산세력의 봉쇄와 막대한 지상군의 개입이라는 상반되는 상황에 고심하였던 것이다. 이러한 우려는 중국의 참전에 따라 의회 등의 반발에 부딪히면서 트루먼을 궁지로 몰아넣었다. 한국전쟁은 자연스럽게 강대국의 세력균형을 작동하게 하면서 휴전을 지향하게 되었다.

이처럼 미국은 가치체계나 이익에 있어서 한국의 자유민주주의를 보호하기 위해 한국전쟁의 개입을 통하여 봉쇄주의를 강화하면서 상징적 · 이념적 이익과 신뢰를 얻고자 하였다. 미국의 이러한 인식은 1960년대까지 유지된 것으로 보인다. 1965년 포괄적으로 대한정책을 밝힌 미 국무부의 「국가정책문서 : 한국」에서는 이러한 맥락에서 미국의 대한정책의 기조를 밝히고 있다.[9)] 또한 군사적 수준에서 봉쇄정책은 양국의 정치 · 군사 지도자들에게 강한 유대감을 지속시켰다. 한반도에서의 군사적 억제는 소련의 팽창을 억제하고, 아시아에서 중국의 위협

---

8) "Memorandum of the Teletype Conference, Prepared in the Department of the Army," April 2, 1948, *FRUS, 1950, Vol. VII, Korea*, pp. 250-252, 255, 257-258.

9) 미국은 미국의 이익과 한국에서의 관심사에 대해서 ① 일본과 공산 아시아의 완충지대, 그리고 아시아에서 자유세계 방어의 전초기지로 한국을 유지, ② 아시아에서 한국이 비공산 국가건설로 성과를 입증, ③ 미국과 동맹을 맺고 협력하는 것이 신뢰할 수 있음을 과시하는 것이라고 밝히고 있다. 그리고 향후 5년간 미국의 대한정책목표를 정치안정, 경제성장, 외부안보, 내부안보, 사회발전, 통일을 향한 전진, 국제적 지원, 효과적인 한미관계로 제시하면서 미국의 전략으로서 국방, 경제발전, 정치안정에 우선적인 노력을 기울이고 한일관계 정상화의 중요성을 강조하고 있다. Department of State, "National Policy Paper on Korea", November 9, 1965, RG 59, Korea Box, 306, pp. 1-2; 정일준 「미국의 대한정책 변화와 한국 발전국가의 형성, 1953-1968」, 서울대학교 사회학과 박사학위 논문 (2000), pp. 81-83에서 재인용.

과 북한의 침략으로부터 한반도를 방어하는 것이었다. 따라서 한국전쟁 이후 미국은 예상되는 적의 주접근로에 미 지상군을 배치함으로써 '군사적 자동개입을 보장하는 인계철선'을 수용하며 군사적 수준의 안보파트너십을 공고히 하게 하였다.

한미 양국의 안보파트너십은 가치체계나 국가이익에 있어서 봉쇄주의, 그리고 공산권의 팽창야욕에 대한 위협의 인식에 대해 공고하게 공유하였다. 이는 양국이 교환할 손실의 감수나 수행전략에서도 전체적으로 공유되었으나 미국이 제한전쟁의 입장에서 한반도에 깊숙이 개입함에 유의하였던 역사적 사실이 어떠한 영향을 미쳤는지를 계속해서 분석할 것이다.

2. 손실의 감수

양국은 비대칭동맹에 상응하여 손실의 감수에 어떠한 입장을 보였는지를 알아보고, 미국은 유사시 한반도의 자동개입에 대해 정치 · 군사적으로 어떻게 상이한 입장을 나타내었으며, 한미 양국의 비대칭성의 변화와 이것이 미친 영향 등을 고찰할 것이다.

가. 비대칭 안보동맹의 기원

한미 안보동맹은 작전통제권의 이양 등 국가 자율성의 손실을 자발적으로 감수하는 비대칭동맹이었다. 약소국 한국은 적극적으로 미국의 개입과 억제를 요구하였다. 상호방위조약의 체결 과정에서 미국은 한국에 대한 자원과 병력의 지원 그리고 군사적 인계철선 등의 손실을 감수하였다.

상호방위조약은 체결과 비준까지 두 단계의 어려운 협상 과정을 겪었다. 먼저 상호방위조약은 휴전협정의 체결과정에서 한국의 제안으로 추진되었다. 정전협정은 1950년 12월 중국군의 개입으로 유엔군이 북한에서 철수하게 되는 시점에서 유엔정치위원회에서 최초 제기되었다. 최초 중국은 당시 전세가 유리하다고 보고 이를 거절했다. 유엔정치위원회는 정전협정의 체결을 거절하는 중국을 침략자로 규정하는 결의안을 채택하였다. 그러나 다음해인 1951년 6월 소련은 정전안 논의를 제기하였고 이를 미국이 받아들임으로써 정전협정 협상이 시작되었다.

이승만 대통령과 한국 정부는 38선에서의 정전협정에 강력히 반대하면서 미국에 저항하였다. 양국의 상반된 입장은 휴전협정과 상호방위조약 체결을 지연시키고 갈등을 초래하였다. 이 대통령은 정전협정 체결에 반대하며 작전지휘권의 회수와 단독북진을 언급하였고, 미국은 상호방위조약을 체결하는 협상의 조건으로 한국군이 UN군의 지휘권 하에 남아있고 휴전반대행동의 중단과 휴전조항 수행의 적극 협조 등을 요구하였다.[10)]

휴전회담이 구체적으로 논의되어 가면서 포로교환이 문제가 되었다. 유엔군은 1952년 2월, 포로교환에 대하여 자유송환을 주장한 반면에 공산군은 강제송환을 주장하면서 중립국에 소련을 포함하는 문제로 협상이 교착상태로 들어갔다. 미국은 돌파구를 마련하기 위해 부상병 포로부터 우선 교환하자는 제안을 하였고 공산측이 이를 받아들임으로써 4월 20일~5월 3일에 걸쳐 유엔군 684명, 공산군 6,670명의 송환이 이뤄졌다.[11)]

한국 정부와 국회는 초당적으로 휴전협정을 반대하였다. 4월 11일 이승만 대통령은 중국군이 한반도에 주둔하는 한 휴전은 배격하며 단독 북진공격도 감행하겠다는 의지를 밝혔다. 한국 정부와 유엔군 간에도 명확히 포로 교환에 대한 입장이 정리되지 않으면서 갈등이 지속되었다.

공산측은 5월 7일 지속적으로 강제송환을 주장하면서 송환거부 포로문제처리

---

10) 김창수, "한미상호방위조약과 한미행정협정," 『역사비평』(2001년도 봄), pp.422, 432-434.

11) 국방부 전사편찬위원회, 『한국전쟁 휴전사』(1989), p. 262.

를 위한 제안을 하였다. 유엔군은 5월 25일 송환거부 포로 석방을 철회하면서 6월 8일 공산군의 주장에 따라 협정에 합의하기에 이르렀다. 이에 한국 정부는 휴전회담의 참석을 거부하면서 중국공산군을 한국 영토에서 축출하고, 한미 방위동맹의 체결과 한국 원조, 그리고 한국 통일의 방해 금지 등 한국의 공식 입장을 발표하였다. 또한 아이젠하워(Dwight D. Eisenhower) 대통령에게 중국군의 잔류는 안전보장의 위협이 되므로 대공유화적인 휴전협정 체결보다는 상호방위조약의 체결 하에 공산군과 유엔군의 동시 철수를 제의하였다. 아이젠하워는 휴전 협정과 한국통일 문제를 정치적인 접근을 통해 해결한다는 원칙을 한국이 받아들인다면, 상호방위조약의 체결과 경제원조를 제공하겠다는 답신을 보내왔다.[12)]

이승만 대통령은 휴전협상이 급진전되자 4월부터 본격적으로 북진통일을 협상카드로 활용하고자 하였고, 1953년 6월 18일에 27,092명의 반공포로를 석방함으로써 미국을 분노케 함은 물론 전 세계를 놀라게 하였다. 미국은 이승만 대통령의 반공포로 석방의도를 알고서는 경제원조를 중단하겠다고 위협하였으나, 이 대통령은 독자적으로 반공포로를 석방하였다.[13)]

반공포로 석방 직후 1953년 6월 25일 미 국무부 극동담당차관보 로버트슨(Walter S. Robertson)이 특사로 파견되었다. 한국은 90일 이내의 정치회담의 성공이란 한시적 조건으로 휴전회담에 반대하지 않고, 미국은 한국에 대한 군사 및 경제원조를 실시하고 상호방위조약을 체결한다는 합의를 이뤘다. 로버트슨은 이승만 대통령의 행동이 허세가 아니고 불합리한 행동을 할 수 있다고 믿게 되었다. 1953년 7월 27일 휴전협정이 체결되었고, 8월 8일 덜레스(John F. Dulles) 및 변영태 외무장관 간에 상호방위조약을 가조인하고, 10월 1일 워싱턴에서 정식으로 조인하였다. 1954년 1월 15일 한국 국회에서, 1월 26일 미국 상원에서 비준을 하

---

12) *FRUS, 1952-1954, Vol. XV, Korea,* Part 2, pp. 938-1151.

13) Ibid., pp. 1152-1445.

였다.

한국은 휴전협정의 체결과 상호방위조약을 연계하려던 최초 의도를 달성하였다. 한국은 상호방위조약을 통하여 북한의 남침을 억제하고 전쟁발발 시 생존이라는 사활적 이익과 무력북진통일을 위한 미국의 군사적 보증을 확보하려고 하였다.[14] 그러나 덜레스가 나중에도 인정하였듯이 미국은 한국과 방위조약을 맺으면서 전쟁의 위험이 상존하고 있는 한반도에 발이 묶이는 것을 꺼려하여 안보조약 대신 병력 증강을 포함한 지속적인 군사원조를 통해 휴전 후 남한의 안보를 보장해 줄 것을 약속하면서 이 대통령을 달래려 하였다.[15] 미국은 한국정부로 하여금 휴전협정 체결을 설득하기 위해서 한국이 요구하는 상호방위조약의 체결에 합의하게 된 것이다.

그러나 양국에게 비준서 교환이라는 또 한 차례의 협상이 남아 있었고 이 과정에서 한미 동맹의 비대칭성이 확고하게 부각되었다. 1954년 1월 한미 국회에서 비준이 된 상호방위조약은 3월 18일 비준서를 교환할 예정이었다. 그러나 조약의 유효화는 비준서를 교환하고 8개월이 지난 1954년 11월 18일 한미합의의사록의 체결과 함께였다. 이 과정에서 수차례 한미 간의 갈등 속에서 조정을 거쳤다.

비준서 교환 과정에서 양국은 자국의 입장을 관철시키고자 하였으나 결국 미국의 요구대로 진행되었다. 종전 과정에서 미국은 세계전략의 차원에서 한국을 통제하고자 하였다.[16] 비대칭 동맹의 특성이 그대로 적용되었던 것이다. 이승만

---

14) 이영희, "1953년 한미상호방위조약-북진통일과 예속의 이중주", 『역사비평』제17권 (1992년 여름), p. 45.

15) 홍용표, "국가안보와 정권안보: 이승만 대통령의 안보정책을 중심으로, 1953-1960", 『국제정치논총』제36집 3호 (1997), p. 242.

16) 미국은 소련의 팽창 저지는 물론 종전 과정에서 북한뿐만 아니라 한국의 북진통일론을 현실성이 없는 정책으로 판단하고 이 대통령의 돌발행동을 억제하는 등 제한전쟁전략을 고수하였다. Stephen Jin-Woo Kim, "The Carrot and the Leash: Eisenhower, Syngman Rhee, and the Dual Containment of Korea", Ph.D Dissertation, Yale University 1999.

대통령은 미국의 요구사항인 한반도의 평화통일, 한국군 지휘권의 UNC 잔류 합의 등 자신의 북진정책을 좌절시키는 조항 외에도 한일국교정상화 및 일본 물품의 구매, 한화의 평가절하, 경제원조 사용에 있어서 미국의 통제 등 자신의 반일정책과 자립경제목표에 배치되는 미국의 요구에 강력히 반발하였다.[17] 최초 3월 18일 예정된 비준서 교환은 미국의 거부로, 이후 5월 28일에는 한국이 개정을 요구하며 당일 거부하였다. 그리고 1954년 7월 워싱턴 한미 정상회담에서 미국은 회담 전에 합의의사록을 제안하며 동의할 것을 요구하였으나 이 대통령은 서명을 거부하고 워싱턴을 떠나는 일이 발생하였다.

미국은 9월 14일 합의의사록에 대한 협상종결을 선언하면서 한국이 요구한 한일국교 정상화 요구는 삭제하였으나, 일본 물품의 구매는 지속적으로 요구하며 한국의 수용을 압박하였다. 미군 철수 반대 시위가 전국을 휩쓰는 가운데 한국은 10월 1일 미국의 한화 평가절하 요구에 맞서 유엔군의 현지경비 대여금 지급을 중지하였고, 10월 22일에 미국은 새로운 합의록을 제시하면서 한국의 환 지급 중지에 대해 석유 공급을 중단하면서 일체의 추가적인 경제지원과 군사력 증강을 중단하였다. 미국은 11월 7일 이승만 제거작전을 포함하는 일련의 비상조치들을 시행할 것을 검토하게 되었고, 결국 한국은 11월 17일 미국의 요구를 받아들이고 비준서의 교환과 합의의사록에 서명하였다.[18]

한미 합의의사록 체결을 통해서 한국군의 작전통제권은 UNC에 이양되었다. 작전통제(지휘)권[19]의 이양은 4단계로 진행되었다. 최초 한국전쟁 기간에는 한국

---

17) 이혜정, "한미동맹 기원의 재조명: 한미 상호방위조약의 발효는 왜 연기되었는가?" 『한국정치외교사논총』 제26집 1호 (2005), p. 14.

18) 이혜정 (2005), pp. 10-11; 구영록·배영수, 『한미관계, 1882-1982』(서울: 서울대학교 미국학연구소,1982), pp. 122-125; Donald Stone MacDonald,*U.S.-Korean Relations from LiberationtoSelf-Reliance:TheTwenty-YearRecord*(Boulder:WestPress,1992),p.255.

19) 작전지휘권과 통제권의 용어 정의. ① 지휘권(Command Authority): 군대 조직상의 계급과 직책에 따라 위임받는 권한과 능력을 가지고 합법적으로 부대를 이끌어 가는 일체의 권한을 말한다. 군 지휘권에 관한 일반적인 용어이며, 군 최고통수권자인 대통령의 통수권(Command Authority)도 이에 해당

군에 다시 전환될 예정이었으나 최종 단계에서 유엔군사령관에게 작전통제권이 이양되었다. ① 최초 1단계는 한국전쟁 기간인 1950년 7월 15일 이승만 대통령은 "현 적대행위의 상태가 계속되는 동안"이라는 조건으로 맥아더 장군에게 요청하였고, 맥아더 장군이 7월 16일 회신함에 따라 7월 18일 맥아더 유엔사령관에게 작전지휘권이 이양되었다. 여기서 되짚어 볼 사항은 이승만 대통령이 보낸 서한에는 '지휘권'을 위임한다고 하였으나, 맥아더 장군의 회신에는 '작전지휘권'으로 회신되었다는 것이다. 그 까닭은 당시 이 용어의 개념을 정확히 몰랐던 이 대통령의 미숙한 표현을 주한미대사 무초가 회신문에서 수정하여 보냈기 때문이다. ② 2단계는 1953년 8월 7일 한미상호방위조약이 가조인되면서 '이승만-덜레스 공동성명'에 "한미상호방위조약 발효 때까지 작전지휘권을 UNC에 이양"한다고 발표했으나, ③ 3단계로 1953년 10월 1일 한미상호방위조약을 체결하면서 '변영태-덜레스 외무장관 공동성명'에서는 "조약 발효 후 작전지휘권이 한국에 귀속"되도록 반영되었다가, ④ 4단계인 1954년 11월 17일 한미합의의사록에서 "UNC가 한국방위를 맡고 있는 동안 한국군은 작전통제권을 유엔군사령관에게

된다. ② 작전지휘(Operational Command; OPCOM): 작전임무 수행을 위하여 지휘관이 예하부대에 행사하는 권한으로서 작전수행에 필요한 전투편성, 임무할당, 목표선정, 임무수행, 지침하달 등의 기능을 주로 실시하는 권한으로서 행정지휘에 대한 상대적 개념을 의미한다. 미국은 작전통제(Operational Control)와 유사한 내용으로 과거 미 통합군사령부에서 사용해왔으나,지난 1989.5.13 미합참지시에 의해 전쟁지휘(Combatant Command)로 바꾸어 사용하고 현재는 사용하지 않고 있다. ③전쟁지휘(Combatant Command: COCOM): 예하부대의 편성 및 운용, 과업부여, 목표선정을 포함하는 지휘기능을 수행하는 권한으로서 전반적인 군사작전, 합동훈련 및 임무수행에 필요한 군수분야에 대한 권위있는 지시를 갖는다. 전쟁지휘는 예하부대 지휘관을 통하여 수행된다. 전쟁지휘는 필요하다고 판단된 사령부와 부대를 편성하고 운용하는 것에 대한 제반 권한을 제공한다. 이 용어는 미 통합군사령관과 특수군사령관이 할당된 부대에 대한 통제에만 적용되며, 한미연합부대에는 적용되지 않는다. ④ 작전통제(Operational Control: OPCON): 연합작전계획 또는 작전명령 상에 명시된 특정 업무나 과업을 수행하고 예하부대를 통제하기 위하여 지휘관에게 위임된 권한이다. 작전통제는 기능, 시간, 장소에 의해 제한을 받으나, 관계부대를 전개하고 직접 전술통제를 실시하거나 또는 전술통제권을 예하 지휘관에게 위임할 수 있는 권한이 포함된다. 지휘구조 내의 단위부대들은 통상 편제부대로 운영되며, 이 부대들에 대한 행정 및 군수 책임은 자국 책임이다. 한미연합사, "한미군사 지휘관계의 어제와 오늘: 작전통제권 변천과정을 중심으로," (1993.8.10), pp. 3-4; 합동참모본부, 『연합합동작전군사용어사전』(서울: 합동참모본부, 2006), pp. 337, 457.

이양"하는 것으로 수정되어 이후 1978년도 CFC의 창설 시까지 지속되었다.

유엔군사령관에게 이양된 작전통제권은 일부 국내외적인 상황변화로 제한된 범위 내에서 한국군이 행사하였다. 크게 세 가지 경우가 이에 해당되는데 최초에는 5.16으로 인한 유엔군사령관과의 협의, 대침투작전 지휘관계, 그리고 베트남 파병군에 대한 작전통제권이었다. ① 5.16 발생 시 일부 병력이 유엔군의 작전통제를 벗어난 것이 문제되자 국가재건최고회의와 UNC는 토의 후 유엔군의 한국군에 대한 작전통제권의 행사는 외부의 공산침략으로부터 방위함에 있어서만 행사할 수 있도록 축소했고, 30사단 등 일부 한국군 부대를 UNC 작전통제로부터 해제하여 국가재건최고회의에 이양함으로써 한국군이 행사할 수 있는 계기가 되었다.[20)]

② 대침투작전과 관련한 유엔군 작전통제권의 제한이다. 1961년 9월 20일 한국군이 UNC의 작전통제권에서 벗어날 수 있는 사전협의조건, 즉 수해나 화재 등 국가비상사태 발생 시 잠정적으로 벗어날 수 있는 것으로 규정하였다. 그리고 1968년 4월 17일 박정희-존슨(Lyndon Johnson) 대통령의 회담에서 한국군 통제 하에 대간첩작전을 위한 예비군을 포함한 한국군 전체의 동원이 허용되었다. 양국 수뇌 간의 대침투작전 수행권한을 한국 단독으로 수행함을 인정하는 것으로 간주할 수 있는데, 이 문제는 1968~69년도의 1, 2차 각료회의를 통하여 한국의 조치에 대한 이의를 제기하지 않았고 한국군 현대화 등 방위력 증강을 위해 지원할 것을 약속하였다.[21)] 1971년 1월 28일 발행된 UNC-주한미군사령부(USFK : United State

20) 유엔군사령관 매그루더의 항의로 국가재건최고회의와 UNC는 한국군 작전통제권 문제를 협의하고 5월 26일 공동성명으로 발표하였다. ①국가재건최고회의는 모든 한국군에 대한 작전통제권을 유엔군사령관에게 귀속시키며 유엔군사령관은 그 작전통제권을 공산침략으로부터 한국을 방위하는 데만 행사한다. ②유엔군사령관은 전방방어를 위한 이전의 군사력으로 환원시키기 위해서 서울에서 활동 중인 제1해병여단과 제6군단 포병부대에 대해 원래 위치로 복귀할 것을 지시한다. ③유엔군사령관은 제 30, 33예비사단, 제1공수특전팀 및 5개의 추가 헌병중대를 작전통제 해제하여 국가재건최고회의에 이양한다. 한미연합사 (1993.8.10), pp. 23-24.

21) 정상회담 결과 발표 내용이다. ① 대한민국에 의하여 추진되고 있는 효과적인 대간첩작전 계획을 강화

Forces Korea) 정책지침 3-2호에는 내륙 치안작전에 참여하는 한국군 대침투 부대에 대해서는 유엔군사령관이 작전통제권을 행사하지 않는 것으로 하였다.[22)]

③ 1965년 6월 21일 베트남에 군사원조단을 설치함으로써 한국군을 파병하였는데, 베트남의 한국군은 유엔군사령관의 작전통제로부터 해제되어 한국 대통령의 통수권 행사 및 국방장관의 지휘감독권이 직접 미칠 수 있게 되었다. 따라서 파월 한국군은 미군 및 베트남군과 대등한 위치에서 한국군 사령관과 상호협조체제 하에 군사작전을 수행하였다. 그러나 베트남에 파병되었던 군대는 한국에 귀국한 이후 다시 UNC 작전통제로 복귀하였다.[23)]

한국군의 작전통제권이 UNC로 이양됨에 따라 한미 안보동맹은 유엔군 주도의 한반도 방위체제로 제도화 되었다. 양국은 손실의 감수에 있어서 한국은 상호방위조약을 체결하는 성과를 거둔 반면에, 비준서 교환과 합의의사록 체결 과정에서 안보지원에 상응하는 작전통제권의 이양 등 자율성의 제한을 인정하였다. 그러나 상호방위조약의 체결을 선도하고 부분적으로 작전통제권이 한국군에 전환되는 등의 지역적인 한미 안보동맹의 변화를 한국이 선도함으로써 이후 한미동맹에서도 적극적인 발언권을 행사하는 전례가 되었다. 지역적인 차원의 한미 안보동맹에 있어서 미국은 세계전략의 수행에 문제가 없다면 한국의 요구를 용인하였음을 의미한다. 또한 작전통제권의 부분적인 전환을 통하여 한국은 자주적 요구를 반영하고, 미국에 대한 일방적 의존과 비대칭성을 점차 약화시켜 나갈 수 있었다.

감토. ② 존슨 대통령은 향토예비군 편성을 포함하여 박대통령이 북한의 침투와 파괴기도를 분쇄하고, 치안확보를 위하여 취한 각종 조치들에 찬성. ③ 양국 국방부 간의 각료급 회담을 매년 개최하기로 합의. 한미연합사 (1993. 8. 10), pp. 25-26.

22) *Ibid.*, p. 26.

23) Ibid., pp. 24-25.

나. 정치적 자동개입의 불확실성과 군사적 인계철선

양국은 손실의 감수에 있어서, 미국은 정치적으로는 자동개입하면서도 소극적이며 모호성을 남기면서도 군사적인 수준에서 인계철선[24)]의 기능을 수용하였다. 이 과정은 주로 상호방위조약을 통해 양국이 동맹의 조건에 합의하면서 이루어졌다. 즉 정치적 수준에서 한국은 작전통제권을 유엔사령관에게 이양하였으나 NATO와 같은 미국의 자동개입을 보장받지 못하는 모호성을 남겼으나, 군사적으로 미 지상군이 비무장지대(DMZ)와 북중 연합군의 예상 주공격로인 서부축선에 배치됨으로써 군사적 인계철선의 역할을 수행하게 되었다.

상호방위조약의 체결과정에서 미국은 한국전쟁의 개입에서처럼 매우 소극적인 입장을 보였다. 미국이 보인 소극적인 입장은 상호방위조약 3조에 대한 합의였다. 3조에 각 당사국은 타 당사국의 행정지배 하에 있는 영토에 대한 외부의 무력공격 시 각자의 헌법상의 절차에 따라 행동하도록 하면서, 4조에는 미군의 한국 주둔을 허용하도록 합의하였다.

첫째로 상호방위조약 3조에 대한 적용의 영토 범위, 적용 대상, 적용 절차에 있어서 한국의 요구에는 못 미치는 수준에서 합의가 되었다. 전체적으로 미국은 소극적 · 제한적인 범위로 한정함으로써 적극적 개입을 회피하면서 유사시 자동개입을 보장하지 않았다. ① 최초 한국 측 초안에는 영토의 범위를 "대한민국의 영토는 한국의 전통적 영역 전체로서 특히 북방에서는 압록강과 두만강을 경계로

---

24) 인계철선은 한미 간의 공식적인 군사전략 용어는 아니며 통상 사용되는 표현이다. 미국도 '90년대 이후 한미 갈등이 표출되기 전까지는 공개적인 이의를 제기하지 않았다. 주한미군의 최초 서부축선 배치는 정전협정 이후 당연한 결과로 생각할 수 있으나, 미국이 최초 인계철선에 대한 거부감을 가지고 있었다면 훨씬 이전에 후방으로 재배치할 수도 있었을 것이다. 한미 군사지도자들은 묵시적으로 봉쇄주의를 수행하는 역할을 담당하는데 이의가 없었다고 보여 진다; 미국이 인계철선에 대해 반감을 표출한 것은 2003. 3. 6 고건 국무총리가 토마스 하바드 대사에게 "주한미군의 인계철선 역할은 유지되어야 한다"며 주한미군기지 이전에 반대하였다. 그러나 4. 20 라포트(Leon J. Laporte) 연합사령관은 MBC 다큐멘터리에서 "인계철선은 부정적인 용어이고 미 2사단 장병에게는 모욕적인 발언이다. 인계철선은 파산한 개념이다"고 인계철선 개념을 부정하였다. 이후 5. 6 고건 총리는 2사단 방문 시 "앞으로는 주한미군을 인계철선 대신 '전선의 동반자(Frontier Partnership)'로 부르겠다"며 격려하였다. 이정훈, "미 2사단, 중국 팽창 견제하는 군단급 파워," 『신동아』 제46권 6호 (2003. 6), pp. 284-285

함을 확인한다"고 규정하여 한국에 의한 무력북진통일을 합법화하고 미국의 지원을 이끌어 낼 의도였으나, 미국은 "행정지배 하에 있는 영토"라는 소극적인 해석을 적용하였다.

② 조약의 적용대상은 각 영토에 대한 무력공격이다. NATO에서는 당사국이 개입하는 무력공격의 개념을 영토뿐만 아니라 체약국의 군대, 공해상의 체약국 국적 선박, 항공기 등에 대한 무력공격까지 포함하고 있다. 한국 측의 초안에는 "체약국에 대한 무력공격은 각기 체약국의 본토는 물론, 태평양에서 각기 행정관할권 하에 있는 도서 영토들 또는 각기 체약국의 태평양에 있는 군사력 · 공용선박 · 공용항공기 등을 포함하는 것으로 간주한다."고 규정하였다. 한국의 안(案)대로 적용되었다면 1968년 푸에블로호 사건이나 1969년 4월 정보정찰기 EC-121기의 사건 등에도 상호방위조약이 적용되었을 것이다. 미국은 부담이 확대되는 것을 피하기 위해 제한된 의무이행범위인 영토에 대한 무력공격으로 한정하였던 것이다.

③ 조약의 적용절차에 대한 자동개입의 문제이다. 개입 절차는 '각자의 헌법상의 절차에 따라 행동'[25)]하는 것으로 설정함으로써 자동개입의 불확실성을 남겼다. NATO나 북·중 및 북·소 상호원조조약[26)]에서와 같은 자동개입의 장치가 보

---

25) 미 헌법상 전쟁개시 권한은 두 가지로 나뉜다. 즉 의회는 전쟁을 선포하고 지원하며, 대통령은 최고군사령관의 임무를 수행한다. 그러나 한국·베트남전에서 의회의 전쟁 선포 없이 전쟁이 개시되고 수행되자 미 의회는 전쟁선포권한에 대한 권한을 유지하고자 하였다. 이것이 1973. 11 닉슨 대통령의 거부권에도 불구하고 상하 양원에서 통과된 "전쟁권한 부여 결의"(War Powers Resolution)이다. 대통령의 최고군사령관으로서의 권한은 전쟁선포 시, 특별한 상황, 혹은 국가비상시 등에 한정해서만 부여한다. 그리고 미군에 대한 공격으로 국가긴급사태 시 대통령이 의회의 승인이 없이 48시간 이내에 의회에 통고하여야 하고, 독자적으로 군사력을 동원하였을 때에는 60일에서 90일간 군대를 복귀시켜야만 하였다. 역대 미 대통령은 이를 의회의 대통령 권한 침해라고 주장하고 있다. Richard F. Grimmeth, "War Powers Resolution: Presidential Compliance", 「Congressional Research Service Issue Brief for Congress」(updated November 15, 2004), pp. 1-2;U.S. Congress, *The War Powers Resolution: Relevant Documents, Correspondences, Reports*, Prepared by the Committee on International Relations (Washington,D.C.: U.S. Government Printing Office, 1975), pp. 13-14.

26) 「북한·중국 간 우호협조 및 상호원조조약」 제2조 (중략) 체약일방이 어떠한 한 개의 국가 또는 몇 개 국가들의 연합으로부터 무력침략을 당함으로써 전쟁상태에 처하게 되는 경우에 체약상대방은 모든 힘을

장되지 못하였다. 이 조항으로 말미암아 한국은 지속적으로 미국의 대한안보공약의 진정성에 대한 보장을 요구하게 되었다. 따라서 이후 미국의 역대 대통령과 주요 인사가 방한 시 거의 관례화될 정도로 대한 방위공약의 준수를 반복하게 된 배경이 된다. 정치적으로 미국은 한국의 개입에 소극적인 태도로 전략적 융통성을 가지면서, 연루를 줄이고자 하는 안보딜레마를 보였다. 그러나 4조를 통해서 군사적으로는 '묵시적'으로 인계철선(Tripwire) 개념을 수용하였다.

둘째로 상호방위조약 4조에는 "상호적 합의에 의해 미국의 육·해·공군을 대한민국의 영토 내와 그 부분에 배비하는 권리를 대한민국은 이를 허여하고 미합중국은 이를 수락한다."고 하였다. 미국은 4조를 적용하여 주한미군을 배치함에 있어서 융통성을 갖고 있는 상황이었다.

휴전협정 체결 당시 미군은 전략적으로 중요한 서부전선에 배치되어 있었고, 한국군은 동부전선을 담당하였다. 서부전선이 북한군의 남침 시에 주요 공격로가 될 것은 명백한 상황에서 미군의 서부전선 축선 배치는 결국 미군이 군사적으로 자동개입(인계철선: Tripwire)하게 됨을 의미하였다. 3조에서 미국의 자동개입 보장 요구가 반영되지 못하였으나, 군사적인 수준에서 미국은 인계철선 배치를 당연하게 수용하였고 이에 대해 정치지도자들도 무의식적으로 수긍하였던 것으로 보아야 할 것이다. 인계철선이란 북중연합군의 공격 시 DMZ로부터 서울에 이르는 적의 공격축선에 미군이 위치함으로써 미군이 자동적으로 교전을 하게 되고, 이에 따라 미국이 전쟁에 개입하게 됨으로써 궁극적으로는 적이 남침을 하지 못하도록 억제할 수 있게 되었다는 점이다.

본서에서는 인계철선의 개념을 전쟁이나 군사이론에서 논하는 세 가지 수준

다하여 지체 없이 군사적 및 기타 원조를 제공한다. 그리고 「북한·소련 간 우호협조 및 상호원조조약」 제1조 (중략) 체약일방이 어떠한 국가 또는 국가연합으로부터 무력침공을 당함으로써 전쟁상태에 처하게 되는 경우 체약상대방은 지체 없이 자기가 보유하고 있는 온갖 수단으로써 군사적 및 기타 원조를 제공한다. 국방부, 『국방사 3: 1961. 5~1971. 12)』(1990), pp. 536-537.

[27]으로 개념화해 보았다. ① 전술적 수준 : 비무장지대 내의 판문점에 이르는 길목의 2개의 초소들을 지칭[28]함으로써 소부대의 교전부터 즉각 개입이 가능하고, ② 작전적 수준 : 전방군단의 후방지역으로서 대부대 교전으로 개입이 가능(1971년 2사단이 DMZ로부터 1개 중대만 남기고 전방군단의 후방지역인 의정부로 철수함)하며,[29] ③ 전략적 수준 : 보다 광범위하게 한국에 주둔하고 있는 주한미군 전체. 특히 미군의 주둔에 반대하는 일부 고립주의 경향의 미국학자들은 미군의 한반도 주둔 자체를 인계철선으로 보고 유사시 미국이 의미 없는 전쟁에 개입하게 될 것을 경고[30]하고 있는데

27) 현대 전쟁과 전략이론의 수준은 통상적으로 전략(Strategy), 작전(술)(Operational Arts), 전술(Tactics)로 구분된다. 미군 교범에서 정의한 각 개념으로서, 전략은 국가목표 또는 국가집단의 목표를 달성하기 위해 동시·통합적인 형태로 군사력과 그 외의 국력수단을 개발하고 운용하는 술과 과학, 작전은 전구 혹은 작전지역 내에서 전략목표를 달성하기 위한 군사력 운용기술, 그리고 전술은 전투에서 부대를 운용하는 기술로 정의된다. 전략, 작전(술), 전술의 구분에 대해서는 독일의 히츠가 언급하였고, 미국은 1970년대 군사교범에서 채택하였다. Hans Hitz, "Taktik und Strategie, Zur Entwicklung Kriegswissenschaftlicher Begriffe", WR (1956), pp. 627-628; 미군 군사규정, 예를 들면, FM 100-5 Operations (1976) 이후 대부분의 미군 교범에 기술되고 있음; Julian Lider (1983), pp. 203-206에서 재인용.

28) 인계철선으로 거론되는 지역은 군사분계선(MDL) 남북한 2km 구간의 DMZ 내 판문점을 경비하는 2개의 초소(GP; Guard Post)를 의미한다. 판문점은 DMZ 안쪽 MDL상에 위치하고 있고 이 판문점을 경비하기 위해 남방한계선 남쪽에 캠프 보니파스를 운영하고 있는데 캠프 보니파스에서 판문점으로 가는 길 좌우의 GP Oullette과 Collier 2개 초소를 인계철선으로 상징한다. 이 초소는 1992년 말 2사단 3여단이 철수하면서 한국 육군 1사단이 담당하고 있다. 이정훈 (2003. 6), p. 284; 그러나 남쪽의 GP Oullette은 2004년 공동경비구역(Joint Security Area) 임무가 한국군에 전환되기 전까지 JSA 대대를 담당하고 있는 미군이 경계를 담당하였었다.

29) "Strategy Guidance Memorandum, January 28, 1970", enclosed for Letter form The Deputy Secretary of Defense to Alexis Johnson, Under Secretary for Political Affairs, DOS, Feb 19, 1970, RG 59, NA II, pp.21-23. "(중략) '닉슨 독트린' 하에서 미국은 동맹국이 군사적 자기충분성을 확보하고 미국이 '서서히 끌려들어가는 것(creeping involvement)'을 피하기 위해 지역적 장치를 권장해야 한다. (중략) 지역적 안보조건이 허락할 때, 미군 부대들은 전투가 발생하는 경우에 자동적으로 개입되지 않는 곳에 위치해야만 한다. … (중략) 한국은 미 공군과 군수지원 하에 북한 단독의 공격을 봉쇄할 수 있어야 한다." 3장 1절 2항 참조.

30) 이에 대해서는 2000년대 이후 한미관계의 악화 시점에서 미국의 고립주의적 학자들 사이에서 미국이 인계철선으로 인질이 되어 있어 철군해야 한다는 주장을 펼치는 근거가 되었다; Doug Bandow, Tripwire: Korea and U.S. foreign policy in a changed world (Washington D.C.: Cato Institute, 1996), pp. 8-9. 저자는 미국이 냉전이 끝났음에도 불구하고 한국에 주둔하면서 또 다른 아시아의 전쟁에 개입하게 될 것이라고 강조하면서, 한국은 53년 이래 국력이 신장하여 북한에 비해 GDP가 18배, 인구가 두 배, 그리고 엄청난 기술의 발전을 이뤄 미국의 지원 없이도 스스로 방위능력을 갖추고 있기에 서서히 주한미군을 철수하고 방위조약을 끝내야 한다고 하였다. 저자는 3만7천명의 미군 장병

이는 전략적 인계철선의 개념으로 보고자 한다.

실례로 『프레이저 보고서』에 1971년 주한미군 철수에 대한 한국의 반발 이유를 "한국의 입장으로 보면 비무장지대의 미 2사단 철수는 미국을 자동적으로 개입시키는 '인계철선'을 잃어버리는 것을 의미한다."고 언급하였다.[31] 1966년 2월 추가파병 요청을 위해 방한한 험프리(Hubert Humphrey) 부통령은 "한국 군사분계선에 있는 단 한 명의 미국 병사가 있는 한 미국은 한국의 안전을 지킬 의무를 지고 있다. (중략) 우리는 친구요, 동맹 간이다."[32]라고 하면서 인계철선이란 용어를 직접 사용하지는 않았으나 동일한 의미로 '군사분계선에 있는 단 한 명의 미국병사'라는 표현을 사용하였다.

비대칭 한미 안보동맹에서 양국은 상호 정치·군사적으로 손실을 감수하는데 합의하였다. 미국은 정치적으로 자동개입의 불확실성과 모호성을 남기면서도 군사적인 인계철선의 역할을 묵시적으로 수용하였다.

다. 비대칭성의 완화 : 주한미군지위협정(SOFA)의 체결 과정

주한미군 지위협정의 체결 과정과 결과는 미국에 대한 일방적 의존 관계에서 비대칭성이 변화하였음을 보여주는 것이다. SOFA는 상호방호조약의 체결 이후 13년이 경과한 1966년에 체결되면서도 불평등 협정이라는 주장이 따라 붙었

은 자동적으로 개입할 수 있는 인계철선이라고 주장하고 있다; Doug Bandow, "Old Wine in New Bottles: The Pentagon's East Asian Security Strategy Report", Cato Institute Policy Analysis, No. 344 (May 18, 1999); Doug Bandow, "Bring the Troops Home: Ending the Obsolete Korean Commitment", Cato Institute Policy Analysis, No. 474 (May 7, 2003); 또한 2002년 뉴욕타임지의 윌리암 새파이어는 "주한미지상군이 한국군이 침략을 받으면 미 해군과 공군이 동시에 투입되도록 인계철선으로 투입되어 있다."고 하면서 "만일 주한미군이 북한 공격의 인질이 되어 있지 않았다면 미국은 위험한 핵시설을 제거하는 데 훨씬 큰 재량권을 가졌을 것"이라고 비판했다. William Safire, "N. Korea: China's Child," *The New York Times* (December 26, 2002).

31) U.S. House of Representafive.(1978), p.63.

32) 차상철, 『한미동맹 50년』 (서울: 생각의 나무, 2004), p. 129.

다.[33] 1953년 휴전협정 이후 상호방위조약을 가조인할 때 이승만-덜레스 공동성명에서 상호방위조약 효력 발생 직후 미국 군대의 지위에 관한 협정을 체결하기 위한 교섭에 합의하였었다. 그러나 미국은 전쟁상태라는 이유로 완강히 거부함에 따라 지연되었다.

1948년 대한민국정부가 수립되면서 한미 간에 최초로 '과도기에 시행될 잠정적 군사안전에 관한 행정협정'[34]을 체결하였다. 이후 미국은 1949년 500여 명의 고문단을 남기고 완전히 철수하였고 이에 따라 1948년 협정은 완전히 무효화 되었다. 그리고 잔류한 고문단을 위해 1950년 1월 26일 새로이 '주한미군 군사고문단 설치에 관한 협정'을 체결하여 잔류 군사고문단을 외교관과 동일하게 취급할 것을 규정하였다.[35]

두 번째의 협정은 한국전쟁 중에 이뤄졌다. 한국전쟁 발발 후 미군이 한국에 재차 진주하게 되자, 미군에 대한 법적 지위를 설정하기 위해 전쟁 중인 1950년 7월 12일 임시 수도인 대전에서 '주한미군의 형사재판권에 관한 대한민국과 미합중국 간의 협정(일명 대전협정)'을 체결하였다. 대전협정에서는 전쟁 중인 한국을 지원하기 위해 전쟁터에 투입된 방위군으로서 미군 당국에 일방적인 형사재판권을 다시 인정하게 되었다. 미군은 어떠한 범죄든 장소를 불문하고 미군 당국이 형

---

33) 남기정은 한미지위협정 체결 과정을 3단계로 구분하였다. ① 이승만 정권 시기: 과잉 '전장국가'의 보상받지 못할 노력, ② 장면 정권 시기: 분출한 민족주의와 미국의 대응, ③ 박정희 정권 시기: '전장국가'의 대미 일상외교. 그는 한국을 '전장국가'(battle-field-state)라고 정의하였는데, 전장국가란 "자국이 전장이 돼 있다는 자각에서 이를 전제로 내정과 외교를 펼치는 국가" 또는 "비정상적·일탈적 내정과 외교를 자국이 전장이 되어 있다는 점으로부터 설명하고 정당화하려는 국가"로 개념화하고 또한 일본을 '기지국가'(base-state)로 정의하면서 한국 전쟁에 '기지'로 관여했다는 주장을 하였다. 남기정, "한미지위협정 체결의 정치과정," 심지연·김일영 편, 『한미동맹 50년』(서울: 백산서당, 2004), pp. 109-158.

34) 이 협정은 전문 및 본문 5개 조로 구성되어 1948년 8월 24일 서울에서 서명하고 발효되었다. 3조에 미군이 완전 철수할 때까지 필요한 시설과 구역에 관한 사용권과 더불어 미국 군인, 군속과 가족에 대한 전속적 재판권을 미군 당국에 부여하고 있다. 한국이 독립국가로서의 면모를 갖출 수 없는 상황에서 비롯된 일방적인 협정이었다.

35) 이원덕, 『한일 과거사 처리의 원점: 일본의 전후 처리 외교와 한일회담』 (서울: 서울대학교 출판부, 1996), pp. 17-22.

사재판권을 행사하였다. 대전협정은 가장 불평등한 주둔군 지위협정으로 후진국 유형에 속한다.

나아가 1952년 5월 24일 체결된 '한국과 통합사령부 간의 경제조달에 관한 협정(일명 마이어 협정)'의 체결로 미군을 포함한 통합사령부 산하의 개인과 기관에 임무 수행 상 필요한 특권과 면제 및 편의 등 광범위한 권한이 부여되었다. 즉 미군 등의 유엔군에게 각종 시설 및 구역의 무기한 · 무제한 사용이 가능하게 되었다. 이는 전시상황 하에서 국가적 존립을 위해 동맹국으로부터 절대적 지원을 이끌어내기 위한 조치였다.[36)]

이승만 행정부에서는 수차례 교섭 개시를 요구하였으나 1961년 4월까지 교섭조차 열리지 않았다. 미국 측은 미 군부 및 국방부의 주장은 "한국에서는 아직 전쟁상태가 계속되고 있다."는 점을 주장하며 '대전협정'에서 확인된 배타적 '형사재판권' 조항을 고집하였다. 미국의 '휴전이 전쟁상태의 계속'이라는 주장에 대해 미국의 대한원조의 지속과 개입을 보장받기 위해서 한국은 적절한 대응을 할 수 없었다.[37)] 한국이 안보를 지원받는 일방적 의존관계에서 초래된 현상이었다.

그러나 장면 행정부에서 SOFA 교섭이 개시될 수 있었다. 4.19 의거로 집권한 장면 행정부는 1961년 들어 지위협정 문제를 한미관계의 가장 중요한 의제로 제시하였다. 미국은 당시 미군 사용시설에 대한 보상 요구 소송의 급증과 미군 사건사고의 반복 등 미군의 배타적인 형사재판권의 행사에 대한 국민들의 불만이 날로 커지고 있었다는 점에 긴장하고 있었다.[38)]

미국 내의 반응은 국무부나 NSC가 지위협정의 교섭에 긍정적 입장을 갖고 반대 입장의 국방부를 설득하는 양상이었다. 미 군부가 극심한 반대를 하였던 이유는 미국 군인이 한국에서도 미국 내에서와 동등한 사법제도 하에서 공정한 처

---

36) 남기정 (2004), p. 115.

37) 남기정 (2004), pp. 112-124.

38) 남기정 (2004), pp. 129-130.

우를 받고자 하였던 이유 때문이다. 그러나 미국은 한국 내 민족감정이 고양되어 과거 미국의 주장이 타당성을 잃어간다는 점을 인식하게 되었다. 따라서 미국은 1961년 4월 SOFA 교섭 개시를 결정하고 국무부 · 국방부의 공동메시지로 주한 미 대사관에 전문을 보냈다.

이 전문에 미 국민이 타국에서도 미국 내에서와 동등한 사법제도 하에서 공정한 처우를 받는 것을 동맹 각국에 요구한다는 사실을 확인하면서 한국의 사법제도에 대한 충분한 연구가 되지 않아 특별한 조치가 필요함을 언급하고 있다.[39] 그러나 이후 5.16 쿠데타로 인하여 미국은 불투명한 정치상황과 군사정부의 의도를 읽어낼 수 없다는 핑계로 다시 협상이 중단되었다.

그러나 1962년도 들어 미군에 의한 형사사고가 다발하고 국민의 반발 여론이 심상치 않게 확대되면서 학생데모와 대규모 군중집회로 확산되는 징조가 노출되었다. 군사정부의 협상개시 요청에 미국정부는 5월 14일 "민정이양이 실현될 때까지는 형사재판권 문제를 교섭의 의제로 제기하지 않겠다는 서면약속"을 요구하며 조건부 교섭개시에 응하겠다고 답변하면서 한국정부가 응할 것으로 예상했으나 군사정권은 최대현안인 형사재판권 문제가 의제에 포함되어 있지 않아 이 요구를 받아들일 수 없었다.

이후 미국정부는 1961년도 후반기에 한국 내 대학교에서 "후진 약소민족의 내셔널리즘과 인간으로서의 존엄성의 보장"을 요구하는 주장으로 사태가 심각해지자 9월 20일 교섭 재개와 민정이양 후의 협정체결을 결심하고 협상을 재개하게 되었다.[40] 1962년도 9월부터 실무자 교섭이 시작되어 1964년 1월 29일 민정이양을 실시한 박 대통령을 방문한 러스크 미 국무장관과 서울에서 지위협정 문제를 조기 타결할 것을 공동성명으로 발표하였는데, 이러한 배경에는 한일국교정

39) "Telegram from the Department of State to the Embassy in Korea," April 5, 1961, *FRUS, 1961-1963, Vol. XXII, Northeast Asia*, pp. 440-442.

40) 남기정 (2004), pp. 136-140.

상화 문제가 맞물려 있었다.[41]

미국은 5.16 이후 민정이양을 조건으로 SOFA 체결을 약속한 상태라 한국의 여론은 미국의 약속을 주목하고 있었다.[42] 협정의 체결과정에서 부딪친 문제는 두 가지로서 첫 번째는 미국이 제기했던 자동포기(automatic advanced waiver) 조항이었다. '독일방식'이라는 자동포기 조항은 재판권 경합 시 파견국의 요구가 있을 경우 체류국이 파견국의 이익을 위해 포기한다는 규정[43]으로서 이는 한국에게 주권을 포기하는 것이나 다름없는 조치였다. 미국의 브라운(Winthrop Brown) 대사는 미국무부에 자동포기 조항을 한국에 강요하여 교섭이 실패할 경우 학생데모는 통제 불가능한 상태가 될 것이라고 조기에 해결하여 줄 것을 요청하였다.[44]

두 번째 노무조항은 미군기지 내 한국인 노무자의 열악한 노동환경과 인권침해 문제는 미군병사의 범죄 못지않게 심각하였다. 특히 한국인 노무자의 파업권 교섭에서 한국정부는 미국 측의 예상 이상으로 강력히 저항하였다.[45]

이러한 문제들은 1965년 5월 17일 워싱턴에서 열린 박정희-존슨 회담에서 존슨 대통령은 독일방식의 타당성을 강조하였고, 박 대통령은 한국 내의 국민감정

41) 남기정 (2004), p. 141.

42) "Airgram from the Embassy in Korea to the Department of State, Department of States," February 5, 1964,FRUS, 1964-1968,Vol. XXIX, Part1,Korea, p. 5.

43) 이 방식은 1959년 독일의 본에서 서명됐으며, 나토 각국의 비준을 얻어 1963년 발효되어 '본협정'이라고 하는데, 이 협정에서 형사재판 관할권 문제에 대해 "파견국의 요구가 있을 경우 독일 연방공화국은 NATO 군대의 지위에 관한 협정 제7조 제 3항 (c)의 범위 내에서 동 조항 제 3항 (b)에 따라 재판권이 경합할 경우, 독일연방공화국에 부여된 일차적 권리를…. 파견국의 이익을 위해 포기한다."고 규정하였다. 여기서 '특수한 사정'이란 "독일에서 외국군의 주둔은 NATO군으로서의 주둔임과 동시에 실질적으로는 점령의 연장에 있다."는 점이었다. 동시에 이러한 조항에 대해 독일의 형사관할권을 존중한다는 의미에서 '철회권'(right of recall)을 부여하였으나 실제로 독일이 철회권을 행사하는 일은 없었다. 남기정 (2004), pp. 144-145.

44) "Letter from the Ambassador to Korea (Brown) to the Assistant Secretary of State for Far Eastern Affairs (Bundy), Department of States", September 3, 1964, *FRUS, 1964-1968, Vol. XXIX, Part 1. Korea*, pp. 45-46.

45) 남기정 (2004), pp.145-146; "Telegram from the Embassy in Korea to the Department of State", May 14, 1965, *FRUS, 1964-1968, Vol. XXIX, Part 1, Korea*, pp. 91-92.

과 반대여론 그리고 야당의 공격에 대해 설명한 뒤 교섭타개와 협정 조기체결을 위해 존슨 대통령이 적극적으로 노력해 줄 것을 강조했다. 존슨과의 회담에 이어서 다음날 박 대통령과 러스크(Dean Rusk) 국무장관의 회담이 있었다. 러스크는 미국이 한국에 대해 "19세기적인 치외법권을 요구하고 있는 것이 아니라고 설득하며 독일방식을 강조하고, 노무조항에 관련되어서는 70일의 중재기간을 거쳐 해결되지 않을 경우 고용 노무자의 파업권 행사를 보장한다는 한국 측 의견을 받아들일 용의가 있음"을 시사했다. 미 국무부는 이 협상안에 대해 미 국방부를 설득하여 어느 정도 동의를 이끌어 내었고 1965년 말 서명을 기대하는 수준에 도달했다.[46)]

그러나 1966년 1월 초 형사재판권 문제에 대해 이동원 외무부장관은 "베트남 파병 문제가 국회에서 동시에 취급될 경우 베트남 파병이 거부될 가능성이 있다는 우려"를 들어 독일방식 대신에 'NATO-네덜란드 방식'의 가능성을 브라운 대사에게 요구하였다. 자동포기 조항이 포괄적으로 적용된 독일방식에 비해 'NATO-네덜란드 방식'은 자동포기조항의 적용을 사항마다 판단할 가능성을 남기고 있었다. 미 국방부의 저항에 대해 브라운대사의 강력한 요구[47)]로 1966년 6월과 7월 8~9일 양일간 러스크 장관의 2회에 걸친 방한을 통하여 행정협정을 서명하기에 이르렀다.

최종적인 협정안에서 미국은 한국이 깊은 관심을 표명한 형사재판권, 민사청구권, 노무조항 등 몇 가지의 수정 요구에 합의하였다. 형사재판권 문제는 '독일방식'을 채택하되, 미국-파키스탄 지위협정 및 NATO-네덜란드 협정을 참고해 이들 협정에서 사용된 문구가 포함되었고, 주한미군에 대한 군법의 엄정한 적용이 명시돼 한국정부는 이를 받아들이고 타협했다.

---

46) 남기정 (2004), pp. 146-147; "Memorandum of Conversation", May 17, 1965; May 18, 1965, *FRUS, 1964-1968, Vol. XXIX, Part 1, Korea*, pp. 99, 102-103.

47) 남기정 (2004), pp. 147-150.

이에 따라 1차적 재판관할권이 한국에 있음이 확인되었고, 미국은 각 사건마다 자동포기를 요구하지 않으면 안 되게 되었지만 반면에 한국정부는 중요한 사건에서 재판권 행사의지를 미국에 통지하지 않을 수 없었다.[48] 13년이나 끌어온 주한미군 지위협정이 체결되도록 영향을 미친 구조적 요인[49]은 한국 내의 자주적 요구로 인한 반미감정의 고조, 한일국교정상화 문제로 어려움에 처한 박정희 행정부에 대한 미 행정부의 지원 필요성, 그리고 미국이 추진하는 한일국교정상화나 베트남 파병과 같은 세계전략에 있어서 한국이 동반자로서 협력하게 되었다는 점 등이라고 하겠다.

SOFA는 1966년 7월 9일 조인되어 10월 14일 국회의 비준을 거쳐 1967년 2월 9일 발효되었으나 이에 대한 평가는 엇갈렸다. 당시 긍정적 평가는 상호방위조약에 입각한 한미 군사협력 관계를 더욱 강화시켰다는 점이다.[50] 그러나 부정적으로는 '껍데기 협정'이라고 혹평 받았다. 1950년의 대전협정에 비하여 외형적 평등성을 많이 반영하고 있으나, 나머지 합의의사록, 합의양해사항, 형사재판권에 관한 한국 외무부장관과 주한미국대사 간의 교환서한의 3개 부속문서가 본 협정의 정신을 매우 제한시키고, 이후 특히 주한미군에 대한 형사재판권 행사에

---

48) 남기정 (2004), pp. 150-151.

49) 남기정은 주둔군 지위협정의 촉진요인을 세 가지로 보았는데, ① 국내정치상황의 변화로서, 한국내 학생운동과 같은 반정부 운동의 조직적인 전개가 되고 4.19 학생 혁명 이후 민족주의가 고양된 장면 정부에서 최초 협상을 시작하였고, 또한 한일 기본조약 반대운동의 확산 등으로 박정희 정권이 위기에 처해 있을 때 지위협정의 조기타결을 공공연히 확인하면서 국민감정을 무마하려 하였으며, ② 남북한 관계에서 오는 요인으로 한국이 전투적 '전장국가' 의식에서 벗어나 체제경쟁의 '경제 전장국'로 변모하려는 국면에서 미국이 양보를 하였는데, 장면 정권의 경제개혁 기도와 박정희 정권의 한일국교 정상화 문제를 이러한 맥락에서 보고 있으며, ③ 동아시아 지역 수준 요인으로서 한국이 지역전략에서 자신의 이익을 찾고 목표를 공유하려고 할 때 교섭은 진전되었고 베트남 파병이 그 사례라고 하였다. 남기정 (2004), pp. 152-153.

50) 황성수, 『한미행정협정 연구』 (서울: 최신의학사, 1968), p. 10. SOFA는 주한미군에 대한 한국의 1차적 재판관할권을 확보하였을 뿐만 아니라 출입국 관리, 시설과 구역, 형사재판권, 민사청구권, 노무, 관세, 조세 등에 대해 자세한 규정을 둠으로써 주한미군의 불명확한 법적 지위를 명확히 규정하였다. 특히 정부수립 후 미군에게 전속적 관할권을 양보한 이래 대전협정과 마이어 협정에 의해 계속적인 불균형을 시정한 것은 우리나라의 외교적 성과라고 하고 있다.

서 한국국민의 주권과 인권을 침해하는 사건이 많이 발생하였다는 주장이다.[51)]

SOFA는 체결 이후에도 부속문서의 적용에 있어서 불평등성을 완전히 극복하지는 못하였다는 불만을 갖게 하였다. 이러한 평등성의 논란은 2000년도 개정[52)]까지 이어졌다. 그러나 SOFA에 대한 엇갈린 평가에도 불구하고 SOFA의 체결은 일방적인 의존 관계에서 불평등하나마 비대칭적 외교관계를 공식화함으로써 이후 비대칭성을 완화시키는 계기가 되었다.

1960년대에 들어서 한미 안보동맹에서의 비대칭성의 완화는 동시에 연합작전체제로의 발전을 위한 기반을 형성하게 해 주었다. 비대칭 동맹으로서의 틀은 유지되었으나 한국의 역할은 상대적으로 증대되어 갔다. 이후 논의되겠으나 한국은 외교정책을 통해서 미국과 협력관계를 강화하고 있었다. 베트남전 파병과 한일국교 정상화는 미국이 추구하던 세계전략과 보조를 맞춰나가면서 동맹의 외연을 넓히며 내적으로는 한미 관계에서도 상대적 지위를 확보하게 해주었고 이러한 결과가 SOFA의 체결에도 반영되었다.

한미 양국은 동맹을 통한 가치체계나 이익의 공유, 위협의 인식을 바탕으로 각각 손실을 감수하고자 하였다. 미국은 한반도에 개입함으로써 자원과 병력을 투입하였고 정치적으로는 자동개입의 모호성을 남기면서도 군사적으로는 인계철선의 역할을 묵시적으로 수용하였다. 한국은 안보지원에 상응하는 자율성의 감소를 받아들였다. 작전통제권의 이양은 유엔군 주도의 한반도 방위체제의 형성을 가져 왔다. 동시에 SOFA의 체결을 통한 비대칭성의 완화는 이후 연합작전체제로의 기반을 구축하는 것이었다.

---

51) 이장희, "한미행정협정의 문제점," 「주한미군범죄 근절 대책 수립을 위한 공청회 자료집」(1993), p. 5; 부속문서로 인해 대한민국이 주권국가로서 그 권리를 행사하는데 있어서 많은 문제점을 내포하고 있는 분야로는 형사재판권 행사에 있어서의 문제점(22조), 시설과 기지의 사용 문제(2-5조), 민사청구권 행사에 있어서의 문제점(23조), 노무자 처우 문제(17조), 통관·관세(9조) 및 조세(14조) 상의 특혜문제, 협정 해석 시 영어본 우선(31조) 등을 거론하고 있다. 이석우, 『한미행정협정연구』 (서울: 도서출판 민, 1995), pp. 26-27.

52) 김병렬, "한미 주둔군 지위협정의 개정에 관한 일고", 『교수논총』 제22집(2001).

3. 수행전략의 공조

이제 수행전략 측면에서 1960년대 말에 나타난 한미 안보파트너십의 변화 등을 고찰해 보자. 즉 한일국교정상화와 베트남전 파병을 통해서 동맹의 외연을 확대하고 한반도의 주한미군 전력을 유지하게 되는 과정을 살펴볼 것이다. 또한 비대칭성의 완화 등으로 인한 양국의 근원적인 인식의 차이가 1960년대 말 이후 안보파트너십에 나타난 영향 등을 분석할 것이다.

가. 한일국교정상화와 동맹의 외연 확대

한일국교 정상화는 안보파트너십에서의 전략적 공조를 외연으로 확대하고 강화시키는 계기가 되었다. 한일국교정상화 협의는 1951년부터 시작되었으나 양국의 전통적인 적대감을 극복하지 못하고 1965년 6월 22일에야 외교관계를 수립하게 되었다. 한일국교 정상화를 통하여 일본은 한국에 무상원조 3억 달러, 공공차관 2억 달러, 상업차관 3억 달러, 청구권 자금 0.45억 달러 등 총 8.45억 달러의 경제원조를 제공하게 되었다.

한일국교 정상화 협상은 이승만 행정부에서는 진전이 없다가 박정희 행정부에서 1962년 김종필 중앙정보부장의 비밀 합의로 진전을 보였다. 그러나 이 협상은 곧 언론에 공개 되었고 결국 여론의 악화로 인해 다시 교착상태에 빠진 이후 1964년 말에야 협상이 재개될 수 있었다.

한일국교정상화는 한미 안보동맹에 있어서 수행전략의 공조를 이룬 대표적인 사례로서의 의미를 갖는다. 첫째로 한일국교정상화를 통해서 동북아에서 북한-중국-소련의 공산세력에 대항하는 실질적인 한-미-일 삼각동맹체제를 공고히 하는 계기가 되었다. 둘째는 미국이 이를 성사시키고자 적극적으로 노력하였다는 점이다. 셋째는 한국과 일본의 국내적 상황이 각각 양국이 전통적으로 갖고 있는 역사적인 적대감에도 불구하고 이를 성사시키게 하였다는 점이다.[53] 한일국교정상화는 미국의 동아시아 안보전략 구상에 따라 한일 양국의 국익에 부합됨으로써 가능해졌고, 궁극적으로 한미동맹의 외연을 확대하는 역할을 하게 되었다.

미국은 한일 관계의 미묘성으로 국교정상화에 대해 모호한 입장을 유지하였으나 1964년 아시아의 상황 변화로 적극적인 관심을 갖게 되었다. 미국이 이를 적극적으로 추진한 배경에는 아시아에서 중국의 핵실험 성공과 위협이 커짐에 따라 공산 위협에 대한 긴장이 강화되었고, 인도차이나에 존슨행정부가 개입하게 되면서 미국의 부담이 가중된 것이다.

이런 상황에서 미국은 동북아의 두 주요 동맹국이 안정적인 관계를 수립하기를 바랐다. 한일의 안정적 관계는 덜레스 장관이 말한 필리핀-인도차이나-대만-일본-한국에 이르는 태평양에서 '반공의 원호(arc)'를 구성하여 방위선을 강화시키고, 인도차이나의 투입으로 인한 미국의 부담을 약화시켜 일본이 한국에 대한 지원을 맡게 됨으로써 경제 · 정치적 안정을 증진시키고, 한일관계의 공고화는 북한과 일본의 관계개선을 미리 차단하는 효과가 있고, 미국의 장기적인 지상군 감축에도 필수적이라고 보았다.[54]

또한 미국은 한일국교정상화를 추진하기 위해 한국에게는 직접적으로, 일본에 대해서는 간접적으로 영향력을 행사하였다. 미국은 한일과의 쌍무회담에서 양국의 국교정상화를 최우선과제로 추진했고, 중요한 순간마다 협정에 대한 명확한

53) 미국의 적극적 역할과 한국과 일본의 국내적 여건과 상황은 양국의 전통적인 역사적 적대감에도 불구하고 한일국교정상화를 가져오는 구조적 요인이 되었다는 주장은, Victor D. Cha, Alignment Despite Antagonism: the United States-Korea-Japan Security Triangle (Stanford: Stanford University Press, 1999); 또한 미국의 냉전수행전략과 이를 위한 역할분담체제적 요인이 강력히 작용하였다는 주장은, 전재성, "1965년 한일국교정상화와 베트남 파병을 둘러싼 미국의 대한외교정책," 『한국정치외교사론총』 26집 1호 (2005); 한일국교 정상화는 한국의 반공정권을 안정시키고 자국의 경제적 부담을 경감시키려는 미국의 '촉매' 혹은 '막후 압력'을 통한 '관여' 의도와 급격히 성장한 독점자본의 진출을 갈망하던 일본의 요구, 그리고 불안정한 정권 기반을 외국으로부터의 경제원조에 의한 근대화로 강화하고자 한 박정희 정권의 이해관계가 맞아 떨어진 결과라는 주장은, 정일준 (2000), pp. 250-257.

54) Victor D. Cha (1999), pp. 28-29.

지지를 표명하고, 한미 양국이 협상의 난관에 부딪혔을 때 다양한 방법을 동원하여 대화를 촉진시켰다.

그러나 최종 성사과정에서 한국의 문제 제기, 즉 미국이 국교정상화로 한반도의 안보를 일본에 떠맡기고 이탈하려 한다는 의구심을 제기하자 미국은 1965년 5월 박정희-존슨 정상회담을 통해 1.5억 달러의 개발차관 기금을 제공하는 등 자국의 공약을 과시하고자 하였다.[55]

당시 박정희 행정부는 집권 이후 안보보다는 경제정책에 주력함으로써 북한을 억제하려 하였다. 한국의 경제개발계획은 미 행정부의 원조정책의 변화와도 연계되었다. 1960년대 미국의 케네디(John F. Kennedy)-존슨 행정부에서 저개발국가의 원조는 기존의 군사원조에서 경제원조로 변화하였다. 이는 1957년도 이후 로스토우(Rostow) 노선에 근거하는데, 즉 경제원조를 군사원조로부터 분리시키고 국가주도의 장기경제발전계획에 입각하여 차관을 공여하는 것이다.[56] 미국은 경제적 차원에서 제 3세계 근대화 이론에 따른 비군사적 프로그램을 통한 정책을 추진하였고, 한국에서는 미국의 부담을 일본의 한국에 대한 기술과 자본의 지원으로 대체함으로써 미국-일본-한국과 연계된 동맹의 분담체제를 가동시키고자 하였다.

그러나 한국은 경제개발계획을 추진하면서 자본과 기술의 부족으로 1차 경제개발계획의 성과도 기대에 미흡하게 나타났다. 또한 미국의 원조도 삭감되는 상황이었다. 따라서 박정희 대통령은 한일 청구권문제를 경제협력방식으로 해결하고자 하였다. 경제개발 계획의 수행이라는 강한 동기는 박대통령이 한일국교정상화를 적극적으로 추진하게 하는 계기가 되었다.[57]

미국은 1960년대 중반에 들어서 주한미군의 감축을 통하여 부담을 경감하고자 하였다. 그러나 1965년 3월 15일 주한 미 대사관이 본국에 보낸 전문에 의하

---

55) *Ibid*., pp. 29-31.

56) 전재성 (2005), p. 67.

57) 이원덕, 『한일 과거사 처리의 원점』 (서울: 서울대학교 출판부, 1996), p. 180.

면, 주한미군을 감축하면 주한미군의 약 18%에 해당하는 9천 명의 감축으로 주둔 비용을 줄일 수 있으나, 동시에 주한미군의 철수로 한국에게 불안감을 가중시킬 것이라고 분석하였다. 주한미군 감축안에 대한 부정적 견해가 강화되면서 미국은 한국 전투부대의 베트남 파병을 적극적으로 고려하게 되고, 이는 국교정상화를 통해 미국이 얻을 수 있는 경제적 이익을 상쇄할 것이라고 보았다.[58] 이처럼 미국은 주한미군 감축보다는 한일국교 정상화에 우선을 두고 대한반도 정책을 추진하였다.

또한 일본도 한일국교정상화를 '역사의 필연'으로 인식하고 있었다. 1965년 일본의 외무성 백서에 의하면 박정희 행정부가 외국의 자본과 정치적인 정당성을 얻고자 하는 상황은 일본에게 최소의 비용을 통해 협상을 도출해 낼 수 있는 기회로 평가하였다. 여러 여건도 협상에 유리하다고 보았다. 먼저 박정희 행정부의 철권통치는 한국국민들의 엄청난 배상요구 여론을 박정희 행정부가 통제할 수 있게 됨으로써 일본의 협상에 유리하다고 보았다. 그리고 한국의 경제개발 5개년 계획을 일본 기업들에게 제시하고 있는데, 국교정상화를 통해서 일본이 제공할 배상금과 재정원조로 조달이 가능하다고 보았다. 또한 일본의 안보불안을 한국과의 관계개선을 통해 만회하고자 하였다. 한국의 붕괴는 일본에 대한 공산주의의 위협으로 확신하고 있었기 때문이다.[59] 일본은 정치적 필요성과 경제적 관계, 그리고 안보차원의 협조의 필요성으로 한일국교정상화에 적극적으로 나왔던 것이다.

한일국교 정상화는 한국과 일본 간의 이해관계의 일치라는 점에서 타결되었지만, 배후에는 미국의 세계적 · 지역적 냉전수행전략과 이를 위한 역할분담 체제적 요인이 강력하게 작동하였음을 알 수 있다. 더욱이 미국은 경제 지원 및 주둔

---

58) 전재성 (2005), p. 81.

59) Victor D. Cha (1999), pp. 26-28.

군 감축과 같은 다양한 정책수단을 보유하고 있었으며, 이는 미·소 냉전이라는 상황 속에서 미국이 가지고 있었던 구조적 힘의 일단을 보여주는 것이었다. 반면 한국 역시 경제개발에 필요한 자금을 최대화하기 위해 미국의 절박한 국교정상화의 필요를 최대한 이용하여 일본에 대한 자국의 입장을 강화하려고 노력하였다.[60)]

박정희 행정부는 민정이양 직후 1964년 초부터 한일회담을 추진하면서 국내적으로 심각한 반대를 극복해야만 하였다. 일본에 대한 전통적인 적대감은 한일국교정상화의 반대로 표출되었다. 1965년 6월 3일 대규모 시위대가 청와대 앞까지 이르렀을 때, 박정희 대통령과 버거(Samuel Berger) 주한 미 대사, 유엔군사령관 하우즈(Hamilton Howze) 장군 등은 청와대에 모여 대책을 논의했다. 박대통령은 시위진압을 위해 한국군 2개 사단을 작전통제권에서 해제해 줄 것을 요청하였고, 계엄령을 선포하겠다고 했다. 결국 버거 대사와 하우즈 장군은 두 가지 조치를 모두 수용했다.[61)]

1965년 8월 의회에서 한일협정의 정식 비준안을 처리할 때에도 유엔군사령관과 주한 미국대사는 위수령 발동에 따르는 군 동원을 승인하였다.[62)] 미국은 한일국교 정상화를 위해 작전통제권의 일부까지 허용하면서 한국정부를 적극적으로 지원하였다. 미국은 한국에서의 야당과 학생들의 반대에 대해 과거 4.19 때와는 현저히 다른 대응태도를 보이면서 한일회담을 적극적으로 지원하였다.

이처럼 한일국교 정상화는 한일 양국의 국가이익과 미국의 적극적인 전략과

60) *Ibid.*, pp. 24-28; 전재성 (2005), pp. 78-79.

61) 홍석률, "1960년대 한미관계와 박정희 군사정권," 『역사와 현실』제56권 (2005), p. 277; "Telegram from the Embassy in Korea to the Department of State", June 3, 1964, *FRUS, 1964-1968, Vol. XXIX, Part 1, Korea,* pp. 26-28.

62) Memorandum to FE-Mr.Berger from EA-Josiah W. Bennett, "Ambassador Brown's Discussions with ROKG Leaders on the Political Situation", September 8,1965, Pol 15-1Kor S, Subject-Numeric Files 1964-1966, box 2404, RG 59, NAII.

추진에 의해서 이루어졌다. 이 정상화는 한미 안보동맹에서 양국의 협조를 강화시킴은 물론이고 한국과 미국 그리고 일본의 삼각 동맹체제로서 외연을 확대시키는 역할을 낳게 하였다.

나. 베트남전 파병과 주한미군 주둔 유지

한국은 이승만 행정부로부터 박정희 행정부에 이르기까지 베트남전 파병을 적극적으로 추진하고 관철시킴으로써 주한미군 전력을 한반도에 지속적으로 주둔시키며 전쟁 억제력을 유지할 수 있게 되었다.

한반도 방위의 핵심은 한국군과 주한미군의 주둔 전력이며, 한미 연합전력은 북중 연합전력의 도발에 대한 한미 안보동맹의 억제력이다. 한미 연합전력의 규모는 국제환경과 미국의 대한반도 정책 변화 그리고 한국 내부의 상황 등으로 변화하였다. 한미 관계에서 주한미군의 주둔과 규모는 양국의 안보동맹을 좌우하는 문제였다. 한국의 이승만-박정희 대통령은 미국의 감군정책에 대해 해외파병전략을 적극적으로 추진함으로써 무마하려고 하였다. 1960년대 중반 베트남파병으로 존슨 행정부의 철군 논의가 중지되면서 주한미군과 한국군의 전력을 안정적으로 유지할 수 있었다.

미국은 한국전쟁이 휴전으로 종전되면서 재정적자를 줄이기 위해 미군은 물론 한국군을 감축하고자 하였다. 미국의 감군정책은 이후 케네디-존슨 정부에서도 계속 논의되었다. 주한미군의 1955년 2차 철군은 휴전협정의 체결 이후 이뤄졌으나 이후 닉슨 행정부의 1971년 3차 철군 시까지 전체적인 전력수준에서는 큰 변동 없이 유지되었다. 2차 철군 이후의 주한미군은 1군단과 개성-문산 축선의 24사단, 철원-의정부 축선의 7사단 등으로 7만 명 수준이었다.

주한미군은 한국전쟁 휴전 시 약 33만 명이었으나 1955년까지 2차 철군을 통하여 7만 명을 잔류시켰다. 2차 철군은 주한미군의 다른 정책과 달리 잔류정책을 포함하고 있다는 점에서 닉슨 행정부 시기의 다른 철군과 비교 대상이 된다.[63] 주한미군 2차 철군에 대한 미국 내의 입장은 미 육군 등에서는 일본을 중심으로 한 도서방위전략이 적절하다는 논리에 따라 잔류에 부정적인 입장에 반해, 국무부 등의 정치적 입장은 한국전쟁 이전의 철군 실패의 경험에 따라 반대함으로써 미 육군 등에서 주장하는 군사적 충분성의 논리는 설득력을 얻지 못하였다. 한국이 갖는 대소 · 대중 봉쇄의 전략적 가치와 미·소 대결의 전시장이라는 정치적 상징의 가치를 인정하여 일부 지상군의 잔류로 결정되었다.[64]

아이젠하워 행정부에서는 대량보복전략에 따라 한반도에서도 대규모 재래식 전력을 철군시키고 핵무기를 배치함으로써 억제하고자 하였다. 미 행정부는 중국과 소련의 후진국에 대한 경제원조와 제 3세계의 등장으로 미국은 군사원조보다는 경제원조를 강조하는 정책으로 전환하였다.

이후 유럽 이외의 동맹국의 정규 병력을 감축하고 현지의 군사력도 축소하였다. 이에 따라 1956년 10월 미 합참은 주한미군을 2개 사단으로 유지하고 한국군을 감축하는 대신에 한국에 핵무기를 도입할 것을 결정하였다.[65] 미국의 대량보복전략에 따라 미 보병사단은 전술핵무기를 장비한 팬토믹 사단(Pentomic Division)[66]으로 개편되면서 한국에 주둔하게 되었고, 전술핵무기의 보강으로 1958

---

63) 유인석 (2006), p. 39.

64) 스나이더는 미국이 한국의 전략적 가치를 낮게 평가하였음에도 불구하고 한국전에 개입한 것은 한국의 대소 억제 및 정치적 가치 때문이라고 주장하였다. Glenn H. Snyder, Deterrence and Defense: Toward a Theory of National Security(Westport: Greenwood Press, 1961), pp. 33-34; 최종적으로 2차 사단의 잔류가 결정된 것은 윌슨 국방장관이 국무부와 의견을 조율한 후 대통령의 승인을 득하고 1955. 6. 9일 251차 NSC에서 결정되었다. Memorandum of Discussion at the 251st NSC Meeting, June 9, 1955, Ann Whitman File, NSC Series, Box 7, Dwight D. Eisenhower Library; 이철순, 「이승만정권기 미국의 대한정책 연구 (1948-1960)」, 서울대학교 정치학과 박사학위 논문(2000), p. 266 재인용.

65) 박태균, "1950·60년대 미국의 한국군 감축론과 한국정부의 대응", 『국제·지역연구』제9권 3호(2000), pp. 34-38.

66) 펜토믹 사단은 1956~61년 미 육군의 주력인 5각 편제의 원자장비사단, 오각사단(五角師團)으로서 전술핵 전쟁을 대비한 군대체계이다. 사단은 연대가 없이 5각 전투단으로 구성되며, 핵전쟁을 고려 각 단

년 한국군의 일부가 감축되면서, 미 24사단이 철군하고 1기병사단이 주둔하게 되었으나 이후 전반적인 전력의 변화는 없었다.

한국군의 규모는 전적으로 미국의 지원에 의존하는 상황에서 1954년에 합의의사록을 체결하면서 20개 상비사단과 10개 예비사단의 육·해·공군 전력 72만 명으로 설정되었다. 이후 앞에서 언급한 미국의 한국군 감축정책에 의해 한국군은 1958년에 한국군 2개 사단, 9만 명 규모가 줄면서 1959년부터는 63만 명으로 축소된 반면,[67] 미군은 전술핵무기로 무장된 펜토믹 사단으로 증강되어 한반도에 전술핵무기가 유입되었고 북중 연합전력에 대한 억제력으로 추가되는 변화를 가져왔다. 반면에 한국군은 이승만 대통령의 인도차이나 파병 요구로부터 시작하여 박정희 대통령의 베트남 파병 제안을 통해 적극적인 파병을 추진하였고, 미국이 베트남전에 개입하면서 한국군을 투입하게 되자 감군 논의는 종결되면서, 박정희-존슨 대통령 시기의 밀월 속에서 1960년대 말까지 미국의 지속적인 군사원조를 받을 수 있었다.

1950년대 미국의 한국군에 대한 감축 논의는 두 가지 제약요인으로 중지되었다. 첫째, 국제정치 환경의 변화로서 1950년대 후반 소련과 중국의 공세 및 제3세계의 불안정성 등으로 미국이 더 이상 안보문제에 있어서 후퇴해서는 안 된다는 정세판단을 하게 되었다. 둘째, 한국군의 감축으로 경제개발을 위한 노동력을 확보하고 예산을 전용하는 경제적 효과는 있으나 수 만 명의 사병들이 전문 직업을 갖지 못하고 실업문제 등 사회경제적으로 악영향을 끼칠 것이란 문제가 제기

위부대가 독자 전투능력을 가지며 공중수송수단을 통해 이동할 수 있도록 부대를 축소하는데 주안점을 두어, 사단병력은 17,455명에서 13,750명으로 감축되었다. '56년부터 미 보병사단은 펜토믹 사단으로 재편되었다. 사단에 전술핵 발사가 가능한 어네스트 존 로켓 중대를 편성했다. '56년에 시험편성이 시작된 펜토믹 체제는 전체 개편대상 부대의 25%에 적용되었다. 그러나 '61년 베트남전쟁 참전으로 다양한 전쟁 유형에 적응할 수 있는 편제가 요구되어, 펜토믹 체제는 '62년에 폐기되었고 케네디행정부에서 미 육군은 유연반응전략에 바탕을 둔 ROAD(Reorganization Objective Army Division) 사단으로 개편되었다. 서울신문사편저, 『주한미군 30년』(1979), pp. 317-320.

67) 국방부, 『국방사: 1950.6~1961.5』(1990), p. 330.

되었다.

미국은 한국의 대외적인 안보뿐만 아니라 대내적인 안보도 중요한 문제로 고려하였기 때문에 이런 문제가 추가적으로 논의되지는 않았다. 1959년 7월 1일 NSC에서 한국군의 단계적 삭감을 삭제하고 한국군이 "아시아 전역에 있어 공산세력의 침략에 대항하는 한국의 항상적인 결의를 과시하는데 충분한 힘과 능력을 행사"한다고 규정하여 이전에 비하여 한국군의 역할을 확대하였다.[68]

1960년대 한국군에 대한 감축론은 케네디-존슨 정부에서도 계속되었다. 한국에서는 1961년 5.16, 한일국교정상화 그리고 베트남파병 등의 국내외적 상황들이 미국의 한국군 감축 논의에 영향을 미쳤다. 케네디 행정부의 감축 논의는 두 가지 방향에서 논의되었으나 추진되지는 않았다.

첫째, 군사적으로 한국군 60만 규모는 북한을 점령하거나 북중 연합공격을 격퇴하기에는 적은 규모이나, 북한의 단독공격을 방어하기에는 너무 많으며 북한의 도발 가능성도 낮기 때문에 한국은 군사적으로 과잉보장(over-insured)되어 있으며 한국의 안보위협은 외부적이라기보다는 내부적 취약성에 있다고 판단하였다.[69] 둘째, 경제적 측면의 논의로서 한국에서의 경제개발계획과 1961년 5.16 쿠데타로 민정이양 중에 있는 군사정부의 안정성을 고려하였다. 경제개발 측면에서 군축이 긍정적인 영향을 미칠 것으로 분석되었다. 그러나 군사정부에 대하여 군대의 감축이 군사정부의 안정성을 뒷받침할 수 있는가의 문제를 고려하여 결론적으로 케네디 행정부는 군사정부의 군사적 안정을 이유로 군축에 반대한다

68) 박태균 (2000), pp. 34-38.

69) 유인석 (2006), pp. 39-45; 백악관 참모는 한국의 위협은 다른 지역보다 크지 않고 한국의 국내취약성을지적하면서 14~12개사단규모로감축을주장하였다, "Memorandum From Robert W. Komer to the National Security Council Staff to the President's Special Assistant for National Security Affairs(Bundy)", June12,1961,FRUS,1961-1963,Vol.XXII,Northeast Asia,pp. 474-475; 국무부 키친차관보는 과잉보장을 주장하였다. DOS Report(JeffreyC.Kitchen, Assistant Secretary for Politico-Military Affairs), December 27, 1961, DDRS.

는 의견을 제시하였다.[70] 미국은 전반적으로 군사력 감축을 고려하면서도 정치적 불안정의 문제도 심각하게 고려하였음을 알 수 있다. 미국은 특히 한국 내의 정치적 상황을 매우 중요하게 고려하였다. 이처럼 케네디 행정부에서 감축이 추진되지는 않았으나 주한미군과 한국군의 감축에 대한 인식은 지속되고 있었다.

1960년대 초반의 군축 논의는 이후 중반 존슨 행정부에서 베트남전 파병이라는 새로운 전환기를 맞이하게 되었다. 1963년 11월 집권한 존슨 행정부에서도 주한미군의 철군 문제는 계속 검토되었으나, 1964년 8월 통킹만 사건을 계기로 존슨행정부가 베트남에 대한 군사개입을 본격화하고 많은 국가들의 참전을 독려하는 소위 "More Flags" 정책을 추진함에 따라 한국군의 베트남 파병이 결정되고 주한미군의 감축 검토는 이후 내부적으로 논의는 되었으나 1960년대 말까지 가라앉게 되었다.

한국은 미국의 주한미군 철군이나 한국군의 감축에 대응하여 이승만부터 박정희 행정부에 이르기까지 비교적 일관된 입장을 견지하였다. 즉 주한미군 철군이나 감군에 대해서는 반대 입장을 고수하였고, 한국군의 감축에 대해서는 장면 행정부에서 적극적으로 경제개발을 위해 10만 감축을 주장하기는 했으나 미국이 받아들이지 않아 실행되지 않았을 뿐이다.

특히 이승만과 박정희 대통령은 미국에게 먼저 해외파병을 제의하였고, 박정희 정부에서는 1965년 한일국교정상화와 베트남 파병을 동시에 국회에서 처리하는 등 적극적인 입장을 개진하여 베트남 파병과 함께 미국의 주한미군 철군이나 한국군 감군 논의를 잠재울 수 있었다.

한국 행정부가 파병을 적극적으로 제의한 것은 큰 틀에서 미국의 주한미군 감축이나 한국군의 감축 논리에 대한 선제대응 전략이었다. 그리고 부가적으로는 안보적 차원과는 달리 이승만 대통령의 정치적 영향력 강화나 쿠데타로 집권한

---

70) 박태균 (2000), pp. 38-45.

박정희 행정부의 정치적 정통성을 보완하기 위한 국내정치적 수준의 권력작용의 의도도 포함되어 있었던 것으로 보인다.[71)]

한국이 베트남 파병을 먼저 요청한 선제적 행동은 이승만 대통령으로부터 시작되었다. 1954년 2월 이승만 행정부는 미국 측에 인도차이나 사태와 관련하여 베트남에 한국군 1개 사단을 파병하여 프랑스군을 지원할 용의가 있음을 제의하였다.[72)] 당시 이 대통령에 대해 덜레스 국무장관은 '동양의 흥정가(Oriental bargainer)' 혹은 '핑계의 마술사(Master of evasion)'라 했고 아이젠하워 대통령은 '공갈꾼(blackmail)'이라고 칭했다.

미국은 이 대통령의 파병에 대해 두 가지의 저의가 있다고 보았는데, 이는 국제정치적 입지를 굳히려는 개인적 열망과 한국군 육군 20개 사단을 25개 사단으로 증강시킬 것을 요청[73)]하기 위한 입지 강화 등으로 의심하였다.[74)] 결국 아이젠하워 대통령은 당시 미국이 인도차이나 사태에 직접 개입하고 있지 않고 "미군이 한국에 주둔하고 있는 상황 하에서 한국군이 한반도를 떠나 타 지역의 분쟁을 해결하기 위해 파병된다는 것은 미국 국민들에 의해 이해될 수 없다"는 이유로 거절하였다.[75)]

이후에도 1958년 이 대통령은 미국이 한국군 감군을 논의하던 시기에 인도네시아 파병을 제안하고, 1959년에도 라오스 내전에 개입할 의사를 피력하며 이후락을 라오스에 보내어 상황을 파악[76)]하는 등 적극적인 행보를 보였다.

---

71) 이기종, 「한국군 베트남 참전의 결정요인과 결과 연구」, 고려대학교 정치외교학과 박사학위 논문 (1991).

72) Donald Stone Macdonald (1992), pp. 48-50.

73) 이기종 (1991), p. 47.

74) Jung-en Woo, Race to the Swift: State Finance in Korean Industrialization(New York: Columbia University Press, 1991), p. 44; 최동주, "한국의 베트남 전쟁 참전 동기에 관한 재고찰", 『한국정치학회보』제30집 2호 (1996. 8), p. 278.

75) George McT Kahin, Intervention: How America became Involved In Vietnam (New York: Alfred A. Knopf, 1986), p. 42; 최동주 (1996. 8), p. 278.

76) George McT Kahin, Intervention: How America became Involved In Vietnam (New York: Alfred

이승만 대통령에 이어 박정희 대통령 역시 베트남 파병을 적극적으로 추진하였다. 1961년 5.16 이후 국가재건회의 최고의장 자격으로 11월 14일 미국에서 케네디 대통령과 회담을 가진 그는 베트남 파병을 제안하며 "미국의 정책책임자들이 동의한 바와 같이 한국의 베트남 파병과 현 병력의 유지를 허락해 주기를" 요청하였다. 그러나 당시 케네디는 직접 개입에 유보적인 태도를 취하고 있었기 때문에 이 사안은 추후 다시 검토하기로 하였다.[77] 이후에도 박정희 행정부에서는 김종필 등 관계자들을 베트남에 파견하여 제반 상황을 파악하게 하는 등 지속적인 관심을 갖고 파병을 추진하였다.

미국은 베트남전에 깊이 개입하게 된 1963년 초부터 주한미군의 철수 가능성을 검토했다. 미군 철수론은 주한미군사령관 하우즈 장군이 김성은 국방부장관에게 1965년 1월 11일 보낸 편지에 제기되었다. 그는 주한 미군의 유지에 대해 "나는 현 수준에서 계속적인 주한미군의 유지를 공언할 수 없다"고 썼다.[78] 실제적으로 당시 존슨 행정부에서는 한미 간 정치적 밀월에도 불구하고 주한미군 철군계획을 준비하고 있었고, 1968년도에는 차기 행정부에서 추진될 주한미군 철군 계획을 수립한 상태였다.[79] 박정희 대통령은 미국의 구체적인 움직임을 파악하였는지는 모르겠으나 이러한 미국의 의도를 앞질러 주한미군을 지속시키기 위해 파병에 적극적이었다.

A. Knopf, 1986), p. 42; 최동주 (1996. 8), p. 278.

77) 당시 케네디 대통령은 이를 숙고하여 결과를 알려주겠다고 답변하여 박대통령의 제안을 적극적으로 고려하지 않았던 것으로 보인다. 전재성(2005), p. 80; Memorandum of Conversation, Washington, November 14, 1961, Kennedy Library, National Security Files, Countries Series, Korea, Park Visit, 11/61-12/61.

78) 이기종, "한국군 베트남 참전의 결정요인과 대외관계의 변화", 『국제정치논총』제31집 1호 (1991), p. 78; Roland A Paul, American Military Commitment Abroad(New Jersey: Ruters University Press, 1973), p. 95.

79) Policy Planning Council of the Department of State, U.S. Policy Toward Korea(June 15. 1968); "U.S. Policy and Programs Toward Korea", folder: NSC Meeting(San Clemente) 8/14/69 Briefing: Korea; China[1of3], box H-23, NSC H-files,NPM, NA II.

미국이 우방의 도움을 요청했던 주요 국가는 호주, 뉴질랜드, 캐나다, 필리핀, 영국 등이었으며 1964년 말까지만 해도 한국은 정치적 고려로 대상에서 제외되어 있었다.[80] 정치적 고려란 한국이 SEATO(동남아조약기구) 회원국이 아니며, 한국의 안보는 아직도 절대적으로 미국에 의존하고 있고, 북한과의 전쟁의 위험을 안고 있고, 베트남 정부도 한국군을 받아들이기에 거북한 문제가 있었으며, 한국도 참전이 미국의 예속국가로 인지될지 두려워하고 있다는 점 등이었다.[81] 여하튼 미국은 1965년 3월 미 행정부 내에서 한국군 파병을 논의하였고, 1965년 5월 미국에서 있었던 박정희-존슨 정상회담 시 존슨 대통령이 1개 사단의 파병을 요청하기에 이르렀다.[82]

박정희 대통령이 미국을 방문하기 전인 1965년 3월 30일 브라운 주한 미국대사는 미 국무부에 베트남 파병이 한일회담에 부정적 영향을 미칠 가능성을 우려하여 한일회담 타결 이후 파병 문제를 논의할 것을 제의하였다.[83] 미 행정부와는 달리 브라운 대사는 정치적 문제를 야기할 가능성으로 파병 문제에 민감한 반응을 보였다. 박정희 대통령은 미국을 방문하고 돌아 온 후 브라운 대사에게 한일협정 비준과 베트남 파병 동의안을 동시에 제출하면 야당이 혼선을 일으켜 통과가 더 쉬울 것이라고 하였다.

브라운 대사는 최소한 한일협정 비준안을 먼저 제출하고 그 이후 상황을 보아

---

80) 이기종 (1991), p.78; Stanley Robert Larsen and James Lawton Collins. Jr, Allied Participation in Vietnam (Washington D.C.: Department of the Army, 1975), pp.9-11; Sung-Joo Han, "South Korea's Participation in the vietnam Conflict: An Analysis of the U.S.-Korean Alliance", ORBIS (Winter, 1978), pp. 896-897.

81) Kwang-Il Baek, Korea and The Unites States (Seoul: Research Center for Peace and Unification of Korea, 1988), p. 79.

82) "MemorandumofConversation", May17,1965,box2,BureauofFarEasternAffairs Office of the Country Director for Korea, Records Relating to Korea 1952-1966, RG 59, NA II.

83) "Memorandum of Conversation", May12,1965,*FRUS 1964-1968, Vol. XXIX, Part I, Korea*, pp. 85-90.

서 판단하는 것이 좋겠다는 의견을 내었다.[84] 그러나 박정희 대통령은 베트남 파병안과 한일협정 비준안을 동시에 국회에 제출하였고, 1965년 8월 13일 야당은 한일회담 비준안을 이유로 총사퇴를 결의하고 국회에 출석을 하지 않은 상태에서 여당 단독으로 파병 동의안이 통과되기에 이르렀다.

미국은 1965년 12월에 1개 사단의 증파를 요청하고, 1966년 1월 5일과 2월 22일에 험프리 부통령이 재차 방한하여 추가 파병을 논의하였다. 험프리의 방한은 1967년 대선에서 박정희 대통령의 위상을 높이려는 정일권 총리의 요청으로 이뤄진 측면이 있지만, 한미 관계가 정치군사적으로 공고한 관계였음을 드러내는 것이기도 했다. 한국 정부는 1966년 2월, 1개 사단 및 1개 연대의 추가 파병을 결정하였고 이를 3월 20일 국회에서 통과시켰다.

이후에도 1966년 10월 23일 필리핀 마닐라의 베트남 참전국 회의에서 박정희-존슨 정상회담을 갖고 베트남 파병 문제를 논의하였고, 11월 1일 존슨 대통령이 국무장관과 로스토우 등을 대동 방한하여 주한미군의 감축계획이 없음은 물론 한국안보를 보장하기에 적절한 수준까지 한국군을 계속 지원하겠다고 약속했다.[85] 이후 존슨 대통령은 한국의 추가 파병을 고려하였고, 1968년 4월 16일 박 대통령과 하와이에서 정상회담을 가졌는데 존슨 대통령이 공항까지 영접하는 환대를 베풀면서 정치적인 밀월관계를 보여주었다. 그러나 미국 내에서의 베트남 반전운동과 한국에서도 1968년 1월 북한 특수부대 청와대 습격사건이나 1월 23일 푸에블로호 납치 사건이 발생하는 등 잇단 안보 상황의 변화로 추가 파병은 이뤄지지 않았다.

한미상호방위조약 체결 이후 1960년대 말 까지 연합전력구조는 최초 재래식

84) 홍석률 (2005), p.284; "Telegram from the Embassy in Korea to the Department of State", June 3, 1965, FRUS 1964-1968, Vol. XXIX, Part I, Korea, pp. 113-114.

85) Embtel 2402. Nov. 2. 1966. NSF; Co. Korea. Box 255. LBJL; 박태균, "1950·60년대 미국의 한국군 감축론과 한국정부의 대응", (2000 가을), p. 49.

무기로부터, 1950년대 후반 미군의 전술핵무기가 억제전력에 추가되면서 일부 한국군이 감축되었으나, 전체적인 수준에서는 큰 변동 없이 유지되었다. 한미 안보파트너십은 정치적 수준에서 미국에 대한 의존 속에서 한국군의 군사력을 건설하고 동시에 경제 지원을 받으며 안정과 발전을 모색하였고, 미국은 한국의 정치적 안정에도 많은 고려를 하였다. 또한 군사적 수준에서도 1950년대 말 중국과 소련의 성장으로 억제의 필요성을 강화시켰고, 1960년대 중반 미 행정부의 주한미군 철군 논의는 베트남 파병을 통하여 한미 안보파트너십을 지속적으로 결속시키는 계기가 되었다.

다. 대북전략의 이견과 한국의 자주국방

손실의 감수 요소에서 보인 한미 양국의 비대칭성의 완화는 동시에 수행전략에서 전체적으로 공조하면서도 부분적인 이견을 나타내었다. 1968년 북한의 도발에 대한 대응 전략에서 이견을 보였고, 이견을 봉합하는 과정에서 국방각료회담의 정례화가 이뤄졌다. 그리고 이 과정에서 한국은 미국과의 인식 차이와 불신으로 자주국방을 추진하기에 이르렀다. 한국의 자주국방은 이후 한미 관계의 새로운 변화를 암시하는 것이기도 하였다.

1968년 1월에 북한에 의해 2건의 군사적 도발이 연이어 발생하였다. 즉 1968년 1월 21일 북한 특수부대의 청와대 습격사건과 이틀 후인 1월 23일 미국 정보함 푸에블로호가 북한 해군에 의해서 원산 앞바다에서 납치된 것이다. 두 사건들의 발생 이후 한국과 미국의 인식과 대응은 상이하였고 조치과정에서 갈등을 야기하였다.[86)]

미국은 북·미회담이나 소련과 공조를 통해서 외교적으로 해결하고자 하였다. 미국은 푸에블로호 나포소식에 신속하게 항공모함 엔터프라이즈호를 급파하는

86) 홍석률, “1968년 푸에블로 사건과 남한, 북한, 미국의 삼각관계,” 『한국사연구』 제113호 (2001), pp. 196-205.

등 무력시위를 하며 원산항 기뢰부설, 북한선박 나포, 항만 봉쇄, 간첩선 대체 투입, 특정지역 폭격, 심지어 한국으로 하여금 소련의 선박을 나포하게 하는 소위 대칭적 보복을 검토하였으나 그 어느 것도 미국은 선택할 수 없었다. 북한에게 선전포고로 간주되어 대응보복을 유발시켜 사태를 악화시키면 승무원들을 무사하게 귀환시킬 수 없었기 때문이었다. 더구나 나포 당시 선박의 위치를 몰랐던 미국에게는 북한이나 소련이 구체적 근거를 제시하면 곤경에 빠질 수도 있었다.[87] 미국은 대통령 선거를 목전에 두고 있었고 베트남전의 문제 등으로 어려운 상황에 처해 있는 형국이었다.

반면 박정희 행정부는 강력한 대응을 주장하면서 두 사건을 유엔 안전보장이사회에 회부하고, 유엔 참전 16개국의 한국방위공약에 대한 보장을 요구하면서 북한에 대한 보복공격을 제기하였다. 더욱이 박 대통령은 미국이 1.21 습격사건과 푸에블로호 사건 발생 이후의 대응방법과 이후 미북 비밀회담 등을 추진하면서 한국 정부와 협조나 공조가 없었다는 점에 대해서 안보불안과 함께 심각한 실망감과 배신감을 숨기지 않았다.

존슨 행정부는 한국의 반발을 못마땅해 하면서도 한국의 불안을 무마하기 위한 조치에 나서면서 미국의 대응방식에 대한 협조를 구하고자 하였다. 우선 포터(William J. Porter) 대사로 하여금 UNC를 통해 "한국정부의 대북공격 시도에 대한 반대의사를 강경한 용어로 표명"하도록 지시하면서[88] 푸에블로호 사건과 청와대 습격사건은 분리 대응해 나가야 할 문제임을 강조하였다. 미국은 한국에 대한 군사장비의 지원을 결정하고 한국으로 하여금 공개적으로 발표하도록 하는 등 갈등이 확대되는 것을 막고자 하였다. 존슨 대통령은 박 대통령에게 전문을 보내,

87) 김정배, "북한, 미국, 그리고 냉전체제: 1968년 Pueblo호 사건을 중심으로", 『미국사 연구』 제27권 (2008), pp. 125-137.

88) "Telegram From the Embassy in Korea to the Department of State", January 24, 1968, FRUS, 1964-1968, Vol. XXIX, Part 1, Korea, p.311. foot note 2.

북한의 의도가 긴장을 조성[89]할 목적에 있음을 강조하고 제반 조치를 강구하고 있으며(필자 주; 북·미 비밀회담을 언급하지는 않음), 청와대 습격사건에 대해 한국군을 강화시킬 수 있는 가시적이고 지속적인 방안을 마련할 것을 약속했다. 이와 함께 그는 한국에 대한 미국의 중요한 관심이 소멸되지 않았고 미국은 한국의 공약을 무시하고 있다는 국민들의 의혹을 불식시켜 줄 것을 당부하였다.[90]

미국은 한미 간의 견해 차이를 조정하기 위해 1968년 2월 12일 대통령 특사로 밴스(Cyrus R. Vance) 국무장관을 파견하였다. 박 대통령은 북·미 비밀회담을 비난하며 단독으로라도 북한을 공습하겠다고 역설했고 유엔군의 작전통제권을 인정하지 않을 수도 있다는 입장을 강력히 피력하였다.

밴스는 상호방위조약의 개정 논의를 거부하고, 유사시 자동개입에도 동의하지 않았다.[91] 정일권 국무총리는 베트남에서 철군을 강력히 요구한다는 압력을 넣었으나, 밴스는 그렇게 되면 주한미군을 철군하겠다고 대응했다.[92] 박 대통령은 밴스에게 15억 달러의 군사원조를 요구하였고 밴스는 대간첩작전 수행을 위해 필요한 병력과 시설을 현대화하고 1968년도 이후 매년 국방각료회담을 개최하기로 약속하면서 합의가 이뤄졌다.[93]

박정희-밴스 간 협상의 결과로, 한국은 외형적으로는 북한에 대한 보복공격을

---

89) 1968년 북한은 주한미군의 안전에 대한 혐오와 의구심을 증폭시킴으로써 미국 스스로 철수하게 하려고 기도하였다. 김연수, "냉전의 종식과 북한의 안보전략변화: 북·미관계에의 함의", 『북한연구학회보』 제7권 1호(2003), p. 134.

90) "Telegram From the Department of State to the Embassy in Korea", February 4, 1968, FRUS, 1964-1968, *Vol. XXIX, Part 1, Korea*, pp. 322-323.

91) "Memonrandum from Cyrus R. Vance to President Johnson", February 20, 1968, FRUS, 1964-1968, Vol. XXIX, Part 1, Korea, pp. 384-391.

92) "Notes of the President's Meeting With Cyrus R.Vance", February 15, 1968, FRUS, 1964-1968, *Vol. XXIX, Part 1, Korea*, pp. 376-383.

93) *Ibid.*; 대한특별군원으로 1억불이 제공되었다. 미국의 대외원조와 대한원조 전망(1969. 6. 10), 「FY70 미국의 대외원조법, 1969-70, 전 2권 (V.1 기본문서, 1970)」, MF, Re-0028 (화일번호 11), 외교사료관.

자제하고 미국의 북·미 협상은 계속 진행되었다. 북·미협상은 12월 23일 선박을 제외하고 승무원들이 미국에 인도됨으로써 종결되었다. 한국은 이 사건들의 조치과정에서 국방각료회담의 정례화 등을 이끌어 내는 성과를 얻었으나, 북한에 대한 미국의 대응조치를 관망할 수밖에 없었다.

협상과정에서 미국이 북·미회담에서 북한의 영해를 운운하는 주장에 대해 미국이 주권의 전제가 되는 영해 개념에 대해 문제를 삼지 않아 북한을 주권국가로 묵인하고 한반도에 두 개의 한국이 존재함을 인정하게 됨으로써 한국의 주권정체성을 심각하게 침해하는 것이었다. 앞에서 언급한 것처럼 상호방위조약 3조에 대해 미국은 행정지배 하에 있는 영토라는 소극적인 해석을 적용하였던 것이다.

미국의 불투명한 주한미군 철군 압력 및 일방적인 대북 정책 추진으로 인해 미국에 대한 불신은 박정희 대통령의 자주국방 선언으로 나타났다. 박 대통령은 1968년 2월부터 자주국방태세를 선언하고 국방의 주체성이라는 용어를 사용하였다. 박 대통령은 2월 7일 경전선 개통식에서 "우리는 우선 1차적으로 우리 힘으로 우리가 방어를 해야 되겠다는 결심이 없는 그런 국방을 가지고는 안 된다는 것을 절실히 느낍니다."고 강조하면서 이스라엘 250만이 아랍민족 수천만과 대항하기 위해 전 국민이 무장하고 있는 사례를 언급하였고, 3월 육군사관학교의 대통령 졸업식 유시에서 '국방의 주체성'을 강조하고, 4월 1일 예비군 창설식 유시에서 "우방의 원조나 집단안보체제는 어디까지나 우리를 돕기 위한 것이지 우리 스스로의 책임마저 감당해 주는 것은 결코 아닙니다."라고 밝히는 등 자주국방 정책을 추진하게 되었다. 한국 정부는 파월국군을 철수시키지 못하는 상황에서 병력 증강책의 일환으로 향토예비군의 편성 및 무장과 무기 생산 공장의 건설을 추진하였다. 4월 1일 부로 2백만 향토예비군을 편성하고, 미국의 지원으로 M-16 소총 및 탄약 공장을 착공하여 1973년 11월에 준공하게 되었다.[94]

94) 국방군사연구소, 『대비정규전사II : 1961-1980』(1998), p. 47.

한미국방각료회담의 결성은 밴스 국무장관의 방문에 이어 1968년 4월 17일 박정희-존슨 대통령의 호노룰루 정상회담을 통하여 구체화되었다. 정상회담에서 박 대통령은 미국의 대한안보공약의 진정성을 확인하고자 정상회담 이전 미국 관리들과 만난 자리에서 주한미군의 현 수준 유지 및 상호방위조약의 개정 등을 요구하였고, 존슨 대통령과 면담을 했으나 미국은 주한 미지상군을 감축하지 않을 것임을 수차례에 걸쳐 강조하였다.

그러나 공개된 자료에 의하면, 당시 존슨 행정부는 1968년 6월 15일 미 국무성 보고서를 통해 향후 닉슨 행정부에서 추진될 주한미군 철수계획의 윤곽을 입안 중이었다.[95] 미국은 세계전략의 틀에서 여전히 한국을 고려하지 않고 독단적으로 행동하였다. 이후에도 이러한 미국의 행태는 지속되었고 이런 행태는 한미 안보관계의 딜레마로 작용하였다.

국방각료회담은 뒤늦게나마 한미 안보동맹의 협의체 기능을 수행하는 역할을 담당하게 되었다. 한미 상호방위조약 2조에는 일국이 외부로부터의 무력공격에 위협을 받으면 언제든지 서로 협의하고 적절한 조치를 취하도록 명시되어 있다. 그러나 한미 안보동맹의 시작부터 이 조항을 이행할 수 있는 한미 안보협의기구가 구체화되지 않았다는 문제점은 이미 지적되고 있었다.[96] 또한 국방각료회담

95) Policy Planning Council of the Department of State, U.S. Policy Toward Korea (June 15, 1968), pp. ii-vii, preface. 밴스 국무장관이 1968년 2월 한국에 특사로 파견 후 국무차관의 요청에 의해 작성되었다. 한국은 눈부신 경제성장과 정치 안정으로 더 이상 미국의 대규모 경제원조에 의존하지 않아도 되며, 이에 따라 미국이 더 이상 한국의 국내사정에 개입할 명분을 잃고 있으며, 미국의 선택은 한국의 방어를 위해 계속 증가시킬 것인가 혹은 미국의 군수지원 하에서 한국이 북한의 공격을 물리칠 수 있도록 필수적인 추가 지원을 할 것인가였다. 미국은 북한의 공격에 의해 개입되는 것을 줄이면서 한국이 군사적 및 정치·경제적 정책을 추진해야 할 것을 고려해야 한다고 하였다. 이러한 고려사항으로부터 군사전략 측면에서 수행될 주요한 조치들은 아래와 같다. ① FY 1970 : 주월 한국군 1개 사단 복귀와 지원의 감축, ② FY 1971: 주월 한국군 잔여부대의 완전철수와 그에 따른 MAP 이관 프로그램 실행, ③ FY 1972: 개발차관과 군사지원 예산의 단계적 감축, 군사원조의 단기신용차관으로의 전환, 미 2사단의 철수, 유엔사는 이 시점에 평시 작전통제권을 비상시를 제외하고 이양, ④ FY 1973: PL480 종료와 잔류 PL480을 장기 달러 기반으로 전환, 미 7사단의 철수, ⑤ FY 1974: PL480 프로그램 중지, ⑥ FY 1975: 한국군 현대화 작업의 완료, 한국 내 핵무기 철수,

96) 최철영 (2004), p. 182; 조성렬, “한미 상호방위조약과 한미동맹 50년의 평가”, 『한미동맹 50년』 (서울:

의 합의 당시 한국 정부는 평시에도 지속적으로 '한미 군사협의체'와 같은 기구를 서울에 상설하는 방안을 추진하였으나 미국과 협의과정에서 성사되지는 못하였다.

당시 이러한 협의체를 한국 측에서 설치하려던 목적은 ① 한미상호방위조약을 발동시킬 '외부로부터의 침략'으로 보아야 할 것인가의 검토, ② 도발행위에 대응한 공동대처방안의 검토, ③ 한국안보 및 방위에 대한 연구, ④연례방위회담에 대비할 화제 조정 등을 맡게 하도록 하는 것이었다.[97] 미국의 소극적인 개입 태도로 인하여 한국이 주장한 상설화된 기구는 한미연합작전체제가 확립되는 1978년에야 현실화될 수 있었다. 국방각료회담은 이후 닉슨 독트린의 후속조치 과정에서 1971년 4차 회의부터 명칭을 한미연례안보협의회의(SCM)로 되면서 외교통상부도 참여하는 한 단계 높은 안보회의로 발전되어 현재까지 유지되고 있다.[98]

국방각료회담은 안보현안의 협의를 통해 동반자로서의 위상을 갖게 되었고, 1차 회담에서 한국은 한반도 작전에 한국군이 참여할 수 있는 참모단의 운용을 제안하였고 이것이 받아들여졌다. 그리하여 1차 회담이 1968년 5월 27~28일까지 최영희 · 클리포드 국방장관을 양국의 수석대표로 하여 워싱턴에서 개최되었다. 주요 의제는 북한의 침투개념, 향토예비군 무장, 군원 문제, 주월 용역단, 한미 작전계획 참모단의 운용 등이었다.

토의 내용 및 합의사항은 M-16 소총·통신·공병장비의 대체, 향토예비군의 무장 요구, 특별군원 1억 달러 조기 도입, 주월 용역단, 현역병력 대체 보강 그리고

백산서당, 2004), p. 24.

97) 조선일보 (1968. 2. 17), 1면.

98) SCM은 매년 한미 양국이 교대로 개최하여 안보문제 전반에 관한 정책협의와 한반도와 동북아의 군사적 위협평가 및 공동대책 수립, 긴밀한 군사협력을 위한 의사 조정 및 전달, 연합 방위력의 효율적 건설 및 운영방안을 토의하는 기능으로 운영되고 있다. 국방부, 『국방사: 1961.5~1971.12』 (1990), p.78; 국방부 군사편찬연구소, 『한미군사관계사: 1871~2002』 (2002), p. 573.

한미 간 작전계획작성과 협조를 위한 참모단 필요성 검토 등이었다.[99)]

국방각료회담의 추진 과정에서 1968년 4월 11일 주한미군사령관이 한국 국방장관에게 한국 방어계획을 수립하기 위해 '한미기획단'의 설치를 제의하였다. 이에 따라 10월 15일 총 24명의 한미 장교로 '한미기획단'이 발족하였으며, 1974년 6월 29일에는 한국군 장군이 기획단장에 부임하였다. 그동안 한반도 작전계획은 미 합참의 전략지침에 의거 UNC에서 일방적으로 수립하였으나, 한미기획단의 발족으로 한국이 작전계획의 수립과정에 참여하는 발전이 이뤄졌다. 그러나 한미기획단의 활동에 있어서 한국 측은 실질적인 의사를 반영하지는 못하고 행정적 지원기능에 머물렀으나, 한미기획단은 한미 군사협력체제의 첫 단계로서 연합군사령부 창설의 발판이 되었다.[100)]

1차 국방각료회담의 결과로 한미 간 작전계획 작성과 협조를 위한 한미기획단이 발족하게 됨으로써 기존의 일방적 의존 관계를 변화시키고 연합작전체제로 가는 상호작전 운용성을 실현할 수 있는 계기가 되었다. 간접적으로는 1960년대 들어 한국군의 방위역량이 향상되고, 베트남 파병 등을 통한 협조관계의 발전을 이뤘으나 1968년 북한 도발의 후속조치과정에서 나타난 이견으로 긴밀한 군사협력 체제의 필요성이 제기되었다.

1968년 국방각료회담의 정례화는 한미 안보동맹에 있어서 발전적인 측면과 변화적인 측면을 동시에 시사해 준다. 발전적인 측면으로는 한미 안보파트너십을 강화하면서 이후 안보동맹의 제도화에 깊은 영향을 미치게 되었다. 더구나 한미기획단의 설치로 한반도 방위계획의 수립에 참여할 수 있게 됨으로써 연합작전체제의 제도화로 발전하는 토대가 되었다고 하겠다. 그러나 변화적 측면으로는 1960년대 말까지 한미 간에 유지되어오던 일방적 보호와 의존의 관계에서 변화의 징후를 보였다는 점이다. 이 변화는 미국에 대한 불신과 불안이라는 안보딜

99) 국방부, 『국방사: 1961.5~1971.12』 (1990), p. 79.

100) 한미연합사 (1993.8.10), p. 27.

레마 속에서 한국의 자주국방으로 나타났다. 국방각료회담도 한국의 불만과 반발에 의한 적극적 요구에 의해서 이뤄졌다. 안보파트너십은 기존의 일방적 의존의 관계에서 비대칭성이 완화되면서 상호의존성을 회복하는 계기가 되었으나, 이러한 변화가 협조적인 관계 속에서 추진되지 못하고 갈등을 수반하였다는 점이다.

그리고 1960년대 말에 나타난 한국의 자주국방은 이후 닉슨 독트린으로 한미 안보관계가 변화하면서 구체적으로 정책화되었다. 다만 자주국방의 연원이 한미 관계의 원만한 합의과정을 통한 건전한 동맹의 발전이라는 차원에서 시작된 것이라기보다는 한미 관계의 불안정이나 불신으로부터 촉진되었다는 점이 이후 1970년대의 한미 갈등을 유발하게 되었다.

양국은 수행전략의 공조에 있어서 정치·군사적 수준에서 전체적으로 공고한 공조를 이루었으나, 1960년대 말에 이르러 부분적인 인식의 차이를 보였다. 먼저 한일국교 정상화는 한국의 이익과 미국의 적극적인 세계전략의 틀 속에서 이뤄짐으로써 한미 동맹의 외연을 한미일 삼각동맹체계로 확대시켰다. 그리고 한국의 미국의 철군 의도에 대해 이승만-박정희 행정부까지 지속적인 해외파병전략으로 베트남 파병을 관철시킴으로써 한미 연합전력의 수준을 유지하면서 억제력을 유지해 나갈 수 있었다.

그러나 1960년대 말 북한의 도발에 대한 대응전략에서의 이견으로 인한 한미 갈등을 유발하였고, 한국은 자주국방 정책을 추진하게 되었다. 동시에 양국의 이견을 해소하는 과정에서 양국의 국방관료회담의 정례화와 연합작전기구의 운용이라는 발전을 가져왔다. 1968년 국방각료회담의 정례화는 한미 안보동맹의 발전적인 측면과 변화적인 측면을 동시에 시사해 준다. 발전적인 측면으로는 한미 안보파트너십의 강화와 이후 안보동맹의 제도화에 영향을 미치게 되었다. 동시에 변화적 측면으로는 한미 동맹의 보호와 의존의 관계가 새로운 형태로의 변화를 가져오면서 미국에 대한 불신과 불안이라는 안보딜레마 속에서 한국의 자주국방 논란을 불러 왔다. 그리고 이러한 변화가 협조적이 아니고 갈등적으로 수반되었다는 점이다.

4. 보호-의존의 안보파트너십 형성

1960년대 말까지 형성된 한미 안보파트너십은 공고형 안보파트너십으로서 양국은 "미국의 보호(protection)와 한국의 의존(reliance)"의 안보파트너십에 합의한 것으로 정의하고자 한다. 한국은 안보와 경제발전을 위하여 미국에 일방적으로 의존하였고, 미국은 자유민주주의와 봉쇄주의에 입각하여 정치적 이익과 신뢰를 추구하였다.

이에 따라서 보호-의존의 안보파트너십이 어떻게 형성되었는지를 각 분석요소에 따라 〈표 3-1〉로 종합하였다. 먼저 가치체계나 이익, 위협의 인식에서 양국은 정치 · 군사적 수준에서 폭넓게 공유하였다. 미국은 한국전쟁의 개입을 통하여 한국의 자유민주주의를 보호하고 봉쇄주의를 추진하였다. 미국은 이를 통해 정치적으로 이념 · 상징적 국가이익을 추구하였다. 군사적 수준에서 양국은 양극체제로 인해 소련의 팽창과 특히 1960년대 중국의 군사력 성장과 아시아 지역의 영향력 확대 등에 대한 경계, 그리고 북한의 지속적인 도발을 억제하고자 하였다. 한국은 주한미군의 서부 축선 배치로 군사적 인계철선의 보장을 확보할 수 있었다.

다음은 손실의 감수에 대해 양국은 전체적으로 공유하였으나, 동시에 양국의 비대칭성이 완화되었다. 한미 안보동맹은 안보와 국가자율성을 교환하는 대표적인 비대칭 동맹이었다. 상호방위조약의 체결은 한국의 적극적인 요구에 의해서였다. 한국은 작전통제권을 UNC로 이양하는 국가자율성의 제한을 감수하였다. 미국은 한반도 개입으로 자원과 병력을 투입하면서 한반도에 대한 군사적 인계철선을 수용하였다. 그러나 상호방위조약의 체결과정 등에서와 같이 비대칭 동맹에서의 연루를 회피하고자 소극적인 자세를 보임으로써 다소의 갈등을 야기하였다.

〈표 3-1〉 1953~68년까지의 안보파트너십 형성

<table>
<tr><th></th><th>미국</th><th>한국</th></tr>
<tr><td>유형</td><td colspan="2">보호 - 의존</td></tr>
<tr><td rowspan="2">가치
체계
국가
이익</td><td>• 자유민주주의의 보호 / 봉쇄주의
• 한반도개입을통한
이념적,상징적이익과 신뢰 추구</td><td>• 자유민주주의/반공
• 자본주의경제발전
• 군사적 인계철선 확보</td></tr>
<tr><td colspan="2">공 유</td></tr>
<tr><td rowspan="2">위협
인식</td><td>• 공산권의 팽창주의</td><td>• 북한의 남침 야욕</td></tr>
<tr><td colspan="2">공 유</td></tr>
<tr><td rowspan="2">손실 감수</td><td>• 한반도개입으로자원/병력을투입
• 한반도의 군사적 인계철선 수용
(정치적 자동개입 모호)</td><td>• 국가자율성 제한
- 작전통제권 이양
- 불평등 SOFA 협상 과정</td></tr>
<tr><td colspan="2">공 유 (비대칭성의 완화)</td></tr>
<tr><td rowspan="2">수행
전략
공조</td><td colspan="2">• 자유민주주의 관계 공고화/ 봉쇄전략
- 한일국교 정상화: 동맹의 외연 확대
- 한국군 베트남 파병/주한미군축소유보
• 대북전략의 이견과 한국의 자주국방</td></tr>
<tr><td colspan="2">공 유 (인식의 차이)</td></tr>
<tr><td>종합</td><td colspan="2">전체적 공유(비대칭성의 완화/인식의 차이 노정)</td></tr>
</table>

정치적인 수준에서 한국은 상호방위조약의 체결로 비대칭성을 감수하면서 동시에 비대칭성에 상응하는 미국의 자동개입을 보장받으려고 하였으나 양국이 갖고 있는 세계전략과 한반도라는 근본적 인식의 차이를 보였다. 상호방위조약에서 유사시 미국의 자동개입에 대한 요구는 양국의 헌법절차에 따른다는 불확실성과 모호성으로 반영되었다. 미국은 연루의 안보딜레마에 따라 전략적 융통성을 갖고자 하였기 때문일 것이다.

그러나 한국은 주한미군이 DMZ와 서부 주요축선에 배치됨으로써 정치적 자동개입의 불확실성을 인계철선으로 보완할 수 있게 되었다. 이후 닉슨 독트린으로 미 7사단이 철군하기까지 미국은 전술적 수준의 적극적이고 즉각적인 인계철선의 역할을 수용하는데 묵시적으로 합의하였다고 할 수 있겠다. 또한 주한미군의 지위협정 협상은 1966년도에 이르러서야 체결되면서 비대칭성을 완화시킬 수 있었다. SOFA의 체결은 그나마 이를 기준으로 한미 간의 불평등성을 시정해 나갈 수 있는 기준이 되었다고 하겠다.

세 번째로 수행전략에 있어 양국은 정치 · 군사적으로 전체적으로 공고한 공조를 이루었으나, 1969년대 말에 이르러 부분적인 인식의 차이를 보였다. 한일국교 정상화는 한미 동맹의 외연을 한미일 삼각동맹체제로 확대하였다. 그리고 이승만-박정희 행정부는 지속적인 해외파병전략을 추진함으로써 베트남 파병을 관철시켰다. 이를 통해 주한미군을 지속적으로 주둔하게 함으로써 한미연합 억제력을 유지해 나갈 수 있었다.

그러나 1960년대 말 북한의 도발에 대한 대응전략에서 이견을 나타내었고, 이것을 조정하는 과정에서 한미 국방관료회담이나 연합작전기구의 제도화에 영향을 미쳤다. 이는 한미 안보파트너십을 강화시키고 이후 안보동맹의 제도화에 긍정적 영향을 미쳤으나, 이후 한미 동맹의 보호-의존의 관계가 새롭게 변화하는 요인이 되기도 하였다.

한미 양국은 보호-의존의 안보파트너십에 합의함으로써 정치 · 군사적 수준에서 공고한 안보파트너십을 구축하였다. 이러한 안보파트너십은 유엔군 주도의 한반도 방위체제를 형성하는데 영향을 미쳤다. 그러나 양국은 부분적으로 크고 작은 갈등을 겪었다. 이 갈등들은 미국이 주도하는 세계전략의 틀 속에서 처리되었다. 그러나 한국은 이러한 상황에서도 지역 안보동맹의 제도화에 적극적인 발언권을 행사하여 상호방위조약을 체결하고, 한일국교정상화와 베트남 파병 등을 통하여 미국과 안보파트너십을 강화시켰고, 동시에 국력과 군사력의 신장을 통해서 점진적으로 비대칭성을 완화시켜 나갔다. 그러나 1960년대 말에 나타난 한국의 자주국방 등은 이후 1970년대의 한미관계로 이어지면서 안보파트너십에서의 변화로 나타났다.

제2절 안보동맹의 제도화

이 절에서는 1960년대 말까지 형성된 보호-의존의 안보파트너십의 영향으로 형성된 유엔군 주도의 한반도 방위체제를 고찰할 것이다. 또한 한미 안보동맹이 정치 · 군사적으로 개입에 대한 안보규범이나 상호작전 운용성의 체계화에 있어서의 제도화 수준에 대해서도 평가할 것이다.

한미 동맹의 비대칭성으로 한반도의 작전 및 운용에 있어서 한국군의 참여가 제한되었다. 사실상 한반도 방위체제는 미국의 자원과 병력 그리고 영향력에 일방적으로 의존하는 것이었다. 따라서 1960년대 말까지 한반도 방위체제가 UNC에 의해서 어떻게 운용되었고, UNC는 한반도 방위를 위한 작전계획을 어떻게 수립하였고, 한국군은 어떻게 독자적인 작전수행능력을 구축하고자 하였는지를 고찰할 것이다.

1. 개입의 개시: 유엔군사령부의 창설과 운용

보호-의존의 안보파트너십은 유엔군 주도의 한반도 방위체제를 형성하게 하였다. 양국은 가치체계나 이익, 위협의 인식을 공유하였고 한국은 한국군의 작전통제권을 UNC에 이양하였다. UNC는 한국군의 작전통제권을 위임받아 유엔군과 한국군의 지휘, 정전협정의 준수 책임 그리고 유사시 한반도 전쟁사령부의 임무와 기능을 수행하였다.

UNC는 한국전쟁 기간 중인 1950년 7월 7일 유엔안보리 결의안 제 84호(s/1588) 국제연합군사령부 창립 결의에 따라 7월 24일 일본 동경에서 창설되었다. UNC는 유엔의 지시를 받아야 하나, 안전보장이사회가 유엔의 대행기관으로 지정한 미 합참의 지시를 받도록 하였다. 한국은 안보에 대해 명목상으로 UN에 의존하지만, 실제적으로 지휘계선 상에 있는 미 합참의 지시를 경유하게 됨으로써 미국에 방위를 의존하게 되었다.

유엔군사령관은 유엔참전 16개국과 한국군을 대표하여 정전협정에 서명하면서 정전협정의 전체 규정을 준수할 책임과 감독할 의무를 지고 있다. 정전협정에 따라 길이 151마일, 폭 4km의 DMZ를 통제하는데 DMZ는 양측이 각각 2km씩 분할하여 출입할 수 있으나 군사분계선은 넘지 못하도록 되어 있다.[101] 유엔군사령관은 정전협정의 준수를 감독할 의무를 이행하기 위해 한반도에서 쌍방의 군대가 정전을 유지하고 정전협정을 준수할 수 있도록 수단과 방법을 강구하며 분쟁을 예방하고 상황 발생 시 긴장을 완화시키기 위한 효과적인 대화채널을 상시 유지하였다. 이를 위해 군사정전위원회를 비롯한 비서장 회의, 참모장교급 회의, 공동일직장교 회의, 유엔사 특별조사팀을 파견하여 정전협정 준수 여부를 확인하였다.[102] 유엔군사령관은 미군 4성 장군인 주한미군사령관이 겸직하여 보직됨에 따라 한반도 작전체제는 사실상 미 합참의 지휘통제를 받는 구조가 되었다.

양국은 수행전략의 공조를 통하여 한미일의 삼각동맹체제를 가동시켰고, 이에 따라 UNC는 일본 내의 후방지휘소 및 지원기지를 활용하게 되었다. 유사시 한반도 전쟁지원을 위해서 미국의 전쟁지속능력을 지원해 줄 병참기지가 필요하였고 한국전 기간에 일본이 그러한 역할을 수행하였다.

한국전쟁 직후인 1954년 2월 19일 UNC와 일본정부는 행정협정(SOFA)를 체결하고, 유엔군의 일본 내 기지 사용에 합의하였다.[103] 1957년 7월 1일 UNC가 서울로 이동함에 따라 유엔-일본 간 행정협정의 유지를 위해 일본에는 대령급 장교를 책임자로 하는 UNC 후방지휘소[104]를 창설하여 일본 자마에 계속 주둔케 하

101) 정전협정 제1조.「군사분계선과 비무장지대」.

102) 합참 정보본부, 『군사정전위원회 편람 제5집』(2001), pp. 277-280.

103) 행정협정에는 미국, 영국, 프랑스, 호주, 캐나다, 남아프리카 공화국, 터키, 뉴질랜드, 태국, 필리핀 등 유엔참전국 10개국과 의료지원팀을 파견한 이탈리아 등 모두 11개국이 조인하였다.

104) 후방지휘소(Rear Command Post)란 전투(Combat) 및 전투지원(Combat Service) 작전과 직접적으로 관련이 없는 전투근무지원(Combat Service Support) 활동을 지휘·통제/협조하기 위한 시설이며,

였다. UNC 후방지휘소의 임무는 크게 네 가지로 구분할 수 있는데, 첫째 유엔-일본 간 행정협정의 유지, 둘째 UNC 기지에 외국 선박 및 항공기의 방문 요청 승인, 셋째 일본에서 발생하는 UNC 관련사항에 대해 유엔군사령관에게 보고, 넷째 일본에서 유엔군사령관을 대신하여 UNC 업무 수행 및 필요시 UNC 업무에 대한 독립적인 조치를 시행하는 것 등이다.[105] UNC 후방지휘소는 유사시 한미 연합군의 전쟁지속능력을 보장하기 위해서 필수불가결한 요소라고 하겠다.

따라서 유엔군 주도의 한반도방위체제를 지원하기 위한 중요한 전력요소는 다음의 세 가지라고 볼 수 있다. ① 한국 내의 한미 연합전력, ② 한반도에 인접하여 위치하면서 전시 미국의 증원군을 수용하고 한반도로 전개시키도록 지원해주는 등의 전략적 기능을 담당하는 UNC 후방지휘소, ③ 미 본토로부터 증원될 증원전력 등이다.

이와 같이 한반도 방위책임을 지고 있는 유엔군 사령부는 창설, 지휘책임 및 권한, 전략적 전력 및 국제적 지원 체계에 이르기까지 미국의 실질적인 영향력 하에 있게 되었다. 유엔군 주도의 한반도 방위체제의 제도화에 대한 평가로서 보호-의존의 안보파트너십에 따라 양국은 공고하게 개입에 대한 안보규범을 공유하였다고 할 수 있겠다.

2. 상호작전 운용성의 기초 : 작전계획, 한국군 작전체제 숙달

유엔군 주도의 한반도 방위체제에서 한국(군)은 미국과 UNC에 한국군 전력의 발전과 연합방위전략의 수립에 의존함에 따라 한국군의 참여는 제한되었다. 따라서 미국의 주도로 연합방위계획을 어떻게 수립하였고, 한국군이 독자적인 작

여기에 전투근무지원 운용본부(Combat Service Support Operation Center: CSSOC)가 설치되어 운용됨. 합동참모본부, 『연합합동작전 군사용어사전』(2006), p. 605.

105) 합참정보본부, 『군사정전위원회 편람』(1995), p. 5.

전수행능력을 어떻게 숙달하였는지를 고찰할 것이다.

UNC는 한반도 방위를 위한 작전계획의 수립, 전쟁수행 연습을 주도하였다. 먼저 한반도 작전계획은 한국군의 참여가 제한된 상태에서 사실상 유엔군사령관 겸 주한미군사령관의 주도 하에 작성되고 준비되었다. 이에 따라서 유엔군 작전계획은 미국의 세계전략에 따라 변화될 수밖에 없었다. 그리고 비대칭 동맹의 틀 속에서 유엔군이 작전계획의 주체가 되고, 한국군의 참여가 사실상 제한된 상태에서 북한에 대한 억제, 방어적 목적, 한미 군사 자원의 제한 등으로 수세적이고 소극적인 방어 전략이 지속적으로 유지된 것으로 보인다. 더구나 이 시기에 한국은 전쟁전략의 발전보다는 전력의 양성과 발전이 보다 중요하였기에, 북한의 억제에 우선함으로써 적극·공세적 전략의 발전에는 관심을 둘 수 없었던 것으로 보인다.

〈표 3-2〉 1960년대까지의 한반도 방위계획의 변화[106]

연도	명칭	가상 적	가용 전력	작전 개념
1956	작계 27-57			•축차적인 선방어 * 방어선: 휴전선 → 낙동강
1960	작계 27-60 (미 8군사령부 통합 작성)	북·중 연합전력	•재래식 •전술핵가능	•축차적인 선방어 - 방어진지 종심 증가 - 예비사단 동원개념 발전 • 한강방어선에서 대규모 방어 * 수도 서울 포기 가정
1968	작계 27-69		•재래식 •전술핵무기는 재래식 방어 실패 시 대비 * 억제수단	•축차적 선방어 •2단계 작전 구분 - 1단계: 반격작전 준비 - 2단계: 반격작전 * 수도 서울 포기 가정

우선적으로 한반도 방어계획 수립의 기본 요소는 가상적의 식별 및 규모와 아

106) *CINCPAC History of 1969, Volume IV*, pp.148-151; 김수광 (2008), pp. 25-39 내용 참조.

군의 대응전력이다. 1960년대 말까지, 즉 닉슨 독트린이 선포되고 데탕트가 진전되기 이전까지 한반도에서의 가상적은 북한과 중국의 연합전력이었다. 1960년대 중반에 이르기까지 특히 아시아에서는 중국의 위협이 확대되고 있었고 미국은 이에 주목하였었다. 북중 연합전력에 대응하는 한미 연합전력의 가용요소는 한미 재래식 전력과 미국의 전술핵 전력 및 증원전력이었다. 특히 미국의 증원전력의 전개는 전쟁에 결정적인 영향을 미치는 요소였다.

한반도 작전계획은 가상적과 대응전력을 바탕으로 1956년도 당시 한국에 주둔하던 UNC, USFK, 8군사령부(EUSA: Eight United States Army)에서 최초 수립하였고, 지상군 작전계획은 EUSA의 계획이 그대로 상급사령부 계획에 반영되었다. 당시의 작전계획은 기본적으로 축차적인 방어 이후 반격작전을 실시하는 개념이었다. 당시 작전계획의 수립에서 중요한 요소는 수도 서울에 대한 방어로서 1960년대까지는 축차방어 시 서울도 포기하는 개념이었다. 1965년도 작전계획에서는 한강방어선에서 미군 증원전력과 함께 반격할 것을 계획하였으나 이는 증원전력이 요구하는 시기에 전개된다는 가정에서 가능하였다.

또한 한미 연합전력에서 한반도의 전술핵 무기의 도입과 운용 개념을 고려할 수 있다. 이는 매우 민감한 요소로서 1960년대 중반 이후 실제 핵 사용 가능성은 불확실하였다. 한반도의 전술핵무기는 1958년도에 도입된 이래 1969년부터 핵탄두수가 감소추세였고, 닉슨 행정부 이후에는 전술핵무기가 한반도에 새로이 도입되지는 않았다. 전술핵무기는 북중 연합군을 억제하기 위해서 도입되었으나, 어떤 개념으로 사용될 것인지는 지속적으로 논의되었다. 한반도 방어계획은 재래식 전력을 기본으로 하는 것이었고, 핵전력은 유사시의 수단이었다. 전쟁 시 방어자산이나 수단으로서의 역할보다는 평시에 북중 연합군에 대한 억제의 역할이었다.[107)]

---

107) 주한미군의 전술핵무기 도입 및 철수 현황 (1958-77)

이 개념은 1965년도 한미연합훈련 이후 사후강평에서 유엔군사령관 하우즈 장군은 차후 UNC 지휘소연습(CPX: Command Post Exercise)[108]에서 핵무기는 제외시키도록 건의하였던 자료에서도 확인할 수 있다.[109] 전술핵무기의 한반도 배치는 유사시 즉각적인 사용을 의미하는 것은 아니었다. 적 공격에 대한 재래식 방어의 실패에 대비(hedge)하는 것이었다. 1969년도 태평양사령관은 태평양사령부(PACOM : U.S. Pacific Command) 작전계획을 검토하면서 초안의 핵사용을 명시한 구절을 삭제하였다.[110]

유엔사 작전계획과 전력 운용은 미국의 대한안보정책의 변화에 의존하였다. 아이젠하워-케네디-존슨 행정부는 봉쇄전략이라는 틀 속에서 상이한 세계전략을 추구하였다. 먼저 아이젠하워 행정부는 주한미군 철수와 세계전략으로 '뉴룩(New Look) 정책'과 절대적 우위의 핵무기를 통한 대량보복전략을 추진했다. 트루먼 행정부에서의 과도한 군사비 지출과 재래식 전쟁의 비효율성 그리고 핵전략 수행에서의 불충분성 등에 대한 비판으로부터 군사비의 지출을 감소하면서도 비교

도입년도	핵무기 종류	철수년도
1958	280mm 포	1962
	어네스트 죤(H-J), 8" 포, 원자파괴탄(핵지뢰), 중력폭탄	
1960	라크로세	1963
1961	나이키 허큘리스	
1962	데이비 크로켓	1968
1963	서전트	
1964	155mm 포	

출처: Office of the Assistant to the Secretary of Defense (Atomic Energy), History of the Custody and Deployment of Nuclear Weapons: July 1945 Through Setempber 1977, Feb 1978, p. B-4; 김수광(2008), p. 33에서 재인용.

108) 각급 제대의 지휘관 및 참모의 지휘본부와 통신요원 등을 훈련시키기 위한 연습으로 가상 상황 하에서 통신을 유지하면서 지휘소 이동 및 운용, 지휘 및 참모절차 연습, 작전계획 및 작전예규의 적용, 각종 상황 하에서의 지휘 및 통제능력을 배양하기 위한 연습임. 합동참모본부, 『연합합동작전 군사용어사전』(서울: 합동참모본부, 2006), p. 487.

109) United Nations Command, After Action Report, Exercise Counter Blow FY 65, p. D-23, folder: UN Command, AAR-Exercise Counter Blow, FY65, box-109, USARPAC Classified Organizational History Files, RG 550, NA II.

110) *CINCPAC History of 1969*, Volume II, pp. 149-150.

적 비용이 적게 드는 핵무기를 통한 대량보복전략을 추진하는 것을 전제로 하였다. 미군은 한국전쟁 기간에는 잔류를 고려하지 않았으나 종전 이후 처리과정에서 대중봉쇄전략의 필요성에서 잔류를 결정하였다. 뉴룩 정책과 대량보복전략이 결합된 '핵+재래식 전력'에 의한 억제전략에 따라 2개 사단 7만 명의 지상군이 잔류하였다.

아이젠하워 행정부의 전략의 변화가 한반도에 미친 영향은 미 육군이 전술핵으로 무장한 펜토믹 사단으로 개편되면서 전술핵이 한반도에 유입되었고, 이는 한국군의 감축과 대한군사원조의 감소로 나타났다. 한국군 20개 사단 72만 명 규모는 1958년도에 18개 사단 63만 명으로 감축되었다.

두 번째로 1960년대 들어 케네디-존슨 행정부의 군사전략의 변화는 한반도 작전계획에도 영향을 미쳤다. 케네디는 기존의 봉쇄 정책과 뉴룩 정책이 공산권에 대한 군사적 대응에 치중하고 핵 위주 전략으로 비군사적인 다양한 분야에서의 유연한 대처에 실패했다고 보았다. 미국이 제3세계에 일방주의적 자유주의 이데올로기를 강요하는 것은 미국의 대외전략의 실패 원인으로 보고 비군사적 분야에 대한 발전을 지원하도록 정책을 수정하였다.[111] 미국의 3세계에 대한 인식의 변화는 1961년도 5·16으로 집권한 박정희 정권에 대해서 관대한 태도로 나타났다.[112] 그리고 미국은 케네디의 뉴프론티어 정책이나 안보담당 부보좌관 로스토우의 제3세계 근대화이론에 의해서 비군사적 프로그램을 통한 정책을 추진하게 되었다. 미국의 대한반도 정책도 이러한 차원에서 감군 논의가 지속되었으나 1963년 11월 케네디의 사망 시까지 추가적인 철군이나 감군 결정은 이뤄지지 않았다.

---

111) 박태균, "1960년대 초 미국의 후진국 정책변화: 후진국 사회변화의 필요성", 『미국사 연구』 제20집 (2004), pp. 167-192.

112) 홍석률, "5.16 쿠데타의 원인과 한미관계", 『역사학보』 제168집 (2000. 12), pp. 53-83; 김일영, "5.16 군사쿠데타, 군정 그리고 미국", 『국제정치논총』제41집 (2001), pp. 311-331.

1960년대 미국의 군사전략은 대량보복전략에서 유연반응전략으로 전환됨으로써 핵무기에 대한 의존도가 약화되었다. 1959년 6월 부임한 맥그루더(Carter B. Magruder) 유엔사령관은 기존의 분산된 작계를 1960년에 하나의 작계로 통합하였다. 하나로 통합된 작계는 '미 8군 작계 1-60/27-60 한국방어'로서 기존의 작계와 적 위협 대상이나 가용전력에서는 변동이 없었다. 차이점은 방어진지들의 종심을 상대적으로 증가시켰고, 예비사단으로 하여금 축차방어선의 방어진지를 준비케 하고, 예비사단의 동원 개념을 구체적으로 발전시켰다. 그리고 한강 방어선에서 대규모 방어작전을 실시하도록 계획하였다.[113] 1950년대 말 이전까지의 기존 작전계획에 비하여 다소 공세적으로 전환되었지만 한강을 방어선으로 선정한 것은 수도 서울을 포기하고 있는 기존 작전계획의 가정을 유지하는 것이었다.

세 번째로 존슨 행정부에서는 1968년도에 작전계획 27-69를 2단계로 단계화시키면서 초기 및 반격작전으로 구분하고 있다. 1단계 초기작전의 개념은 전쟁발발 초기로부터 한국군 · 미군 · 유엔군이 반격개시 준비를 할 때까지의 기간을 대상으로 하고 목표는 적의 공격을 격퇴시키고, 기지와 지역을 보호하며, 반격작전을 준비하는 것으로 설정하고 있다. 2단계 반격작전의 개념은 공산주의 공격을 격퇴시키고 한반도에서 적의 군사력을 파괴 또는 무력화하는데 두고 있다.[114] 그러나 군사작전계획에서 가장 중요한 작전의 목표와 한계가 명시되어 있지는 않았다. 유엔사령관 겸 주한미군사령관이 한국군이 아님으로써 비롯되는 불가피한 전략적 결여와 그 이전에 미국의 정치적 모호성을 그대로 나타내 주고 있음을 알 수 있다.

1960년대까지 유엔사 주도의 한반도 작전계획은 다음과 같이 발전하였다. 가상적은 북중 연합공격을 대비하고, 현존 가용전력은 미 2개 사단 6만여 명과 한

---

113) 김수광(2008), pp. 36-39.

114) *CINCPAC History of 1969, Voloume IV*, pp. 148-151.

국군 18개 상비사단으로 고려하였다. 그리고 작전개념은 기존의 작전계획과 동일하게 축차방어 작전으로서 시간을 벌기 위해 공간을 내주는 한국전쟁을 통한 지연전과 유사한 개념이었다. 작전수행 개념에 있어서 주요한 요소는 수도 서울에 대한 절대방호 개념이 발전되어 있지 않았다는 점이다. 그리고 작전수행 전력은 근본적으로 재래식 방어를 위주로 하되, 1950년대에는 전술핵무기 사용 가능성을 포함하였으나 1960년대 이후 모호해졌다. 이는 계획 차원에서는 핵사용을 고려하였음을 보여 준다.

다음으로 한국군은 이 시기에 미국과 유엔군의 지도를 통해 자주적인 군대를 운영할 수 있는 작전수행체제를 학습하고 숙달하였다. 전시의 전쟁계획을 수행하기 위한 평시 전쟁연습과 훈련 체제는 유엔군의 계획과 지도를 통해 이뤄졌다. 한국군은 1950년대부터 소부대 훈련으로 시작하여 1960년대에는 대부대 훈련을 소화할 수 있는 수준으로 발전하였다. 즉 1950년대의 한국군 훈련은 군부대 및 기구의 확장으로 각개훈련을 완성한 후 분대에서 사단에 이르기까지 창설부대 훈련형 훈련을 연간 반복해서 실시하였다. 그러나 1960년대에 접어들어 북한의 도발이 격화되자 작전태세를 개선하고 전투수행능력을 향상시키기 위해 한미연합훈련, 합동훈련 그리고 각 군별 특수훈련 등의 실전 본위의 훈련으로 전환하였다.[115]

특히 한국은 1960년대에 CPX 그리고 연합 비정규전 야전훈련으로서 독수리(Foal Eagle) 훈련 등을 숙달하였다. CPX는 UNC 주관 하에 1961~67년 까지 매년 2회씩 실시되다가, 1968년부터는 매년 한국 정부 주관 하에 1회, UN의 주관 하에 1회씩 실시되었다.[116]

한국군은 소~대부대 작전에 이르는 전쟁수행절차를 체계적으로 훈련하였고,

---

115) 국방부, 『국방사: 1961. 5~1971. 12』(1990), p. 215.

116) 국방부, 『국방사: 1961.5~1971.12』(1990), pp. 216-219.

점차 독자적으로 훈련을 수행할 수 있는 역량을 갖춰 나갔다. 그리고 미국의 선진훈련기법을 체험함으로써 작전수행 역량을 더욱 향상시킬 수 있었다. 한미 간의 본격적인 야외전술훈련(FTX: Field Training Exercise)은 1969년 이후 활성화되었다. UNC 주도의 한반도 방위체제 내에서 한국군은 전시에 군사적 기능성을 발휘할 수 있는 작전계획의 수립, 체계적 훈련과 연습 등에 대한 경험을 축적해 나갔다. 또한 한국군은 1960년대 말에 국방각료회담의 정례화와 연합작전기획단 등 협의기구의 운용 등을 통하여 제한적이나마 한반도 방위체제에 한국이 참여할 수 있는 기초적인 여건과 능력을 구비할 수 있게 되었다.

이 장에서는 1960년대 말까지 "안보파트너십이 정치 · 군사적 수준에서 높을수록 안보동맹의 제도화 수준은 높아질 것이다."는 〈가설 1〉 공고 모형을 검증하였다. 한미 안보동맹은 대표적인 비대칭동맹으로서 안보파트너십은 미국의 보호(protection)와 한국의 의존(reliance)으로 형성되면서, 유엔군 주도의 한반도 방위체제를 공고하게 형성하는데 영향을 미쳤다. 유엔군 주도의 한반도 방위체제의 제도화의 수준은 양국 간의 합의에 의해 개입에 대한 안보규범은 높은 수준에서 형성되었다고 하겠으나, 양국의 연합작전에서의 상호작전 운용성의 체계화 정도에 있어서는 미국의 일방적 주도로 형성되었고 한국군의 역할은 매우 낮은 수준이었다고 평가할 수 있겠다.

다음 장에서는 1960년대 말에서부터 비롯된 한미 관계의 변화 징후가 닉슨-포드 행정부에서는 군사주도형 안보파트너십으로 변화하면서 유엔군 주도의 한반도 방위체제가 변화하게 되는 과정을 분석할 것이다.

제4장 군사주도형 안보파트너십과 연합방위체제로의 전환 모색: 1969~1976

이 장에서는 닉슨-포드 행정부의 안보파트너십이 정치 · 군사적 수준에서 어떻게 변화하면서 안보동맹의 제도화에 영향을 미쳤는지를 분석하고자 한다. 이 시기는 한미 안보동맹에 극적인 변화와 갈등을 주었다. 닉슨 독트린은 아시아에 집중되면서 베트남과 한국에서의 철군정책으로 현실화되었고, 데탕트는 냉전체제 하에서 한국과 같은 약소국가들에게 피아 구분을 혼동하게 만들었다. 기존의 공고한 냉전적 정치질서의 변화는 한국에게 한반도 정세에 대한 불확실성과 안보 불안을 제고시켰다.

닉슨-포드 행정부의 안보파트너십은 정치적 갈등에 반하여 군사적 협조라는 예외적 현상을 보여주었다. 정치적으로 미국의 개입 약화로 빚어지는 갈등을 가져온 반면에, 군사적으로는 억제에 대해 공유를 나타내었다. 군사적 수준의 안보파트너십은 7사단 철군 보완조치로 연합부대를 창설하게 함으로써 한국군의 참가가 확대되고, 대북중 대응전략을 적극적, 공세적으로 발전시키고, 또한 군부 내의 연합작전체제 발전 논의 등을 통하여 억제에 대한 공조를 강화시켰다.

따라서 닉슨-포드 행정부 시기의 안보파트너십을 Ⅱ형인 '군사주도형'으로 보고, 〈가설 2〉 '군사주도 모형'인 "안보파트너십이 정치적 수준에서는 낮더라도 군사적 수준에서 높으면 군사적 억제를 위한 안보동맹의 제도화 수준은 높아질 것이다."를 검증하고자 한다.

이를 검증하기 위해서 다음의 질문들을 분석할 것이다. 닉슨-포드 행정부 시기의 한미 안보파트너십은 어떻게 변화되었고, 또한 이를 어떻게 현실형으로 정의할 수 있는가? 그리고 정치적 및 군사적 수준의 안보파트너십은 안보파트너십의 요소에 따라 어떻게 형성되면서 제도화에 상반된 영향을 미쳤는가? 정치·군사적 수준에서 나타난 이례적 현상의 분석을 위하여 2장과는 달리 두 수준을 구분하여 분석할 것이다. 이러한 연구를 통하여 정치적 갈등에도 불구하고 군사적 수준의 안보파트너십이 어떻게 연합작전체제로의 전환을 모색하도록 영향을 미쳤는지를 밝히고자 한다.

제1절 정치적 수준의 안보파트너십

1960년대 말까지의 보호-의존 안보파트너십은 1970년대에 들어서 정치적 수준에서는 어떻게 변화하였는가? 비대칭 동맹에서의 공고한 보호-의존 관계는 닉슨 독트린과 데탕트, 그리고 주한미군 철군 정책 등으로 깨어지게 되었다.

닉슨-포드 행정부에서 정치적 수준의 안보파트너십은 전반적으로 이견을 보이면서 갈등 속에서 형성되었다. 양국은 왜 가치체계에서 혼란을 가져왔고, 국가이익과 위협의 인식에 있어서 현격한 차이를 보였는가? 이에 따라서 미국은 손실의 감수에서 개입을 축소하기 위해 어떠한 입장을 보였고, 이에 한국은 어떻게 반응하였는가? 그리고 철군에 따른 한국군 현대화 추진의 지연, 미국의 추가철군 논의가 중지되는 과정, 한국이 조기에 자주국방을 추진하게 되는 과정 등에 대해 고찰할 것이다.

1. 가치체계·국가이익과 위협 인식의 공유

한미 양국은 닉슨 독트린과 데탕트, 그리고 철군정책에 대해 현저한 인식의 차이를 보였다. 닉슨 독트린으로 인한 미국의 개입 의지에 대한 불안, 데탕트로 인한 불확실성 등으로부터 비롯되어 주한미군 철군정책에 대한 인식 차이와 강대국의 데탕트 정책에 대한 약소국의 편승 등을 통하여 어떻게 양국의 이견이 정치적 갈등으로 지속되었는지를 분석할 것이다.

가. 닉슨 독트린과 아시아 개입의 약화

닉슨 행정부 집권 이후 한국은 닉슨 독트린을 미국이 개입을 회피 내지는 감소하려는 의도로 인식하였다. 이는 가치체계나 이익에 있어서 양국의 이견으로 나타났다.

닉슨 행정부는 아시아에서의 미국의 이익을 낮게 평가하고 개입에 경계심을 드러내었다. 닉슨 대통령은 집권 이전부터 그러한 정책으로의 변화를 예고하였다. 닉슨은 집권 이전인 1967년 인도네시아를 방문하여 아시아로부터 지상군을 축소하고 중국과의 관계를 재평가할 것을 강조하였다.[1] 그리고 「Foreign Affairs」紙의 "베트남 이후의 아시아"에서 베트남전 경험으로 동일한 기준에서 동일한 개입을 반복하지 않아야 하고, 미래 아시아와의 관계에서 중요한 형태는 아시아의 주도와 미국의 지원이 되어야함을 강조하였다.[2] 또한 닉슨은 1968년 대통령 유세 중에 외교정책 구상을 밝히면서, 2차 세계대전 이후 공산주의로부터 자유 수호를 위해 한국과 베트남전에 많은 돈과 병력을 투입했으나, 새로운 외교를 모색할 때임을 지적하였다. 우방국이 위험하면 도울 것이나, 그들 자신이 전쟁을 수행하고, 미국이 그들을 위해 대신 싸워주지는 않아야 한다고 강조했다.[3]

닉슨의 선거 공약은 닉슨 독트린으로 구체화 되었다. 닉슨은 자국의 위협에 대해 스스로 싸울 수 있도록 지원은 해 주지만, 직접 개입하지는 않겠다는 정책을 밝힌 것이다. 닉슨은 대통령 당선 이후 그 동안 자신이 갖고 있었던 견해를 '자신이 선택한 시간과 장소'로서 1969년 7월 아시아 지역인 괌에서 아래와 같이 밝혔

1) U.S. House of Representative (1978), p. 58.

2) *Ibid.*, p. 59.

3) "EditorialNote," FRUS1969-1976, Vol. I, FoundationsofForeignPolicy1969-1972, pp.48-49.

다. 이는 닉슨 행정부의 대아시아정책의 기본 테마가 되었다. ① 미국은 조약의 책임을 준수(honour)한다. ② 미국은 만일 어떤 핵강대국이 어느 자유국가를 위협할 경우에는 보호막을 제공한다. ③ 다른 형태의 침략에 대해 요청을 받고 적절한 경우에 미국은 군사적이고 경제적인 지원을 제공하나, 직접 위협받은 국가들이 자국의 방어에 대해 첫 번째 책임을 져야 한다. 또한 닉슨은 "… 우리는 아시아 국가들이 미국에 지나치게 의존하게 함으로써 베트남에서와 같은 분쟁에 말려드는 그런 종류의 정책을 피해야만 한다."고 기자에게 언급하였다.[4)]

닉슨 행정부는 1970년 2월 의회에 미국의 1970년대 외교정책을 "평화를 위한 새로운 전략(A New Strategy for Peace)"[5)]으로 발표하였다. 그리고 국가안보정책의 중요한 세 가지의 테마로 동반자관계(Partnership)와 닉슨독트린, 미국의 군사력(America's Strength), 그리고 협상의 시대(An Era of Negotiation)로 구분하여 밝히고 있다.[6)]

미국은 소련의 핵전력 증강으로 절대적 우위를 상실하고 전력태세를 조정하면서 아시아 지역의 개입과 전력을 감축하고자 하였다.[7)] 닉슨은 취임과 동시인

---

4) U.S. House of Representative (1978), pp. 58-59.

5) 닉슨행정부에서는 1970년 2월에 최초로 포괄적인 외교정책을 발표한 이후 매년 새로운 부제를 붙이면서 외교정책을 발표하였다. 1970년은 '평화를 위한 새로운 전략', 1971년 '평화의 구축(Building for Peace),' 1972년은 '평화의 구조 부상(The Emerging Structure of Peace),' 그리고 1973년에는 '항구적 평화의 조성(Shaping a Durable Peace)'으로 변하였다.

6) Richard Nixon, U.S. Foreign Policy for the 1970's: A New Strategy for Peace (Washington D.C.: U.S. Government Printing Office, 1970), pp. 4-5. 먼저 동반자관계에 대해서는 의무(obligations)와 혜택(benefits)은 공유되어야 하며 이러한 동반자 개념이 우리의 관계를 보다 우호적으로 이끌어 줄 것이라고 강조하면서 닉슨독트린으로 구체화 되었고, 두 번째로 미국은 평화를 지키기 위해 미국과 동맹국의 사활적 이익을 위협하는 적이 존재하는 한 강한 군사력을 가져야 할 것을 강조하고 군사대비태세, 방위계획수립, 전략정책, 일반목적군 등의 군사전략을 구축하고, 그리고 마지막으로 협상을 강조하기 위해 서두에 "우리는 모두를 친구로 만들 수는 없지만, 아무도 적으로 만들지 않으려고 노력할 수 있다."고 제언하면서 소련, 동부유럽, 중국, 군비통제, 그리고 미래를 위한 전략적 과제 등을 제시하였고 이는 닉슨 행정부의 데탕트 정책과 핵군축 협상으로 구체화되었다.

7) 미·소의 대륙간탄도탄미사일(ICBMs)에 있어서 미국은 1966년 904기, 1967년 1,054기로 이후에는 동결하였으나, 소련은 1966년 300기로 미국이 3배로 우세하였으나, 소련은 1967년 460기, 1969년 1,050기, 1979년에는 1,398기로 미국보다 더 많은 미사일을 보유하게 되었다. Ray S. Cline, *World Power Trends and U.S. Foreign Policy for the 1980s* (Boulder, Colorado: Westview Press, 1980), p. 101.

〈표 4-1〉 NSSM 3 세계전략에 따른 연간 예산[8]

대 안	내 용	추정된 방위예산 FY71-75	연간 비용 절감액
전략1	NATO 초기방어 그리고 아시아에 대한 지원	720억불	-90억불
전략2	NATO 초기방어 또는 아시아 합동방어(한국 혹은 동남아)	760억불	-50억불
전략3	NATO 초기방어 그리고 아시아 합동방어(한국 혹은 동남아)	810억불	0
전략4	NATO 지속방어 그리고 아시아 고착 견제, 또는 NATO 초기방어 그리고 아시아 합동방어(한국 그리고 동남아 동시)	930억불	+120억불
전략5	NATO 초기방어 그리고 아시아 합동방어(한국 그리고 동남아 동시)	1020억불	+210억불

1월에 "NSSM 3: U.S. Military Posture and the Balance of Power, General Purpose Force Section(군사태세와 세력균형, 일반목적군 분야)"을 통해 전략핵과 일반목적군의 대안을 연구하였다. 먼저 전략핵군의 지침으로 6월에 "NSDM 16: Criteria for Strategic Sufficiency(전략적 충분성)"에서 '전략적 충분성' 개념을 정립[9]하고, 10

8) 도표는 Table 3 내용 일부를 발췌함, Report, "NSSM 3, U.S. Military Posture and the Balance of Power, General Purpose Force Section," September 5, 1969, folder: NSC Meeting 9/10/69 NSSM 3, box H-23, NSC H-files, NPM, NA Ⅱ. 전략 4, 5는 유럽주둔 미군의 증가를 필요로 하기에 대안에서 제외하고, 전략 3은 유럽에서 90일간 초기방어능력을 유지함과 동시에 아시아에서 중국 공격에 대해 동맹국과 연합해서 합동방어능력을 유지하는 것이다. 전략 2는 나토의 초기방어 또는 한국/동남아에서 중국의 전면공격을 동맹국과 함께 방어할 수 있는 군사력을 유지하는 것으로서, 유럽과 아시아에서 동시에 대규모 전면전을 준비하는 것은 아니다. 가장 바람직한 전략은 1로 가기 위한 단계적 대안으로 전략 2를 채택하였다.

9) Memorandum for the President from Kissenger, "Criteria for Strategic Sufficiency," June 23, 1969, folder: NSDM 16, box H-210; NSDM 16, "Criteria for Strategic Sufficiency," June 24, 1969, folder: DPRC Meeting Strategic Forces Survivability 3-17-71, box H-101, NSC H-FILES, NPM, NAⅡ. 전략적 충분성은 전략적 균형에 입각하여 전략핵 전력태세의 계획수립에 목적을 두고 ① 미국의 2격 능력이 전략군에 대한 적의 전면공격을 억제할 수 있는 최고의 자신감을 유지하고, ② 소련이 위기시에 미국을 공격할 동기를 갖지 못하도록 보장할 전력을 유지하고, ③ 소련으로 하여금 핵전에서 미국에게 보다 많은 인명과 산업시설을 파괴시킬 수 있는 능력을 거부할 능력을 유지하고, ④그리고 낮은수준에서의 우발 혹은 소규모 공격의 피해를 제한할 수 있는 방어력을 전개하는 것 등으로 정의하였다.

월 "NSDM 27: U.S. Military Posture(미국의 군사태세)"을 통하여 세계전략을 결정하였다.

그리고 9월 일반목적군의 세계전략에 대한 NSSM 3의 연구 결과는 최종적으로 다섯 가지 대안을 제시하였고, 현행전략이라고 볼 수 있는 전략 3보다 비용을 절감하는 전략 2를 채택하여 닉슨에게 건의하였다. 그리고 NSSM 3의 세계전략에 따라 미국은 〈표 4-2〉 일반목적군 전략구조 중 지상군 전력에 대해 베트남 등에서 대규모 감축을 하고, 한국에서는 모든 대안에서 당시 2개 사단을 1⅓사단으로 감축할 것을 고려하였다.

1969년 10월 11일 닉슨 대통령은 "NSDM 27: U.S. Military Posture(미국의 군사태세)"에서 NSSM 3의 전략 2를 승인하면서 1960년대 미국의 소위 '2½ 전략'을 '1½전략'으로 전환할 것을 결정하였다.[10] 1960년대의 '2½ 전략'은 소련 및 중국과의 대규모의 전쟁과 한국, 동남아, 중동과 같은 기타 지역에서의 소련과 중국이 개입하지 않는 소규모 전쟁을 동시에 수행할 수 있도록 일반목적군을 유지하는 것이다.[11]

〈표 4-2〉 NSSM 3 세계전략에 따른 전력구조

구 분		1965	1969	전략1	전략2	전략3	전략4	전략5
상비사단	소계	19⅓	22⅔	13⅓	14⅓	17⅔	20⅔	24⅓
	유럽	5	4⅓	4⅓	4⅓	4⅓	4⅓	4⅓
	동남아	1	10⅔	-	1⅓	1⅓	1⅓	1⅓
	한국 및 서태평양	2	2	1⅓	1⅓	1⅓	1⅓	1⅓
	미국	11⅓	5⅔	7⅓	10⅔	9⅓	6⅓	7⅔
예비사단		26⅓	32⅔	20⅔	25	27	27	27

출처: Report, "NSSM 3, U.S. Military Posture and the Balance of Power, General Purpose Force Section," Table 5(지상전력만 발췌), September 5, 1969, folder: NSC Meeting 9/10/69 NSSM 3, box H-23, NSC H-files, NPM, NA Ⅱ.

10) Memorandum for the President from Kissenger, "U.S. Military Posture," Oct 2, 1969; NSDM 27, "U.S. Military Posture," Oct 11, 1969, folder: NSDM 27, box H-211, NSC H-files, NPM, NA Ⅱ.

11) Richard Nixon (1970), pp. 128-129.

NSDM 27로 미국은 평시 대응전력을 줄이고 유사시 투입을 위해서는 필연적으로 전략적 우선순위를 둘 수밖에 없었다. 유럽과 아시아의 2개 전역에서 각종 상황에 대응하기 위한 기본지침으로 첫째 유럽 또는 아시아에서 공산세력에 의한 대규모 공격에 대처하고(to meet), 둘째 아시아 지역에서 비중국 위협을 상대로 동맹국을 지원하며(to assist), 셋째 기타 지역에서 유사시 대응할(to contend) 수 있는 일반목적군을 유지하는 것이다. 일반목적군 전력을 위한 고려사항으로는 전략 및 전역핵 억제력을 보유하고, 중-소 불화로 미국이 2개의 전선에서 동시에 재래식 전력으로 대응할 확률이 낮기에, 유럽전역에서는 예상되는 재래식 위협에 대응할 전력보다는 큰 전력을 유지하여 보장하고, 아 진영의 취약성이 노출되면 적들이 위험을 감수하고 군사적 모험주의가 성공할 것이라는 환상을 갖게 된다는 점 등이다.[12] 따라서 아시아보다는 유럽에 우선을 두고자 하였다.

이에 따라 닉슨행정부에서는 장차 5개년의 일반목적군 규모를 판단하고 이에 따른 예산안을 계획하였다. 이 예산안에서 미국의 기본적인 고려사항은 베트남전의 철수 시기였고, 이를 가정으로 방안을 발전시켰다. 1방안은 NSSM 3의 가정에 따라 1970년 7월, 그리고 2방안은 최종적으로 1973년 6월 30일까지 단계적으로 26만 명의 삭감을 고려하였다.[13]

닉슨행정부의 세계전략은 동반자관계를 통해 동맹국들에게 비용분담을 요구하고, 전략적 충분성과 1½ 전략을 요체로 하는 세계군사전략, 그리고 미·소 및 미·중 데탕트로 대표되는 데탕트 정책을 기둥으로 하는 것이다. 닉슨은 "미국은 공약 때문에 세계문제에 개입되어 있는 것이 아니고, 세계문제에 개입되어 있기 때문에 공약을 갖고 있다. 그리고 공약이 이익을 결정하는 것이 아니고 이익이 공

12) Ibid.., p. 129.

13) NSDM 27, "U.S. Military Posture," Oct 11, 1969, folder: NSDM 27, box H-211, NSC H-files, NPM, NA II.

약을 결정해야 한다."[14]고 강조하였다.

미국은 '선택적'으로 현실적 이익이 있는 곳에만 개입하겠다는 전략을 채택했다. 이익을 결정하는 요소는 비용이었고, 전략대안의 판단 기준은 방위예산의 충당이었다. 당시 베트남전의 반대로 군비 삭감 여론이 팽배해 있었고, 전략적 충분성을 위한 핵전력 건설 유지를 위해서는 일반목적군의 재래식 전력을 축소할 수밖에 없었다. 닉슨 행정부의 전략은 아시아에 집중적으로 적용되면서 아시아의 이익을 낮게 평가하고 선택적으로 개입하는 것이었다. 직접적인 대상은 베트남이었으나, 한국도 예외는 아니었다.

나. 닉슨 독트린과 미 · 중 데탕트의 상호작용과 한반도의 가치 재인식

미국은 닉슨 독트린과 미·중 데탕트를 추진하면서 한반도의 세력균형 요충지로서의 정치적 가치를 재인식하게 되었다.[15] 미국은 닉슨 독트린에 따라 한반도에서의 개입을 줄이고자 하였으나, 데탕트의 추진과정에서 중국은 세력균형을 위해 동북아에서의 변화를 바라지 않는다는 것을 파악하였다. 한반도의 정치적 가치를 재인식하면서 추가 철군은 중지되었다.

닉슨 행정부의 아시아 정책 구상은 미·중 데탕트를 기반으로 하였다. 닉슨은 집권 이전부터 아시아에서 중국의 고립을 종식시키고 중국과 관계개선을 주장하였고,[16] 취임 후 즉각 중국에 대한 외교정책의 검토를 지시하였다. 닉슨의 중국에 대한 전반적인 외교정책 검토는 1969년 8월 "NSSM 14: U.S China Policy"를 통하여 시작되었다. 중국과 미국의 관계와 장차 전략에 대한 장단점을 논하면서 구체적인 방향을 설정하지는 않고 있다. 중국의 장차 전략에 대해 소련과의 갈등과 중국 내부적인 변화로 인해 공세적이라기보다는 온건한 대외정책을 추진할 것으

14) Nixon (1970), p. 7.

15) 유인석 (2006). 주한미군 추가 철군이 중지된 이유를 주한미군의 안정자 역할로 주장하였다.

16) Richard M. Nixon, "After Vietnam," Foreign Affairs, Vol. 46, No. 1 (October 1967).

로 전망하였으나, 대만과 관련하여 지속적으로 '하나의 중국'을 고수할 것으로 판단하였다.[17] 미국은 대중국 정책을 검토하면서 6월에 "NSDM 17: Relaxation of Economic Controls Against China"[18] 을 통해서 경제 통제의 완화 등을 통해 관계개선을 시도하였으나 즉각적인 반응을 이끌어 내지는 못하였다.

1970년대 동북아에서 강대국의 대결은 전체적으로 다소 완화되면서 미·중 데탕트로 나타났다. 이에 대해서 혹자는 '견고한 미·소 양극체제'로부터 '미·중·소 삼극체제'[19] 혹은 '이완된 4대 강대국 간의 관계'[20]로 재편된 것으로 보기도 한다. 키신저는 당시 미국의 패권은 끝나가는 것 같았고, 미국의 절대적 핵 우위는 약화되었으며, 일본과 유럽국가들의 경제성장은 미국의 영향력에 도전하고, 또한 공산세력의 두 강대국인 중·소 갈등은 미국에게 외교적 융통성을 보여주는 상황이었다고 회고하였다.[21]

중·소 갈등으로 미국은 외교적 주도권을 갖게 되었다. 미국은 전략적 이점을 바탕으로 양국과 관계를 강화할 수 있었다. 상대방을 견제하던 중·소는 미국에 협조적인 태도를 보였다. 미·소는 전략무기감축협상(SALT)과 탄도탄요격미사일 제한협정(ABM)을 추진하였다. 중국은 소련의 핵 우세 하에서 미국과 동시에 대결할 수 없었다. 동시에 중국은 핵전력을 발전시키면서 미·소 간의 핵 군축에는 반대하였다.[22] 그리고 중국은 서방으로부터 선진기술을 획득하고, UN에 가입하여 국

---

17) NSSM 14, "U.S. China Policy," Aug. 8, 1969, folder: NSC Meeting (San Clemente) 8/14/69 Briefing:Korea; China[1of3]에서[3of3], box H-23, NSC H-files, NPM, NA II.

18) NSDM 17, "Relaxation of Economic Controls Against China," Jun 26, 1969, folder: NSC Meeting (San Clemente) 8/14/69 Briefing: Korea; China [1 of 3]에서 [3 of 3], box H-23, NSC H-files, NPM, NA II.

19) 홍석률 (2001), p. 211.

20) Doak Barnett, "The Changing Strategic Balance in Asia," in Hsiao Gene T. ed. Sino-American Detente and its Implications (New York: Praeger, 1974), p. 22.

21) Henry Kissinger, Diplomacy (New York: Simon & Schuster, 1994), pp. 703-704.

22) 정병호, "중국의 핵군비통제정책: 변화와 그 원인," 『국방연구』 제33권 2호 (1990) pp. 77-85.

제적 지위를 향상시킬 수 있었다.

미·중 데탕트는 1972년 2월 닉슨의 중국 방문으로 공식화되었다. 1972년 8월 베트남에서 미 지상군이 완전철수를 개시하고, 1973년 1월 27일 베트남 평화협정으로 정전이 발효되면서 전쟁은 종결되었다. 이러한 외교적 성과 속에서 닉슨 행정부는 1973년 2기 행정부를 출범시킬 수 있었다.

미국의 동아시아 전략은 중국에 대한 검토와 동시에 이뤄졌다. 1969년 4월 미국은 베트남전 이후의 아시아 정책에 대해 "NSSM 38: U.S. Policy in East Asia in the Seventies"로 착수하여 11월 22일 최종 토의하였다. 미국은 1970년대 동아시아에서 추구할 목표로서 "패권국의 등장을 막고, 지역 내 불안정을 초래하지 못하게 하고, 받아들일 수 있는 위험의 한도 내에서 정치·군사적 개입을 최소화하되, 경제성장과 정치적 안정을 높이는 것"으로 설정하였다. 이러한 목표 하에 동아시아에서의 전략의 방향을 현재 수준의 주한미군 주둔을 유지하는 "고수준 전략(High Strategy)"과 아시아에서 최소한 개입하며 미국의 비용을 감소하고자 하는 "저수준 전략(Low Strategy)"을 고려하였다.[23] 이후 미 행정부 내의 이견이 있었지만 전반적으로 저수준 전략을 지향하는 것으로 여겨지고 있었다.[24] 그러나 NSSM 38이 차후 동아시아 정책을 결정한 것은 아니었다. NSDM 27(1969. 10. 11)이 베트남 상황의 가정을 포함하였듯이 동아시아에서의 불확실성을 고려하여 결론을 내리지는 않았다. NSSM 38의 저수준 전략을 국방부가 적용하려고 하였을 때 키신저나 국무부에서 제동을 걸기도 하였다.

미국은 닉슨 독트린과 데탕트의 상호작용을 통해서 아시아에서 중국의 위협을

---

23) Report(Overview Paper), "NSSM-38, Nov 17, 1969," enclosed for Memorandum to Chairman, NSC Review Group from Chairman, EA/IG-Marshall Green, "NSSM-38: U.S. Policy in East Asia in the Seventies," Nov 22, 1969, folder: NSSM 38, box H-143, NSC H-files, NPM, NA II.

24) NSC에서도 내부적으로는 실제적으로 미국의 대아시아정책이 저수준으로 나아가고 있는 것으로 평가하고 있었다. Memorandum for Dr. Kissinger from Winston Lord, "Issues Raised by the Nixon Doctrine for Asia," Jan 23, 1970, The White House, NA II.

두 가지 측면에서 대응하고자 하였다. 첫째 대규모 중국군의 위협과 둘째로 한반도가 세력균형에 있어서 전략적 요충지임을 인식한 것이다.

먼저 중국의 대규모 위협에 대한 인식이다. 미국은 NSSM 38에서 아시아에서의 패권국의 출현을 막는 것을 목표로 상정하였다. 따라서 현실적으로 잔존하는 동맹국에 대한 중국의 대규모 위협은 계속 미국이 담당한다는 결론에 도달하였다. 닉슨 행정부의 아시아 정책의 대강이 종합된 핵심문서인 "NSDM 230: U.S. Strategy and Forces for Asia"은 1973년 8월 에 결정되었다. 이 과정에서 동맹국에게 미 지상군의 지원 없이 중국의 대규모 공격을 충분히 방어할 수 있도록 군사력을 증강시키는 것이 불가능하기에, 당분간 지상군 및 해·공군 모두를 지원하는 것으로 아시아 전략을 계획할 것을 건의하였다.[25] 이어서 8월 9일 NSDM 230의 최종안에서 "향후 5년 동안 미국의 계획은 한국, 일본 및 오키나와, 필리핀에서 기본적으로 현재 수준의 전력을 아시아에서 기본배치로 포함해야 하고, 소규모 조정은 이루어 질 수 있으나, 대규모의 변화는 대통령의 승인을 받아야 한다."고 하면서 기존의 정책을 유지하게 되었다.[26] 이로써 봉쇄정책이 지속적으로 유지되고 아시아에서 재래식 전력을 계속 주둔하게 만들었다.

두 번째로 미국은 한반도의 변화가 세력균형에 부정적인 영향을 미쳐 불안정을 초래할 것이라는 중국의 반응을 확인하였다. 이는 한반도가 세력균형의 요충지로서 갖는 정치적 가치를 재인식하게 된 점이다.

이러한 인식은 미·중의 데탕트 추진과정에서 키신저가 저우언라이(周恩來)나 마오쩌둥(毛澤東)과의 접촉을 통해서 중국이 묵시적으로 미군의 주둔을 인정하면서 일본의 재무장을 우려하고 있음을 확인한 것에서 비롯된다. 데탕트가 완성되던

25) Memorandum for the President from Kissenger, "Military Strategy for Asia," Aug 1, 1973, folder NSDM 230, box H-242, NSC H-files, NPM, NA II.

26) NSDM 230, "U.S. Strategy and Forces for Asia," Aug 9, 1973, folder NSDM 230, box H-242, NSC H-files, NPM, NA II.

시점의 1972년 국무부의 한반도 정책 보고(PARA)에 "중국, 소련, 북한에게 주한미군이 철수하면 일본의 현실적 혹은 가상적인 재무장 가능성을 야기함에 따라 그들의 중요한 목표가 아닐 것이다. (중략) 다음 몇 해 동안 지상군을 포함한 미군의 지속적인 주둔은 강대국 간의 안정적 역할을 수행하고, 북한에 대해 정치적 안정을 추구할 수 있을 것이다. 미 군사력의 주둔은 군사적 수단이면서 따라서 정치적 수단이다."고 분석하고 있다.[27]

미·중 데탕트로 인하여 양국은 한반도의 현상유지에 합의하면서 미국은 지속적인 개입의 필요성을 확인하였다. 미국은 닉슨 독트린을 통해서 아시아에서 자원을 절약하고자 하였으나 동북아에서 실제 군사력의 주둔이 없이 정치적 안정을 유지하기가 어려움을 파악하게 된 것이다.

다. 주한미군의 감축 결정 과정과 과잉보장 논란

닉슨 행정부는 한국과 협의 없이, 그리고 한국의 불안감에도 불구하고 일방적으로 주한미군의 감축을 결정하고 추진하였다. 미 행정부는 한반도 군사력을 분석하면서 주한미군이 과잉 억제전력을 보유하고 있다고 결론을 내렸다. 미 행정부는 군부를 제외하고 왜 한반도의 주한미군이 과잉보장 되어 있다고 평가한 것인가?

1969년 7월 25일 괌 선언에 대한 한국의 반응은 닉슨독트린의 적용에서 한국은 예외일 것으로 생각하면서도 모호한 불안을 느끼고 있었다. 한국도 1960년대 말 이후 미국의 북한 도발에 대한 소극적 대응에 따라 한반도에 대한 개입의지를 의심하고 있었다.[28] 닉슨 독트린의 한반도에 대한 적용과 뒤이은 데탕트는 강대

---

27) DOS East Asian Interdepartmental Group, Policy Analysis Resource Allocation Study (PARA) Korea FY1973,March14,1972,Pol1 KORS-US,pp.9,12,RG59,Box 2429,NAII.

28) 닉슨 행정부 집권 이후 69년 4월 15일 미 EC-121정찰기가 북한 미그기에 의해 격추되었을 때 키신저는 닉슨에서 우선적으로 비군사적 대응을 실시하고 군사적 방책의 대안을 지원하며, 공보나 여론에 의존하는 비군사적 방법으로 판문점 회담과 유엔안보리 소집, 그리고 소련과의 접촉을 통해서 북한에 영

국의 입장과는 달리 여전히 냉전체제 하에 있었던 한국과 북한에게 동북아 정세에 대한 불안정과 불확실성을 주었다.

닉슨독트린을 설명해 주기 위해 로저스(William Rogers) 국무장관이 7월 31일 방한하였을 때에 한국의 우려는 구체화되었다. 가장 큰 우려는 미국이 강한 동맹국으로 남을 것인가, 원조와 관련된 의미, 그리고 베트남에서의 입장과 북한 도발에 대한 미국의 입장 등이었다. 그러나 한국은 닉슨 독트린으로 주한미군을 감축할 것으로는 예측하지 않고 있었다.[29)]

닉슨독트린의 모호성은 8월의 양국 정상회담에서도 이어졌지만, 이미 미국은 철군을 깊숙이 진행하고 있었다. 1969년 8월 미 행정부는 정상회담 직전 닉슨에게 한국정책에 대한 사전보고를 하였다. 닉슨은 집권 후 바로 2월 22일 "NSSM 27: Interagency Planning-Programming-Budgeting Study for Korea(한국에 대한 부처 간 기획-계획-예산 연구)"[30)]을 통해서 존슨 행정부의 주한미군의 단계적 감축 연구를 계속하도록 지시하였다.

8월 14일 최초 보고된 NSSM 27 보고의 핵심 내용은 주한 미지상군 2개 사단이 북한 공격의 방어에 필요하지 않다는 것이었다. 근거는 현재 한국군의 지상군과 해군은 중국의 군수지원을 받는 북한의 25개 사단을 물리치고, 북중 연합군에 대한 공격조차도 강력히 저지할 수 있으며, 주한 미지상군 2개 사단은 북한 공격의 방어에는 필요 없고 단지 북한을 억제하고 북중 연합군에 대한 걸림돌의 역할을 하고 있다는 것이다. 기본적으로 주한미군은 군사적 억제에 불필요한 전력

향력을 행사하는 방법을 채택할 것을 건의하였다. Memorandum for the President from Kissenger, "NSC Meeting on Korea, April 16, 1969 - 10:00 a.m.," Attachments, "HAK Talking Points-NSC Meeting April 16, 1969, Korea."; 닉슨은 기자회견에서 전년도처럼 비군사적인 대응을 분명히 하였다. Washington Post, April 20, 1969.

29) U.S. House of Representative (1978), p. 60.

30) NSSM 27, "Interagency Planning-Programming-Budgeting Study for Korea," Feb 22, 1969, folder: NSSM 27 2of2 [3 of 3], box H-139, NSC H-files, NPM, NA II.

이라는 판단을 하였다. 따라서 한국군과 주한미군의 향후 5년 동안의 군사력 구조를 위한 대안을 세 가지로 선정하였다; (1) 증가된 대비태세: 한국군과 미군 능력을 모두 증가, (2) 현행 대비태세: 주한미군 2개 사단 유지와 한국군의 제한적 증가, (3) 한국군 자체방어: 적절한 한국군 증강 이후에 향후 5년 내에 주한미군 철수.[31)]

닉슨은 8월 14일 NSC에서 대한외교정책의 결정을 한미 정상회담 이후인 가을에 진행할 것을 지시하였다.[32)] 그리고 정상회담 직후 9월 16일 토의 시 대한외교정책의 대안 중에서 한국군과 미군을 증강시키는 1방안은 제외하도록 지시하였다.[33)] 닉슨은 정상회담 이전에 한반도 정책의 결정을 연기하였으나, 한국에서 미지상군 2개 사단이 '군사적' 억제전력으로서 필요 없다는 인식을 갖고 정상회담에 임했던 것이다. 그리고 이후 NSSM 27 보고는 1970년 1월 5일 최종 결정되면서 3차 철군으로 이어졌다.

박 대통령의 희망에 의해 1969년 8월 21~23일에 걸쳐 샌프란시스코에서 개최된 정상회담에서 주한미군의 철군은 논의되지 않고 우호적으로 진행되었다. 닉슨은 한국의 베트남 지원에 대한 감사와 한국의 경제성장에 대한 찬사를 하였고, 박 대통령은 한국의 자주를 장려하는 괌 독트린을 승인하였다. 그리고 공동성명 발표를 통해 한미상호방위조약에 따른 양국의 굳은 결의를 재확인하였다.[34)]

---

31) "U.S. Policy and Programs Toward Korea". folder: NSC Meeting (San Clemente) 8/14/69 Briefing: Korea; China [1 of 3], box H-23, NSC H-files, NPM, NA II. 그리고 이 토의에서 한국의 내부적인 문제, 즉 박대통령의 3선 개헌에 대해 박대통령의 승리, 정권교체, 그리고 박대통령의 후계자에게 승계하는 방안 등에 대한 한국 내정과 미국의 외교정책에 미치는 영향에 대해 다양한 검토를 하는 등 국내적 정치안정에 관심을 갖고 있었다.

32) "Talking Points, Korea, NSC Meeting August 14, 1969," folder: NSC Meeting (San Clemente) 8/14/69 Briefing: Korea; China [1of3],box H-23, NSC H-files, NPM, NA II.

33) Memorandum for Dr. Kissinger from Laurence E. Lynn, Jr., "Korea Program Analysis(NSSM 27)," Sep 10, 1969, folder: NSSM 27 1of2 [1of4], box H-138, NSC H-files, NPM, NA II.

34) 대통령 비서실, "박대통령 각하와 닉슨 대통령 각하 간의 공동성명서, 1969년 8월 22일," 『박정희 대통령 연설문집』 제6집 (1970), p. 197.

그러나 닉슨은 정상회담을 마치고 돌아가는 포터 주한 미대사에게 워싱톤에서 감군 지침을 보낼 것이라고 귀띔해 주었다. 물론 이것은 공개되지 않았다.[35] 박 대통령은 귀국성명에서 닉슨 대통령의 대아시아 정책에서 변화가 있다고 하더라도 한국에 대한 기본정책은 추호도 변화가 없을 것이라는 점을 확인했다고 하였다.[36] 당시 박 대통령은 미 행정부 내에서 추진되던 주한미군 감축의 징후를 완전히 파악하지는 못한 것으로 이해된다. 박-닉슨 대통령의 정상회담 이후 한국의 일간지에는 주한미군을 유지하고 방위조약을 고수할 것이라고 대대적으로 보도되었다.[37]

그러나 박 대통령은 미국의 철군 의도에 대해서 시간적으로 임박하지는 않았으나 장차 추진될 것이라는 추측은 하고 있었다. 박 대통령은 군부대를 방문 중에 "우리는 언젠가 미군이 철수할 때를 대비해서 장기적으로 국군의 정예화에 노력, 자주국방 태세를 갖춰야 한다."고 강조하였다. 그리고 미군의 장차 철군을 전망하는 각종 언론 보도는 이러한 한국의 불안감을 설득성 있게 대변하고 있다.

9월 27일 한국 내 일간지는 미 국방성의 소식통을 인용하여 "닉슨 행정부는 한국과 유럽에 현재 있는 미 전투부대를 적어도 1971년까지는 계속 주둔시킬 계획으로 있다."고 보도하였다. 뉴욕 타임스紙는 10월 15일 국무성에서 주한미군 감축에 대한 장기적인 계획을 검토 중임을 상기시키면서 미군이 한국에 영원히 주둔하지 않을 것이라고 강조하고 감축의 시기가 중요함을 강조하였다.[38]

한국은 불안감을 갖고 만약의 사태에 대한 미국의 보장조치를 요구하는 메시지를 보내기도 하였다. 10월 18일 보도를 보면 17일 정일권 국무총리는 "주한미

---

35) U.S. House of Representative (1978), p. 61.

36) 대통령 비서실, "방미 후 귀국성명, 1969년 8월 25일," 『박정희 대통령 연설문집』 제6집 (1970), p. 201.

37) 조선일보 (1969. 8. 23), 1면.

38) 조선일보 (1969. 9. 27), 2면; 조선일보 (1969. 10. 17), 1면.

군 철수문제는 주월미군이 완전히 철수한 다음 논의될 문제이며 이는 오는 1973년에 가서야 거론될 수 있을 것"이라고 말했다. 닉슨 독트린이 임박하였음을 알리는 소식들이 이어져 나왔다. 12월 26일 국내 신문에서 닉슨은 "미국은 앞으로 의회와 미 국민의 전폭적인 지지가 없는 한 베트남전과 같은 어떠한 전쟁에도 참가치 않을 것임"을 의회지도자들에게 명백히 밝혔다고 로저스 국무장관이 12월 23일 밝혔다고 하였다.[39)]

그러나 닉슨 행정부는 닉슨독트린에 대한 한국의 반응과는 무관하게 철군정책을 지속적으로 추진하였고 1970년 초에는 최종 결정단계에 이르렀다. 한미 정상회담 이후 1969년 11월에 이르러 닉슨은 주한미군을 줄이는 방안을 검토하도록 지시하였다.[40)] 최종과정에서 1970년 3월 14일 키신저 안보보좌관은 닉슨 대통령에게 "NSDM 48: U.S. Programs in Korea(미국의 한국 정책)"을 보고하였다. 키신저의 보고안은 NSSM 27에 대한 각 부처의 다양한 의견을 전체적으로 조율한 키신저에 의해 작성되었다.

먼저, 키신저는 보고의 서두에 한국에 대한 위협을 세 가지로서 ① 북한의 도발과 테러의 지속, ② 북한 단독에 의한 재래식 공격, ③ 북중 연합 공격 등으로 가정하였다. 이에 대해 ①의 가능성이 가장 높으나 한국의 안보에 심각한 훼손을 주지 않으며, ③의 가능성은 매우 낮은 것으로 보았다. 키신저는 닉슨에게 한국이 북한의 공격을 억제하기에 충분한 능력을 유지하게 하거나 지속적인 방어에 충분한 한국의 능력을 유지하도록 관심을 갖도록 건의하였다.[41)]

주한미군의 철군 규모를 결정하기 위해서는 한반도의 군사력 균형에 대한 판

39) 조선일보 (1969. 10. 18), 1면; 조선일보 (1969. 12. 26), 1면.

40) Memorandum for the President from Kissinger, "NSC Meetingon Korea," Mar 3, 1970, folder: NSC Meeting 3/4/70 Korea(NSSM 27), box H-27, NSC H-files, NPM, NA II.

41) Memorandum for the President from Kissinger, "US Programs in Korea," Mar 14, 1970, folder: NSDM 48, box H-215, NSC H-files, NPM, NA II.

단이 요구되었다. 먼저 실질적인 철군 규모를 결정하기 위한 한반도 위협 분석에 있어서 행정부 내에서 이견이 노정되었다. 이견의 핵심은 한국 방어를 위해 필요한 군사력 소요에 대한 평가가 달랐기 때문이다.

한국방어에 소요되는 군사력 평가는 〈표 4-3〉에서 보는 것처럼 현수준을 유지하는 태세 Ⅰ로부터 국무부나 국방부의 의견을 조정한 NSC의 태세 Ⅲ과 합참이 주장하는 태세 Ⅱ로 이견을 보였다. 합참은 미군 2개 사단과 한국군 19개 사단을 포함한 21개 사단이 북한공격을 방어하거나 북중 연합공격을 지연시키기 위해서 필요하며, 당시 보유한 미군 2개 사단과 한국군 18개 사단(해병 1개 사단 포함)의 전력 구조는 상대적으로 안정을 유지하고 있다고 보았다.[42] 그러나 NSC의 NSSM 27 연구(한국 관련 부처 간 회의)는 개선되지 않은 한국군 12~14개 사단들이 북한 공격을 저지할 수 있고, 개선된 16~18개 사단들은 서울 이북에서 최소 30일 동안 북중 연합공격을 저지할 수 있다고 평가했다. 만약 미 합참의 제안처럼 한국군 19개 사단이 현대화 된다면 한국군은 북한군을 완벽하게 물리치고 중국이 개입하더라고 저지할 수 있다고 보았다. 그리고 미군이 추가적으로 합류하면 한국은 북중 연합공격을 격퇴하고 통일도 할 수 있다고 평가했다.[43] 그러나 합참은 주월한국군이 복귀하지 않은 상태에서 대규모의 미군을 철군시키는 방안은 적절하지 않다고 주장하였다.[44]

---

42) Memorandum for Kissinger from Lynn, "Review Group Meeting on Korea," folder: Review Group Meeting-NSSM 27 Korea 2/19/70, box H-42, NSC H-files, NPM, NA II.

43) Memorandum for Kissinger from Lynn, "ROK Force Capabilities," Feb 26, 1970, folder: NSSM 27 2of2[3of3], box H-139, NSC H-files, NPM, NA II.

44) Draft Memorandum for Kissinger from JCS, "NSSM 27-US Policy for Korea," folder: Review Group NSSM 27 Korea 2/23/70, box H-43, NSC H-files, NPM, NA II.

〈표 4-3〉 대안별 FY71-75 5개년 한미 군사력 소요 비용(단위: 십억불, 1968년도 기준)[45)]

태세	군사력규모		한국 비용	미국비용		
	주한미군	한국군 상비사단		한국군	미군	계
I	2개 사단 64,000명	18 (3-5)	2.0	1.7	4.6	6.3
II*	1-1/3개 사단 54,000명	18 (18)	2.2	2.4	4.0	6.4
III	1개 사단 35,000명	18 (18)	2.1	2.1	3.0	5.1
IV	1개 사단 35,000명	16 (16)	1.9	1.9	3.0	4.9
V	최소잔류병력, 12,500명	18 (18)	2.1	2.4	1.5	3.9

() 안의 숫자는 현대화되는 한국군 상비사단의 수를 의미한다.

* 합참은 한국군의 현대화된 19개사단과 미군 잔류 병력이 최소 28,500명은 되어야 한다고 주장했다. 주월 한국군이 복귀하면 철군을 고려할 수 있다고 하였다.

감축 규모에 대한 각 부서별로 상이한 입장이 3월 3일 닉슨 대통령에게 보고되었다. 주한미군의 감축 규모에 대해서 국무부와 국방부는 1개 사단에 2~3만 명의 철군을 선호하였으나, 합참은 시기적으로 "부적절(untimely)"하며, 실시되더라도 2개 여단 1만 명 수준으로 제한되어야 한다는 의견이었다. 그리고 한국군의 전력규모에 대한 국무부와 국방부의 입장은 한국군 16~18개 사단을 증강하되 해·공군은 현 수준을 유지하는 것이었다. 합참은 한국군의 전력 증강은 한국에서 우리의 현 전력을 유지하는데 적절하나, 해·공군도 어느 정도 개선이 요망되며 한국군 지상군은 주월 한국군이 복귀하면 19⅓사단으로 증강되어야 할 것을 요구하였다.[46)]

최종적인 결론은 3월 4일 NSC 회의에서 결정되었다. 닉슨 대통령은 1971년 말까지 2만 명을 철수하는 것으로 결정을 하면서 주월한국군의 철수와 이후 한국군의 상황을 고려하여 추가 철군을 검토하기로 하였다.[47)] 이 방안은 국방부와 국

45) Table 1, ROKG and U.S. Costs for Alternative Force Postures, folder: NSC Meeting 3/4/70 Korea(NSSM 27), box H-27, NSC H-files, NPM, NA II.

46) Memorandum for the Presidentfrom Kissinger, "NSC Meeting on Korea," Mar 3, 1970, folder: NSC Meeting 3/4/70 Korea(NSSM 27), box H-27, NSC H-files, NPM, NA II.

47) Memorandum for Kissinger from Lynn, "Korea Decisions," Mar 11, 1970, folder: NSSM 27 2of2[3of3],box H-139;folder:NSDM 48,box H-215,NSCH-files,NPM,NA II.

무부의 태세 III이 1개 사단 3만5천명의 잔류를 주장하였으나, 합참은 태세 II의 주한미군 1⅓사단 5만4천명이 잔류의 주장에 따라 중간 규모인 4만4천명이 잔류하는 타협안으로 이뤄졌다.

철군의 필요성은 대부분 인식하고 있었으나 시기나 규모에 대해서는 다양한 의견이 존재하였다. 특히 순수이 군사적 입장을 대표하는 합참은 철군이 억제에 미칠 불안정을 염려하여 매우 소극적이었으나, 국무부나 국방부는 지상전력이 과잉보장되어 있음을 지적하고 있다. 국방관료들의 적극적 자세에 반하여 합참 등 군사지도자들은 소극적인 반응을 나타내었다.

두 번째로 주한미군 배치 조정의 핵심은 주한미군이 즉각적이고 자동적 방식으로 개입할 수 있는 위치에 배치되어 있는 것(당시 주한미군은 DMZ에 배치되어 있었음)이 북한 공격을 억제할 수 있느냐의 여부였다. 키신저는 로저스 국무장관의 의견에 동의하면서 주한미군이 DMZ에 있다고 해도 북한이 테러나 교란 활동을 자행하고 미국이 한국의 대침투작전에 개입하게 되는 등 북한 주력군의 공격에 억제가 되지 못한다고 생각하였다. 따라서 DMZ 주한미군을 최소로 하고 자동개입을 줄이는 것이 바람직하나, 그 결정은 한국의 자신감이나 북한의 의도를 고려하여 늦추는 것이 좋다고 건의하고 있다.[48] 휴전협정 시 배치된 미군이 그야말로 전술적 수준의 인계철선에 의해 즉각적으로 자동개입되는 것을 회피하고자 하는 닉슨 독트린의 개념이 반영되어 나타난 것으로 보인다.

세 번째로 한국군 전력 증강은 주한미군의 감군을 상쇄하고 미국의 한국에 대한 지속적인 개입을 보장하는데 목표를 두고, 국방부안은 1971~75년간 매년 2억 불의 군사지원계획(MAP)에 따라 18개 사단의 지상군 전력을 증강하고 해·공군은 소규모의 전력을 증강하는 안이나, 국무성이나 예산국은 매년 1.6~1.8억 불

48) Memorandum for the President from Kissinger, "US Programs in Korea," Mar 14, 1970, folder: NSDM 48, box H-215, NSC H-files, NPM, NA II.

을 16개 사단과 공군과 해군에 대한 소규모의 전력 증강을 건의하였다. 국방부와 국무부의 의견은 한국군의 해·공군은 현수준을 유지시키고 지상군 현대화만을 지원하는 입장이었다. 그러나 미 합참은 지상군 개선이 현능력을 유지하기에 필요하나 장기적으로 해공군의 획기적인 개선이 필요하고 주월 한국군이 복귀하면 19⅓개 사단으로 증가해야 할 것을 주장했다. 키신저는 의회와의 협조를 고려하되 국방부 안에 유사하게 2억불 또는 최대 3억불을 지원하는 안을 닉슨에게 건의하였다.[49]

네 번째로 한국은 급속한 경제발전을 통하여 수년 내 자립할 것으로 생각하였다. 따라서 미국의 경제지원은 1970년 1.6억불에서 1975년 2천만 불 수준으로 줄일 계획이었으나 키신저는 주한미군의 철군을 고려하여 미국의 지원이 계속된다는 보장을 주어야 할 것을 고려하였다. 고려된 방안들로서 1방안은 경제지원 규모를 1971년도 9천3백만 불에서 1975년도 2천만 불 수준으로 줄이는 것이며, 2방안은 경제지원 수준을 최고로 유지하고 1975년에 5천5백만 불 수준으로 하는 것이며(키신저 안), 3방안은 한국의 방위비 분담을 최대로 늘이는 것으로 한국이 방위력 건설 소요 비용의 증가에 압박을 받게 되는 안이다.[50] 이러한 논의의 기저에는 한국이 보다 더 많은 방위부담을 수용해야 한다는 점이다.

이러한 논의 결과를 바탕으로 3월 20일 닉슨은 NSDM 48에 서명하였다. NSDM 48에서 닉슨은 주한미군 철군과 한국군 현대화 정책을 결정하였다. 1971년까지 주한미군 2만 명의 감축을 승인하면서 이후 박 대통령 및 의회와의 협조를 강화하는 등 관련 지침을 아래와 같이 내렸다.

① 박 대통령과 협의: 이 계획은 박 대통령이 한국군의 미래 증강을 위해 박 대통령의 제의 하에 이뤄진 것으로 추진되도록 하고, 차관위원회 는 박 대통령과의 협의

49) Ibid.

50) Ibid

계획을 4월 1일까지 제출

② 협상 조건

ㄱ. 의회의 승인을 전제로, 1971년~75년간 매년 2억 불의 군사지원 계획(MAP)을 지원

ㄴ. PL-480을 통한 경제지원 증가

ㄷ. 주한미군의 추가 철군은 주월 한국군의 철수와 한국군 전력 개선을 고려하여 판단

③ 다른 협상 조건: 박 대통령과 동시에 협조 진행

ㄱ. 국무성과 국방부는 의회와 한국의 군사지원 증강 노력 협의

ㄴ. 국방부는 판문점의 유엔 책임지역에 대해 지속적인 책임을 지는 범위 내에서 주한미군 철수 및 재배치 계획을 수립

④ 한국 계획 수립: 박 대통령 및 의회와의 협조에 따라, 대한국 정책에 대한 계획에 포함할 사항

ㄱ. 한국군 군사력: 5개년 군사력 건설 계획 발전

ㄴ. 주한미군 전력: 주한미군 추가 감군 계속 검토

ㄷ. 다른 미군 계획: 국무부 및 타 부처는 한국과 관련된 병력 및 지원 계획을 발전

⑤ 차관위원회 주도로 계획을 수립하고 완성 후 대통령에게 보고[51)]

주한미군의 철군결정 과정에서 한미 안보파트너십의 요소에 따라 여러 가지의 분석이 가능하다. 위협의 인식 측면에서 미국은 한국에 과잉전력이 배비된 것으로 결론을 내렸다. 당시 한국이 안보에 대한 불안을 느끼고 있었던 반면에, 미 행정부 내에서 군부지도자들을 제외한 행정 관료들은 철군해야 한다는 입장이었다. 닉슨 행정부에서 합참 등 군부지도자들을 제외한 과잉보장의 논란은 양국 간의 인식의 차이를 확인하게 해 준다.

---

51) NSDM 48, "U.S. Programs in Korea," Mar 20, 1970, folder: NSDM 48, box H-215, NSC H-files, NPM, NA II.

미 국방부를 포함한 행정부와 군사지도자들의 이견은 당시 안보상황에 대한 상이한 이해에서 비롯된다. 군부지도자들에게 데탕트의 진행은 곧 평화를 의미하는 것이 아니었다. 단지 외교적 봉쇄의 연속이었을 뿐, 군사적으로는 여전히 봉쇄정책이 유효하다고 보았다. 엄존하는 소련의 팽창 위협과 중국의 성장, 그리고 북한 군사력의 증강과 지속적 도발 위협은 군사적인 관점에서는 변화가 없이 지속되었기 때문이다. 군부지도자들이 갖고 있는 봉쇄적 관성을 거두어들이기에는 불안정하고 불확실한 상황이었다.

주한미군의 감축에 대한 미국의 일방적 결정은 위협의 인식에 있어서 한국과 현격한 이견을 보이는 것이었다. 이는 한국에게 동북아 정세의 불확실성 속에서 극심한 안보불안을 주었다.

라. 강대국의 데탕트와 남북한의 위협 인식 고조

데탕트는 남북한에게 화해보다는 안보불안을 주었다. 이 항에서는 비대칭 동맹 하에서 남북한은 일시 남북대화에 편승하기도 하였으나, 강대국의 의도와는 다르게 여전히 냉전상태로 회귀되었음을 고찰할 것이다.

닉슨 독트린에 뒤이어 1972년은 강대국들의 데탕트가 결실을 맺는 해였고, 이러한 분위기에 남북한도 7.4 공동성명으로 동참하였다. 남북한은 무력보다는 평화적 수단을 통해 통일을 추구할 것을 합의하면서 국제적으로 엄청난 이목을 집중시키는 뉴스거리를 제공했다. 한국은 한 발 더 나가 이미 남북대화가 저물어져 가던 1973년에 6.23 평화통일 선언을 통하여 대공산권 외교를 강화할 것을 선언하기까지 하였다.

그러나 남북한의 화해는 그리 오래 지속되지 못하였다. 데탕트는 표면적으로 남북한 대화를 가져왔으나, 곧 바로 단절되면서 다시 극심한 체제경쟁과 안보불안을 지속시켰다. 국제적으로는 UN에서 UNC 해체문제를 놓고 격렬히 대결하였다. 북한은 1974년도 8·15 대통령 저격사건, 그리고 땅굴의 구축 등 도발을 지속하면서 안보불안을 야기했다. 그리고 한국은 유신체제를 구축하였고 1975년 5월에는 긴급조치 9호가 공표되었다. 북한은 새 헌법을 통과시키면서 각각 내부 체제를 공고히 강화시켰다. 동시에 남북한은 군비경쟁에 골몰하였다.[52] 북한은 1970년대에 걸쳐 유례없이 군사력을 증강시켰고, 한국도 닉슨 독트린과 미 7사단의 철군으로 인하여 군사력을 획기적으로 증강시켰다.[53] 그렇다면 닉슨 독트린과 뒤이은 데탕트는 남북한 대화와 한미 안보파트너십에 미친 어떤 영향을 미쳤는가?

미 CIA에서 1978년도에 1970년대 남북한이 남북대화에 임하면서 보였던 상반된 입장을 분석하였다. 당시 북한의 목표는 한국에 대한 선전을 강화하여 정치적 전복을 위한 유리한 기회를 얻고, 국제적 지지를 확대하며, 미국으로 하여금 한국에서 이탈하게 하고, 동시에 한국에 대한 군사적 지원을 감소시키려고 하였다. 반면에 한국은 기본적으로 경제 및 군사적 우위를 얻기 위한 시간을 확보하고자 하는 방어적 자세를 가지고 있었다. 따라서 남북협상을 통해서 미북의 접근을 방지하고, 강대국의 일방적 상황 조성에 말려들어가지 않기를 바라면서, 통일 이슈의 주도권을 잃지 않고, 국내 정치에서 반대자들이 통일정책을 이용하지 않기를 바라고 있었다.[54] 이러한 분석을 통하여 남북한은 남북대화에서 기본적으로 대화를 통하여 평화적 통일을 기대하지는 않았던 것으로 보인다.[55] 남북한은 국

52) 1970-87에 강대국의 데탕트에도 불구하고 남북한이 군비경쟁을 하는 이유 등을 강대국 세력균형, 방위비 분담, 남북한 전략목표의 차이 등으로 설명하였다. Jin Hwoan Hwang, "The Politics of Conflict and Arms Control Between Small States: The Case of the Two Koreas," The University of Southern California's Doctoral Dissertation (1994). pp. 104-145.

53) Don Oberdorfer (1997), pp. 59-64. 이러한 북한의 군사력 증강은 카터 행정부의 주한미지상군 철군을 중지시키는 결정적 역할을 하게 되었다. 5장 2절의 논의를 참조.

54) Intelligence Memorandum RPM-78-10186, "The Seoul-Pyongyang Dialogue on Reunification: Origin, Decline, and Prospects," Central Intelligence Agency National Foreign Assessment Center, 10 May 1978, pp. 6-8, Carter Library(NLC-4-39-1-5-9).

55) 이러한 일반적 인식은 당시 남북대화를 담당했던 이동복 중앙정보부장 특별보좌관이나 돈 오버도퍼 등에 의해 제시됨. 이동복의 증언 (2009.1.4); Don Oberdorfer (1997), pp. 41-46.

내외적으로 자신들의 입장을 강화하고 유리한 여건을 조성하고, 체제를 강화하면서 북한은 기존의 무력적화 통일을 추진하고, 한국은 내적 역량을 강화하기 위한 방편으로 이용하고자 하였을 뿐이다. 한국은 7.4 공동성명과 6.23 선언을 북한에 대한 외교정책의 주도권을 갖고자 추진하였다.

남북협상은 1973년 중반에 결렬되면서 근본적인 한계를 노출했다. 남북 대화에서 양측은 서로 받아들일 수 없는 요구를 하였다. 북한은 한국의 정치적 변화를 요구하였고, 한국은 단계적 협상의 확대를 주장하였다. 양국이 서로 입장의 차이를 확인하고, 더 이상 전술적 목적을 달성할 수 없게 되면서 대화를 지속할 필요를 못 느꼈다. 북한은 국제적인 환경을 예측하면서 미·중 데탕트가 축소될 것으로 생각하였다. 더구나 미·중 데탕트는 대만 문제로 진도가 나가지 못하고 답보상태였다. 남북한은 강대국의 움직임보다 빨리 갈 필요성을 못 느꼈던 것이다.[56) 데탕트의 흐름은 1973년 중동전쟁과 1975년 베트남의 패망 등으로 이어지면서 종말을 고하고 있었다.

남북한은 데탕트를 추진한 강대국을 어떻게 인식하고 반응하였는가? 먼저 데탕트를 주도하였던 강대국의 입장을 분석할 필요가 있다. 미국의 입장은 당시 주한미대사가 국무부에 미국이 한국 정부에 북한과의 대화를 종용할 것을 건의하였다.[57) 7.4 공동성명이 있기 전에 미국이 한국에 적극적인 권유를 하였는지는 명확하지 않다. 포터 대사는 남북회담이 완전히 한국인들의 쇼이며 미국은 주변에 머물러 있는 것이 중요하다고 보고하였다.[58) 따라서 초기 회담은 남북한이 주

56) Intelligence Memorandum RPM-78-10186, "The Seoul-Pyongyang Dialogue on Reunification: Origin, Decline, and Prospects," 10 May 1978, pp. 11-12, Carter Library.

57) Telegram from Amembassy Seoul to SECSTATE, "Proposal for Increased Display of US Interest in Dialogue between ROK and North Korea," Feb 18, 1971(Seoul 949), folder: POL KOR N-KOR S, 1/1/70, box 2421, Central Files, 1970-73, RG 59, NA II.

58) Telegram from Amembassy Seoul to SECSTATE, Aug 17, 1971(Seoul 4946), folder: POL KOR N-KOR S, 1/1/70, box 2421, Central Files, 1970-73, RG 59, NA II.

도적으로 추진한 것으로 보인다.

미국의 남북한 대화에 대한 정책은 1972년 4월 6일 “NSSM 154: U.S. Policy Concerning the Korean Peninsula”를 통해 주로 비개입정책으로 유지되었다. 당시 한반도와 관련하여 유엔 내에서의 한반도 논의, 북한의 국제정치 무대에서의 발언권 강화, UNC 처리 문제 등과 맞물려 있었다. 당시 미국의 주도로부터 지원까지 네 가지의 방안이 제시되었으나 미 국무부에서 제시한 남북한이 주도하고 미국과 중국이 독려하는 방안을 선호하는 비개입적인 자세를 취했다.[59] 그러나 기본적으로 NSC와 키신저는 중국과의 협조를 통해서 미국이 데탕트를 정착시켜야 한다는 입장을 견지하고 있었다. 그는 특히 남북관계를 북한 입장이 아니고 소련과 중국과의 관계에서 미국이 지향해야 할 방향에 관심을 가져야 한다고 하였다.[60]

그러나 남북 대화가 결렬된 이후부터 미국은 적극적으로 데탕트를 추진하고자 하였다. 특히 UNC 해체와 관련하여 1976년도 중반까지 UN에서의 대결을 의식한 남북한 데탕트 차원에서 정책을 추진하였다. 그러나 UN에서의 논쟁 등을 통해서도 별다른 성과를 얻지는 못하였다.

중국은 미국과 데탕트를 추진하면서, 소련의 위협에 따라 북한에 영향을 미치고자 한 것으로 미 CIA는 분석하였다. 중국은 소련이 북한에서 전략적 이익을 갖지 못하게 하면서, 영향력을 유지하고자 하였다. 1970년 저우언라이는 북한을 방문하여 미·일 제국주의와의 투쟁에 강력한 지원을 언급하였다. 그러나 미국과

59) “Talking Points,” enclosed for NSC Memorandum for Kissinger from John Froebe, “SRG Review of Korean Policy(NSSM 154),” June 11, 1973, folder: SRG Meeting NSSM 154 6/15/73 [1of4], box H-67, NSC H-files, NPM, NA II.

60) NSC Memorandum for Kissinger from John Froebe, “SRG Review of Korean Policy(NSSM 154),” June 11, 1973, folder: SRG Meeting NSSM 154 6/15/73 [1of4], box H-67, NSC H-files, NPM,NA II; Minutes of SRG Meeting June 15, 1973, Subject: US Policy toward Korea(NSSM 154) and the Korean Force Modernization Program, folder:SRG Minutes(Original) 1972-1973[2 of4], box H-113, NSC H-files,NPM,NA II.

의 협상이 진척을 보이면서 북한에게 화해정책을 추진하도록 요구하였다. 북한 외무상 허담은 1971년 3월 미·중 간 핑퐁외교가 있기 직전에 한국과 협상할 준비를 언급하였다. 한국은 이 상황에서 적십자 회담을 먼저 제의하였다고 한다. 북한은 중국이 반미 정책을 지속할 것으로 믿었고, 닉슨의 방중을 "승자의 행진이 아니라 패자의 여행"이라며 마지못해 긍정적 논평을 하는 아시아의 유일한 공산 국가였다고 분석하고 있다.[61)]

강대국이 남북대화에 미친 영향의 측면에서 남북한은 강대국의 분위기를 감지하고, 방기의 위협이나 국내외적인 정치목적을 달성하고자 선도적으로 편승하여 적극적으로 나섰다. 이에 대해 오버도퍼(Don Oberdorfer)의 주장이 설득력을 더해 준다. 남북한은 남북대화를 통해 내부체제를 공고히 하는 성과를 얻었다는 것이다. 한국은 남북대화를 빌미로 유신체제를 성공적으로 구축하면서, 국제적으로 박정권의 이미지를 제고할 수 있었다고 하였다. 그리고 북한도 새 헌법을 통과시키면서 김일성이 주석으로 추대되고, 국제적으로는 외교적 고립을 탈피할 수 있었다고 하였다.[62)] 이처럼 양국은 데탕트가 한반도에서도 구현되기를 바랐다. 남북한은 각자의 입장에서 정치적 이익을 극대화하려고 하였다. 미국이나 중국과 인식과 입장에서 엄연한 차이가 존재하였던 것을 알 수 있다.

두 번째로 남북한은 미·중 데탕트를 각각 체제의 적대적인 위협으로 인식했다. 1972년의 미·중 데탕트가 후견국-보호국의 관계에서 한반도에 역설적인 현상을 가져왔다는 주장은 타당성을 갖는다. 후견국인 미·중은 화해를 통해서 이익을 얻었으나 보호국인 남북한은 후견국의 화해를 안보 위협으로 받아들였다. 따라서 남북한은 바라지도 않으면서 7.4 공동성명에 합의하는 정치적 시위를 하였다. 이 이유에 대해 국제체제, 남북한 관계, 그리고 국내정치의 세 가지로 분석하기도 한

61) Intelligence Memorandum RPM-78-10186, 10 May 1978, pp. 5-6, Carter Library.

62) Don Oberdorfer (1997), pp. 41-46.

다. 후견국(외부 요소)의 데탕트 강요에 보호국은 역사적인 경험을 통해 후견국의 방기 위험을 면하고, 한반도 주권의 우월성을 확보하며, 국내정치적으로 전제적, 독재적인 권한을 유지하기 위해서라는 점 등이다.[63)]

한국은 피아가 혼재되는 데탕트의 전개를 혼란과 불확실성으로 인식하고 안보불안을 느꼈다. 이러한 불확실성에는 미국의 개입 보장에 대한 불안, 즉 방기의 위험이 큰 비중을 차지한다.[64)] 당시 국제정세는 1969년 중반부터 중·소의 충돌, 닉슨 독트린, 소련의 아시아 집단안보체제 구축 주장, 그리고 안보의 위협을 느낀 일본의 닉슨-사토 성명서의 공식 승인을 통해 한국의 안보가 일본에 사활적 이익이라고 선언하는 등 강대국의 변화로부터 국제적인 데탕트 움직임이 나타난 것으로 분석하였다.[65)] 한국이 남북대화에 적극적인 모습을 보인 외부적 요인은 CIA의 분석처럼 강대국의 일방적 상황 조성에 말려들지 않기를 원했기 때문이었을 것이다.

국제적인 환경의 변화에 민감할 수밖에 없는 남북한은 강대국의 움직임을 보고 데탕트에 편승하였다. 한국은 남북대화에 적극성을 보임으로써 강대국의 일방적인 결정으로 과거와 같은 전철을 초래하지 않고자 하였다. 이러한 적극적 태도는 6.23선언으로 이어졌다. 그리고 북한은 남북 접촉이 미국과의 협상이나 한미 관계를 약화시키는데 도움이 될 것으로 생각했다.

한국은 미국과 중국의 데탕트를 진정으로 받아들이지 않으면서도 국내외적 이익을 위해서 데탕트에 편승하였다. 동시에 데탕트를 위협으로 인식하면서 적과 악수하는 후견국을 신뢰할 수 없었다. 그리고 한국은 파리회담의 진행과정에서

---

63) Taewan Kim (2005), pp. 42-56. 한국은 태프트-가쓰라 밀약과 애치슨 라인을 경험하였다. 북한과 중국은 한국전쟁 이후 60년대를 지나면서 관계가 악화되었다. 백두산과 압록강의 경계문제로 갈등이 있었고, 1956년 내부 권력투쟁 과정에서 패배한 연안파나 소련파들이 중국으로 망명하자 이들을 보호하였고, 더구나 문화혁명 기간에 양국은 서로를 극렬하게 비판하면서 관계는 보다 더 악화되었다.

64) Victor D. Cha (1999), pp. 110-113.

65) Intelligence Memorandum RPM-78-10186, "The Seoul-Pyongyang Dialogue on Reunification: Origin, Decline, and Prospects," 10 May 1978, pp. 4-5, Carter Library.

베트남이 들러리 역할을 하다가 붕괴되는 모습을 지켜보았다. 한국은 데탕트로 인하여 미국이 공산국가와 접촉하는 것에 대해 경계심을 갖게 되었고 이런 경계심은 이후에도 지속되었다. 미국이 주도한 데탕트 정책은 한미동맹의 위협 인식에 부정적으로 작용했다. 후견국인 미국과 중국은 강대국이 화해하면 된다고 생각하였으나, 냉전적 관성과 현실적 적대상태에 있었던 남북한은 강대국의 지원이나 안전보장에서의 불확실성에 안보위협을 느끼고 부지런히 군비를 증강할 수밖에 없었다.

닉슨 독트린으로 미국은 아시아에 대한 선택적 개입과 이익을 표방하면서 한국과 이견을 드러내었다. 그리고 위협의 인식에서 미국은 한반도의 미군 전력이 과잉보장되어 있다는 인식을 보임으로써 역시 한국과 이견을 보였다. 한국은 미국의 개입 약화에 대한 불안과 동북아 정세의 불확실성으로 인한 위협인식을 지속적으로 표출하였다.

2. 손실의 감수

닉슨 독트린으로 인하여 미국은 한국에 대한 개입을 축소하고자 하였고 양국은 손실의 감수에 대한 입장의 변화를 보였다. 미국은 전방방어전략과 도서방위전략 사이에서 레어드와 키신저의 갈등을 보이면서 현상유지로 귀착되는 모습을 보였고, 한국은 미국의 개입 회피에 따라 자율성을 회복하기 위해서 핵개발을 시도하였다. 이러한 와중에서 한미 관계의 새로운 모델로서 동반자 관계론이 제시되었다.

가. 미국의 아시아 개입 축소와 저수준 전략 논란, 그리고 현상유지

미국의 아시아정책은 닉슨 독트린의 개입 축소 정책에 따라 전체적으로는 저수준 전략을 지향하는 것으로 보였다. 그러나 미 행정부의 의사결정은 다양한 스펙트럼을 갖고 추진되었기에 주로 키신저나 NSC의 견제와 조정에 따라서 저수준 전략은 일관되게 적용되지는 않았다.

미국은 NSDM 27(미국의 군사태세, 1969. 10. 11)의 1½ 전략을 구현하기 위해서 아시아에서 주월미군의 대규모 감축과 주한미군의 감군을 추진하면서 "NSSM 38: U.S. Policy in East Asia in the Seventies"(1969. 11. 22)에 따라 동아시아 정책의 대안을 고수준과 저수준 전략으로 고려하였다. 두 전략은 각자의 장단점을 가지고 있었다. 먼저 고수준 전략은 당시 미국이 수행중인 전략으로 정의하면서 구체적인 예로서 주한미군을 현재 수준으로 유지하고 한국군의 증강된 현대화를 지원하는 것 등으로 보았다. 저수준 전략은 미국과 우방국이 받아들일 수 있는 최소한의 위험의 수준에서 미군을 유지하는 것으로 정의하였다. 한국에서는 점진적으로 주한미군을 줄여 상징적 주둔(token presence)을 달성하고자 하였다.[66]

그러나 키신저는 "닉슨 독트린은 위협받는 동맹국들이 자국의 재래식 방어를 위해 보다 많은 부담을 질 것을 요구하였다."고 회고하면서, 또한 이러한 요구는 딜레마를 가져왔음을 지적하였다.[67] 그가 지적한 딜레마는 닉슨 독트린이 가정

66) Memorandum to Chairman, NSC Review Group from Chairman, EA/IG-Marshall Green, "NSSM-38: U.S. Policy in East Asia in the Seventies," Nov 22, 1969, folder: NSSM 38, box H-143, NSC H-files, NPM, NA II. 고수준 및 저수준 전략의 강약점을 아래와 같이 분석하고 있다. 고수준 전략은 미국의 선택의 폭을 최대화할 수 있으면서 위협을 최소화하고 영향력을 극대화할 수 있으나, 미군 자원의 과다 투입으로 부족을 초래하고(NSSM 3 고려), 비아시아 지역에서의 위기와 위협의 반응에 제한되며, 동아시아의 비공산권 국가의 반의존적 상태를 지속시키며, 미국과 중·소와 관련된 공산국과의 전쟁을 야기하거나 대결로 유도될 수 있는 등의 단점을 갖는다고 보았다. 그러나 저수준 전략은 미군 자원소요를 줄이고, 동아시아에서 미군의 대결로 인한 교전의 위험을 줄이고, 주변 4강의 상호작용에 기초한 세력균형에 조화하고, 지역적이고 각 국가별 자립의 동력을 제공해 주는 장점을 갖는다. 반면에 단점으로는 미국의 우호적 환경조성에도 불구하고 아시아의 불안정성으로 세력균형에 위협을 주고, 일본이나 핵 무장이 가능한 나라들에게 핵확산을 야기하며, 군사력과 기지의 감소는 미국의 공약 개입 수행능력을 감소시키고, 지역 내의 예기치 않은 세력균형의 변동이나 조약으로 감당할 수 없는 공격에 대응할 수 있는 미국의 능력을 약화시키고, 부분적으로 철군을 빨리 진행하면 공산국가들의 모험심을 자극하고, 미국이 미래에 다시 개입하려고 할 때 더 많은 비용과 어려움을 주며, 미군 기지의 조정에 시간 및 공간적으로 비용을 증가시키는 등을 분석하였다.

67) Kissinger (1994), p. 708.

하고 있는 하나의 한계를 의미한다. 미국은 물질적 자원의 투입에 대한 어려움을 약소국들 스스로 투자할 수 있다고 생각한 것이다. 미국은 자원의 제한으로부터 동맹국들과 절약-충분의 딜레마에 직면한 것이다. 저수준 전략은 동맹국에 대한 방위비 분담의 요구와 주한미군 전력과 자산 투입의 감축, 그리고 핵 억제력의 논란으로 나타났다.

먼저 미국의 동맹국에 대한 방위비 분담 요구는 여러 형태로 나타났다. 우선적으로 GNP에 대비한 방위비 지출비율을 늘게 하였다. 특히 닉슨 독트린으로 인해 한국은 자주국방정책에 따라 현대화 5개년 계획과 함께 국방예산 자립도를 90% 수준으로 올리고 정부재정증가율 대 국방예산의 증가율이 타부서에 비해 평균 1.5배로 증가하였다.[68] 또한 1960년도부터 한국에서 생산이 가능한 방위물자를 한국의 방위비로 충당하게 하였던 군원이관(Military Assistance Program Transfer)을 증가시켰다. 그리고 무상군사원조를 해외군사판매(Foreign Military Sale) 차관으로 대체하는 것이었다. 이러한 군원이관이나 해외군사판매는 1970년대부터 닉슨 행정부의 자원 부족을 보충하기 위해 한국에게 곧 바로 적용되었다.

다음으로 저수준 전략은 군사전략의 적용 분야에 있어서의 논란을 가져왔다. 미국이 표방하고 있던 전방방어전략(forward defense strategy)을 도서방위전략(offshore strategy)으로 전환하고, 재래식 전력을 감축하면서 핵 억제력에 대한 의존을 증가하는 장기적인 정책방향을 제시하였다. 방위예산의 압박을 받는 국방부에서는 이러한 입장에 적극적이었으나, NSC나 국무부에서는 이러한 변화가 초래할 정치적 파급 효과를 고려하여 신중한 적용을 주장하면서 국방부의 주장을 견제하였다. 또한 합참으로 대표되는 군부는 표면적으로 국방부의 장기적인 방향으로 전환해야 했으나 이를 적극적으로 받아들이지는 않았다.

먼저 도서방위전략으로의 전환에 대해 미 국방부와 레어드 장관이 적극적으로

68) 이필중·김용휘 (2007), pp. 180, 184-5.

지지한 반면에 NSC는 견제적 입장을 보였고, 미 태평양사령부 등 군부는 수동적으로 수용하는 입장을 보였다. 우선 미 국방부의 입장은 1970년 1월 국방차관이 NSC의 존슨(Alexis Johnson)에게 보낸 전략지침 검토보고서에서 닉슨 독트린의 엄격한 적용을 강조하였다.

> "(중략) "닉슨 독트린"하에서 미국은 동맹국이 군사적 자기충분성을확보하고미국이 "서서히 끌려들어가는 것(creeping involvement)"을 피하기 위해 지역적 장치를 권장해야 한다. 미국의 무기 무상 및 판매를 통한 양도 모두에서 이 계획을 지원할 것이다. 우리는 공격을 억제하고 "닉슨 독트린"의 기조에서 공약의 이행을 촉진하기 위해 서태평양지역에서 전방배치태세를 유지해야만 한다. 그러나 전방배치는 변화하는 위협, 동맹국의 증가하는 능력, 개선된 전략적 기동성에 맞추어서 조정될 것이다. 지역적 안보조건이 허락할 때, 미군 부대들은 전투가 시작되는 경우에 자동적으로 개입되지 않는 곳에 위치해야만 한다. …(중략) 한국은 미국의 공군과 군수지원 하에 북한 단독의 공격을 봉쇄할 수 있어야 한다."[69]

미국은 군사전략에서 개입을 축소하는 방향으로 검토하였다. 특히 한반도의 적용에 있어서는 이미 NSDM 48(미국의 한국 정책, 1970. 3. 20)의 검토를 통해서 주한미군의 최전방 배치를 조정하고자 하였다. 키신저는 로저스 장관의 견해에 동의하면서 주한미군의 자동개입 위치가 북한의 공격을 억제하지 못한다고 생각하였다. 궁극적으로 인계철선을 제거하고 공군과 군수지원 하에서 한국이 북한의 단독 공격을 격퇴할 것을 고려하였다.

그러나 PACOM은 미 국방부의 지침에 적극 동의한 것으로 보이지는 않는다. 닉슨 행정부 초기인 1970년도 태평양부대사에 의하면 태평양사령관은 합참의

---

69) "Strategy Guidance Memorandum, January 28, 1970," enclosed for Letter form The Deputy Secretary of Defense to Alexis Johnson, Under Secretary for Political Affairs, DOS, Feb 19, 1970, RG 59, NA II, pp. 21-23.

미군기지 축소계획에 대한 소극적인 견해를 밝혔다.

> 태평양사령관은 장차 미군기지는 축소될 것으로 이해하고 있다. 닉슨 독트린은 우방국의 전력과 노력에 의존할 것이다. 점점 증가하는 예산 제한으로 전력과 시설 운용의 감축에 영향을 미칠 것이다. (그러나, 임무는 아직 크게 변화하지 않았다.); … 예상되는 미군 기지의 손실은 우리의 현행전략에 개략적으로 제시된 도서방위태세로의 중요한 전환을 가속화할 것이다; 미 합참의 중장기정책 문서인 합동군사력보고서(Joint Forces Memorandum FY 72-79)에 주한미군 1개 사단의 감축과 태국을 제외한 동남아에서의 주한미군 완전철수를 계획하고, FY73-76 기간에 주한미군 보병 1개 사단을 1개 여단으로 축소시킬 계획이다; 베트남전 이후 태평양 지역에서 PACOM의 대비태세는 주한미군의 전진배치가 서태평양지역에서 바람직할 것이며, 또한 최소한의 도서방위전략이 필요할 것이다.[70]

이러한 태평양사령관의 언급은 닉슨 행정부에서 추구하는 도서방위전략으로의 방향과 다소 차이점을 보였다. 즉 PACOM의 '임무는 아직 크게 변화하지 않았으며', 합참의 계획에 따라 '결과론적으로' 해외기지의 축소에 대한 대비를 언급하였고, 서태평양지역에서 전방방어전략이 바람직하나 '도서방위전략을 수용해야 한다는 수동적 태도'를 보였다. 군사 조직의 특성상 PACOM은 정치전략의 변화와 예산 제약에 따른 상급부서의 정책을 따라야만 하였다. 이를 보면 군부를 대표하는 국방관료와 군사지도자 간의 견해에 현저한 인식의 차이가 있었음을 알 수 있다.

또한 국방부가 도서방위전략에 적극적이었던 반면에 1971년 "NSSM 69: U.S. Nuclear Policy"(아시아의 핵 정책, 1969. 7. 14 지시)를 검토하는 과정에서 키신저와 NSC는 도서방위전략으로의 변화를 견제하였다.

---

70) *CINCPAC History of 1970*, pp. 69, 70, 101(도표 내용을 서술하였음), 105.

> "국방부는 아시아 전략을 전술핵무기와 동맹국의 지상군에 의존하는 방향으로 나아가려는 것이 명확하다. 국방부의 입장에 대해 다른 대안의 모색이 필요하다. …(중략) "미지상군에 의한 완전한 전방방어(full forward defense with US ground forces)"에서 국방부가 선호하는 "해·공군만 지원하는 도서방위전략(offshore approach)"까지의 스펙트럼에서 선택해야 한다. …(중략) 아시아 전략에 대한 추가 논의를 시작해야 한다. 그렇지 않으면 국방부가 주저 없이 국방부의 자체 전략을 그대로 실행할 것이기 때문이다."[71]

이와 같이 도서방위전략으로의 전환은 닉슨 독트린이라는 정치적 전략의 변화와 현실적 예산의 제약 속에서 추진되는 것처럼 보였으나, 실제 NSC나 키신저는 다양한 스펙트럼 속에서 정치적 신중함을 보이면서 미 국방부의 일방적 적용을 견제하였다. NSC와 키신저는 급격한 상황의 변화가 초래할 불안정으로 인한 정치·군사적 비용과 혼란을 염려하였다. 키신저는 변화하는 국제정치 환경에서 조심스럽게 현상유지에 유의하였다.

이러한 논란은 1973년 8월 9일 NSDM 230에 의해 일단 종식되었다. NSDM 230은 향후 5년간 한국, 일본, 필리핀 주둔 미군의 현 수준을 유지하게 하였고, 중대한 변화는 대통령의 승인을 받도록 명시함으로써 거점방어전략의 전환이나 추가 미군 철군의 주장을 견제하는 것이었다.[72]

NSDM 230의 결정에 따라서 1973년도 9월 미 국방부의 FY76-80 국방정책 계획지침에서는 전방방어전략을 명문화하였다. 미국의 기본 군사전략은 전방방어전략이며, 동맹국들의 기대에 부응하고 적절하게 지원하기 위해서 전방배치 및 증원전력을 유지하고자 하였다. 전방배치전력의 주요 목적은 미국과 동맹국 모두의 이익에 기여하지만, 특히 한국과 같은 지역은 미군의 주둔이 공약이행에

---

71) NSC Memorandum for Kissinger from K. Wayne Smith, "Follow-up on U.S. Nuclear Policy for Asia Study(NSSM 69)," March 18, 1971, folder: NSSM 69, 2 of 2 [3 of 5],

72) NSDM 230, "U.S. Strategy and Forces for Asia," Aug 9, 1973, folder NSDM 230, box H-242, NSC H-files, NPM, NA II.

대해 동맹국의 안보를 보장하는 제1의 목적 혹은 평시 미국의 정치적 이익을 증진시키기 위해서 필요하다고 명시하였다.[73] 1970년대 초반 닉슨 독트린에 따라 국방부의 도서방위전략으로의 전환 주장은 전방방어전략을 유지하는 방향으로 결정되었다. 한반도에 대한 키신저나 NSC의 정치적인 고려가 국방부의 시도를 막았다. 그러나 이러한 결정 과정에서 돌출된 논란은 한반도 정책의 혼란과 불확실성으로 나타났다. 한국은 반복된 보장에도 불구하고 다양하고 복잡한 한미관계의 진전과정에서 무엇이 미국의 진의인지를 신뢰할 수 없었기 때문이다.

두 번째로 저수준 전략은 핵 억제력의 의존에 대한 논란을 가져왔다. 닉슨 독트린 이후 재래식 및 핵전력의 관계는 재래식 전력의 감축을 핵전력으로 대체할 수 있는가의 문제였다. 데탕트를 주도하였던 키신저는 닉슨 독트린의 2항에서 "핵강대국이 동맹국의 자유를 위협할 때 방호력(shield)을 제공"하겠다는 공약이 갖는 딜레마를 지적하기도 하였다. 키신저는 핵 딜레마에 해당하는 여러 경우를 예로서 제시[74]하면서 문제점을 지적하며, "닉슨 독트린은 기본적으로 정식 동맹국들에게 적용하거나 소련의 위성국가들에게 위협받는 경우를 위한 일반적인 독트린이 아니고, 단지 베트남전과 같은 주변국들의 위기상황에 또 다시 개입하지 않겠다는 하나의 독트린을 닉슨 행정부에서 발전시킨 것이다."고 주장하였다.[75]

닉슨 독트린의 딜레마는 국방장관 레어드의 현실적 억제전략과 키신저의 억제전략 개념의 차이를 통해서도 확인할 수 있다. 레어드는 1970년 11월 6일 닉슨에게 국가안보전략의 개념과 방향에 대한 자신의 견해를 제시하였는데, 현실적

73) Defense Policy and Planning Guidance, enclosed for The Secretary of Defense Memorandum, "Defense Policy and Planning Guidance (DPPG)," Sep 28, 1973, folder: NSSM-169[2of3], box H-195, NSC H-files, NPM, NA II.

74) 키신저는 "미국의 안보에 중요한 국가가 위협을 받는데, 만약 핵 국가에 위협을 받는 경우와 비핵국가에 위협을 받는 경우, 그리고 핵 국가가 핵무기를 사용하지 않는 경우, 그리고 핵 위협 시 미국이 자동적으로 개입한다면 정식 동맹이 필요한 것인지 등"의 질문을 제기하고 있다. Kissinger (1994), p. 708.

75) *Ibid.*, p. 709.

억제의 구성요인으로 전략적 충분성, 향상된 준비태세와 현대화, 기술적 우위, 종합적 자원 이용, 강한 방위군과 예비군, 안보지원 등을 들었다. 레어드의 핵전략 수정 건의안에는 "미국의 핵무기는 미국과 동맹국들에 대한 핵보유국의 핵뿐만 아니라 주요한 공격을 억제하는 데 충분해야 할 것"을 포함시키고 있다.[76] 여기서 '주요한 공격'이란 재래식 전쟁을 포함하고, 재래식 전쟁에 전술핵 무기의 군사적 사용이 가능하다는 해석을 준다는 점이다.

그러나 키신저는 후에 저술을 통하여 닉슨 독트린의 문제점을 지적하였듯이 레어드와는 인식의 차이를 보였다. 당시 전략핵 충분성의 개념 하에서 나토에 대한 국지적인 전술핵 사용은 레어드의 전술핵 억제전략이었고, 키신저는 재래전력에 의한 전쟁수행능력을 보유하는 것이 중요하다고 믿고 있었다. 그러나 키신저는 군사태세도 중요하지만 정치·외교적인 고려를 포함해야 한다고 인식하고 있었다.

이러한 과정에서 닉슨 행정부의 아시아 핵정책에 대한 연구는 집권 이후 바로 시작되어 닉슨 행정부 집권 2기인 1974년에 이르러 확정될 때까지 모호한 상태로 유지되었다. 최초의 검토는 1969년 7월 14일 NSSM 69(아시아의 핵 정책)로 시작하여, 1973년 2월 13일 베트남전 이후의 아시아 전략을 "NSSM 171: U.S. Strategy for Asia"을 통해 검토하도록 다시 지시되었고, 이에 따라서 1973년도 8월 9일 NSDM 230(아시아에서의 미국 전략과 전력)을 통해 아시아 전략을 결정하였다.

먼저 NSSM 69는 아시아에서 중국의 핵 위협에 대응하기 위해 전략핵의 충분성, 전구핵 전략의 억제와 방어, 핵 우산, 그리고 핵 확산 방지 등에 대한 연구를 지시하고 있다. 이 과정에서 1972년 1월 18일 NSSM 69 중간보고에서 아시아 전술핵 무기의 역할을 "재래식 전력을 뒷받침하고(hedge), 동맹국에 대한 핵공격

---

76) Memorandum for the President from the Secretary of Defense, Strategy for Peace: A National Security Strategy of Realistic Deterrence, November 6, 1970, DDRS.

억제, 재래식 공격에 대한 주요 억제력 및 대응과 동맹국에 대한 핵공격을 억제, 동맹국에 대한 핵공격을 억제하고 동맹국을 보장, 그리고 역할이 전혀 없는 것" 등으로 제시하고 있다.[77] 미 국방부의 FY74-78 국방정책계획지침(DPPG)에 "… 미국과 동맹국의 재래식 방어가 대규모 재래식 공격에 미흡하다고 입증될 때에 대비를 제공하며 … (중략) 동시에 미국의 재래식 전력 소요를 감소시키기 위해 사용되어서는 안된다."[78]고 규정하고 있어 NSSM 69 중간보고서의 첫 번째 항의 "재래식 전력을 뒷받침하고 동맹국에 대한 핵공격을 억제하는 역할"로 해석하고 있다. 핵과 재래식 전력의 상관관계의 모호성을 보여 준다.

전술핵 무기의 모호성은 최종적으로 더욱 제한적인 핵무기 사용을 의미하는 1974년 1월 "NSDM 242: Policy for Planning the Employment of Nuclear Weapons", 속칭 슐레진저(James R. Schlesinger) 독트린[79] 혹은 선택적 유연대응전략(the strategy of flexible and selective response)을 통하여 확정되었다. 슐레진저 독트린은 세 가지의 목표를 제시하고 있다. 첫째로 모든 수준의 핵 및 재래식 전쟁을 억제(deterrence)하되 핵국과 비핵국에 의한 재래식 공격의 주요 억제수단은 재래식 전력임을 강조하고 있고, 둘째로 억제 실패 시에는 가능한 낮은 수준의 분쟁에서 핵대결을 제어하고(escalation control), 그리고 셋째로 전면핵전쟁으로 확산 시에는 미국과 동맹국들에게 최선의 결과를 확보하도록 함으로써 전쟁에서 승리(winning a general war)하는 것 등이다.[80] 여기서 논란이 되었던 닉슨 독트린의 2항에서 보호막

77) NSSM 69 Issues and Follow-on Analysis, Jan 18, 1972, folder: NSSM 171[2 of 2], box H-196, NSC H-files, NPM, NA II.

78) Defense Policy and Planning Guidance, 다음 문서의 붙임 문서. The Secretary of Defense Memorandum, "Defense Policy and Planning Guidance (DPPG)," Sep 28, 1973, folder: NSSM-169[2of3], box H-195, NSC H-files, NPM, NA II.

79) 이러한 표현은, Terry Terriff, The Nixon Adminstration and The Making of U.S. Nuclear Strategy (Ithaca: Cornell University Press, 1995), p. 2.

80) "Policy Guidance for the Employment of Nuclear Weapons," April 3, 1974, folder: NSDM-242 1 of 2 [2 of 2], box H-243, NSC H-files, NPM, NA II.

(shield)에 대한 해석은 핵전력으로 확정되었음을 의미한다.

슐레진저 독트린(NSDM 242)에 따라 아시아에서 미국의 핵무기는 철수되거나 감축되었다. 미 합참은 1974년 5월 25일에 PACOM 및 아시아 지역 사령부에 이를 지시하는 전문을 하달하였다.[81] 그러나 한국에 있는 전술핵무기들은 군사적으로 필요성이 제한되었음에도 불구하고, 정치외교적 차원에서 고려되었고 이에 따라 1974년 8월 PACOM은 한국의 안보상황을 고려하여 호전되었을 시에 철수할 것을 건의하였다.[82]

미국은 미·중 데탕트로 중국의 위협이 감소됨에 따라 중국 위협에 대비하였던 아시아의 전술핵무기들을 철수하였다. 닉슨 독트린은 재래식 전력을 감축하고 전술핵무기의 억제력으로 보완하고자 하였다. 닉슨 독트린이 갖는 정책의 모순은 핵전략에서도 나타났다. 결국 아시아에서 재래식 전력의 필요성을 인식하고 유지하게 된 것이다. 그리고 한반도에서 정치적 안정의 중요성으로 인하여 전술핵무기를 철수하지 않았던 것이다.

미국의 개입 축소는 자연스럽게 아시아에서의 장기적인 방향에서 저수준 전략의 경향을 보였으나, 실제 적용은 반드시 그렇지는 않았다. 동맹국의 방위분담은 지속되었으나, 도서방위전략으로의 전환은 전술핵의 사용과 급격한 재래식 전력의 감축에 대한 키신저나 NSC의 견제 속에서 전방방어전략의 유지로 나타났고, 재래식 전력을 전술핵으로 대체하려던 의도는 상반된 결과를 가져 왔다. 미국은 재래식 전력의 철군과 감군을 통해 부분적으로 개입을 축소할 수 있었으나, 레어드가 의도하였던 것처럼 한반도에서 급격한 개입의 축소로 이어지지는 못하였다. 키신저나 NSC의 현상유지라는 견제와 조정 기능이 지속적으로 작동되었

---

81) 이에 따라 대만, 태국 등에서 미국은 핵무기를 철수하였다. Joint Chiefs of Staff cable 251506z to military commands in Asia and the Pacific, 25 May 1974, "Subject: Changes in US Force Levels on Taiwan"; NSDM 249, "US Deployments in Thailand," Mar 23, 1974, folder: NSDM 249, box H-245, NSC H-files, NPM, NA II.

82) *CINCPAC Command History 1974 Volume 1*, pp. 262-265.

다. 그러나 미국의 아시아에서의 저수준 전략의 경향은 한국을 포함한 아시아 동맹국들이 미국에 대한 신뢰를 상실하고 정치적 수준에서 안보파트너십을 약화시켰다.

나. 한국의 핵 개발 시도와 동반자 관계론

미국의 개입 회피 의도에 따라 한국은 자율성을 회복하고자 하였다. 한미 관계에서 핵 문제는 미국의 영향력 하에 있었다. 한국의 핵 개발은 실현되지 못하였으나, 주한 미대사는 한미 관계가 악화되는 과정에서 기존의 관계로부터 동반자 관계로 전환할 것을 미 행정부에 건의하였다. 이는 한미 안보파트너십이 새롭게 변화하는 과정을 보여주는 것이었다.

한국의 핵무기 개발은 박 대통령의 주도로 추진되었다. 무기개발위원회(Weapons Exploitation Committee, WEC)[83]의 구성원이었던 한국의 고위관리는 미 하원 국제관계위원회 조사위원과의 인터뷰(1978. 2. 28)를 통해 WEC에서 만장일치로 핵무기 개발에 착수하기로 결정했다고 증언하였다.[84] 박 대통령이 독자적으로 핵무기 개발을 결정한 배경은 미 7사단의 철수에 충격을 받고 자주국방의 어려움을 느꼈기 때문인 것으로 오버도퍼는 주장하고 있다. 박 대통령은 실제 핵무기를 생산하기보다는 생산할 수 있는 능력과 기술을 갖추겠다는 생각을 갖고 있었다고 한다. 당시의 오원철 경제 2수석은 나중에 오버도퍼에게 "박 대통령은 다른 나라와의 협상에 유리한 핵 카드를 갖고 싶어 했다."고 말했다고 한다. 이를 위해서 플루토늄 제조용 처리공장의 건설을 추진하고 1974년에는 약 20kg의 핵분열 플루토늄을 생산

---

83) 당시 무기개발위원회의 구성은 오원철 경제 제2수석비서관, 최형섭 과학기술처 장관, 유재흥 국방부장관, 신응균 국방과학연구소장, 이락선 상공부 장관 등 5인이었다고 한다. 김재홍, 『군②: 핵개발 극비작전』(서울: 동아일보사, 1994), p. 91; 무기개발위원회는 1970년 말에 국방과학연구소 국방과학연구소(Agency for Defense Development, ADD)와 같이 설치되었다.

84) U.S. House of Representative(1978), pp. 76-81.

할 수 있는 공장의 기술 설계도를 완성하였다고 한다.[85]

박 대통령은 핵 개발을 위해 관련 계획을 강력히 추진했다. 1971년 6월 최형섭 과학기술처 장관이 취임하자마자 "원자력 개발 15년 계획"의 수립을 지시하고, 방위산업의 기반이 되는 주물선, 특수강, 중기계 공장, 조선소 등 "4대 핵공장 건설사업"을 추진하였다. 그러나 4대 핵공장 건설사업은 유럽이나 일본 등의 소극적 태도로 진전을 보지 못하였다.[86] 박 대통령이 독자적인 핵무기 개발을 착수한 것은 1971년 말 이후로 추정된다. 11월 10일 오원철 경제 2수석비서관을 임명하면서 오 비서관의 참모였던 김광모 비서관의 증언을 통해서 박 대통령이 오 수석비서관에게 "언제까지 미국한테 괄시만 받아야 하는지 … (중략) 약소국가로서 큰 소리 칠 수 있는 게 뭐 없겠소? 인도와 파키스탄 같은 나라도 큰 소리를 뻥뻥 치고 있는데 말이야. 우리도 핵개발을 할 수 있는 거요?"라고 물었다고 한다. 박 대통령의 핵무기 개발에 기울인 관심은 1972년 3월 "제3차 5개년 원자력 개발계획(1972-76)"을 1969년의 계획(1968-83)과 비교하여 볼 때 재처리실험공장의 설치단계를 5년 단축시키는 것으로 나타났다.[87]

1973~1976년 미 CIA 한국지부 총책임자를 지냈던 도널드 그레그 전 주한미국대사는 1973년 당시 한국의 핵개발 추진 사실을 처음으로 파악해 이를 본국에 보고했다고 밝혔다.[88] 미국은 1974년 5월 인도의 핵실험 성공으로 핵 확산에 위협을 느끼고 NPT(Treaty on the Non-Proliferation of Nuclear Weapons; 핵무기 확산 방지조약) 체제를 강화하였고, 핵 잠재국가들을 감시하는 과정에서 인지하였다고 한다. 11월 미 대사관은 한국이 핵무기 개발의 첫 단계에 있음을 국무부에 보고하였다. 최초 보고를 통해서 한국은 10년 내에 제한적 수준의 핵무기와 운반능력을 개발할 수 있지

85) Don Oberdorfer (1997), p. 68.

86) 김정렴, 『아 박정희: 전 청와대 비서실장 김정렴 정치 회고록』 (서울: 중앙M&B, 1997), pp. 286-287.

87) 조철호 (2000), p. 28.

88) 한겨레신문 (2011. 5. 12.).

만 그 같은 노력은 결실을 보기 전에 주변국들에 알려짐으로써 중대한 정치적 영향을 미칠 것이라고 지적하였다.[89] 한국은 미국 이외의 프랑스, 벨기에 그리고 캐나다 등과 기술 제공 및 재처리 공장 건설을 위한 협조를 추진하였다. 재처리 시설을 도입하고 핵무기 운반수단인 지대지 미사일의 개발을 위한 기술과 장비를 구입하고자 하였다.

국무성은 1975년 3월 한국의 핵 및 미사일 개발계획에 대한 국무성의 대응지침을 주한미대사관으로 보냈다. 대응지침은 미국과 핵 공급 국가들의 민감한 기술이나 시설의 이전을 금지하고, 한국의 NPT 조기 비준 압력, 그리고 한국에 대한 감시를 강화하는 것이었다. 이 전문에 한국은 10년 내 핵 개발을 할 수 있는 것으로 인정하였다. 한국의 핵 개발 사실과 의도 자체가 가져 올 북한, 일본의 반응, 그리고 중국과 소련의 북한 지원 문제 등의 파장을 염려하였다. 동시에 한국의 핵 개발 배경은 미국의 안보개입에 대한 신뢰성의 감소, 미국에 대한 군사적 의존을 줄이겠다는 의지 등 두 가지로 보았다. 그리고 스나이더(Richard L. Sneider) 대사에게만 참조적으로 핵 공급이 있는 국가들과 핵확산 방지를 위한 협의를 가졌는데 프랑스의 비협조적인 태도를 제외하고는 모두 동의했다고 하였다.[90]

미국은 한국의 핵 개발 기도를 저지하기 위한 대책을 고심하였으나, 일관되게 간접적 압력을 증가시키는 방법을 사용하였다. 직접적이고 공개적인 압박은 한미관계와 미국에게 부담을 줄 수 있었다. 핵 개발을 공개함으로써 주변국들에게 문제점을 크게 야기할 수 있었기 때문이다. 그리고 미국은 일반적인 NPT 규약이나 IAEA의 안전규정 이상을 적용하여 한국의 핵 개발을 압박할 수 없었다. 이후 강대국과의 협의 과정에서 캐나다는 미국의 협조에 동의하였으나 프랑스는 계속

---

89) Telegrams From SECSTATE to Amembassy Seoul, "ROK Plans to Develop Nuclear Weapons and Missiles," Dec 11, 1974(State 271124), folder: Korea-State Department Telegrams From SECSTATE-NODIS(2), box 11, NSA, PCF EA/P, Ford Library; Don Oberdorfer (1997), pp. 69-70.

90) Telegram from SECSTATE to Amembassy SEOUL, "ROK Plans to Develop Nuclear Weapons and Missiles," March 4, 1975, Ford Library.

비협조적인 태도를 보였다. 결국 미국은 한국으로 하여금 취소하도록 만들어야 했다.

미 국무부는 1975년 2월 우선적으로 한국과 록히드 회사의 추진체 설비의 한국 판매를 금지시키고 스나이더 대사를 통해 한국 정부에 전달하였다.[91] 그리고 이후에는 재처리 시설 계약을 취소시키기 위해서 한미 협상이 이어졌다. 미 행정부에서는 프랑스로부터의 재처리 시설의 도입 계약을 취소하도록 제반 조치를 집중하고자 하였다. 한국 정부는 1975년 4월 23일 NPT를 정식 비준하였다. 캐나다와 원자로 협의 과정에서 NPT의 비준을 전제조건으로 하였기 때문이었다. 한국은 평화적 핵 이용을 표방하면서 미국의 압력을 비켜나가고자 하였다.

한국의 핵개발은 박 대통령의 공식적 선언에 따라 미국의 대응 수위를 높이게 만들었다. 박 대통령은 1975년 6월 12일 워싱톤 포스트지와의 인터뷰에서 "만약 미국의 핵우산이 철거된다면 한국은 독자적으로 핵무기를 개발할 것이다."[92]고 말하며 핵무기 개발을 공식적으로 최초로 선언하였다. 그리고 6월 25일 박 대통령은 NPT 가입 사실을 환기시키면서 한국의 핵개발 보도를 부인하면서도 미국이 핵우산을 철거한다면 한국은 안보를 위해 핵 개발을 위해 필요한 모든 수단을 강구할 것임을 강조하였다.[93] 미국은 한국과의 접촉을 강화하면서 간접적 압박의 강도를 더해 나갔다.

미 행정부 내에서는 한국에 대한 대응방안을 놓고 고심하였다. 우선 강경 입장으로 고리원자로 구입에 필요한 수출입 은행에서의 대출을 거부하는 것 등의 직접적인 제안을 하자고 하였으나, NSC는 신중한 반응을 선호하였다. 결국 NSC는

---

91) Telegram to SECSTATE from Amembassy Seoul, "Lockheed propulsion plant," Feb 14, 1975, folder: Korea-State Department Telegrams to SECSTATE-NODIS(3), box 11, NSA, PCF EA/P, Ford Library.

92) Rowland Evans and Robert Novak, "Korea: Park's Inflexibility," The Washington Post (June 12, 1975).

93) Don Oberdorfer, "Park: Seoul Target of North," The Washington Post (June 27, 1975).

직접요구를 보류하도록 결정하였다. 이유는 직접요구는 핵 공급국인 프랑스와 서독의 반대로 미국이 요구하는 제약조치보다 약화될 수 있고, 한국정부를 자극하여 불신을 증가시키고, 재처리 문제가 공론화됨으로써 프랑스를 자극할 수 있는 문제와 한국이 포기 시 프랑스 회사의 개발비용을 보상하는 문제 등이 있었기 때문이다.[94)]

스나이더는 1975년 7월 미국의 재처리 공장 반대 입장을 한국 관리들에게 직접 전하는 권한을 위임받았다. 박 대통령과 직접적인 충돌을 회피하기 위해 과기장관이나 비서실장 등을 통해 미국의 입장을 전달했다.[95)]

슐레진저 국방장관은 8월 말 SCM 참석을 위해 방한하여 한국의 핵개발 의도를 완화시키고 동시에 간접적인 압력에 동참했다. 6월 슐레진저 장관은 한반도의 핵무기 존재를 인정하면서까지 북한이 공격하면 전술핵무기를 사용할 수 있음을 검토하겠다고 밝혔다.[96)] 슐레진저는 박 대통령에게 한국의 핵무기 개발은 양국의 관계를 해칠 수 있다고 하였다. 양국이 서로 핵무기 개발을 밝히지 않았으나, 슐레진저는 "그는 내가 알고 있다는 것을 눈치 채고 있는 느낌이었다."고 술회했다. 그리고 서종철 국방장관에게도 동일한 내용을 강조하면서 간접적으로 압박했다.[97)]

미 행정부는 1975년 12월 스나이더 대사와 하비브(Philip C. Habib) 차관보에게 한국이 핵 개발을 포기하도록 압력을 가할 권한을 지시하였다. 스나이더와 하비브 차관보는 김종필 국무총리, 김정렴 비서실장, 남덕우 부총리 등을 통해 미국의 입

---

94) Memorandum for Secretary Kissinger from Jan Lodal/Dave Elliot, "Approach to South Korea on Reprocessing," July 8, 1975, folder: Korea(9), box 9, NSA, PCF EA/P, Ford Library.

95) Don Oberdorfer (1997), p. 71.

96) 국방부 군사연구소, 「1945-1994 국방정책변천사」(1995), pp. 190-191.

97) Memorandum of Conversation between President Park and Schlesinger; Memorandum of Conversation between Minister of Defense, Suh Jyong-chul and Secretary of Defense James Schlesinger, Aug 26, 1975, folder: Korea(11), box 9, NSA, PCF EA/P, Ford Library.

장을 전달하며 프랑스와의 계약을 취소할 것을 요구하면서, "미국만이 제공할 수 있는 최고의 기술과 금융지원의 포기를 고려하고, 프랑스에 비해 미국이 제공할 수 있는 지원과 협조의 이점을 잘 따져야 할 것"이라고 압박하였다.[98] 한편 워싱톤에서도 미 국무부는 함병춘 주미대사를 불러 미국의 입장을 설명하면서 계약 취소를 종용하였다.[99]

한국 정부는 미국의 여러 경로를 통한 완강한 태도와 압력에 따라 한미 관계를 고려하여 입장을 완화할 수밖에 없었다. 12월 16일 김종필 총리는 이종석 과기부 차관과 윤용구 한국원자력연구원장에게 스나이더 대사를 만나 프랑스와 계약을 취소할 경우에 가능한 기술적인 지원의 범위를 문의하였다. 동시에 미국의 답변이 있을 때까지 프랑스와의 계약을 보류할 것을 묵시적으로 표명하였다. 스나이더는 한국은 취소 명분으로 기술적 지원의 이득을 추진하려는 것으로 파악하였다.[100] 한국의 핵 개발 문제는 일단 미국의 의도대로 해결의 국면으로 전환되었다.

스나이더 대사는 한미 간에 발생한 문제를 부드럽게 마무리하고자 하였다. 1976년 1월 5일 국무부에 전문을 통해 박 대통령의 자존심을 건드리지 않고, 더 이상 한국과 대립적 입장을 취하지 않으면서 미국의 핵확산 방지라는 목적을 달성할 수 있게 되었음을 보고하였다.[101] 1976년 1월 14일 스나이더는 남덕우 부

98) Telegram to SECSTATE from Amembassy Seoul, "ROK nuclear reprocessing," Dec 9, 1975(Seoul 9437), folder: Korea-State Department Telegrams to SECSTATE-NODIS(8), box 11, NSA, PCF EA/P, Ford Library. ; Don Oberdorfer (1997), p.72.

99) Telegram From SECSTATE to Amembassy Seoul, "Korean reprocessing," Dec 12, 1975(State 293202), folder: Korea-State Department Telegrams From SECSTATE-NODIS(4), box 11, NSA, PCF EA/P, Ford Library.

100) Telegram to SECSTATE from Amembassy Seoul, "ROK nuclear reprocessing," Dec 16, 1975, folder: Korea-State Department Telegrams to SECSTATE-NODIS(9), box 11, NSA, PCF EA/P, Ford Library.

101) Telegram to SECSTATE from Amembassy Seoul, "ROK nuclear reprocessing," Jan 5, 1976, folder: Korea-State Department Telegrams to SECSTATE-NODIS(10), box 12, NSA, PCF EA/P, Ford Library.

총리와의 면담을 통해서 한국 정부가 프랑스로부터 재처리 시설의 도입을 취소한다는 결정을 확인할 수 있었다.[102)]

미국의 강력한 반대에 부딪혀 한국은 프랑스와의 계약을 취소하면서, 미국은 한국 정부가 아무리 굳센 의지를 갖고 있더라도 막을 수 있다는 사실을 여실히 보여주었다. 사태가 일단락 된 이후 스나이더 대사는 한국의 장래를 걱정하며 "핵무기와 미사일 개발을 통해 자주국방을 이루겠다는 박 대통령의 의지"가 문제가 될 것이라고 스코크로프트(Brent Scowcroft) 국가안보보좌관에게 말했다. 스나이더는 박 대통령의 핵개발 의도를 신중하지 못하다고 하면서도 미국의 태도에 따른 한국의 안보에 대한 걱정도 이해한다고 언급했다.[103)] 이후 프레이저 보고서는 한국이 미국이 세계적인 안보 이해와 강대국들과의 군축협상을 포함하고 있는 핵 무기와 같은 중요한 관심영역에서 조차도 한국정부가 독자적인 행동을 취하려 한다는 사실을 지적하였다.[104)] 한국은 미국의 개입회피를 방기로 인식하고 국가자율성의 회복을 시도한 움직임이라고 평가해야 할 것이다.

한미 간에 핵무기와 관련하여 문제가 불거져 나오던 시점인 1975년 4월 22일 스나이더 대사는 전반적인 대한반도 정책의 검토를 요구하는 전문을 보냈다. 우선적으로 대한안보공약의 다짐, 박 대통령의 방미 정상회담 실시, 한국과 고위급회담 개최, 박정희 행정부의 국내정치통제와 관련한 직접적 압력보다는 상호 신뢰회복 노력 등을 주장하였다. 그리고 한국이 장차 아시아의 비공산권 국가 중에서 두 번째로 강한 국가로서 미국의 중요한 수출시장이 될 것이므로 한국과의 관계를 기존의 의존관계에서 상호의무와 이익을 공유하는 동반자 관계로 전환할

102) Telegram from Amembassy SEOUL to SECSTATE, January 14, 1976, folder: Korea-State Department Telegrams to SECSTATE-NODIS(10), box 12, NSA, PCF EA/P, Ford Library.

103) Don Oberdorfer (1997), p. 73.

104) U.S. House of Representative (1978), pp. 79-81.

것을 강조하였다.[105)]

이어서 스나이더 대사는 6월 미국의 대한정책 검토에 반영을 요구하며 미래의 대한반도 정책 방향을 제시하면서 기존의 대한정책에 대한 인식의 전환을 촉구하였다. 먼저 미국은 한국에 대해 피후견국가(client state)라는 과거의 인식은 잠재적인 중견국가(middle power state) 한국이라는 접근을 부재하고 있다고 전제하였다. 한국의 잠재력으로 향후 10년 내에 경제협력개발기구(OECD)에 가입할 것으로 예측하였다. 둘째로 미국의 대한정책의 잘못된 접근으로 불확실성을 지적하였다. 이 불확실성은 한국으로 하여금 내부억압과 핵무기 개발을 시도하게 하고, 북한에게는 미군 철수에 대한 낙관론과 일본의 의구심을 갖게 하였음을 지적하였다. 대안으로서 나토와 일본과 비슷한 상호의무에 기반한 지속적 동반자관계를 추구할 것을 제시하였다. 이를 위한 대안으로 ① 현행정책 유지, ② 정밀한 계획의 철수, ③ 지속적 파트너십의 발전 등을 고려하면서, 두 번째 안은 현실성과 실현가능성이 없으므로 세 번째 대안인 지속적 파트너십을 발전시켜야 한다고 하였다. 이를 위해서 제도적으로는 정기적인 외무장관 회담 등을 개최하고, 군사적으로는 상당한 규모의 미군의 무기한 주둔을 공표하고, 한미 상호보완체제 구축, 2사단의 방어역할에 추가하여 미군의 전력과 무기체계가 한반도의 군비경쟁을 통제할 것 등을 주장했다. 그리고 주한미군 철수를 고려한 한국군 현대화 계획을 추진하는 정책에 반대하였다.[106)]

105) Telegram to SECSTATE from Amembassy Seoul, "Review of US Policies toward Korea," Apr 22, 1975, folder: Korea-State Department Telegrams to SECSTATE-NODIS(5), box 11, NSA, PCF EA/P, Ford Library.

106) 지속적 동반자 관계는 새로운 협의기구, 미군 주둔의 보장, 기술이전 프로그램, 첨단무기의 한국 생산 허용의 한계, 한국으로 사적 자본유입 권장의 계획, 포괄적 에너지 협정, 한국의 대내정책의 완화, 일본과 3자관계의 권장, 한반도 안정을 추구하기 위해 소련과 중국의 개입에 대한 관심 등을 제시하고 있다. Telegrams to SECSTATE from Amembassy Seoul, "Korean policy," June 20, 1975; Telegrams to SECSTATE from Amembassy Seoul, "US policy toward Korea," June 24, 1975, folder: Korea-State Department Telegrams to SECSTATE-NODIS(6), folder: Korea-State Department Telegrams to SECSTATE-NODIS(6), box 11, NSA, PCF EA/P, Ford Library.

스나이더 대사의 "동반자 관계로의 전환" 제의는 비대칭동맹으로서 한미 관계의 기본적인 틀이 변화하고 있다는 중요한 의미를 시사해 주고 있다. 1970년대 한미 관계에서 닉슨 독트린으로 상징되는 비개입 정책이 갖는 문제와 한계에 대한 새로운 한미관계를 동반자 관계로의 전환으로 요구하는 것이었다. 정치적으로는 한미 간의 갈등적 상황을 개선하고, 군사적으로는 긴밀한 협조체제를 강화해야 함을 제안하고 있다.

포드 행정부에서 한국의 핵무장 논란은 외형적으로 큰 외교적 마찰이 없이 해결되었다. 정치적인 수준에서 박 대통령이 닉슨-포드 행정부에서 핵 개발을 시도한 것은 미국의 개입을 유도한 것이고, 핵 개발에 성공하게 된다면 자주적인 군사적 억제 능력을 보유하고자 하였던 것이다. 미국에 의해 강요된 자주국방은 한국을 핵 무장이라는 극단적 선택으로 몰아넣었다. 한미 안보파트너십은 정치적 수준에서 한국과 미국이 상호 합의가 아닌 미국의 일방적인 행동에 의해 비대칭성의 약화와 함께 국가자율성의 회복이라는 자연스런 현상에 직면하면서 갈등과 함께 약화되었다. 동반자 관계로의 변화는 카터 행정부로 이어졌다. 이후 박 대통령의 핵 무장 논란은 카터 행정부의 지상군 철군계획으로 다시 불거졌다.

손실의 감수에 있어서 미국은 저수준 전략으로 전환을 시도하는 등 개입을 축소하고자 하였고, 한국은 핵개발이라는 자율성의 회복 움직임을 보이면서 양국은 이견을 노출하였다. 미국은 한반도의 현상유지를 지향하면서도 절약-충분의 딜레마를 불식시키지 못했다. 또한 이 시기에 제시된 동반자 관계론은 미래 한미 안보파트너십의 변화를 전망해 주었다.

3. 수행전략의 공조

한미 양국은 수행전략에서 전체적으로 이견을 보이면서도 어떻게 부분적으로 공조를 하였는지에 대해 고찰할 것이다. 미국의 일방적인 철군정책에 대해 한국은 반발하였고, 한국은 한국군 현대화 정책에 기대를 걸었으나 그 추진 과정은 한국의 기대에 부응하지 못하였다. 또한 미 행정부 내에서는 지속적으로 추가 철군에 대한 논의가 제기되었으나, 실행단계로 발전할 수 없었고, 한국이 조기에 자주국방을 추진하게 되는 과정 등을 추적하고자 한다.

가. 주한 미지상군 철군과 한국군 현대화의 일방적 추진

닉슨 행정부는 한국의 반대에도 불구하고 철군 정책을 일방적으로 추진하였다. 한국은 외교·군사적 보완조치를 요구하였으나 현대화 추진과 한미 1군단의 창설 등을 제외하고 실질적인 성과를 가져오지 못하였다.

박 대통령이 주한 미지상군의 철군을 공식적으로 통보받은 것은 1970년 3월 27일 포터 대사에 의해서였다. 미국은 한국이 주한미군에 대한 철군 통보 후 나타난 거센 반대를 예측하지 못하였다. 이미 미국 내에서 그 전에도 진행되고 있다는 사실을 한국이 알고 있었던 것으로 이해하고 있었다.[107] 이러한 사실은 미국이 철군 정책을 일방적으로 추진하였고, 또한 한미 간의 긴밀한 공조가 없었음을 시사해 준다.

주한미군 철군 결정이 한국에 통보되었을 때 거센 반발이 수개월 동안 계속되었다. 포터 대사는 철군 결정을 통보받고 박 대통령은 "당신들은 미군을 철군시키는 것을 허락받지 못할 것이다. 당신들은 그럴 권리가 없다."라고 증언하였다. 철군이 실행되게 되면 1971년도 대통령 선거도 연기되어야 한다는 고려사항도

---

107) Memorandum for the President from Kissinger, "NSC Meeting on Korea," Mar 3, 1970,folder: NSCMeeting 3/4/70 Korea(NSSM27), box H-27, NSCH-files, NPM,NA II. 70년 3월 3일 NSC 회의 시 닉슨에게 키신저는 69년 12월 애그뉴 부통령이 마닐라에서 한국측 인사에게 한국문제에 관한 NSC 회의가 조만간 열릴 예정이라고 통보하였다고 보고했다. 70년 1월 포터 대사가 한측에 주한미군 철군에 대한 논의가 이뤄지고 있으나 어떤 결정도 내려지지 않았고, 결정하기 전에는 한국과 협의할 것을 다시 보장하였고, 따라서 한국은 미국의 미래의 한국군 구조에 대한 결정이 조만간 있을 것이라는 것을 예측하고 있다고 하였다.

제기되었다. 그리고 DMZ로부터의 미 2사단 철수는 '인계철선(Tripwire)'을 잃어버리는 것을 의미하였다. 포터는 한국정부가 DMZ에서 미군을 대체하는 것을 거부하여 가장 취약한 공격로를 방어하지 않고 방치하겠다고 얘기했음을 회상하기도 하였다.[108]

한국은 미 의회가 5년간 지원을 할 것인가에 대해서도 우려하였다. 1970년 4월 9일 타이딩즈(Joseph D. Tydings) 상원의원의 발언은 한국의 우려를 자극했다. '한국방어에 불필요한 미군'이라는 주제로 "현재 한국군은 미 지상군의 도움이 없이도 공군이 지원되면 가까운 장래에 북한의 어떤 침략위협도 대처할 군사력과 자원을 갖고 있다."고 하면서, 미군이 DMZ에 배치하여 북한이 공격 시 자동개입하게 되어 미국 헌법을 위배하는 것이라고 주장했다. 그리고 한국은 미국의 지원규모에 대해서도 매우 미흡한 수준으로 받아들이고 있어 한국의 동의는 명백하게 희박하였다.[109]

한국정부의 거센 반발과 대응은 4월 20일 박 대통령이 닉슨 대통령에게 보낸 첫 번째 친서에 잘 나타나 있다. 주한미군 철군과 관련하여 북한-중국과의 동맹강화 조짐, 그리고 북한이 결정적 시기로 오판하여 도발을 유발하고, 1950년 한국전쟁 당시의 경험을 되새기며 주한미군 1개 사단 철군의 부당성을 강조하며, 1970년도 대한 정상군원액 삭감 배정 등으로 인한 전투력 유지 및 운영 저하, 경제발전 매진을 위한 전쟁 재발 방지 전제 등의 제반 사항을 고려하여 1975년까지는 주한미군의 감축을 반대하므로 신중한 고려를 당부하고 있다.[110] 박 대통령의 서신에 대해 키신저는 닉슨에게 현 계획을 계속 추진하며, 로저스 국무장관의

108) U.S. House of Representative (1978), pp. 61-64.

109) *Ibid.*, pp. 64-65.

110) 박정희 대통령의 닉슨 대통령에 대한 서신(1970. 4. 20), 「국군 현대화 계획, 1970」, MF, Re-0028(7), 외교사료관.

의견처럼 박 대통령의 반응을 보고 의회와 협조를 진행할 것을 건의하고 있다.[111)]

5월 26일 박 대통령 1차 서신에 대한 닉슨의 답신은 한국의 경제력과 군사력이 증대되었음에도 불구하고 주한미군의 수준은 감소되지 않았고, 1949년과 같은 완전철군이 아니고 전체의 ⅓보다 적은 2만 명 규모이며, 의회에 승인을 요청하여 5년간 군사력 증강을 지원할 것이며, 한국이 방위부담을 늘이면 경제지원을 증대시키고, 그리고 박 대통령이 주도적으로 철군을 추진시켜 줄 것을 요청하였다.[112)] 그리고 M-16 소총공장 건설을 지원하고, 비행대대의 철수는 9월 이후로 연기가 가능하다는 점 등을 강조하면서 한국에 철군계획의 집행을 고수할 것을 명확히 하였다.[113)]

5월 29일 포터 대사는 박 대통령과의 면담을 가졌다. 박 대통령은 미국이 제시한 현대화의 규모에 대해서 명확하게 이해하지 못하면 어떠한 철군에도 동의하지 않는다고 답변하였다. 포터 대사는 미국이 한국의 허가를 받을 사항은 아니며 미국이 결정할 사안이라고 응수했다.[114)]

그리고 6월 16일 박 대통령은 닉슨에게 2차 서신을 보내면서 여전히 주한미군의 일부 철수에 반대하지만, 억제력과 방위 군사력의 약화를 초래하지 않도록 한국군의 강화조치가 필수적으로 수반되어야 한다는 대안적인 조치를 강구한다면 융통성을 가지고 협의할 용의가 있음을 전달했다. 이러한 대안 조치로 한국군 현대화 계획 지원, 주한미군 전력의 해군과 공군력 강화, 그리고 외교적 보장을 요구하였다.[115)]

111) Memorandum for the President from HAK, Subject: Letter to President Park Concerning U.S. Troop Withdrawals, May 25, 1970, Box-757, NPM, NAII.

112) Letterto President Park fromthePresident Nixon,May26,1970, Box-757,NPM.NAII.

113) Telegram from DOS to Amembassy Seoul, May 27, 1970(State 81892), folder: DEF 6 US or DEF 19 US-Kor S, Central Files, 1970-73, RG 59, NA II.

114) Memorandum for the President, Subject: Consultations on Korean Troops Issue, June 12, 1970, box H-215, NPM, NA II.

115) Memorandum for HAK, Subject: Letter from President Park to President Nixon, June 17, 1970,

그러나 미국은 박 대통령과의 협상 과정에서 이미 기존의 계획을 추진하고 있었다. 미 국방부에서는 이미 NSDM 48(미국의 한국 정책)에 대해 한국이 협조할 것으로 가정하였고 한국과의 협조가 진행되지 않은 상태에서도 구체적인 철군계획을 발전시켰다. 국방부는 1970년 4월 24일 PACOM으로 계획수립을 지시하여, 5월 18일 주한미군사에서 작성하여 PACOM을 경유하여 5월 25일 국방부로 보고하였고, 6월 국방부는 NSC로 보고하였다. 국방부의 FY71-75년 5개년 현대화 계획은 예산 규모를 기준으로 두 가지 안으로서 1안은 15억불이며, 2안은 10억불이었다.[116]

6월 20일 국방부에서 NSC로 보고한 주한미군 철군계획은 '한국 군사지도자들과 아직까지 협의되지 않았음'을 전제로 구체화한 상태였다. 철군할 2만 명은 지상군 18,400명과 공군 1,600명이었다. 지상군 18,400명은 DMZ의 7사단과 서부축선의 1군단이며 철수 후 미군은 43,000명이 잔류한다. 지휘관계의 조정으로서 1군단이 철수하면 잔류 미군사단은 중간지휘기구가 없어 곧바로 미 8군의 지휘를 받게 되고 한국군에 대한 작전통제의 효과성이 감소될 것이며, DMZ 내 1개 중대 규모는 한국군 작전지역 내에 위치하게 되어 통상적이지 못한 지휘관계가 형성될 것으로 보았다.[117]

RG 59, DEF 6 US, NA II.

116) *CINCPAC History of 1970*, pp. 354-358.

117) Memorandum for the Chairman NSC Under Secretaries Committee, Subject: NSDM 48: Programs in Korea, June 20, 1970, H-215, NPM, NA II; 그리고 상기 문건의 첨부 문서인, Attached Paper "Plan for the Withdrawal of 20,000 U.S. Personnel from the Republic of Korea." 이 계획의 가정은 한국이 철군 계획에 협조하고, 주월한국군이 유지되며, 미 1개 사단과 지원 병력의 철수, 철수 미 지상군의 장비를 최대한 한국군에 전환하고, MAP 지원에 의한 한국군 증강이 승인되는 것 등이다. 철수 후 재편 개념은 지상군은 3개 여단과 8개의 기동대대(보병 4, 기계화 2, 전차 2), 1개의 기갑수색대대, CHAPARRAL/VULCAN 1개 대대로 재편성하고, 1개 여단의 1개 중대는 판문점 공동경비구역 내의 비무장지대(DMZ)의 애로지역(500m)에서 경계작전을 담당하고, 미 공군 3개 대대는 계획된 잠시 주둔을 마치고 복귀하는 일정에 따르고, 철수 지상군의 장비는 한국에 잔류하는 미군의 사용 초과분을 모두 한국군에 인계하는 것이다. 철수 일정은 계획에 3개월, 철수에 9개월이 소요될 것으로 고려하였다.

이 문건에서 주요한 사항은 북한의 남침공격로의 주요축선인 서부축선의 미 1군단이 철수하고, 특히 DMZ의 1개 사단이 철수하면서 인계철선이라고 부르는 판문점에 이르는 500m의 좁은 지역에 1개 중대 만이 잔류하게 된다는 것이다. 미국은 정치적으로 개입을 하지 않겠다고 하면서, 1개 중대를 잔류시킨 이유는 무엇인가? 이 문건은 국방부에서 작성, 건의한 것으로서 보고서 내에 지적하였듯이 주요한 서부축선에서의 작전, 그리고 한국군에 대한 작전통제의 문제점을 지적하였다. 미국은 군사작전의 효율성의 문제와 한국군에 대한 통제의 어려움을 인식한 것이다. 결과적으로 이 문제점은 새로운 연합작전 기구의 창설로 가는 구조적 이유가 되었다. 한국군의 요구로 한미 1군단의 창설이 가능하게 된 것으로 보인다.

박 대통령의 2회에 걸친 서신에 대한 미국의 최종적인 반응은 7월 5일 로저스 국무장관이 최규하 국무장관에게, 7월 7일 닉슨은 박 대통령에게 답신을 통하여 기존의 철수계획 추진을 밝혔다. 닉슨은 미군의 철군계획과 한국군 현대화 계획을 협의할 시점이고 박 대통령이 철군계획을 박 대통령이 주도적으로 한국민에게 전달해 줄 것을 요청하였다.[118)]

한국은 7월에 접어들면서 거센 반발에서 협상 방향으로 전환하였다. 7월 5~6일 사이공에서의 베트남 참전국 외상회의에서 로저스-최규하 국무장관 회담, 그리고 7월 6일 정일권 총리-포터 대사와의 협의를 가졌다. 그리고 한국은 7월 9일 충분한 협의와 상호 이해에 입각하여 국군현대화에 대한 구체적인 보장의 선행을 전제로 미측 제의에 응하기로 하였다. 이에 따라 7월 11일부터 한미 양국 간의 고위 군사실무자회담이 개최되어 9월 25일 까지 진행되고 10월 7일 타결이 되었다.[119)]

---

118) LettertoPresident Park fromthe President Nixon, July7, 1970, Box-757, NPM, NA II.

119) "주한미군 감축문제," 「한국안보에 관한 한·미 간 협의(국군현대화 5개년 계획 및 주한미군 감축) 1970-71. 전8권 (V.2 기본문서, 1970.9-12)」, MF, G-0021(4309), 외교사료관.

이어서 한국은 철군을 받아들이되 대응책을 수립하는 단계로 전환하였다. 한국은 대통령 간의 2회에 걸친 서신 교환과 접촉을 통하여 미국의 입장을 확인하였다. 7월 13일 외무부는 박 대통령에게 외교적 대응책을 보고하였다. 대미 교섭 세부핵심지침은 현대화 계획에 만족할 만한 보장(국방부)과 감축 후의 확고한 보장(외무부)이 선행되어야만 감군의 규모, 방법, 시기, 감군 후의 재배치 협의에 응하고, 현대화계획은 정상군원과 현대화를 위한 특별군원(5개년 계획)으로 구분하고, 한국 측이 제의한 군 현대화 계획을 미국 측이 전부 수락하지 못할 때에는 미수락분은 미측에서 차관으로 조치해 줄 것을 요구하는 것 등이다. 특히 군사 분야에서 6월 15일 주한미군사령관에게 제시한 한국군 현대화 5개년 계획의 지원과 1970년대 전반부(1971-5)의 긴요성에 비추어 이 기간 동안 연 2억 불 선의 정상군원을 계속 제공할 것을 관철시키고자 하였다.[120)]

키신저는 7월 14일 대통령에게 차관위원회에서 제출한 감축안을 한국 과 협의할 것을 건의하였다. 그리고 7월 말 계획된 한미 국방장관회담에 참석하는 패카드(David A. Packard) 국방차관의 협상안에 대해 부정적인 입장을 밝혔다. 국방부의 협상내용은 현대화 지원금을 매년 3억 5천만 불로 올리고, F-5 요격기 120대 지원을 요청하는 것이었다. 키신저는 이 문제들은 차관위원회의 결정과 닉슨 대통령의 승인을 받고 한국에 전달되어야 할 것을 건의하였다.[121)] 7월 17일 닉슨은 지상군 2만 명 감축의 구체적인 안을 최종 승인했다.[122)] 특히 국방부는 한미 국방장관회담을 앞두고 한국과 융통성 있는 협상을 진행할 수 있는 대안이 없음을 고심하

120) "주한미군 일부 감축에 관한 기본대책, 1970.7.12,"「한국안보에 관한 한·미 간 협의(국군 현대화 5개년 계획 및 주한미군 감축) 1970-71. 전8권 (V.1 기본문서, 1970.4-8)」, pp. 195-208, MF, G-0020(4308), 외교사료관.

121) Memorandum for Dr. Kissinger from C. Fred Bergsten, John H. Holdridge, Laurence E. Lynn, Jr., Subject: Under Secretary Packard's Proposals for Military Assistance for Korea, July 16, 1970, H-215, NPM, NA II.

122) Memorandum for Mr. Theodore L. Eliot, Jr., from Jeanne W. Davis, Subject: Reduction of U.S. Forces in Korea July 17, 1970, H-215, NPM, NA II.

였다.

7월 21~23일 호놀룰루의 한미 국방각료회담은 양국 모두에게 고통스러운 회담이었다. 패카드 국방차관은 한국이 제기하는 세 가지 문제, 북한의 위협, 현대화계획에 대한 충분한 보상, 그리고 심리적 영향 등을 알고 있었다. 한국의 정래혁 장관은 미군 감축을 막기 위해 회의에 참석했다고 하였다. 국무성 한국담당과장 라나드(Donald Ranald)는 자신이 참가한 가장 어려운 회의 중의 하나였다고 회고하였다. 한국은 베트남의 한국군을 복귀시켜 감축되는 미 사단을 대체하겠다고 위협했다. 양국의 공동성명은 어려운 협상을 통하여 한국의 방위능력 증강을 위해 미국의 원조가 상당한 수준으로 유지되고, 추가적인 방위산업을 발전시키기 위해 계속적으로 협의한다는 내용 등이 포함되었다. 회담에 대해 한국은 미국의 무례한 행동에 불만을 갖게 되었다.[123] 특히 미국이 제시한 장비목록에 미 제1군단과 지원부대까지 철수 대상에 포함되어 있다는 사실에 대해 격렬히 항의하였고 이에 미국은 적지 않게 당황하였다.[124] 한국 측은 미 1군단의 화력은 서부축선 방어에 핵심적인 전력이었으므로 크게 우려하지 않을 수 없었다.

한국의 거센 반발이 지속되는 가운데 미 행정부에서는 주한미군 감축에 대한 한국군 현대화 계획을 구체화하였다. 미 행정부 내에서는 한국의 반응을 고려하여 현대화 지원 규모를 늘려야 한다는 목소리가 증가하기 시작했다. 한국에 대한 5개년 지원계획의 두 가지 쟁점은 현대화의 대상을 육·해·공군의 균형된 현대화와 지상군 위주의 현대화의 여부와 지원규모의 정도였다. 이에 대해서는 다음 항에서 구체적으로 논의할 것이다.

1970년 8월 애그뉴(Spiro Agnew) 부통령의 방한은 3차 국방각료 회담에서의 한국 불만을 무마하고 미국의 철군을 추진하기 위해서였다. 8월 26일 박 대통령과

---

123) U.S. House of Representative (1978), pp. 65-66.

124) "제3차 한미국방장관 회담 제 2일 결과요약보고(1970. 7. 23), 「한·미 국방각료회담, 제3차. Honolulu, 1970. 7. 21-22. 전 2권 (V.1 기본문서철)」, MF, G-0017(3634), 외교사료관.

애그뉴 부통령은 최초 1시간 계획되었던 회담을 휴식시간도 없이 여섯 시간 동안 계속하였다. 박 대통령은 국가원수로서 '절대적으로 공격적'인 행동을 통하여 애그뉴에게 강도 높게 주문했다. 애그뉴는 미 행정부가 정책을 집행하지만 예산은 의회가 승인한다는 사실로 포터 대사가 현대화계획을 보장할 수 없는 어려움을 벗어나게 하려고 노력했다. 그러나 애그뉴는 출국하면서 기자회견에서 미군이 어떤 경우라도 앞으로 5년 이내 철수에 아무런 문제가 없다고 발표했다. 한국측은 이 발언에 적잖이 당황하였다. 8월 29일 애그뉴의 방한 이후 주한미군이 이미 1만 명이 감축되었다고 보도되었다. 8월 31일 정래혁 국방장관이 마이켈리스(John Michaelis) 사령관에게 질문서한을 발송했고, 마이켈리스는 9월 28일 답신에 보충지연 병력과 편제인원의 차이를 설명하였다.[125] 애그뉴의 이한 성명과 미군의 감축 보도 등은 한국의 우려를 증폭시켰다.[126]

7월 이후 한미 협상은 두 가지 경로, 즉 고위군사회담과 주한미군 감축 소위원회로 진행되었다. 고위 군사회담은 10월 7일에, 감축 소위원회는 10월 19일에 각각 타결 및 합의되었다. 10월 14일 한국 내 일간지들은 '국군현대화·감축 타결'이라는 1면 주요 기사로 한미군사회담이 완전한 합의에 이르렀고 곧 "정-마이켈리스 각서 교환"이 될 것으로 보도하고 있다.[127]

그러나 한국은 10월 22일 국무총리 주재로 미국의 일괄타결안에 대해서 '외교적 보장조치'를 주장하며 서명을 보류할 것을 결정하고, 한국군 현대화, 주한미군 감축, 그리고 외교적 보장조치를 동시에 타결하기 위해서 10월 26일 서울과

125) 미국은 완전지원병제를 도입할 예정이어서 병력충원 부족과 주월미군 우선 보충 등으로 미 8군 보충병력이 지연되어 실제 인가병력의 85% 수준을 유지하고 있어 사실상 1만 명 가량이 감축된 상태였다. US Army Chief of Staff Memorandum for Chairman JCS, "Eighth US Army Strength Posture", Jun 29, 1970. Memorandum for the President from Kissinger, "The Military Manpower Situation," folder: DPRC Meeting Manpower 11-24-70, folder: DPRC Meeting Manpower 11-24-70, box H-101, NSC H-files, NPM, NA II.

126) U.S. House of Representative (1978), pp. 66-67.

127) 조선일보 (1970. 10. 14), 1면.

10월 27일 워싱톤에서 미국 측에 8개 항목의 요구사항을 동시에 제기하였다. 이를 미국은 "8개 항목(Eight-Points)" 제안으로 불렀다. 외교적 조치의 내용은 미국의 각종 방위공약을 정리하여 (1) 공약의 이행 및 무력침공 대처, (2) 핵 위협 대처, (3) 유엔 목적의 확인 및 유엔군 존속, (4) 국군 현대화 계획, (5) 감군 문제, (6) 재감군 문제에 대한 보장, (7) 협의체제의 강화, 그리고 (8) 잠재적 침략자에 대한 경고 등을 포함하였다.

(1) 미국은 상호방위조약 상의 의무와 제반 정책선언, 공동성명 등을 통하여 이제까지 이루어진 대한민국의 방위와 안전에 관한 그의 보장을 계속 충실히 존중하고 이행할 것이다. 대한민국과 미국은 주한 국제연합군의 주축을 이루는 실질적인 주한미군의 계속 재류가 미국이 대한방위공약의 명확한 증거일 뿐만 아니라 한국에서의 전쟁재발에 대한 효과적인 억제력임을 인정한다. 그들은 한국 국군과 주한미군이 계속 강력하게 그리고 경계태세로 유지되어야 한다는 데 합의하는 바이다. 미국은 대한민국에 대한 무력공격을 격퇴하기 위하여 군사력의 행사를 포함하는 가능한 모든 협조를 지체없이 효과적으로 공여할 것임을 재확인 한다. (2) 미국은 핵 보유국이 한국의 자유나 안전을 위협할 경우 그와 같은 위협에 대한 방패가 될 것임을 재확인한다. (3) UN의 목적 달성을 위하여 UNCURK와 UNC 및 그 군대의 계속 한국 재류의 필요성을 강조하는 바이다. (4) 미국은 별첨 1과 같은 장기 군사, 경제원조계획을 통하여 한국의 국방군을 현대화하고 강화하기 위한 높은 수준의 추가 군사, 경제 원조를 한국에 공여할 것이다. (5) 한국은 주한미군 ---명의 감축에 이의가 없으며, 동 감축은 양국정부 간의 협의의 결과 도달된 양해에 따라 시행될 것이다. 미국은 이와 같은 감축이 한국의 방위와 안전에 관한 미국의 공약에 추호도 영향을 미치거나 이를 악화시키는 것이 아님을 확인한다. (6) 미국은 현 사태에 비추어 전 항에서 언급된 --명 이상의 주한병력수의 감축을 계획하거나 의도하고 있지 않으며, 또한 대한민국의 안전을 보장하기 위하여 여하한 주요한 주한미군의 감축도 한국 정부와의 충분한 사전협의 없이는 행하지 않을 것임을 확인한다. 그와 같은 협의는 한국에 대한 군사적 위협의 성격 및 정도와 대한민국의 방위능력에 대한 한·미 평가를 제1차적으로 기초로 한다. 이와 관련하

여 미국은 상기 사전협의에 있어 한국정부의 의사에 반하여 행동할 의도가 없음을 분명히 한다. (7) 상호방위조약의 시행 및 양국의 상호 이익과 공동 관심사인 방위와 안전에 관한 사항에 대한 긴밀한 협의를 확실히 하기 위하여 양국 정부는 양국의 외무, 국방장관 연례회담을 개최할 것에 합의한다. 또한 상설 협의기구로서 한국 측의 외무부장관 및 국방부장관, 미국 측의 주한대사 및 주한미군 사령관 겸 국제연합군 사령관으로 구성되는 "한미안보협의위원회"를 설치할 것과 동 위원회는 일방의 요청이 있을 때에는 언제라도 회합한다는 데 합의하였다. 동 위원회의 회의는 외무부장관이 주재한다. (8) 잠재적 침략자에 대하여 주한미군 일부감축과 관련하여 오산이나 오판을 하는 일이 없도록 경고하기 위하여, 또한 그들이 야기시킬지도 모르는 여하한 위협에 대하여도 이에 즉각적이며 효과적으로 대항할 대한민국과 미국의 용의 및 결의를 공공연히 재확인하기 위하여 별첨 2와 같은 공동선언을 발표하기로 한다.[128)]

10월 27일 최-포터 대사의 면담을 통해서 포터 대사는 한국 정부의 외교적 보장을 요구하는 시도를 자신의 선에서 거부할 것을 명백히 하였다.[129)] 미국은 포

---

128) "주한미군 감축과 관련된 외교적 조치(안) (1970. 10. 10 대통령 결재)," 「한국안보에 관한 한·미 간 협의(국군현대화 5개년 계획 및 주한미군 감축) 1970-71. 전8권 (V. 2 기본문서, 1970.9-12)」, MF,G-0021(4309), 외교사료관.

129) "외무부장관과 주한 미국대사 간의 면담 요록(1970.10.2711:00-11:50)," 「한국안보에 관한 한·미 간협의(국군현대화 5개년계획및주한미군감축)1970-71.전8권(V.2기본문서, 1970.9-12)」, pp.232-239, MF, G-0021(4309), 외교사료관. 포터대사의 답변내용을 인용하면,미국은 이와 같은 문서, 더욱이 격식을 갖춘 비공개 문서를 작성한다는 개념 자체를 받아드리기 어렵다.(can hardly accept the concept itself) 한국 측 초안을 보건대 방위공약의 재확인, 현대화 문제, 감군문제 등 제1~6항까지 특별히 새로운 것이 없는 만큼 이를 문서화 할 필요가 있을지 의문시 된다. 방위공약에 대하여는 이미 닉슨 대통령이 친서로 재확인 한바 있고, 애그뉴 부통령도 방한 시에 직접 재확인 한바 있음을 상기하고자 한다. 제7항의 외무. 국방 연례회의에 대하여는 현재 국방각료회담이 무난히 되나가고 있는 데 이를 더욱 확대할 필요가 있겠는지 의문시 된다. 필요하다면 국방각료회담에 외무부 고위관리를 참석시키는 방법도 있을 것이다. 또한 상설협의 기구로서의 "한미 안보협의위원회" 설치에 대하여도 현재 정상 경로를 통하여 협의가 잘되고 있는 만큼 상설기구 설치 필요성에 의문을 갖지 않을 수 없다. 감군에 대한 사전협의 조항과 관련하여 미국이 한국의 의사에 반하여 행동하지 않는다는 규정은 사실상 미국의 발을 묶어놓는 것이 되므로 받아 드릴 수 없다. 전체적인 관점에서 미측으로서는 한측 초안을 받아들이기 어렵다(hardly acceptable). 미측으로서는 현재 군사회담에서 진행 중인 현대화와 감축에 관한 협의가 타결되면 이에 대하여 한미 간에 공동 성명(joint statement) 또는 동시 성명(simultaneous statement)을 발표하는 것을 제의하고자 생각하고 있다.

터 대사를 통해서 공식 대응을 지연시키고 한국 정부의 요구를 원천적으로 거부하고자 하였다. 포터 대사와 박 대통령 및 한국 행정부 관계자와의 지루한 협상이 지속되었다.

그러나 한국정부의 8개 항 제안은 미국이 강하게 거부하였다. 형식에 있어서도 한국은 공식 문서화를 요구하였으나 미국은 간결한 공동선언의 형태라는 입장으로 차이가 있었고, 각론에서도 미국은 어떠한 보장에도 유보적인 입장을 보이고 있어 한국과 타협에 이르기에는 간격이 컸다. 결국 1970년의 논란은 1971년도 초 미군의 철군이 임박한 시기까지 이어졌다.

미국은 철군의 지연으로 최초 계획하였던 2사단의 철군이 어렵게 되면 후방의 7사단이 철군하는 것으로 판단하고, 한국을 압박해서 DMZ에 배치된 2사단과 교체할 한국군 사단의 배치 방안을 강구할 것을 요구하였다.[130] 1971년 초 계획된 철군이 지연되자 미국은 강경한 입장을 전달하면서 분위기는 험악해졌다. 미국은 한국군 현대화를 위한 1차년도 예산 1.5억 불을 배정하는 등 제반조치를 강구하고 있음에도 불구하고, 한국의 완고한 보장조치 요구로 계획된 철수가 지연되자 1971년 1월 15일 포터 대사는 김정렴 비서실장에게, 1월 18일에는 최규하 장관을 만나서 한국정부에 압력을 가했다. 논쟁의 핵심은 한국 측이 현대화 문제와 감군문제를 일괄적으로 처리해야 한다고 주장한 반면에, 미국 측은 두 의제를 별개의 문제로 보는 것이며, 포터 대사는 한국이 계속 이러한 입장을 고수하는 것은 마치 몸값(ransom)을 요구하는 것이냐는 험한 말까지 했다.[131]

긴박하게 상황이 진행되자 1월 22일 마이켈리스 사령관은 정래혁 국방장관에게 2사단 재배치 예비명령 사본을 주며 2월 1일 명령이 유효되며 실제 이동은 2

---

130) Memo, from EA-Marshall Green to J-Under Secretary Johnson, "US Troops Reductions in Korea-ACTION MEMORANDUM," Oct 13 1970, Central Files, 1970-73, RG 59, NA II.

131) "외무부장관과 주한미군대사 간의 면담요록," 「한국안보에 관한 한·미 간 협의(국군현대화 5개년 계획 및 주한미군 감축) 1970-71. 전 8권 (V. 3 기본문서, 1971. 1-2)」, pp. 57-78, MF, G-0021(4310), 외교사료관.

월 8일 시행을 통보하면서 지금까지의 협의 결론을 제의하면서 박 대통령과 면담을 요청했다. 1월 23일 국무총리 주재로 긴급회의에서 외무장관은 기존의 "선보장 후감군" 입장에서 미측이 최초 요구하였던 "동시 일괄해결"로 양보하면서 그 이하로 "선감군 후보장"은 받아들일 수 없다고 하였다.[132] 1월 25일 최 장관과 포터의 회담에서 한국군 현대화와 주한미군 감축과 관련하여 최 장관과 포터 대사 간의 서신교환 형식의 공동성명의 발표에 합의하였고, 포터는 미측 안을 제시하였다.[133] 1월 26일 박 대통령은 미국 안을 보고 전제조건으로서 미 정부에 의해 승인된 한국군 현대화 장비목록 리스트를 가져와야 한다는 기본입장은 불변이고, 마이켈리스 사령관의 정 장관 앞 서한은 사전에 검토하고, 공동성명과 공동성명을 담을 서한 형식에 대한 교섭을 즉시 시작하도록 하는 것이었다.[134]

이후 협상이 진행되면서 핵심 논점은 한국 측의 주한미군의 추가 감축과 관련된 표현의 삭제 요구를 미국 측이 인정하지 못하겠다는 거부 입장이었다. 2월 1일 미국 측의 강경한 요구로 인해 한국 측이 일단 유보하는 것으로 사실상 철회하였다. 그러나 계속되는 협상에서 포터 대사는 2월 8일까지 합의가 안 되면 2사단의 재배치와 관련하여 "받겠으면 받고, 싫으면 그만이다."며 강경하게 압박하였다. 결국 한미 간에 조정된 한국군 현대화 계획을 담은 최종안이 2월 4일 포터대사에게, 그리고 2월 5일 한국정부에 전달되었고, 한국과 미국에서 2월 6일 및 8일에 각각 발표되었다.[135]

---

132) "기록(1971.1.123)," 「한국안보에 관한 한·미 간 협의(국군현대화 5개년계획및주한미군 감축)1970-71.전8권(V.3 기본문서,1971.1-2)」,pp.96-98, MF,G-0021(4310), 외교사료관.

133) "외무부 장관과 주한미대사 간의 면담요록(1971.1.25)," 한국안보에 관한 한·미 간 협의(국군현대화 5개년 계획 및 주한미군 감축) 1970-71. 전8권 (V.3 기본문서, 1971.1-2)」, pp. 101-107, MF, G-0021(4310), 외교사료관.

134) "기록(1971.1.26)," 「한국안보에 관한 한·미 간 협의(국군현대화 5개년 계획 및 주한미군 감축) 1970-71. 전8권(V.3기본문서, 1971.1-2)」,pp.108,MF,G-0021(4310), 외교사료관.

135) "면담기록(1971.2.2)," "외무부 장관과 주한 미 대사 간의 면담요록(1971.2.3)," 「한국안보에 관한 한·미 간 협의(국군현대화 5개년 계획 및 주한미군 감축) 1970-71. 전8권 (V.3 기본문서, 1971.1-2)」, pp. 175-176, 179-183, MF, G-0021(4310), 외교사료관.

한미 합의를 통해 최종 작성된 문서는 외무부 장관과 주한 미 대사 간의 서신 교환과 양국의 공동성명 등 세 가지 문건이었고, 포터 대사의 서한에는 한미 고위 군사실무자 간에 합의된 "국군 현대화 계획에 대한 공동건의 각서"와 "주한미군 감축 및 재배치에 관한 각서" 그리고 "유엔군사령관의 한국 국방장관 앞 서한"을 첨부하였다. 한국은 그간의 과정을 국민에게 설명하고 정치적 안정을 위해서 2월 8일 "한국 안보에 관한 한미 간 합의의 종결에 즈음하여"라는 대통령 특별담화문을 후속조치로 발표하였다.[136]

〈표 4-4〉 3차 철군/현대화 협상에서 한국의 요구와 협상 결과(1971년 2월 기준)

<table>
<tr><th colspan="3">한국의 요구 (8개항)</th><th colspan="2">미국의 최초 계획과 반응</th></tr>
<tr><td>1항</td><td colspan="2">대한방위조약의 이행 및 무력침공 대처</td><td colspan="2">기존 입장 유지</td></tr>
<tr><td>2항</td><td colspan="2">핵 위협 대처</td><td colspan="2">기존 입장 유지</td></tr>
<tr><td>3항</td><td colspan="2">유엔 목적의 확인 및 유엔군 존속</td><td colspan="2">기존 입장 유지</td></tr>
<tr><td rowspan="2">4항</td><td rowspan="2">한국군 현대화</td><td>40억 불</td><td colspan="2">10억 불 → 15억 불</td></tr>
<tr><td>외교적 보장 서면합의</td><td colspan="2">거부</td></tr>
<tr><td rowspan="3">5항</td><td rowspan="3">감군 문제</td><td rowspan="3">선보장 후감군
↓
동시 일괄해결</td><td rowspan="3">별개의 문제
↓
선감군
후보장
↓
동시 일괄타결</td><td>• 미 1군단 철수 →
(18개월 한시) 한미 1군단 창설</td></tr>
<tr><td>• 미 2사단 철수 →
배치조정(DMZ → 후방)</td></tr>
<tr><td>• 미 7사단 후방배치 조정 →
철수</td></tr>
<tr><td>6항</td><td colspan="2">재감군 문제에 대한 보장</td><td colspan="2">거부</td></tr>
<tr><td>7항</td><td colspan="2">협의체제의 강화</td><td colspan="2">국방각료회담의 확대 → 연례안보회의(SCM)</td></tr>
<tr><td>8항</td><td colspan="2">잠재적 침략자에 대한 경고</td><td colspan="2">기존 입장 유지</td></tr>
</table>

이와 같이 한국의 8개 항 요구는 〈표 4-4〉와 같이 전체적으로 미국의 일방적 의도대로 추진되었다. 한국은 외교적 보장조치의 강구 등 실질적인 성과를 얻지

136) "한국 안보에 관한 한미협의 종결에 즈음한 제반 조치사항의 건의," 「한국안보에 관한 한·미 간 협의(국군현대화 5개년 계획 및 주한미군 감축) 1970-71. 전 8권 (V.3 기본문서, 1971.1-2)」, pp. 203-231, MF, G-0021(4310), 외교사료관.

못하였다. 미국은 18개월의 한시적이지만 한미 1군단의 창설, 그리고 국방각료회담을 외무부도 참여하는 연례안보협의회의로 강화에 합의한 정도였다. 또한 SCM에서도 1968년도 국방각료회담의 운영부터 한국 측이 요구하였던, 미·일 안보조약 하의 미·일 안보협의위원회의 형태와 유사한 '한·미 상설협의기구'는 반영되지 못하였다. 반면에 미국은 1970년 3월 NSDM 48에서의 기존 입장을 거의 관철시켰다. 즉 한국군 현대화 지원 예산 15억 불도 최초의 판단 범위 내에서 이뤄졌고, 감군문제는 최초 '일괄타결' 입장이었다가 한국이 '선보장 후감군'을 주장하자 협상 타결 직전에 '선철군 후보장'이라는 강수를 두면서 한국의 양보를 이끌어냈다.

미국은 한국의 협상지연으로 인하여 군사적인 측면에서 철수할 사단을 2사단에서 7사단으로 조정하였고, 한미 1군단을 창설하고 국방각료회담을 연례안보회의로 다소 강화시켰다.[137] 한미 1군단 창설은 한측의 요구를 미국이 받아들인 것으로 미군의 감축 범위 내에서 조정하였을 따름이다. 미국은 자체 검토에서 서부축선의 지휘통제 공백을 지적하고 있었고, 정치적 협상력의 수단이나 한국군에 대한 통제의 차원에서 합의한 것으로 보인다. 지역적인 제도화에 있어서 미국은 세계전략의 추진에 제한이 되지 않는다면 지역적 제도화를 받아들였던 것으로 보인다. 이와 같이 지역적 제도화는 계속적으로 한국의 선도적 역할로 인하여 이뤄졌다고 하겠다.

주한미지상군 철군 정책은 세계전략의 틀 속에서 미국의 일방적 의도대로 추

137) 미 제7사단 철수에 따른 미국의 조치

일 자	조 치 내 용
1971. 3. 15	미 공군 제3전술전투비행단, 군산기지에서 창설
1971. 3월 말	미 제2사단, 휴전선 방어임무 한국군에 인계 → 한국군 155마일 휴전선 담당
1971. 4. 1	주한미군사고문단(KMAG) 통합, 주한미국합동군사지원단(JUSMAGIK)으로 개편
	미 61포병 제8대대, 열추적채프럴 유도탄과 20밀리발칸포 장비
1971. 7. 1	한미 제1군단 창설, 미 제2사단·한국군 제6군단· 제1·제25사단·해병제5여단·태국군 1개 중대 작전통제

출처: 국방부 군사편찬연구소, 『한미군사관계사: 1871~2002』(2002), p. 698.

진되면서 양국의 안보파트너십은 수행전략에서 이견을 드러내었다. 한국은 현대화 지원에 대한 보장을 요구하였으나, 거부됨으로써 이후의 한국군 현대화 지원 과정에서의 불안을 불식시키지 못하였다.

나. 미국의 한국군 현대화 지원 계획과 지연

미국에 의해 주한미군의 철군과 현대화 지원계획이 일방적으로 결정되었으나, 이후 현대화 지원이 원만하게 추진되지 못하고 한국의 기대에 못 미치면서 한미 안보파트너십은 약화되었다. 현대화 지원 계획은 〈표 4-5〉에서 보는 바와 같이 5단계로 진행되었다. 미국의 지원 계획은 협상과정에서 최초 10억불에서 15억불로 증가되었으나, 전체적으로 수정 및 지연되면서 1977년에야 완료될 수 있었다.

〈표 4-5〉 미 행정부의 한국군 현대화 계획 지원 경과

단계	시 기	문 서	주 요 내 용
1	1969.10.11	NSDM 27 미국의 군사태세	• 전략적 충분성에 따라 2½전략→1½전략 전환* 아시아에서의 감군
	1970. 3.20	NSDM 48 미국의 한국정책	• FY71년 말에 주한미군 2만 명 감축* 추가 미군 철수는 현재 계획되어 있지 않음 • 1971~75, 매년 2억불(총 10억불), 의회승인 전제 • 한국군 전력 증강 목표 : 북한 공격을 억제 혹은 방어할 수 있는 한국군 건설
2	1970. 9. 5	한국군 현대화 예산지원계획	• 1971~75, 15억불 지원, 협상 중 증가, 의회승인 전제 • 균형된 한국군 현대화
3	1971. 9. 2	NSDM 129 한국군 구조 및 현대화계획	• 1971~75, 15억불 지원, 예산 압박/의회 반대 • 한국군 현대화 중점: 지상군 위주(미 국방부 주장)* 북중연합지상전력 공격 지연 및 저지 수준
4	1973. 7.27	NSDM 227 한국군 구조 현 대화	• 1975년 완료 제한, 의회 예산 삭감으로 수정* 한국의 방위비 증강 유도, 한국군 19개 사단 중 16개 사단에만 한정된 지원** 한국지상군은 북한단독 위협 대비 초과 인식 • 한국군 현대화 중점: 지상군및공군전력 중점* 북한 지상및 공군위협 대비 '자기충분전력' 확보

5	1975. 1. 9	NSDM 282 한국군 구조 현대화	• 한국군 현대화 계획에 대한 미국 의무 조기 종결* 완료 시기 명시하지 않음 • 무상군사원조에서 FMS 차관으로전환(방안 2)* 무상군사원조 종결을 설정않고 FY77 이후 지속 • F-4D 비행대대 한국으로 판매에 의해 양도 • 한국의 대공방어필요능력 검토 후 대통령 보고(3월)
	1975.10.9	NSDM 309 한국군공중방어 전력 결정	• 한국군'자기충분전력'확보 정책 유보* 한국 공군력을 미 군수지원만으로 유지 불가 • F-4E와 F-5E/F 판매 한국 요구 수용 • 한국 내 호크 방공중대 일부 한국 판매 협의

최초 미국은 한국과 협상 이전에 철군을 결정하면서 의회의 승인을 전제로 계획하였다. 2단계는 한미 협상의 진행과정에서, 3~5단계는 현대화 계획의 진행 중에 예산 부족이나 의회의 반대로 지연되었다. 특히 4단계인 1973년도에는 예산의 제한으로 한국에 방위비 분담을 강화하도록 요구하고, 5단계에서는 무상원조를 FMS 차관으로 전환하는 논의가 개진되었다.

최초 1970년 3월 NSDM 48은 1971~75까지 5년간 10억 불의 군사지원을 한국과 협조 하에 진행하는 것이었다. 한국군 전력증강 목표는 일반적으로 북한 공격을 억제하거나 방어할 수 있는 수준으로 건설하는 것이었다. 따라서 육·해·공군의 구체적인 전력 증강 계획은 수립되지 않았었다.

2단계는 1970년 9월 철군 협상이 어렵게 진행되는 과정에서 이뤄졌다. 한국은 균형된 현대화 및 지원규모를 증액할 것을 요구하였다. 닉슨은 9월 5일 FY 71-75 계획을 결정하면서 '균형된 현대화'에 중점을 두고 무상원조액을 10억 불에서 15억 불로 증가시켰다. 차관위원회는 주한미군사령관에게 총 15억불 중에서 실제 예산지원은 12.5억불로 제한되고, 나머지는 잔여 2.5억 불은 초과 및 잉여 군수물자(excess & long supply) 등으로 지원하고, 매년 의회 승인이 필요함을 한측에 주지시키도록 하였다.[138] 미 국방부는 10월 4일 새로운 현대화계획(Alternative Plan

138) Memorandum for SECSTATE/SECDEF, "Funding Levels for Program to Modernize the

for ROK Five Year Modernization)을 수립하여 보고하였다.[139] 그리고 11월 15일 닉슨은 현대화계획 중 1971년도 추가 원조분 1.5억 불의 예산을 의회에 제출하였다.[140]

이러한 결정 과정에는 두 가지의 핵심 쟁점이 있었다. 즉 한국군의 자기충분성 확보를 위해서 균형된 현대화를 할 것인지와 5년간의 대한군사원조 규모였다. 먼저 균형된 현대화 문제에 대한 찬반 논의이다. 찬성하는 의견은 한국 정부의 선호와 미국이 이를 지지한다면 미군철수에 대한 협상력을 촉진시키고, 그리고 북한이 공격한다면 미국의 해·공군 증원의 필요성을 감소시킨다는 것이다. 그러나 반대 의견은 한국이 자체 재원으로 자기충분전력을 유지할 가능성이 낮으므로 미래에도 미국의 지원이 필요하게 되고, 잘못되면 한반도의 세력균형을 깨고 군비경쟁을 유발하게 된다는 점이다. 지원규모는 세 가지 안으로, ①(NSDM 48) 지상군 현대화에 중점을 두고 10억불, ②(국방부는 대안 1보다 선호) 10억불의 균형된 현대화, ③ 15억불의 균형된 현대화 계획(국방부 선호) 등이 고려되었다.[141] 당시 한미 간의 철군 협상이 갈등 속에서 진행되고 있었고, 11월 15일 미국은 협상의 진전을 위해 1971년도 원조예산에 해당하는 1.5억불을 의회에 제출하였다. 그러나 15억불은 근본적으로 균형된 현대화에는 부족한 예산이었다. 실제 예산은 12.5억불로 제한되어 있어 지속적인 계획수정이 요구되었다.

Republic of Korea Armed Forces," Sept 5, 1970, folder: NSDM 48, box H-215, NSC H-files, NPM, NA II.

139) Memorandum for SECSTATE/SECDEF, "Funding Levels for Program to Modernize the Republic of Korea Armed Forces," Sept 5, 1970, folder: NSDM 48, box H-215; folder: NSDM 129[2of2], box H-227, NSC H-files, NPM, NA II; CINCPAC History of 1970, p. 357.

140) Memorandum for the President, Subject: Supplement Requests for Foreign Aid, Director IPD: JMFrey:mfr 11/5/70, H-100, NPM. NA II. '71년 한국의 군사지원계획은 계획된 정상 MAP 1.4억 불, 추가 MAP 1.5억 불(5개년 현대화계획의 '71년 예산), 주한미군 철수장비 1.17억 불, 그리고 초과품(구입가의 50% 고려) 0.75억 불 등 총 4.82억 불이 되었다.

141) NSC USC Memorandum for the President, "Modernization of Republic of Korea Armed Forces," Aug 19, 1970, folder: NSDM 48, box H-215, NSC H-files, NPM,NA II. 균형된 현대화를 위해 지상전력(육군/해병대) 60%, 해군 14%, 공군 26%로 할당을 건의하였으나 실질적으로 균형된 현대화로는 부족하였다.

3단계는 현대화 지원이 시작되면서 1차로 수정된 계획이었다. 한미 철군 합의 이후, 7월 30일 차관위원회가 NSC에 "한국군 5개년 현대화 계획"을 구체화하여 보고하였고, 닉슨은 9월 2일 NSDM 129(한국군 구조 및 현대화 계획)[142]을 승인하였다. 미국은 예산 압박과 미 의회의 반대라는 제약 속에서 한국의 요구대로 예산을 증액시킬 수 없었다. NSDM 129는 현대화의 중점을 균형된 현대화에서 지상군 위주의 현대화로 조정하는 것이었다. 지상군 위주란 북중연합공격에 대응하는데 중점을 둔 것이었다.

〈표 4-6〉 한국군 현대화 5개년 계획과 한국군 소요전력(1976)[143]

	차관위원회 제안	소요 전력(1976년)[1]	
		북한 위협	북중 연합 위협
육군	18개 사단 현대화(5억불)[2]	12~14개 사단	18~22개 사단
공군(전투기)	280대 현대화 (2억2천1백만불)	400~500대	900~1200대
해군(군함)	28척 현대화 (1억9백만불)	20척	30~40척

1) 소요전력은 NSSM 27과 69로부터 도출하였음. 미 합참은 한국은 미국의 지원 없이 북한의 위협을 방어하기 위해서 21개 사단, 630대의 항공기, 40척의 함정을 필요로 하는 것으로 판단함.
2) 게다가, 한국군 지상전력은 해병상비사단 1, 예비사단 3, 후방사단 7개를 포함함.미군은 1개 사단이 한국에 주둔함.

차관위원회에서 건의한 계획은 〈표 4-6〉과 같이 지상군 위주의 불균형 전력구조로서 지상군은 중국군의 공격도 대처할 수 있으나 공군력은 북한에 대응하기에도 부족하였다. 결정 배경에는 레어드 국방장관이 주장한 "아시아의 미 지상군 미배치(no U.S. ground forces for Asia)" 의도가 반영된 것이다. 이는 최초 NSDM에서의 대통령의 지침과는 차이가 있었다. 그러나 키신저는 보다 균형된 구조를 위해 공

142) NSDM 129, "ROK Force Structure and Modernization Program," Sep 2, 1971, folder: NSDM 129 [2 of 2], box H-227, NSC H-files, NPM, NA II.

143) Memorandum for the President from Kissinger, "Five-Year Korea Program", 1971.7.30, folder: NSDM 129 [2 of 2], box H-227, NSC H-files, NPM, NA II.

군에 더 많은 지원이 필요함을 언급하면서도, 차관위원회의 건의를 닉슨에게 건의하였다.[144)]

4단계는 NSDM 129가 국회예산의 삭감으로 집행이 어려워지자 1973년 NSDM 227로 수정되었다. 1972년 10월 3일 차관위원회는 FY75년까지 무상군사원조인 운영유지비 1.75억불을 한국의 경제적 능력을 고려하여 한국이 부담하도록 한국정부에 요구할 것을 건의하였다.[145)] 키신저와 NSC는 이 평가에 동의하면서도 이로 인해 주월한국군 문제나 남북관계에 미칠 영향을 고려하여 11월 현대화 계획의 재검토를 지시하였다.[146)]

1972년 12월 27일 차관위원회는 닉슨 대통령에게 검토 결과를 보고하였다. 핵심내용으로서 첫 번째는 원조예산 삭감과 가격인상요인으로 한국군 현대화는 1975년까지 완료시킬 수 없으며,[147)] 둘째로는 한국군의 지상전력은 북한의 단독공격을 충분히 억제 및 방어가 가능하나 공중방어전력이 열세하다는 것이다.[148)] 1973년 1월 15일 NSC에서는 이러한 문제로부터 비롯된 국방부와 국무부의 상반된 인식과 편견을 지적하면서 하나는 한반도의 군사적 상황, 그리고 또 하나는 한국군 현대화 계획의 변경에 대한 한국정부에 미치는 외교적 영향을 분석해야

---

144) Memorandum for the President from Kissinger, "Five-Year Korea Program", 1971.9.1(서명일), folder: NSDM 129 [2 of 2], box H-227, NSC H-files, NPM, NA II.

145) NSC USC Memorandum for the President, "Korea Force Modernization - Transfer of Operating Costs to the Republic of Korea," Oct 3, 1972, folder: NSDM 129 [1 of 2], box H-226, NSC H-files, NPM, NA II.

146) White House Memorandum for the Chairman, NSC USC, "Korea Force Modernization - Transfer of Operating Costs," Nov 8, 1972, folder: NSDM 129 [1 of 2], box H-226, NSC H-files, NPM, NA II.

147) "II. Current Status of the Modernization Plan," enclosed for NSC Under Secretaries Committee Memorandum for the President, "Annual Program Review of Korea Force Modernization Plan, as directed by NSDM 129," Dec 27, 1972, folder: NSDM 129 [1 of 2], box H-226, NSC H-files, NPM, NA II.

148) NSC USC Memorandum for the President, "Annual Program Review of Korea Force Modernization Plan, as directed by NSDM 129," Dec 27, 1972, folder: NSDM 227, box H-241, NSC H-files, NPM, NA II.

한다고 보았다. 미 행정부 내의 입장이 차이를 보였다. 주로 국무부는 최초 계획의 완료와 무관하게 FY75년에 종결시킬 것을 주장하였으나, 이로 인한 외교 및 정치적 충격을 무시하였다. 국방부는 FY75년까지 15억불에 해당하는 특정장비를 제공하고 그 이후에는 한국에 대한 무상군사원조를 중지하자고 하였으나, 이는 의회의 예산 삭감이라는 현실을 무시하는 것이었다.[149] 1973년 2월 7일 닉슨 대통령은 키신저를 통해서 차관위원회에 한국군 군사력 소요, 현대화 계획의 변경에 따른 정치, 경제, 군비통제 등에 대한 분석 등 전반적인 검토 후 대안을 제시하도록 지시하였다.[150]

이에 대해 한국군 현대화 조정그룹은 1973년 6월 15일 닉슨에게 보고하였다.[151] 먼저 한국군 군사력 소요 연구로 한국 지상군은 1973년 당시에도 북한 지상군을 서울 이북에서 방어할 수 있어 심지어 감축도 가능하다고 결론지었다. 한국 지상군은 미국의 군수지원이나 공군 증원 여부와 상관 없이 16개 상비사단으로 가능하여 현재 19개 사단에서 3개 사단의 감축도 가능하다고 보고하였다. 이러한 관점에서 지상군 중점의 현대화 계획을 공중방어로 전환하고 한국의 국방비를 GNP의 5.1%로 증가시키면 현대화 계획의 진행과 함께 북한 공격을 성공적으로 방어할 수 있는 자기충분전력을 갖출 수 있다고 보았다. GNP 대비 비율이 낮아지면 자기충분전력은 FY78까지도 달성할 수 없고 현대화 사업의 중점과 상

---

149) NSC Memorandum for Kissinger from Phil Odeen and John Holdridge, "Korean Force Modernization Program," Jan 15, 1973, folder: NSSM-154 [2 of 2], box H-191, NSC H-files, NPM, NA II.

150) Memorandum for the Chairman, Under Secretaries Committee, "Annual Korea Force Modernization Program Review," Feb 7, 1973, folder: NSDM 227, box H-241; folder: NSSM 154[1of2], box H-191, NSC H-files, NPM, NA II.

151) NSC-U/DM 105, NSC USC Memoradnum for the President, "Reexamination of the Korea Force Modernization Plan," June 15, 1973; "Report of Korea Force Modernization Interagency Steering Group," May 31, 1973; Korean Force Requirements Study; folder: SRG Meeting NSSM 154 6/15/73 [4of4], box H-68; folder: NSDM 227, box H-241; folder: NSSM-154 [2 of 2], box H-191, NSC H-files, NPM, NA II. 전체 보고서는 요약보고서, 국방부가 작성한 한국군 군사력 소요 연구, 대한군사원조 미래, 그리고 국무부가 작성한 정치경제분석 보고서 등 입체적으로 구성되었다.

관없이 더 많은 기간 동안 미국의 전투력 지원이 필요하다고 보았다.

1973년 6월 15일 차관위원회는 한국군 현대화 조정그룹의 견해를 참조하여 닉슨 대통령에게 현대화 계획의 변경계획을 보고하였다. 첫째 15억불의 대한안보원조를 지속하고, 둘째로 현대화의 중점을 지상군에서 공중방어로 전환하고, 셋째로 한국정부의 자기충분성 증가를 위한 충분한 방위비 증가의 동의를 유도하고, 넷째로 한국군 19개 사단 중 16개 사단에 한정된 지원 의도를 통보, 다섯째는 현대화 공약의 지원을 1977년으로 연장하고 무상원조에서 차관을 급격히 증가, 그리고 여섯째는 현대화공약을 충족시키기 위해 최대한 초과방위품목을 사용하는 것 등이었다.[152] NSC는 대부분 동의하였으나 넷째, 다섯 번째 항목에 대해서는 미국의 지원에 대한 한국의 신뢰와 자신감을 유지시킨다는 측면에서 주의를 요구하였다.

따라서 차관으로의 전환속도나 한국 육군의 감축 등을 지속적으로 주장하는 국무부와 국방부의 입장에 대해 NSC는 반대하였다. 이러한 급격한 변화는 한국을 동요하게 하고 남북한 모두에 잘못된 신호를 보낼 수 있는 것으로 보았다. NSC는 국방부와 차관위원회의 보고서에 원칙적으로 동의하였으나 한국은 국내정치 문제와 북한의 위협에 대한 깊은 우려를 고려할 때 받아들이기 어렵고 한미간의 갈등을 증가시킬 것이라고 보았다. 이에 따라 1973년 7월 27일 키신저는 부처 간 이견을 주요 쟁점 위주로 분석하면서 닉슨 대통령에게 NSDM 227을 보고하고 발표하였다.

1973년의 NSDM 227의 주요 내용이다. 첫째 한국이 북한 위협에 대한 자기충분전력을 갖게 하기 위해서 현대화 계획의 중점을 공중방어에 둔다. 둘째로 한국

152) NSC Under Secretaries Committee, NSC-U/DM 105, Memorandum for the President, "Reexamination of the Korea Force Modernization Plan", June 15, 1973. folder: SRG Meeting NSSM 154 6/15/73 [4of4],boxH-68; folder: Under Sec. Comm. Memorandum Files, U. Sec. Decision Memorandums,U/DM105, boxH-278, NSC, H-Files,NPM,NA II.

군 16개 사단 이외 초과 3개 사단의 현대화 우선순위를 낮게 두되 미국이 지원하지 않을 것이라는 점을 한국에 통보하지 않는다. 셋째 NSDM 129는 계속 유효하나 무상군사원조 중지일자를 설정해서는 안 된다. 넷째 무상원조 계획수립과 의회에의 요청을 급작스럽게 감소하거나 급격하게 FMS로 전환해서는 안 된다[153]. 수정된 현대화 계획은 두 가지 점에서 NSDM 129와 차이가 있는데, 하나는 가상되는 적을 북중 연합군에서 북한의 위협만을 고려하였고, 둘째로는 현대화의 중점이 지상군에서 공중방어에 둠으로써 지상군과 공군전력 모두에서 자기충분전력을 확보하도록 하는 것이었다.[154] NSDM 227의 결정은 한국 지상군이 북한단독 위협의 대응에 적절한 규모를 초과하고 있다는 인식을 반영하는 것이었다. 이는 미 행정부에서 미군의 추가 철군을 고려할 수 있는 여지를 주는 것이었다.

5단계는 현대화 계획의 완성년도로 고려하였던 1975년에 수정된 "NSDM 282: Korean Force Modernization Plan"이다. 1974년도 이후 UN에서 UNC 해체 논의가 개진됨에 따라 UNC 해체 이후의 한반도 안보관계의 전환기에 주한미군의 규모나 임무의 변화가 없다는 전제에서 1974년 10월 8일 "NSSM 211: U.S Security Assistance to the Republic of Korea"(미국의 한국안보지원)을 검토한 결과이다. NSSM 211의 검토 과제는 군사지원계획의 종결일자, NSDM 227에 명시된 FMS 차관 전환비율, 공군 현대화를 위해 지원되어야 할 고성능 항공기 종류와 수, 그리고 NSDM 129의 수정 필요 내용 등이었다.[155] 수차례의 검토 끝에 11월 16일 키신저에게 보고된 쟁점에 대한 의견은 아래와 같다.[156] 먼저 무상원조

---

153) NSDM 227, "Korean Force Modernization Plan," July 27, 1973, folder: NSDM 227, box H-241, NSC, H-Files, NPM, NA II.

154) "Korean Force Requirements Study."CINCPACHistoryof1973.VolumeII. pp.467-469.

155) NSSM 211, "U.S. Security Assistance to the Republic of Korea," Oct 8, 1974, Folder, NSSM 211-Review of U.S. Security Assistance to the Republic of Korea(2), Box 32, NSC Institutional Files, Ford Library.

156) DOS Memorandum for Lt. General Brent Scowcroft, "Submission of Response to NSSM 211," Attachment: Response to NSSM 211, "NSSM 211, Security Assistance to the Republic of

에서 FMS 차관으로의 전환속도 가속화에 대한 논의이다. 국방부와 국무부 등에서 지속적으로 제시해 온 과제로서 NSC는 이에 반대의 의견을 갖고 있었으나 관련부처의 강력한 요구 속에서 기존 입장만을 고수할 수 없었다. NSC는 네 가지 방책을 검토한 결과 〈표 4-7〉의 방책 2를 지지하였다.

〈표 4-7〉 NSSM 211의 FMS차관 전환속도의 가속화 논란(단위: 백만불)

		구분	FY75	FY76	FY77	계
방책 1	NSDM 227 계획 유지 - 무상원조 매년 감소 -48 - 무상원조 중지일자 미설정	무상	192	147	96	435
		차관	45	65	90	200
		계	237	212	186	635
		• FY74 말 현재 현대화 부족 500 현대화 계획 초과 135				
방책 2 (채택)	무상원조감소/FMS차관증가 - 연간무상원조 매년 감소 -25 - FMS 차관 매년 증가 +50	무상	100	75	50	225
		차관	52	100	150	302
		계	152	175	200	527
		• FY74 말 현재 현대화 부족 500 현대화 계획 초과 27				
방책 3	방책 2보다 낮은 무상원조, FMS 차관 증가 - 연간무상원조 매년 감소 -25 - FMS 차관 매년 증가+50-75	무상	75	50	25	150
		차관	52	125	175	352
		계	127	175	200	502
		• FY74 말 현대화 현재 부족 500 현대화 계획 초과 2				
방책 4	FY75-77 기간에 한국요구 5억불 차관 제공/미국 공약을 증명하는 차원의 최소한의 무상원조 제공	무상	25	10	10	45
		차관	75	175	250	500
		계	100	185	260	545
		• FY74 말 현대화 현재 부족 500 현대화 계획 초과 45				

Korea," Nov 1974; NSC Memorandum for Secretary Kissinger from Richard T. Kennedy and W. R. Smyser, "Future U.S. Military Assistance to South Korea," Nov 16, 1974; folder: NSSM 211-Review of U.S. Security Assistance to the Republic of Korea(1), box 32, NSC Institutional Files, Ford Library.

두 번째의 쟁점은 무상군사원조의 종결 일자에 대한 논란으로서 예산처와 국무부는 예산부족과 의회의 압력을 주로 고려하여 시기를 설정해야 한다고 주장하였고, NSC는 한국에 대한 미국의 지지의 증거로서 소규모 전력투자를 위해 낮은 수준에서 무상원조의 필요성을 주장하였다. 세 번째로는 한국군 현대화 제공에 소요되는 고성능 항공기의 종류와 수에 대한 논의였다. NSDM 227에 따라 현대화의 중점을 공중방어로 전환했으나 항공기의 고비용과 첨단 항공기의 지원에 따른 미국 내의 반발을 고려하여 지상 공중방어 전력에 비해 항공기를 낮은 우선순위로 부여하였다. 국방부는 베트남에서 한국으로 복귀하는 F-4A 대대 수용비용 3.3백만 불을 한국이 부담한다는 조건으로 한국에 대여 중인 F-4D대대를 한국에 4.3천만불에 판매하고자 하였으나, NSC는 F-5A대대 수용비용을 한국에 부담을 강요하는 것은 바람직하지 않다고 보았다. 그리고 넷째로 NSDM 227 계획의 수정이 필요한가이다. 이에 대해서는 첫 번째 쟁점의 예산지원 문제와 공중방어 소요 전력에 대한 추가 연구가 필요하다고 결론지었다.

NSSM 211에 대한 다양한 의견은 1975년 1월 9일 NSC에서 NSDM 282로 지시되었다. 우선 현대화 계획을 조기에 종결시키고, 둘째로 무상군사원조에서 FMS 차관으로의 전환 비율은 NSSM 211에서 검토된 2방안으로 가속화시키는 것이다. 셋째로 무상군사원조의 종결일자는 설정하지 말고 무상군사원조는 FY77 이후에도 지속되고, 연간 천만 불의 한도 내에서 소규모 전력투자와 훈련사업의 무상군사원조를 제공한다. 넷째로 한국에 위탁 중인 F-4D 비행대대를 한국에 판매를 통해 양도한다. F-5A 2개 비행대대의 재주둔을 위한 비용 3.3백만 불을 지불해야 하나, 한국의 심한 반대가 지속될 경우 F-4D 대대의 판매조건이 되어서는 안 된다. 그리고 공중방어 소요전력 검토 건의안을 3월 3일 이전에 대통령에게 보고한다.[157]

157) NSDM 282, "Korean Force Modernization Plan," Jan 9, 1975, folder: NSDM 282-Korean Force

NSDM 227은 지상군의 지원을 제한하고 공군의 자기충분성 전력을 확보하고자 하였으나, NSDM 282를 통해서 공중방어전력의 소요에 대한 검토를 다시 하게 되었다. 1975년 6월에 합참의 공중방어전력 소요는 한국 공군이 자기충분성을 갖도록 지원할 것인지, 한국군 현대화 계획에 포함되지 않았던 전투기에 대한 한국의 구매 요구는 어떻게 할 것인지, 그리고 주한미군의 3개 호크 방공대대를 한국에 넘겨 줄 것인지 등이 쟁점이 되었다. 7월에 국무부에서 검토한 결과 장기적으로 1977-80년 기간에 상당한 미국 군사원조가 없이는 달성할 수 없기에 미국 군수지원만 갖고 한국군 자기충분전력을 확보하는 정책은 연기되어야 한다고 검토하였다.[158] 이에 대해서 슐레진저 국방장관은 10월 9일 "NSDM 309: Decisions on ROK Air Defense Requirements"를 통해 한국군 공중방어 소요전력을 결정하였다.[159] 중요한 사항은 NSDM 227에서 결정한 한국공군의 자기충분성(combat self-sufficiency)의 확보를 또 다시 연기하는 것이었다.

이러한 결과는 다음과 같은 의미를 갖는다. 첫째로 계획된 FY71-75 현대화 계획이 지연되면서 완료시기를 명시하지 않아 NSDM 48에서부터 의도하였던 미국의 안보공약이나 한국화 정책이 사실상 달성되지 못하고 종결된 것이다. 따라서 NSDM 227에서 수정한 공군전력 위주의 현대화 정책에서 추구한 한국군의 자기충분성의 확보를 장기적으로 연구할 것으로 연기한 것이다. 둘째로 한국의 방위부담 증가로 갈등이 유발되면서 닉슨 독트린이 갖는 모순을 드러내었다. 셋째로 미 행정부 내 두 가지 상반된 정책 방향으로서 무상원조의 종결과 중지를 주장하는 국무부나 국방부의 입장에 반대하는 키신저와 NSC의 입장에서 정책이

Modernization Plan (9), box 56, NSC Institutional Files, Ford Library.

158) Memorandum for Brent Scowcroft, "ROK Air Defense Requirments," Jul 19, 1975, folder: NSDM 282-Korean Force Modernization Plan (1), box 56, NSC Institutinal Files, Ford Library.

159) NSDM 309, "Decisions on ROK Air Defense Requirements," Oct 9, 1975, folder: NSDM 309-Decisions on ROK Air Defense Requirements(1), box 61, NSC Institutional Files, Ford Library.

결정되었다는 점이다. 구체적으로 미 행정부 내 전반적으로 무상원조에서 FMS로의 전환을 요구하였으나 키신저와 NSC를 필두로 전환속도를 늦추고자 하였고 무상원조의 중지일자를 명시하지 않고 천만 불의 한도 내에서 한국을 계속 지원하여 안보지원의 상징성을 유지하고자 하는 정치적 의지를 표출하고 있다는 점이다. 키신저는 한반도와 한국 정부에 대한 안보불안과 불확실성으로 인한 불안정에 주목하면서 최소화하고자 하였다. 1970년대 한미 안보파트너십에 있어서 정치적 수준의 안보파트너십은 미국의 주도에 의해서 유지되었는데, 키신저와 NSC의 주도가 한미 안보동맹에 주효한 영향을 미쳤다.

한국군 현대화 계획의 지원에 대한 미 행정부의 진행과정을 통해서 결과적으로 한미 간의 입장 차이로 인한 갈등은 불가피하였다. 미 행정부는 개입을 축소하고자 하는 대한반도 정책을 지속하고자 하였다. 국무부와 국방부는 담당 부서로서 닉슨 독트린에 충실하고자 과감하게 개입을 축소하고 한국에 대한 부담을 전가하고자 하였다. 그러나 개입의 축소가 현실화되는 과정에서도 키신저와 NSC는 한미 관계의 전체적인 정치외교적 파장을 고려하여 불안정을 최대한 줄이고자 하였음을 알 수 있었다.

미국의 한국군 현대화 지원은 한국의 기대를 충족시키지 못하였다. 한국은 최초 철군이 추진될 때부터 이러한 결과를 우려하였었다. 정치적으로 키신저나 NSC에서 우려하였던 정도보다 한국의 미국에 대한 신뢰는 더욱 더 약화되어 가면서, 안보파트너십의 수행전략에서의 공조는 낮아졌다.

다. 추가 철군 논의와 유보

닉슨 행정부에서는 주로 국방부 주도로 추가철군 문제가 제기되었으나, 이 문제가 구체적인 수행 단계로까지 제기되지는 않았다. 그러나 이는 지속적으로 한미 안보파트너십의 불안 요인으로 작용하였다.

1971년 주한미군 철군 이후에도 추가 철군이나 전면철수에 대한 논의는 한국을 계속 자극하였다. 기존의 주장은 미 행정부가 최초부터 전면철수는 고려하지 않았다고 하였으나,[160] 최근에 공개된 미 행정부의 1차 자료를 통하여 추가 철수나 전면철수를 전제로 하고 있었다는 주장이 제기되었다.[161] 미 행정부 내에서는 군사적인 관점에서 추가 철군이 가능하다는 인식을 가지고 있었고, 국방부는 예산 삭감의 압박을 받으며 지속적으로 추가 철군이나 미 2사단의 기동예비로의 전환 등을 제기하였었다.

닉슨 행정부는 3차 철군을 결정하면서 추가 철군의 여지를 남겼다. 1970년 3월 키신저의 보고서에서도 2만 명을 철군시키고, 1972년도까지 4만4천 명의 주둔을 건의하였고 대통령도 승인하였다. 그리고 1970년 말 미 국방부는 한미 1군단을 창설하기로 한측과 합의하면서 운영기간을 18개월로 못 박고 있었다.[162] 이러한 제반 자료들은 키신저와 닉슨이 차후 추가 철군에 대한 검토를 고려했다는 가정을 가능하게 한다. 이 문제는 닉슨 행정부 내에서 오랫동안 모호성 속에서 논란의 대상이 되었다.

미 국방부는 주한미군의 추가 철군에 적극적인 모습을 보였다. 국방부는 지속적으로 추가 철군 문제를 제시하였다. 한국군 현대화 과정에서 보았듯이 레어드

---

160) 기존의 주장은 애초부터 "다른 수단에 의한 봉쇄전략"이라는 측면에서 상정하지 않았다. John L. Gaddis, *Strategies of Containment: A Critical Appraisal of Postwar American National Security Policy(1982)*; Robert S. Litwak, *Detente and the Nixon Doctrine: American Foreign Policy and the Pursuit of Stability, 1969-1976* (1984); Raymond L. Garthoff, *Detente and Confrontation: American-Soviet Relations from Nixon to Reagan* (1985); Raymond L. Garthoff, Detente and Confrontation: American-Soviet Relations from Nixon to Reagon, Revised Edition (Washington, D.C.: The Brookings Institution, 1994); John Spanier, American Foreign Policy Since World War II(12the ed.) (Washington, D.C.: Congressional Quarterly Inc., 1992); Richard M. Nixon, The Memoirs of Richard Nixon (New York: Grosset and Dunlap, 1978) 닉슨 회고록에서도 완전철수를 부인하였다고 주장하였다. Joo-hong Nam, America's Commitment to South Korea: *The Decade of the Nixon Doctrine* (1986); 유인석 (2006), p. 9에서 재인용.

161) 유인석 (2006), p. 9.

162) Memorandum for the Assistant to the President for National Security Affairs from Packard, "Combined US/ROK Corps and Corps Artillery Headquarters (S)," Nov 23, 1970, folder: NSDM 48, box H-215, NSC H-files, NPM, NA II.

국방장관은 NSDM 129(한국군 구조 및 현대화 계획) 현대화 중점을 지상군 위주로 설정한 것도 지상군의 추가 철군을 염두에 둔 것이었다. 1974년 9월 SCM을 준비하면서 미 국방부는 현대화를 통해서 한국군이 자기충분전력을 갖추면 주한미군의 추가 철군이 기대될 수 있다는 사실을 한측에 통보하려고 하였다. 그러나 NSC, 국무부 그리고 하비브 주한미대사 등이 이에 반대하여 제기되지 않았었다.[163] 주한미군 추가 철군은 당시 미 행정부의 정식 정책 방향이 아니었다. 키신저나 NSC는 한반도의 불안정을 야기할 수 있는 추가 철군을 민감하게 취급하였다.

키신저는 슐레진저 국방장관과의 면담을 통해서 순수하게 군사적인 측면에서는 추가 철군을 고려할 수 있다는 개인의견을 밝혔다.[164] 그러나 주한미군의 철군이 어려운 정치적 이유는 주한미군이 한반도에 존재해야 한다는 필요성이라고 밝혔다. 키신저의 이러한 태도는 안보보좌관이나 1973년 7월 이후 국무장관을 겸직하면서도 지속되었다.

미 행정부는 철군을 결정하면서, 이미 논의했듯이 합참의 입장과는 달리, 한국 지상군은 충분히 억제전력을 보유한 것으로 평가하였다. 이 인식은 한국군 현대화계획을 수정하면서도 반영되었다. 1973년도 NSDM 227(한국군 구조 현대화)에서는 한국군 19개 사단 중 16개 사단에만 한정된 지원을 결정하면서, 공군전력에 중점을 두도록 수정되었다. 〈표 4-8〉은 1973년도에 예측한 1976년도의 한반도 군사력 도표는 이러한 결정 배경을 잘 설명해 주고 있다. 한국 지상군이 북한 단독 위협만을 고려 시 초과되었다는 인식은 추가 철군을 고려할 수 있는 조건이 되는 것이었다.

---

163) Memorandum for Kissinger from Clements, "US-ROK SCM(U)," Sep 6, 1974, folder: NSDM 227; NSC Memorandum for Secretary Kissinger from Smyser, "Telling the Koreans our Aid Plans,"; DOS Memorandum for Scowcroft from Springsteen, "US/ROK SCM: DOD Memorandum," Sept 20, 1974; folder: NSDM 227, box H-241, NSC, H-Files, NPM, NA II.

164) Memorandum of Conversation, folder October 2, 1973-Kissinger, Schlesinger, Colby, Moorer, box 2, NSA Memo. of Cons., Ford Library.

〈표 4-8〉 1973년도에 예측한 FY76 한국군 군사력과 위협[165)]

		한국군 능력	위협 전력					
			북한 단독		북중 연합			
					소련 자제		소련 참여	
			총	1.3:1적용	총	1.3:1적용	총	1.3:1적용
지상군	병력(1000명)	561	370	285	820	631	1,140	877
	사단(DFEs)	9.75[b]	6	4.6	13	10	18	13.8
공군	초음속	103	155		430		about	
	저음속	104	270-300		400		1,500	
	폭격기	-	94		120-145			
해군	구축함	8	2		a		a	
	정찰함	36	200		a		a	
	잠수함	-	6		a		a	

a. 중국의 해군 전력 불확실하나 구축함 19, 잠수함 50척, 정찰함 약 1,000척 보유로 평가. 한국전에 투입은 남중국함대로 재전개가 되어야 함.
b. 3개의 예비사단 포함

그리고 데탕트는 한반도의 위협에서 중국의 위협에 대한 평가를 약화시켰다. 따라서 정치적 위협의 약화는 군사적인 수준에서도 자연히 중국의 위협을 감소시키면서 핵 정책을 포함하여 재래식 전력의 판단에 영향을 미치면서 국방부나 행정부의 추가 철군 필요성을 지속시켰다.

그러나 1973년 8월 NSDM 230(아시아에서의 미군 전략과 전력)은 주한미군의 규모와 역할을 향후 5년간 변화가 없는 것으로 결정하였다. 다양한 관점에서 철군 논의가

165) Security Assistance Program for South Korea, folder: NSSM 171 [1 of 2], box H-196, NSC H-files, NPM, NA II. DFE는 실제 사단수가 아니라 모두 미군사단 규모를 기준으로 환산한 것임. 지상군의 ()의 숫자는 공자가 방자에 비해 불리한 점을 고려해서 공수 비율을 1.3: 1로 적용해서 실제 전력보다 낮은 수치의 전력을 의미하는 것이다.

FY 76 예측 한국군 능력

지상군		전술공군	해군
현행전력	예비전력		
561,000명	263,000명	130 F-5A/Es	9 DD/DE
19사단[a]	10 사단[a]	36 F-4s	19 Patrol
9.7 DFEs		108 SAM Launchers	17 CPIC

a. M+7일 창설되는 3개 예비사단과 M+30일 창설되는 7개 후방향토사단 포함

제시되었으나 미 행정부의 큰 틀에서의 주한미군 정책은 1971년도 철군 이후의 상태를 유지하는 것이었다.

미 행정부는 1974년 UN에서 UNC 해체 논의가 진행되는 과정에서 3월 "NSDM 251: Terminations of the UNC Command in Korea"를 결정하였다. NSDM 251의 기본 고려는 공산측으로부터 묵시적으로 주한미군의 주둔을 확보하면서 UNC 해체 이후의 안보체제를 구축하는 것이었다.[166] 따라서 NSDM 251의 가정으로 주한미군의 변화를 고려하지 않는 상황에서 주한미군의 추가 철군은 사실상 실현되기 어려운 상황이 되었다.

미 국방부는 직접적으로 주한미군의 철수가 어렵게 되자 다른 방법으로 주한미군을 점진적으로 감축하고자 하였다. 여기에는 미 2사단의 기동예비화를 추진하고, 1971년 창설시 18개월 한시 운용으로 예정하였던 한미 1군단을 해체하고, 동시에 JSA 경비중대를 철수하며, 한반도의 UNC, USFK, 그리고 EUSA 등을 인력감축을 목적으로 하나의 조직으로 통합하는 등 한국방위의 한국화를 추진하는 것이었다.

먼저 미 2사단의 기동예비화는 미국이 이미 한국군 현대화를 통해서 지상전력의 운용에 있어서 융통성이 있다고 보았기 때문이다. 따라서 미 2사단을 한반도에 고정하여 운용하지 않고, 태평양 지역의 우발상황에 대한 예비임무를 부여하고자 하였다.[167] 이는 국무부와 NSC의 반발에 부딪혀 추진되지 못하였다. 국무부의 반대 이유는 주한미군은 데탕트에 의거하여 결정되어야 하는데 새로운 임무를 부여하면 정책적 융통성을 상실하게 된다는 것이다.[168] NSC에서도 동일하게

---

166) NSDM 251, "Termination of the U.N. Command in Korea," Mar 29, 1974, folder: NSDM-251, box H-246, NSC H-files, Nixon Materials, National Archives II.

167) Merits of Converting the Division in Korea to a More Mobile Configuration (C), 1973.9.26, folder: SRG Meeting-Korea, 2/19/74, box H-69; folder: NSSM 190[1of3], box H-201, NSC H-files, NPM, NA II.

168) "Political and Diplomatic Implications of Converting the US Second Infantry Division to a

정치적 이유에서 반대하였다. 미 2사단 기동화 문제는 이후에도 한미관계에서 지속적으로 대두되었다.

이와 함께 미 합참은 1974년 3월 한미 1군단의 한국화 계획을 국방장관에게 건의하였다. 태평양사령관과 유엔사령관은 1976년 6월 경에는 한국의 단독임무 수행이 가능할 것으로 판단하였다.[169] 이 문제는 당시 UN에서의 UNC 해체 논의와 연관을 갖고 있었다. 따라서 미 국방부는 1975년 말 UNC 해체를 고려하여 일정을 당기고자 하였다. 그리고 미 국방부는 1974년 12월 유엔사령관에게 한미 1군단 해체 관련 협상을 지시하였다. [170]동시에 미 합참은 1974년 3월 인력절감을 목적으로 한반도 전구사령부 통합을 국방부로 건의하였다. JSA 중대 철수 추진도 병행하였다. 한미 협상이 진행되었고 미 국방부를 제외하고 양국 모두 부정적인 반응을 보였다.

미 국무부나 NSC는 NSDM 251(한국에서의 유엔사 해체)을 추진 중인 상황에서 주한미군의 체제를 변화하는 것에 대해 반대하였다. 더구나 NSC는 국방부가 전술적으로 점차 주한미군을 감축하려는 것으로 파악하였다. 이러한 조치는 남북관계에 있어서 북한에게 나쁜 신호를 줄 수 있다고 생각하였다. 1975년 1월 29일 키신저와 NSC에서는 한미 1군단의 해체와 JSA 경비중대의 철수는 대통령의 승인을 받도록 견제를 하였다.[171]

하지만 한국 내의 반응도 부정적이었다. 군부 일부에서 서부 주요축선에 대한

More Mobile Configuration," folder: SRG Meeting-Korea, 2/19/74, box H-69; folder: NSSM 190[1of3], box H-201, NSC H-files, NPM, NA II.

169) JCSMs 85-74, Memo for the Secretary of Defense from the JCS, 16 Mar 1974, I Corps(US/ROK)Group,P740052-1163to1164,Folder Reel#P740052-1121 to P740052- 1200, Box 52B, Central Foreign Policy Files, 1974 P-Reel Printouts, RG59, NA II.

170) Telegram from Amembassy Seoul to SECSTAE, "I Corps (ROK/US) Deactivation," Jan 31, 1975, folder: Korea(6), box 9, NSA, PCF EA/P, Ford Library.

171) Memorandum for Kissinger from W. R. Smyser, Clinton E. Granger, "Wrong Signals to Pyongyang," Jan 29, 1975, folder: Korea(2), box 9, NSA, PCF EA/P, Ford Library.

한국군의 작전통제권 행사로 자주국방 달성의 계기가 되어 환영하는 분위기도 있었다. 그러나 한미 1군단은 미군장교 일부가 참여하는 이상의 의미를 갖는 것으로 보았다. 한국 정부는 이 조치들이 한반도의 개입에 대한 미국의 공약 약화로 받아들여지는 것을 우려하였던 것이다.[172)]

한편 스나이더 대사는 1975년 1월 한국 정부의 우려를 의식하여 한미 1군단의 해체를 1976년까지 1년 연기하는 방안을 제안하였다.[173)] NSC는 1975년 2월 한미 1군단과 JSA 중대의 철수는 중요한 정치적 의미를 갖기에 반대를 명확히 하면서 NSC의 검토를 요구하였다.[174)] JSA 중대와 관련하여 1971년에 안보보좌관 키신저는 자동개입을 유발할 수 있기에 후방으로 철수를 검토했었으나, 1975년 스코크로프트 보좌관은 세력균형 측면에서 변화가 초래하게 될 불안정이라는 정치적 관점에서 철수를 반대하였다. 미국이 정치적 목적에 따라 동일한 사안에 대한 결정을 바꾸면서, 한미 1군단 해체 문제는 UNC 해체 논의와 맞물려 1976년으로 연기되었다.

이후 1975년 4월 베트남의 갑작스런 패망에 충격을 받은 미국은 다시 한 번 아시아 정책을 돌아보게 되었다. 미 행정부 내에서는 인도차이나에서의 붕괴에 대해서 CIA 콜비(William E. Colby) 국장은 예견된 사태로서 미약할 것이라는 분석도 있었으나 키신저 등의 전반적인 분위기는 이 사태가 미칠 파장을 크게 우려하였다.[175)] 4월 18일 포드 대통령은 키신저에게 한국에서 미군을 철수하지 않고 일본, 태국, 대만 등 아시아 지역에서의 미군 감축이나 조정과 관련된 검토를 중지

---

172) Telegram from Amembassy Seoul to SECSTAE, "I Corps (ROK/US) Deactivation," Jan 31, 1975, folder: Korea(6), box 9, NSA, PCF EA/P, Ford Library.

173) Telegram from Amembassy Seoul to SECSTAE, "I Corps (ROK/US) Deactivation," Jan 31, 1975, folder: Korea(6), box 9, NSA, PCF EA/P, Ford Library.

174) Memroandum for Scowcroft from W. R. Smyser, "U.S. Company in the Korean DMZ," Feb 20, 1975, folder: Korea(3), box 9, NSA, PCF EA/P, Ford Library.

175) Minutes of NSC Meeting, folder: NSC Meeting, April 9, 1975, box 1, NSA, NSC Meetings File, Ford Library.

하고 신중히 처리할 것을 지시하였다.[176] 미 행정부 관료들은 인도차이나 사태 이후 아시아 지역에서 미국의 공약 이행을 보장하는 발언들로 파장을 최소화하고자 하였고, 5월 6일 포드 대통령은 인도차이나 사태 이후 최초로 성명을 발표하면서 "미국은 아시아 국가들과의 관계개선을 위해 보다 노력하겠다."고 강조하였다.[177]

베트남의 패망으로 미 행정부 내에서는 당분간 주한미군 철수 논의가 진행되기 어렵게 되었다. 그러나 장기적인 철군 논의가 사라진 것은 아니었다. 국무부에서 하비브 차관은 당시는 아니지만 장기적으로 박 대통령도 한국군 현대화 완료시 미군 철수를 바란다는 논리를 내세웠다. 그러나 키신저는 유사시 미 지상군이 전혀 없는 상태에서 미 의회가 즉각적으로 한국에 대규모 지상군을 투입하는데 어려울 것이라는 주장을 제기하였다.[178]

포드 행정부는 베트남 패망 이후의 제반 정치적 변화를 인식하고 대한반도 안보현안에 대한 조치를 강구하였다. 가장 먼저 조치된 사항은 미 국방부가 주장하는 한미 1군단의 해체와 판문점 경비중대의 철수를 백지화하는 것이었다. 포드는 당시 정세에서 국방부의 제안이 미치는 영향을 고려하여 북한의 의도에 대한 명확한 판단을 할 때까지 주한미군의 조정에 대해서는 별도의 승인을 받도록 제한하였다.[179] 4월 30일 스나이더 대사는 박 대통령에게 한미 1군단의 해체 연기를 통보하고 FY1975 군사원조계획과 경제적 지원에 대해 설명했고 박 대통령은 이

---

176) Memorandum of Conversation, folder: April 18, 1975-Ford, Rockefeller, Kissinger, box 11, NSA, Memo. of Conversation, Ford Library; NSC Memorandum for Secretary Kissinger, "Taiwan NSSM: U.S. Force Reductions on Taiwan and Future U.S. Military Assistance," May 23, 1975, folder 212-U.S. Security Assistance to the Republic of China (4), box 32, NSC Institutional Files, Ford Library.

177) 조선일보 (1975. 5. 8), 1면.

178) Description of Proceedings, Secretary's Staff Meeting, June 1, 1976, Box 10, Secretary Kissinger's Staff Meeting, 1973-77, RG 59, NA II.

179) Memorandum for SECDEF from Kissenger, "U.S. Force Deployments and Structure in South Korea," folder: Korea(6), box 9, NSA, PCF EA/P, Ford Library.

에 만족하였다.[180)]

그리고 1976년도에는 미 국방부와 NSC 간에 JSA 중대의 철수와 관련한 인계철선 논란이 발생했다. 미 국방부는 과도하게 노출되어 있어서 자동개입의 빌미가 된다고 하였고, NSC에는 그렇기 때문에 더 가치가 있다는 주장을 하였다. 이는 인계철선의 타당성에 대한 찬성과 반대 논리의 전형이라고 할 수 있다. NSC의 입장은 기본적으로 아시아에서 미 군사력을 감축시키려는 경향에 대해서 우려를 표명하면서 강력하게 반대하였다.[181)]

1976년도 미국 대선을 통해서 포드 대통령은 주한미군의 철수에 반대하였으나, 카터 후보는 한반도에서 핵무기를 철수하고 향후 5년 안에 주한미지상군을 철군할 것을 제안하였다. 그러나 포드 대통령은 이임하면서 1977년 1월 20일 "NSDM 348: U.S. Defense Policy and Military Posture"에 서명함으로써 최종적으로 새로운 전략지침을 확정하였다. 특히 일반목적군의 구체적인 목표를 "유럽 이외의 지역에서 상당한 잠재적 위기가 존재할 것이고, 아마도 더욱 커질 것이므로 미국은 해외군사력을 더욱 강화하는 것"으로 설정하였다.[182)] 1976년도 말 사전 검토과정에서도 "NSSM 246: National Defense Policy and Military Posture" 연구를 통해서 전략핵전력을 점진적으로 증가시키고 일반목적군의 세계적인 능력을 증가시키는 전략을 선택하였다. 주한미군은 현상유지를 하도록 되어 있었다.[183)]

---

180) Telegram to SECSTATE from Amembassy Seoul, "Meeting with President Park," Apr 30, 1975, folder: Korea-State Department Telegrams to SECSTATE-EXDIS(1), box 11, NSA, PCF EA/P, Ford Library. Transcript of Procedings, Secretary's Staff Meeting, 25 Apr 1975, Box 6, Secretary Kissinger's Staff Meeting, 1973-77, RG 59, NA II.

181) Memorandum of Conversation between Scowcroft and Sneider, Sept 15, 1976, "August 18 Incident at Panmunjom: US-Korean Relations," folder: Korea(19), box 10, NSA, PCF EA/P, Ford Library.

182) NSDM 348, "U.S. Defense Policy and Military Posture," Jan 20, 1977, folder: NSDM 348-U.S. Defense Policy and Military Posture, box 69, NSC Institutional Files, Ford Library.

183) Minutes of NSC Meeting, folder: NSC Meeting, December 15, 1976, box 2, NSA, NSC

주한미군의 추가 철군은 이뤄지지 않았다. 추가 철군 논의가 끊이지 않았으나, 심각하게 제기되지는 않았다. 특히 1975년 베트남의 패망은 미국을 당황하게 만들었다. 사실상 1973년도 NSDM 230(아시아에서의 미국 전략과 전력) 이후에는 크게 변화없이 유지되었다. 키신저나 NSC, 그리고 스코크로프트 보좌관도 한국이나 동북아의 동요를 막기 위해서 정치적인 고려를 하였고, 이것이 국방부의 추가 철군 의도를 견제하였다.

그러나 미국의 대한반도 정책은 불안정하고 변화 속에 있었다. 미국의 정책에 대한 신뢰를 잃어버린 상황에서 추가 철군 문제는 계속 한국을 불안하게 만들었다. 정치적인 수준에서 안보파트너십이 안정적일 수 없었다.

라. 한국의 자주국방 조기 추진

박정희 행정부가 자주국방을 추진한 배경은 크게 두 가지로서, 닉슨 독트린에 따른 미국의 한국군 현대화 지원과 미국의 안보동맹의 개입에 대한 신뢰의 상실이었다. 닉슨 대통령은 동맹국들에게 적이 공격하면 지원은 하겠으나 미군이 대신 싸워줄 것을 바라지 말라고 강요하였다. 따라서 자주국방은 수행전략에서 양국의 공조라는 측면과 미국에 대한 불신이라는 양면성을 띄는 것이었다.

먼저 미국에 대한 신뢰의 상실은 1960년대 말 미국이 베트남전에서 새로운 방향을 모색하고 세계전략의 틀을 수정하면서 비롯되었다. 박 대통령은 1970년 연두기자회견에서 미국이 세계 패권국가로서의 능력을 유지하기 어렵다는 사실을 공개적으로 밝히면서 자주국방의 필요성을 강조하고 한국이 갖추어야 할 대북억제 능력을 자주국방의 수준으로 밝혔다.

(중략)… 중소 이념 분쟁을 위시해서, 그 밖의 공산 진영에 분열이 일어나기 시작했는

Meetings File, Ford Library.

데, … (중략)… 특히 최근에 베트남 전쟁 이후에 미국 내에서 일어나고 있는 소위 신고립주의 경향이라고 할까, 과거 미국 내에서 일어나고 있는 소위 신고립주의 경향이라고 할까, 과거 50년대에 있어서는 거의 볼 수 없었던 새로운 경향이 60년대에 들어와서 조금씩 나타나기 시작했습니다.

(중략) … 70년대에는 이러한 몇 가지 중요한 현상이 나타나리라고 예측되는데, 그 이유로서는 아까 말씀드린 바와 같이 공산진영 내에 있어서 여러 가지 분열이 생겼고 서방진영에 있어서는 과거의 서방 여러 나라들이 주로 미국에 전적으로 의존을 해 왔으며, 미국이 세계의 경찰 역할을 지금까지 해 왔다시피 했는데, 미국의 그러한 힘도 이제 한계가 드러났다. 그러니 이제부터는 그런 강대국에 전적으로 의존해서 살 수는 없다. 이제부터는 자기 힘으로 어떻게 살아 나가는 길을 모색을 해야 되겠다.

(중략) … 그렇기 때문에 우리는 적어도 북괴가 단독으로 무력 침공을 해 왔을 때에는 우리 대한민국 국군의 단독의 힘으로도 충분히 이것을 제재하고 분쇄할 수 있는 정도의 강한 힘을 빨리 갖추어야 되겠다 하는 것입니다. 이것이 내가 주장하는 자주국방에 대한 개념입니다. (중략) …[184)]

베트남의 상황이 악화되어가고 있던 1975년 4월 9일 당시 스나이더 주한미대사는 아시아 동맹국들의 동요와 불안과 함께 한국이 미국을 얼마나 불신하고 있는지를 미 국무부에 아래와 같이 보고하였다.

박 대통령과 행정부 고위인사들은 미국의 원조 공약을 낮게 평가하면서 미국에 대한 신뢰성에 의문을 제기하고 있다. 이러한 의심들은 한국의 지도부들이 핵개발을 포함하여 미국의 안보공약의 대안을 모색하게 한다.

인도차이나 사태로 인하여 언론에서 "베트남의 교훈은 미국에 국방을 과도히 의존해서는 안 된다."는 말이 자주 등장한다.

현재까지 베트남 사태로 인해 한국의 반응에 대한 주요 방향은 다음과 같다. a. 미국

---

184) 대통령 비서실, "연두기자회견(1970. 1. 9)," 『박정희대통령 연설문집』 3, 제 6대편 (1973), pp. 659-689.

의 대한안보공약에 대한 의문 강력 제기. b. 베트남의 붕괴는 베트남 자신의 책임이나 적절한 미국의 지원 부족이 결정적인 역할. c. 만일 미국이 개입을 다시 주장한다면 한국보다는 일본 방위 때문일 것. d. 북한 공격 가능성 매우 큼. e. 가능한 빨리 자주국방을 달성.

중요한 점은 박 대통령 개인의 반응은 미국에 대한 의존으로부터 벗어나고, 베트남의 경험으로부터 하루라도 빨리 내적 안보를 강화하고 국가 전체를 자주적으로 이끌어 가고자 한다. 또한 박 대통령은 북한의 한국과 미국의 반응을 염두에 둔 군사적 도발 가능성을 염려하고 있다. 스틸웰(Richard Stillwell)과 나는 한국 지도자들의 과장된 용어와는 다르나 이에 동의한다.

더구나, 나는 현재의 상황에서 안보불안과 불확실성을 인식하고 있는 박 대통령이 대내적으로 정치적 통제를 강화하고 미국의 충고에 귀 기울이지 않고 있다. 박 대통령은 프레이저 의원의 방문을 통하여 독자적으로 나가야 한다는 결심을 굳히게 되었다. 동시에 한국의 군부는 광범위한 방위문제에 대해 스틸웰 장군과 밀접한 관계를 유지하고 있다.

우리가 직면한 정치적 딜레마는 명확하다. 하나는 박 대통령과 한국 국민은 확고한 방위공약의 다짐을 강력히 요구하고 있다. 미국의 개입에 대한 한국의 의심을 없애고 북한에게 어떠한 도발에 대해 경고하는 것이다. 대통령이 박대통령에게 보내는 개인적 메시지와 대통령의 연설에서의 명확한 언급을 하는 것이다. 그리고 또 다른 지원행동은 아래와 같다; 소련과 중국으로 하여금 북한에 대한 영향력 행사, 수개월내 다가올 수 있는 주요한 경제적 위기에 대한 지원, 주한미군 철군을 암시하는 한미 1군단의 해체와 관련된 어떠한 조치도 연기, 미 고위공직자 한국 방문.

또 한 방향은 박 대통령의 국내적 조치에 대한 미국 내의 의회와 여론의 악화는 앞에서 언급한 보장 조치들을 어렵게 만들고 미국의 개입에 대한 신뢰를 흐리게 할 수 있다는 점이다.

이러한 딜레마로부터 나의 건의는 한국 정부에 대한 보장공약을 명확하게 밝히는 것이다. 그렇지 않으면 북한으로 하여금 모험과 도발을 유발하게 될 것이다. 동시에 건의하고 싶은 사항은 미국은 박 대통령의 정치적 압박에 대해서는 유감을 밝히는 것

이다.[185)]

스나이더 대사는 한미 정치·군사 관계의 문제점과 대안을 제시하였다. 정치적으로 미국의 개입에 대한 명확한 보장책을 강구하고, 군사적으로는 북한의 위협에 대한 공조가 필요함을 강조하고 있는 것이다. 특히 군사적으로 스틸웰(Richard G. Stillwell) 장군과 한국 군부의 긴밀한 관계가 지속되고 있음은 군사적 수준의 안보파트너십의 공고함을 엿보게 해준다.

두 번째로 한국의 자주국방은 주한미지상군 철수로 인한 한국군 현대화 정책을 미국이 지원함으로써 본격적으로 추진되었다. 그러나 미국의 지원에 의한 한국군 현대화는 한계를 지닐 수밖에 없었다. 미국은 한반도 정책에서 북한에 대한 억제는 물론 한국에 대한 현상유지에 변동을 초래하지 않기를 바라면서, 미국의 의도에 의한 현대화를 지원하고자 하였다.

해방 후 맥아더 사령부가 한국군을 창설하였을 때에도 자체방어나 치안유지 수준에서 지상군 위주로 추진하였고, 상대적으로 해·공군은 발전되지 않았다. 또한 키신저는 1971년 NSDM 129를 검토하는 과정에서 한국군 군사력의 규모가 북한을 성공적으로 공격할 수 있게 하는 것은 아니라고 한정하였다.[186)] 미국은 한국군에 대해 방어 위주의 무기를 지원하고 공격 무기는 제한함으로서 해·공군의 발전은 상대적으로 지연될 수밖에 없었다.

그러나 현실적으로 자주국방은 한미 안보동맹의 틀을 벗어날 수는 없었다. 1968년 7월 23일 국방대학원 및 합동참모대학 졸업식에서 박 대통령의 유시를 통해서 한미 동맹과 자주국방의 관계를 밝히고 있다.

---

185) Telegrams to SECSTATE from Amembassy Seoul, "Vietnam reaction," Apr 9, 1975, folder: Korea-State Department Telegrams to SECSTATE-NODIS(5), box 11, NSA, PCF EA/P, Ford Library.

186) Memorandum for the President from Kissinger, "Five-Year Korea Program," 1971.9.1, folder: NSDM 129 [2 of 2], box H-227, NSC H-files, NPM, NA II.

“ (중략)··· 우리와 북괴 사이에 상대적인 힘의 균형에 있어서 70년대 중엽에 가면 피아 간에 큰 격차가 생길 것[187]으로 나는 내다보고 있습니다.

(중략) ··· 우리는 지금 일면 국방, 일면 건설에 거족적인 노력을 경주하고 있습니다. 이것은 우리가 하루속히 우리의 자주적인 국방태세를 구축하기 위한 노력입니다. 나는 여기에서 한번 내가 늘 역설하는 자주국방 개념에 대하여 언급하고자 합니다. 기본적으로 말해서 우리의 조국 대한민국은 우리의 우리 국민의 힘으로 지켜야 하는 것입니다. 그러나 우리의 힘이 부족할 때는 우방의 도움을 받아야 합니다. 우리의 도움을 받고 있는 동안에 우리가 노력해서 하루빨리 국방에 대한 책임으로 우리 스스로가 맡고 국방에 대한 주체가 우리가 되도록 노력하자는 것입니다. 한 가지 오해가 있어서는 안 될 문제는, 현대 국가의 국방이나 안전보장이란 그 나라 단독의 힘으로 이루어질 수 없는 것입니다. 즉 내가 말하는 국방이란 결코 집단안전보장체제를 배제하자는 뜻이 아니라는 것입니다.(중략)”[188]

박 대통령이 생각한 자주국방은 한미 동맹이나 당시의 집단안전보장체제의 틀에서 한국이 주도적인 역할을 담당하는 것으로 이해해야 할 것이다. 박 대통령의 자주국방 정책은 미국으로부터 방기의 가능성 등의 각박한 현실인식에서 비롯되어 정치, 경제 및 군사 등의 다양한 방면으로 구체화되어 추진되었다. 1968년 향토예비군 창설, 방위산업의 육성, 핵 개발 추진 그리고 이후 1973년 박 대통령의 지시에 의해 추진된 자주국방의 본격적인 추진인 율곡사업으로 나타났다.

두 번째로 한국은 방위산업을 본격적으로 추진하였다. 이는 오래전부터 한국의 바람이었다. 그러나 미국의 방해로 1960년대 말에 이르러서야 주한미군 철수의 보상정책에 따라 추진할 수 있게 되었다. 프레이저 보고서에 미국이 방위산업

---

187) 한국의 국방비는 1976년을 기점으로 북한을 추월하였다.

188) 대통령 비서실, “국방대학원 제13기 졸업식 및 합동참모대학 제10기 졸업식 유시 (1968. 7. 23),” 『박정희대통령 연설문집』 3, 제 6대편 (1973), pp. 803-804.

을 허용한 배경에 대해 다음과 같이 분석하고 있다.

> 주한 미지상군의 철군 결과로 인하여 한국이 방위산업능력을 개선시킬 수 있게 되었고, 한국은 이를 바라고 있었다. 하원군사위원회의 보고서에 이를 설명하고 있다;
>
> 역사적으로 한국이 대북공격능력을 충분히 갖추는 것을 우려하여 방위산업의 발전을 방해하여 왔다. 그러한 우려가 더 이상 존재하지 않게 된 반면, 남북한의 비균형적인 군사적 성장과 능력을 초래하였다. 이는 미국이 주한 미지상군의 완전철수를 제기함에 따라 명백히 나타나게 되었다.
>
> 미국은 한국의 방위산업을 증진시키는데 동의하고, 한국이 북한을 "따라잡도록(catchup ball)" 많은 조치를 취하고, 이의 일환으로서 무기생산 라이센스를 승인하고, M-16 소총과 몇 가지 무기들의 제조를 허가하며, 미국기술에 기초하여 한국의 방산물자의 수출을 인정하였다. 그러나 미국은 일부 무기의 생산과 수출에 제한을 가해 왔고, 핵무기 등에 대해서는 제한을 하였다. 한국은 다른 기술 및 무기의 공급원을 물색하거나 미국 정부와의 계약조건이나, 미국방위계약자들과의 계약조건을 무시하거나 우회정책을 사용함으로써 한국의 정책을 수행하려 하였다.[189]

한국은 국방과학연구소(Agency for Defense Development)의 창설[190]을 통하여 방위산업을 체계적으로 추진하였다. 미측 자료에 의하면 국방과학연구소는 1970년 7월 한미국방장관 회담 시 한국군 현대화 협상과정에서 정래혁 국방장관의 요청에 의해 구체화되었고 미국은 기술 및 인력지원을 적극적으로 실시하였다고 한다.[191] 그리고 개인화기의 자급자족을 위한 소총 생산의 바람이 이뤄지게 되었다. 1968년 5월 워싱톤의 제1차 한미 국방장관회의에서 논의된 이후 한미 간의 긴 협상 끝에 1970년 말 M-16 소총공장 건설에 대한 차관이 미 의회의 승인을 받았

---

189) U.S. House of Representative (1978), p. 74.

190) 1970. 8. 6 서울(홍릉)에서 창설되었고, 1970. 12. 31 법률 2258호로 공포되었다.

191) *CINCPAC History of 1971*, pp. 237-238.

고, 1971년 3월 31일 한미 간의 양해각서가 체결됨으로써 가동되게 되었다.

셋째로 독자적 핵 개발 추진이다. 닉슨 독트린과 데탕트는 한국이 독자적인 핵 개발을 추진하게 하였다. 한국은 미국이 주도하는 국제정치질서에까지 도전하면서 갈등을 가져왔다. 프레이저 보고서를 통해서 한국의 방위산업 개발에 대한 미국의 정책의도의 변화 과정을 확인할 수 있었고, 특히 한국이 간접적으로 핵 개발을 시도하고 있음을 언급하였다.

1970년대 박 대통령의 자주국방은 미국의 공식적인 지원과 동시에 미국에 대한 불신에서 비롯된 내부 의지로 추진되었다. 박 대통령은 북한과의 경쟁에서 승리하기 위한 경제적 발전과 자주국방을 추진함에 있어서 시간이 필요하였으나, 미국에 의해 조기에 강요된 자주국방을 추진하게 되었다. 미 행정부의 한국군 현대화에 대한 지원이 지연되는 만큼, 한국의 미국에 대한 불안과 불신은 높아졌다.

이상과 같이 한미 양국은 수행전략에서 전체적으로 이견을 보이면서 부분적으로 공조하였다. 부분적인 공조는 미국의 지원과 한국의 내부적인 의지로 인한 한국의 자주국방 추진과 데탕트에 대한 일시적 편승 등으로 나타났다. 그러나 미국의 일방적 철군과 현대화 지원계획의 결정, 그리고 현대화 지원의 지연은 안보파트너십을 약화시켰다. 또한 주로 미 국방부에 의해 지속적으로 추가 철군 논의의 움직임이 제기되면서 NSC의 견제로 추진되지는 못하였으나 한국에게 지속적으로 안보불안을 조장해 주었다.

1970년대 정치적 수준에서의 안보파트너십은 닉슨 독트린과 데탕트, 그리고 철군 정책 등에 따른 미국의 선택적 개입으로 약화되었다. 한국은 미국의 일방적인 대한안보정책으로 강요된 자주정책을 추진하게 되었다. 먼저 양국은 가치체계나 이익에서의 피아 혼란과 미국의 아시아에 대한 안보이익의 경시 등으로 이견을 보였다. 그리고 위협의 인식에 있어서 미국은 주한미군이 한반도에 과잉보장 되어 있다는 인식을 보임으로써 이견이 확대되었다. 세 번째로 손실의 감수에 있어서 미국은 개입 축소와 절약-충분의 딜레마에 직면하였고, 한국은 핵 무장을 시도하면서 자율성의 회복을 시도하였다. 끝으로 수행전략에서 미국의 일방적인 철군정책, 그리고 한국군 현대화 지원이 지연되면서 이견이 지속되었고, 비록 미국의 추가철군은 구체화되지 않았으나 이러한 움직임은 지속적으로 한국의 안보 불안을 조장하였다. 또한 닉슨 독트린에 의한 미국의 현대화 계획의 추진과 미국에 대한 불신으로 인하여 한국은 조기에 자주국방을 추진하게 되었다.

제2절 군사적 수준의 안보파트너십

닉슨-포드 행정부에서 정치적 수준의 안보파트너십은 전체적으로 이견을 보인 반면에, 군사적 수준의 안보파트너십은 높은 공유를 보였다. 이를 검증하기 위해서는 닉슨 독트린과 데탕트의 영향, 그리고 철군 정책에도 불구하고 양국의 군부는 억제의 관점에서 안보파트너십의 분석요소별로 왜, 어떻게 공고히 공유할 수 있었는지를 밝혀야 할 것이다.

이를 위해 먼저 가치체계나 국가이익과 위협의 인식에서 중국에 대한 위협인식이 약화되었으나 봉쇄정책의 기조가 지속되었음에 주목할 것이다. 그리고 손실의 감수 측면에서 철군 보완조치를 강구하는 과정에서 한측의 요구로 서부축선을 담당하는 연합작전부대의 창설에 합의하면서, 전방에 배치된 미군이 후방으로 철수하게 되었음에도 불구하고 미국이 그나마 작전적 인계철선 기능을 지속적으로 담당하게 되었음을 추적할 것이다. 그리고 수행전략에 있어서 양국의 군부는 지속적으로 전진방어전략을 공유하면서, 특히 가상적인 북중 연합전력의 위협에 대해 어떻게 적극적이고 공세적인 대응전략을 발전시켜 나갔는지를 고찰할 것이다.

1. 가치체계·국가이익과 위협 인식의 공유:중국 위협의 감소와 봉쇄의 지속

닉슨 독트린과 데탕트라는 구조적 변화는 양국의 가치체계나 국가이익, 그리고 위협의 인식에 직접적으로 영향을 미쳤다. 이 항에서는 군사적 수준에서 왜 양국은 데탕트를 양극체제의 연속성으로 받아들였으며, 또한 이로 인하여 중국의 위협이 감소되었는지를 추적할 것이다.

1960년대까지는 양극체제가 동맹의 존립에 영향을 끼쳤으나, 1970년대 닉슨 독트린과 데탕트가 양극체제에 어떠한 변화와 연속성을 주었는지를 규명해야 할 것이다. 이를 위해서 특히 군사적 자료로서 PACOM의 한반도를 포함한 서태평양 지역에 대한 상황 및 위협 평가를 추적하였다.

닉슨 독트린과 데탕트에 대해서 다양한 평가가 가능하나 변화보다는 연속성이 유지되었다고 할 수 있다. 혹자는 닉슨 독트린을 다른 수단에 의한 냉전의 연속이라고 하였다. 닉슨-키신저의 전략은 양극체제의 이미지 내에서 수단의 차별화만 추구하였던 미 행정부 정책의 연속성을 보여주었다는 것이다.[192] 또한 데탕트에 대해서는 냉전의 대안이 아니라 그저 냉전의 한 단계(phase)로 보았다. 데탕트는 1970년대에 미·소 초강대국 간에 대립의 입장과 강도를 낮추고 경쟁을 통제하면서 협력의 정도와 차이에 대한 협상을 증진시키고자 했던 구체적인 역사적 경험이라고 하였다.[193] 이러한 분석은 닉슨 독트린과 데탕트가 국제관계에 미친 엄청난 변화의 물결에도 불구하고, 1960년대의 양극체제가 여전히 지속되었다는 연속성을 강조하는 것이다. 1972년 7.4 남북공동성명을 보고 전 세계 언론은 휴전선이 곧 붕괴될 것인 양 호들갑을 떨었으나, 한 순간의 쇼로 끝났다.

군사적인 수준에서 닉슨 독트린과 데탕트의 연속성이란 양극체제의 특성이 여

---

192) Robert S. Litwak (1984), pp. 193-194.

193) Raymond L. Garthoff (1994), pp. 3, 1147, 1125-1126.

전히 동북아나 한반도에 지속됨을 의미한다. 한미 동맹에서 일부 대응 수준과 전략의 변화는 있었으나, 공산국가들은 여전히 위협적인 억제의 대상이었다. 그러나 미·중 데탕트는 한미 안보파트너십에 변화를 주었다. 데탕트 이전에 한미 양국은 북중 연합전력에 대한 위협을 가정했으나, 이후에 미국은 점진적으로 중국의 직접적인 위협을 배제하게 되었다.

PACOM은 닉슨 행정부가 집권하면서 미국의 전력투자는 축소되었으나 반대로 공산국가들의 전력은 강화된 것으로 보았다. 1969년 PACOM은 1970년대 동북아에서의 공산위협으로 소련, 중국, 북한과 북베트남을 주목하였다. 기본적으로 데탕트나 닉슨 독트린이 구체화되기 이전에 미국의 한반도에서의 위협에 대해 PACOM은 북중 연합공격에 대비하여 핵무기에 의존하고, 공산세력의 위협을 예방할 것을 명시하였다. 그러나 1969년 태평양사령관은 PACOM 및 UNC 작전계획 초안을 검토하면서 핵사용을 명시한 구절을 삭제하도록 하였다.[194] 핵에 대한 구절을 삭제한 것은 미국 핵전략의 변화와 동북아 정세의 복잡한 변화를 동시에 포함하고 있다. 그러나 동맹국에 대한 핵우산은 슐레진저 독트린(NSDM 242, 1974. 1. 17) 등을 통해서 볼 때에도 계속 유지된 것으로 보아야 하겠다.

미국의 군부는 한국을 공산주의 위협에 직면한 가장 위험한 상태의 동맹국으로 인식하고 있었다. 닉슨 독트린이 움트던 1969년도 태평양사령관의 한국의 안보상황에 대한 인식은 다음과 같다.

"미국의 해외원조법에 따라 군사지원을 받는 국가 중에 가장 심각한 상태의 나라는 한국으로서 북한의 침략과 전복 기도를 항상 방어해야 한다. 한국군이 당면한 가장 중요한 문제는 현대화의 부족이다. 현재 미국의 지원예산은 대부분 운용유지비로 사용되고 있다. FY70 예산도 최초 1.6억불에서 1.39억불로 삭감되어 현대화가 제한되기에, 한국군은 내년에도 북한과의 전력 격차를 줄이지 못하고, 북한의 공개된 공격을

194) *CINCPAC History of 1969*, Volume II, pp. 149-150.

억제할 수 없게 될 것이다."[195)]

오랫동안 한미 간에 공유된 공산세력에 대한 봉쇄인식은 1970년대에도 관성적으로 유지되었고 안보파트너십의 유지에 긍정적인 영향을 주었다.

1970년대 초반까지 PACOM의 대응개념은 여전히 봉쇄전략에 기초하여 아시아 군사전략을 추진하는 것이다. PACOM은 합참의 FY 72-79 전략지침을 이행하기 위해서 이전년도와 같이 봉쇄전략의 세 가지 요소를 강조하였다. 즉 "적의 직간접적인 위협을 억제 혹은 격퇴하고, 지역의 방위를 강화하며, 중국, 소련, 그리고 다른 아시아 공산국가들의 지도자들에게 침략정책의 야욕을 포기하게 영향을 주는 것"이라고 하였다.[196)]

닉슨 행정부는 닉슨 독트린이 구체화되기 이전에 이미 존슨 행정부에서 추진하였던 국방예산 삭감 정책을 적극적으로 시행하였다. 베트남전의 베트남화 전략으로 인하여 이미 존슨 행정부에서 1968년도의 "세수 및 지출 통제법안"에 따라 FY69 국방예산에서 60억불을 절감하도록 요구하였다. 미 국방부는 절반을 받아들여 30억불을 삭감하였고 이것이 이른바 693계획(Project 693)으로 명명되었다. 더구나 FY70에는 미 국방부가 추가적으로 30억불 예산을 자체적으로 절감하는 것 이외에도, 두 가지의 추가 압력이 있었다. 닉슨 대통령의 지시로 해외 투입 병력이나 예산의 10%를 절감하고, NSC로부터 NSSM 36(주월미군 철수)를 통해 예산의 절감을 지시하였다.[197)] 1970년도 닉슨 독트린이 구체화되면서 PACOM은 미군의 철군과 기지 폐쇄, 그리고 예산의 삭감 등에 직면하고 있으나, 소련, 중국, 북한 등 공산세력은 증강하고 있음을 지적하면서 위기감을 나타내었다.[198)] 이

195) *Ibid.*, pp. 133-134.

196) *Ibid.*, pp. 89-90.

197) *Ibid.*, pp. 81-90.

198) *CINCPAC History of 1970*, Volume Ⅰ, p. 63.

러한 예산 압박은 1970년대 내내 지속되면서, 국방부와 레어드 국방장관으로 하여금 한반도에 철군 등 선택적 개입의 차원에서 국방정책을 추진하게 만들었다. 동시에 한국군 현대화 계획도 원만하게 지원 및 추진될 수 없었다.

1971년도는 데탕트가 실제적으로 진행되었고, 이에 따라 PACOM은 1971년도를 "분수령"(watershed)으로 평가하였다. PACOM은 전략환경에 대한 평가를 통해서 확실하게 예측할 수 있는 것은 오직 변화라고 하면서, 군사력, 동맹관계, 그리고 미묘하지만 국가 목표에서 조차도 변화하고 있다고 하였다. 그러나 미국은 전력수준을 낮췄음에도 불구하고 여전히 미국 국민이나 자유 우방국이 지속적으로 갖고 있는 사활적인 이익을 보호함에 있어서 진공상태를 남겨서는 안 된다는 인식을 고수하고 있었다.[199] 1971년을 계기로 나타난 엄청난 변화에 군부도 동요하고 있음을 엿볼 수 있었다. 군부의 입장에서 볼 때 그 변화에는 부정적인 측면이 많았다. 능력은 약화되면서 위협과 임무는 변함이 없다고 인식하고 있기 때문이다.

데탕트가 결실을 맺고 있던 1972년도에도 PACOM은 한반도에서의 북중 연합공격에 대한 가정을 유지하고 있었다. 1972년 외교적으로 닉슨 방중을 비롯하여, 소련의 방문, 일본과 중국, 소련과의 회담이 진행되면서 낙관주의가 펼쳐지고 있으나, 그럼에도 불구하고 PACOM의 군사력 존재의 필요성은 감소되지 않았다고 평가했다. 중국은 30일 이내에 50개 사단, 50만 이상의 지상군을 한국에 대한 공격에 집결시킬 수 있다고 하였다. 북중 연합공격전력은 지상군 백만 명 이상, 1,500대의 전투기와 150대의 경폭격기를 투입할 수 있는 것으로 보았다.[200]

그러나 데탕트는 1973년 이후 군사적 수준의 판단에도 영향을 미치면서 작전계획의 적 위협에도 반영되었다. PACOM은 중국과 소련의 위협이 감소된 것

199) *CINCPAC History of 1971*, Volume Ⅰ, pp. 1, 9.

200) *CINCPAC History of 1972, Volume* Ⅰ, foreword v, pp. 83-87.

으로 평가하고 있다. 이는 중국과의 데탕트와 소련과의 전략무기제한협상, 그리고 1, 2월의 베트남과 라오스에서의 종전의 성공에 기인한다. 그러나 무어(Thomas Moorer) 합참의장은 연례적인 연초 의회 보고에 참석하여 전년도(1972년)부터 미국의 상대적 군사력이 최고의 정점에서 서서히 쇠퇴하고 있다고 우려를 표명하였다. 또한 1973년도 4월의 중동전쟁의 발발 이후 러시아의 군사력에 대한 위기가 제기되었고, 미국은 1973년에 재래식 및 핵전력에서 소련과 거의 평형을 이루었다고 분석하였다.[201] 1973년은 데탕트가 시작이 되면서 동시에 데탕트에 대한 회의가 퍼져나가기 시작하였다. 국방관료가 아닌 최고 군사지도자인 무어러 합참의장의 우려는 미국 군부지도자들의 인식을 반영하는 것이었다.

1974년의 PACOM은 소련의 위협 증가를 집중적으로 조명하면서 북한의 전력증강과 도발을 주목하였다. 그리고 중국은 여전히 소련의 위협에 치중하고 있으며, 아시아에서 미군의 주둔을 받아들이고 있음을 밝히고 있다. 북한의 위협을 고려함에 있어서 중국과 소련은 데탕트로 북한의 전면전 공격을 지원하지는 않을 것으로 분석하면서, 한국에 대한 전면전 공격을 벌이지는 않을 것으로 보았다. 그러나 북한은 지속적으로 한국과 UN에서의 양보를 요구하며, 국제적인 위상을 찾으려한다고 보고 있다. 결론적으로 북한은 심각하게 호전적 사건을 일으킬 가능성이 높다고 보았다.[202] 그리고 데탕트는 아시아에서 인도차이나와 한국은 1975년도에 급격한 변화가 발생할 수 있는 지역으로 경계하였다. 1974년도에 북한은 서북 5도 해상 도발(2, 6월), 민항기 공격(7월), 그리고 DMZ 땅굴 발견(11월) 등의 빈번한 도발을 자행하였다. 그리고 북한은 공격작전 능력을 체계적으로 발전시키고 있고, 북한 군사력 전투서열의 재평가 결과는 지상전력이 386,000에서 480,000으로 증강된 것으로 보았다.[203]

---

201) CINCPAC History of 1973, Volume Ⅰ, pp. 103, 645-651.

202) *CINCPAC History of 1974*, Volume Ⅰ, pp. 159-170.

203) *Ibid*., pp. 170-171.

한국은 1974년도 SCM을 통해서 북한의 전력 증강과 도발에 대한 문제점을 제기하였다. 이에 따라서 PACOM은 1975년도에 한반도에서 미국의 지원 없이 전면전쟁에 대한 가상 워게임 결과를 제시하였다. 북한의 군사적 위협으로는 기습공격을 기도할 것이나 중·소의 지원이 없이 90일을 초과하지 못할 것이라고 보았다. 중국과 소련은 북한의 공격을 지원하지 않을 것으로 보았다. 워게임 실시 결과에 의하면 한반도에 배치된 미 1개 사단 이외의 외부지원이 없으면 북한이 한국보다 우월할 것으로 보았다. 한반도의 전면전쟁에서 북한은 개전 후 174일 만에 철원축선을 통해 돌파를 하고, 180일 경에는 서울 외곽까지 진출하고, 190일에 서울을 확보한 이후, 최종적으로 216일 경 한국을 점령할 것으로 보았다.[204) 전반적으로 PACOM은 한반도에서 중국과 소련의 지원을 받는 전면전쟁의 가능성은 낮게 평가하고 있으나, 북한의 단독 도발에 대한 위협은 주목하였다.

이와 같이 닉슨-포드 행정부 시기 한반도 주변 정세는 군사적 억제의 관점에서 일관된 경향을 보였다. 먼저 공산권에 대한 분석이다. 첫째로 미·중 데탕트의 계기가 된 중·소 갈등이 첨예한 군사적 대치상태로 지속되었다. 소련은 중·소 국경지역에 대규모의 지상군을 배치하였다. 그리고 중국은 소련의 위협에 대항하여 핵 개발에 매진하였다. 둘째 소련의 군사력이 계속해서 증강되었다. 특히 태평양에서의 해군 전력에서 지속적인 증강을 주목하면서 긴장감을 보였다. 셋째 데탕트 이후 미국은 중국과 소련이 북한의 공격을 지원할 가능성을 낮게 보았으며, 한반도에 대한 중국의 위협이 약화됨에 따라 1970년대 중반 이후 한반도에서의 대응계획은 북한의 위협을 중심으로 전력 발전과 전략을 수립하게 되었다. 넷째 북한의 전력이 지속적으로 향상되면서 도발을 지속하였다. 그러나 북한의 지상군 규모는 한국보다 적은 것으로 평가하였다는 점이다. 이러한 평가는 이후 카터 행정부에서 재평가의 논란을 거치게 되었고, 1973년도 이후 한국군 현대화의 중점

---

204) *CINCPAC History of 1975, Volume I*, pp. 157-159.

을 지상군에서 잠시 공군으로 전환하게 되는 계기를 제공했다.

다음으로 한미 동맹에서 나타난 현상이다. 먼저 미국은 존슨 행정부에서부터 시작된 국방예산의 삭감 압력으로 전력의 삭감과 축소된 전략을 채택할 수밖에 없었다. 닉슨 독트린은 동맹국에게 파트너십을 요구하면서 방위분담을 강화할 것을 요구하였다. 그러나 PACOM은 기존의 위협과 임무는 변화가 없다고 보았다. 미 합참의장은 1972년을 정점으로 미국의 절대적인 우세가 사라지고 있음을 공개적인 우려로 나타내었다. 두 번째로 한국은 북한의 지속적인 도발과 베트남의 공산화 등을 통해 한반도의 안보위협에 대해 지속적으로 불안을 느끼면서 주한미군의 철수 움직임에 대해 반대하였고, 자주국방을 위한 군사력 건설에 집중하였다. 이처럼 미 군부는 전 세계적인 미군 기지와 전력의 축소로 인해 군사적인 억제를 유지하는데 어려움을 느끼고 있었다. 한미 간에도 이러한 인식은 공유되었고 이는 군사적인 안보파트너십을 강화하는 기반이 된 것이다.

1970년대 닉슨 독트린과 데탕트는 국제적으로나 동북아에 엄청난 영향을 미쳤으나 한반도에서는 오히려 군사적인 억제라는 연속성이 보다 강하게 지속되었다. 닉슨 독트린과 데탕트가 군사적인 수준에서 한미 안보동맹의 억제에 미친 영향을 요약해 보고자 한다. 먼저 닉슨 독트린은 네 가지의 의미를 갖는다. ① 적의 위협은 지속 또는 강화되었고, ② 미국의 이익과 영향력은 유지되어야 하나, ③ 미국의 병력이나 예산 등 자원의 투입이나 개입은 줄이고, ④ 축소된 미국의 개입이나 자원의 투입을 동맹국이 부담하도록 하는 것이다. 그리고 데탕트는 ① 한미 양국이 적과 협상과 경쟁을 병행하는 양극체제의 지속선 상에 있으며, ② 동북아에서는 미·중 데탕트의 성공으로 중국의 위협이 감소하게 된 것 등이다.

닉슨 독트린과 데탕트로 인한 중국 위협의 약화로 한미 재래식 연합전력이 북한의 전력보다 군사적인 우위를 갖게 되었고, 대북중 대응전략은 공세적이고 적극적인 전략으로 발전할 수 있게 되었다. 미 군부는 자원의 축소에 반해 위협과 임무는 오히려 증가된다는 평가를 바탕으로 한미 군사공조를 강화해야 한다고 인식하였다. 군사적 수준의 안보파트너십은 굳건히 유지되면서 한국의 안보불안이나 미국에 대한 신뢰의 상실을 상쇄할 수 있는 동맹의 제도화로의 발전에 긍정적 영향을 미칠 수 있게 되었다.

2. 손실의 감수: 철군 보완조치와 작전적 인계철선의 유지

양국의 군부는 손실의 감수에 있어서 지속적인 개입과 억제를 유지하는데 공조하였다. 군사적 보완조치는 미 7사단의 철군과 2사단의 후방 철수로 인한 군사적 인계철선의 약화를 보완하는 것으로 나타났다. 즉 전방에 배치된 미 2사단이 후방으로 철수함에 따라 북중 연합군의 공격 시 예상되는 공격축선인 서부전선 지역에, 한국 군부지도자들의 요청으로 혼성연합부대를 창설하고 작전책임을 부여한 것이다. 이로서 비록 전술적 인계철선 기능은 약화되었으나, 작전적 수준의 인계철선을 유지할 수 있게 되었다. 한미 1군단은 북한이 전면전을 일으킨 후 서울을 공격하기 위해서 반드시 통과할 것으로 예상되는 서부 주요축선을 담당하는 작전사령부이다. 1971년 7사단이 철군하기 전까지는 미 2사단이 DMZ를 연하여 전방에 배치되어있어 북한 도발에 대한 전술적 인계철선의 역할을 담당하였었다.

한미 1군단은 미 7사단 철군과 한국군 현대화 협상 과정에서 한국의 요청으로 창설되었다. 한미 1군단의 창설은 미 행정부의 정책적 판단에 의해서 주도된 것이 아니라 양국 군부의 협조라는 상향식 건의에 의해서 이뤄졌다는 점에서 의의가 크다. 한미 1군단은 군사적 수준의 안보파트너십 측면에서 미군이 인계철선을 지속적으로 담당하는 것을 의미하였다. 미국은 NSDM 48(미국의 한국 정책, 1970. 3. 20)을 검토하면서 키신저는 개입을 회피하고자 주한미군의 인계철선 기능이 북한군 전면공격의 억제에 기여하지 못한다는 논리를 내세우며 후방 배치로 조정하면서 궁극적으로 인계철선을 제거할 것을 검토하였었다.

1970년도 양국이 미 7사단의 철군 교섭을 어렵게 진행하는 과정에서 7월 11일 NSC에서는 키신저에게 포터 대사의 새로운 협상 제안을 보고하였다. 제안의 요지는 미군 병력은 철수하되 미군 2개 사단은 현 구조를 유지하면서 한국군 병력으로 보충하는 것이다. 이에 대해 NSC에서는 공식적으로 제안할 것을 권유하고, 만약 포터의 제안이 한국과의 협상에 도움이 된다면 협상에 유용하게 사용할 것을 고려하였다.[205)]

이 방안은 1970년 3월 주한미군 철군 방침을 전달받은 이후 박 대통령과 마이켈리스 주한미군사령관 간의 협의과정에서 제기되었던 것으로 보인다. 1970년 8월 3일 한미 철군 및 현대화 협상이 절정에 있을 당시 박 대통령에게 포터 대사, 마이켈리스 사령관이 주한미군 감군에 따른 한국군 현대화 협상을 촉구하였다. 이 자리에서 마이켈리스 사령관은 "… (중략) 실은 지난 4월 각하께서 말씀하신 군단사령부와 사단의 편제를 그대로 두고 한국군으로 보충하여 유지하는 방안을 구상한 안이었습니다. 당시 각하께서는 휴전선에 배치되어 있는 미군을 후방으로 이동시키고 한국군으로 대체하는 방안을 말씀하신 것도 기억하고 있습니다. 각하의 교시에 따라 작성된 본인의 제안은 제출되었으나 그 때는 이미 현계획(미국의 계획)이 닉슨 대통령에게 제출된 후였습니다."라고 언급하였다.[206)]

그리고 8월 7일에 현대화 군사회담에서 정래혁 국방장관은 마이켈리스 사령관에게 미 행정부가 5개년 한국군 현대화계획에 합의하고, 적당한 규모의 FY71 대한무상군사원조를 위한 추경예산을 의회에 제출한다면, 한국은 문제를 협의하고, 미군의 군단 및 사단 구조를 유지하면서 주한미군 감축으로 발생한 2만 명의 공백을 한국군으로 충원하는 완화된 입장을 표명하였다. 포터 대사는 미 1군단

---

205) NSC Memorandum for Kissinger from Holdridge, "Troop Reductions in Korea," July 11, 1970, folder: NSDM 48, box H-215, NSC H-files, NPM, NA II.

206) "면접 요지 (1970.8.3.월 16:30 - 18:30)" 「한국안보에 관한 한·미 간 협의(국군현대화 5개년 계획 및 주한미군 감축) 1970-71. 전8권 (V.1 기본문서, 1970.4-8)」, pp. 396-415, MF, G-0020(4308), 외교사료관.

포병부대들의 잔류에 대한 한국 측의 주장에 대해 긍정적으로 검토해 줄 것을 미국 정부에 요구하였다.[207)]

이러한 가운데 한국 육군에서는 미 1군단의 철수에 대한 보완적 조치로 한미 1군단의 창설을 미측에 요구하게 되었다. 당시 육군본부 작전참모부장으로 재직하였던 류병현 소장은 박 대통령에게 미군 철군계획을 보고하는 자리에서 미측에 한미 1군단의 창설을 제의하겠다고 건의하였고 박 대통령은 이를 흔쾌히 받아들였다.[208)]

이러한 제의가 한국 측에서 미국 측으로 전달된 시기는 명확하지 않다. 1970년도 9~10월 경 한미 고위군사회담을 전후한 시기로 생각한다. 당시 주한미군 감축을 위한 한미합동임시위원회는 합참본부장인 심흥선 중장과 미측은 8군 부사령관 캐시디(Cassidy) 중장을 공동대표로 하였고, 육군본부 작전참모부장 류병현 소장은 한측 지상군 실무담당관이었다. 당시 미군 감축부대는 지상군이었고 이와 관련하여 후속조치도 한국 육군이 담당하였기에 류 장군이 감축에 대한 실질적 협상을 담당하고 있었다.[209)]

류 소장은 당시 한측 실무책임자로서 미 7사단의 철군과 2사단의 후방 이동에 대한 대책을 청와대에 보고하였다. 이 때 보고의 중점은 미 2사단이 전방에서 후방으로 이동함에 따른 공백을 메우고 김신조 특공조의 침투로의 약점을 보완하기 위한 강화책에 중점을 두었다. 보고를 마친 후 류 장군은 보고서에 포함되어 있지는 않았던 내용으로 수도 서울 북방인 서부 지역 지휘체계의 개편 방안을 구상하여 건의하였다.[210)] 류 장군의 증언을 바탕으로 박 대통령과의 대화 내용을 재

---

207) Telegram from Amembassy Seoul to SECSTATE(Seoul 4141), Aug 7, 1970, Top Secret, folder: DEF 6 US xr DEF 19 US-Kor S, Central Files, 1970-73, RG 59, NA II.

208) 류병현 전 주미대사 및 합참의장 증언 (2008. 11. 25).

209) 류병현, 『한미동맹과 작전통제권』(서울: 대한민국 재향군인회 안보복지대학, 2007), p.60.

210) *Ibid.*, pp. 60-61. 육군의 대책은 군 예비였던 1사단을 DMZ 내 휴전선에 배치하고, 그 뒤에 예비로 9사단을 배치하며, 가평에 있던 1군단을 서울 북방으로 이동시키는 것이었다. 또한 한국의 위급상황이

구성해 보았다.

(류 장군) 미국이 7사단을 철수시키고 2사단 마저 예비사단으로 후방으로 이동하려고 하는데 이것은 좋지 않습니다. 미군의 철수와 후방 이동이 북쪽에 약점으로 비춰지면 안 되고, 북한이 미국의 대한방위공약이 약화된 것으로 오판을 하여 부질없는 도발을 할 가능성이 있습니다. 제가 미측과 협조를 해서 1군단을 한미연합군단으로 개편하여 창설하도록 추진해 보겠습니다.

군단사령부의 정원이 600여 명에 불과하니 그 병력을 한미 양측에서 나누어서 차출하면 의정부에 미군 3성기를 그대로 유지할 수 있습니다.

(박 대통령) 미국 아이들이 그렇게 쉽게 응할까요? 해 봐요! 좋은 방안으로 보이니 류 장군의 대미교섭이 성공하기를 바래요.[211)]

류 장군은 미측에게 서울 사수의 변함없는 결의를 위해 한미 1군단 사령부의 창설을 제의하면서 구체적인 병력충원안까지 제시하였다. 류 장군은 미측을 설득하는데 3주 정도가 걸렸으며, 제안과정에서 농담으로 "베트남전이 곧 끝날 듯한데, 전쟁이 끝나면 미 육군은 감군 단계에 들어간다. 미 1군단을 한미연합체제로 개편해 존속시키면, 군단장과 참모장의 두 장성 자리를 유지할 수 있을 것이다."고 하였고, 미 작전참모는 이 말에 웃음으로 무언의 동의를 표하였다고 한다.[212)] 이러한 농담을 주고받을 수 있을 정도로 한미 군부는 각별한 파트너십을 유지했었던 것으로 이해된다. 류 장군은 워싱톤이 주한미군사의 제안에 쉽게 동의하였다고 회고하였다.

발생 시에는 파월 중인 맹호와 백마사단을 급히 귀국 조치할 것을 미측과 협의하고, 지상군의 감축 대신 약체인 주한 미 공군의 전력을 배가하여 대령이 지휘하는 부대를 준장으로 승격시키며, 전시에 즉각 UNC의 지휘 하에 들어오게 하는 것이었다.

211) 류병현, "류병현 초대 한미연합사 부사령관의 병상 기고," 『월간조선』 2006년 9월 (2006); 류병현 (2007), pp. 60-62; 그리고 류병현 인터뷰 (2008. 11. 25) 내용 등을 참조함.

212) 류병현 인터뷰 (2008.11.25); 류병현 (2006), pp. 61, 103-104.

미 국방부는 한미 협의내용을 받아들임으로써 한미 1군단이 창설되었다. 1970년 11월 23일 패카드 국방차관이 키신저에게 한시적으로 "한미 연합 군단 및 군단 포병사령부"를 창설하여 운용할 계획을 보고했다.

> 합참의 제의에 따라 나는 주한미군 감축계획의 수정을 승인하였다.
>
> 최초 주한미군 철군계획에는 미 1군단(집단)과 1군단 포병사령부의 철수와 해체를 포함하고 있다. 최초 계획의 가정은 한국군사령부가 창설되고 훈련되어 미 1군단(집단)의 임무를 맡는 것이었다. 그러나 한국군의 훈련된 병력과 장비의 부족으로 목표를 달성할 수 없었다. 따라서 주한미군사령관과 태평양사령관은 한국군이 임무를 완수할 수 있을 때까지 잠정적인 연합사령부로서 1군단과 1군단 포병사령부를 한국군 병력으로 충원시키고 미군이 같이 참여할 것을 제언하였다. 이를 위해서 주한미군 190명이 소요될 것이다. NSDM 48에 지시된 1971년 6월 30일 병력인가 기준 내에서 조정이 가능하다. 이 연합사령부는 18개월간 운영될 것이다.
>
> 수정계획은 대통령이 주한미군 2만 명을 감축하고 DMZ에서 미군 사단을 빼내고 재배치하는 NSDM 48에서 지시한 목표의 달성에 영향을 끼치지 않는다. 그러나 이는 차관위원회에서 1970년 7월 1일 제출한 계획에서는 변화가 발생한 것이므로 이에 대해 보고한다.
>
> 국무부에도 통보하였고 이러한 변화에 대해서 이의가 없다.[213]

한미 1군단의 창설과 관련된 한측의 협의 내용은 〈표 4-9〉와 같다. 한미 1군단의 창설은 양국에게 모두 유익한 결정이었다. 미국은 군사적으로 NSDM 48을 추진하면서 문제점으로 미 1개 사단과 DMZ 내 잔류하는 1개 중대가 격리된 상태에서 미 8군의 지휘통제를 받게 되는 곤란한 문제점을 해소할 수 있게 되었다. 동시에 협상과정에서 미 국방부가 한국 측의 요구조건에 대한 융통성 있는 옵션

213) Memorandum for the Assistant to the President for National Security Affairs from Packard, "Combined US/ROK Corps and Corps Artillery Headquarters (S)," Nov 23, 1970, folder: NSDM 48, box H-215, NSC H-files, NPM, NA II.

을 갖게 된 것이다.

〈표 4-9〉 류병현 소장의 한미 1군단 창설 협의[214)]

구 분	내 용
목 적	수도 서울 사수의 의지 구현
제의 논리	• 군사적 억제 • 북한에 빌미를 제공하거나 오판 가능성 • 북한의 예상 공격축선(개성)에 미 3성 장군 지휘부대 위치(의정부)
실천 방법	군단 사령부 창설에 소요되는 미군 병력을 한국군으로 충원 * 미 지상군 철군 및 잔류병력 규모 변동 없음: 미군 소요 190명
협상 계통	육본 작전참모부장 류병현 소장 ↔ 미 8군 작전참모 * 보고/승인 계통: 미 합참 → 국방부 → NSC(국무부 통보)
협상 기간	3주 / 6차례 접촉
운용 기간	미측 : 18개월 내 철수

박 대통령은 1971년 12월 성탄절 전에 한미 1군단의 위문 방문하면서 당시 부사령관이던 이재전 육군중장에게 당부하였다. "이 장군, 사령관 로우니(Edward L. Rowny: 1970. 7. 27-1971. 7. 4 재직) 장군을 못 가게 붙들어 두시오. 정 안되면 깃발(부대기)이라도 잡아 두시오."[215)] 박 대통령은 18개월 한시적으로 설치된 한미 1군단을 가능한 오래 주둔시키고자 하였다.

그리고 한국은 적의 주요접근로인 서부축선에 미 육군의 3성 장군이 지휘하는 한미 1군단이 위치하여 작전을 담당하게 됨으로써 작전적 수준의 인계철선 기능을 지속할 수 있게 되었다. 정치적, 심리적으로도 감군의 충격을 완화시키고, 국민들의 안보 불안을 완화시키는 효과를 얻게 되었다. 한미 군부지도자들 간의 상

214) 류병현(2006),pp. 103-104;류병현(2007), pp. 59-62;류병현 증언(2008. 11. 25);그리고 Memorandum for the Assistant to the President for National Security Affairs from Packard, "Combined US/ROK Corps and Corps Artillery Headquarters(S)," Nov 23, 1970, folder: NSDM 48, box H-215, NSC H-files, NPM, NA II을 종합하여 작성.

215) 이재전, "제1화 온고지신, ① 이장군, 로우니 사령관을 못 가게 하시오," (국방일보 전자신문, 기획연재, 기획시리즈, 그 때 그 이야기, 2003. 2. 4)

향식 협조를 통해 달성한 군사적 수준의 안보파트너십이 제대로 발현된 결과로 볼 수 있다. 그리고 한미 1군단은 양국이 연합작전체제로의 발전을 모색하는 중요한 계기가 되었다.

3. 수행전략의 공조: 對북중 대응전략의 적극적, 공세적 변화

닉슨-포드 행정부에서 對북중 대응전략인 한반도 작전계획 5027이 적극적, 공세적으로 발전하였다. 주목할 점은 이 시기에 한반도의 미군지도자들이 발전시킨 작전계획은 미 행정부가 추진하는 세계전략인 닉슨 독트린의 선택적이고 개입을 축소하겠다는 정치전략과 조응하지 않는 군사전략이었다는 점이었다.

그리고 1970년대는 1960년대까지 지속되던 유엔군 주도의 작전체제가 연합작전체제로의 변화를 보이는 시대이기도 하였다. 미국은 닉슨 독트린을 통하여 이러한 변화를 강제적으로 주도한 측면도 있다. 따라서 그동안 UNC의 작전통제권 행사로 한반도의 작전에 참여할 수 없었던 한국이 자주국방을 추진하면서 적극적으로 참여하게 되었다. 한국군의 참여는 한미 1군단의 창설과정을 통해서 나타났듯이 양국 군부지도자들 간의 긴밀한 협조 속에서 자연스럽게 확대되었다. 작전계획의 발전에 대한 한국 측의 의견이 미측에 제기되면서 작전계획의 발전에도 반영된 것으로 보인다.

따라서 닉슨-포드 행정부의 작전계획은 닉슨 독트린과 데탕트에 따른 제반 가정과 전력의 변화로 1973년도에 적극적으로, 이후 1976년도에는 공세적으로 발전함으로써 이후 1978년도 한미연합군사령부(CFC)의 작전계획으로 발전하는 토대가 되었음을 고찰할 것이다.

이러한 현상들은 한미 간에 군사적으로 억제에 기반을 둔 군사적 수준의 안보파트너십이 정치적으로 미국의 개입 축소나 회피로 인하여 비롯된 갈등 현상에 반하는 사례들이라고 하겠다. 이처럼 이전 행정부에서와는 달리 적극적, 공세적인 작전계획으로 발전하게 된 과정과 이유를 미 행정부 내의 정치-군사 관계의 불일치 현상 등을 포함하여 추적하고자 한다.

가. 한국군의 작전계획 발전 방향

한국군은 작전통제권에 관여할 수 없었으나 1960년대 말부터 미국이나 UNC에 직간접적으로 작전계획의 발전방향에 대한 견해를 밝혔다. 한국 측의 의견은 직접적으로 5027의 발전에 반영될 수 없었으나, 한국 측의 의견은 1970년대 연합작전계획의 발전에 상호 긍정적인 영향을 미쳤다.

1970년대에 들어서면서 한국군은 닉슨 독트린 등의 영향으로 한반도의 작전운영에 참가할 수 있는 여건이 강화되었다. 특히 한반도 작전계획의 수립에 한국군도 간접적으로 참여할 수 있게 되었다. 1968년 10월 15일 유엔군사령부 내에 한미 연합작전기획단(한국군 17명, 미군 7명으로 구성)이 창설되어 부분적인 여건이 조성되었다.[216] 동시에 한국군은 1968년도 국방각료회담의 정례화 등을 통하여 미측에게 한반도 작전계획의 발전방향에 대한 제의를 하는 등 적극적인 노력을 경주하였다.

당시는 UNC가 작전통제권을 행사하고 있었기 때문에 한국의 요구가 곧 바로 반영될 수 있는 구조가 아니었으나, 한국군의 요구는 간접적으로 반영되었다. 오히려 1973년도와 1976년도에 걸쳐 발전된 작전계획은 미 행정부가 개입을 축소하려던 의지와 달리 개전 초기부터 적극적인 개입을 가정하는 것으로서 한국 측의 기대를 넘는 수준이었다.

한반도 작전계획의 수립에 있어서 가장 큰 제한사항은 수도 서울이 휴전선으로부터 종심이 너무 가까운 곳에 위치하고 있다는 점이다. 작전계획 27-68은 초

216) 한미연합사 (1993), p. 27. 1968년 4월 11일 주한미군사령관이 한국 국방장관에게 작전계획을 수립하기 위해 한미기획단의 설치를 제의하였다고 한다. 10월 15일 한미기획단이 발족된 이후 1974년 6월 29일에는 한국군 장군이 기획단장에 부임하였다.

기작전과 반격작전으로 수립되었다. 2단계는 한강방어선을 전후하여 미 증원군의 전개 이후 반격하는 것이었다. 한국군에게는 작전계획의 발전에 있어서 수도 서울을 확보하는 것이 중요한 고려사항이었다.

1960년대 말 자주국방이 태동되면서 박 대통령은 수도 서울에 대한 절대방호의 개념을 발전시키고자 하였다. 한국 측은 이러한 의지를 1968년 1차 한미 국방장관 회담을 통하여 제의하였다. 제1차 한미 국방장관 회담에서 한국방위전략을 기존의 축차적인 선방어에서 고수방어 개념으로 전환하여 수도 서울을 확보하면서 모든 부대가 현 배치위치에서 방위할 수 있도록 적극적인 방위개념으로 발전시킬 것을 요구하였다.[217)]

1968년도 이후 한국의 적극적인 방위개념은 1970년대에서도 지속되었다. 한국군이 지향하는 방위계획은 적 기습효과를 극소화하고 현 방어지대에서 적 주력을 섬멸하고 수도권의 안전보장을 위한 공간 확보와 적의 제2전선 형성을 거부하고 공세 이전의 계기를 형성하는 데 있었다.[218)] 한국군은 1971년 3월 미 7사단의 철군과 DMZ에 있던 미 2사단이 후방지역으로 철수함에 따라 휴전선 155마일 전역을 전담하게 되었다. 육군은 미 2사단이 맡고 있던 약 20마일의 서부전선 DMZ 안의 전투전초, 남방한계선 이남의 일반전초, 주저항선 지역에 대한 병력배치를 마치고 휴전선 전역의 전담방위에 들어갔다. 한미 공동방위체제에서 한국군 단독방위체제로 바뀐 휴전선은 한국군의 전술 개념에 따라 기동방위에서 고수방위로 전환, 철책선을 연해 각종 진지와 장애물을 구축하고 야간매복전을 철저히 전개하게 되어 종전보다 강력한 방위태세를 갖추었다.[219)]

한국군은 독자적인 전쟁수행 계획의도를 발전시키기 위해 1973년부터 최초로 무궁화회의를 개최하였고 이후 연례화되었다. 8월 22~24일까지를 1기로 하여

---

217) 국방군사연구소, 『국방정책변천사: 1945~1994』 (1995), p. 167.

218) 국방군사연구소 (1995), p. 200.

219) 국방부 군사편찬연구소, 『국방편년사(1971~1975)』 (2001), p. 35.

10월 12일까지 6개기 총 91명이 참가하여 '태극 1972 계획' 중 FEBA "C"[220] 이남의 방어계획에 대하여 집중적인 토의를 실시하였다.[221]

이후 한국군은 지속적으로 자주국방의 추진이라는 입장에서 "고수방어" 개념을 한국군의 작전개념으로 발전시켰다. 『육군발전사』에 의하면 한국 육군에서도 1973년도 이후 한미 1군단과 유엔사에서 발전시킨 전진방어전략에 병행하여 고수방어작전태세를 발전시키고 있는 것으로 기록하고 있고, 이에 발맞춰 육군의 방위전략도 1974년도를 기준으로 고수 및 반격 전략으로의 변화를 표명하였다.

> 1975년부터는 수도권 고수 및 현전선 결전이라는 전략개념의 발전과 더불어 시한부 전투준비태세 완비를 목표로 하여 전후방 사단을 사각개념과 병립사단개념으로 각각 개편하고 전방지역 영구진지 및 다중장벽 전술공사를 실시하였고 특히 중서부전선 GOP 및 일부 FEBA에 연하여 철근 콘크리트로 전략적 방어방벽(높이: 8m, 길이: 34km)을 설치하는 대공사를 완료함으로써 적의 침략 기도를 억제하고 우리의 국력을 과시하였다. 수도권 고수를 위하여 경인사령부를 수도군단으로 개편하여 수도권 지역의 작전 지휘체제를 강화하고 서울에 이르는 문산 접근로상인 구파발과 삼송리에 1,100m에 이르는 콘크리트 방벽과 요새화 진지를 구축하는 등 만반의 태세를 갖추었다. (중략)
>
> 1974~75년도 방위전략개념 중…(중략) (라)항 적의 전면침공 시 여하한 상황 하에서도 수도권을 고수하고 현재 FEBA"C"선 지역을 반격 기지로 하여 조기에 우세한 군사력을 획득, 반격작전으로 실지를 회복한다.[222]

---

220) FEBA는 Forward Edge of the Battle Area(전투지역전단)의 약자이며, A(알파), B(브라보), C(챠리) 등은 전방으로부터 후방으로 계획된 횡적 방어선을 의미한다.

221) 국방부 군사편찬연구소 (2001), pp. 461,655. 무궁화회의는 육군참모총장의 지침에 따라 전쟁기획실에서 수립한 계획을 1973년 4월 을지연습 시에 박 대통령에게 '태극 72계획(일명 무궁화회의)'으로 보고한 후, 구체화되어 육군대학의 통일관에서 사단장급 이상 지휘관 및 참모를 대상으로 실시하였다. 회의는 불편한 대미관계를 감안하여 보안상 비밀유지를 위해 가칭 '무궁화 회의'로 명명되었다. 무궁화회의는 군 고위간부들의 토의과정을 통해 육군의 작전계획을 발전시키고 전략전술지식을 확대하며 한국 고유의 군사교리의 발전을 위하여 실시되었다. 특히 1974년도에 박 대통령은 반격계획과 우발계획 전쟁사를 통하여 고립작전을 분석한 결과 등을 보고받은 후 전체토의에 참석하여 '태극 1972 계획' 중 반격계획에 대한 토의를 주관했다.

222) 육군본부, 『육군발전사』 제4집 (1984), pp. 23, 102.

한국군의 고수방어 개념이 작전계획에 바로 반영될 수는 없었으나, 한국의 요구는 양국의 수행전략의 공조라는 측면에서 일관성을 보이는 것이었다. 즉 이 작전개념은 UNC에서 발전시킨 전진방어 전략이나 단기전쟁 전략의 개념과 갈등을 일으키지 않고 오히려 적극적으로 부합되었다. 서울까지 종심이 짧아 가용 전력을 집중하고 공간을 최대로 확보하여 수도권 북방이나 휴전선 일대에서 적을 저지, 반격한다는 점에서 유사하였다.

나. 작전계획 5027-73: 서부전선지대 방어

작전계획 5027-73[223]은 적 위협, 연합 가용전력의 변화, 그리고 한국군 현대화 계획의 추진에 따라 연합부대인 한미 1군단의 주도로 발전되었다. 즉 군사적 수준에서 양국의 공조를 바탕으로 추진되었다고 할 수 있겠다.

닉슨 독트린과 데탕트의 영향으로 한반도 방위계획은 여러 측면에서 변화할 수밖에 없었다. 먼저 가용전력이 변화하였다. 닉슨 독트린으로 인하여 미군은 7사단을 철군하고, 미 2사단의 배치를 전방에서 후방으로 조정하였고, 동시에 한국군은 현대화 계획을 통해 증강되었다. 두 번째로 적의 위협에서 변화가 발생하였다. 데탕트로 인하여 철군을 결정하면서부터 북중 연합공격에 대한 가능성을 낮게 보는 등 중국의 위협을 약화시키면서, PACOM은 1973년부터 공식적으로 중국의 위협이 약화되었음을 고려하였다. 이는 한국군 현대화 계획에도 반영되어 NSDM 227(한국군 구조 현대화, 1973. 7. 27)을 검토하면서 중점을 지상군에서 공군으로 전환하게 만들었다. 세 번째로 작전계획의 발전주체가 변화하였다. 작계

223) 합참의 Joint Operational Reporting System에서의 작전계획 명칭이 1970. 1. 1부터 기존의 2자리에서 4자리로 바뀌게 되었다. '5'는 태평양사령부, '0'은 태평양사령관이 기획한 문서를 칭하고 뒤의 2자리는 과거의 명칭을 유지하기로 하였다. 이에 따라 태평양사 예하의 작전계획 명칭으로 5000-5999가 할당되었다. CINCPAC History of 1969, Volume I, pp.102-103.

5027-73은 최초의 연합부대인 한미 1군단이 발전시킨 연합작전계획이라는 점이다. 따라서 군사적 수준에서 억제를 기반으로 하는 한미 공조가 체계적으로 가동될 수 있게 되었다. 이처럼 전쟁계획을 수립하는 제반 기본적인 위협과 가정사항에서의 변화는 적극적인 작전계획 5027-73로 나타났다.

동시에 실제 작전계획에 반영될 수 없었으나 개념상 영향을 미쳤던 점은 한반도의 전술핵무기 운용개념이었다. 1974년 1월 NSDM 242라는 이른바 슐레진저 독트린, 즉 선택적 유연대응전략으로 개념을 정립하였다. 데탕트의 영향을 반영한 NSDM 242로 한반도에서도 핵무기 사용은 사실상 배제되었다. 이러한 가정은 1973년도 미 국방부의 한국군 전력소요 연구에 반영되었다. 이 연구는 한반도에서는 북한위협을 대상으로 한 핵무기 사용은 고려하지 않는 것으로 가정하고 있다. 한국 지상군이 북한보다 더 많아 현대화 중점이 공군으로 바뀌면서 한반도에서의 전술핵무기를 사용할 필요성이 약화된 것이다.[224] 그러나 한반도의 핵무기는 군사적인 억제 수단 이상의 의미를 갖고 있어, 태평양사령관은 안보상황을 고려하여 철수계획을 수립하고 시행할 것을 건의하였다. 한반도에서의 핵무기는 불확실한 안보상황으로 철수가 유보되었다.

작전계획 5027-73의 가정으로 중국의 위협을 포함하고 있다. 그러나 당시 한반도의 가상 적 위협의 규모에 대한 논란이 있었다. 이미 NSDM 48의 검토 과정에서 합참과 NSC는 이견을 보였다. 당시 키신저는 최종 종합 의견으로 한국군 현대화의 가정을 북한의 위협만으로 한정하였었다.

그러나 1973년도 작전계획을 수립하는 과정에서는 1972년도까지의 적 위협이 지속적으로 고려되었다. 이는 순수이 군사적 관점과 레어드 국방장관의 의도

---

224) Korean Force Requirements Study; folder: SRG Meeting NSSM 154 6/15/73 [4of4], box H-68; folder: NSDM 227, box H-241; folder: NSSM-154 [2 of 2], box H-191, NSC H-files, NPM, NA II; Memorandum of Conversation, folder: December 3, 1974 - Ford, Kissinger, box 7, NSA, Memo. of Consversation, Ford Library.

와 관련된다. 레어드는 한국군 현대화 중점을 지상군 위주로 고려하였다. 레어드는 궁극적으로 한반도에서 미 지상군을 철수하고자 하는 의도를 갖고 있었다. 1971년도 NSDM 129를 통해 현대화계획을 수정하면서 균형된 현대화에서 지상군 위주로 중점을 전환하면서 북중 연합전력의 공격을 지연 및 저지시킬 것을 목표로 하였었다. 따라서 작전계획 5027-73에서는 북중 연합전력을 위협으로 고려하였다.

〈표 4-10〉 FY72 소요 전력 對 FY72 계획된 군사력(동원 90일후)

			NATO	한국	태국
육군사단[1]	총 소요[2]		22-41	11.8-19.6	10.3-13.7
	계획된 능력	계	39	26	12
		미 국[3]	14-⅓	11-⅔	9-⅓
		동맹국[4]	25	14-⅓	2-⅔
전투기	총 소요[2]		3,698-4,668	815-1,169	527-697
	계획된 능력	계	3,617	1,956	1,802
		미 국[3]	1,842	1,739	1,739
		동맹국[4]	1,775	217	63

1) 모든 사단의 수는 미군사단 능력을 기준단위(US Division equivalent)로 함.
2) 소요전력은 적의 공격을 억제하고 억제 실패 시 적이 주요한 이익을 얻지 못하도록 하는데 필요한 전력임.
3) 미국의 계획된 능력은 NSDM 85 국방예산지침 내에서 국방부에 의해 현재 계획되어 있는 수치로서 평시에 전개된, 강화되지 않은 전력을 가정함.
4) 한국과 태국의 경우에는 한국군과 태국군만 고려함.

이에 대해 미 국방부는 1970년 12월 FY72 재래식 전력 소요판단에서 북중 연합군의 위협을 고려하여 육군사단과 전투기 소요를 판단하였다. 〈표 4-10〉에서 미 국방부는 한반도의 북중 연합군의 위협에 대해서 미 사단 11-⅔사단의 증원을 고려하였다.[225] 이는 NSDM 48에서 북한의 위협만을 고려한 한국군 현대화에

225) "Analytical Summary," enclosed for Memorandum for Dr. Kissinger from K. Wayne Smith,

대한 판단과는 차이를 보인다.

미 국방부는 이후 이미 1971년 NSDM 129에서 〈표 4-6〉의 76년도의 한국군 현대화 5개년 계획과 소요전력의 판단에서 지상군 위주로 한국군 소요전력을 북한 위협에 12~14개 사단, 북중 연합위협에 18~22개 사단 규모로 판단하고 18개 사단의 현대화를 제안하였다.

다음 가용전력에서 많은 변화가 발생했다. 닉슨 행정부는 기본적으로 자원의 투입에 제한이 있었다. FY69에 30억불의 방위비 삭감에 이어 FY70에도 30억불을 삭감하는 "703 군사력 감축계획"을 추진하였다. 그리고 이외에도 FY69에 닉슨의 지시로 해외주둔 병력 10% 절감과 NSSM 36(주월미군 철수)으로 전 세계 방위비가 삭감되었다.[226] 이에 대해 PACOM은 작계 27-69에서 부정적 충격을 예상하였다. 부정적 영향요소로는 동남아에서의 재배치 위험, 베트남에 주로 배치된 지상군의 한국으로의 재배치 가용전력 부족, 해군전력의 부족, 항공전력의 부족, 전략적 기동자산의 부족 등을 초래하게 되고 북중 연합공격에 대비하기 위해 초기 핵무기에 대한 의존이 필요할 것으로 고려하였다.[227] 미군의 해외 원정전력의 동원이 어려운 상황에서 한반도의 작전계획 27-69의 보완이 요구되었다.

한미 1군단은 이러한 변화 속에서 작전계획 5027-73을 서부전선지대방어개념(Western Sector Defense Concept)으로 발전시켰다. 한미 1군단은 이전의 미 1군단과 동일한 작전지역을 담당하였다. 워커 중장(Glen A. Walker, 1971. 7. 20-1972. 8. 1 재직)은 한미 1군단장으로 일련의 CPX와 방어태세 연구를 통해서 서부전선지대방어개념을 발전시켰다. 이 개념은 전투력의 대규모 조정을 필요로 하였고, 북한이 공격 시 서울로 이르는 전통적인 서부축선에 대규모의 증강된 부대를 배치하는 것이었

"DPRC Meeting on December 15, 1970", Dec 12, 1970, folder: DPRC Meeting General Purpose Forces 12-15-70, box-101, NSC H-files, NPM, NA II.

226) *CINCPAC History of 1969, Volume I*, pp. 81-87.

227) *CINCPAC History of 1969, Volume IV*, pp. 148-151.

다.[228]

놀레스(Richard T. Knowles, 1972. 8. 2-1973. 7. 17 재직) 중장은 워커 중장의 뒤를 이어 서부전선지대방어개념을 시험하고 발전시켰다. 1972년 10월 실시된 미 8군 CPX인 FY73 포커스 렌즈(Focus Lenz) 연습을 통해 개념을 검증하였고, 이를 통하여 한국군과 미 8군으로부터 한반도 방위계획의 발전방향으로 채택되었다. 그리고 1973년 1월부터 한미 1군단에게 임무가 부여되어 1973년 7월 1일 부로 서부전선지대방어개념을 정식으로 적용하게 되었다. 한미 1군단은 새로운 방어개념을 수행하면서 "서울의 방패(Shield of Seoul)"로서의 핵심 역할을 담당하게 되었다.[229]

서부축선 상의 전투력을 증강시키기 위해 한국군의 대규모 재배치가 이뤄졌다. 한 1군단 사령부가 1973년 2월 18일에 경기도 가평에서 벽제로 이동하면서, 한 5군단과 함께 한미 1군단으로 작전통제되었다. 1군단 예하에는 미 2사단의 전방을 인수한 1사단, 베트남에서 철수한 9사단과 수도사단이 수도기계화사단으로 재창설되어 예속되었다. 한미 1군단 예하에는 미 2사단과 한국군 2개 군단이 배속되어 한미 1군단은 야전군사령부 기능을 수행하면서 서부축선의 방어선을 담당하게 되었다.[230]

작계 5027-73은 지대방어를 표방함으로써 개선된 한국군 전력을 서부축선에 보강하는 등 보다 적극성을 띄고 있으나, 수도 서울의 확보라는 작전목표가 없이 한국군의 기동전력을 강화함으로써 지대 내에서 북한 공격을 저지하고 시간을 확보하여 미 증원전력의 전개 후 반격한다는 점에서 27-98과 본질적인 차이는 없는 계획이었다. 그러나 이 개념은 한국군이 독자적으로 발전시키고 있던 고수

228) HQs I Corps(ROK/US) Group, "Annual History Supplement," Mar 20, 1973, folder: Misc, Unit History Papers from 1 US Corps, box-268, Organizational History Files, RG 550, NA II.

229) Ibid.

230) 국방부 군사편찬연구소, 『국방사: 1972.1 - 1981.12』(서울: 군인공제회 인쇄사업소, 2002), pp. 690-691.

방어 개념과 함께 시너지 효과를 가져오면서 이후 보다 공세적인 작전계획으로 발전될 수 있는 기반이 되었다. 한국군은 1975년부터 서울에 접근하는 문산 접근로상인 구파발과 삼송리에 1,100m에 이르는 콘크리트 방벽과 요새화 진지를 구축하였기 때문이다.

작전계획 5027-73은 최초의 연합작전부대인 한미 1군단에서 발전시킨 최초의 작전계획이었다. 양국은 수행전략에서 공조를 이루면서 이후 화력의 획기적 투입을 통해 전진방어전략이라는 보다 공세적인 전략으로의 발전을 모색하였다.

다. 작전계획 5027-76: 전진방어 및 단기결전 전략

공세적인 작전계획 5027-76은 미 군부지휘관들에 의해 미 행정부의 정치전략과 조율이 되지 않은 상태에서 언론에 공개되었다. 작전계획 5027-76으로의 발전은 군사적 수준의 억제의 관점에서 한미 안보파트너십의 수행전략의 공조가 반영된 대표적인 사례이다. 이 계획은 한미 1군단의 4대 군단장 홀링스워스(1973. 7. 18~1976. 2. 11재직) 중장과 유엔군사령관 겸 미 8군사령관 스틸웰 대장(1973. 7~1976. 10 재직)에 의해 주도적으로 발전되었다. 특히 홀링스워스 장군은 미 행정부 내에서 단기결전 전략에 대해 논의가 이뤄지는 과정에서 정부의 승인 없이 "7일 전쟁" 개념을 발표한 것과 관련하여 행정부로부터 1976년 1월 14일 전역을 통보 받았다.

작전계획 5027-76은 휴전선으로부터 한강방어선(홀링스워스線)까지의 50마일에 걸쳐 적 기계화부대의 공격을 저지하면서 미 증원전력의 전개 이후 반격하는 것이었다. 그가 전진방어전략을 발전시킨 목적은 북한이 남침을 하면 북한정권이 망하게 된다는 인식을 주기 위해서였다. 전진방어작전태세는 연합군의 가용 포병, 전차, 그리고 보병을 DMZ 5마일 남쪽의 군사통제지역(Military Control Zone)에 집결시키는 것이다. 그리고 미 2사단의 2개 여단으로 개성을 확보하도록 하고, B-52 폭격기로 중단 없이 추격하여 평양을 확보하는 것이다. 그의 계획에 핵무기 사용을 고려하였는지는 불확실하다. 그는 1일 700-800 소티(Sorties; 출격)의 공군력을 투입하여 수일 내에 북한을 격퇴할 계획을 발전시키고자 하였다.[231)]

스틸웰 사령관이 중동전쟁의 교훈으로 미 육군에서 새로이 강조되고 있던 "적극방어" 개념을 채택하면서 홀링스워스 장군의 전진방어전략은 탄력을 받게 되었다. 적극방어는 최신 첨단무기들이 높은 살상률을 나타내므로 전쟁에서 승리하기 위해서는 최초 전투에서 승리해야 한다는 논리에 따라 결정적 지역에 최대한의 화력과 병력을 집중하여 적 주력부대의 전진을 저지하는 개념이다. 특히 적극방어는 전선에서 주요 기동부대들이 전방지역에서의 좌우 기동을 강조하고 있다.[232)]

한미 1군단의 전진방어전략이 일반에 공개된 것은 1975년 이후 언론에 발표되면서부터이다. 먼저 1975년 6월 15일 미 워싱톤 포스트지는 한미 1군단장 홀링스워스 중장과의 인터뷰를 통하여, 주한미군은 북한이 남침할 경우 DMZ에서 화력으로 짧고, 격렬한 공격(a Short, Violent War)으로 전진을 불가능하게 한 뒤 보병으로 소탕하는 단기간의 전략을 세우고 있다고 밝혔다. 이 기사는 홀링스워스 중장의 작전은 북한의 진전을 봉쇄하는 화력공격에 5일, 보병에 의한 소탕전에 4일 총 9일에 걸친 단기전을 의미하는 것으로 보도하고 있다. 박 대통령은 홀링스워스 장군의 단기결전 전략에 절대적으로 동의한다고 밝히고 있다.[233)]

이후 1975년 7월 16일 스틸웰 사령관은 무역협회의 한미 경제협력 행사의 오찬 연설에서 "주한미군의 수가 4만 2천에 불과하지만 이들은 미국을 대표하고 있으며 주한미군은 휴전선의 방위뿐만 아니라 수도서울의 방위를 책임지고 있어

231) "OPLAN 5027 Major Theater War-West,"

232) Caleb Rossiter, "Winning in Korea Without Landmines," Vietnam Veterans of America Foundation Momograph Series, Vol.1, No.3(Summer 2000), pp. 13-17; 김수광 (2008), p. 321에서 재인용.

233) 국방부 군사편찬연구소 (2001), p. 816; Rowland Evans and Robert Novak. "Strategy for a Short, Violent War," The Washington Post (Jun 16, 1975).

서울에 한발의 대포알도 날아오는 일이 없도록 하겠다."고 말했다. 그는 북한의 남침 시 주한미군은 휴전선에서 이를 저지할 것이며, 그것은 바로 주한미군의 의무라고 강조했다.[234)]

홀링스워스 중장은 1975년 8월 28일 8차 SCM으로 방한한 슐레진저 장관에게 전진방어전략을 보고하고 승인을 받았다. 슐레진저가 한미 부대를 시찰하던 중 홀링스워스 장군은 제 1, 2땅굴의 발견 경위와 규모를 설명하고, "9일 전쟁계획"으로 일컬어지는 단기결전 전략을 보고하였다. 한미 연합부대의 임무는 서울을 현 전선에서 방어하는 것이라고 밝히면서, 서울이 북한의 FROG와 SAM-2 미사일의 위협권 안에 있기에 단기간의 치열한 전투를 통해서 방호해야 한다고 보고했다. 이를 위해서 B-52 전투기를 포함한 항공력을 시간당 30회, 1일 24시간 쉬지 않고 공격하여 9일 이내 적을 격퇴할 수 있다고 양국 국방장관에게 보고하였다.[235)] 슐레진저 장관은 방한 이후 새로운 작전계획을 승인하였다고 발표하였다. 동시에 현 주한미군이 앞으로 5년 내에는 철수해서는 안 되며 미 합참은 북한의 어떠한 공격도 저지할 수 있는 강력한 화력을 지원할 것을 강조하였다.[236)]

그러나 홀링스워스의 단기결전전략은 닉슨 독트린에 의한 개입 회피정책과 부합되지 않는 것이었다. 슐레진저의 방한 중에 북한의 대규모 공격 시 즉각적 개입을 언급한 것에 대해 NSC와 국무부에서 이의를 제기하였다. 단기결전은 짧은 기간 내에 미국의 화력을 조기에 투입하는 자동개입을 의미하기에 공식적인 정책으로 채택할 없다는 반론이 제기되었다.[237)]

이러한 논란이 미 행정부 내에서 논의되던 중 1976년 1월 1일 홀링스워스 장

---

234) 국방부 군사편찬연구소 (2001), p. 836.

235) 국방부 군사편찬연구소 (2001), pp. 859-860.

236) Command Historian HQs,UNC/USFK/EUSA,APO96301,UNC/USFK/EUSA Chronology, 1 July - 31 December 1975, p. 11.

237) Memorandum for General Scowcroft from Thomas J. Barnes, "Secretary Schlesinger's Discussion in Seoul," Sept 29, 1975, folder: Korea(12), box 9, NSA, PCF EA/P, Ford Library.

군은 시카고 데일리 뉴스지 회견에서 북한군이 남침 시에는 7일 전쟁으로 격멸가능하다고 언급하였다.[238] 그러나 이러한 발표는 미 행정부 내에서 정치적 논란으로 비화되었고, 미 행정부의 승인이 없는 상태에서 7일 전쟁이라는 단기결전전략을 강도 높게 언론에 발표한 것이 문제가 되어 결국 1976년 1월 14일에 전역을 통보받았다.[239]

1970년대 중반 미 행정부에서는 주한미군 추가 철군 논의와 병행하여 자동개입의 논란이 지속되고 있었다. 한미 1군단 등 국방부의 적극적, 공세적 작전계획으로의 전환은 문제를 야기하게 되었다. 포드 행정부에서 키신저는 5월 5일 NBC-TV와의 인터뷰에서 "방위조약을 저버리면 전 아세아에 심각한 결과를 초래할 것"임을 강조하였고, 슐레진저 장관은 5월 26일 U.S. News와 World Report와의 인터뷰에서 "한국이 공격을 받으면 보조적인 군사작전으로 개입하는 것보다 적의 심장부를 강타하여 적의 군사력을 파괴하는 것이 필요하며 초기단계에서부터 보다 더 강력히 대응"할 것을 강조하였다. 그러나 1974년 8월 1일 미 하원 세출위 보고서와 1975년 5월 24일 W.P.지는 미 2사단 주둔 위치와 한국군에 대한 작전지휘권의 보유로 인하여 자동개입할 수 있음을 언급하였고, 맨스필드 민주당 원내총무는 "미국은 한국이 공격을 받으면 미군을 동원할 수밖에 없기에 2개의 한국을 인정하는 미·소·일·중 협정을 체결"해야 할 것을 언급하고 있다.[240]

이러한 분위기 속에서 슐레진저 장관의 단기결전전략의 승인에 대하여 NSC와

---

238) 국방군사연구소 (1994), p. 430.

239) NARA, Presidential Libraries Withdrawal Sheet, Withdrawal ID 013367, folder: Korea-State Department Telegrams to SECSTATE-NODIS(10), box 12, NSA, PCF EA/P, Ford Library; NARA, Presidential Libraries Withdrawal Sheet, Withdrawal ID 013302, folder: Korea-State Department Telegrams: From SECSTATE-NODIS(4), box 11, NSA, PCF EA/P, Ford Library.

240) 외무부, "최근 미국의 대한정책, 특히 대한방위공약 천명에 대한 평가," (1975. 5. 30) 「주한미군 철수(감축) 1975, 전 7권 (V.3 5-6월)」, MF, G-0040, 외교사료관.

국무부가 문제제기를 하였다. 미 행정부 내부에서는 이와 관련한 토의가 진행되었다. 실제 홀링스워스의 단기결전전략은 관련된 제반 계획이 뒷받침이 되어야 한다. 작전적 측면에서만 볼 때에도 막대한 공군력과 군수지원계획 등을 요구하는 것이었다.

미 행정부 내 논란에도 불구하고 작전계획 5027-76은 공식적으로 채택되었다. 군사적 수준의 안보파트너십은 수행전략에서 정치적 수준의 소극적인 개입으로 인한 갈등과 대비되면서 군사적 수준에서의 적극적 억제의 측면에서 공세적인 한반도 방위계획을 발전시켰다. 단기결전전략은 미 행정부의 정치-군사전략에 있어서 불일치 현상을 나타내 주었다.

스틸웰 사령관의 적극적 지원과 미 행정부로부터 보직해임까지 받으면서 단기결전전략을 추진했던 홀링스워스 장군을 어떻게 평가할 것인가? 두 장군의 개인적인 특성에 기인하여 평가할 수도 있을 것이다.[241] 그러나 한미 군부지도자들 간에 북한의 군사적 도발을 억제하기 위해서 확실한 메시지를 북한에 보내야 한다는 합의가 있었기 때문일 것이다.

한반도 작전계획 5027은 1973년과 1976년에 걸쳐 적극적, 공세적으로 발전하였다. 따라서 닉슨-포드 행정부의 대북중 대응전략인 작전계획 5027은 1973년도에 적극적으로, 이후 1976년도에 공세적으로 발전됨으로써 이후 1978년도 연합군사령부(CFC)의 작전계획으로 발전하는 토대가 되었다.이 시기에 한반도의 미군지도자들은 순수이 군사적인 수준에서 군사전략을 발전시킴으로써 정치전략에 조응하지 않았다. 홀링스워스 장군의 전역과 스틸웰 사령관의 적극적 지원은 한미 양국의 군사적 수준의 안보파트너십이 공고하게 작용한 것으로 보아야

241) 75년 8월 슐레진저 장관이 방한 시 박 대통령은 스틸웰 및 홀링스워스 장군의 노고에 대해 포드 대통령에게 감사를 전하면서 1년 연장근무를 요청했다. 스틸웰 사령관은 전역 시까지 3년 이상을 근무하였고, 홀링스워스 장군도 연장근무를 하다가 단기결전전략의 언론발표로 2년 7개월 만에 전역조치를 당했다. Memonrandum of Conversation, Summary of meeting between South Korean President Park and Defense Secretary Schlesinger, DDRS.

할 것이다.

닉슨-포드 행정부에서 군사적 수준의 안보파트너십은 매우 높은 공유를 보였다. 먼저 봉쇄정책은 지속적으로 양국의 가치체계나 국가이익과 위협의 인식에 영향을 미쳤다. 그러나 데탕트는 중국의 위협을 점차적으로 약화시켰다. 그리고 손실의 감수 측면에서 철군 보완조치를 강구하는 과정에서 한측의 요구로 혼성 연합작전부대가 창설되어 서부축선 상에 배치됨으로써 작전적 인계철선 기능을 지속적으로 담당하게 되었다. 그리고 수행전략에 있어서 양국의 군부는 지속적으로 전진방어전략을 공유하면서, 적극적이고 공세적인 대응전략을 발전시켜 나갔다.

제3절 선택적 보호–강요된 자주의 안보파트너십으로의 변화

닉슨-포드 행정부에서 안보파트너십은 군사주도형 안보파트너십으로 변화하였다. 이 시기에 양국이 현실적으로 나타낸 한미 안보파트너십은 미국의 선택적(selective) 보호와 한국의 강요된(enforced) 자주로 정의하고자 한다. 미국은 일방적 보호로부터 닉슨 독트린과 데탕트를 통하여 정치적으로 선택적 개입으로 전환하였으나, 군사적 수준에서는 봉쇄정책의 지속으로 인하여 억제에 대해 지속적으로 공유하고자 하였다. 한국은 닉슨 독트린과 미국에 대한 신뢰의 불안으로 강요된 자주국방을 추진하게 되었다. 따라서 이 시기의 한미 안보파트너십은 정치적 수준에서는 이견을 보인 반면에 군사적 수준에서는 공고하게 형성되었다고 하겠다.

〈표 4-11〉 닉슨-포드 행정부에서의 안보파트너십 형성

	정치적 수준		군사적 수준	
	미국	한국	미국	한국
유형	선택적 보호 - 강요된 자주			
가치체계·국가이익	• 아시아에 대한 안보이익 평가약화(선택적) • 세력균형요충지로서의한반도 가치 재인식	• 국지적 안보이익중시 요구	• 소련팽창 억제 • 중국 억제 * 데탕트로약화 • 북한 억제	• 북한 억제
	이 견		공 유	
위협인식	• 과잉 보장(미군감축가능) • 데탕트 * 중국위협약화	• 동북아 정세의 불확실성 -개입의 약화/불개입 의혹 -강대국의데탕트 →약소국의불안	• 공산세력 불신 • 중국위협 감소 • 북한 군사력이 한국보다 우세 * 지상군한국많음 • 북한의 도발 • 미국전력 약화	• 북한 군사력이 한국보다 우세 • 북한의 지속적 도발
	이 견		공 유	
손실감수	• 개입 축소 -도서방위전략 전환 검토 -예산축소/제한 • 현상 유지 -정치적 안정	• 국가자율성회복움직임(핵무장)	• 지속적 개입	• 작전적 인계철선의 유지 • 작전통제권 제한
	이 견(동반자 관계 변화 징후)		공 유	
수행전략공조	• 철군 정책-한국군 현대화 • 추가철군 검토 • 데탕트 정책	• 한국군 현대화 지원 예산 보장 • 자주국방 조기 추진 • 남 북 대 화 편 승 (1971-73)	• 전진방어전략 발전 (공세/적극적작전계획발전)	• 미군 개입 지속 • 한국군의 작전 참가 확대 요구 (연합작전기획단, 한미1군단)
	이 견(부분적 공유/일시 데탕트 편승)		공 유	
종합	전체적 이견 / 불확실성 * 선택적 개입		전체적 공유 * 억제 유지	

선택적 보호-강요된 자주의 안보파트너십은 분석요소에 따라 정치적 이견과 군사적 공유로 상반되게 형성되었다. 먼저 정치적 수준에서는 전체적으로 이견을 보이면서, 부분적으로 공유하였다. 특히 미국의 선택적 개입에 따른 철군정책과 절약-충분의 딜레마로 양국은 격렬히 대립하였고 미국의 전략 변화에 대한 불

확실성은 한국의 안보 불안을 가져왔다.

반면에 군사적 수준에서는 전반적으로 공고하게 억제 인식을 공유하였다. 미 행정부의 철군 논의 과정에서 미 군부는 정치적 견해에 반대하면서 억제의 필요성을 강조하는 대안을 제시하였고, 특히 주한미군의 군사지도자들은 적극적, 공세적인 연합작전계획의 발전을 통해 억제를 유지하고자 하였다. 데탕트 상황에서 미국은 개입을 회피하려는 정치적 입장을 추진했으나 미 군부지도자들의 군사전략은 오히려 적극적 개입을 추진하는 상반된 상황으로 나타났다. 이러한 미 행정부와 군부의 정치-군사전략에서의 불일치는 한반도에서 군사적 억제를 보다 강화하는 결과로 나타났다.

안보파트너십의 분석요소별 내용이다. 먼저 가치체계나 국가이익, 그리고 위협의 인식이다. 우선 정치적인 수준에서 미국은 국력 약화로 인하여 세계전략의 우선순위를 검토하면서 유럽에 우선을 두고 아시아의 안보이익을 낮게 평가하면서 그나마도 선택적인 개입을 공언하였다. 닉슨은 국가이익이 공약보다 더 중요하다고 공언하였다. 다음으로 데탕트 추진 과정에서 미국은 세력균형의 요충지로서 한반도의 안정이 긴요함을 인식하였다. 중국과 협의과정에서 중국은 일본의 재무장보다는 미군이 한반도에 주둔하는 것이 덜 위협적이므로 한반도의 변화를 바라지 않음을 인식하였다. 이는 주한미군의 추가 철군을 막는 역할을 하였다. 셋째로 위협의 인식에서 미국은 주한미군 철군을 검토하면서 한반도의 주한미군과 한국군 전력이 과잉보장되어 있다고 진단하면서 한국과 인식의 차이를 보였다.

반면에 한국은 미국의 아시아나 한반도에 대한 개입의 약화를 인식하면서도 공산 위협을 극복하기 위해서 미국에 의존할 수밖에 없는 상황에서 한반도의 안보이익에 치중하기를 원했다. 또한 위협 인식에 있어서 데탕트로 중국의 위협은 약화되었으나 한국에게 동북아 정세의 불확실성을 증가시켰다. 그리고 강대국의 데탕트는 남북한의 안보불안을 증가시키는 모순으로 나타났다. 이러한 불안은 남북한의 체제경쟁을 더욱 유발시켰다.

다음으로 군사적 수준에서는 데탕트가 갖는 봉쇄정책의 연속성이 그대로 지속되었다. 데탕트는 공산세력에 대한 불신과 적에 대한 인식을 변화시키지는 못했다. 데탕트는 한반도에서 중국의 위협을 감소시켰고, 이후 한국군 현대화나 연합작전태세의 발전에 반영되면서 상대적으로 한미 연합전력을 강화시키는 효과를 주면서, 연합작전태세가 적극적, 공세적으로 발전할 수 있는 계기를 마련해 주었다. 특히 PACOM의 자료를 통하여 미 군부지도자들은 소련의 팽창에 따라 상대적으로 미국의 군사력이 약화되는 것으로 인식하였다. 그리고 북한의 전력은 지상군은 한국이 많으나, 전반적으로 북한이 우세한 것으로 분석이 되면서 땅굴, 테러 등의 지속적 도발에 대한 양국의 위협인식은 강력하게 공유되었다. 그러나 북한의 지상군 전력은 이후 카터 행정부에서 군사력 재평가를 통하여 번복이 되었다.

다음으로 손실의 감수이다. 한미 간에는 1960년대까지 유지되어 오던 보호-의존의 관계로부터 미국이 개입을 축소하면서 자연스럽게 비대칭성의 변화를 나타내었다. 이 배경에는 한국의 국력 신장을 반영하는 긍정적인 면도 있으나, 미국에 의해 기존의 한미 관계가 일방적, 강압적으로 변화하는 특성을 보였다. 그리고 이러한 변화는 동반자 관계로의 변화 징후로 나타났다. 정치적인 수준에서 미국은 한반도에 대한 개입을 축소하고자 도서방위전략으로의 전환을 검토하였고 국방부가 주도적이었다. 미 국방부는 국방예산의 삭감으로 부단히 한반도에 대한 투입을 축소하고자 하였다. 미국은 절약-충분의 딜레마로 한국과 갈등을 겪게 되었다. 그러나 NSC와 키신저는 국방부의 도서방위전략으로의 급격한 전환, 추가 철군, 그리고 기타 한반도의 안정을 깨는 급격한 상황의 변화가 초래할 불안정을 원하지 않았다. 따라서 미국의 대한반도 정책은 현상유지의 특성을 보이게 되었다. 미국의 개입 약화에 따라 양국의 비대칭성이 완화되면서 한국은 국가자율성을 회복하려는 움직임을 보였다. 한국은 핵개발을 통해 자율성을 회복하려는 움직임을 보임으로써 이견을 노출하였다. 과거의 보호-의존 관계에서는 나타날 수 없는 현상이었다.

그러나 군사적인 수준에서 양국은 지속적으로 손실의 감수를 공유하는 입장을 보였다. 미 행정부는 정치적으로 저수준전략을 지향하는 등 손실의 감수를 약화시키려는데 반하여, 미 국방부의 입장과도 다른 합참 등 군부에서는 지속적인 개입을 유지하고자 하였다. 한국은 유엔군 주도의 한반도 방위체제 하에서 군사적 억제가 지속되기를 바랐다. 양국은 미 7사단 보완조치의 일환으로 한국의 요구에 의해 한미 1군단의 창설에 합의하면서, 미국은 작전적 인계철선의 역할을 지속적으로 수용하게 되었다.

그리고 세 번째로 한미 양국의 수행전략의 공조이다. 먼저 정치적으로는 미국이 일방적인 정책을 강요함으로써 양국은 인식을 공유할 수 없었다. 우선 철군 정책과 한국군의 현대화 협상은 일방적으로 미국의 의지대로 관철되었다. 한국의 반발과 협상의 지연으로 미 2사단 철군이 7사단으로 조정되고, 한측의 요청으로 한미 1군단이 창설되는 등의 변화가 있었으나, 한국의 8개항 제안은 대부분 관철되지 못하고 미국의 의도대로 철군 협상이 진행되었다. 두 번째로 미 국방부의 경우 추가 철군의 의지를 갖고 이를 추진하고자 하였다. 이러한 추가 철군에 대한 불확실성은 한국의 심리적 안보불안을 지속시켰다. 셋째로 데탕트 초기에 남북한은 강대국의 압력이 없는 상태에서도 자발적으로 데탕트에 편승하고자 하였다. 남북한은 미국과 중국의 방기를 염려하였다. 박 대통령은 데탕트 분위기에서 또 다시 과거처럼 강대국에 의해 국권 상실 등의 전철을 회피하고자 하였다. 그러나 1973년도 이후 양국은 더 이상 데탕트의 필요성을 느끼지 못하였다. 이후 강대국은 한반도의 데탕트를 조성하고자 노력하였으나 성과를 거두지 못하였다. 반면에 한국은 철군협상의 결과에 따른 현대화 지원계획의 지연으로 미국에 실망하였다. 그리고 미국의 강요와 한국의 자발적인 의지로 자주국방이 추진되었다. 자주국방은 양국의 부분적 공조 하에 추진되었다. 이와 같이 전반적으로 한미 간에는 극심한 갈등을 겪었으나, 일시 데탕트의 편승이라든가 자주국방과 같은 부분적 공조가 진행되었다.

그러나 한미 양국은 군사적으로는 공고한 관계를 유지하였다. 한반도의 군부지도자들을 포함한 미 군부지도자들은 한반도의 작전계획 5027을 적극적, 공세적으로 발전시켰다. 이 과정에서 한미 1군단장 홀링스워스 장군은 미 행정부의 정치전략과 단절되는 연합작전계획 5027-76을 공세적, 적극적인 단기전쟁전략으로 발전시키면서 행정부와의 조율이 없이 언론에 발표한 이유로 전역 조치를 당하였다. 그리고 한국은 연합작전기획단의 운용과 한미 1군단의 창설에 따라 연합작전의 운용에 참가할 수 있게 되었다. 적극적, 공세적인 연합작전계획을 발전시킨 한미 1군단은 최초의 연합작전부대이면서 연합작전체제를 발전시키는 계기가 되었다.

닉슨-포드 행정부에서 한미 안보파트너십의 형성에 주로 영향을 미친 행위자들은 다음과 같다. 정치적 수준의 안보파트너십에 영향을 미친 행위자들은 닉슨 대통령과 행정부에 폭넓게 분포되었다. 특히 국방부는 추가 철군에 적극적이었다. 군사적 수준의 안보파트너십은 주로 한미 양국의 군부지도자들이 주축이 되었다.

이와 같은 선택적 보호-강요된 자주의 안보파트너십은 기존의 유엔군 주도의 한반도 방위체제의 변화에 영향을 미치게 되었다. 즉 정치적 갈등 속에서도 미국은 현상유지를 지향하였고, 군사적 수준에서 양국의 공고한 안보파트너십은 억제에 대한 합의를 공고히 하였다.

다음 절에서는 이러한 안보파트너십의 변화가 안보동맹의 제도화에 어떻게 영향을 미쳤는지를 분석하고자 한다.

제4절 안보동맹의 제도화

닉슨-포드 행정부에서 안보파트너십은 선택적 보호-강요된 자주로 변화하면서 연합방위체제로의 전환을 모색하게 하였다. 이 절에서는 선택적 보호-강요된 자주의 안보파트너십의 영향으로 연합방위체제로 전환을 모색하게 되는 과정과 제도화의 수준에 대한 평가 등을 고찰할 것이다.

정치적 수준에서 양국은 전체적으로 이견을 보였으나, 미국은 한반도의 안정을 지속시키는 현상유지에 치중함으로써 UN에서 공산권의 UNC 해체 주장에 대한 대안으로 한미 협의를 통하여 연합사령부(CC; Combined Command)의 창설을 모색하였다. 그러나 군사적으로 양국의 군부지도자들은 공산세력의 위협에 대한 억제에 높은 공유를 보였다. 이에 따라서 연합작전을 위한 미 7사단 철군에 대한 보완조치로 혼성연합군단의 창설에 합의하면서 미국이 작전적 인계철선의 역할을 지속적으로 담당하게 되었고, 동시에 양국의 군부지도자들 간에는 한국군의 참여가 확대되는 NATO형 연합작전체제로의 발전을 위한 활발한 논의가 제기되었다.

1. 개입의 지속: 유엔사 해체 논의와 대체기구로서의 연합사 창설방안 검토

공산권의 UNC 해체 주장에 대해 양국이 보인 입장과 합의, 그리고 공산권의 주장에 어떻게 대응하였는지에 주목할 것이다. 그리고 1976년 UN에서 공산권의 UNC 해체 주장이 철회함으로써 포드 행정부에서 연합사령부(CC)의 창설이 유보되는 과정을 고찰할 것이다.

가. 유엔에서의 유엔사 해체 논의

정치적 수준의 안보파트너십은 현상유지를 지향함으로써 국제정치 환경의 변화로 UNC에 대한 해체 요구가 UN에서 제기되자 한미 양국은 대안으로서 연합사령부(CC)의 창설 추진을 협상안으로 검토하였다.

1970년대 UN에서 주한미군 철수와 UNC 해체 논란이 제기되었다. 1971년 중국이 유엔에 가입한 이후 1972년 27차 유엔 총회에서 한반도 논의가 시작된 이후 1976년에 양측이 결의안을 철회하면서 유엔한국통일부흥위원회(UNCURK; United Nations Commission for the Unification and Rehabilitation of Korea)의 해체 외에는 다른 변화 없이 종결되었다. 〈표 4-12〉은 UNC 해체와 연합사(CC) 창설 논의에 대한 일련의 과정이다.

유엔에서의 최초 자유세계의 전략은 기본적으로 공산권과 논란이나 대립을 회피하는 것이었다. 1972년도에 자유권에서는 대립적 논쟁을 회피하고자 하는 입장에 반해, 공산권에서는 UNCURK 및 UNC의 해체, 유엔기 사용 권한 중지, 평화협정 체결 이후 외국군 철수, 한국에 유엔 회원국들의 군사적 참여 금지 등을 요구하였다. 한국을 지지하는 국가들은 공개적인 대립적 논쟁은 남북대화의 분위기에 도움이 되지 않는다고 보았다.[242] 이에 대해 키신저는 8월 9일 고위검토위원회(SRG; Senior Review Group) 회의를 통해 유엔 총회에서 한국 문제 논의를 연기시키는 전략을 채택하였다. 특히 UNC는 유엔 총회가 아니고 안전보장이사회의 결의에 의해 창설되었다는 점을 부각하면서 자유권의 입장을 주장하였다.[243]

242) Telegram from SECSTATE to All Diplomatic Posts, Subject: Korean Question at 27th GA,1972.7.27,folder:SRGMeeting-Korea/UN,8/9/72,boxH-64,NSCH-files NPM,NA II.

243) SRG Meeting on Korea-August 9, 1972, Folder DEF 19-8 Military Equipment and Supplies Modernization 1972, Box 6, Entry A1 5419, Lot Files(Japan,Korea,China), Bureau of East Asian and Pacific Affairs, Office of Korean Affairs, Subject Files of the Office of Korean Affairs, 1966-1974, RG 59, NA II.

〈표 4-12〉 UNC 해체 논의 과정과 연합사령부 창설 검토

연도	시기	과 정	진행 경과 / 결과
'72	9.2	UN 총회, 일반운영위원회	한국문제 논의 1년 연기안 가결
'73	11.10	키신저-주언라이 회담	UNC 해체 단계적 추진 합의
	11.21	28차 UN 총회: UNCURK 논의	UNCURK 해체 결의
	12.31	NSSM 190 한국에서의 외교정책 주도	UNC 해체 관련 협상안 연구
'74	3. 29	NSDM 251 한국에서의 유엔사 해체	공산권 협상 패키지와 전략 완성 * **UNC 해체⇒연합사 창설 대체**
	4월	한미 간 연합사 창설안협의 시작	전체적 합의, 작통권 문제 추가 검토
	12.9	29차 UN 총회: 남북한 결의안 별도 제기	남한측 결의안 통과
'75	8.16	미국, 공산측 결의안 제지방안 구상	키신저, 4자회담 제의(협상용)
	11.18	30차 UN 총회: 남북한 결의안 별도 제기	남북한 결의안 동시 통과 * 국제적 무관심 반영
'76	3월	**미합참→국방부, 연합사 창설안 보고**	이후 검토 보류
	8.18	판문점 도끼 만행사건	북한에 대한 국제적 여론 악화
	9월	남북한 결의안 UN 제기 철회	UNC 해체 문제 유보

이러한 양 진영의 입장 차이는 9월 20일 유엔 총회 일반운영위원회에서 '한국문제 토의 1년간 연기안'을 찬성 16, 반대 7, 기권 1, 불참 1로 채택함으로써 한국측이 제시한 방안에 첫 승리를 안겨주었다.[244] 프레이저 보고서에 의하면 1971~72년도에는 남북협상이 계속되었기 때문에 UN에서의 한국문제에 관한 토의가 없었고, 1973년 남북대화가 결렬되자 다시 한국문제를 토의하게 되었다고 진단하고 있다.[245] 1970년대 초 남북대화가 진행되는 상황에서 강대국들은 남북한 당사자 간의 협상을 지켜보자는 분위기가 우세했던 것으로 보인다.

미 행정부는 1973년도에 UNC 해체의 대안을 구체적으로 모색하였다. "NSSM 154: U.S. Policy Concerning the Korean Peninsula"(1972.4.6)에 따라 1973년 4월 논의를 하면서 국무부는 대안 중에서 남북 대화를 미·중이 독려하고 남북이

244) 국방부 군사편찬연구소 (2001), p. 332.

245) U.S. House of Representative (1978), p. 43.

주도하면서 협상채널은 남북과 미·중의 이중채널로 추진할 것을 선호하였다.[246] 그러나 NSSM 154는 남북한의 데탕트 정책을 중심으로 연구되었고, 키신저는 국무부의 방식에 문제점을 제기하였다. 키신저는 국무부가 남북한 문제를 남북한 수준에서 접근하고 있다고 보고 거시적인 차원, 즉 강대국 간의 문제로 접근할 것을 요구하였다.[247]

국무부는 UNC를 중심으로 재검토한 의견을 키신저에게 보고하였고, 6월 20일 하비브 대사를 통하여 한국정부로 전달하였다. 이 전문에서는 UN에서의 대처, UNCURK 및 UNC 해체, 남북한 유엔 동시 가입 문제에 대한 입장, 그리고 남북한 데탕트와 연계하여 제시하고 있다.

(1) 유엔 쟁점: 유엔총회에서의 한국문제에 대한 논의 시 한국의 결정을 전폭적으로 승인할 것이고, (중략) … 한국과 대표단들과 적절한 결론에 이르기까지 같이 협조할 것이다.

(2) UNCURK: 우리는 한국의 의사를 전폭적으로 승인함. 한국정부가 UNCURK의 회원 임무를 종료하였다고 결론을 내리는 것이다. (중략)

(3) UNC

---

246) "Summary and Options," enclosed for Memorandum for Kissinger from Sneider, Acting Chairman, IG/EA-P, "NSSM 154-United States Policy Concerning the Korean Peninsula," Apr 4, 1973, folder: SRG Meeting-NSSM 154 6/15/73 [2 of 4], box H-67, NSC H-files, NPM, NA II. NSSM 154 이 연구는 한반도의 데탕트의 긍정적 가능성을 전제로 하여 미국이 정책대안을 미·중의 역할, 남북한의 역할, 그리고 협상채널로 구분하여 네 가지의 대안을 제시하였다; 1방안(지원 방안, 주도, 남북대화), 2방안(완화 방안, --, 미·중 대화), 3방안(독려 방안, 주도, 남북/미·중 대화), 4방안(주도 방안, 보조, 미·중 대화).

247) Minutes of SRG Meeting June 15, 1973, Subject: US Policy toward Korea(NSSM 154) and the Korean Force Modernization Program, folder: SRG Minutes (Original) 1972-1973 [2 of 4], box H-113, NSC H-files, NPM, NA II. 이러한 인식의 차이는 한국이 1973년 6.23 평화통일선언에 대한 6월 15일 SRG에서 키신저와 포터 국무차관의 대화 속에서 나타났다. 당시 포터 차관은 6.23 선언에 대해 한국이 북한에 대한 외교 주도권을 갖기를 원한다고 하면서 미국의 조언을 구한다고 하였다. 이에 대해 키신저는 "나는 북한을 상관하지 않는다."고 하면서 당시 현안으로 제기된 유엔사 문제를 제기하면서, 이 문제를 중국이나 소련과의 협상을 통해서 한반도에 대한 보장을 받도록 하는 방안의 연구가 필요하다고 주장하였다.

(a) 한반도에서 현재의 안보관련 조치들이 한미 안보동맹을 약화시키지 않는 범위 내에서 UNC 해체에 대해 검토를 한다. 이 문제들은 정전협정, 군사정전위원회, 중립국감독위원회, 일본의 유엔사 후방지휘소, 한미 우발작전계획, 그리고 지휘관계 등이다.

다음의 (b)(c)(d) 3개 항목은 미 대사관에서만 열람할 것.

(b) 한국 안보에 염두를 두고 조정안의 중요성을 고려하여 신중히 접근해야 한다. 소련, 중국, 북한과도 이 문제들에 대해 긴밀하게 협의하고, 동시에 한국과 접근방법을 협의해야 한다. 최종적으로 공산 측과 협상을 유도하기 위해서는 많은 시간이 필요하다. 앞으로 수개월의 시간이 있기에 우리가 요구하는 조정안에 이를 수 있을 것이다. 우리의 평가로는 한국 측의 유엔에서의 새로운 융통성(6.23 평화통일 선언의 유엔 동시 가입, 필자)과 미국이 안보리에서 갖는 위치 등을 고려 시 이번 유엔 총회에서 UNC 문제와 관련하여 북한의 위협을 회피하는데 어려움이 없을 것이다.

(c) 이 문제와 관련한 협상전략 측면에서, 북한은 유엔사의 해체를 중요한 목표로 생각하고 있기 때문에, 우리가 원하는 방향으로 공산 측의 합의를 이끌어 낼 수 있도록 한국 측과 협조하여 개발해야 할 것이다.

- 정전협정; 새롭게 형성된 적대관계에 대한 억제로서의 합의 유지
- 군사정전위원회: 북측의 정전협정 위반 주장에 대한 공개 협의를 위해 계속 지속
- 중립국감독위원회: 정전을 통제하는데 완전히 비효율적이므로 종결
- 일본의 유엔사 후방기지 사용 권한: 유사시 일본과 협의 없이 한국의 방어를 위해 사용할 수 있는 일본의 비밀 군사기지 사용권한 유지
- 한국군에 대한 작전통제권: 한국군에 대한 연합 우발작전계획의 수립 이나 유사시 한국군에 대한 작전통제권을 지속해야 함.
- 한반도에서의 안보상황의 개선이 있을 때까지 주한미군 주둔에 대한 소련, 중국, 그리고 북한 측의 묵시적 인정

(d) 유엔에서의 2개의 한국 동시 가입 문제 논의(그러나, 유엔 가입은 관계국에 유엔군이 주둔하지 않게 되는 것을 의미하지 않음)

(4) 유엔 가입: 미국은 남북한 유엔 동시 가입을 지원한다. 한국이 얻는 중요한 이점

> 은 분쟁을 평화적 수단(7·4 공동성명을 강화하는)과 유엔 토론을 통한 조사를 통해서 해결하는 것이다. 만약 북한이 동시가입을 거부한다면, 한국정부는 심리적으로 우위에 있을 것이다. 앞에서 언급한 것처럼, 그러나, 앞에서 언급한 것처럼 유엔사의 가능한 종결과 이 문제에 관한 관계에 대해 한국 측과 협의해야 한다.[248]

미 국무부는 1973년 11월 28차 유엔 총회에서의 한국문제 대책에 대해 8월초 닉슨에게 보고하였다. 국무부는 유엔 동시가입, UNCURK의 해체, UNC의 유지를 건의하면서도 남북한 유엔 동시가입을 조건으로 UNC를 해체할 수 있다는 입장을 보였다. 그러나 키신저는 협상 차원에서 유엔 동시가입과 UNCURK의 해체 연계에 반대하였고, 또한 UNC 해체에 대한 암시를 해서는 안 된다는 입장을 보였다.[249]

키신저는 1973년도에 UNC 문제를 중국과의 협의를 통해서 해결하고자 하였다. 강대국과의 협상을 통해서 남북한에 영향력을 행사하고자 하였다. 이에 따라서 키신저는 한국이 6.23 평화통일 선언을 하기 전에 중국에 내용을 알려주면서 영향력을 행사해 줄 것을 요청하였다.[250] 1973년 11월 11일 키신저는 이러한 입장을 갖고 중국을 방문하여 주언라이와 UNC 문제에 대해 협의하였다. 중국은 유엔사의 해체까지 요구하였다. 그러나 키신저는 1973년도에 UNCURK를 해체

---

248) Telegram from SECSTATE to Amembassy Seoul, "US Views on ROK Foriegn Policy Changes," Jun 20, 1973, folder: NSDM 227, box H-241, NSC H-files, NPM, NA II. 또한 이 전문에서는 북한 관련 강대국의 교차승인이나 북한 접촉 시 한국과 협의할 것을 밝히고, 주한미군은 계속 주둔하며 사전에 협의 없이 감축은 없을 것이며, 박 대통령의 6.23 평화통일선언을 지지하고, 한국의 재통일과 북한의 국제기구 참여 등에 대한 입장을 밝히고 있다.

249) Memorandum for Mr. Thomas Pickering, Executive Secretary Department of State, "Consultations on the Korean Question," August 7, 1973; Memorandum for Kissinger from John Froebe, "Consultations on the Korean Question in the UN," Aug 4, 1973; Memorandum for Kissinger, "Korean Consultations," Aug 3, 1973; folder: NSSM 154[1of2], box H-191, NSC H-files, NPM, NA II.

250) NSC Memorandum for Kissinger from Solomon, "A Message for the PRC Regarding Korean Policy Developments," June 18, 1973, folder: SRG Meeting NSSM 154 6/15/73 [2of4], box H-67, NSC H-files, NPM, NA II.

하고, 1974년 유엔사 해체를 고려하는 단계적 협상안을 제기하였다. 주언라이는 이를 수용하면서 "'우리의 한국친구'(북한을 지칭)가 다른 3세계 후원국들을 설득하기 위해 시간이 필요하다"면서 11월 상정 예정인 한국문제 토론을 조금 연기하자고 제안하면서 타결되었다.[251] 주언라이의 표현을 빌어 북한의 입장을 유추하자면 당시 UN 내에서 공산권의 입지가 그리 우세하지 못했다고 보여 진다. 이러한 분석은 미국의 자체적인 분석에서도 확인할 수 있었다. 11월 21일 28차 유엔 총회에서 UNCURK의 해체 결의안은 만장일치로 가결되었다.

나. 유엔사 대체기구로서의 연합사 창설안 검토

한미 양국은 1974년도에 UNC 해체의 대응방안을 협의를 통해서 확정하고 UN에서 공산권과 대결을 벌이게 되었다. 미 행정부는 1973년도 중국과 UNC의 단계적 해체에 합의한 이후 12월 31일 "NSSM 190: Diplomatic Initiative in Korea"를 통하여 UNC 해체 대응방안의 연구를 시작하였다.

NSSM 190 연구는 UNC 유지와 해체 및 대안에 대한 내용을 망라하였다. 주요 주제로는, UNC가 현재의 형태로 지속될 수 있는지에 대한 전망, 한반도에서의 정치적 관계와 군사적 균형에서 안정성을 보장해주는 제도적 대안 제안, 제안된 기구조정방안을 위해 남북한 관계를 증진시키도록 대화를 위한 기초와 UN이 새로운 정치·군사적 조정을 발전시킬 수 있는 개념을 제공하는 외교전략과 대안적인 정전 조치들을 포함하는 협상 패키지를 발전시키고, 외교적 시나리오는 남북한은 물론 4대 강국이 참여하는 틀 내에서 고려하며, 일본의 기지사용과 일본에서의 UN군 전력과 관련하여 미래 한미 지휘관계를 제공하는 것 등이다. 또한 방안의 발전에 있어서 주한미군의 주둔이나 지원에 있어서 변화가 없음을 가정하

---

251) 「키신저·주언라이 대담 비망록(1973.11.11)」Winston Lord Files Box 372; 홍석률 (2001), p. 226에서 재인용,

도록 하였다. 매우 민감한 주제였기에 준비과정에서 보고서나 참석자가 알려지지 않도록 국무부가 주관이 되어 NSC 참모를 포함하도록 하였다.[252)]

1974년 2월 NSDM 190에 대한 NSC 부처 간 그룹에서 세 가지의 방책이 키신저 주관으로 논의되었다. 1방책은 단기간 내 주한미군의 주둔은 상대방이 묵인하고, 유엔군 사령관을 아측 서명자로서 한국과 미국의 사령관들로 대체하며, 정전협정을 위해 정전위원회와 중립국감시위원회는 계속 유지하는 것이다. 2방책은 1방책에 추가하여 강대국들의 접촉을 확대하고 정전협정 수행책임을 남북조정위원회로 이관한다. 3방책은 1, 2방책에 추가하여 무기제한조치를 추가하는데, DMZ의 재비무장화나 상호지상군 감축과 같은 신뢰구축조치 등을 포함한다.[253)]

NSSM 190에 대한 연구가 진행되면서 주요 논란이 되었던 주제는 한국에 대한 미국의 개입 정도, 한국군에 대한 작전통제권과 유엔사의 대체 기구 그리고 한국과의 협조 문제 등이었다. 먼저 한국에 대한 개입의 정도에 있어서 주로 군비통제국은 미국의 개입을 감소하기 위해 한국화를 조기에 실행하기 위해서 UNC를 해체하고 정전협정에 대한 관리를 한국으로 전환하고 한국군에 대한 작전통제권을 축소하는 것이 바람직하다는 견해를 밝혔다. 국무부에서도 정전업무를 남북조정위원회로 이관하는 것이 안보책임을 남북한에 넘기고 분쟁에의 개입을 감소시키고자 하였다. 따라서 국무부는 이러한 입장에서 방책 2를 선호하였다. 그러나 NSC는 북한의 의도에 대한 불확실성이 계속 존재하는 상황에서 시기상조로 보았다.[254)]

---

252) NSSM 190, "Diplomatic Initiatives in Korea," Dec 31, 1973, folder: NSSM-190[1 of 3], box H-201, NSC H-files, NPM, NA II.

253) Memorandum for Secretary Kissinger from W. R. Smyser and Richard H. Solomon, "NSSM 190 : Diplomatic Initiatives in Korea", 1974. 2. 13, folder: SRG Meeting-Korea, 2/19/74, box H-69, NSC H-files, NPM, NA II.

254) ACDA Memorandum for Kissinger, "Diplomatic Initiatives in Korea," March 4, 1974, folder: NSSM-190 [2 of 3], box H-202, NSC H-files, NPM, NA II; Memorandum for Secretary Kissinger from W. R. Smyser and Richard H. Solomon, "NSSM 190 : Diplomatic Initiatives in Korea",

두 번째로 한국군에 대한 작전통제권과 UNC 대체기구에 대해서 군비통제국은 한국에 조기 이양할 것을 주장했으나, 국방부(합참)는 한반도 안정을 위한 정전협정에 관련한 만족할만한 합의가 이뤄진다면 UNC가 필요하지 않다는 것을 전제로 하고 방책 1을 선호하면서, UNC 해체 이후에 계승자로서 한국군을 작전통제하는 한미연합사령부의 창설을 주장하였다. 그러나 UNC 해체로 인하여 미일협정에 의해 일본의 후방기지를 사용하는 문제에 대한 재협정에 어려움이 있을 것으로 분석했다.[255]

셋째로 한국과의 협조문제였다. 미국은 유엔사 해체 문제에 대하여 주한미군이 주둔하는 한 UNC의 해체에 대해 원칙적으로 동의하였고 1974년 3월 말까지 협상을 끝내고, 양국 간에 본질적으로 문제가 없으며 오랜 기간 동안 협의할 것으로 전망했다.[256] 한미 간에는 1973년도 유엔 총회 협의과정 이후 이미 UNC 해체에 대한 기본적인 인식을 공유하고 있었다.

키신저는 미 행정부 내의 다양한 의견을 종합하여 주도적으로 방안을 제시하였다. 키신저의 견해는 방책 2를 선호하고 작전통제권과 관련하여 평시 작전통제권은 한국군에게, 전시 작전통제권은 한미연합사령부로 이전하는 방안을 선호하였다. 그러나 참모들은 방책 1과 전평시 작전통제권을 연합사령부가 갖도록 건의하였다. 협상과정에서 한국의 양보를 얻을 수 있고, 또한 최근 서해 위기 시에 한국을 자제시키는데 유용하였던 평시 작전통제권을 유지하는 것이 바람직하다는 이유였다. 키신저는 참모들이 건의한 안을 받아들이고 대통령에게 NSDM 251로

1974. 2. 13, folder: SRG Meeting-Korea, 2/19/74, box H-69, NSC H-files, NPM, NA II.

255) "JCS Memorandum for the assistant to the president for national security affairs," Diplomatic Initiatives in Korea(U), Mar 1, 1974, folder: NSSM-190 [2 of 3], box H-202, NSC H-files, NPM, NA II.

256) ACDA Memorandum for Kissinger, "Diplomatic Initiatives in Korea," March 4, 1974, folder: NSSM-190 [2 of 3], box H-202, NSC H-files, NPM, NA II.

건의하도록 하였다.[257)]

한반도에서의 UNC 해체에 대한 닉슨의 최종 결정은 1974년 3월 29일 NSDM 251로 나타났다. NSDM 251은 협상 패키지, 전략 그리고 주한미군 주둔의 세 가지 내용으로 구성되어 있다.

A. 협상 패키지

한국안보의 개선을 위해 미국은 다음의 조치를 취할 것이다.

- 1953년 한국전쟁 정전협정의 아측 서명자로서 유엔군사령관을 미군과 한국군 사령관들(The U.S. and ROK Military Commanders)로 대체한다. 한국과 북한의 대표는 군사정전위원회의 주요 회원국이 되어야 한다.
- 최소한 단기간이라도 주한미군의 주둔에 대해 상대방의 묵인을 받아야 하며, 이에 상응하여 한반도의 안보상황이 안정될 때 주한미군을 감축하고 궁극적으로 철수할 것을 상해 공동성명 형식으로 약속한다.
- 남북한 간의 불가침조약을 체결
- 합의된 대체안보협정 팩키지에 대한 유엔 안보리의 지지
- 정전협정에서의 다른 조항의 변화는 회피

B. 협상 전략

남북협상은 "이중 채널"로 추진한다. 서울-평양을 주채널로 하면서 미국은 중국, 소련, 일본과 병행해서 협상을 실시한다. 구체적으로 미국이 취해야 할 조치는 다음과 같다.

- 주변 강대국들은 어떤 제안을 하기 전에 한국과 협의하여야 한다. 또한 한국군 작전통제는 유엔사 해체에 따라 미군의 고위 장성이 지휘하는 새로운 한미연합사령부로 이관할 것을 한국정부와 합의한다.
- 소련에게 일반적인 범위 내에서는 계속 알려주지만, 소련이 직접 참여하거나 협상을 방해하게 하지 못하게 한다.

257) NSC Memorandum for Secretary Kissinger, "Reclama on Two Issues in NSSM 190: Diplomatic Initiative in Korea," March 22, 1974.

- 중국과의 접촉 후에, 유엔사 연락장교단의 회원국들과 유엔사에 병력을 제공하고 있는 다른 동맹국들에게 관련 내용을 알려준다.
- 지속적으로 일본에게 알려 준다. 더욱이 일본정부로 하여금 유엔사 해체 이후에 미일 상호방위조약의 1961년 비밀 기시조항을 연장하는 것에 대한 명시적 합의를 요구한다. 그러나 유엔사 해체 이후에 유엔-일본 간의 주둔군 지위협정(UNSOFA) 하에서 일본 내에 제3국의 주둔권한의 연장을 추구하지 않는다.

이와 같은 협상 접근방법을 통해서 미국이 추구할 최소한의 목표는 이른 여름부터 다가오는 가을의 유엔총회에서의 한국문제에 대한 예상 논쟁에서 방어할 수 있는 태세를 유지하는 것이다.

C. 주한미군의 주둔

유엔사 해체 이후에 새로운 안보체제로의 전환기에 주한미군의 수준과 임무에 상당한 변화가 있어서는 안 된다.[258)]

미 국무부는 1974년 4월 초 주한미대사관에 NSDM 251을 발송하면서 한측과 협조하도록 하였다.

"한반도 안보상황이 개선시 주한미군을 감축하고 궁극적으로 철수할 것을 상해 공동성명 형식으로 약속할 생각이다. 미국은 새로운 안보정책의 조정으로 전환되는 기간에는 한국에서의 주한미군 임무나 수준에 있어서 기본적인 변화를 바라지 않는다." 그리고 "한국의 방어를 위해 미-일 주둔군지위협정 하에서 미군의 일본기지 사용 문제와 제3국의 일본기지를 사용하는 문제를 별도로 취급한다."[259)]

4월 17일 하비브 대사는 김동조 외무장관과 UNC 해체와 관련하여 양국 간

---

258) NSDM 251, "Termination of the U.N. Command in Korea," March 29, 1974, folder: NSDM-251, box H-246, NSC H-files, Nixon Materials, National Archives II; folder: NSDM 262-Use of U.S. Bases in Japan in the Event of Aggression Against South Korea, box 53, NSC Institutional Files, Ford Library.

259) Telegram from SECSTATE to Amembassy Seoul, "Discussions with ROKG on UN Command," April 7, 1974, folder: NSDM-251, box H-246, NSC H-files, NPM, NAII.

의 협의를 하였다. 일부를 제외하고 전체적으로 양국은 NSDM 251에 대해 의견을 공유하였다. 하비브는 김 장관과의 협의 내용을 국무부로 보고하였다. 이 내용은 한미 고위관계자 간에 연합사령부의 원형에 대해서 양국 정부의 공식적인 입장과 의견을 교환한 것으로 추정된다.

> 하비브 대사는 김 외무장관이 전반적으로 NSDM 251에 대해 동의하고 있으나, 한국군의 작전통제권의 전환에 관련된 사안에 대해서는 추후 토의하고, 협상 방법에 있어서 미·중이 주도할 것을 요구하고 있다. 그리고 김 장관은 전제사항으로서 한국 정부는 미국의 제안들은 모든 사항들이 연관된 하나의 "패키지"로 이해하고 있으며, UNC의 해체와 정전협정의 유지는 다자적인 측면을 갖고 있으나, 작전통제권은 소·중·북한과 토의할 사안이 아니고 한미 양자 간의 문제라는 점을 지적하였다.
>
> 김 외무장관의 주요 언급사항은 아래와 같다. ① 제안내용 중 일부 보완과 추가가 필요한 사항으로서 정전협정 서명자의 교체에 대해 한측이 정식으로 요청하고 북한 측이 공식적으로 응하여야 하며, 주한미군의 존재에 대한 묵인을 얻는 것 외에 UNC가 해체 시 주한미군의 주둔 문제를 UN에서 제기하지 않도록 이해를 얻으며, 정전협정은 원래대로 유지되고 어떠한 수정이 있어서는 안 된다는 점 등을 언급하였다. ② 협상전략에 있어서 주채널은 미-소, 그리고 미-중이 되어야 하고, 남북 간의 협상은 미-소와 미-중 간의 진전이 있을 때에 고려되어야 할 것이며, 일본이나 유엔 회원국들과의 협의도 미-소, 미-증, 그리고 한미 간의 협의의 진전에 따라 결정되어야 할 것이다. ③ 작전통제권을 유엔사령관으로부터 한미연합사령관에게 이양하는 문제에 대해 한측에서는 좀 더 연구한 후에 통보하도록 하겠다. ④ 한미 간에 UNC 해체에 대한 다양한 외교적 조치를 고려할 필요가 있다. ⑤ 북한의 부정적인 태도로 협상이 교착된다면 적절한 UN의 전략이 한미 간에 준비되어야 한다. 하나의 방안은 UNC의 문제와 한국의 UN 가입(북한이 원한다면 동시 가입)에 대해 안보리에 제기함으로써 북한이 총회에서 제기할 움직임에 대항할 수 있게 되는 것이다. 정전협정의 유지를 위해 적절하고 효과적인 조치들의 채택은 UNC 해체에 선행되어야 한다. 여섯째로 미일 SOFA의 종결과 1951년 9월 8일 요시다-애치슨 교환공문의 만료에 따르는 문제들에 대해 주의 깊은

연구가 한미 간에 필요하다.

이에 대해 하비브 대사와 김 외무장관 간에 질문하고 답변한 내용이다. ⓐ 하비브는 미측의 제안을 패키지로 보고, 작전통제권 문제는 한미 간에 영향을 미치는 양자 간의 문제라는 점을 보장했다. ⓑ 하비브는 김 장관이 정전협정의 계승자를 남북한이 승계하는 것으로 개정하는 것을 바라지 않느냐는 질문에, 김 장관은 한측도 원하나 방법론상에 직접 회담을 통해서가 아니고 문서를 교환함으로써 서명하기를 바라는데, 이유는 남북한이 만나게 되면 북한에게 정전협정을 벗어나는 문제들을 제기하는 기회를 주기 때문이라고 답변했다. ⓒ 하비브는 협상방법에 있어서 강대국 간의 "본질적인 진전"이 있은 다음에야 남북한이 협상한다는 의미에 대하여 질문하자, 두 사람 간에 명확한 우선순위에 대해 합의했다기보다는 김 장관이 융통성 있게 대처한다는 합의로 마무리되었다. ⓓ 하비브는 작전통제권의 문제에 대한 한측의 의견을 언제 제시할 것인가 질문하였다. 김 장관은 한국은 NATO나 베트남에서의 사례들을 연구하고 있으나 아직 완료하지 못했다고 하면서, UNC라는 명분이 없이 한국이 한국군을 지정된 미군사령부의 작전통제로 하는 것은 정치적으로나 심리적으로 매우 어려운 문제라고 언급하였다. 이는 북한이나 다른 나라들에게 한국이 자국이나 자국의 국민들에게 주권을 행사하고 있지 않다는 비난의 대상이 되므로, 고도의 정치적 사안으로서 시간이 필요하다고 답변했다. 하비브는 연합사가 김 장관이 생각하는 것과 같지만은 않다고 언급하면서, 이에는 여러 가지 실질적인 문제들을 갖고 있음을 지적하였다. 이에 김 장관은 그 문제의 본질을 알고는 있으나, 그 문제를 순수이 군사적인 맥락에서만 고려할 수 없고 주권이나 국가정책에 관련한 문제들이라고 언급하였다. ⓔ 하비브가 UNC 해체에 대한 외교적 조치의 의미에 대해 질문하자 김 장관은 협의가 이뤄진 이후 UN이나 다른 단체들에서 다뤄져야 하는지에 대해서 고려되어야 한다고 답변하였다. ⓕ 북한의 부정적 태도에 대한 김 장관의 제안은 안전보장이사회에 회부함으로써 유엔 총회 결의를 회피할 수 있다고 하는 것이다. 하비브 대사는 김 장관의 의견이 가능할지 확신하지 못하였다. ⓖ 하비브는 일본 정부의 공식적인 조정안을 예측하기 어렵다고 언급하자, 김 장관은 이에 동의하면서 미일의 현존 협정을 대체하는 것에 대한 무언의 이해가 있을 수 있다고 언급하였다. ⓗ 김 장관은 작전통제권 문제를 언급하면서 한미 간 처리되어야 할 과제라고 지적하면서, 미래의 어떤 사태에 대비해서도 합의에 이를 것이라고 희망하였다. ⓘ 끝으로 하비브는 총평으로 김 장관의 반응은 긍정적, 건설적이었고, 하비브는 한미가 김 장관의 의견을 조정하여 나아가고 중·소와 접촉하여 합의에 따를 것을 제안하였다. 하비브는 한측의 연구결과를 받을 때까지 작전통제권 문제로 한국에 압박하지 않을 것을 제의하였다.[260)]

하비브 대사의 보고서를 받은 후 NSC는 4월 26일 최종적으로 UNC 해체방안을 키신저에게 보고하였다. 협상 추진방안, 관련 사항 추진, 그리고 주한미군의 지속 주둔 보장 등에 대해 큰 틀에서 합의하였다.

첫째 협상 추진방안으로는 최초 방안처럼 서울-평양 협상이 주도적으로 추진되어야 한다는 입장을 한측에 강조한다. 둘째 한측 정부는 모든 요소가 상호관계되어 있다고 하였다. 필요하다면 모든 요소가 분리될 수 없다는 것을 의미하는 것이 아니라는 점을 명확히 해야 한다. 이 패키지의 주요한 요소는 정전협정에 대해 지속적으로 미·중이 효과적이고 직접적으로 개입하는 것이다. 셋째 한국 정부는 UNC 해체 시 북측이 UN에서 주한미군의 지속적인 주둔에 대해 문제제기를 않도록 하는 것이 바람직하다고 하였다. 필요하다면 미국은 서울 측에 북측이 그 문제를 제기하지 않는 것이 중요한 것이 아니고, 가장 중요한 것은 북측이 주한미군 철수를 심각하게 압박하지 않는 것임을 지적할 필요가 있다. 넷째 한측은 정전협정의 계승 방법을 별도로 서명하는 절차를 제시하였다. 미측은 협상을 진행하면서 보다 좋은 방법을 연구할 것을 고려한다. 이러한 분석을 통하여 주한미대사관에 필요한 협상조정안을 확정하였다.

먼저 작전통제권을 제외하고 전반적인 협상 패키지에 대해 한측과 합의를 하였다. 그리고 작전통제권은 양자 간의 문제이고 한측의 검토 결과에 주목할 것이다. 그러나 이럭저럭하는 사이에 미국이 중·소와 협상안에 대한 토의를 시작할 준비가 되어 있다. (이하 대사관만 참조) 다소의 이견은 있으나 협상을 지연할 만한 사항은 아닌 몇 가지 사소한 사항이다. 먼저 일본이나 다른 국가들과 협상을 해야 한다. 북한과의 협상 전략

---

260) Telegram from Amembassy SEOUL to SECSTATE, "Discussion with FONMIN on UN Command," April 18, 1974, folder: NSDM-251, box H-246, NSC H-files, NPM, NAII. 이하 하비브 대사와 김동조 외무장관의 대화 내용 포함.

에 있어서 한측과의 차이점이 있는데 미국의 입장은 남북한이 주도하고 미국은 중·소에 대한 접근을 통해서 지원하는데 최선을 다해야 한다. 세 번째로 패키지 접근에 있어서 한측이 언급한 "상호관련" 성격은 "분리할 수 없다는" 의미가 아니다. 따라서 정전협정 수행에 있어서 이 패키지에서 중요한 요소는 미국과 중국의 직접적인 개입이다. 넷째로 주한미군의 주둔과 관련하여 중요한 것은 주한미군 문제에 대한 제기보다는 주한미군의 철군에 대해 심각하게 압박하지 않게 하는 것임을 한측에 강조하는 것이 바람직할 것으로 생각된다. 다섯째로 정전협정의 계승자에 대해서는 한국 측의 제안인 개별적 서명을 주장하는 이유를 이해하나, 법적, 정치적 충분성이나 정치적 가능성을 고려해보고 계속 확인이 필요하다.[261]

UNC 해체와 관련하여 한미 협상을 통해서 연합사의 창설안이 제기되었다. 전반적으로 한미 간의 이견은 없었다. 협의 간 한국이 갖고 있는 최고의 관심사는 주한미군이 지속적으로 주둔하는 문제였고, 이에 대해 이견이 없는 상태에서 UN에서의 UNC 해체 요구와 정전협정의 유지를 위해 공산권과의 협상방안에 대한 의견교환이 이뤄졌다.

한국은 UNC가 행사하는 작전통제권을 "지정된 미국군"으로 전환하는 것에 대해 정치적, 심리적 차원에서 고심하였다. 김 장관은 한미연합사령부를 "지정된 미국군"으로 이해한 것으로 보인다. 따라서 UN군의 작전통제는 명분이 있으나, UN군에서 "미국군"으로 작전통제권이 이양되는 문제에 대해서 국내외적으로 주권 차원의 논란과 비난의 빌미가 될 수 있다는 점을 우려한 것으로 보인다. 작전통제권 등에 대한 "한미 양자 간의 추가적인 논의"에 대한 합의는 양국 간의 이견이라기보다는 정치적 고려와 안보상황의 변화를 고려한 것이었다.

---

261) NSC Memorandum for Secretary Kissinger from W. R. Smyser, "Termination of UN Command in Korea," April 26, 1974. folder: NSDM-251, box H-246, NSC H-files, NPM, NAII.

다. 유엔사 해체 논의의 종결과 연합사 창설 유보

유엔에서 한국문제가 제기된 후 1974년부터 남북한은 UNC 해체를 놓고 1976년까지 치열하게 대결하였다. 1974년 3월 NSDM 251(한국에서의 유엔사 해체)을 통하여 공산권 협상 패키지와 전략을 완성하고 한미 간의 협의를 통하여 1974년도 UN 29차 총회에 대비하였다. 공산권은 미군을 포함한 외국군대의 철수를, 자유권은 정전협정을 남북한, 미국, 중국이 합의하여 한국군과 미군 사령관들에게 유엔사령관의 권한을 승계하도록 정전협정을 수정함으로써 유지토록 하며, UNC 해체 등 관련 조치를 유엔 안전보장이사회에서 처리토록 하는 방안을 제의하였다.

공산권은 한반도에 주둔하고 있는 미군 등 모든 외국군대를 철수시키는 결의안을 제공하였다. 주로 소련이 주도하였고 공산권 국가들이 지지하였다. 북한도 유엔군 자격으로 주둔하는 모든 외국군대의 철수를 요구하는 의제를 제출하였다. 이 제안에 중국도 참여하였지만 적극적이지는 않았다. 중국은 제3세계 국가들과의 외교적 관계를 고려하여 참여하였다. 소련의 주도가 내키지는 않았으나 서방측 안을 지지할 수도 없기 때문이다.[262]

미국은 중국과의 협조를 통해 협상을 추진하고자 하였다. 미국은 NSDM 251의 내용을 중국에 통보하였으나, 중국은 7월 부정적 반응을 보였다. 불가침 조약과 주한미군의 주둔을 UNC 해체와 연계시켰기 때문인 것으로 보았다. 그러나 UNC 해체에 대한 적극적인 반대의사를 보이지는 않았다. 중국의 부정적인 반응과 협상을 계속하려는 의지를 고려하여 불가침 조약과 주한미군 주둔을 삭제한 축소된 UNC 해체안을 통하여 남북한과 중국, 미국의 4자 합의로 정전협정을 유

262) Airgram from Amembassy Seoul to DOS, 10 Sept 1974, Korea in 29th UNGA, Folder Reel#P740101-1206 to P740101-1367, Box 101C, Central Foreign Policy Files, 1974 P-Reel Printouts, RG59, NA II.

지토록 하는 방안을 다시 제기하였다.[263] 중국과 추가 접촉을 하였으나 8월에 보인 반응은 한반도의 분단을 영구화하는 어떤 조치에도 동의할 수 없다는 입장을 표명하였다. 그리고 중국은 북한과 함께 표결을 준비하는 것으로 미국은 판단하였다. 한국과 미국은 유엔에서의 표결을 준비하였고, 서방측 국가들은 10월 한국의 안전보장에 관련하여 UNC 문제 등에 대해 유엔 안전보장이사회가 관련국들과 필요한 조치를 협의하도록 하는 결의안을 제출하였다.[264]

총회에 앞서 10월 경 한국과 미국은 당시의 표결상황을 분석한 결과 서방측이 유리할 것으로 분석하였다. 공산측은 정전협정에 대한 대책이 없이 일방적으로 모든 외국군의 철수를 요구하였으나, 서방측 안은 정전협정을 유지하고 유엔 안보리에서 관련 조치를 한다는 전제하에서 UNC 해체를 받아들이는 안이었기 때문이다. 1974년 12월 9일 표결에서 서방측 안은 찬성 61, 반대 42로 가결되었고, 공산측 안은 가부 모두 48표로 동수가 나와 부결되었다.[265] 치열하게 전개되었던 남북한의 대결은 서방측의 승리로 나타났으나 이러한 논쟁은 다시 1975년으로 이어졌다.

1975년 UN 30차 총회에서의 자유권 국가들에 대한 표결 전망은 1974년도의 유리한 상황보다는 다소 악화되고 있었다. 북한은 비동맹 외교를 통해 UN에서의 지지를 높여가고 있었다. 3월 27일 미 대사관은 26일 김동조 외무장관과 버품(William Buffum) 국무차관보 등의 유엔 30차 총회 대책에 대한 협의결과를 국무부로 보냈다. 김 외무장관은 비동맹 국가들이 북한에 동조하고 있어 북한의 UN 가

---

263) Telegrams From SECSTATE to Amrmbassy Seoul, "Further response to PRC on UNC proposal," Aug 20, 1974, folder: Korea-State Department Telegrams From SECSTATE-NODIS(1), box 11, NSA, PCF EA/P, 1974-1977, Ford Library.

264) Telegrams From SECSTATE to Amembassy Seoul, "PRC views on UNC," Oct 5, 1974, older: Korea-State Department Telegrams From SECSTATE-NODIS(1), box 11, NSA, PCF EA/P, Ford Library.

265) *CINCPAC History 1974, Vol* I, pp. 120-123.

입과 공산권 결의안을 지지할 가능성이 높다는 우려를 나타냈다. 미측은 UNC의 기능을 정전협정에 관련된 업무로 한정하고 유엔기를 제거하는 방안을 고려하고 있음을 밝혔다.[266)]

NSC는 키신저에게 30차 총회의 접근전략으로서 4월에 중국과 접촉을 실시하고, 정전협정과 관계없는 미군 부대들의 유엔기를 제거하고 UNC에 정전협정관리 이외의 책임과 기능을 제거하며, 이러한 조치를 유엔 안보리에 통보하는 방안을 보고하였다. 키신저는 두 번째와 세 번째는 승인하였으나 첫 번째는 승인하지 않았다. 키신저는 UNC 해체일자를 구체적으로 설정하고 중국과 협상을 전개하는 것은 미루기로 하였다.[267)]

UN 총회에 다가갈수록 UN에서의 한국 논쟁은 공산권 국가들에게 유리한 방향으로 진행되었다. 8월 6일 UN 안보리는 한국의 유엔 가입 신청을 7:6으로 부결시키고, 공산국가들은 8월 8일 UNC 해체와 주한미군 철수 결의안을 제출하였다. 8월 16일 한국 내 미군부대에서 유엔기를 제거하는 조치를 취하고 9월 10일 외신보도에서 이를 확인할 수 있었음에도 불구하고, 8월 25일 비동맹회의에 북한이 가입하는 등 북한은 3세계에서 지지기반을 넓혀 나가고 있었다.[268)]

키신저는 공산권 결의안을 저지하기 위해서 남북한과 미국, 중국이 참가하는 4자 평화회담을 제안할 것을 구상하였다. 포드 대통령은 실효성이 없을 것이라는 의견을 내었으나, 키신저의 주장을 받아들여 조심스럽게 추진하였다.[269)] 한국 정

---

266) *Telegrams From SECSTATE to Amembassy Seoul, "Korea at 30th UNGA," Mar 27, 1975, folder: Korea-State Department Telegrams From SECSTATE-NODIS(3), box 11, NSA, PCF EA/P, Ford Library.*

267) Memorandum for General Scowcroft from Smyser, "Your Meeting with Our Ambassador to South Korea, Richard L. Sneider on March 27, 1975 at 5:00 p.m." Mar 26, 1975, folder: Korea(5), box 9, NSA, PCF EA/P, Ford Library.

268) 국방군사연구소 (1994), pp. 425-427.

269) Memorandum of Conversation, folder: August 6, 1975 - Ford, Kissinger, Japanese Prime Minister Takeo Miki, box 14, National Security Adviser, Memo. of Conversations, Ford Library.

부의 입장은 공산측 결의안을 저지하고자 하는 목적에서 4자 회담에 동의하였다. 그리고 자유권은 휴전협정 관련 당사국들이 협의하여 휴전협정을 유지하기 위한 새로운 정전협정을 만드는 조건 하에서 UNC를 해체하는 결의안을 다시 총회에 제출하였다. 9월 17일 유엔 운영위원회는 한국문제에 관한 서방안과 공산안을 다 같이 의제로 채택하였다.[270] 양측의 제안의 차이점은 서방안은 4자 회담 구도를 담고 있으며 휴전협정에 관련된 모든 당사국들(all the parties directly concerned)이 대안적인 조치를 마련한다는 조건에서 1976년 1월 1일까지 UNC를 해체하기를 희망하겠다고 제시한 반면에, 공산안은 UNC 철폐, 휴전협정의 진정한 당사자들(the real parties to the armistice agreement)의 협상을 통해 휴전협정을 평화협정으로 대체하는 주장을 하고 있다는 점이다.[271]

키신저는 9월 22일 UN 총회 연설에서 4자회담을 공식적으로 제안하였으나 중국은 비타협적인 태도를 보였다. 북한은 정전협정의 실제 당사국인 북한과 미국이 평화협정을 체결하는 기존의 입장을 고수하였다. 이러한 와중에 뜻밖의 일이 발생하였는데, 중국 대표부가 총회에서 한국문제의 투표를 연기할 것을 제의하였고, 키신저는 이를 즉각 받아들일 것을 모니한 UN 대사에게 지시하였으나 모니한 대사는 특별한 이유 없이 이를 10일 간 지체시켜 결국 중국의 제안이 철회되기에 이르렀다. 이 일로 키신저는 매우 화를 냈으나 어찌할 수 없었다.[272]

1975년 11월 18일 UN 총회에서는 상반된 한국문제 결의안 2개가 동시에 상정되어 모두 통과되는 뜻밖의 결과가 나타났다. 서방안은 찬성 59, 반대 51, 기권 29표를, 공산안은 찬성 54, 반대 43, 기권 42를 얻었다. UN 총회에서 양측 안 모

270) 국방군사연구소 (1994), p. 426.

271) 홍석률 (2001), p. 236.

272) Memo of Conversations, folder: November 13, 1975 - Ford, Kissinger, box 16, NSA, Memo. of Conversation, Ford Library. Memorandum of Proceedings, Folder, Secretary Kissinger's Staff Meeting, 13 Nov 75, box 9, Secretary Kissinger staff meetings, 1973-77, RG 59, NA II.

두가 통과된 것은 더 이상 UN에서 한국 문제가 쟁점으로 논의될 가치를 상실하였음을 의미하는 것이었다. 미국의 4자 평화회담 노력은 중국의 비타협적 반응으로 성과를 얻지 못하였다. 그럼에도 불구하고 한미가 얻은 성과는 UN에서의 2개안이 모두 통과됨에 따라 당장 UNC를 해체해야 하는 조치를 취할 필요가 없게 되었다는 점이다.

1976년 UN에서의 논쟁은 북한이 철회를 통고함으로써 종결되었다. 1976년 UN에서의 대응전략에서 초반에 한미 간의 견해 차이가 있었고, 미국은 한국 문제에 대한 논의를 회피하는 전략을 쓰고자 하였다. 그러나 1976년도 중반 이후 뜻하지 않은 사건 등에 의해 논의가 중지되었다.

1976년 4월 9일 박동진 외무장관은 전년도 12월 부임한 이후 처음으로 키신저 외무장관을 만나 UN에서의 전략을 논의하였다. NSC의 스코크로프트 안보보좌관에게 사전보고한 문건에 의하면 한미 간의 대응전략에서 차이가 있었다. 미측이 분석한 한국의 입장은 최근 북한이 UN과 콜롬보 비동맹 회의에서의 적극적인 공세로 입지를 넓혀 가고 있다는 점 등에 따라 31차 총회에서 공산안이 통과되고 자유안이 부결될 것을 우려하여 북한 측의 활동을 무시하면서 우방국들과의 양자관계를 강화하고자 하는 전술을 채택하고자 하였다.

이에 대해 NSC는 한국의 전술에 반대하면서 우방국들도 동일한 견해를 나타내고 있다고 제시하였다. 즉 한국 측의 전술은 오히려 북한의 위상을 제고하고 한국의 입지를 약화시킬 것으로 보았다. 따라서 NSC는 안보보좌관에게 한국은 UN 총회에서 동맹국들과의 협조 속에서 다양한 방안에 대해 융통성을 갖고 준비하여야 할 것을 주문하였다. 또한 한국이 4월 초 남북회담을 제안하면서 이 회담을 미·중의 장관급까지 확대하고자 한다는 점을 정보보고로 상기시키면서, 한국의 남북대화에 대한 주력에는 공감을 표해야 하나, 한국이 제안한 중국과의 협상은 북한과 중국이 고려하지 않을 것이라는 판단에서 국제적 회담을 넓히는 방

안에는 관여하지 않도록 조언할 것을 제의하고 있다.[273)]

미 국무부는 31차 총회에서 한국문제에 대한 논의를 회피하는 전략을 취하였다. 키신저의 의도는 콜롬보 비동맹 정상회담의 3세계 국가들에게도 북한 결의안 제출을 저지해 줄 것을 요청하였다.[274)] 동시에 미국은 미·중이 관찰자로 참여하고 남북한이 직접 정전협정과 안보문제를 논의하는 4자회담 수정안을 추진하고자 하였다.[275)] 키신저는 이 제안을 9월 30일 UN 총회에서 언급하였다. 키신저는 9월 27일 한국과의 대담을 통해서 이 제안은 오직 공산측에 대한 외교공세를 위한 의도임을 밝혔다. 그리고 4자 회담과 관련하여 "당장 4자회의가 불가능하다면 3단계 접근방법을 지지하고자 하는데, 첫째 회의 장소 및 범위의 협의를 포함하여 남북한 간 예비회담을 즉각 개시하고(이 단계에서 미·중은 옵서버 또는 자문역으로 참석하며), 둘째로는 상기 협의에서 구체적 성과가 있을 경우 미국과 중국이 회담에 정식 참여하며, 셋째로 여타국들도 한반도의 항구적 평화를 보장토록 하는 조치에 제휴할 수 있는 확대회의 단계를 마련"할 것을 주장하면서 북한 및 관계 당사국들이 이 제의에 대한 긍정적 응답을 촉구하였다.[276)]

그러나 1976년 중반기 이후 8월 18일 판문점 도끼만행사건 등의 영향으로 북한이 공산안을 철회함으로써 UNC 해체와 관련한 국제적 압력에서 벗어날 수 있게 되었다. 9월 11일 경 서방측이 운영위원회의 유리한 구성을 이용하여 한국문

---

273) State Briefing Memorandum to the Secretary, "Your Meeting and Working Luncheon with Korean Foreign Minister Tong Jin Park, Friday, Apr 9 - 12:45 p.m." folder: Korea(15), box 10, NSA, PCF EA/P, Ford Library.

274) Telegrams to SECSTATE from Amembassy Kuala Lumpur, "Colombo Non-aligned summit: letter from the Secretary," July 30, 1976, folder: Malaysia-State Department Telegrams from SECSTATE-NODIS, box 12, NSA, PCF EA/P, Ford Library.

275) Telegrams From SECSTATE to Amembassy Seoul, "Korean question at the UN," Sept 18, 1976, folder: Korea-State Department Telegrams From SECSTATE-NODIS(4), box 11, NSA, PCF EA/P, Ford Library.

276) "키신저 국무장관 제31차 유엔총회 기조연설 중 한국관계 언급부분(요지)," 「Kissenger. Henry미국 국무장관의 한국문제에관한 4자회담 제의,1976.9.30.」,D-06-0024,외교사료관.

제의 토의 연기를 추진할 가능성이 농후하다고 대대적으로 홍보하면서, 북한이 이에 당황하면서 반대 교섭을 추진했으나 주변국의 연기 권유와 중국이 연기에 반대하지 않겠다는 비공식 의사를 표명하는 등 불리한 상황이 전개되었다. 이에 북한은 9월 19일 루마니아 대사에게 평양의 훈령에 의해 공산측 결의안을 철회하여 줄 것을 요청하였고, 9월 20일 북한은 동구 공산제국 회의에서 정식으로 철회의사를 표명하고 21일 UN 사무총장에게 정식 통고하게 되었다. 이후 서방측도 9월 21일 핵심 우방국 대사회의를 개최하고 서방측도 서방안을 일본대사 명의로 공식 철회할 것을 통보하게 되었다.

한국 외무부의 자료는 1976년도 UN에서의 성과를 한국 측의 전략적 성공으로 평가하면서 양 진영의 전술과 장차 대응방안을 제시하였다.

> 아측이 잘한 사항으로서 남북대화에 중점을 두고 아측을 설득하고 Core-Group의 효과적 운용, 친한 비동맹국의 스리랑카 정상회의에서의 북한 반대발언 공작, 북괴 지지국 중 알제리아, 유고, 세네갈 등에 대한 미국의 집중적 설득, 운영위원회를 유리하게 구성하기 위한 한국의 교섭 노력, 그리고 8.18 판문점 사태를 통해 아측의 북침전쟁 위기설을 봉쇄한 것 등을 들었다.
>
> 이에 대해 북한이 안건을 철회하게 된 동기에 대해서 판단할 자료는 없으나, "불리할 때 일보 후퇴, 유리할 때 이보 전진"의 공산당 전략에 의한 일시적 전술 변경, 그리고 운영위 구성 불리로 인한 공산측 안건의 말살 우려, 총회에서의 표세 불리 인식, 비동맹회의에서의 실패로 유엔에서의 북괴 지지세력 감축 감지, 그리고 남북대화 재개 불응에 대한 설득 곤란이 가중된 점 등으로 분석하면서 공산측 결의안의 철회 진의로 비동맹회의에서의 북괴의 실패, 공산측 안에 대한 지지 부진(특히 8.18. 사건 후), 일시적인 전략적 후퇴(명년도에 재상정 가능) 등으로 분석하고 있다.
>
> 그리고 장래 대책에 대해 북괴가 1970년 초부터 계속되어 온 외교적 공세는 30차 총회를 정점으로 일단 제동이 가하여 진 것으로 보았다. 그리고 한국이 점차 만회하기 시작한 외교적 우위를 계속 유지, 강화하기 위해 비동맹 중립국과의 관계개선에 집중

노력(평화외교, 국제협력 표방)하고 향후 계속 유엔에서의 우위를 유지하면 북괴의 기도는 좌절되고 한국 문제 토의의 장기적 지양이 실현될 것으로 전망하였다.[277)]

UN에서의 자유권과 공산권의 대결에서 양국은 1976년에 이르러 다시 불리한 전세를 뒤집을 수 있게 되었다. UNC의 해체 논의는 수그러들면서 정치적으로 연합사령부의 창설은 유보되었다. 그리고 한반도에서는 기존의 UNC 주도의 방위체제가 유지되었다. 이 과정에서 1975년에 나타난 UN에서의 한반도의 문제에 대한 무관심과 판문점 도끼 만행사건이 미친 영향, 그리고 한미 간의 외교적 공조노력이 성과를 발휘한 것으로 볼 수 있겠다. 한미 연합작전체제의 발전은 국제적 차원에서는 더 이상 논의의 대상이나 변수가 되지 못하고, 동맹 내부에서의 현안으로 추진되었다.

한미 안보동맹에 있어서 개입에 대한 안보규범은 낮아졌다고 하겠다. 닉슨 독트린이나 데탕트, 그리고 철군으로 미국의 개입에 대한 신뢰가 약화되면서 양국은 이견을 노출하였기 때문이다. 그러나 정치적 수준의 안보파트너십은 현상유지로 작동하여 UN에서 UNC 해체의 대안으로 연합사 창설을 검토하였고 이후 논의가 중지되면서 UNC 체제가 지속되었다.

2. 상호작전 운용성의 기반구축: 한미 군부에서의 연합작전체제 발전 논의

가. 한미 1군단의 창설과 성공적 운용

군사적 수준의 공고한 안보파트너십은 한미 1군단의 창설에 영향을 미쳤다. 한미 1군단은 세계적으로 최초의 혼합편성 연합작전부대이면서 한미 안보동맹

277) *Ibid.*

에서 한국군이 동반자로서 부분적으로 참석하게 되었다는 것을 의미한다. 1960년대 말 이후 한국이 자주국방을 표방하면서, 한국의 방위에 한국군이 직접 참여하고자 하였던 바람을 실현하는 첫 출발이 되었다. 그리고 한미 1군단의 시험적 운용에 대해 한미 간에 안보파트너십을 성공적으로 구축함으로써 이후 연합작전 체제로 발전할 수 있게 되었다.

한미 1군단은 1971년 7월 1일 공식적으로 창설되었다. 1971년 1월 창설 명령이 하달되어, 미 1군단장 에드워드 로우니 중장의 지휘 하에 사령부 재편성은 한미 1군단 본부와 1군단 포병사령부로 구성하였다. 참모 편성은 한국과 미군 장교가 균등하게 편성되었다. 부군단장, 정보, 작전, 기획참모, 포병여단장 그리고 공병단장은 한국군 장 장교로, 참모장, 인사, 군수, 통신참모는 미군 장교였다. 그리고 참모부는 60% 정도가 한국군 장교와 병사로 편성되었고, 전체 편성은 미 1군단의 ⅔규모로 구성되었다. 한미 1군단의 명시된 임무는 서울의 방어를 포함하여 적 공격을 저지하고, 전투준비태세를 유지하며, 한미연합참모 조직을 원활이 운용하는 것이었다. 예하부대로는 한국군 3개 사단, 1개 기갑여단, 2개 독립사단, 미 1개 사단, 그리고 한국군 해병 1개 여단을 둔다. 그리고 한미 1포병여단 예하에 6개 포병대대과 한국군 공병단의 전투지원을 받는다.[278)]

한미 1군단은 서부축선을 지휘하는 세계 최대의 야전군단으로 1970년대의 정치적 갈등 상황과는 상반되게 군사적 수준의 억제 기능을 담당함으로써 한미 안보동맹을 지탱하는 역할을 하였다. 한미 1군단은 NATO와 비슷한 혼성지휘체제 형태를 갖추고, 군단 사령부의 휘장은 미 1군단의 휘장이었던 "황소 눈 안에 군단 마크"를 넣어 패용하도록 하였는데, 의미는 "수도 서울의 방패"임을 뜻해 로마의 방패를 본떠서 만들었다.[279)] 한미 1군단장 워커 장군과 뒤 이은 홀링스워스 장군

278) HQs I Corps(ROK/US) Group, "Annual History Supplement," Mar 20, 1973.

279) 이재전 (2003).

이 발전시킨 단기전쟁 전략은 이후 창설된 CFC의 연합작전계획 5027의 기본틀이 되었다.

한미 1군단의 운용은 여러 가지의 의미를 갖는다. 우선 창설 과정에서 한반도라는 지역적 수준의 동맹의 제도화가 한국군의 선도적 역할에 의해서 이뤄졌다는 점이다. 일반적으로 보호-의존의 동맹관계에서 미국이 일방적으로 영향력을 갖는다고 생각하나, 그것은 과도한 일반화라고 하겠다. 한미 안보파트너십이라는 틀 안에서 한국은 주도적 역할을 하였다.

둘째로 1960년대 말 이후 한국은 자주국방을 추진하면서 한반도 방위에 한국군이 실질적으로 참여할 수 있는 제도화의 기틀이 되었다. 한미 1군단의 창설로 한반도 작전운용에 한국군의 부분적인 참여가 확대된 것을 의미하였다. 한미 1군단은 단일부대 내에 양국의 장병들이 지휘관과 참모로 편성된 세계적으로도 최초의 부대이면서, 한미연합작전 태세의 차원에서 최초로 이를 시험적으로 운용하는 의미를 갖는 것이었다.

셋째로 유엔군 주도의 한반도 방위체제의 효율성의 문제를 해결할 수 있었다. 그 동안 연합작전의 문제점은 '미군만으로 편성된 지휘부'가 '예하의 한국군 부대들'을 작전통제함에 있어서 언어 등으로 인한 지휘통제의 불완전성이라는 문제를 극복할 수 있었다. 이전의 미 1군단은 월 1회 정도 참모들이 한국군 부대를 방문하거나, 특별한 이벤트가 있을 때 회식을 갖는 등 원만한 지휘통제체제를 운용하지 못하였다.[280] 이에 따라 군단급 이상의 정규적인 CPX나 연합훈련 시에 UNC와의 언어 문제 등을 체험하면서, 실전 상황 시에 직면하게 될 심각한 어려움을 예감하고 있었다.[281]

한미 1군단의 운용을 통하여 한국전쟁 이래 한미 간의 협조체제가 극대화하는

---

280) 류병현 인터뷰 (2008. 11. 25).

281) 류병현 (2006), p. 102.

성과를 보여 주었다. 미 지휘관들은 예전에 비하여 부대 운용의 효율성에 만족하게 되었다. 유엔군 주도의 한반도 방위체계를 '아날로그' 지휘체계라고 한다면, 한미 연합작전부대의 편성은 '디지털' 지휘체계, 즉 상시지휘체계로 전환한 효과를 갖게 되었다고 하겠다. 이는 군사적 안보파트너십에 있어서의 발전을 의미한다. 이전의 일방적인 수직적 관계로부터 상호의존적인 수평적 관계로 전환되고 있었다.

넷째로 한미 1군단은 미군의 인계철선 기능을 실질적으로 보완하는 것이었다. 미 2사단의 후방 철수와 7사단의 철군으로 전술적 수준의 인계철선 역할은 약화되었지만, 작전적 수준에서는 자동개입이 유지될 수 있게 된 것이다. 더구나 이후 한미 1군단이 서부축선 전체를 담당하면서 서부전선지대방어개념과 전진방어전략을 발전시키면서 사실상 전술적 수준의 자동개입을 담당하게 된 것으로도 평가할 수 있게 되었다. 군사적 수준에서의 안보파트너십이 공고하게 지속됨으로써 가능한 것이다.

이와 같이 닉슨-포드 행정부를 통해서 한미연합방위체제로의 전환을 위한 실질적 기반이 되는 상호작전 운용성이 체계화되는 계기가 되었다. 1953년 상호방위조약의 체결 이후 한반도 작전계획의 수립과 시행은 UNC에서 주도한 이래, 본격적으로 연합방위체제에 참여할 수 있도록 제도적으로 발전되는 계기는 1968년 국방각료회담의 정례화부터였다. 1차 각료회담의 결과로 1968년 10월 UNC 내 연합작전기획단이 발전되어 협의체제가 더욱 발전되는 계기가 되었다. 더구나 최초의 연합작전부대인 한미 1군단에서 발전시킨 작전계획 5027-73과 76에는 한국군 참모도 참여하였다. 이처럼 한미 1군단의 창설과 운용을 통해 연합작전의 효율성을 시험하고 성공적인 입증을 통해 보다 긴밀한 연합작전체제로 발전할 수 있게 되었다.

나. 연합작전체제 발전 논의와 Battle Staff 제도 논란

군사적 수준의 안보파트너십은 한미연합작전체제로의 전환을 제기하게 하였다. 한미 군부지도자들은 한미 1군단의 성공적 운용을 바탕으로 연합작전체제로의 전환을 모색하게 되었다. 정치적으로는 1976년 UN에서의 UNC 해체 논의가 종결되면서, 미 국방부는 미 합참의 연합사 창설안 발전을 유보시켰다. 그러나 이와는 별개로 한미 군부지도자들은 연합작전체제로의 전환을 논의하였다. 이러한 과정에서 미 합참은 과도기적으로 전투참모 제도(Battle Staff)의 도입을 한측에 제안하였다. 그러나 Battle Staff 제도는 한미 연합작전체제라기보다는 미군이 작전을 주도하면서 한국군이 보조적으로 참여하는 방안이었다. 한국군 측은 이에 격렬히 반대하였고, 이러한 반대로 양국의 고위수준으로 논의가 확대되지는 못하였다.

당시 합참 작전본부장 류병현 중장의 증언에 의하면 1976년 8월 판문점 도끼만행사건 발생 후 미루나무제거 작전계획은 미 작전참모가 부임한지 이틀밖에 안된 상태에서 스틸웰 사령관과 류병현 중장의 합의로 성안되었다고 한다. 작전을 성공적으로 수행한 이후 스틸웰 유엔군사령관은 한국군의 협력과 조언에 감사를 표하면서 작전 성공의 요인으로 "한반도에서의 모든 작전은 미군만으로 편성된 사령부가 독단적으로 지휘해서는 안 될 것이며 어떠한 형태로나 한미연합체제가 되어야 할 것이다."라는데 뜻을 같이 하였다. 스틸웰 유엔군 사령관은 이임 전 미국 출장을 통하여 한미연합작전체제로 전환할 필요성을 합참에 건의하였다고 한다.[282)]

스틸웰 장군은 1976년 10월 이임 이전에 미국 출장에서 복귀하여 류 장군에게 미 합참과 협조한 결과를 알려주었다. 미 합참은 "한국에서 단숨에 연합작전통제체제로 전환하지 말고 Battle Staff을 한동안 시험적으로 실시하는 방안을 검토해

282) 류병현 (2007), pp. 63-69

보자."는 제안을 하였다고 한다. Battle Staff은 전투상황실을 강화하여 운영하는 제도로서 2차 세계대전 시 국지적으로 원활한 연합작전을 위해 단기적으로 상황실 근무장교를 관계 부대끼리 증원 배치해 보았지만 그다지 성공한 방식은 아니었다고 알려져 있다. 즉 이 제도를 시행 시 한국군 최고 선임장교는 상황실 차장이 고작이며, 그 이상의 고위 참모직에 한국 장교가 보직되는 것은 기대할 수 없다고 보았다.[283)]

이에 대해 류병현 장군은 스틸웰 장군에게 한국 측을 격분시키는 제안이므로 재고를 촉구하면서 이에 대해 반박하였다. 연합작전의 성공은 신뢰가 필요한데 유사시 한국군의 수백만 대군이 참가하는 전장의 기획과 계획 단계에 참여하지 못하고 작전통제만 받으라면 상호 신뢰가 될 것인가? 지상작전은 미군이 증원되더라고 한국군이 주력인데 미 장성이 영어로 한국군에게 효율적으로 작전 지시와 운영이 가능하겠는가? Battle Staff으로 보직되는 한국장교에게 미군과 동일한 권한이 부여되겠는가? 한국군 사단장들은 통역장교가 없어져서 우리말로 명령을 수령하고 보고하기를 바랄 것이다. 그리고 북한은 한국을 미국의 군사적 식민지라고 악선전하고 있는데, Battle Staff 제도는 적의 한미 이간책에 기름을 뿌리는 행위가 될 것이라고 하였다. 류 장군의 증언에 의하면 이러한 격론 이후 유엔사령관과 미 합참 간의 의견 교환을 통하여 Battle Staff 제안은 없었던 것으로 하자는 회신을 얻었고 그 결과를 국방부장관에게 보고하였다고 한다.[284)]

Battle Staff 적용의 논란 이후 류 장군을 비롯한 일부 한국군 지도자들은 NATO형의 한미 연합작전체제를 도입하고자 하였다. 류 장군은 그 이유로, 첫째 NATO 창설 이후 30년 이상 평화와 안전을 유지하는 성공적인 운용, 둘째로는 동등한 자격과 책임의 원칙에 따라 주권재민의 민주주의를 대표하는 대통령 혹

---

283) *Ibid.*, pp. 77-78.

284) Ibid., pp. 78-80.

은 수상들이 구성하는 연합국가통수기구에 동등한 자격으로 합의하여 연합군을 지시 운용, 셋째로 회원국의 모든 군대를 지휘하는 것이 아니라 합의된 부대만을 작전통제, 그리고 넷째로 NATO 사령관을 미국이 독점해 왔으나 회원국들이 군사주권의 상실로 미국의 군사지배 하에 있다는 오해를 품은 나라는 없다는 점 등을 제시하였다.[285)]

1970년대 중반 한미 군사지도자 간의 연합작전체제의 논의를 통해서 유추할 수 있는 사실은 군사적 수준에서 한국군의 전력 상승으로 연합작전에서의 대등한 참여를 요구할 수 있게 되었다는 점이다. 정치적으로는 1975년도 중반 스나이더 대사가 한미 관계의 틀을 지속적인 동반자 관계로 전환할 것을 요구한 것과 맥락을 같이하고 있다는 점이다. 한국군부는 미 합참이 과도기적으로 제안한 Battle Staff 제도를 거부하였다. 그리고 한국 측은 NATO와 같은 다자국가들이 동등한 자격으로 연합군을 편성하여 운용하는 틀을 한미 연합체제로 가상하였다.

닉슨-포드 행정부에서의 한미 연합방위체제로의 발전 논의는 정치적 수준에서 창설 방안에 대한 검토 수준에서 유보되었으나, 군사적 수준에서는 군부지도자들 간의 실무적인 협조와 논의가 구체적으로 진행되었다는 점이다. 그러나 실질적인 창설은 카터 행정부로 넘어가게 되었다.

본 장에서는 안보파트너십과 동맹의 제도화의 관계를 "안보파트너십이 정치적 수준에서는 낮더라도 군사적 수준에서 높으면 군사적 억제를 위한 안보동맹의 제도화 수준은 높아질 것이다."는 〈가설 II〉 군사주도 모형을 적용하여 검증하였다. 닉슨-포드 행정부에서 현실적으로 나타난 안보파트너십의 유형은 미국의 선택적(selective) 보호와 한국의 강요된(enforced) 자주로 변화하면서, 정치적 갈등에도 불구하고 군사적 수준에서의 공고한 관계는 한미 연합방위체제로의 전환을 모색

---

285) *Ibid.*, pp. 80-82.

하도록 영향을 미쳤음을 규명하였다.

유엔군 주도의 한반도 방위체제의 제도화의 수준은 개입에 대한 안보규범에서는 낮아졌으나, 상호작전 운용성의 체계화 정도에 있어서는 매우 높아진 것으로 평가할 수 있겠다. 먼저 양국 간의 개입에 대한 안보규범은 UN에서의 UNC 해체 논의가 중지되면서 현상유지가 지속될 수 있었으나, 닉슨독트린, 데탕트, 그리고 철군정책의 추진을 통해 절약-충분의 딜레마 등 이견과 갈등으로 정치적 개입에 대한 이견이 확대되면서 낮아졌다. 그러나 연합작전에서의 상호작전 운용성의 체계화 정도에 있어서는 한국의 참여가 확대되면서 1960년대에 비해 획기적으로 발전하였다. 먼저 1960년대 말 국방각료회담의 정례화를 통해서 양국이 연례적으로 안보 현안에 대한 협의를 지속시키는 기구를 발전시켰다. 또한 연합작전기획단이 구성되어 부분적이나마 한국군 방위계획의 수립에 참여할 수 있게 되었다. 그리고 한미 1군단의 창설과 운용은 연합작전체제발전에 성공적인 실험이 되었다. 더욱이 한미 1군단장과 주한미군사령관의 주도적인 노력에 의한 작전계획 5027의 적극적, 공세적인 발전으로 한국 측의 고수방어 개념과 의도가 공유됨으로써 연합작전수행능력을 제고시키는 효과를 가져 왔다.

다음 장에서는 닉슨-포드 행정부에서 군사주도형 안보파트너십이 카터 행정부에서도 지속되면서 연합방위체제를 형성하게 되는 과정을 분석할 것이다. 카터 행정부 초기 양국 간에 정치적 갈등은 오히려 확대되면서, 군사적 수준의 협조체제는 더욱 강화되면서 한미연합군사령부의 창설이라는 이례적인 발전을 가져오게 되는 과정을 고찰할 것이다.

제5장 군사주도형 안보파트너십과 한미 연합방위체제의 형성: 1977~1978

카터 행정부는 집권 이후 인권정책이라는 새로운 가치관과 세계관을 표방하면서 국제관계의 변화를 시도하였다. 한국 정부에도 직간접적으로 인권의 개선을 요구하면서 동시에 주한미지상군의 완전철군 정책으로 한반도에 대한 개입을 회피하겠다는 모순적인 자세를 보였다. 미국의 인권 및 철군 정책은 대외정책에 대한 신뢰성과 동북아의 세력균형과 안정에 대한 의문과 불안을 확산시키면서 한미 간의 첨예한 갈등을 가져왔다.

그러나 카터 행정부 초기의 첨예한 정치적 갈등에도 불구하고 한미 안보동맹은 새로운 안보동맹제도를 발전시켰다. 한미 양국은 미지상군 철군 정책의 보완조치를 협의하는 과정에서 한국은 연합군사령부의 창설을 제의하였고 미국이 이에 동의하면서 1978년 말 한미 연합군사령부를 창설하게 되었다. 연합군사령부의 창설은 한국전쟁 이후 지속되어 온 유엔사 주도의 한반도방위체제를 뒤로 보내는 역사적인 의미를 갖는다.

이 장에서는 카터 행정부에서 나타난 현상을 안보파트너십의 Ⅱ형인 '군사주도형'을 적용하여 〈가설 2〉 '군사주도 모형'을 검증하고자 한다. 이를 논의하기 위해서 다음의 질문들을 분석할 것이다.

① 카터 행정부 시기의 안보파트너십은 어떻게 형성되었고 정의할 수 있는가? ② 정치 및 군사적 수준의 안보파트너십은 분석요소에 따라 어떻게 형성되면서 제도화에 영향을 미쳤는가?

필자는 정치 · 군사적 수준에서 나타난 상반된 현상을 분석하기 위해서 두 수준을 구분하여 분석할 것이다. 이를 통하여 정치적 수준의 갈등에도 불구하고 군사적 수준의 안보파트너십은 억제를 유지하고자 상호작전 운용성이 체계적으로 정착되면서 심화된 한미 연합방위체제로의 제도화에 영향을 미쳤음을 밝히고자 한다.

제1절 정치적 수준의 안보파트너십

닉슨-포드 행정부에서의 선택적 보호-강요된 자주의 안보파트너십은 카터 행정부 초기에 들어서 정치적 수준에서 볼 때 인권정책 및 미 지상군 철군 정책 등으로 인해 한미 관계의 갈등을 심화시켰다. 따라서 필자는 안보파트너십의 분석요소에 의해 정치적 수준의 안보파트너십이 어떻게 이견과 공유를 보이면서 변화되었는지를 주목하고자 한다.

카터 행정부에서 정치적 수준의 안보파트너십은 닉슨-포드 행정부보다 전반적으로 이견이 확대되었다. 가치체계나 이익에 있어서 미국은 철군 추진 및 인권에 대한 강조가 미친 영향을 알아 볼 것이다. 위협의 인식에 있어서도 미국의 낙관적 인식으로 인해 한국과 이견을 보이게 되는 과정, 그리고 손실의 감수에 있어서 미국이 개입과 회피 사이에서 혼란을 보이는 과정을 추적하고, 다시 한국의 핵개발 논란이 제기되는 과정을 고찰할 것이다. 그러나 수행전략에 있어서 한국은 현실적인 입장에서 미국으로부터 철군의 보완 조치를 최대한 보장받고자 하였고, 또한 양국은 대북전략에서 이견을 보였는지 등을 분석할 것이다.

1. 가치체계 · 국가이익의 공유

미국은 인권과 안보 등 제 정책을 연계함으로써 한국과 기본적인 인식에서 차이를 보였다. 또한 미 지상군 완전철군 정책은 한미 양국이 세계전략과 한반도 수준의 차이에서 비롯된 인식의 차이를 확인시켜 주었다.

가. 카터 행정부의 인권정책

카터 대통령의 인권정책은 한미 안보파트너십의 가치체계에 혼란과 갈등을 야기했다. 사실상 직간접적으로 양국의 동맹 관계에 부정적 영향을 미치면서 정치적 안보파트너십을 약화시켰다. 카터 행정부의 인권 및 철군 정책 과정은 카터 대통령의 가치관과 세계관에 대한 이해를 필요로 한다. 당시 미 카터행정부 초기 철군정책의 추진과정을 보면 대통령으로서의 그의 권위에 의해서 추진된 바가 컸다. 철군 정책의 경우 대부분의 참모들이 그의 의견에 동의하지 않았음에도 추진되었기 때문이다. 카터 행정부의 인권정책은 이전 행정부에서처럼 수사적인 수준에 머무르지 않고 외교정책은 물론 제반 정책과 연계되면서 미국의 국가이익으로 표출되었다. 과연 카터 대통령이 인권정책을 임기 내내 지속하였는지에 대해서는 '논란'[1]이 되고 있으나 최소한 그의 취임 초기에는 주한미지상군 철군정책과 더불어 강력하게 추진하고자 한 것으로 보인다.

카터 대통령은 후보 시절부터 자신의 인권정책 등에 대한 의지를 강력히 표출하였다. 카터의 도덕이나 인권정책이 어떤 동기에서 어떠한 과정을 통하여 구체화되었는지에 대해서는 다양한 분석이 제기되고 있다. 여기에 대해서는 1970년대 중반 워터게이트 사건으로 인한 도덕적 회의, 베트남전의 미국 개입과 패배의

---

1) 카터의 대외정책에 대한 기존의 국내외에서의 주장은 대부분 실패로 규정하고 일관성을 잃었다고 비판하고 있으나, 최근에 들어 일부 논문에서는 그의 인권정책에 대해 일관성과 탈냉전적 대외정책을 높게 평가하는 등 긍정적 평가를 통하여 재평가하는 경향을 보이고 있다. 박인숙, "카터 행정부와 '봉쇄군사주의'의 승리", 『미국사 연구』제27집 (2008); 비판적 평가를 다루고 있는 대표적인 학자들은, Gaddis Smith, Morality, reason, and Power: America Diplomacy in the Carter Years (1986); Michael Hunt, Ideology and U.S. Foreign Policy (1987); Burton I. Kaufman (1993); 그러나 긍정적인 평가를 다루고 있는 학자들은 대표적으로 Jerel A. Rosati, "The Rise and Fall of America's First Post-Cold War", in Hebert D. Rosenbaum and Alexej Urgrinsky, Jimmy Carter: Foreign Policy and Post-Presidential Year (Wesport: Greenwood Press, 1994); Douglas Brinkley, "The Rising Stock of Jimmy Carter: The 'Hands-On' Legacy of Our Thirty-Ninth President", Diplomatic History 20 (Fall 1996).

충격 등 국내여론의 영향, 이러한 국내 상황을 선거전략으로 활용, 개인적 성장과정의 신념과 가치관, 그리고 닉슨-포드 행정부에서 힘을 통한 세력균형을 주창하고 이를 현실정책에서 적용하려고 하였던 키신저 식의 현실주의와는 다른 인권이나 도덕적 가치를 국가이익으로 인식하였다는 점 등이 다양하게 주장되고 있다.[2)]

카터 대통령은 도덕에 기반을 둔 인권이나 비군사화라는 가치관에 따라 인권정책이나 주한미군 철군정책을 추진한 것으로 보인다. 그는 취임사를 통하여 그의 가치관과 세계관을 밝히고 있다.

> "(중략) 최근의 우리 (미국의) 실수들을 교훈으로 삼아 우리 조국의 기본적 원칙들로 다시 돌아가야 합니다. …(중략) 우리는 자랑스럽게도 이상주의적인 나라입니다. 그러나 어느 누구도 우리의 이상주의를 나약함과 혼동하게 해서는 안 됩니다. …(중략) 세계는 가상적국들의 능력에 지속적으로 필적할 수 있도록 보장하기 위해서 아직 엄청난 군비경쟁에 몰입하고 있습니다. …(중략) 그리고 올해는 지구상의 모든 핵무기들을 없애는 궁극적인 목표를 향한 첫 발을 내딛는 한 해가 되었으면 합니다. …(중략) 나는 세계의 국가들이 미국이 전쟁을 위한 무력이 아니고 우리 자신의 가장 소중한 가치들을 반영하는 국제적 규칙들에 기반한 영구적인 평화를 구축했다는 것으로 회자되기를 바랍니다. …(후략)"[3)]

취임사에서 나타난 그의 외교정책에 대한 가치관과 세계관은 1970년대 들어

2) 미국 국내적인 도덕적 각성을 촉구하는 열망에 대해서는 Gaddis Smith, Morality, Reason and Power: American Diplomacy in the Carter Years (1986); 당시의 국내정치 상황이 선거전략용으로서 매우 적절히 요구되었다는 점에 대해서는 John Dumbrell, The Carter Presidency; A Re-evaluation (Manchester UK: Manchester University Press, 1965); 개인적 가치관이나 신념 등에 대해서는 그의 성장과정이나 자서전 등으로부터 추측하고 있다. Jimmy Carter, Why Not the Best? (Fayetville: University of Arkansas Press, 1996); 인권외교를 정책적으로 선택하고 추진하게 되었다는 주장에 대해서는 Gaddis Smith (1986).

3) Jimmy Carter: Inaugural Address-January 20, 1977.

미국의 국제적 위신 추락에 대한 반성으로부터 힘에 의존하지 않고 도덕적 가치에 기반을 둔 평화질서를 구축하고자 하는 의지를 나타내고 있다. 그는 이러한 의지를 1977년 3월 UN 총회 연설을 통하여 인권정책을 미 행정부의 4대 외교의제 중 하나로 반영한다고 선언하였다.[4)]

미국은 국제적인 개입을 통해 초강대국으로서 미국의 위신과 영향력의 이념 · 상징적 가치라는 정치적인 국가이익을 추구하여 왔다. 카터는 인권을 미국의 가치에 추가하고자 하였다. 과거 미 행정부와 차이점은 이러한 "잊혀진 소중한 가치"들을 공개적으로 추진하고자 한 점이다. 이러한 측면에서 일부 학자들은 카터의 인권정책을 높게 평가[5)]하고 있다.

같은 해 5월 노트르담 대학의 연설에서 그의 가치관과 세계관은 대외정책과 연계하여 보다 구체화되었다. 서두에서 외교정책의 추진에 있어서 기본적인 가치에 기반을 둔 민주주의적 절차를 통해 인간적인 목적을 위한 힘과 영향력을 사용해야 한다는 믿음을 강조했다. 외교정책에 있어서 민주주의 가치와 민주적 방법의 효과성을 제시하고 국내 및 국외에서 부적절한 방법을 사용해서는 안 된다고 지적하고 있다. 또한 연설의 후반부에 이를 달성하기 위해 다섯 가지의 주요한 원칙들을 제시하고 있는데, 미국 외교정책의 기초적인 지침으로 인권을 채택하고, 민주국가들 간의 유대를 강화하며, 소련과 전략무기경쟁을 중지하기 위해 협조하고, 중동의 영구적 평화 정책 노력과 핵전쟁 위험과 재래식 무기확산을 감소시키는 것이었다.[6)]

---

4) Jimmy Carter: UNITED NATIONS-Address Before the General Assembly - March 17, 1977.

5) Jerel A. Rosati (1994), pp. 36-37. 로자티는 카터의 인권정책을 2차 세계대전 이후 최초의 탈냉전적 대외정책으로 분류하면서 카터를 고르바초프와 견줄 수 있는 인물로 평가하고 있다.

6) Jimmy Carter: University of Notre Dame - Address at Commencement Exercises at the University - May 22, 1977. 이러한 주장과 관련된 부분을 인용하면 아래와 같다. "(중략) 우리의 미래를 확신하기에 우리는 공산주의에 대한 과도한 공포로부터 벗어나야 합니다. 왜냐하면 이를 이유로 미국은 어떠한 독재자도 포용해 왔기 때문입니다. 이러한 관행은 고쳐져야 합니다. 아주 오랫동안, 우리는 때때로 소중한 가치들을 포기하고 적들에 대해 잘못된 원칙과 전술을 기꺼이 사용했습니다. 우리는 불에는

카터의 가치관은 기존의 봉쇄적 반공주의와는 틀을 개념적으로 달리하면서 이전과는 다른 정책을 지향하려 한 것으로 보인다. 인권을 기반으로 하는 도덕적 원칙을 국제정치에 접목하겠다는 의지를 밝혔고, 이를 위해서 필연적으로 기존의 군사 위주의 전략적 경쟁에서 벗어나 비군사적인 수단과 방법을 모색하겠다는 의지를 밝혔다. 그리고 이것을 공산국가만이 아니고 우방 국가에게도 동일하게 적용하겠다고 하였다. 이러한 카터의 가치관은 한국과 같이 민주주의의 발전이 늦은 동맹국에게도 예외가 될 수 없었다. 동시에 카터가 추구하는 전쟁에 의하지 않는 비군사적 방법은 주한미군의 철군으로 이미 나타나고 있었다.

카터의 가치관과 세계관이 어떻게 미국의 외교정책, 그리고 국가이익으로 반영되었으며, 카터의 정책이 안보와 관련된 제반정책과는 어떠한 관계를 갖고, 어떻게 영향을 미쳤는가에 대해 알아보자.

카터의 인권정책은 1977년 5월 연구를 시작하여 7, 8월에 보고된 "PRM/NSC 28 Human Rights"(Presidential Review Memorandum/National Security Council, 대통령 정책 검토지시/국가안보회의)와 이것을 최종적으로 정책화한 1978년 2월 17일 "PD/NSC 30 Human Rights"(Presidential Directive/NSC, 대통령 명령/국가안보회의)로 완성되었다. 그러나 카터 행정부가 집권하고 1년 이상이 지나서야 PD로 확정되었다는 사실 자체만 보더라도 카터의 인권정책을 실제 외교정책으로 적용함에 있어서 어려움이 있었음을 짐작하게 한다. 백악관이나 행정부 내부에서 인권정책의 적용에서 나타나는 제반 문제점에 대한 논의가 제기되었다. 또한 국내외적으로는 미국의 외교정책

불로 싸웠고, 불은 물로 더 잘 끌 수 있다는 생각을 못했습니다. 이러한 접근은 실패했습니다. 베트남으로 인해 우리가 지적이고 도덕적으로 빈곤하였음을 일깨워 주는 최고의 교훈을 얻었습니다.(중략) 1945년까지는 미국은 세계사의 주변국이었습니다. 그러나 그 이후로 미국은 불가피하게도 세계의 중심에 서 있습니다. 이 기간에 우리의 정책은 두 가지의 원칙에 따라왔는데, 소련의 팽창은 불가피하고 반드시 봉쇄되어야 한다는 믿음, 그리고 그에 따라 대서양 양쪽에 있는 반공국가들 사이에 배타적인 동맹의 중요성에 대한 믿음입니다. 그러나 그러한 체제는 영원히 변하지 않고 지속될 수 없습니다. 역사적인 흐름은 그러한 기초를 약화시켜 왔습니다.(중략) 우리의 정책은 세계는 단순히 생존하는 것 이상을 희망한다는 믿음, 그리고 존엄과 자유가 기본적인 정신적인 가치들이라는 믿음을 반영해야 합니다. 우리의 정책은 비밀협상보다는 오래 지탱될 국제적인 체제를 형성해야 합니다.(중략)"

의 신뢰와 영향력에 대한 의문을 가져 왔다.

PD 30은 인권정책의 목적, 인권증진 방법, 방안, 여타 정책과의 연계, 후속조치 등을 포함한 3쪽 분량에 8개 항목으로 구성되어 있다. 우선 문건의 서두에 세계적으로 인권정책을 적용함에 있어서 각 국가별 상황과 특성에 따라 미국의 기본적 이익을 고려할 것을 명시하고 있다. 최초 7월의 연구에서는 이러한 언급이 없었으나 8월의 연구에서는 서두에 인권정책에 있어서 신뢰성을 증가시키고, 비용 · 위험 등을 고려해야 할 것을 언급[7]하고 있다. 인권정책을 추진해 나가는 과정에서 행정부 내부의 논란과 각국과의 관계에서 나타난 현실적인 문제점들을 반영한 결과라고 보인다.

PD 30의 내용을 보면, 먼저 인권정책의 목적을 인간의 존엄성, 시민 · 정치적 권리[8] 그리고 경제 · 사회적 권리 등을 증진하는 세 가지 영역으로 정의하였다. 최초 각 권리들에 대해서 우선순위를 설정할 것을 고려하였으나 카터 대통령이 이를 삭제[9]한 것은 해석과 적용에 있어서의 문제와 모두가 전반적인 인권의 개선과 연관이 있다는 융통성을 고려한 것으로 보인다.

두 번째로 인권증진을 위해 미국은 모든 외교적인 수단을 동원할 것을 강조하였다. 이 항목은 카터 대통령이 PD 30의 최종 초안에 없던 내용을 직접 가필하

---

7) PD 30 Human Rights (Feb 17, 1978), 최초로 인권정책의 윤곽이 그려졌던 1977년 7월 PRM-28은 85쪽 가량으로 작성되었고, 이후 8월 31일 중간 최신화되었을 때에는 32쪽으로 작성되었었다. PRM 28에는 인권정책에 대한 미국의 목표의 개념과 인권위반에 대한 식별, 인권개선을 위한 미 행정부의 평가, 인권정책과 안보정책의 관계, 그리고 미국의 외교정책에 인권에 대한 고려를 통합하기 위한 개선방안 등을 논하고 있다. PRM 28 Human Rights (July7,1977), Presidential Review Memorandum/NSC 28: Human Rights Confidential, Report, August 15, 1977, p. 36, DNSC.

8) Memo, "Scope paper for Vice President Walter Mondale's Southeast Asian trip", March 17, 1978, pp. 3, 11, DoS, DDRS. 시민·정치적 권리는 내정간섭을 유발하면서 문제를 복잡하게 만들 수 있었다. NSC에서 먼데일 부통령에게 동남아시아 방문 시 참고자료로서 보고된 자료로서, 인도네시아와 필리핀, 특히 필리핀의 반정부 단체들이 미국의 정책을 집권세력을 비판하는 정치적 수단으로 이용할 수 있으므로 언급에 유의할 것을 조언하였다.

9) PD 30 Human Rights (Feb 17, 1978), 이 세 가지 영역에서 우선순위를 설정하는 문제와 관련하여 논란이 되었다. PD 30의 최초 초안에는 인간의 존엄성을 '첫 번째로(first of all)', 시민 및 정치적 자유를 '두 번째(secondly)'로 작성되어 있었으나, 카터가 결재 과정에서 첫 번째, 두 번째라는 단어를 삭제하였다.

여 추가함에 따라 직접적인 외교접촉, 공동성명, 상징적 조치, 동맹국과의 협의, 비정부기구와의 협조, 그리고 국제기구와의 공조 등으로 반영되었다. 세 번째로는 정치적 관계와 경제적 특혜를 통해서 인권을 향상시킬 수 있는 긍정적 반응을 이끌어 내도록 집중하며, 네 번째로 이를 위해서 매년 해외원조 프로그램을 검토하여 해외원조를 늘이고, 다섯째로 장기적이고 축적적인 효과에 집중하며, 여섯째로 미국은 예외적인 경우를 제외하고는 인권을 침해하는 정부의 공권력을 경제적으로 지원하지 않고, 일곱 번째로 국제금융기구를 활용하여 본질적 존재이유로서의 경제기구의 기능을 훼손하지 않으면서 인권의 향상을 도모하고자 하였다.

인권정책은 타정책들과도 연계되었다. 가령 카터 행정부는 재래식 무기이전정책도 연계하고자 하였다. 무기이전과 인권 정책의 연계는 미 의회의 제기로 제정된 1961년 해외원조법(Foreign Assistance Act)[10]으로 거슬러 올라간다. 닉슨-포드 대통령은 이를 거부하였으나 카터는 FAA와 연계하여 1977년 5월 "PD 13 Conventional Arms Transfer Policy"를 지시하였다. 'PD 13'에서 카터는 무기이전을 예외적인 외교정책의 도구로 간주하여 미국의 안보이익에 직접적으로 기여하는 경우에만 한정하고, 안보원조프로그램을 대상국가의 인권상황을 유도하는 방향으로 지속하고자 하였다. 이 억제정책(policy of restraint)[11]은 취임연설에서 밝힌 비군사적 수단을 통한 미국의 외교정책을 구체화하는 것이었다.

---

10) Committee on International Relations Committee on Foreign Relations, Foreign Relations Through 2002 (Washington: U.S. Government Printing Office, 2003), pp. 229-230. FAA의 502B Human Rights 부분의 (a)(1)항목에 미국의 외교정책은 모든 국가에 의해서 국제적으로 인정되는 인권의 향상에 지향되어야 한다고 하면서, (a)(2)항목에 특별한 경우를 제외하고 국제적으로 받아들여지는 인권을 지속적으로 심각하게 위반하는 국가의 정부를 상대로 미국은 군사원조와 무기판매를 금지하도록 하였다.

11) PD 13 Conventional Arms Transfer Policy (May 13, 1977), 핵심내용은 무기판매 축소, 첨단무기 이전 제한, 수출 목적의 첨단무기의 개발 금지, 주요 무기에 대한 해외 구매국가와 생산기간 연장 제한/이전 금지, 미 정부의 무기판매 장려를 금지 등이다.

'PRM 28/PD 30'에서 주목해야 할 사항은 인권의 영역에 대한 논란, 안보나 경제 등 제반 정책과의 연계성, 이로 인해 미국의 이익과 어떠한 문제가 있는 가로 압축된다. 인권정책이 갖는 가치는 높이 평가되지만 현실적으로 이는 미국의 기본적인 국가이익까지도 손상시킬 수 있다는 문제점, 심지어 위기라는 표현도 사용하고 있었다. 미 국무부는 'PD 30'이 확정되기 2주 전인 1978년 1월에 집권 1년간 인권정책을 추진하면서 나타난 고충과 문제점[12] 들을 제시하고 있다. 이 문건은 1년 동안 인권정책을 시행한 결과에 따라 대내외적으로 발생한 제반 모순과 문제점들을 사례제시를 통해서 여과 없이 제시하였다. 그러나 'PD 30'은 이러한 문제점에도 불구하고 하달되었고 이는 카터의 인권정책에 대한 의지를 강조한 것으로 볼 수 있다.

카터 행정부의 출범 이후 카터의 가치관과 세계관 그리고 인권과 비군사화 정책은 한미 동맹의 정치적 관계에서의 조정을 초래하였다. 카터의 도덕적 원칙은 한국에게도 예외 없이 직간접적으로 그리고 확실하게 영향을 미쳤다. 카터 행정부가 인권 개선에 대한 요구와 주한미군을 철군하겠다는 후보자 시절의 주장을 정책으로 추진하면서 양국의 정치적 안보파트너십은 시련에 직면하였다.

이와 같이 미국은 인권정책을 통하여 국가이익을 새롭게 정의하고자 하였고, 이는 한국이 고려하는 안보이익과 공유 내지는 연계되지 못하였다. 양국은 가치체계나 국가이익에서 현격한 인식의 차이를 드러내었다.

---

12) "전반적으로 나타난 문제점은 위험하고(risky), 어느 정도 논쟁적(controversial)이다. 우선 인권정책은 행정부가 추구해야 할 가장 최고의 정책이지만, 아직까지 이로 인하여 미국에 어떠한 실질적인 피해로 나타나지는 않았으나, 미국이 추구할 이익에 잠재적인 피해(potential damage)를 줄 수 있음을 염두에 두어야 한다. 둘째로 모든 심각한 인권문제는 모순되는 비판을 받기 쉽다. 먼저 수사적인 수준에 머무르면 수박 겉핥기이거나 위선으로 받아들여질 수 있고, 물질적 압력을 가하면 미국의 오만함이라는 비난을 받게 된다. 그리고 다른 미국의 국가이익을 고려하면 비지속성을 초래하여 이중 잣대라는 비난을 받게 될 수 있다. 결론적으로 미국은 인권정책을 통해 무엇을, 그리고 왜 하고, 그리고 달성할 수 있는 한계와 가능성에 대해서 공개적으로 명확하게 하지 못하였음을 지적하고 있다. 따라서 이 문제는 본질적으로 우리의 성취가 완벽하지 않을 것임을 이해해야 한다." Memorandum For Dr. Zbigniew Brzezinski, "Human Rights Policy", January 30, 1978, pp. 30-31, DoS, DDRS.

나. 인권과 안보의 마찰

카터 대통령의 인권정책과 결부된 대한반도 안보정책은 양국의 이견과 갈등을 가져왔다. 미국은 인권과 안보정책를 연계하고자 하였으나, 한국은 한반도의 특수성 속에서 선안보 후인권이라는 인식을 보였다.

카터 행정부 시절 한국에 대한 인권정책의 효과나 일관성에 대해 논란이 되고는 있으나 일반적으로는 부정적으로 평가[13]되고 있다. 그러나 비대칭 한미 동맹에서 강대국의 가치체계는 효과와 관련 없이 현실적으로 안보파트너십의 형성에 큰 영향을 미칠 수밖에 없다.

카터 행정부 초기 한미관계에 대해서는 특히 미국 내에서 일반적으로 비판적인 논란이 제기되고 있었다. 이러한 논란에는 미국의 한국에 대한 인권개선의 요구, 한반도 개입의 필요성, 반한감정 여론 등 다양한 주제들이 복잡하게 얽혀 있었다. 먼저 카터 행정부 초기에 국무성 前한국과장 라나드는 한국의 긴급조치, 유신헌법, 명동사건과 김대중 구속 등을 지적하면서, 미국은 한국에 미국의 전통적 가치와는 무관하게 일본 때문에 개입하고 있는데, 한국의 인권문제가 부각된다면 미국의 개입과 여론 지원을 받을 수 없다고 주장[14]하였다. 그는 반한적 입장에서 한국에 대한 개입의 필요성을 부정하고, 인권 현실을 부정적으로 비판하였다.

그리고 1977년 초 뉴욕의 한 연구소에서 윌리암 브랜즈는 "한미관계의 위기"를 주제로 강연하였는데 그 요지는 다음과 같다. "최근 1~2년 사이에 코리아게

---

13) 박원곤, 「카터 행정부의 대한정책 1977-1980: 도덕외교의 적용과 타협」, 서울대학교 외교학과 박사학위 논문, 2008. 본 논문에서는 기존의 연구와 주장이 주로 카터의 한국에 대한 인권정책은 제대로 추진되지 못하였고, 철군정책을 통해 도덕외교를 펼치려 했지만 실패하였으며, 결국은 권위주의 정권과의 밀월을 선택하였다는 주장에 반하여, 대한인권정책이 일부 적용되고 중시되었다는 것을 밝히고자 하였다. 본 논문에서는 특히 카터 행정부 초기의 대한 정책에 대해서는 실질적으로 영향을 미쳤다는 점에 주목하고자 한다.

14) 한국 관계 기고문 송부(1977. 2. 2), Donald Ranald, "The U.S. in Korea: What Price Security", (World review誌, 1977년 1-2월호), 「한·미국 정무일반, 1977」, MF, 롤번호 2007-8, 파일번호 18 (프레임번호 1-165), 외교사료관.

이트와 한국 중앙정보부의 행위 등은 한국에 대한 부정적 인식을 주었다. 인권과 안보 약속은 불가분의 관계이므로 미국은 한국에게 변화를 기대하고 있다. 한국은 핵무기 개발 의도를 버리고 과거 1965~71년 식의 정치체제로 전환하여 인권 문제를 개선해야 한다. 또한 1950년도의 비극을 되풀이 않기 위해 미국의 양원에서 합동 형식으로 한국방위보장을 선언할 것을 제의한다."[15] 이런 요지를 보면 브랜즈는 한국에 대해 비교적 우호적 입장에서 한미 관계를 증진시킬 수 있는 정책으로의 전환을 촉구하고 있다고 하겠다.

〈뉴욕타임스〉는 1977년 3월 카터 행정부의 대한반도 정책에서 인권과 안보 문제의 충돌을 다루고 있다. 이 기사는 카터 대통령이 이틀 전인 3월 9일 철군 문제로 미국을 방문한 박동진 외무장관을 접견하기 직전에 기자회견을 통해서 일방적으로 철군을 발표한 직후에 게재된 것이다. 이 기사의 주장은 카터 대통령의 딜레마를 "외부적인 압력을 빌미로 하여 억압적인 국내정치를 강화하는데 사용하고 있는 박정희 정권을 지지하지 않으면서도 북한의 남침 위협을 두려워하는 한국을 어떻게 지원할 것인가?"로 요약되고 있다. 그리고 미 행정부는 지난 달 한국을 FY1978 국제안보지원에서 인권위반과 관련된 3개국에 대한 원조를 삭감하는 대상국에서 면제하였음을 지적[16]하였다. 그리고 카터는 대통령 선거 전과 이후에 주한미군과 전술핵무기의 철수를 주장했는데, 이는 억압적인 정부에게는 미국이 지원을 하지 않아야 한다는 그를 뽑아 준 민주당원들의 명령을 따르는 것이라고 하였다. 그러나 카터는 주한미군을 철수한다고 하면서 동시에 주한 미 공군을 강화하려고 한다고 지적하고 있다. 이 이유를 부분적으로는 동맹국 한·일 정부로부터의 성난 항의와 부분적으로는 밴스 국무장관이 지난달 상원에서 증

---

15) 대한정책 간담회 개최계획 보고(1977. 2. 22, CRIA; Council on Religion and International Affairs), William J. Brands, "The Crisis in U.S.- South Korea Relations", 「한·미국 정무일반, 1977」, MF, 롤번호 2007-8, 파일번호 18 (프레임번호 1-165), 외교사료관.

16) Memorandum For Zbigniew Brzezinski From Jessica Tuchman, Robert M. Kimmitt, "Budget - Security Assistance and Human Rights", February 7, 1977, NSC, DDRS.

언하였듯이 미국의 '전략적 고려'[17] 때문이라고 하였다. 이 사설은 미국이 한국에 대한 인권 · 철군 그리고 보완조치의 지원 등 카터 대통령이 당면한 인권과 안보의 딜레마를 함축하고 있다.

미국 내의 반한여론은 1978년까지 지속되었다. 박준규 국회의장이 2월 방미 후 박대통령에게 보고한 자료를 NSC에서 보고한 바에 의하면 "미국 내의 반미감정이 한국에서 생각하는 것 이상으로 훨씬 높았으며, 미국은 코리아게이트로 인하여 한국정부에 대한 의심을 품고 있고, 이러한 사실들은 미래의 한미관계를 위협할 수 있다"[18]고 전하였다. 카터 행정부 초기에는 인권문제로 인하여 양국은 서로가 깊은 불신과 갈등 속에 있었다.

그렇다면 카터의 인권 정책은 한미 안보파트너십의 형성에 어떻게 영향을 미쳤는가? 그리고 미국은 한국에게 어떠한 경로와 영역 및 방법을 통하여 인권의 개선을 요구하였고, 국가이익이라는 관점에서 한국과 이를 공유하고자 하였는가? 미국이 안보 지원을 이유로 얼마나 인권에 상응한 자율성을 제한하고자 하였으며, 한국은 이를 어떻게 받아들였는가?

미국의 한국에 대한 인권정책의 적용은 〈표 5-1〉과 같이 ① 카터 대통령과 행정부, ② 코리아게이트와 관련된 조사, ③ 한미 현안에 대한 의회의 요구 등 세 가지의 경로를 통해서였다. 먼저 대통령과 행정부를 중심으로 'PRM 28/PD 30'에서 정의한 주로 개인의 기본권과 시민 · 정치적 요구, 안보 지원 등 각종 정책과의 연계를 중심으로 제기되었고, 두 번째는 주로 의회와 법무부를 중심으로 당시 한미 간의 현안이었던 코리아게이트 조사와 관련한 협조 요구 및 압력이었으며, 마지막으로는 주로 의회가 중심이 되어 한미 간의 광범위한 현안에서 인권개선을 요구하는 것 등이었다.

---

17) Henry Kamm, "Carter and South Korea", New York Times (Mar 11, 1977), p. 8.

18) Memorandum For Zbigniew Brzezinski From Far East, "Weekly Event", March 30, 1978, NSC, DDRS.

〈표 5-1〉 카터행정부 집권초기 한국에 대한 인권정책의 적용

경 로	범 위	요구(반응) 수준	방 법	사 례
대통령·행정부	•개인의 기본권 •시민·정치적 요구	•한국의 자발적, 상징적 조치 * 미국의내정간섭 인상 회피	•고위 관리의 직접 접촉, 비공개 * 가장 높은 관심을 갖음	•긴급조치, 명동 사건 위반자 석방
	•비군사 지원		•정치적 타협	•PL-480지원요청
	•비군사화 정책(군사요인축소)	•PD 13 재래식 무기이전 정책준수	•정치적 고려	•한국의 F-16 공동생산 요구 거부 및 연기
의회(법무부)	•미국내 한국 관련 사건	•진실 규명 * 한국정부관련성	•공개적 압력 * 행정부: 정치적해결선호	•코리아 게이트,조사 협조 요구(증인직접증언등)
의회	•한미 관계 전반	•각종 지원 삭감, 지연 및 거부 •민주적정권으로 교체 등 다양	•공개적 압력	•철군 보완조치 심의/승인 지연 •PL-480지원거부 •프레이저 의원 서신(브레진스키)

먼저 카터 대통령과 국무부가 중심이 되어 한국정부가 미국의 간섭에 의하지 않고 자발적이며 상징적 개선의 수준을 요구하면서 정치적 갈등을 최소화하고자 하였다. 이를 위해서 미국은 간접적인 압력의 형태를 활용하고자 하였다. 'PD 30' 작성 과정에서 카터가 직접 가필하였던 "직접적인 외교적 설득(비공개)"이었다. 그리고 자발적이며 상징적 개선의 결과로 가장 선호된 것은 긴급조치 등을 위반한 반체제 정치범의 석방이었다. 인권은 한국에게 있어서 안보에 부차적이었기 때문이다. 양국 관계에서 한편으로 인권은 정치적 갈등을 자극하면서 다른 한편으로는 이러한 갈등을 줄이는 그야말로 상징적 의미로서 주기적으로 사용된 셈이다.

카터 대통령이 이 방법을 채택하게 된 현실적인 판단은 NSC 참모들의 건의에서도 확인된다. 1977년 4월 철수방안에 관한 NSC 자료에서 아마코스트(Michael Armacost)는 브레진스키(Zbigniew Brzezinski)에게 철군과 인권과의 관계를 지적하면서 "철수를 하겠다면서 박 대통령에게 큰소리를 치는 것은 적들에게 철군을 미국이

한국에 대한 징벌적 조치라고 인식하게 할 것"임을 지적하였다. 따라서 한국 특사에게 개인적으로 인권에 대해 조용히 설명하도록 건의하고 있다.[19] 이에 따라서 4월 27일 카터 대통령은 최종 철군 협조를 위해 한국에 보내는 특사의 임무 중 하나로서 '미국의 인권에 대한 관심을 조용히 반복'하도록 강조하였다.[20] 또한 스나이더 대사나 베시 주한미군사령관 등을 통해서 박 대통령에게 이러한 자신의 의지를 전달하게 하였다.

카터 대통령은 1977년 2월 16일 스나이더 대사를 통해서 박대통령에게 철군을 통보하는 서신을 전달하면서 인권에 대해 언급하도록 지시하였다. 미 대사는 카터 대통령이 관심을 두는 인권문제란 정치체제의 재편과는 무관한 개인의 기본권임을 분명히 하면서 미국 내 일부 여론이 명동사건 관련 피고인들의 처리에 관심을 갖고 있되, 한국의 내정에 간섭할 의도는 추호도 없으나, 이들에 대한 관용의 조치는 한국과의 긴밀한 관계유지를 미 의회나 여론에 정당화시키는데 도움이 될 수 있다고 생각한다고 전언하고 있다.[21] 이후 스나이더 대사는 4월 8일 박 대통령을 다시 만난 자리에서 카터 대통령의 인권에 대한 강조를 재차 언급하였다. 박 대통령은 미국이 원하는 구체적인 조치가 명동사건 관련자의 석방이냐는 질문에 스나이더는 그것이 가장 중요한 조치의 하나라고 답변하였다.[22]

스나이더는 면담결과를 브레진스키에게 보고하면서 박 대통령이 강경노선을 견지하고는 있으나, 미래에는 긍정적인 변화를 기대한다면서 박 대통령의 주변

---

19) Memorandum For Zbigniew Brzezinski From Mike Armacost, "NSC Meeting on Korea," April 26, 1977, NSC, DDRS.

20) "National Security Council Meeting(Subject:Korea)," April 27, 1977, NSC, DDRS; Memorandum For Zbigniew Brzezinski From Mike Armacost, "NSC Meeting on Korea," April 26, 1977, NSC, DDRS.

21) "대통령 각하의 '스나이더' 미국대사 접견기록,"(1977.2.16), 「주한미군 철수(감축): 한,미국(행정부) 간 협의, V-1, 1-4월, 전 7권, 1977」, MF, 롤번호 2007-227, 파일번호 6 (프레임번호 1-292), 외교사료관.

22) "'스나이더' 주한 미 대사와의 면담록,"(1977. 4. 8) 「한·미국 정무일반, 1977」, MF, 롤번호 2007-8, 파일번호 18(프레임번호 1-165), 외교사료관.

인사들에게 지속적인 압력을 가하겠다고 하였다.[23] 일련의 면담을 통해서 박 대통령은 한국의 특수한 안보상황을 거론하며 미국의 기준에 의한 인권의 적용에 대해 반박하였다. 1979년도 카터 대통령과의 정상회담에서도 양 정상의 평행선은 크게 좁혀지지는 않았다.

그러나 박 대통령은 강경한 반대에도 불구하고 미국의 압력을 묵시적으로 수용하는 태도를 보였다. 이와 함께, 박 대통령은 단계적으로 긴급조치나 명동사건 관련자들을 석방하면서도, 이를 미국의 간섭에 의한 것이 아님을 미국에게 요구하였다. 4월 26일 브레진스키가 밴스 국무장관에게 김대중 석방을 요청하는 협조를 촉구하는 문서에서 박 대통령은 명동사건 관련자들을 석방해 주면 미국의 외압에 의한 결과가 될 것을 두려워하고 있고, 함병춘 前대사가 박 대통령을 면담한 결과에 의하면 박 대통령은 융통성이 있어서 김대중을 석방하되 미국이 미국의 압력에 의한 것이 아님을 지원해 주면 될 것이라고 하였음을 첨언하였다.[24] 박 대통령은 국가 안보이익을 위해서 인권문제와 관련한 묵시적인 타협은 불가피한 선택이라고 생각했을 것이다. 그리고 이러한 측면에서 정치범의 석방은 헌팅톤의 표현처럼 카터-박 행정부 모두에게 가장 가시적인 효과를 주었다.[25]

박 대통령은 1978년 12월 27일 자신의 다섯 번째 대통령 취임을 기해 한국에서 가장 유명한 정치범인 김대중 등 5천 명의 대사면을 단행하였다. NSC 보고에 의하면, 박 대통령은 측근들의 반대에도 불구하고 직접 대사면을 결정하였고, 이 결정은 오직 인권에 대한 극적인 상황만이 정상회담의 분위기를 조성할 수 있다

23) Memorandum For Zbigniew Brzezinski From Mike Armacost, "Ambassador Sneider's Meeting with President Pak on Human Rights," April 11, 1977, NSC, DDRS.

24) From SECSTATE WASHDC To WHITE HOUSE, "President Park and Human Relations," April 25, 1977, Carter Library(NLC-10-2-3-22-1); Memorandum For The Secretary of State, "Release of Kim Dae Jung," April 26, 1977, The White House, DDRS.

25) 헌팅톤도 제도 개선은 상대국의 체제를 위협하는 일로서 어느 나라도 받아들이기 어려우나 정치범 석방이 가장 가시적인 효과가 있음을 지적하였다. Samuel P. Huntington, "Human Right and American Power," Commentary (September, 1981), p. 40.

는 미국의 은밀하고 긴밀한 조치에 대한 반응이었다고 논평하였다.[26] 카터는 이에 대해 양국 언론의 비공개를 요구하면서 한미 관계에서의 협조와 대화의 진전에 감사하는 서신을 보냈다.[27] 김대중을 포함한 정치범의 대사면은 카터 행정부 초기 인권정책의 결실로서 상징화될 수 있는 정치적 시위였고, 이는 정치적 갈등을 최소화하고 안보파트너십을 복원하기 위한 양국의 내면적 바람이 가져온 결과였다.

두 번째로 카터 행정부는 인권정책과 비군사 지원의 연계와 관련하여 한국에 대해서는 융통성을 두고자 하였다. 1978년 2월 한국의 PL-480의 지원을 두고 NSC 내 치열한 논쟁을 벌였다.[28] 그러나 인권문제에 대한 언급이 없이 PL-480의 협정에 한국이 서명하고 의회에 PL-480의 지원을 요청하는 것으로 결정되면서 해결되었다. 3월 23일 김용식 외무장관은 스나이더 대사에게 PL-480에 대한 미 행정부의 입장에 만족감을 표했다.[29]

그러나 이 PL-480 요청안은 1978년 6월 22일 한국의 인권문제가 아니고 의회가 당시 코리아게이트와 관련하여 김동조 전 주미대사의 미 의회 증언을 요구하

---

26) Memorandum For Zbigniew Brzezinski From Nick Platt, "Confidential Presidential Message to Korean President Platt," December 22, 1978, NSC, DDRS.

27) Message From Zbigniew Brzezinski To Amembassy, "Message For Eyes Only Privacy Channels WHB1592 Ambassador William Gleysteen," December 26, 1978, White House Situation Room, Carter Library (NLC-00-62).

28) 아마코스트는 인권과 경제원조를 연계하는 것 자체가 바보같이 어리석다는 논리와 미국의 경제적 이익도 저해한다고 하였다. 미국은 한국에 대한 10억불 가량이 독점적 공급국가인데, 인권을 이유로 PL-480에 따른 농산물 지원을 거부할 경우 캐나다, 호주 등의 국가에게 시장을 허용하고 미국 내의 농민들의 반발 등을 초래하게 된다는 점 등을 제시하였다. 협상과정에서 한국은 인권에 대한 서명을 요구받도록 되어 있는 13개국에 속해 있었으나 이를 거부하고 시장의 다변화를 꾀하겠다는 태도를 견지하였다. 반면에 인권의 입장에 서 있는 터크만은 한국은 인권위반국임에도 불구하고 미 행정부는 철군 보완조치를 검토하고 있기 때문에 PL-480 마저도 예외를 인정해서는 안 되며 협정의 서명에 대한 미국의 요구 자체가 무리한 것은 아니라면서 반박하였다. Memorandum For Zbigniew Brzezinski From Mike Armacost, "PL-480 in Korea," February 14, 1978, NSC, DDRS; Memorandum For Zbigniew Brzezinski From Jessica Tuchman, "PL-480 and Korea," February 15, 1978, NSC, DDRS.

29) Memorandum For Zbigniew Brzezinski From Far East, "Evening," March 24, 1978, NSC, DDRS.

였으나 한국은 비엔나 협약에 의해 외교관의 면책특권을 주장하며 거부하고 있는 상황과 맞물려 있었다. 하원은 한국 내의 인권문제가 아닌 김 전 대사의 증언 거부를 이유로 273 대 125로 PL-480의 승인을 거부하였다.[30] 미 행정부는 인권 이외에 곡물시장이라는 또 다른 미국의 이익을 확보하고자 정치적 고려를 하였으나, 의회는 당시의 반한 감정 분위기 속에서 한국 정부의 비도덕성을 빌미로 압박하였다.

세 번째로 PD 13을 통한 인권 개선의 연계이다. 실제로 한국에 대해 인권 차원에서 무기이전이 제한되지는 않았으나, 비군사화라는 차원에서 F-16의 판매 및 공동생산이 거부되었다. FY78 기간 중에 무기 및 무기 관련 품목의 해외군사판매와 지원을 축소하겠다고 하였다.[31] 그러나 실제 한국을 비롯하여 많은 나라들에게 PD 13이 그대로 적용되지 않았다. 한국, 필리핀, 인도네시아, 이란 등은 인권문제가 있는 국가이나 특별한 상황으로 예외되는 국가로 분류하여 별다른 제한을 받지 않았다.[32]

그러나 한국은 수차례에 걸쳐 F-16 판매와 공동생산을 요구하였고 브라운

---

30) Memorandum For Zbigniew Brzezinski From Mile Armacost, "Friday's Foreign Policy Breakfast: Korea Issues," February 1, 1978, The White House, DDRS; Memorandum For Zbigniew Brzezinski From Mile Armacost, "PL-480 in Korea," February 14, 1978, NSC, DDRS; Memorandum For Zbigniew Brzezinski From Jessica Tuchman, "PL-480 and Korea," February 14, 1978, NSC, DDRS; Memorandum For Zbigniew Brzezinski From Far East, "Evening Report," March 24, 1978, NSC, DDRS; Memorandum For Zbigniew Brzezinski From East, "Weekly Report," June 22, 1978, NSC, DDRS.

31) "카터 대통령의 재래식 무기 양도정책에 관한 성명(77.5.19)," "카터 대통령의 무기판매 규제정책 내용 요지(77.5.19발표)," "미행정부의 대외무기판매규제 정책(1977.5.27)," 「미국산 군수물자 구매, 1977」, MF, 롤번호 2007-26, 파일번호 7(프레임번호 1-113), 외교사료관. 제외국가로는 방위공약국(NATO 국가, 일본, 호주, 뉴질랜드), 이스라엘, 특별상황으로 예외조치국가, 지역균형 유지를 위해 현대화 무기를 필요로 하는 대통령이 결정한 우호국가 등이다.

32) Memorandum For the President from Zbigniew Brzezinski, "Further Recommendations Regarding Arms Transfer," April 16, 1977, The White House, DDRS. 실제로 1977년 4월 16일 AN/PVS-2 레이다(상업구매, 3천7백만 불)와 6대의 C-130 수송기의 구매(FMS, 7천9백만 불)도 문제없이 승인되었다.

(Harold Brown) 장관도 긍정적으로 답변했다. 브라운은 1978년 11월 연합사 창설식을 위해 한국을 방문하기 전에 밴스 외무장관과 브레진스키 보좌관과 합의를 거쳐 카터 대통령에게 승인을 건의하였다. 국무부에서도 이 건의가 PD 13의 예외 여부에 대해 그 기본 취지를 훼손하지 않는 것으로 판단하였음에도 카터 대통령은 예외조치로 간주하고 거부했다.[33)]

브라운 장관은 연합사 창설식에 참석 후 복귀하여 박 대통령이 당시 미 의회의 LOA[34)] 요청의 지연보다 F-16의 공동생산 거부에 더욱 화가 나 있다고 전언하였다.[35)] F-16 60대의 판매 및 공동생산 거부는 카터가 추구하는 도덕정책이라는 큰 틀에서 비군사화에 주안을 둔 고려 때문이었다. 이 결정도 양국이 정치적으로 불편한 관계를 지속시키는데 영향을 끼쳤다. 그러나 1979년 10월 15일 카터는 F-5E/F의 공동생산에 대해 PD 13의 예외조치로 승인하였다. 그리고 12차 SCM을 통해서 한국에 통보했다.[36)]

두 번째와 세 번째의 경로는 사실상 의회가 주도하였다. 코리아게이트에 한정하여 법무부가 의회와 입장을 같이하였을 뿐이고 백악관이나 행정부의 입장은 의회와 달랐다. 카터 대통령은 조기에 코리아게이트를 마무리 짓기를 바랐다. 코리아게이트나 한미 관계 전반에 걸쳐서 의회(법무부)는 공개적이고 압력적인 방법을 사용하면서 동시에 한국정부의 적극적 협력을 유도해 내기 위해 미 행정부에게도 압력을 가하고 있었다.

코리아게이트는 1970년대 중후반에 걸쳐 한미관계를 가장 악화시키면서, 동시에 주한미지상군을 철수하려던 카터의 정책에도 큰 걸림돌이 되었다. 미 의회

---

33) *CINCPAC History of 1978,* pp. 439-450.

34) Letter of Offer and Acceptance(청약 및 수락서), FMS국에게 있어 미 정부가 구매국에 물자 및 용역의 판매의사를 표시하는 청약문서를 말하며, 구매국이 수락할 경우 계약의 효력이 발생한다.

35) Memorandum For Zbigniew Brzezinski From Nick Platt, "Harold Brownn's Trip to Japan to Korea," November 13, 1978, NSC, DDRS.

36) "Policy Decisions by Subject," National Security Council, Carter Library(NLC- 21-4-5-1-8).

가 박동선의 조사를 통하여 박 대통령과 한국정부가 조직적으로 개입되었음을 밝히고자 박동선의 미 의회 출두 증언과 이어서 김 동조 前주미대사의 증언을 요구하였다. 미국 내 한국에 대한 여론은 크게 악화되었고 철군 정책의 타당성과 과정에 불만을 품고 있던 대부분의 의원들은 이와 관련한 보완조치 법안의 심의 자체를 꺼리는 분위기였다. 한미 간의 줄다리기 끝에 박동선은 의회에 직접 출두하여 증언을 하고, 김 前대사는 서면으로 증언을 하는 것으로 합의되어 1978년도에 조사가 종결되었다.

미 의회의 코리아게이트 조사는 박 대통령과 한국 정부가 조직적으로 개입했다는 사실을 증명하지 못하고 용두사미로 끝났다.[37] 그러나 당시 주한미대사관의 한 관리는 이로 인하여 법률, 외교적 충돌은 차치하더라도, 양국은 상당한 기간에 서로에 대한 "일종의 정신분열증(schizophrenia)"을 극복해야 할 것이라고 증언했다.[38] 코리아게이트로 인하여 한미 관계에 얼마나 큰 영향을 미치고 깊숙한 상처를 남겼는지를 대변해 주는 것이었다.

다음으로 한미 관계 전반에 걸친 미 의회의 인권정책의 개선 요구이다. 가장 큰 현안은 물론 주한 미지상군 철군에 따른 행정부의 미 2사단 장비 이양에 대한 법률의 심의와 승인이 거부 및 지연되고 있는 상황이었다. 그리고 이미 언급하였듯이 PL-480의 지원 거부, 그리고 이외에도 다양한 분야에 걸쳐 인권의 개선을 개별적으로 요구하였다.

심지어 하원 국제관계소위원장인 프레이저 의원은 1977년 4월에 브레진스키 보좌관에게 한국에 인권정책의 압박을 주문하는 개인서신을 보냈다. 그의 요지는 한국은 주한미군이 없이도 자체방어가 가능하고, 주한미군의 주둔을 통하여

---

37) U.S. House of Representative (1978).

38) Author interviews with William Clark Jr. (political counselor, U.S. Embassy, Seoul), June 14 and July 3, 1979; Chae-Jin Lee, A Troubled Peace (Baltimore: The Johns Hopkins University Press, 2006), p. 102에서 재인용.

민주체제의 개혁을 추진하며, 박 정권을 쿠데타로 몰아내고 민주정부를 수립할 것을 요구하는 것 등이었다. 이에 대해 아마코스트는 브레진스키에게 정중한 사의를 프레이저 의원에게 표하되, 한국이 미국의 지원 없이도 방위할 수 있다는 평가는 정보기관의 판단과 다르며, 한국의 정치변화에 대한 미국의 협상능력이 과장되어 있고, 박 대통령의 축출은 동맹국 관계에서 적절하지 않음을 조언하였다.[39] 프레이저 의원의 요구는 일관성이 없었다. 주한미군이 없이 한국의 방어가 가능하면 철군해야 하는데, 철군하면서 어떻게 한국 정부를 압박할 수 있는지 등 모순된 가정과 요구가 뒤섞여 있었다. 당시 미국의 한국에 대한 인권 문제와 관련된 의회의 반감을 짐작하게 해 준다.

의회의 인권 요구는 행정부와 견해를 같이 하면서도 조화를 이루지 못하기도 하였다. 한미 간의 최대현안이었던 철군보완조치 법안 심의를 지연시키고 있었다. 미국의 대외공약이 준수되지 못함으로써 주한미군 철군으로 미국의 위신을 더욱 실추시키게 되었고 결국 1978년 4월에 1978년 말까지 계획하였던 1차 철군 규모를 축소하게 되었다. 또한 한국에 대한 PL-480의 승인 문제에서도 행정부의 고려를 무시하고 쇼비니즘적인 행태를 보였다. 이러한 엇박자는 한미 간의 정치적 관계를 악화시켰다.

그렇다면 한미 안보동맹에서 양국은 인권을 국가이익으로 공유하였는가? 양국은 확연한 인식의 차이를 보였다. 카터는 인권과 안보가 같이 추진될 수 있다고 생각하였으나, 박 대통령은 안보이익을 최대의 국가이익으로 인식하고 있었기에, 섣부른 인권은 안보를 해친다고 생각하였다.

더구나 안보이익과 관련하여 카터 행정부는 세계전략의 차원에서 유럽 위주의 안보이익을 우선적으로 고려하는 것으로 보았다. 카터의 철군정책은 상대적으로

---

39) Memorandum For Zbigniew Brzezinski From Mike Armacost, "Don Fraser's Most Letter," April 29, 1977, NSC, DDRS.

아시아나 한반도의 국지적 이익에 대해서 미국은 낮은 우선순위로 두고 중요하게 생각하지 않고 있는 것으로 보였다. 이러한 상황에서 양국은 정치적으로 국가이익에 대해 공유할 수 없었다.

그러나 양국의 군부지도자들은 인권에 그리 높은 가치를 두지 않았다. 따라서 한반도의 상황에서 오로지 억제적 관점만을 생각하였다. 직전의 닉슨-포드 행정부에서 7사단의 철군 이후 추가 철군 논의를 진행하면서 동북아의 안정과 세력균형이 미국의 국가이익이라는 것을 주변강대국들과 협의를 통해서 확인하였기 때문이다. 한국이나 군부에서는 동북아의 안정과 세력균형 속에서 북한의 도발을 억제하는 것이 최대의 국가이익이었다.

인권과 안보의 개념이 충돌하면서 양국의 가치체계·이익에 있어서 정치적으로 이견을 노출하면서도 군사적으로 억제적인 관점은 공유하는 상반된 형태로 형성되었다. 카터 행정부 집권 초기의 인권정책은 직간접적으로 한국 정부에 영향을 주었다. 한미 동맹이 결성된 이후 최고조의 정치적 긴장과 갈등을 지속시키면서 양국의 정치적 수준의 안보파트너십을 악화시켰다. 그러나 미 의회가 코리아게이트로 인해 철군 보완조치 법안의 심의를 거부하면서 철군을 방해하는 역설적 현상도 초래하고 있었다.

카터의 인권정책은 한미 안보동맹에 큰 영향을 미쳤다. 미국은 다양한 경로를 통해서 한국에 직간접적으로 인권의 개선을 요구하였고, 한국은 반발하였다. 양국은 국가이익이라는 측면에서 이견을 보였고, 한국은 미국이 한국의 안보현실을 고려하지 않은 요구라고 생각하였다.

2. 위협의 인식: 정치적 낙관 및 독주와 군사적 판단의 배제

한반도의 안보 위협에 대해 카터 행정부는 매우 낙관적이었다. 한국의 경제 및 군사력의 신장에 대해서도 긍정적인 평가를 하였다. 그러나 한국은 동북아 정세의 불확실성과 북한의 군사력 우위에 대해 불안해하였다.

카터 대통령의 대한정책은 그가 구상하는 세계전략과 연계하여 일방적으로 정치적 입장에서 수립되었다. 카터는 집권 이후 2월 18일 미국의 군사전략과 방위태세를 연구하여 6월까지 보고할 것을 지시하였다.[40] "PRM 10 Military Strategy and Force Posture" 는 NSC와 국방부로 과제가 부여되었다. 국방부는 군사전략의 대안과 군사태세의 유지 방안을, NSC에게는 정치적, 경제적, 기술적 능력과 미국, 동맹국 및 가상적국의 군사능력에 대한 폭넓은 비교와 검토를 요구하였다. 이 연구의 결과는 8월 24일 "PD 18 U.S. National Strategy"로 큰 변동 없이 반영되었다.[41]

새롭게 정권을 수립한 카터 행정부로서 정권 초기에 미국의 군사전략과 대비태세를 검토하는 것은 당연한 절차일 것이다. 그러나 한반도와 관련하여 놀라운 사실은 이미 주한미지상군의 철군은 진행사항으로 고려되어 있었다는 점이다. 현재까지 나타난 자료로 볼 때 주한미지상군의 철군과 관련된 공식적 판단절차가 없었던 것으로 보인다. 닉슨-포드 행정부에서 주한미군의 철군을 위해 단계적이고 구체적인 분석과 검토 과정을 통하여 부단히 논리(rationale)와 방안을 제시한 것과는 확연히 비교가 된다.

이러한 추정은 카터 대통령이 취임 후 불과 6일이 지난 시점에서 "PRM 13 Korea"의 연구를 지시하고, 이를 위한 첫 토의에 참석하였던 NSC 및 행정부의 관리들의 기억을 통해서 확인이 되었다. NSC 참모로 회의에 참가했던 글라이스틴(William H. Gleystein Jr.) 前 주한미대사는 당시의 분위기를 전했다. 회의를 시작하려는 순간에 하비브 국무차관의 다급한 전달이 있었는데, 주한미군의 철군에 대한 부분 혹은 전면철군을 막론하고 그 결과를 예측하는 어떠한 내용도 포함시키지

40) PRM/NSC 10, "Comprehensive Net Assessment and Military and Military Force Posture Review," February 18, 1977, The White House, DDRS.

41) PD/NSC 18, "U.S. National Strategy," August 24, 1977, The White House, DNSA.

말고 단순히 대통령이 천명한 철군의 시행방법만 제시하라는 지시를 백악관으로부터 밴스 국무장관이 받았다는 것이다. 회의에 참석한 모든 참모들은 격앙된 분위기 속에서 대통령의 일방적인 지시를 성토하다가 회의를 마쳤다고 한다.[42] 카터 대통령은 1975년 대통령 후보 시절부터 줄곧 주장해 왔던 주한미지상군 철군을 부임과 동시에 대통령으로서의 지시를 통하여 추진하고자 하였다. 그리고 카터의 참모들은 오직 대통령의 명령에 복종할 수밖에 없었다.

카터 행정부는 주한미지상군 완전철군이라는 중요한 안보정책의 결정에 있어서 첫 단계인 안보위협을 매우 정치적이며 직관적인 판단으로 대신하였다. 6월 6일 국방부의 최종안으로서 PRM 10은 현재의 미국의 능력을 지역별로 검토하면서 미국이 채택해야 할 대안전략(AIMS: Alternative Integrated Military Strategies)을 검토하였다. 먼저 미국에 대한 현재와 미래의 위협을 소련으로 상정하면서 유럽에 대한 대안을 분석한 이후 5번째로 한반도와 관련한 분석을 제시하였다.

> 한국은 북한의 기습공격에 대비해야 한다. 미국은 D일에 공군과 해군의 지원을 제공한다. 한국 내 지상군은 최초 자체방호만 실시하다가 D+7일에 완전히 개입한다. 소련과 중국은 오직 북한에 대해 군수지원만 제공할 것이다.
>
> 만약 북한이 전술적 기습을 달성한다면, 최소한 단기간에 그들의 가장 중요한 목표인 서울을 확보할 수 있을 것이다. 그러나, 북한은 한국과의 교전에서 지속적으로 돌파를 실시하지 못할 것이다. 이 평가에 있어서 동북아에서 미국의 군사력을 투사하는 능력은 가장 중요한 요소가 된다. 만약 북한의 예비대가 비무장지대에서 고착된다면, 미국과 한국은 최초 북한의 공격을 서울 북방에서 돈좌시킬 것이다. 미국의 지상, 항공모함에 근거를 둔 전술공군, 그리고 물자 지원은 장기적으로 북한의 능력보다 훨씬 우세하다는 점이 명백할 것이다.[43] (밑줄: 필자)

---

42) 글라이스틴, 황정일 역, 『알려지지 않은 역사』 (서울: 중앙M&B, 1999), pp. 49-50.

43) "PRM 10 Force Posture Study," June 6, 1977, pp. Ⅱ-8-Ⅱ-9, The Secretary of Defense, DDRS.

추가적으로 가상적국의 불확실한 사항으로 소·중의 예상행동과 그들이 북한 병참선을 효과적으로 유지할 능력의 여부에 유의해야 한다고 하였다. 그리고 한국군은 초전 1주일에는 고전을 하나 미국의 지원으로 우세한 해·공군, 물자지원 등과 일본 후방기지의 이점을 갖게 될 것이라고 고려하였다. 그러나 한국이 괄목할 만한 경제성장을 하였지만 아직 미국의 군사지원이 필요하며, 여기에는 미 전술공군, 방공, 해군, 군수지원, 지휘 및 통제, 정보 및 통신지원 등을 필요할 것을 고려하고 있다.

두 번째로 장차 미국의 AIMS를 토의하면서 한국과 대만을 다섯 번째 토의주제로 제기하여 "동아시아에서 미국이 주한미지상군의 철군을 포함한 현재의 전략을 유지하거나 혹은 추가적인 조정을 해야 할 것인가?"에 대한 논의를 전개하고 있다. 이에 대한 주요 내용은 다음과 같다.

> 우선적으로 국제환경은 변화하였다. 중-소 관계가 악화되어, 중국이 대만에 대한 적대의도를 완화시키게 되었으며, 일본은 세계 3위의 경제 및 산업국가가 되었고, 한국은 경제 및 군사적 능력이 발전하여 미국에 대한 의존을 덜 필요로 한다. 이러한 상황의 변화로 미국의 우선적 목표는 중·소의 위협에 대한 봉쇄를 통해서 현재의 안정을 유지하는 것이었다. 소련은 미군의 전개에 대해서는 덜 민감하게 받아들이고, 비록 미국의 해상접근에 대해 유의하고는 있으나, 중국에 대해 특별히 주의하고 있다. 중국은 동아시아에서 미군의 변화에 대해 거의 관심이 없으나, 소련과의 전략에 대한 세계전략에는 유의하고 있다. 중국은 오직 소련에 대해서만 관심을 갖고 있다. 따라서 역설적으로 중국은 아시아보다도 유럽에서의 소련에 대한 대응전략에 관심을 갖고 있다.
>
> 미국이 극동의 초강대국으로서 지역안정을 고려할 때 평시 군사력 개입의 정도와 지역적 이익의 함수관계를 정확하게 알 수는 없으나 다음의 다섯 가지는 고려해야 한다. 전쟁 시 소련의 최초 공격에 대응, 미국의 이익 보호, 지역적 안정 증진, 핵 확산 방지, 그리고 미국의 영향력 확대이다.
>
> 미국은 극동에서 명확한 미 군사력의 존재를 과시하고 동맹국들에게 안보에 대한

약속을 지속해 주어야 한다. 미국의 서태평양 지역에서의 AIMS는 현재에 비하여 감소된 전력의 유지로부터 증강에 이르는 7개의 방안이 가능한데, 베트남전 이후 미국은 극동에서 1971년 한국에서의 미7사단 철수 등 미군전력을 축소시켜 왔다는 경향을 미국이나 가상적국들이 주목해야 한다. 극동에서 추가적인 미군의 감축이나 기지의 축소가 미국의 지역이익에 위험을 주지 않으면서 가능할 것인가? 미군이나 기지의 감축을 시행하면서 일본의 역할 증대를 기대할 수 있다. 일본의 능력에 대해서는 이의를 제기하지 않는다. 전쟁 시 미국의 해·공군 전력 요구를 감소시키는 이 방법이 바람직할 것이며, 최종적으로 허용될 수도 있을 것이다.

동아시아에서 현재의 상황은 미국에게 유리하다. 미국은 동아시아의 위험에 대한 자동개입을 회피하는 도서방위전략으로 전환하고 있으나, 동아시아에서 작전을 수행할 수 있는 능력을 갖고 있다. 소련은 억제(check)되어 있고, 중국은 소련에 대한 적대감 속에서 대만에 대한 공격적 태도는 약화되고 있으며, 일본, 한국, 그리고 대만에서의 핵 확산 동기는 높지 않고, 북한은 한국을 공격하려고 할 때 강력한 미국의 해·공군 능력을 고려해야 하며, 미일 관계는 매우 협조적이고, 아시아의 협조는 상대적으로 높고 북베트남의 확장에 대해서는 적대적이다.[44] (밑줄: 필자)

이 보고서의 대한안보정책에 대한 부분은 7월 8일 부통령, 국방장관, 합참의장, 국무차관, CIA 국장, NSC 보좌관 등이 참석한 정책토의에서 추인되었다. "주한미지상군의 철군을 제외하고 모두가 극동에서 당분간 추가적인 변화가 없는 것으로 동의하였다. 일부는 미국의 적극적인 조치, 즉 전투기의 증파와 지상군과의 연합연습의 확대 등을 통해서 극동의 동맹국들이 미국이 계속적으로 남아있을 것이라는 보장을 줄 수 있을 것이다."[45] 미 행정부는 8월 24일 PD 18에서도 주한미군의 철군을 기정사실화하면서 아시아에서 추가적인 변화는 당분간 없는

---

44) "PRM 10 Force Posture Study," June 6, 1977, pp.29-32, Ⅳ-20-Ⅳ-23. The Secretary of Defense, DDRS.

45) Policy Review Committee Meeting, "PRM 10 Military Strategy and Military Force Posture," July 8, 1977, The White House, DDRS.

것으로 결론을 내렸다. 보고서의전체적인 흐름 속에서 미군의 주둔을 강조하면서 주한미군의 철군이 이미 기정사실화되어 있는 논리적 비약이 눈에 띄게 드러나 있다.

미 행정부는 PRM 10/PD 18의 정책결정 과정에서 철군정책에 대한 위협 판단을 정상적이고 단계적인 협의과정을 거치지 않고 정치적으로 처리했었다. 다음과 같은 사항을 통해서 미 행정부는 정책결정 과정에서 군사적 수준의 판단을 배제하고 객관적인 검토 과정을 생략했다고 생각한다.

먼저 수도 서울에 대한 점령을 한미 동의도 없이 정치적으로 가정하면서 감수하고 있다. 3장에서 논의하였듯이 1970년대 중반의 한미군사전략은 전진방어전략이라는 공세적인 개념으로 전환하였다. 1960년대 이전까지 서울의 포기를 가정하는 축차적인 방어전략을 버리고 수도 서울을 확보하고 서울의 북방에서 북한군을 격멸시키는 개념이었다. PRM 10은 이미 한미 간에 합의된 군사전략의 개념을 일방적으로 무시하는 것이었다.

이에 대해 1977년 9월 워싱톤 포스트지는 "4년 전에 한미 1군단장으로 재직하였던 홀링스워스 장군이 전진방어전략을 발전시켰던 이유는 북한의 의도가 서울을 신속히 확보하고 평화협상을 지연시키는 것"이었음을 소개하면서 PRM10의 문제점을 지적하였다. 그리고 PRM10에 따르면 미국이 없는 한반도의 상황은 절망적인데, 미국은 자동개입을 회피하려 하고, 미국의 개입은 선택의 문제가 됨으로써 한국국민의 기대를 저버리고 있다고 밝히고 있다.[46] 또한 뉴욕 타임스紙는 소련의 재래식 전쟁능력의 검토를 통해서 한반도에서 북한의 기습공격에 따라 수도 서울을 점령당할 수 있다는 가정에 대해 회의의 목소리를 전하면서, 이러한 우려도 카터의 철군정책을 중지시키지 못하고 있다고 지적하였다.[47]

---

46) Rowland Evans and Robert Novak, "PRM 10 and the Korean Pullout," The Washington Post (Sep 7, 1977).

47) Richard Burt, "U.S. Doubts Ability to Defend Europe Inconventional War," New York Times

두 번째로 객관적인 근거가 없이 군사적으로 유리한 상황을 전제로 하고 있다. 북한의 도발 시 북한의 예비대가 서울 북방에서 고착될 수 있고 미군의 전개를 통해 우월한 전력으로 북한의 돌파를 저지할 수 있다고 하였다. 이에 대해 워싱톤 타임스紙는 "미군의 자동개입이 보장되지 않는 상태"에서는 무의미하며, 자동개입이 보장된다고 하더라도 미 지상군 전투병력이 완전히 철군한 상태에서 군사적인 측면에서 D일에 즉각적 반응이 가능한지도 어려운 문제라고 지적했다.[48] 더구나 당시에 그러한 판단에 대해 검토되지 않은 상태였을 것이며, 전쟁이 갖는 우연과 불확실성의 영역에서 그렇게 단순한 가정은 합리적이고 상식적이지 못한 것이다.

세 번째로 미국의 개입을 축소하면서 일본의 능력과 역할의 증대를 막연히 고려하는 우를 범하고 있다는 점이다. 이는 동북아의 기본적인 전략상황에 대한 가정에 대해 문제점을 주고 있다. 이 고려가 타당하려면 일본의 역할 증대에 대한 주변국들의 반응과 영향을 따져 보아야 한다. 미국의 관리들은 소련이나 중국과의 접촉을 통해서 주한미지상군의 철군으로 일본이 군비를 증강함으로써 초래될 동북아 정세의 불안정에 대해 염려하고 있음을 확인하였다. 당시 중국과 소련은 변화가 가져올 불안정을 두려워하며 현상유지를 원하고 있었다. 동북아의 전략적 상황 판단에서 객관성이 없이 정치적 의도에 맞춰서 막연히 목적론적인 논리를 전개하고 있었다.

네 번째로 미국은 동북아에서의 AIMS로서 주한미군의 철수 이외에는 현상유지를 택하면서, 미래의 상황 변화가 미국에 유리하다는 정치적 평가에 의존하고 있다. 보고서 내에는 미국이 동아시아의 위험에 대해 자동개입을 회피하는 도서방위전략으로 전환하겠다고 밝혔다. 미국 스스로가 개입을 하지 않으면서도 아

(1978. 1. 6).

48) 이에 대해서는 다음 항에서 미국의 재전개계획의 검토를 통해서 추가 언급할 것이다.

시아에서 미국을 확고히 지지할 것이라는 판단은 거의 정치적으로 희극의 수준이다. 미 관리들 스스로가 아시아에서의 미국 신뢰가 추락하고 있다는 보고를 빈번히 제기하고 있었기 때문이다.

다섯 번째로 카터 행정부의 정치적 독주는 카터 대통령의 주한미군 철군과 관련한 정보기관의 반대 정보를 무시하고 또한 정보기관 자체에 대한 그의 불신에서 비롯된 것으로 보인다. 미 국방성의 정보장교인 호프만(Fred Hoffman) 대령은 카터의 주한미지상군 철군정책의 결정과 연기 과정을 추적하면서 교훈으로 두 가지를 제시하고 있다. 첫째로는 아무리 최신의, 정확하고, 그리고 기막힌 정보라고 하더라도 정책결정자가 그것을 무시하고자 하면 아무런 가치가 없고, 또 하나는 대통령과 그의 측근, 각 정보기관과의 소통과 신뢰는 매우 중요한 요소임을 강조하였다. 또한 카터 행정부의 철군정책 결정과정에서 정보가 지극히 부분적인 역할을 할 수밖에 없었던 이유로 대통령의 리더십, 개인적 특성, 외부자적인 태도, 정보기관에 대한 내적인 불신 등을 언급하였다.[49)]

그리고 카터 대통령의 이러한 인식과 행태에 대해서는 대통령을 마치고 나서 20여 년이 지난 1999년 전 워싱톤 포스트지 오버도퍼 기자가 카터와 교환한 서신내용을 통해서도 확인된다. 카터는 한국관련 책을 저술하려는 오버도퍼에게 당시의 보고서 누출과 정치적 파장을 회상하면서 "나는 아직까지도 그 보고서에 포함된 사실들이 국방정보국(DIA; Defense Intelligence Agency) 등에 의해 변조된 것이라고 의심해 왔으나, 당시 그것을 확실히 밝혀내는 일은 대통령인 나로서도 할 수 없었다."고 말했다.[50)] CIA에 대한 카터의 불신은 대통령 당선자 시절에 CIA 국장으로서 카터에게 보고를 하였던 조지 부시 전 대통령의 회고에도 나타나고 있다. 카터는 부시의 보고를 매우 집중하여 받는 것 같으면서도 경계심을 보였고, 그의

---

49) Fred Hoffman, "The role of intelligence in president Jimmy Carter's troop withdrawal decisions," Military Intelligence Professional Bulletin, Vol. 28, No. 1 (Jan-March 2002), p. 31.

50) Don Oberdorfer (1997), p. 103.

호쾌한 태도 이면에는 CIA에 대한 혐오감을 갖고 있음을 느꼈다고 부시는 언급하고 있다.[51] 카터 대통령의 이러한 인식은 1979년도 초 미 정보기관의 북한군 전투력의 재평가 결과가 언론에 누출된 후 외부적인 압력으로 인해서 철군정책이 취소되는 상황을 초래했다.

카터 행정부의 독단적 정책 추진은 관료들, 특히 군부지도자들의 지지를 받지 못하였고, 싱글러브 소장의 파문으로 돌출되었다. 5월 19일 워싱톤 포스트지의 존 사(John Saar) 기자는 USFK 참모장 싱글러브 와의 인터뷰 내용을 보도하였다. 문제가 된 싱글러브의 발언은 "카터 행정부에서 만약 예정대로 주한미지상군을 철군하게 되면 전쟁이 일어날 것이다."는 내용이었다. 당시는 미국의 하비브 국무차관과 조지 브라운 합참의장이 한국과의 철군 협조를 위해 5월 24일 방한을 앞둔 며칠 전이었다.[52]

싱글러브 장군의 발언은 일파만파가 되어 한국은 물론, 미국을 발칵 뒤집어 놓았다.[53] 카터 대통령은 싱글러브 소장을 소환하였고, 의회는 청문회를 개최하였다. 북한의 위협과 관련하여 존 사 기자는 어느 장교의 철군정책에 대한 "군사적이고 전략적인 논리(logic)가 없다."는 주장을 게재했고, 싱글러브 소장은 의회에서 "왜 주한미군이 철군해야 하는지에 대한 논리(rationale)와 이유(reasons)를 들어보지 못했다."고 항변했다.[54] 또한 싱글러브 소장은 미 행정부가 USFK로 철군에 대해 단 한 번도 의견을 요구하지 않았다고 증언하였다. 미 행정부는 절차상 군사지도자들의 의견과 폭넓은 지지는 안중에도 없었음을 알 수 있다.

---

51) Christopher Andrew, For the President's Eyes Only (New York: Haper Collins Publisher, Inc., 1995), pp. 425-426

52) John Saar, "U.S. General: Korea Pullout Risks War," Washington Post (1977. 5. 19).

53) 싱글러브 소장의 발언에 대해서는 충직한 군인으로서 소신을 밝혔다는 긍정적 격려와 문민통제의 규칙을 어겼다는 비난의 양극단의 평가가 제기되었다. John W. Finny, "The Nations/Continued," The New York Times (1977. 5. 29).

54) Bernard Weinraub, "Quested General Says Most U.S. Officials in Korea Fear Removal of Ground Troops Will Lead to War," The New York Times (1977. 5. 26).

이러한 제반 분석과 카터 대통령의 술회를 통해서 행정부의 철군정책은 위협의 판단에 있어서 군사적 고려를 배제하고 직관적이며 정치적으로 독주하였음을 쉽게 알 수 있다. 한반도에 대한 인식에서 평행선을 그렸던 박-카터 대통령의 의견 차이를 가져온 배경에는 바로 이런 위협에 대한 인식의 공유가 없었기 때문이다. 이러한 카터의 정보에 대한 무시와 정보기관에 대한 불신은 군부의 광범위한 저항을 불러일으키면서, 오히려 양국의 군부지도자들에게 억제에 대한 위기감을 자극하였다.

카터 행정부는 한반도 안보위협에 대해 정치적으로 낙관적인 위협인식을 견지하고 철군 정책을 추진하였다. 이러한 인식은 정치적 안보파트너십을 약화시키면서, 반대로 군사적 안보파트너십을 공고히 하게 만들었다.

3. 손실의 감수

카터 행정부의 대한반도 안보정책의 변화로 인하여 미국이 한국에 대한 개입을 회피함에 따라서 양국은 손실의 감수에 있어서 입장의 변화를 보였다. 미국은 공식문서에서 이러한 회피의도를 밝히고 있고, 한국은 이에 따라 자율성의 회복 움직임을 보이면서 핵 개발 논란을 불러 일으켰고, 아울러 작전통제권의 공동행사를 요구하게 되었다.

가. 미 행정부의 개입의 회피와 혼란

카터 행정부는 집권 후 한반도에 대한 개입을 회피하고자 하였으나, 국내외적인 저항과 반발로 회피와 개입의 사이에서 혼란을 겪었다.

한미 안보동맹의 기본적 전제는 미국이 한국에 계속 개입하면서 안보지원의 부담을 감수하는 것이다. 그러나 카터 행정부의 등장은 이러한 전제조건에 대한 의문을 불러일으켰다. 카터 행정부는 남북한 군사력 균형에 있어서 한국의 경제

발전과 급격한 군사력의 발전, 한·일 협조와 미국의 해·공군과 군수지원 등의 적절한 지원으로 북한의 남침을 저지할 수 있다는 판단 하에 철군정책을 추진하였다.[55] 한국은 수년 전에 미국이 베트남으로부터 이탈하는 모습을 보았다. 미국은 보완조치의 강구와 미 공군 및 군수지원 등을 통하여 한국에 대한 확고한 안보개입을 강조하였으나, 한국은 미국의 한반도에 대한 개입에 대해서 의혹을 갖게 되었다.

한국이 미국의 개입 의지를 신뢰하는 기준은 물리적으로 현존하는 주한미군 전투력의 지속적 주둔과 이것이 주는 상징적, 심리적, 그리고 경제적 의미 등이었다. 미국이 개입 의지에 대한 평가는 당사자인 한국뿐만 아니라 대상국인 미국을 포함하여 주변국인 일본이나 아시아 국가들도 직간접적으로 참여하게 된다. 카터 행정부의 안보 개입 공약의 실체는 어떠하였는가? 한국과 주변국들은 과연 이를 신뢰하였는가?

〈표 5-2〉 카터행정부 집권초기 한반도 개입에 대한 태도

시 기	행정부의 입장	주요 내용
집권 이전~'77년 중반	자동개입 회피	'77. 6. 6, PRM 10 군사전략과 태세
'77년 중반~'78년도	개입의 혼란	철군 보완조치의 추진
'79년도 이후	개입으로 복귀	'79. 1. 22, PRM 45 미국의 대한반도 정책

〈표 5-2〉는 카터 행정부의 대한반도 개입에 대한 입장의 변화를 정리한 것이다. 카터 행정부는 집권 초기 한반도 정책을 통하여 자동개입을 회피하고자 하였으나, 철군정책의 추진 과정에서 대내외적인 반대에 부딪치고, 보완조치를 추진하는 과정에서 미국의 전략적 이익에 대한 혼란, 아시아에서의 미국의 위신과 영향력의 추락 등을 확인하면서 내부적으로 혼란을 겪었다. 그리고 1979년 초를

55) "Korea," April 21, 1977, Policy Review Committee Meeting, DDRS.

전후하여 철군정책에 대한 지속적인 반대, 그리고 북한 군사력의 재평가 등 제반 상황으로 카터 대통령이나 행정부 내 집권세력은 자발적이라기보다는 주변 환경의 변화와 압력에 의해 다시 이전의 개입상태로 전환하게 된 것으로 보인다.

카터 대통령은 집권 전후 기간에 철군정책을 통해 자동개입을 회피하고자 하는 태도를 가졌고, 이러한 의도는 내부 정책검토 보고서에도 드러났다. 사실 카터 대통령 후보 시절의 주한미군 철군 공약은 크게 주목받지 못하였다. 선거기간 중에는 카터 후보가 당선될 것으로 생각하지 않아서였고, 당선된 이후에도 일방적으로 카터 대통령이 한반도 안보정책을 바꿀 수 있을 것이라고는 생각하지 않았다.[56)]

카터 대통령 당선자는 1976년 12월 21일 기자회견에서 "한일 양국이 협의 후 서서히, 질서 있게, 그리고 조심스럽게 철군을 진행하겠다."고 발표하였다.[57)] 취임 1주일이 채 지나기도 전에, 일부 측근을 제외하고 행정부나 의회, 그리고 군부 등과 사전 토의와 협의과정도 없었다. 관료들에게도 쇼크였다. 더구나 동맹국 한국이나 일본 등과도 사전에 정치적 협의는 없었다. 한국은 미국의 고립적 행태로의 회귀라는 익숙한 전철을 또 다시 겪어야만 하였다. 이로 인하여 한국, 일본 그리고 아시아 국가들은 미국의 아시아에 대한 개입과 방위공약의 진실성을 의심하게 되었다.

2월 16일 카터 대통령은 박 대통령에게 서신을 통해서 철군계획을 통보하였고, 2월 26일 박 대통령은 불만스러운 회신을 보내면서 팽팽한 의견의 대립이 시작되었다. 박 대통령은 한국군 증강 지원에 대한 감사를 표하면서도 한국의 인권 유보와 철군에 대한 반대 의견을 명확히 밝혔다.[58)] 카터 대통령은 박 대통령의 편

---

56) Chae-Jin Lee (2006), p. 82.

57) "주한미군 철군문제(1977.4.12),"「주한미군 철수(감축): 미국 의회에서의 논의, 1977, 전3권, V-1, 1-5월」, MF,롤번호 2007-26,파일번호12 (프레임번호 1-166), 외교사료관.

58) "Carter 대통령의 주한미군의 점진적 철수에 관한 박정희 대통령 앞 친서 및 박정희 대통령의 회신

지를 본 후 3월 5일 브레진스키 보좌관과 밴스 국무장관에게 메모를 보내며 9일 박동진 외무장관과의 면담 시 자신의 확고한 철군 의지를 전하도록 밝혔다.[59] 카터가 철수(withdraw)라는 단어를 사용한 반면에 박 대통령은 감축(reduction)이라는 단어를 사용함으로써 두 대통령은 의지의 차이를 드러내 보였다. 한국은 이를 개입 의지의 약화로 받아들였다. 박 대통령은 스나이더 대사로부터 미국의 대한방위 공약에 대한 준수를 약속받았으나 박 대통령은 외교적 수사로 들었을 것이다.

카터 행정부가 집권 후 몬데일(Walter F. Mondale) 부통령은 일본을 방문하여 후쿠다 수상과 회담하면서 미국의 한반도에 대한 개입축소 의지를 간접적으로 시사했다. 한반도 철군과 관련하여 부통령은 "우리가 베트남전 경험으로 어렵게 얻은 교훈은 미국이 방어책임을 과도하게 맡는다고 하여 반드시 그 국가를 효과적으로 보호할 수 없다는 사실이다."[60]고 하였다. 카터 행정부의 대한반도 정책에서 베트남전의 개입으로 인한 우를 되풀이하지 않아야 한다는 바람을 읽을 수 있는 부분이다.

나아가 3월 9일 카터는 뉴욕 타임스紙와의 기자회견을 통해서 공식적으로 주한미지상군의 철군정책을 밝히고 동시에 인권의 개선을 언급하고 한반도에 대한 지속적인 개입을 강조했다. 그는 자신의 철군 계획은 변함이 없고, 한국, 일본과의 충분한 협의를 통해서 실시하겠다고 하였다. 그리고 백악관 대변인은 대통령이 국무장관에게 한반도의 인권에 대한 관심을 촉구하였고, 또한 철군이 주의 깊

(1977. 2. 15, 26),"「주한미군 철수(감축): 한.미국(행정부) 간 협의, 1977, 전 7권, V-1, 1-4월」, MF, 롤 번호 2007-27, 파일번호 6 (프레임번호 1-292), 외교사료관.

59) 메모의 내용은 다음과 같다; 나는 다음 주 한국 외무장관(박동진)을 만나는데, 박은 반드시 알아야 한다. A. 미군은 철수한다. 공군은 남는다. B. 한미관계는 의회와 국민의 여론에 의해 결정된다. 의회와 여론은 낮은 수준에 있다. C. 현재의 군사지원과 나의 인권에 덯나 침묵은 만약 박이 자발적으로 일부 죄수들의 석방에서 개방적 변화를 하지 않으면 잠정적 조치가 될 것이다. Memorandum for the President from Zbigniew Brzezinski, "President Park's Reply to Your Letter of February 15," March 5, 1977, The White House, Carter Library.

60) Memorandum of Conversation, "Vice President Mondale-Prime Minister Fukuda Conversation II," February 1, 1977, DoS, DDRS.

게 이뤄져 한반도의 군사력 균형과 불안정을 초래하지 않도록 할 것을 당부하였다고 추가하였다.[61] 카터 대통령의 철군에 상응한 보완조치를 강구함으로써 한반도 균형과 안정을 지속시킬 수 있다는 주장에 대해 한국은 물론 대내외적으로 공감을 얻지 못하였다.

NSC의 논의 과정에서 1977년 4월 26일 아마코스트의 보고서를 통해서 행정부의 의지가 자동개입의 회피였음을 엿볼 수 있게 해 준다.

> 우리는 철군를 하면서 다양한 목적의 달성을 고려해야 한다. 기본목적은 효과적인 억제를 유지하면서도 우리가 개입으로 인한 비용과 위험(the costs and risks of our involvement)을 줄이는 것"(밑줄: 필자)이다: (1) 일본과의 관계를 효과적으로 유지, (2) 중국에게 미국이 세계강대국임을 인식, (3) 한국정부가 우리의 핵확산 방지정책에 어긋나는 독립적인 군사옵션을 채택하는 방향으로 전환되지 않도록 회피,(밑줄: 필자) (4) 북한을 한반도에서 안정을 유지하도록 유도, (5) 한국에서 인권의 신장.
>
> 실질적 문제는 군사력의 지역적 균형이 아니다. 우리는 새로운 갈등이 없이 4년 내에 병력을 철군할 수 있다. 내 생각에 우리는 북한을 과도하게, 한국을 과소하게 평가하는 것 같다. 북한은 한국군 능력, 중·소 지원의 의심, 일본의 한반도 개입에 대한 공포, 그리고 전쟁 시 북한 산업시설을 인질로 만들 염려 등의 이유로 군사적으로 자제할 것이다.
>
> 가장 심각한 문제는 철군이 동북아지역의 전략적 위치에 미치는 영향이다. 우리는 여전히 무조건적인 철군을 납득시키는 믿음이 가는 논리를 개발해야 한다. 많은 아시아인들은 대통령의 철군이 국내정치적 고려 혹은 박 대통령과의 문제로 생각하는 것 같고, …… 이러한 인식은 차례로 일본, 중국, 그리고 다른 국가들에게도 형성될 것이다.
>
> 박 대통령은 4년 철군안을 받아들일 것이다. 선택권이 없다. 한국은 복원력이 있다. 경제적 생동력과 군사적 잠재력을 갖고 있다. 그러나 무조건적인 철군은 -- 북한의 상당한 변화가 없는 미 지상군의 개입 이탈 -- 대한정책의 중요한 두 가지 분야, 인권과

---

61) Richard Halloran, "Carter Sees Pullout From Korea By 1982," New York Times (1977. 3. 10).

핵 개발,에서 우리의 재량권을 약화시킬 것이다. 박 대통령이 우리가 개입하지 않는다는 두려움을 크게 느낄수록, "독자적으로 나가라"는 민족주의적인 주장을 제공해 주는 동기는 커질 것이다. 4년간의 무조건적인 철군 정책은, 게다가,(미공개)-- (생략)."[62]

아마코스트는 철군에 대한 낙관적 입장을 밝히면서도, 인권, 철군, 미국에 대한 신뢰와 영향력, 그리고 미공개 부분 -추측하기에 한국의 핵개발 선택 예상- 등 복잡한 관계들 속에서 미국의 전략적 국가이익을 최대한 유지하면서도 효과적으로 개입하지 않는 방안을 구상하는데 고심하고 있었다. 미국이 개입하지 않는 것에 대한 한국의 두려움과 독자적인 노선 추구의 가능성을 깊이 경계하고 있다.

그러나 카터 행정부는 장차 한반도에 대한 자동개입을 회피하겠다는 의지를 앞에서 밝혔듯이 6월 6일 국방부에서 보고한 PRM 10에서 미래 동아시아의 전략 방향에 대해 "미국은 동아시아 지역의 위험에 따른 자동개입을 회피하는 도서방위전략으로 전환하고 있으나, 미국은 아시아에서 항상 작전을 수행할 수 있는 능력을 갖고 있다."고 언급하고 있다.

자동개입을 의미하는 인계철선의 개념에 대해 전략적, 작전적, 그리고 전술적 수준으로 구분하였다. 이미 1971년 미 7사단의 철수와 동시에 미 2사단이 후방으로 철수하면서 주한미군은 전술적 인계철선에서 작전적 인계철선의 수준으로 전환된 것으로 보았다. 카터 행정부는 한반도에서 지상전투부대를 철군시킴으로써 작전적 수준의 인계철선도 회피하겠다는 의도를 보인 것이다. 당시 미군은 JSA 내에 1개 중대가 전술적 인계철선 지역에 배치되어 있었으나, 대부분의 미군은 후방인 의정부 이남 지역에 주둔하고 있는 상태였다. 카터 행정부는 지상군을 철수시킨 이후 유사시에는 전략적 판단을 통해 미 해·공군, 필요하다면 지상군을 투입함으로써 베트남전의 우를 반복하지 않겠다는 의도였을 것이다. 그러나 JSA

62) Memorandum For Zbigniew Brzezinski From Mike Armacost, "NSC Meeting on Korea," April 26, 1977, NSC, DDRS.

중대를 어떻게 할 것인가에 대한 정치적 검토는 없었다. 이에 대해서는 다음 항에서 언급하고자 한다.

카터 행정부의 집권 초기 자동개입 회피 의도는 1977년 후반기와 1978년을 거치면서 개입과 회피의 사이에서 혼란을 보인 것으로 보인다. 철군정책은 대내외적으로 광범위한 저항에 직면하였다. 미 행정부는 철군을 추진하면서 보완조치를 취하는 모순적인 게임에 몰두하였다. 특히 미국은 미지상군 철군이 한국은 물론, 일본이나 아시아에서의 미국의 전략적 국가이익을 해친다는 사실을 확인하게 되었다. 이러한 전략적 이익이란 한반도뿐만 아니라, 일본이나 아시아 전체에 대한 미국의 확고한 개입이 갖는 심리적, 상징적, 그리고 경제적 가치 등을 갖는 것이다.

NSC의 아마코스트는 1977년 6월 8일 동남아 출장을 통해 주한미군의 철수에 대한 아시아의 악화된 여론을 카터에게 보고하였다. 아시아 국가들은 미국이 국내정치적 이유로 주한미군 철군과 인권정책을 결정하면서 아시아에서 이탈하려 한다며 놀라움과 두려움을 느끼고 있다는 것이다. 그는 아시아 국가들의 주한미군 철군에 대한 지대한 관심에 놀랐다면서, 미국이 이러한 우려에서 벗어난 것으로 생각했는데 자신이 틀렸다고 인정했다. 심지어 싱가포르의 정보화장관은 많은 나라들이 한국이 파리협정의 형태로 가는 것으로 우려하고 있다고 하면서, "한국에게 도움을 주고, 골치 아픈 문제에서 벗어나라"고 조언했다고 한다. 아마코스트는 7월 SCM을 통해서 미국이 한국에 지속적으로 개입할 것이라는 점을 알려야 한다고 강조하였다.[63] 아시아 국가들이 미국이 아시아에서 이탈한다고 인식하게 됨에 따라 미국의 개입 의도를 확고히 해야 함을 재인식하게 된 것이다.

주미한국대사관은 1977년 7월 21일 미 의회관계자로부터 입수한 전날 백악

63) Memorandum For Zbigniew Brzezinski From Mike Armacost, "My Trip to Asia," June 8, 1977, NSC, DDRS; Memorandum For the President From Zbigniew Brzezinski, "NSC Weekly Report #16," June 10, 1977, The White House, DDRS

관 회의 내용을 보고하였다. 카터 대통령은 잠시 참석하고 나갔으나, 국무, 국방, 안보보좌관, 그리고 상하원의 저명한 의원 등 30여 명이 참석한 회의에서 발언한 의원은 예외 없이 철군을 반대하였다고 한다. 의원들의 반대 논리는 북한의 남침을 유발하며, 국무장관의 미국은 계속 태평양에 남을 것이라는 발언에 대해 주한미지상군 철수, 필리핀 기지 폐쇄, 대만과의 미·중 정상화로 관계 악화, 인도양에서의 후퇴 분위기 등과 앞뒤가 맞지 않으며, 중·소를 통해 북한을 억제토록 한다는 논리에 대해 공산국가는 믿을 수 없다고 하였다. 더구나 프레이저 의원은 한국의 민주주의를 먼저 회복해야 한다는 주장을 펼쳤는데 결국 이 주장도 철수 반대논리가 되어 버렸다는 것이다. 의회는 행정부가 요청한 보완조치를 승인하지 않을 것이라는 것이 일반적인 분위기였다고 전했다. 그리고 의회관계자는 7월 SCM에서 한측은 보완조치의 선행을 강력히 주장해야 할 것이라고 김석주 참사관에게 조언했다고 한다.[64] 미국이 태평양 지역에서 강력한 영향력을 행사하려고 한다면서도 후퇴하려고 한다는 것에 대하여 의원들은 지속적인 개입의 필요성과 전략적 국가이익의 침해를 지적하였던 것이다. 미 행정부는 철군을 합리화하고자 개입과 회피의 모순적 게임을 하고 있었다.

미국은 주변국에게도 미국의 확고한 개입 의지를 밝히고자 하였으나 주변국의 반응은 시원치 않았다. 1977년 7월 중국외교부부장 왕은 주한미군이 철군하면 "전쟁이 일어날 것이다."고 말하며, 중국의 공식적 견해는 아니나 중국은 미국의 행동이 한반도 상황을 불안정하게 하는 것을 염려한다고 북경주재 호주대사가 전언하였다.[65] 9월 밴스 국무장관의 중국 방문에서 중국은 아시아 문제에 대해 부차적인 관심에 머물러 주로 듣는 입장이었다. 토의에 참석한 한 교수는 중국은

64) "외무부 전문(발신 주미대사 대리, 수신 외무장관, 1977.7.22)," MF, 롤번호 2007-26, 파일번호 13 (프레임번호 1-284), 외교사료관.

65) Memorandum, July 20, 1977, The White House, Carter Library (NLC-1-3-2-42-9).

근본적으로 현상유지를 원하고 있다고 분석했다.[66] 이에 대해 일본은 매우 부정적이었다. 2월 먼데일 부통령을 만난 후쿠다 수상은 미국이 남북한 간의 평형자 역할을 수행하고 한국의 인권문제와 안보문제를 결부시키는 것을 반대하는 의견을 피력하였고,[67] 먼데일은 이를 카터 대통령에게 전언하였다.[68] 1977년 9월 아마코스트가 일본을 방문하였을 때 접촉한 일본의 외교 및 군사관리들은 철군에 대해 불만을 나타냈다고 하였다.[69]

미 국방부는 카터에게 1977년도 9월 주한미지상군 철군 보완 관련 법안 통과 계획을 보고하였고, 이후 의회와 법안 처리를 위한 줄다리기에 들어갔다. 카터 행정부는 개입을 회피하려 했으나, 이를 위해 개입을 표방하며 개입을 보완하는 조치에 매진하였다. 그러나 법안 처리는 박동선의 의회증언 문제 등으로 연말을 넘기게 되었다. 실제 미 의회에서는 파나마 운하건 등 산적한 과제로 주한미지상군 철군의 처리가 어려운 입장이었다. 여야 의원들이 모두 코리아게이트로 한국을 탐탁하지 않게 생각하고 있는데 지역구의 여론을 고려하지 않고 안보지원법안에 찬성할 수는 없었다.

스칼라피노(Robert A. Scalapino) 교수는 1977년 11월 "한국, 아시아 그리고 미국"이라는 주제를 가지고, 카터 행정부가 아시아 정책을 세계전략에서 4~5번째의 서열로 경시하는 것은 오류이며, 미국은 경제적으로 아시아를 중시해야 하고, 철수전략, 연합전략, 세력균형 전략 등 3대 전략의 배합으로 아시아 정책의 바탕을 다져야 한다고 하였다. 그리고 한국의 반미감정과 미국에 대한 불신이 팽배해 있음

66) "밴스, 중공 방문과 한국 안보(1977. 9. 1)," 「Vance, Cyrus 미국 국무장관 중국(구 중공) 방문, 1977. 8. 22-26」, MF, 롤번호 2007-9, 파일번호 4 (프레임번호 1-243), 외교사료관.

67) Memorandum of Conversation, "Vice President Mondale-Prime Minister Fukuda Conversation II," February 1, 1977, DoD, DDRS.

68) "National Security Council Meeting," April 27, 1977, NSC, DDRS.

69) Memorandum For Zbigniew Brzezinski From Mike Armacost, "Report on my Trip to Korea and Japan," September 8, 1977, NSC, DDRS.

을 지적하였다.[70] 스칼라피노 교수의 아시아 3대 전략은 당시 미 행정부가 자초한 개입 회피와 개입이라는 모순적인 상황을 정확히 대변하여 주는 것으로 보인다.

스나이더는 1978년 7월 주한미대사를 마치고 복귀하면서 아시아를 둘러보고 아시아가 미국을 어떻게 생각하고 무엇을 바라는지, 그리고 미국이 한국과 아시아로부터의 이탈에 대한 아시아의 우려를 국무부와 백악관에 보고하였다. 미국은 적은 규모로 동아시아에 개입하고 있으나 아시아의 신뢰는 경제적 분야뿐만 아니라 심리적, 상징적 형태로 존재하기를 바라는 것이며, 최근 1년 동안에 미국이 동아시아로부터 이탈하는 것에 대해 비공산아시아 국가들은 위험하게 생각하고 있으며, 신뢰할 수 있는 미국의 정책을 바라고, 한국이 바로 미국의 안보 개입의 시금석으로서 한국으로부터의 철군은 세심하게 분석이 요망된다는 내용이었다.[71]

미 행정부는 철군정책에 대한 부정적 반응에 대하여 철군이 곧 개입을 회피하려는 것이 아님을 명확히 주지하고자 하였고, 이러한 환경은 1977년 7월의 SCM 협상에서 한국에게 우호적으로 작용하게 하였다. 1977년 후반기부터 1978년에 이르는 기간에 미 행정부는 주한미지상군 철군 조치에 대한 보완조치 법안의 통과를 위해 동분서주하면서 한반도에 대한 개입을 확고히 과시하고자 하였다. SCM에서는 한국이 요구하는 보완조치에 대한 적극적인 지원을 통해서 미국의 지속적인 개입 의지를 천명하여야 하였다. 한미 간의 군사적 유대관계는 이로 인해 공고하게 유지될 수 있었다.

아시아에 대한 미 행정부의 개입과 회피 사이의 방황은 1978년 4월 NSC의 자체 보고서에도 나타나고 있다. NSC는 미국의 아시아에 대한 개입의 약화를 지적

---

70) "외무부전문(발신상항총영사, 수신외무장관, 1977.11.17)," 「주한미군 철수(감축): 미국 의회에서의논의,1977,전3권」, MF, 롤번호2007-26, 파일번호14(프레임번호 1-216), 외교사료관.

71) Memorandum To EA-Mr. Holbrooke From Ambassador Sneider, "Empression on East Asia," July 27, 1978, DoD, DDRS.

하면서 정치, 경제, 군사적 개입을 확대할 것을 강조하고 있다. 미국은 일본과 협조하여 경제적 문제를 해결하고, 동맹국들과 정치적 활력을 강화하는 등 한국, 중국과의 협조를 강화할 것을 주장하였다.[72)]

미 행정부는 1979년 초를 전후하여 반자발적으로 다시 개입으로 회귀한 것으로 본다. 1월 아미 타임스紙의 북한군 전투력 재평가 보고가 공개되면서 백악관은 철군정책을 재검토하는 PRM 45의 연구에 착수하였다. 글라이스틴 前 대사는 자신으로서도 카터 대통령의 철군 의도가 무엇이었는지 알 수가 없다고 회고했다. 국민들과 의회가 미국의 아시아에 대한 군사적 개입을 감소하는 노력을 지지할 것으로 생각한 것으로 추정하고 있었다.[73)] 1977년도 중반까지도 미국 내의 여론조사에서는 그러한 결과를 보여주었다. 그러나 이후 미국 국민들과 의회의 생각은 바뀌고 있었다.[74)] 미 행정부는 다시 개입으로 돌아갈 수밖에 없었다. 글라이스틴 대사는 철군정책은 심각한 손상을 끼치기 전 포기됐고 미국 정치제도의 안전밸브는 그 성능을 유감없이 발휘했다고 회고하였다.[75)] 미국 정치제도의 안전밸브는 한미 안보파트너십을 강화시켜주는 안전밸브로서의 역할도 같이 하였다.

카터 행정부는 집권 초기 한반도 개입을 회피함으로써 도서방위전략으로 전환하는 것이 미국의 국익에 부합된 것으로 인식한 것으로 보인다. 그러나 개입의 회피로 인해 미국이 감수할 손실이 개입보다 더 클 것이라는 국내외적인 저항과 반발로 다시 개입으로 복귀하게 된 것으로 보인다. 이러한 과정에서 양국의 안보파

---

72) Memorandum For the President from Zbigniew Brzezinski, "NBC Weekly Report #56," April 28, 1978, The White House, Carter Library.

73) 글라이스틴 (1999), p. 58.

74) 1975. 4 베트남 패망시 북한 남침시의 미군 참전에 대한 미국민의 해리스 여론조사는 찬성 14%, 반대 65%였다. Don Oberdorfer(1997), p. 87; 1977~79까지의 주한미지상군 철수 여론은, 1977년 7월 갤럽 조사에서는 민주당 성향 국민들은 30%가 철수를 반대했으나, 공화당 성향 국민들은 32%가 지지했다. 그러나 1978년 9월, 1979년 9월의 갤럽과 포토맥의 공동 여론조사에서는 각각 34%, 33%만이 완전철군/감군을 지지하였다. 정성철, 「카터행정부의 주한미지상군 철수정책: 관료정치를 통해 본 정책의 지속과 중지」, 서울대학교 외교학과 석사학위 논문, 2005.

75) 글라이스틴 (1999), p. 59.

트너십은 이견을 나타낼 수밖에 없었다.

나. 한국의 핵무장 논란과 작전통제권의 공동행사

한국은 미국의 개입 의지를 의심함에 따라 양국의 비대칭성 관계를 재인식하고 국가자율성을 회복하려는 움직임을 보였다. 이는 포드 행정부에 이어 한국의 핵 무장에 대한 논란과 작전통제권의 행사에 한국이 참여하는 것으로 나타났다. 전자는 갈등을 통해서 불식되었으나, 작전통제권의 참여는 이후 연합군사령부의 창설로 제도화되었다.

한국이 미국에 의존하는 자산은 핵우산과 재래식 군사력이다. 미 군사력 개입과 비대칭성은 밀접한 관계를 갖기에 미 핵무기 철수는 닉슨-포드 행정부에 이어 한국의 핵 선택 논란으로, 지상군 철수는 작전통제권의 조정으로 나타났다. 먼저 한국의 핵무장 선택에 대한 재논란이다. 카터 행정부는 출범 이후 한국 내 지상군과 함께 모든 핵무기를 철수하겠다고 하였다. 1976년 말 맨스필드(Mike Mansfield) 前 의원은 한국 내 핵무기의 철수를 요청했다.[76] 카터대통령은 1월 26일 브레진스키 보좌관을 통해서 브라운 장관에게 "언론 발표 없이, 한반도에서 핵무기가 제거되기를 바라며, 계획을 보고토록 하라."고 지시했다.[77]

미국은 지상군 철군에 따라 한국이 포드 행정부에서와 같이 핵무장을 고려할 것을 의심하게 되었다. 1977년 4월 26일 NSC의 아마코스트는 미국은 한국이 핵개발이라는 독자적 행동으로 전환할 가능성을 지적하였다. 또한 4월 27일 카터 대통령 주관 회의에서 군비통제국의 완케(Paul C. Wanke)는 미군 철수로 인한 한국의 핵무장과 군비경쟁의 위험을 지적하였다.[78] 미국은 핵무기 철거와 관련하여 시

---

76) "MANSFIELD ASKS REMOVAL OF ATOM ARMS IN KOREA," The New York Times (December 14, 1976).

77) Memorandum Of Conversation, "Secure Telephone Conversation with Secretary Harold Brown on Wednesday," January 26, 1977, The White House, DDRS.

78) "National Security Council Meeting," April 27, 1977, NSC, DDRS.

종일관 언급을 회피하고자 하였다. 4월 12일 한국 외무부의 문건에 의하면 미국은 핵무기를 철거할 것이며 이에 대해서는 협의를 회피하고 있다고 언급하고 있고, 외무부의 대미 교섭목표를 핵무기를 잔존시키는 것으로 기록하고 있다.[79] 미국은 의회 증언이나 토의 시 한반도 핵문제 토의를 비공개로 진행하면서 공표를 하지 않았고, 한국 측의 질문에는 언급을 회피하였다.

박 대통령은 5월 하비브 차관보와 브라운 합참의장과의 철군 협상 과정에서 별도로 회담을 갖으며 미 핵무기 철수에 대한 입장을 밝혔다. 박 대통령은 핵무기 철수가 한국국민과 북한에 미치는 심리적 영향을 고려하여 재검토하고 '일부는' 남겨 놓을 것을 요청하였다.[80]

한미 언론은 주한미군 철수로 한국이 핵무장을 선택할 것이라는 의구심을 부단히 제기하였다. 싱글러브 파동의 와중에서 워싱톤 포스트誌는 미국이 한국과의 운명을 끊으려하면 할수록 서울은 인권에 대한 미국의 충고에 귀 기울이지 않을 것이라고 하였다. 박 대통령의 측근은 "워싱톤이 전술핵무기와 지상군의 철군을 결정한다면 핵개발을 하겠다. 원칙적으로 우리는 생존을 위해서 …… 자유를 갖고 있고, 핵무기는 그러한 기준에서 고려하고 있다."고 전했다. 카터 행정부는 핵확산을 방지하려 하나 한국은 그 방향으로 갈 것이다. 핵무기의 가치를 인식시켜 준 나라는 미국이다. 그리고 지상군이 철수하면 위기 시 미국의 개입을 보장할 수 있는 한 요소를 철수하겠다는 것도 미국이다. 철군은 주의 깊게 이뤄져야 하고 미국의 다른 중요한 이익들을 해치지 않아야 한다. 단순한 철군은 한반도에서 상황을 복잡하게 만드는 빈약한 지침이 될 뿐이다."고 언급했다.[81]

---

79) "주한미군 감축 문제(1977. 4. 12),"「주한미군 철수(감축) : 미국 의회에서의 논의, 1977, 전 3권」, MF, 롤번호 2007-26, 파일번호 12 (프레임번호 1-166), 외교사료관.

80) Memorandum,May26,1977, The White House, The Carter Library(NLC-1-2-7-31-7).

81) Edward Walsh and George C. Wilson, "President Defends His Korea Policy," The Washington Post (May 27, 1977); "The Risks of Korean Withdrawal," *The Washington Post* (May 30, 1977).

뉴욕 타임스紙는 1977년 7월 1일 박동진 외무장관이 공식적으로 6월 30일 국회에서 한국이 핵확산 금지조약에 가입해 있으나 안보가 위태롭다는 "독립적인" 판단에 따라 핵무기를 개발할 수 있다고 연설했다고 보도하였다.[82] 7월 8일 주미한국대사관 참사관이 국무성 신임 한국담당관 롬버그(Alan Romberg)를 만난 자리에서 한미관계의 가장 큰 요소는 안보, 인권이 아니고 한국의 핵무기 개발이라고 비상한 관심을 전하였다.[83] 또한 7월 17일 주한미대사관에서 국무부로 보낸 전문에 주한미군 철수로 인해 핵무장 논의가 활발히 개진되고 있음을 주목하고 있다.[84] 7월 25일 영국 이코노미스트지도 미 핵무기를 철수하면 한국은 핵무장을 할 것이라는 논의가 터너 CIA 국장, 미 예산국 등 한미 양국 내에서 제기되고 있다고 소개하고 있다.[85] 스틸웰 前주한미군사령관은 북한의 한반도 긴장을 완화시키는 양보가 없는 상태에서 철군하는 것은 위험하다고 지적하면서, 한반도에서 핵개발 등을 포함한 군비경쟁의 가능성을 경고하였다.[86]

미국의 핵무기 철수에 대해 한미 정상이 간접적으로 의견을 교환한 자료는 1977년 7월 10차 SCM에서 박 대통령과 브라운 국방장관과의 비공개 회담에서였다. 박 대통령은 미국의 핵무기 철수 결정을 비난하고 핵무기 개발을 다시 검토할 수 있음을 언급하였고, 브라운 장관은 카터에게 이를 서면보고 하였다. 이에 대해 카터 대통령은 만약 한국이 핵무기 개발을 시작하면 모든 원조와 핵연료를

82) "Official Hints South Korea Might Build Atom Bomb," The New York Times (July 1, 1977).

83) 외무부 전문(발신 주미대사, 수신 외무장관, 1977. 7. 8), 「미국 Carter 신정부 수립에 따른 한·미국 관계, 1977」, MF, 롤번호 2007-7, 파일번호 22 (프레임번호 1-126), 외교사료관.

84) From Amembassy Seoul To SECSTATE, "KOREANS INTENSIFY DISCUSSION OF NUCLEAR OPTION," (July 17, 1977), Digital National Security Archive.

85) 외무부 전문(발신 주영대사, 수신 외무장관, 1977.7.22), 「북한·미국 관계, 1977」, MF, 롤번호 2007-23, 파일번호 16(프레임번호 1-201), 외교사료관.

86) Associated Press, "Gen. Brown Denounced Over Korea Withdrawal," *The Washington Post* (October 4, 1977).

철수하겠다고 답변하였다고 한다.[87)]

오버도퍼는 박 대통령의 핵무기 개발과정을 기술하면서1978년 프랑스와 재처리 시설에 대해 협의를 재개했다고 한다. 당시 미국은 카터 대통령이 직접 프랑스의 데스탱(Giscard d'Estaing) 대통령과 담판을 지어 협상을 중단시켰다고 한다. 그러나 1979년 1월 해안을 산책하던 박대통령은 선우련 공보비서관에게 81년 국군의 날 행사 시 완성된 핵무기를 선보인 후 대통령직을 사임할 계획이라고 털어놓았다고 한다. 박대통령의 측근들은 부인했으나, 강창성 전 보안사령관의 증언과는 일치한다고 전하고 있다.[88)]

한국의 핵무장과 관련한 실증자료의 부족으로 추가적인 사실관계를 밝히는 데에는 제한이 있다. 한국은 1971년 3월 고리 1호 원자력발전소를 착공하고 1978년도부터는 원자력을 상용하면서 핵개발 능력을 인정받고 있었다. 대내외적으로 미국의 개입 의혹에 따른 안보위협이 지적되면서 한국의 핵개발 선택권이 자연스럽게 논의되었다. 비대칭성의 변화는 한국의 국가자율성의 변화와 이로 인한 핵무장 선택의 논란으로 나타났다. 한미 간에 핵문제로 인한 팽팽한 정치적 긴장감은 미 행정부의 공개자료 내에서도 비공개부분이 대부분 핵과 관련된 사항임을 충분히 추측할 수 있게 해 준다. 차후 검증이 요망되나 한국의 핵 선택권 논란은 카터 행정부의 철군정책에 제한과 부담을 주는 요소로 작용한 것으로 보인다.

두 번째로 한미 관계에서의 비대칭성의 약화는 한반도 연합작전통제권에 있어서 한국의 공동 참여에 영향을 주었다. 한미 양국은 이미 1970년대 중반부터 UNC 해체 논란의 대안으로 연합사령부(CC) 창설을 논의해 왔었다. 그러나 카터 행정부의 철군정책은 UNC의 대안적 기구가 아니고 철군의 보완적 조치[89)]의 하

87) Memorandum For Zbigniew Brzezinski From Michael Armacost, "Addendum to Weekly Report," July 29, 1977, NSC, DDRS.

88) Don Oberdorfer (1997), pp. 73-74.

89) *CINCPAC History of 1977*, p. 58.

나로 한국의 요구에 의해 창설되게 되었다. 미국은 철군을 하게 되면 한국이 미국의 작전통제권 행사를 받아들이지 않을 것이라고 생각하고 있었다. 한미 안보동맹의 비대칭성의 변화가 그대로 반영되어 작전통제권의 행사에 한국이 공동으로 참여할 수 있게 되었다.

작전통제권의 변화는 한국의 강력한 요구와 미 군부가 비대칭성의 변화를 인정한 결과였다. 1977년 초 미국은 주한미지상군의 조기 철군을 검토하는 과정에서 지상군이 철군을 하면서, 유엔군사령관인 미군 4성 장군이 계속 작전통제권을 행사할 수 없음을 인식하였다. 미 합참은 미군이 주둔하는 한 작전통제권을 요구하였고, 한국군은 상당한 감축이 있으면 작전통제권을 양여할 수 없다고 하였다.[90] 작전통제권의 논란에는 주로 미 합참의 주장이 반영되었고,[91] 미 국방부와 한국 측의 요구로 2사단의 주력부대 철군이 늦어지면서 2사단 사령부가 철수하기 이전까지는 미군사령관이 작전통제권을 보유하는 것에 한국이 합의하였다.

손실의 감수에 있어서 미국은 제한적 개입과 회피라는 소극적인 태도를 보였다. 이는 비대칭성의 변화를 초래해 한국의 핵무장 선택에 대한 논란을 불러일으키면서 안보파트너십의 약화를 가져 왔으나, 군사적으로는 양국의 합의로 연합군에 대한 공동 작전통제권의 행사로 제도화 되었다.

4. 수행전략의 공조

양국은 수행전략에서 철군 보완조치의 강구를 통해서 타협하였다. 카터 행정부는 집권과 동시에 미지상군 완전철군 정책을 일방적으로 추진했다. 미 행정부

---

90) Memorandum For Zbigniew Brzezinski From Mike Armacost, "PRC Meeting on PRM 13, Thursday, April 21, 1977," April 20, 1977, NSC, DDRS.

91) Memorandum For The President From Zbigniew Brzezinski, "Your Meeting with General Brown and Phil Habib," May 20, 1977, The White House, DDRS.

내에서 카터와 측근, 그리고 관료들은 왜 철군에 대한 입장이 달랐으며, 미국의 일방적인 제의에 한국은 어떻게 반응하였고, 카터 행정부의 3자 회담 제의에 왜 한국이 이견을 보였는지 등을 추적할 것이다.

가. 미 지상군 완전철군과 보완조치의 타협

카터 행정부의 철군 정책은 내외부적으로 원만히 추진되지 못하였다. 그리고 미국의 일방적 철군정책에 최초 한국은 극도로 반발하였으나, 철군과 보완조치의 협상을 통해 한국은 매우 현실적인 타협의 태도를 보였다.

철군정책은 〈표 5-3〉과 같이 크게 3단계로 진행되었다. 먼저 미 행정부의 철군 정책은 내부적으로도 일관된 합의 속에서 진행되지는 않으면서 두 개의 그룹으로 분류되어 있었다. 철군을 추진하는 카터 대통령과 이에 따르는 행정관료 등 개입을 회피하려는 그룹과 반대로 한국, 일본과 아시아 동맹국, 한미 군부지도자, 그리고 내부적으로 반대의견을 가진 다수의 행정관료 등 지속적 억제의 필요성을 주장하는 그룹으로 나눌 수 있다. 반대하는 그룹은 미지상군의 철군이 한반도의 세력균형과 안정을 깨고 전쟁을 유발할 수 있기에 지속적인 개입과 억제가 필요하다는 입장이다.

두 가지의 상반된 입장은 최초 철군 논의로부터 1978년 4월 의회의 지원법안 통과의 지연으로 1차 철군규모의 축소를 논의하는 단계에서도 지속되었다. 카터의 철군을 찬성하는 측은 브레진스키 안보보좌관과 NSC의 참모들이었다. 국무부는 대통령의 지침을 따르는 유연한 입장을 견지하면서도 소극적이나 반대의 입장을 견지하였고, 국방부는 합참과 같이 적극적 반대 입장에 있었으나 카터 대통령의 지침을 이행해야 하는 입장이었다. 국방부는 매번 철군 방안을 건의할 때 카터의 의도에 반하거나 아니면 최대한의 지연방안을 제시하였다.

〈표 5-3〉 주한미지상군 철군 정책의 전개 과정

단 계		구 분	시 기	추 진 내 용	비 고
1977년 철군 방안 최초 확정	행정부 최초 방안	**지침 하달**	**1.26**	**PRM 13 하달**	
		초안 검토	2~3월	NSC 내부 토의	
		수뇌부 토의	4.11	국무/국방철군반대	카터참석
		방안 토의	4.21	PRM 13 PRC 회의	이견 노출
		방안 확정	**4.27**	PRC-13 NSC 회의	카터 참석
			5.3	**PD 12 하달** *** 브레진스키案 채택**	
	국방부 수정안	**한미협상안**	5.16	2차 철수병력 지연	카터 승인
	한미 최종 합의안	**한미 협의**	**5.24~27**	한국 측 수정 요구	
		수정안 건의	5.31	한국 측 요구 반영	카터 승인
		10차 SCM	7.25~26	한미 합의	
1978년 철군계획 수정 (1978년 철수규모 축소)		**수정안 논의**	**4.4**	5개 방안	보완조치 의회 처리 지연
		대통령 결심	**4.19**	*** 브레진스키案 채택**	
		대통령 성명	4.21	78년 철군 축소	
		1978 안보 원조법안통과	9.26	철군단계별 120일전 행정부→의회 보고	
1979년 철수 중지		재검토 여론	1.2	북한군군사력 재평가 보도	아미타임스
		행정부철군재검토	**1.22**	**PRM-45연구**	
		카터기자회견	2.10	철군 한시적 중지	
		한미정상회담	6.30~7.1	인권과 철군 논란	
		카터대통령성명	7.20	**1981년까지 중지**	

출처: CarterPresidentialLibrary;DDRS;DNSC; DonOberdorfer(1997) 등 참조 작성

이처럼 철군정책을 추진한 미 행정부 내에서는 카터 대통령만이, 브레진스키의 표현에 따르면, 거의 감정적인 수준에서의 확고한 철군의지를 가지고 있었고, 국방부는 물론 국무부 등 전반적인 관료들은 반대의견을 갖고 있었다는 점이다. 철군은 한국과 일본 및 아시아 국가들의 반대는 물론이고, 미 행정부 내 철군을 반대하는 관료들 - 그러나 대통령의 정책의지를 거스르지 못하고 복종해야 하는 - 과 복잡한 관계 속에서 진행되었다. 특히 카터 대통령의 철군 배경과 논리에 대해서는 최측근이었던 브레진스키조차도 모른다고 회고하고 있으며, 카터 행정부

의 인사들은 카터의 철군정책을 받들거나 아니면 사직하거나 선택을 해야만 하였다고 한다. 그리고 행정부 내의 그러한 사실들을 행정부 밖에서는 아무도 몰랐다고 한다.[92)]

오버도퍼 기자는 미지상군 철군 논의의 최종담판은 4월 11일에 있었다고 전한다. 국무, 국방장관과 아시아 담당 고위관리들이 모두 참석한 가운데 브레진스키 보좌관은 카터 대통령에게 밴스 국무장관을 포함하여 모두가 철군에 반대의견을 갖고 있다고 하자, 카터 대통령은 브레진스키에게 "당신만큼은 나를 보호해주어야 하오. 내가 선거공약으로 제시한 외교정책 중에서 철회되지 않고 있는 것은 이것뿐이오."라고 말했다고 한다.[93)]

최초 철군방안의 토의에서 NSC와 행정부는 입장이 달랐고 결국에는 카터 대통령의 의지를 따르는 브레진스키 보좌관의 방안이 채택되어 1977년 5월 3일 "PD 12 U.S. Policy in Korea"로 하달되었다. NSC 참모들의 논의 과정에서 다섯 가지의 방안이 제기되었으나, 카터에게 보고되기 전에 크게 세 가지의 흐름으로 압축되었다. 국무부는 단계적인 철수방안으로서 1978년, 1979~80년, 그리고 1981~82년에 철수를 하면서도 2, 3차 철수는 당시 안보상황을 고려하는 조건부 철수방안이었다. 국방부는 국무부보다도 더욱 완화된 연기방안으로서 1978년도 1개 연대를 철수하지만 나머지 철수는 1981~82년까지 보류하는 부분철수 계획이었다. 카터 대통령의 4~5년 내 완전철군이라는 의지에 못 미치는 소극적 방안에 대해 브레진스키 보좌관은 1978년, 1979년, 그리고 1980년에 각 1개 연대씩 철수하고 나머지는 81년까지 완전히 철수하나 2개 연대의 철수 이후에 구체적인 철수계획은 "의도적으로 모호성을 유지"하는 철수방안을 제시하였다.[94)]

92) 오버도파 기자, 글라이스틴 전 대사는 자신의 회고록을 통해서 동일한 의견을 밝히고 있다. Don Oberdorfer (1997); 글라이스틴 (1999).

93) Don Oberdorfer (1997), pp. 92-93.

94) "National Security Council Meeting(Subject:Korea)," April 27, 1977, NSC, DDRS; Memorandum

따라서 PD 12는 국방부와 국무부의 소극적 방안은 배제되고 브레진스키의 제안에 따라, 1978년도에 6천명 이상의 병력을 철군하고, 2번째 연대와 지원 병력 9천명 이상은 1980년까지 철군하며, 최종 철군은 의회 및 한국과 일본과의 협의를 거쳐 철군하며 미 공군은 계속해서 한반도에 주둔하도록 하는 것이었다. PD 12에 의한 각 부서의 임무로서 국방부는 철군계획과 보완조치 방안을 보고하고, 국무부는 한국의 특사를 선정하고, CIA는 이와 관련한 아시아의 인식과 대처방안 등을 보고하는 것이었다.[95)]

그러나 5월 말 미 특사의 방한으로 한국과의 협상이 예정되어 있었고 이를 위해 국방부는 협상안을 새롭게 작성하였다. 5월 20일 국방부는 한국과 협조하기 위한 협상안으로 PD 12의 최초안보다 완화된 수정 연기방안을 카터에게 제시하였다. 차이점은 1980년 6월까지 철수하는 부대에 4개 보병대대를 포함하되 5개 전투대대를 잔류시켜 마지막 철군할 때까지 실제 전투병력의 ⅔ 이상은 보존하는 안이었다.[96)] 이에 대해 NSC는 국방부의 수정안이 대통령의 지시를 외형적으로 따르면서도 "잠재적으로 불복종"(potential non-compliance)하는 행동으로 평가하였다.[97)]

국방부는 합참의 반대 의견을 감안하여 한국과의 협상안을 마련하면서 전투병력의 철군을 최대한 지연시키는 방안을 발전시켰다. 합참은 5월 2일 전문에서 여전히 주한미지상군 철군을 반대하면서 한국군 전투력 증강계획에 4~5년 동안 매년 10억 불의 조기 집행을 요구하고 있었다.[98)]

For Zbigniew Brzezinski From Mike Armacost, "NSC Meeting on Korea," April 26, 1977, NSC, DDRS.

95) PD 12 U.S. Policy in Korea (May 5, 1977), NSC, DDRS.

96) Memorandum For The President From Zbigniew Brzezinski, "Your Meeting with General Brown and Phil Habib" May 20, 1977, The White House, DDRS.

97) Memo Thomson to Armacost, May 18, 1977, NSC, DDRS.

98) Transit From JCS To DoD, "Planning Options for Korea," May 2, 1977, DoD, DDRS.

하비브 국무차관과 브라운 합참의장은 미 특사로 5월 24~27일까지 한국을 방문하여 철군과 관련하여 협조 및 박 대통령의 의견을 청취하였다. 박 대통령은 철군의 문제점을 지적하면서도 선보완조치의 강구와 철군 일정의 수정을 요구하면서 현실적으로 수용하였다. 특히 철군계획에 있어서 2번째 연대의 철수시기를 1980년 6월이 아니고 최종적으로 철수할 때까지 미 2사단 사령부와 사단(-) 규모를 유지해 줄 것을 요구하였다.

박 대통령이 제의한 2번째 연대의 철군을 최종 시기까지 연기하는 방안에 대해서 카터는 너무 늦다는 부정적 반응과 보완조치의 요구에 대해서 과도한 의무는 지양하도록 해야 한다는 입장을 보였다. 그러나 국무부 및 국방부에서는 한국의 요구를 수용한다고 하더라도 기본계획을 크게 수정하는 것이 아니며 철군정책에 반발하는 합참과 의회를 설득할 수 있는 방안이므로 수용할 것을 건의하였다.[99] 카터 대통령은 6월 10일 특사 방문 결과의 보고에 따라 NSC를 통하여 박 대통령의 지연안을 받아들이되 이를 협상과정에서 활용하도록 지시하였다. 그리고 7월 14일 국방장관은 10차 SCM 준비보고를 통해 카터의 승인을 받았다.[100]

카터는 PD 12에서의 최초 방안이 두 번에 걸쳐 수정되었음에도 불구하고 받아들였다. 그는 큰 틀에서 철군정책을 유지한다는 기본전제가 유지되는 수준에서 최대한 양보하였고, 군사적 입장에서 철군을 지연시키려는 한국과 미 행정부 관료들의 노력은 1차적으로 관철된 셈이다.

1977년 7월 말 서울에서 실시된 10차 SCM에서 서종철 및 브라운 국방장관이 참석하여 철군 일정과 보완조치 방안의 합의가 이뤄졌다. 이 회담에서 한국 정부는 미국의 철군정책에 도전하기보다는 보완조치에 중점을 두면서 협상에 임

---

99) Memorandum For Zbigniew Brzezinski From Michel Oksenberg, "Your May 31, 1977 Memo to Vance and Brown on Troop Withdrawals from Korea," June 1, 1977, NSC, DDRS.

100) Memorandum Of Conversation, "Security Consultative Meeting in Korea," July 14, 1977, The White House, DDRS.

했다. 박 대통령은 카터 대통령의 서신에 명시된 미 2사단 2개 여단의 최종 잔류, 공군력 증원, 연합 군사훈련의 증대 방안을 환영하였고, 연합군사령부는 1978년 10월에 창설하는데 합의하였다. 그리고 브라운 장관은 의회의 지원을 전제로 하여 미 2사단 장비의 무상지원, FMS를 통한 한국군 군사력증강계획(FIP)에 대한 지원 지속, 방위산업 지원, F-16의 데이터 제공 및 판매, 발칸 대공무기 시스템 공동생산 검토, A-10기의 판매 고려 등에 대한 의견을 교환하였던 것이다.[101]

한미 양국은 SCM에서 반년간의 주한미지상군 철군 논란 속에서 서로가 주고받을 수 있는 것을 최대화하고자 하였다. 카터는 자신의 철군안을 관철시켰고, 미국방부 등 행정부에서는 한국의 입장을 최대로 수용하는 입장을 견지하여 한반도에 대한 지속적인 개입으로 아시아에서 추락하고 있는 미국의 위신을 찾으려고 하였다. 박 대통령은 5월 미 특사 면담과 7월 SCM에서 현실적인 입장에서 보완조치를 획득하는 외교적 자세를 견지했다. 그리고 한국이 요구하는 것을 관철시킬 수 있었다.

특히 1978년 1차 철군 이전에 연합사의 창설, 공군전력의 추가 전개와 연합연습의 확대 등의 성과를 거두었다. 연합사의 창설로 미국이 한반도에서 자동개입을 회피하려던 의도가 희석되고 작전적, 전략적 개입이 지속되게 되었다. 카터 행정부는 최초에 UNC 등과 관련한 연합작전지휘체제에 대한 구체적인 복안이나 준비를 할 수가 없었던 것으로 보인다.

두 번째로 1978년도 4월 1차 철군규모의 수정 과정에서도 방안 선정에 논란이 있었다. 1977년도 후반기 의회의 철군 반대 및 코리아게이트로 인하여 보완조치의 법안이 심의 및 처리될 수 없는 상황이었다. NSC는 보완조치의 강구가 없이 1978년도 말에 예정된 1차 철군을 실시하면 한반도 개입의 이탈로 받아들여져

---

101) Memorandum For Zbigniew Brzezinski From Michael Armacost, "Addendum to Weekly Report," July 29, 1977, NSC, DDRS.

의회와의 마찰, 일본 등 우방국과의 신뢰에 큰 타격을 줄 것으로 보았다. NSC는 카터의 위신을 살리면서도 합리화할 수 있는 구실로 의회가 코리아게이트 문제로 인해 한반도 문제를 객관적으로 처리할 수 없다는 논리를 제시하며 철군 계획의 수정을 건의하였다.[102)]

1978년 4월 NSC에서는 국무, 국방장관이 참석한 가운데 철수정책 수정방안을 토의하였다. 당시는 코리아게이트와 관련하여 김동조 전 대사의 출석 문제가 제기되고 있었다. 네 가지 수정방안으로 1978년도 1차 철수를 계획대로 실시, 6~12개월 연기, 무상 이양 규모를 8억 불에서 9천6백만 불로 축소하여 의회 승인 요구, 그리고 모든 철수계획을 의회법안 통과 시까지 연기하는 방안이었다. NSC 실무자들과 국무, 국방장관은 2번째 연기방안을 건의하였다. 그러나 대통령의 의지에 충실하려는 브레진스키는 5번째 방안으로서 1978년 말 철군 규모를 1개 연대에서 1개 대대로 줄이고 나머지 대대들을 1979년도 전반기로 연기하는 방안을 주장하였다.[103)]

카터 대통령은 예상대로 브레진스키의 안을 승인하였다. 백악관은 4월 21일 1978년도 말 철군을 최초 6천 명 규모에서 1개 전투대대 800명과 비전투원 2,400명 만 실시하고 잔류 2개 대대는 1979년도로 연기할 것을 명령했다. 국방부는 이미 1,400명은 철수하였다고 하였다. 이유는 의회의 심의와 관련하여 신중한 결심을 위해서였다. 동시에 한국에 배치된 F-4는 60대에서 72대로 증원되며 철군은 한반도의 방위에 악영향을 끼치지 않을 것이라고 강조했다.[104)]

---

102) Memorandum For Zbigniew Brzezinski From Mike Armacost, "Your Foreign Policy Breakfast on Friday Morning," March 23, 1978, NSC, DDRS.

103) Memorandum For Cyrus Vance, Harold Brown, Zbigniew Brzezinski From Richard Holbrooke, Morton Abramowitz, Mike Armacost, "Issues for Decision on Korea and China," April 4,1978, NSC, DDRS; Memorandum Of Conversation, "Summary Minutes of the April11,1978 Meeting on Korea and China," April 11,1978,The White House, DDRS.

104) Don Oberdorfer "President Slows U.S. Pullout From Korea," The Washington Post (April 22, 1978).

1978년도 말 이후 1979년도 초까지 지상군 철수 중지 결정은 뒤에서 북한군 전투력 재평가 논의 과정에서 세부적으로 언급할 것이다. 미국이 일방적으로 제시한 지상군 철군방안에 대해 한미 관계는 정치적으로 악화되었으나 한국은 닉슨 행정부에서의 학습 경험을 교훈으로 삼아 내홍을 겪으면서도 외교적으로 미국과 타협하고자 하였다. 반면에 카터 대통령과 미 행정부 내에서의 이견은 정책의 입안 및 추진 과정에서 확연히 차이를 드러내었고 궁극적으로 철군 정책을 연기하기에 이르렀다. 한국과 일본 등 동맹국의 반응과 미 행정부 내의 관료들은 카터의 정치적 영향력에도 불구하고 한반도 군사력 균형의 불안정에서 야기되는 안보 위험에 대처해야 한다는 인식을 갖게 되었고, 그 결과 한미연합군 사령부 창설, 공군력의 증가, 연합연습의 확대 등 실질적인 군사적 보완조치들이 나오게 되었다.

양국은 수행전략의 공조에 있어서 정치적 갈등을 뒤로 한 채 보완조치의 강구에 타협하였다. 한국은 일방적인 철군정책에 대해 닉슨 행정부에서의 교훈에 따라 매우 현실적으로 수용하면서 자주국방을 추진하였다.

나. 대북전략의 인식 차이

카터 행정부가 들어선 이후 수행전략의 공조에 있어서 미북의 접촉 및 화해 움직임은 한국에게 주한미군 철군정책의 파도 속에서 또 다른 불안감을 가중시켰다. 북한은 철군정책에 대해 어떠한 입장이었고, 미국의 북한에 대한 인식과 대북정책, 그리고 미국은 한국에게 대북정책과 관련하여 어떤 입장이었으며 한국의 대응은 어떠했는지 등에 대해서 고찰할 것이다.

미국은 철군과 연계하여 미국과 남북한의 3자 회담을 추진하려고 했으나 한국은 부정적이었다. 이후 1979년 정상회담에서 3자 회담에 합의하였으나 사실 북한이 받아들일 것을 기대하지 않는 상태였다. 기본적으로 양국은 대북 외교에 있어서 북한에 대한 인식에서 차이를 드러내 보였다.

북한은 카터 행정부의 집권과 철군정책을 반기면서 카터의 취임 전날 대미 비난을 감추고 미국과 접촉을 시도하는 반응을 보였다. 그러나 이후 미국의 철군은 소규모로 끝났으나 보완조치로 화력이 증강됨에 따라 다시 비난을 재개하는 등 일관성 없는 반응을 보였다. 철군은 북한의 오래된 바람이면서 주장이었다. 오버도퍼는 북한은 주한미군이 철군하면 한반도는 평화적 방법이든, 무력을 통해서든 다시 북한의 손아귀에 들어올 것으로 믿었다고 기술하였다.[105] 북한은 북·미 협상을 파리회담과 같은 상황으로 기대하였을 것이라고 아시아 국가들 사이에서는 공공연히 회자되었다. 한국은 이러한 의구심에서 북·미 접촉 움직임에 예민하게 반응하였을 것이다.

북한은 카터 행정부에 4회 이상에 걸쳐 접촉을 요구하였다. 1973년 미 의회에 공개서신을 보낸 것을 필두로 1976년 11월 카터 당선자에게 파키스탄 대통령을 통해 접촉을 요구하는 친서를 보낸 것을 시작으로, 1977년 5월 가봉의 봉고 대통령, 1977년 10월 유고의 티토 대통령, 1978년 4월 루마니아의 차우셰스쿠 대통령을 통해 카터 대통령에게 메시지를 보냈다. 그리고 1977년 2월 허담 북한 외교부장이 駐파키스탄 미 대사관을 통해 밴스 국무장관에게 미국과 협조하여 한반도 평화통일을 추구하며 한국을 배제하고 미국과 직접 대화 창구를 개설하고 싶다는 메시지를 보냈다.[106]

카터 행정부의 한반도 정책은 7월 15일 브레진스키가 SCM 회의에 참석하기 위해 한국으로 귀국하는 김용식 주미대사와의 대화에서 나타나고 있다. 한반도 관련 4대 강국이 상호 적대하지 않으면서 남북한과 교차적으로 접촉하고, 남북대표가 UN에 동시 참석하게 되는 것이라고 하였다.[107] 그리고 이러한 차원에서 4

105) Don Oberdorfer (1997), p. 94.

106) *Ibid*., p. 95.

107) Memorandum For Zbigniew Brzezinski From Mike Armacost, "Your Meeting with Ambassador Kim Yong Shik," July 15, 1977, NSC, DDRS.

자 회담을 추진하고자 하였다. 동시에 중국이 참석하지 않게 될 경우에는 3자 회담도 준비를 해야 한다고 하였다.[108)]

카터 행정부의 북한에 대한 입장은 한반도의 안정을 해치지 않도록 하는 것이었다. 한반도가 불안정하게 되면 철군정책의 전제가 성립되지 않기 때문이었다. 4월 NSC 회의에서 철군과 관련된 목표 중의 하나로 "북한을 한반도에서 안정을 유지하도록 유도"하는 것이었다.[109)]

미국은 북한이 미지상군의 철군에 따라 어떤 반응을 보일 것인지를 추정해 보았다. NSC의 아마코스트는 북한은 감히 군사적 행동을 시도하지 않고 궁극적으로는 협상으로 돌아설 수 있을 것으로 전망하였다. 철군과 함께 미국의 보완지원 조치는 북한으로 하여금 불리함을 인식하게 하고, 만약 북한이 도발적으로 나오게 되면 미국은 철군을 연기하게 되고, 단순히 기다린다면 시간이 갈수록 한국군 전력의 상대적 우위로 전세가 불리하게 되므로 화해적인 자세로 나올 수 있을 것으로 분석하였다.[110)]

미국의 대한반도 정책은 한국에게는 남북한 협상을 권유하고, 북한에게는 한국의 참석을 조건으로 4자/3자 회담을 제의하는 것으로 나타났다. PRM 13을 논의하면서 카터나 관료들은 남북한의 협상 추진에 공감하였다. 카터는 박 대통령이 일부러 긴장을 조성함으로써 철군계획을 바꾸려 하는 것을 원하지 않는다고 언급하기도 하였다.[111)] 미국은 1977년 3월의 미일 정상회담에서는 물론 주변국

---

108) Memorandum For The Secretary of State From Zbigniew Brzezinski, "Talks between North Korea and South Korea," August 5, 1977, The White House, DDRS.

109) Memorandum For Zbigniew Brzezinski From Mike Armacost, "NSC Meeting on Korea," April 26, 1977, NSC, DDRS.

110) Memorandum For Zbigniew Brzezinski From Mike Armacost, "North Korean Reactions to U.S. Force Reductions," April 12, 1977, NSC, DDRS.

111) "National Security Council Meeting(Subject:Korea)," April 27, 1977, NSC, DDRS; Memorandum For Zbigniew Brzezinski From Mike Armacost, "NSC Meeting on Korea," April 26, 1977, NSC, DDRS.

가들에게도 소련과 중국과의 접촉에서도 남북한이 대화를 촉구할 수 있도록 영향력을 행사해 줄 것을 요구하였다.

미 행정부는 이러한 의도에서 집권과 함께 북한에 우호적 손짓을 보냈다. 1977년 3월 18일 미국은 북한 등에 대한 여행규제조치를 해제하고, UN 주재 북한대표부 관리들을 미국의 공식 리셉션에 최초로 초대하였다. 이러한 맥락에서 미국은 아시아 외교정책의 방향을 설정하면서 1978년 이후 장기적인 외교정책의 방향으로 북한과 여행, 무역, 문화교류 등 비정부기구의 접촉을 완화 혹은 제거해 주는 것을 고려하고 있었다.[112)]

그러나 NSC에서는 북한과의 접촉에서 일정한 기준의 필요성을 제기하였다. 또한 한국이 미국의 북한 접촉에 대해 예민한 반응(paranoid)을 보이고 있음을 지적했다. 왜냐하면 카터 행정부 집권 이후 민간단체로부터 비자 승인, 수출 허가, 여행 허가 등 북한 접촉이 증가하였기 때문이다. 그러나 당시 미국은 북한과의 교역을 금지하고, 비자를 엄격히 제한하고, UN의 북한 대표부는 본부 25마일 이내로 활동을 제한하고, 미북의 접촉은 한국이 중·소와의 접촉 정도에 따르도록 제한하고 있었기 때문이다.[113)]

미국은 북한의 북·미 단독 회담 요구에 대해서는 일관된 입장으로 한국의 참여를 조건으로 거부하면서, 대신 3자회담을 북한에 역제의하였다. 1978년 3월 유고의 티토 대통령이 북한과의 단독회담을 전하자, 카터 대통령은 3자회담을 역제의하여 티토가 이를 북한에 제시하였으나 받아들여지지 않았다. 동시에 미국은 한국에 대해 미국의 확고한 입장을 여러 경로를 통해서 전달하면서 한국의 미국에 대한 의혹을 불식시키고자 노력하였다. 그러나 한국은 여전히 의혹을 품고 있었

112) Memorandum For Zbigniew Brzezinski From Mike Armacost, "Initiatives," April 13, 1977, NSC, DDRS.

113) Memorandum For Zbigniew Brzezinski From Mike Armacost, "Contacts with North Korea," April 5, 1978, NSC, DDRS.

고, 특히 3자 회담의 요구에 대해서도 이러한 연장선에서 반대의 입장을 보였다.

한국은 카터 행정부 초기부터 미국의 대북 유화정책의 진의에 대해 의구심과 불안감을 느꼈다. 1979년도 한미 정상회담을 계기로 미국의 3자 회담 제의에 합의하였으나 미국의 4자 회담이나 3자 회담 제의에 대한 실현성을 신뢰하지 않았다. 기본적으로 북한에 대한 인식의 차이에서 비롯된다. 한국은 북한이 한국과 진정한 대화를 할 의도가 없다고 보고 있었기에 미국의 협상 제의를 달갑지 않게 생각하였다. 북한의 이러한 행태에 대해서 미국도 이해하고 있었다. 1977년 1월 25일 북한은 남북정치협상을 제의하였는데, 이는 박 대통령의 1월 12일 불가침협정 제의에 대한 정치적 제의로서 진정성이 없는 것으로 카터 대통령에게 보고되었다.[114)]

특히 한국은 파리 평화회담에서 남베트남이 워싱톤과 하노이의 완전한 들러리였듯이, 3자 회담은 이의 반복이 될 것이라는 불신감을 갖고 있었다.[115)] 아마코스트는 1977년 9월 한국 방문결과를 보고하면서 한국이 3자 회담에 대한 불안을 이해하면서, 수동적인 외교자세를 갖고 있음을 밝히며, 한국이 북한에 대해서는 소극적이나 중·소와의 접촉에는 관심을 갖고 있는 점에 대해서는 긍정적으로 보고하였다.[116)]

카터 행정부는 북한에게 틈을 보여 주었고, 한국은 북·미의 접촉 움직임에 불안과 의혹을 보냈다. 카터 행정부는 철군정책과 이를 위한 동북아 차원의 적극적인 대화를 모색하는 차원에서 3자 회담 등을 시도하였으나, 미국과 직접 대화를 요구하는 북한은 한국의 참여를 거부하면서 진전이 되지 않았다. 한국은 기본

114) Memorandum For The President From Zbigniew Brzezinski, "North Korean Proposal for Discussions of Reunification with South Korea," April 14, 1977, The White House, DDRS.

115) Memorandum For The President From Zbigniew Brzezinski, "NSC Weekly Report #25," April 26, 1977, The White House, DDRS.

116) Memorandum For Zbigniew Brzezinski From Mike Armacost, "Report on my Trip to Korea and Japan," September 8, 1977, NSC, DDRS.

적으로 북한을 협상대상자로 인식하지 않았기 때문에 미국과의 공조는 원만하지 않았다. 미국의 대북한 정책도 양국의 정치적 안보파트너십을 강화시키는 방향으로 작용하지는 않았던 것이다.

한미 양국은 대북한 전략의 수행에 있어서 이견을 노출하였다. 미국은 철군 정책을 추진하기 위해서 북한이 한반도의 안정을 저해하지 않기를 바랐다. 북한은 미 지상군의 철군이 한반도의 장악에 유리할 것으로 판단하고 미국과 직접 협상 채널을 구축하고자 하였다. 미국은 한국이 참석하는 3자 내지는 4자 회담을 추진할 것을 남북에 권유하였다. 북한은 미북 단독 협상을 고집함으로서 진전이 되지 못했다. 한국은 북한을 협상대상자로 인식하지 않으면서 미국의 대북협상에 대한 이견을 노출하였다.

한미 양국의 수행전략은 전체적인 이견 속에서도 부분적으로 현실적인 타협을 보여 주었다. 한국은 철군에 따른 보완조치의 강구에 있어서 현실적으로 타협하고자 하였다. 그러나 양국은 대북전략에 있어서 미국의 3자회담 제의에 북한에 대한 인식의 차이 등으로 이견을 보였다.

카터 행정부 초기 정치적 수준의 안보파트너십은 미국이 소극적 개입과 보호라는 입장을 보이고, 한국은 미국의 철군정책에 따라 현실적인 자주라는 입장을 보이면서 전체적으로 낮게 형성되었다. 먼저 가치체계나 이익에 있어서 미국의 인권정책과 아시아에 대한 이익을 경시하는 태도로 양국은 이견을 보였다. 위협의 인식에 있어서 미 행정부는 낙관적이었던 반면에 한국은 동북아의 불확실성과 북한 군사력의 증강에 대한 위협을 인식하는 등 이견을 보였다. 손실의 감수에 있어서 미국은 도서방위전략의 전환 등을 통해 개입을 회피하고자 하였으나 이후 내부적으로 개입과 회피에 있어서 혼란을 보였고, 한국은 자율성을 회복하고자 하면서 핵 무장 논란을 다시금 불러 일으켰다. 그러나 양국은 수행전략에 있어 이견에도 불구하고 부분적으로 철군 보완조치의 강구에 대해 현실적으로 타협을 하였다. 특히 미국은 개입 약화로 인한 국내외적인 압력으로 아시아나 한국에 대한 개입을 과시하기 위하여 연합사 창설 등 보완조치에 협조하였다.

제2절 군사적 수준의 안보파트너십

카터 행정부 초기 정치적 수준의 안보파트너십은 수행전략에서의 부분적인 타협을 제외하고 닉슨-포드 행정부에서처럼 전체적으로 이견을 보이며 갈등을 나타내었다. 그러나 이 절에서는 군사적 수준의 안보파트너십이 왜 그리고 어떻게 보다 더 높게 형성되었는지를 고찰할 것이다.

이를 위해 먼저 가치체계나 이익, 그리고 위협의 인식에 있어서 봉쇄정책의 지속과 비록 중국의 위협은 배제되었으나, 북한 군사력의 재평가 등으로 공유되는 과정을 추적할 것이다. 그리고 손실의 감수에 있어 미 군부는 미 지상군 철군 이후 어떻게 재개입을 추진하였는지를 밝힐 것이다. 그리고 수행전략의 공조에 있어서 미 군부가 행정부의 철군정책을 어떻게 인식하고 조직적으로 저항하였는지를 주목할 것이다.

1. 가치체계·국가이익과 위협 인식의 공유: 봉쇄의 지속과 북한 군사력 재평가

카터 행정부 초기 군사적 수준의 안보파트너십은 이전 행정부에서 처럼 소련 등 공산국가에 대한 봉쇄정책에 바탕을 두었다. 데탕트 정책으로 닉슨 행정부에서 중국에 대한 위협이 감소되었으나, 카터 행정부에서는 더욱 진전되어 중국과 국교정상화를 논하는 단계로 발전하였다. 따라서 한미 안보동맹에서 중국의 위협은 고려되지 않고 소련의 군사력 팽창과 북한의 군사력 증강과 지속적인 도발에 집중되었다.

카터 행정부 초기 PACOM은 소련을 미국에 군사적으로 도전할 수 있는 잠재력을 가진 유일한 강대국으로 보았다.[117] PACOM은 아시아에서 소련과 직접 지상군이 교전할 가능성은 높게 보지 않았으나, 해군력의 지속적인 증강을 주목하고 있다. 그리고 유럽에서의 소련 위협에 따라 스윙전략으로 PACOM의 주요 전력을 전환하게 될 경우 북한의 공격 시 병력이나 군수지원에 어려움을 겪게 될 것 등을 예상하였다.

동북아에서 미·중 데탕트의 계기가 되었던 중·소 분쟁은 여전히 지속되었고, 이로 인해서 중국은 미국이 적극적으로 소련에 대항해 줄 것으로 바랐다. 1977년 3월 중국은 주한미군의 철군으로 동북아의 불안정으로 작용될 것을 염려하는 것으로 NSC는 분석하고 있었다. 그 이유로 중국은 일본의 재무장과 소련에 기동공간을 제공해 주게 되는 등의 복잡한 문제를 야기할 것을 고려했기 때문이었다. 중국은 동남아에서 미군의 주둔은 소련에 대항하는 것으로 생각했다. 중국은 미군 주둔의 감소는 중국과 미국을 연결하는 안보 고리를 약화시킬 것으로 고려한다고 NSC는 판단하였다.[118]

이와 같이 국제적인 수준에서 동북아에서 소련의 위협은 지속되었다. 1978년 7월 스나이더 주한미대사가 이임하면서 아시아를 둘러본 후 아시아 국가들이 미국으로부터 얻고자 하는 것 중의 하나로 소련의 위협을 없애주는 것이라고 보고하였다. 또한 스나이더는 미국의 동아시아 정책에서 중요한 문제로서 중국과의 국교정상화를 제시하였는데, 이를 통해서 동북아의 긴장을 완화하고 소련의 영향력을 없애야 한다고 주장하였다.[119]

---

117) CINCPAC History of 1977, p. 87; CINCPAC History of 1978, p. 95.

118) Memorandum For Zbigniew Brzezinski From Mike Armacost, Mike Oksenberg, "Japanese and Chinese Perception of Adjustments in the U.S. Military Presence in Korea and the Philippines," March 4, 1977, NSC, DDRS.

119) Memorandum To EA-Mr. Holbrooke From Ambassador Sneider, "Impression on East Asia," July 27, 1978, DoD, DDRS.

한미 안보동맹의 군사적 수준의 안보파트너십은 북한의 능력과 도발에 의해 공고해졌다. 이미 언급하였던 북한의 전투력에 대한 재평가는 카터 행정부의 집권 이전인 1975년부터 이미 진행되고 있었다.[120] 그러나 주한미지상군 철군 정책이 추진되면서 군사 및 정보기관에서는 외부적으로는 철군 정책이 한반도의 군사력 균형을 깨고 전쟁을 유발할 수 있기에 반대하는 입장을 견지하면서, 동시에 내부적으로는 철군반대를 위한 논리적 대응의 일환으로 DIA를 중심으로 북한군 전투서열에 대한 재평가 작업에 박차를 가하고 있었다.

카터 대통령에 대한 정보보고는 NSC를 경유하게 되면서, 사실상 CIA 등 정보기관의 보고가 원활하게 전달되지 못했다. 카터 행정부 집권 이후 합참 등 군사기관과 CIA 등의 정보기관, 심지어 행정부의 전반적인 반대 움직임은 카터 행정부의 철군 정책에 제한을 주지 못하였다. 대통령에게 매일 08:00에 보고되던 CIA 보고서조차도 대통령의 지시로 집권 첫날부터 브레진스키를 경유하게 되면서, 제목도 NSC 보고서로 바뀌었다. 브레진스키는 회고를 통해서 터너 CIA 국장의 대통령에 대한 접근을 통제하려 했다고 하였다. 브레진스키는 매주 대통령에게 적합한 보고 목록을 터너와 협의한 후 보고하도록 하였다.[121] 카터 대통령은 철군을 고집하였고, 앞에서 언급하였던 것처럼 정보기관을 신뢰하지 않았기에, 철군 정책에 반대되는 보고가 가감 없이 전달된다는 것은 불가능하였을 것이다.

카터는 철군 반대와 관련한 정보기관의 보고에 귀를 기울이지 않았다. 집권 이전 카터의 철군에 대한 반대의견은 1976년 12월 베시 주한미군 사령관에 의해

---

120) Don Oberdorfer (1997), pp.101-102. 1975년 5월 메릴랜드 주 포드 미드의 NSA(National Security Agency: 국가안전보장국)에서 29세의 존 암스트롱이라는 분석가가 북한군 전차를 촬영한 항공사진을 기존 자료와 비교하다가 전차가 훨씬 증가된 것을 발견하고, 2주간의 검토를 거쳐서 DMZ 북쪽 50mile 지점의 한 계곡에 전차 270대와 장갑차 100대를 장비한 새로운 전차사단이 주둔함을 확인하게 되었다. 포드 행정부부터 계속되어 75년 12월에 1차 정밀보고서가 나왔다. 북한군의 전차 전력이 과거에 비해 80% 증강된 것으로 나타났다. 이 연구 결과가 상부에 보고되면서 추가 분석요원 6명이 증원되어 연구가 지속되었다.

121) Christopher Andrew (1995), p. 430.

공개적으로 표명되었다. 또한 브라운 국방장관도 전반적으로 북한군 전력이 우위에 있는 상황에서 철군에 깊은 우려를 표명하였다.[122] 국무부에서도 집권 이전 외교정책 방향의 검토를 통해서 주한미군 철군 정책은 세계가 주목하고 있기에 주의 깊게 처리되어야 한다고 하였다.[123]

싱글러브 소장의 발언은 군부의 의견을 대표하였다. 많은 군부지도자들이 공감하였으나 이후 표면적인 움직임은 자제되었다. 직업군인은 문민통제에 따라 이미 결정된 정책에 대해 대통령에게 복종하여야만 하였다.

카터 행정부는 한반도의 북한 위협을 낙관적으로 가볍게 생각한 것으로 보인다. 1977년 1월 14일 언론보도에 의하면 카터 행정부는 한반도에 대한 공군의 지원은 보장하면서 지상군을 서서히 철수하겠다고 밝혔다. 이는 카터 당선자가 의원들에게 한반도 상황에 대한 자신의 정책의지를 밝히는 모임에 참석했던 한 참석자가 전했다고 한다. 회의 이후 언론에 보도된 내용에는 북한군사력 44만 명에 비해 한국군이 53만 명으로서 세계 5위의 군사력을 갖고 있음을 언급하고 있었다.[124] 이미 포드 행정부에서 카터 행정부에 정권이 이양되던 당시인 1977년 1월 암스트롱은 베시 사령관에게 다시 브리핑을 하였고 이러한 정보는 카터의 정원인수팀에 전달되었다. 미 정보기관들은 일단 북한군의 탱크 수는 남한의 1.5배, 포와 장갑차 수는 1.9배로 앞서나, 병력에서는 북한 45만에 비해 남한 56만으로 앞선다는 식으로 기존과 다르게 보고하였다.[125] 그러나 카터 행정부에서는 이러한 정보를 무시하였다. 당시에 한미가 파악하고 있는 지상군 전력은 한국이

---

122) Memorandum For Zbigniew Brzezinski From Mike Armacost, "Armacost Chron File, 2/1-6/77," Folder, Box 1, Staff Offices: National Security Affairs-Staff Material Far East, Carter Library.

123) Cyrus Vance, Hard Choices: Critical Years in America's Foreign Policy (New York: Simon and Schuster, 1983), p. 449.

124) Don Oberdorfer and Edward Walsh, "Carter to Press Liberalizing Of Korea, Withdrawal of GIs," The Washington Post (Jan 14, 1977).

125) Joe Wood, "Persuading a President: Jimmy Carter and American Troops in Korea(U)" (1996) by the President and Fellows of Havard College, pp.99-100.

수적으로 우세한 것으로 평가하고 있었고, 카터 행정부는 이러한 수적 우세에 공군이나 군수지원의 보장을 통해서 북한군의 공격을 격퇴할 수 있다고 믿었던 것으로 보인다.

NSC에서는 북한군 전투력 재평가 작업이 진행됨을 알고 있었다. 글라이스틴 전 주한대사의 증언에 의하면 1976년 말 NSC에서 근무하면서 이러한 재평가작업이 진행 중임을 알게 되었다고 한다.[126] 1977년 2월 9일 NSC가 PRM 13을 발표하고 2주가 경과한 시점에서 아마코스트의 철군정책과 관련한 북한군 전투력 재평가 작업의 진행 내용을 소개하면서 문제점과 전망, 그리고 대응방안을 브레진스키에게 보고하였다.

> 정보기관에서 지난 6개월간의 연구결과는 북한군은 주한미군을 제외한 한국군 단독 전력보다 우세하며, 1982년까지 현재의 군사력 증강계획대로라면 북한이 우세를 유지할 것으로 본다. CIA/DIA는 평양이 1970년도 이래 국내무기생산과 무기수입을 강화하여 상대적 우세를 달성하였다고 한다. 특히 북한은 기갑, 화력과 지상군 기동력에서 기본적으로 앞서며, 항공기와 해군 전력의 숫자와 방공능력에서도 우위에 있다. 반대로 한국군은 미국의 공군, 해군, 그리고 군수지원에 대한 의존은 한국군의 능력에 결함이 되고 있으며, DMZ로부터 서울이 근접하여 종심방어와 기동 공간을 제한하고, 한국군의 병력 우위는 무장병력의 숫자 면에서는 감소하고 있다. 명확한 점은 남북한 능력에 대한 이 평가가 지상군 감축 결정을 복잡하게 할 수 있다는 점이다.
>
> 최초 정보기관의 연구는 지난 여름부터 표면화되었다. 빌 글라이스틴과 나는 세 가지의 핵심적인 문제점을 제시하고자 한다.
>
> - 전투력 평가는 한국군의 취약점이 복구될 수 있다는 점을 과소평가하고 있다. 한국의 약점은 지휘통제, 전술정보, 항공지원, 그리고 군수지원을 미국에 의존하는 것이다. 그러나 이제는 한국이 스스로 그 부분을 담당하도록 하면 할 수 있다. 한국이 원래 약한 것이 아니기 때문에, 1982년까지 이러한 문제점을 극복할 수 있을 것이다.

126) 글라이스틴 (1999), p. 54.

- CIA/DIA 분석은 단순히 "땅콩 세기(bean counts)"에 의존하고 있다. 즉 남북한 군사력은 북한이 명확하게 우세한 단순히 전차, 항공지원체제 등만을 취급한다. 한국의 대전차방어능력은 북한의 전차공격을 휴전선에서 저지할 수 있다. 이러한 질문은 체계적으로 분석되지 않고 있다.

- 분석의 중점은 양국의 잠재적인 경제력보다는 현존 군사력에 집중되어 있다. 미국에 과도하게 의존하고 있는 한국은 경제기반을 발전시키려다 보니 군사적 능력의 투자에는 제한적이었다. 이 결과 한국의 경제능력은 북한에 비하여 3½배 규모이고, 서구의 민간 및 군수시설에 접근이 가능하며, 신용도는 의심을 받지 않고 있고, 산업개발계획은 철강, 선박, 전자, 석유화학에 집중되어 있으며 이는 실제적인 군사적 잠재능력을 반영한다. 북한은 반대로 경제적으로 어렵고, 부채에 시달리고, 중국·소련도 고성능 군사장비의 제공에는 인색하다. 이 요소들을 통하여 남북한의 장단점이 명확하며 전체적인 국력의 관점에서 한국은 상대적으로 절대적 우위에 있다.

남북한 군사력에 대해 PRM을 통해 분석이 필요하다고 생각한다. 그러나 랜드 연구소, IDA, 혹은 부루킹스 연구소 등과 같은 외부기관에서 CIA/DIA의 분석에 대해 독립적으로 평가하게 할 필요가 있다.[127)]

아마코스트의 분석은 몇 가지 핵심적인 요점을 짚어내었으나 이미 결정된 주한미군 철군정책을 추진한다는 전반적인 기조를 깔고 검토하고 있었다. 우선적으로 북한군사력 재평가 작업이 가져 올 파장을 예측하고 철군정책에 영향을 미칠 수 있음을 파악하고 있었다. 다만 선후가 바뀐 철군정책 과정에서 카터행정부는 시종일관 위협과 대응전략을 섞어서 판단하고 있다. 한국군의 우수한 잠재적인 전쟁수행역량은 홀링스워스 장군이 주장한 북한의 조기 서울점령을 통한 평화협상의 지연전략을 억제하는 데에는 의미가 없다. 다만 5년이라는 시간에 한국은 충분히 미군 전력의 공백을 메울 수 있다는 논리를 제기하였던 것이다. 그러나 이미 닉슨 독트린을 통해서 미국이 감축하는 전투력에 상응한 만큼 약소국이 전

---

127) Memorandum For Zbigniew Brzezinski From Mike Armacost, "Intelligence Community Evaluation of the Military Balance in Korea," February 9, 1977, NSC, DDRS.

투력을 증강할 수 있어야 한다는 전제가 갖는 모순된 논리를 반복하고 있다는 점이다. 카터 행정부는 지속적으로 한반도의 위협은 존재하나 한국의 경제, 군사능력으로 극복할 수 있다는 낙관적 인식을 견지하고 있었다.

NSC에서 실질적으로 철군정책의 위협을 평가한 것은 4월 21일 정책검토위원회(Policy Review Committee)에서였다. 아마코스트는 회의 자료에 터너 CIA 국장의 남북한 군사력 균형 관련 내용을 보고하였다.

> "CIA 보고는 상대적인 남북한 군사력에 있어서 북한이 우위이며 주한미군의 주둔이 평형을 유지하게 한다고 하는데 이는 논란의 소지가 있다. 또한 이 분석은 핵심을 벗어나 있다. CIA/DIA는 한국은 미국의 적절한 지원이 제공된다면 미 지상군의 개입 없이도 북한의 공격을 방어할 수 있다는 전제를 받아들이고 있다. 따라서 우리가 한국군의 결점을 보완할 수 있는 보완책을 제공해 준다면 한반도의 안보위협을 없애면서(undercut) 미지상군 철수는 관리될(manageable) 수 있다."[128)]

그의 결론처럼 위협은 있으나 한국군의 결점을 보완해 주고 미국이 지원하면 문제가 없다는 논리였다.

백악관의 정책검토위원회는 국무, 국방장관, 합참의장, CIA 국장, 재무장관, 예산국(OMB), 군비통제국(ACDA), 그리고 NSC가 참석하여 추진 중인 철군정책에 이어 남북한 군사력의 위협평가를 그대로 추인하였다.

> "정보기관의 평가내용에 대해서 북한이 현 전력에서 한국 단독만을 고려 시 훨씬 우세하다는데 일반적으로 동의하였다. 우세한 견해는 만약 철군이 서서히 수행되고, 화력을 증원하고 한국군의 결점을 보완하는 지원을 제공하고 한·일과 긴밀히 협조하고, 또한 공군, 해군, 군수지원을 한다면 철군은 수행될 수 있다는 것이다. 그러나 일부 참

128) Memorandum For Zbigniew Brzezinski From Mike Armacost, "PRC Meeting on PRM 13, Thursday, April 21, 1977," April 20, 1977, NSC, DDRS.

석자들은 잠재적 위험 … 내재하고 있는 불확실성 …이 지상군을 완전히 철수하였을 때의 이점보다 클 것인가라는 의문을 제기하였다."[129]

4월 27일 카터 대통령이 주관하는 NSC 회의에서도 이 결정은 유지되었다. 부가적으로 북한 위협에 대한 과도한 평가와 한국 능력을 과소평가하고 있음을 지적하고 있다.[130] 안보정책의 판단은 통상적으로 "위협 평가→정책대안 제시→위협과 대안의 워게임"이라는 절차가 요구된다. 또한 일부 참석자가 제기한 "잠재적 위험"은 핵심적인 의제가 되어야 하나 소수 의견으로 거부되었다. 또한 진행중인 북한군 전투력 재평가 내용을 일부 포함하고 있었음에도 불구하고 최종 결과가 가져 올 정치적 파장은 고려하지 않았다. NSC 내에서 북한군 전투력 재평가의 결과가 가져 올 치명적 영향은 뒤늦게 9월 14일 플랫(Nick Platt)의 보고서를 통해서야 지적되면서 미국의 이익과 동맹국의 신뢰에 타격을 줄 것이라고 언급했다.[131] 북한군 전투력 재평가 작업에 대해 매우 낮게 인식하고 있었던 것이다.

나아가 뉴욕 타임스紙는 5월 19일 의회 예산국의 연구결과와 국방부의 북한군 위협 재평가를 언급하면서 철군이 가능하다는 행정부 입장을 옹호했다. 내용은 주한미지상군의 철군으로 향후 5년간 21억불의 예산을 절감하나 철수한 2사단을 미국 내에 배치하기 위해 1.5억불의 예산이 소요될 것이었다. 또한 국방부에서 북한의 전투력 재평가를 소개하면서, 연구 방법과 결과는 아직 비밀이라고 하였다. 보고서의 결론은 "남북한의 전투력은 대등하나 한국은 방어적 위치에 있어 지형적 이점을 갖고 있다."고 언급했다.[132] 그러나 같은 날 싱글러브 소장은 존 사기자와의 인터뷰 말미에 "지난 12개월간 집중적인 분석 결과 북한은 우리가 생각

129) Policy Review Committee Meeting, "Korea," April 21, 1977, NSC, DDRS.

130) Memorandum For Zbigniew Brzezinski From Mike Armacost, "NSC Meeting on Korea," April 26, 1977, NSC, DDRS; NSC Meeting, "Korea," April 27, 1977, NSC, DDRS.

131) Memo For Les Denend From Nick Platt, September 14, 1978, NSC, DDRS.

132) Richard Halloran, "U.S. Study Supports Korea Pullout," The NewYorkTimes(1977.5.19).

하는 것 이상으로 매우, 매우 강력하다. 나의 염려는 이번 철군결정을 한 사람들은 2~3년 전의 정보에 기초한 것이다."라고 강조하였다. 당시에 진행되던 북한군 재평가 추진내용을 함축적으로 암시하면서 부정적으로 예측하고 있었다.

DIA의 연구 결과는 1977년 12월 USFK에서 보고되었다. 지난 2년간의 연구를 통해서 북한군은 한국 지형과 똑같은 실물 모형을 조성하고 훈련하고 있는 특수작전부대들과 대폭 증강된 야전포병이 전진 배치되어 있음을 밝혔다. 베시 사령관 등 주한미군 관계자들은 반색을 하였고, 베시는 국방부에 미국의 피상적인 평가로 인하여 안보정책 결정에 부정적인 영향을 미쳤음을 지적하면서 북한군의 전력에 대한 전면적인 재평가를 요구하였다. 이에 국방부는 조사인력 35명을 보강하여 광범위한 작업을 진행하였다. 1969년 이후의 각종 수집자료들을 검토한 후 1978년 중반에 놀라운 연구결과를 얻게 되었다. 북한은 1971~72년 이래 대규모의 지속적인 군비증강을 통해 약 7백 개의 대대병력을 보유하고 있는 것으로 추정되었고 전차는 10년 전에 비해 2배로, 전차와 야포도 한국군의 2배 이상이었으며, 예상보다 DMZ에 추진하여 배치되어 있었다. 병력 규모도 과거의 48만 5천 명에서 40%가 늘어난 68만 명으로 인구가 2배가 되는 한국보다 많았다. 비율로 26명당 1명으로서 현역군인으로 세계 최고의 비율이었다.[133)]

1978년 6월 14일 NSC는 DIA에서 북한군 7개 사단을 추가로 발견하였다고 브레진스키에게 보고하였다.[134)] 그리고 6월 28일 플랫은 브레진스키에게 북한군 전투력 평가와 관련하여 29일 밴스, 브라운과의 모임에서 CIA국장을 포함하여 논의할 필요성을 제기하고, 브레진스키가 서울에 방문하였을 때 베시 사령관이 북한군 전투력이 추가 발견되고 있다는 언급을 상기시켰다. 정보기관은 지금까지 알고 있는 것보다 최소 6개의 기계화사/여단을 더 식별함으로써 현재 알고 있

133) Don Oberdorfer (1997), pp. 102-103.

134) Memorandum For Zbigniew Brzezinski From Far East, "Evening Report," June 14, 1978, NSC, DDRS.

는 북한의 25개 사단이 최소 31개 사단이 된다고 밝혔다. 최종 분석은 수개월이 더 소요되나, 많은 사람들이 이 정보를 알고 있고, 이것이 누출되어 언론이나 의회에 보고될 것을 우려하면서 또한 철군 반대세력이 이 이유를 들어 반대주장을 강화할 것으로 보고하고 있다.[135] 북한군 전투력의 평가에 대한 종합적인 결과가 형태를 갖춰 나가면서 1978년도 중반에 이르러 카터 행정부의 핵심 수뇌부의 논의가 개진되었다. 그러나 백악관과 NSC에서는 전투력 재평가가 미칠 영향에 대해 행정부의 분위기를 심각하게 인식하지 못한 것으로 보였다.

1979년 1월 2일 아미 타임스紙에 북한군 전투서열에 대한 요약보고가 유출되어 보도된 이후 주요 신문들이 보도하였다. 1월 4일 오버도퍼는 북한군 전력이 기존의 25개 사단이 아니고 41개 사단의 규모에 이르고, 전차는 2천에서 2천6백대로, 지상군은 44만에서 56~60만 명 규모로 크게 증가하였다고 보도하였다. 한국정부 관리는 "우리는 당신들에게 그렇게 얘기했었다.(We told you so.)"라는 태도를 보였다고 보도하였다.[136]

이 보도는 미 의회를 포함하여 세계적으로 엄청난 파장을 일으켰다. 카터 행정부는 신속하게 대처방안을 논의하였고, 1979년 1월 7일 "PRM 45 U.S. Policy Toward Korea"의 초안이 기안되면서 북한군 전투력 재평가에 대한 대안을 검토하였다.[137] 그리고 1월 17일 국무, 국방장관과 안보보좌관의 합의 하에 북한군 전투력의 재평가에 따라 PRM 13을 검토할 것을 결정하면서 의회의 공격을 약화시키고 동맹국들의 우려를 불식시키고자 하였다.[138] 1월 22일 카터 행정부는 PRM 45를 발표하면서 한반도 군사력 균형에 대한 재판단과 한반도의 긴장을 완화시

---

135) Memorandum For Zbigniew Brzezinski From Nick Platt, "Changed Assessment of North Korean Military Capabilities," June 28, 1978, NSC, DDRS; Memorandum For Zbigniew Brzezinski From East Asia, "Weekly Report," June 15, 1978, NSC, DDRS.

136) Don Oberdorfer, "Estimate of North Korean Army Raised," The Washington Post (1977. 1. 4).

137) Draft Presidential Review Memorandum, "U.S. Policy Toward Korea," NSC, DDRS.

138) Memorandum For Zbigniew Brzezinski From Nick Platt, "Policy Toward Korea" NSC, DDRS.

킬 수 있는 외교적 방안 등을 재검토하게 되었다.[139] 철군정책은 확연히 방향을 전환하고 있었다.

글라이스틴 전 대사는 이 당시를 회고하였다. 1977년 봄 철군을 추진할 때는 소규모 미군의 철수가 가능할 것으로 생각했으나, 이후 재평가가 진행되면서 그것이 틀린 생각이었음을 알게 되었다고 한다. 이미 1978년 봄의 비공식적 연구결과로 더 이상 미지상군의 감축이 정당화될 수 없다고 생각했고 행정부의 분위기도 현저하게 변했다는 소식에 카터 대통령은 점차 고립되어 갔다고 하였다.[140]

미 행정부가 철군을 일방적인 정치적 논리로 추진하자, 군부에서는 군사적 억제의 관점에서 북한군 재평가 작업을 통하여 논리적, 구체적으로 저항하였다. 양국의 정치 관계는 악화되었음에도 불구하고 군사적 안보파트너십은 견고하게 지속되었다. 그리고 군사적 억제에 대한 미 군부의 인식은 주한미군 철군에 대한 손실의 감수에 있어서도 지속적인 군사적 개입을 강구하는데 주목하였다.

2. 손실의 감수: 재전개/재투사 계획을 통한 군사적 개입

미 군부는 미 지상군의 철군정책의 추진에 대하여 군사적 수준에서 감수할 위협에 대해서 어떠한 입장을 갖고 있었는가? 이에 대해서 미 군부는 철군을 하는 기간, 그리고 철군 이후에도 유사시 주한미군을 어떻게 재전개(Redeployment Planning)하고 재투사(Reentry Plan)할 것인지에 주목하였다. 이에 따라 미 군부는 재전개 계획과 연계된 과제들은 무엇이고, 군부는 이러한 과제들을 어떻게 조치할 것인가 연구하고자 하였다.

미 군부는 철군하기 위해서는 한반도의 안정과 억제가 유지되어야 한다는 확

139) PRM/NSC 45, "U.S. Policy Toward Korea," (Jan 22, 1979) http//www.jimmycarter library.org/documents/pddirectives/pres_directive.phtml(검색일: 2009. 7. 1).

140) 글라이스틴 (1999), p. 55.

고한 인식을 견지하고 있었다. 이를 위해서 미지상군이 철군하는 시점에 한국군이 그런 능력을 구비할 수 있어야 하였다. 그리고 주한미지상군이 철수하더라도 미군 잔류병력이 남게 되는데 어떠한 병력이 어느 규모로 어떠한 목적 하에서 잔류하게 되는가를 결정하여야 했다. 해·공군만이 남는 것인가? 육군은 남을 수 없는가? 주한미군 예하 주요 작전부대들, EUSA, 한미 1군단, 2사단 사령부, 그리고 JSA 중대 등은 언제 해체하고 철군할 것인가? 철군 이후 군수지원은 어떻게 할 것인가? 철수한 이후 미 지상군은 한반도에 대해 재투사 계획을 발전시켜야 하는가? 이러한 과제들은 미 지상군을 철군하기 위해서 반드시 고려되어야 할 과제들로서 철군 및 이후 한반도에서의 억제와 긴밀히 연관되어 있었다.

카터 행정부는 철군 정책결정 과정에서 충분한 검토와 고려를 거치지 않았듯이, 추진 과정에서도 대내외적인 저항으로 조직적이고 체계적이지 못하였다. 구체적으로 철군을 이행해야 하는 군부에서는 철군과 관련한 일정과 시기 등에 대해 완성된 계획을 제시할 수 없었다. 1977년 6월 한국에서 한미 합동실무위원회의 철군후속조치를 논의하는 과정에서 한측 대표가 장비의 인수인계와 관련하여 1, 2차 철군 부대의 구성을 질문하자, 미국대표인 번즈 중장은 "워싱톤으로부터 답을 얻을 때까지 알 수 없다. 우리도 그 문제 때문에 싸우고 있다."고 답변하면서 시간의 부족과 할 일이 많음을 강조하였다.[141] 이러한 상황은 1978년 초 1차 철군계획이 수정되면서 1978년도 말까지, 그리고 최종 철군이 취소될 때까지 해소되지 않았다.

그렇다면 미국의 군부지도자들은 이 과제들을 어떻게 인식하고 조치하였는가? 미국의 군부지도자들은 카터 행정부가 개입을 회피하고자 하였던 인식과는 달리 최대한 군사적 개입을 유지하고자 하였다. 왜냐하면 군부지도자들은 한반도의 안보상황에 대해 확연히 다른 위협인식을 갖고 있었기 때문에 이의 대응도

141) "SCM Steering Group(연합사 기참부 실무참고자료,77. 6 추정)," p.10, 연합사 역사자료실.

정치적 입장과는 달랐다.

먼저 PACOM에서는 미지상군을 철군하면서 한반도의 잔류부대 규모 및 지상군 포함 여부, 그리고 추가 고려해야 할 요소들에 대해서 문제를 제기하였다. 이에 대해 합참, PACOM, 그리고 USFK는 토의를 거쳐서 다음과 같이 결정하였다. 1977년도 검토 결과에 의하면 잔류 병력은 6천 명 규모로서 여기에는 지상군 지원 병력과 각 기능별 지원 병력을 포함하도록 고려하였다. 그리고 UNC/USFK 및 연합사령부의 사령부 요원들은 6천 명의 인가 인원 외에 별도로 책정하여 잔류시켜야 할 것이라고 태평양 사령관은 강조하였다.[142] 그러나 1978년도의 자료에 잔류병력의 규모는 공개되지 않았으나 태평양 사령관이 거듭 강조한 점은 평시의 소요만 충족하지 말고 전시의 확대를 고려해야 한다는 점이었다. 그리고 주한미군사가 1978년 2월에 판단한 잔류병력 규모를 현실적이라고 평가하였다.[143]

두 번째로 합참에서는 USFK 예하의 주요 작전사령부와 JSA 중대의 철수 여부와 시기를 고심하였다. 이에 대해 태평양사령관과 주한미군사령관은 한국인의 마음속에 EUSA와 2사단은 미국의 개입에 대한 상징으로 남아 있기에 2사단의 마지막 작전부대들이 철수할 때까지 존속하여야 하며, 한미 1군단도 마지막 철군 이전까지 해체되지 말아야 할 것이라고 강조하였다. 그러나 JSA 중대는 철군 이후에도 주둔해야 한다고 주장하고 있다. 그 이유로는 중대 규모 자체가 막강한 힘을 갖고 있어서 북한의 침략을 억제하는 것은 아니지만, DMZ로부터 미군 전력이 완전히 이탈하게 되면 북한에게 미국의 결의와 지원을 의심하게 하고, 또한 JSA 중대가 철수하면 한국군이 JSA를 담당해야 하는데 한국군은 정전협정의 서명국이 아니므로 임무수행에 제한이 될 것이라고 판단하였다.[144]

세 번째로 미 합참은 탄약, 물자, 수송 등 한반도 방위를 지원하는 군수지원 문

142) *CINCPAC History of 1977*, pp. 48-49.

143) *CINCPAC History of 1978*, pp. 52-53.

144) CINCPAC History of 1977, pp. 49-50.

제를 제기하였다. 태평양 사령관은 명확하게 전방방어개념을 충족시킬 수 있도록 군수지원이 계획되어야 할 것을 건의하였다.

네 번째로 주한미군사령관은 재전개 계획을 추진할 때 주한미군이 한반도 개입을 반대하는 여론이나 언론의 집중공격을 받게 될 것에 대한 대책을 제기하였다. 태평양 사령관은 한반도의 평화와 미국의 이익을 지키기 위해서는 미국의 군인이 한반도에서 전쟁수행과 억제능력을 유지해야 한다는 사실을 강력히 홍보하도록 건의해야 한다고 하였다.[145)]

다섯 번째로 합참은 재투사 계획에 대한 연구를 준비하고 있다고 하였다. 철군실시 과정에서나 철군 이후에 한반도의 안정과 억제를 유지하지 못하는 경우를 대비하여야 하였다. 그리고 이러한 재투사 계획을 행정부에서 받아들이지 않을 수도 있다는 사실도 인식해야 한다고 하였다. 그러나 어떤 경우에도 한국군이 완전히 준비되어 있을 때까지는 미군이 억제를 위한 행동을 수행해야 하고 아울러 미 2사단(-)를 철군시켜서는 안 된다고 태평양 사령관은 강조하고 있다.[146)]

그리고 합참은 77년 8월 국방부가 "Defense Guidance FY 80-84"의 초안을 작업하고 있는데 재투사 계획의 추진과 관련하여 USFK의 의견을 요구하였다. USFK는 재투사 계획은 두 가지 경우를 고려할 것을 건의하였다. 첫째는 3차 철군(미 2사단의 2개 여단이 잔류한 상태)이 있기 이전이고, 둘째는 3차 철군이 완료되고 잔류부대만 있는 경우였다. 태평양 사령관도 국방부 계획에 재투사 계획을 반영할 것을 건의하였다. 이에 따라서 국방부는 12월 22일 "1976 Defense Guidance"를 수정하여 재투사 계획을 수립한다는 문구를 반영하였다.[147)]

미국의 군부지도자들은 철군이 발표된 1977년도에 앞에서 제기한 과제들을 통하여 지속적으로 군사적 개입을 유지하고 억제에 유의하였다. 카터 행정부의

145) *Ibid.*, pp. 51-52.

146) *Ibid.*, pp. 52-54.

147) *Ibid.*, p. 54.

철군 계획이 표류하는 상태에서 군부는 행정부의 정책 의도와는 달리 제반 군사적 방책을 대비하면서 적극적으로 개입해야 한다는 입장을 견지하고 있었다. 특히 1977년도는 행정부의 철군의지가 매우 높아 미 군부에서는 군사적 개입을 유지할 수 있는 대책에 대해 심도 깊게 검토하였음을 1977년도 PACOM의 부대사 내용을 통해서 확인할 수 있었다.

이와 같이 미 군부의 재전개/재투사 계획은 철군이 중지됨에 따라서 검토 수준에서 종결되었지만, 이러한 계획 검토 과정을 통해서 미 군부지도자들이 확고한 개입을 유지하고자 하였음을 알 수 있겠다. 군부지도자들은 세력균형의 불안정이나 북한의 군사적인 위협을 인식하면서 본능적이고 직업적인 사명감을 외면할 수 없었을 것이다. 이러한 위협의 인식은 철군 보완조치나 연합군사령부 창설에 군부의 역량을 결집시키게 만들었다.

손실의 감수에 있어서 미 군부는 미 지상군 철군에 따른 재전개나 재투입 계획을 준비하면서 기꺼이 군사적 위협을 대비하여 개입하고자 하였다. 미 행정부가 정치적으로 개입을 회피하고자 한 반면에, 미 군부지도자들은 북한의 군사력 증강과 도발에 대한 억제를 바탕으로 행정부의 의지에 반하여 군사적 개입을 지속하려는 제반 조치를 강구하고자 하였다.

3. 수행전략의 공조: Acceptable Risk와 군부의 저항

수행전략에서 미 군부지도자들은 카터행정부의 철군에 대한 우려와 반대를 공개적으로 고수하면서 한국과 한국군의 인식에 동조하였다. 미 군부는 한반도의 미 지상군 철군을 Acceptable Risk라고 정의하였는데, 이와 관련하여 미 군부지도자들이 보인 행태에 대해 주목하고자 한다.

한미 군부의 안보파트너십은 양국의 위기 상황에서 부각되었다. 미국이 인식한 한국군의 "Security Partnership"이라는 용어는 1977년 9월 경 NSC 보고서에서 나타났다. 당시 박동선의 증인 문제로 한미 관계가 악화되어가자 한국 군부가 "안보파트너십"에 미칠 잠재적 위협을 느끼고, 미국의 안보개입이 약화되지 않도록 박 대통령에게 압력을 보내고 있다고 하였다.[148] 미 군부는 한반도에서 전쟁을 막고 한미동맹에 대한 불안, 즉 안보파트너십을 깨뜨리지 않고자 하였을 것이다. 미 군부의 안보파트너십은 카터 행정부의 철군에 반대하면서 명확하게 표출된 것이 아닌가 생각한다.

미 군부도 카터의 철군정책을 우려하면서 최초부터 명확하게 반대 의견을 다양한 형태로 표출하였다. 싱글러브 파문 시에는 문민통제의 원칙을 어겼다는 일부의 비난도 있었으나, 대부분의 군부지도자들은 정치적 관계가 악화되는 가운데서도 안보파트너십을 복원시키는 역할을 하였다.

문민통제에 충실한 집단인 미 군부는 군사적 관점에서 한국과 입장을 같이하면서 행정부의 결정에 저항하였다. 정권확보를 위해 무력을 사용하는 쿠데타나 반란은 아니었으나, 매우 광범위한 형태로 조직적, 합법적으로 행정부의 안보정책을 비판하였고, 이런 기도와 관련하여 심지어 백악관으로부터 조사를 받고 의회로부터 정보제공을 요청받기도 하였다.

행정부 정책에 반대하는 군부의 움직임은 언론으로서는 반가운 호재거리였을 것이다. 싱글러브 소장의 항명 파동은 군부의 반대와 철군의 문제점을 확산시키는 첫 번째 계기가 되었다. 군부지도자들은 공식석상에서 문민통제의 원칙에 따라 대통령의 철군 정책에 대해서 보완조치의 지원으로 한반도의 세력균형과 안정을 해치지 않고 철군을 이행할 수 있다는 입장을 견지하였다. 그러나 실제로 의회 증언 내용 등을 꼼꼼히 되짚어 보면 사실상 동의하지 않으면서 대부분 의례적인 답변이었음을 알 수 있다.

로저스 육군참모총장이 1977년 7월 의회에서 최초 철군정책 수립 과정에 대

---

148) Memorandum For Zbigniew Brzezinski From Mike Armacost, "Seoul and Pak Tong-sun," September 13, 1977, NSC, DDRS.

해 증언한 내용이 언론에 보도되면서 파장을 낳았다. 언론에 보도된 제목 자체가 "합참의장이 철군을 반대," "합참의장의 철군안 거부" 등 군부의 반발로 부각되었다. PRM 13에 대한 합참안은 5년에 걸쳐 상황에 따라 1982년 9월 30일까지 2사단의 ⅓규모인 7천 명이 철군하는 단계적 부분 철군안이었다. 그러나 5월 5일 카터의 최종 철군안 PD 12는 33,000명 규모로 지시되었다. 로저스는 "우리가 선택할 수 있는 것은 이미 채택되어 있는 한 방안이었다."고 하였다. 그리고 철군 소감을 묻는 질문에 대해 "현재 상태에서의 위험보다는 훨씬 큰 위험을 갖고 있다." 고 하면서, 그러나 만약 미국이 한국을 지원하고 태평양에 계속 남아 있다면, "그 위험은 수용할만한 위험(Acceptable Risk)"이라고 답변하였다. 이어서 시행된 합참의장 청문회에서 브라운 합참의장은 Acceptable Risk의 정의를 묻는 질문에 "약간은(slightly) 전쟁위험이 증가할 것이나, 계획된 방법으로 철군이 진행되면 이는 통제(control)할 수 있다는 뜻이다."로 답변하였다.[149] 청문회를 주관한 스트래튼(Samuel S. Stratten) 하원군사위원장조차도 "군사지도자들의 철군에 대한 두려움을 확인"하였고, 행정부가 철군을 추진하기 위해서는 쉽지 않은 의원들과 제복을 입은 군인들과 타협해야 할 것"이라고 술회하였다.[150] 스트래튼은 민주당이면서 철군정책을 반대하였고 이후 1978년 4월에는 소위원회에서 주한미군은 남북한이 평화협정을 맺을 때까지 2사단 병력은 2만6천명 이상으로 2개의 완편 여단 및 사령부가 주둔하며, 의회의 대한군사원조안 승인이 없이는 행정부가 일방적으로 미군을 철군시킬 수 없다는 수정안을 발의해 통과시키며 행정부를 압박했다.[151]

---

149) 외무부 전문(발신 주미대사, 수신 외무장관, 1977. 7. 14), 「주한미군 철수(감축): 미국 의회에서의 논의, 1977, 전3권, V.2 6-7월」, MF, 롤번호 2007-26, 파일번호 13 (프레임번호 1-284), 외교사료관.

150) Don Oberdorfer, "Joint Chiefs' Korea Plan Was Denied," The Washington Post (Jul 14, 1977); "Army Head Says Service Chiefs Opposed Plan for Korea Pullout," The New York Times (Jul 14, 1977).

151) Memorandum For Zbigniew Brzezinski From East Asia, "Weekly Report," April 27, 1978, NSC, DDRS; "Hill Unit Votes to Require Carter To Leave Troops in South Korea," The Washington Post (April 27, 1978).

여기서 Acceptable risk라는 용어는 군부지도자들의 부정적인 입장을 은폐하고 있다. 군사전략은 위협분석을 통해서 최선의 방책을 추구한다. 군사적 수준에서 한반도의 개입은 전쟁을 억제하는 것이다. 주한미군의 철군은 전쟁 억제에서 실패를 할 수 있다는 위험을 감수하는 전략을 선택하는 것이기에 군부로서는 상식적인 방책으로 받아들일 수 없었을 것이다.

군부에서는 철군정책을 집행하면서 합참이나 USFK 등 야전부대의 의견을 최대한 반영하고자 하였다. 최초 철군방안의 수립 과정에서 국방부는 1977년 5월 한국 정부와 협상하기 위해서 PD 12의 지침보다 완화된 수정안을 카터에게 보고하였을 때 NSC는 "잠재적 불복종"(potential non-compliance)으로 지적하였었다. 그리고 1978년도 1차 철군안 수정 시에도 국무부와 함께 1~2년 연기안을 주장하는 등 소극적인 입장이었다.

군부지도자들은 주한미지상군 철군을 반대하기 위해서 막후에서 항명에 가까운 적극적인 활동을 벌였다. 먼저 주한미군사령관이었던 베시 장군은 1977년 5월 19일 당시 중앙정보부장 김재규와 비밀접촉을 자청하여 철군정책에 대한 대응방안을 박 대통령에게 제기하였다. 이는 당시 김부장의 특별보좌관이었던 이동복 전의원의 증언으로 밝혀졌다. 당시는 5월 말 미국에서 하비브 국무차관과 브라운 합참의장이 방문하여 미 철군안에 대해 한국과 협조하려던 시점이다. 이 만남은 김 정보부장의 특별보좌관 이동복에게 USFK 하우스만 보좌관의 연락에 의해서 이뤄지게 되었다.

베시 사령관은 서두에 자신의 임무는 미국 정부에만 봉사하는 것이 아니고 한미 양국 정부에 함께 봉사하는 것이라고 언급하면서, 김 정보부장에게 자신의 제안을 박 대통령에게 보고해 주기를 바라며, 동시에 각별한 보안조치를 요구하였다. 그가 제안한 요지는 카터의 철군정책이 너무나 현실과 괴리된 것이고 전쟁을 유발하는 잘못된 정책이기에 철군정책이 이행되지 않을 것이나, 이행될 경우를 대비하여 사전 보완조치를 강력히 요구하여야 한다는 것이었다. 보완조치를 요구하는 이유는 첫째로 보완조치의 강구가 비용 면에서 주한미군을 계속 유지하는 것보다 비싼 것으로 만들어 철군을 저지하게 만들고, 두 번째로는 그럼에도 불구하고 철군이 이행된다면 신뢰성 있는 보완조치를 강구하여 철수 후에도 전쟁 억지력이 유지되도록 하는 것이었다.[152] 미국의 육군대장이 약소국 한국을 위해 그러한 제안을 한다는 것은 동맹국 한국의 입장에서는 진정으로 고마운 일이었다. 한미 간의 군사적 관계가 매우 견고함을 상징하는 것이기도 하였다.

이 제의는 즉각 박 대통령에게 보고되었고, 5월 말 하비브 차관과 합참의장의 방한 협상에서 이행된 것으로 보인다. 하비브 차관이 복귀 후 주미한국대사가 회담결과를 묻자 매우 사무적이고 유익한 회담(Reasonable, Right tone, Right note)이었고, 이견이 없었으며 박대통령은 지극히 현실적(Sensible)이었다는 만족스런 소감을 밝혔다. 오히려 군사적 입장에서 너무 구체적이었다고 하였다.[153] 한국 측의 협상태도를 짐작할 수 있는 발언이었다. 베시 사령관과 막후에서 합의한 전략을 적용하였음을 추측할 수 있게 해 준다. 한국의 이러한 협상 전략은 7월 SCM에서도 동일하게 이어졌다. 철군이 가져온 파장과는 달리 의외로 5월과 7월의 협상이 수월하게 진행된 이면에는 한국 측의 현실적 협상 태도와 반응 때문이었다. 박 대통령은 당시 미국의 의도에 실망하고 지극히 현실적으로 대응하고자 하였으며, 베시 사령관의 제안은 그러한 자신의 입장과도 부합하였던 것이다.

두 번째로 미 행정부 내에서 군부의 조직적이고 합법적인 철군 반대활동이 행정부의 철군정책에 부정적인 영향을 줌으로써 행정부나 의회에서 문제가 된 사례도 있다. 사건의 발단은 1977년 6월 27일 하원 스트래튼 군사소위원회에서

---

152) 이동복, "베시 사령관, 카터에 항명하고 박정희를 도와 주한미군철수 계획을 좌절시키다!." 『월간조선』 2001년 7월호; 베시 장군의 제안은 보고서로 작성되어 김재규 중정부장에 의해 박 대통령에게 바로 보고되었다고 하였다. 이동복의 증언 (2009. 1. 4).

153) 외무부 전문(발신 주미대사, 수신 외무장관, 1977. 6. 3); 외무부 전문(발신 주미대사, 수신 외무장관, 1977. 6. 10), 「주한미군 철수(감축): 한·미국(행정부) 간 협의, 1977, 전 7권, V. 4 5-6월」, MF, 롤번호 2007-27, 파일번호 9 (프레임번호 1-154), 외교사료관.

합참이나 국방부 관계자들이 정치적으로 민감한 1, 2급 비밀을 공개한 것이다. NSC 보고에 의하면 베시 사령관의 철군 건의, 군사지원 등의 비밀들은 행정부에서 결정되지 않은 사항들로서, 이를 공개한 의도는 이를 노출함으로써 철군을 반대하는 군사적 사실로서 기정사실화하려는 의도로 보여 진다는 점이다. NSC는 이에 대해서 매우 화가 나 있었다. 그리고 베시로부터 합참까지 비밀루트(Back Channel)가 있는 것으로 추정하면서 브라운 합참의장에게 백악관과 사전 조율 없이 이러한 비밀루트를 사용하는 의도를 확인할 것을 건의하고 있다.[154] 7월 14일 브라운 합참의장의 의회 증언에서 비밀루트(Back Channel Traffic)에 대한 질문이 있었다. 브라운 의장은 철군과 관련하여 주한미군사와 의견교환 협의가 있었고 "개인적"인 것이므로 제출하기 곤란하다고 답변하였다.[155]

스트래튼 소위원회에서는 비밀루트 정보를 요구하였다. 이에 대해 국방부가 어떻게 대응할 것인지 NSC에서 논의되었다. NSC는 아무런 대응을 하지 않는 것으로 결론을 짓고, 소위원회에서 소환을 요구하게 되면 국방부는 정보보호를 위해 행정권(Executive Privilege)을 발동하여 비밀을 보호하는 방안까지를 검토하였다. 정보의 공개로 인해 국가이익에 위해를 줄 수 있기 때문이었다.[156] 비밀루트 정보의 공개요구와 관련된 소란으로 합참 등 군부에서 의회의 정보요구에 대해 철군정책에 반하는, 확정되지도 않았고 공개하지 않아도 될 1, 2급 정보까지도 보고하려 하였다는 사실이 확인되었다. NSC는 이 사건의 노출이 가져 올 파장을 고

154) Memorandum For Zbigniew Brzezinski From Mike Armacost, "DOD Transmission to the Congress of JCS Recommendations Concerning Korean Troop Withdrawals," June 29, 1977, NSC, DDRS.

155) 외무부 전문(발신 주미대사, 수신 외무장관, 1977 .7. 14), 「주한미군 철수(감축): 미국 의회에서의 논의, 1977, 전 3권, V.2 6-7월」, MF, 롤번호 2007-26, 파일번호 13 (프레임번호 1-284), 외교사료관.

156) Memorandum For Robert Lipshutz From Brzezinski, "Options for Dealing with Stratton Subcommittee's Request for Back Channel Messages with Respect to the Korean Troop Withdrawal," August 3, 1977,The White House, DDRS; Memorandum For JohnKester From Robert Lipshutz, Margaret Mckenna "Stratton Subcommittee's Request for Korean Back Channel Messages," August 12, 1977, The White House, DDRS.

려하여 의회의 요구에 반응하지 않는 선으로 수습한 것으로 보인다. 합참의 지나친 정보 공개는 철군의 문제점을 의회에 확산하여 철군을 방해하려는 의도로 추정할 수 있을 것이다. 이것도 군부가 합법을 가장한 조직적인 저항이었다.

미 군부지도자들은 문민통제의 원칙에 충실하여야 함에도 불구하고 철군정책에 대해 직간접적으로 반대하면서 심지어 한국 정부와 공조하기까지 하였다. 싱글러브 파동으로 어수선한 상황에서 1977년 5월 말 카터 대통령은 한국을 방문하는 브라운 합참의장에게 베시 사령관이 Dutch Uncle(꾸중과 잔소리 하는 사람)이 되어 미국의 대한정책에 대한 비평을 자제할 것을 강조하였다.[157] 그러나 베시 사령관은 자신의 행동을 양국 정부에 봉사하는 것으로 이해하고 철군에 반대하였다. 미 군부의 저항은 군사적 안보파트너십의 발현이었다. 군부지도자들의 공유된 인식은 연합사령부의 창설이라는 한미 연합방위체제의 제도화로 발전하였다.

한미 군부지도자들은 주한미지상군의 철군정책에 대한 반대를 통해서 수행전략에서 공고하게 공조하였다. 그러나 카터 행정부에서 억제에 대한 안보파트너십은 한미 양국의 군부뿐만 아니라, 미 의회, 행정부 관료, 그리고 일본 등 우방국들과도 폭넓게 공유되었다.

카터 행정부 초기 군사적 수준의 안보파트너십은 닉슨 행정부보다 전체적으로 높은 공유를 보였다. 양국의 가치체계나 이익에 있어 봉쇄정책은 지속적으로 영향을 미쳤다. 위협의 인식에 있어서 비록 중국은 배제되었으나, 소련의 팽창과 북한의 군사력 증강에 대해 공유하였다. 손실의 감수에 있어서 미 군부는 전방전개전략의 틀 내에서 철군의 후속조치로 유사시 재전개나 재투사 계획을 준비할 것을 행정부의 반대를 예상하면서도 감수하고자 하였다. 그리고 수행전략의 공조에 있어서 미 군부는 문민통제의 원칙에도 불구하고 비현실적인 철군정책의 반

157) Memorandum For The President From Zbigniew Brzezinski, "Your Meeting with General Brownd and Phil Habib," May 20, 1977, NSC, DDRS.

대에 공고히 공조하였다.

제3절 소극적 보호-현실적 자주의 안보파트너십으로의 변화

〈표 5-4〉 카터 행정부 초기(1977~78)의 안보파트너십 형성

	정치적 수준		군사적 수준	
	미국	한국	미국	한국
유형	소극적 보호 - 현실적 자주			
가치체계·국가이익	• 인권을 국가 이익으로 포함 • 인권과안보 등 제정책 연계 • 세계전략 차원 안보이익 치중(유럽 우선/아시아 경시)	• 국가이익에 인권포함 보류 (우선순위) • 인권과 제정책 연계 반대 • 국지적 안보 이익 관심 요구(우선순위)	• 소련팽창 억제 • 북한 억제	• 북한 억제
	이 견		공 유	
위협인식	• 아시아/동북아 위협 낮게 평가 -중·소 경쟁 지속 -동아시아 상황 미국에 유리 -한국의 국력과 군사력 신장	• 동북아 정세의 불확실성 • 한반도 군사력 균형 불안정	• 공산세력 불신 • 북한 군사력이 한국보다 우세 • 북한의 지속적 도발 대처	• 북한 군사력이 한국보다 우세 • 북한의 지속적 도발
	이 견		공 유	
손실감수	• 제한적 지원 및 개입과 회피의 혼란 -도서방위 전략 전환 시도	• 국가자율성회복 움직임(핵 무장 논란) • 작전통제권 행사 참가 요구	• 군사적 개입 준비(재전개/재투사 계획 추진)	• 작 전 통 제 권 제한
	이 견		공 유	
전략공조	• 지상군 완전철군 * 내부적 이견 • 3자 회담	• 철군-보완조치 타협* 자주국방 지원 • 북한을 협상대상으로 미인정	• 비현실적 철군 정책 반대/저항 • 전방 전개 전략 추구	• 선보완 조치 요구 • 미군 개입 지속
	타 협		공 유	
종합	전체적 이견(일부 정치적 타협) * 미국의 소극적 개입		전체적 공유 * 억제 지속	

카터행정부 초기에도 안보파트너십은 군사주도형으로 계속 지속되었다. 그러나 이 시기 안보동맹에서 나타난 안보파트너십의 현실형은 미국의 소극적(passive) 보호와 한국의 현실적(sensible) 자주로 정의하고자 한다.

미국은 인권 및 지상군 완전철군 정책 등을 통하여 정치적으로 소극적 개입을 하고자 하였으나, 군사적 수준에서는 지속적인 봉쇄정책이 유지되면서 억제에 대해 더욱 공고히 공유하고자 하였다. 한국은 닉슨 독트린에 이어진 미국의 개입 회피나 이탈의 우려로 현실적 자주국방을 선택하게 되었다. 따라서 이 시기의 한미 안보파트너십은 정치적 수준에서는 크게 이견을 보인 반면에 군사적 수준에서는 더욱 공고하게 형성되었다.

안보파트너십의 분석요소별 내용이다. 먼저 안보파트너십의 첫 번째 요소인 가치체계나 국가이익이다. 정치적인 수준에서 미국은 인권이라는 요소를 새로운 가치로 제시하면서 국가이익으로 포함하였고, 이를 동맹국에게도 요구하였다. 또한 안보전략 차원에서 유럽 우선의 안보이익에 치중하면서 한반도의 국지적인 안보에 대해서는 낮게 평가하였다. 한국은 인권이라는 가치보다 안보를 우선시하면서 인권과 안보가 병행될 수 없다는 반응을 보이며 미국과 대립하였다. 또한 미국이 한반도의 국지적인 안보이익에 대한 관심이 약화되는 것을 불안하게 생각하였다. 그러나 군사적 관계에서 미국의 군부지도자, 관료 및 의회 등에서는 동북아의 안정을 통하여 소련의 지속적인 팽창과 북한을 억제하는 것이 미국의 국가이익에 중요하다고 인식하였고, 한국은 안전보장을 위해 지속적으로 북한을 억제하고자 추구함으로써 상호 공고한 관계를 유지할 수 있었다.

두 번째로 위협의 인식이다. 정치적으로 미국은 아시아나 동북아에서의 위협을 심각하게 평가하지 않았다. 중·소의 경쟁이 지속되는 등 미래의 상황이 미국에게 유리하게 전개될 것으로 고려하였고, 특히 한국의 국력과 군사력의 신장으로 한반도가 국지적인 위협에 처하더라도 미국의 부분적인 지원을 통해 한국이 감당할 수 있을 것으로 가정하였다. 그러나 한국은 동북아 정세가 갖는 역사적 불확실성 속에서 안보의 불안을 느끼며 미국의 인식에 동의하지 않았다.

군사적 안보파트너십은 무엇보다도 안보의 위협에 대한 두려움을 기반으로 한다. 군사적으로 양국의 군부지도자들은 공산세력의 의도를 불신하면서, 소련의 팽창과 북한의 지속적인 도발 의지를 억제하고자 하였다. 로저스 미 육군참모총장의 의회 증언을 듣고 스트래튼 하원군사위원장은 미 군사지도자들이 한반도의 철군에 따른 군사적 위협을 우려하고 있다고 평가하였다. 북한의 위협에 대해서는 북한 군사력에 대한 재평가가 가시화되면서 한반도의 군사력 불균형과 불안정에 대한 억제가 광범위하게 공유되면서 철군 계획을 취소시키는 결정적 계기가 되었다.

세 번째로 손실의 감수이다. 한국은 미국이 한반도에 확고한 개입을 요구하면서 국가자율성이나 작전통제권의 양여를 감수하고자 하였다. 미국은 박 대통령이 미국의 회피나 이탈을 가장 두려워하고 있다고 인식하고 있었다. 그러나 정치적으로 카터 행정부는 개입을 회피하고자 하였으나 아시아에 대한 개입이 갖는 전략적 이익의 포기에 대한 국내외 여론의 압박과 한반도의 군사적 억제에 대한 요구로 인하여 개입과 회피 사이에서 우왕좌왕하는 모습을 보였다. 집권 초기 개입을 회피하고자 도서방위전략으로의 전환을 시도하기도 하였다. 비대칭 동맹국인 한국은 미국의 한반도에 대한 개입의지가 약화되자 국가자율성을 회복하려는 움직임을 보였고, 이는 핵 무장의 논란을 다시 야기시키면서 양국의 갈등을 조장시켰다. 그리고 주한미지상군의 철군에 따라 작전통제권의 반환 및 공동 참여를 요구함으로써 연합방위체제의 형성에 영향을 미쳤다.

군사적 수준에서 미국의 철군정책이 조직적, 체계적으로 추진되지 못하는 상황에서 미 군부지도자들은 재전개 및 재투사 계획 등을 자체적으로 검토하며 군사적 개입을 지속하고자 하였다. 이 계획들은 정치적으로 철군 일정이 완전히 수립되지 않은 상태에서 추진되었다. 동시에 미 군부는 지상군 철수로 인한 비대칭성의 약화를 받아들이면서, 한국의 요구에 따라 한반도의 방어에 있어서 작전통제권의 공동행사를 추진하였다. 비대칭성의 변화에 따라 정치적으로는 갈등을 유발한 반면, 군사적으로는 상호작전 운용성을 체계화하는 제도화의 발전에 기여하였다.

네 번째는 전략의 공조이다. 미국의 일방적 철군 요구에 한국은 보완조치의 강구를 조건으로 현실적으로 타협하였다. 그러나 미국은 외부적으로 크게 표출되지는 않았으나 철군을 추진하는 카터 대통령 및 핵심 측근과 반대하는 대부분의 관료들로 내부적 이견을 보였다. 반대하는 관료들은 이후 북한 군사력의 재평가 결과가 사실로 나타나자 군사적 억제 논리에 따라 철군을 반대하게 되었다. 그리고 미국은 대북한 정책을 통해서 철군 여건을 조성하고 강화하기 위한 한 방법으로서 3자회담을 추진하였다. 그러나 미국과 단독 교섭을 고집하는 북한의 반대와 북한을 진정성 있는 협상대상자로 인정하지 않는 한국의 반대로 성과가 없었고 오히려 한미 간의 이견만을 확인하였다. 한국은 닉슨 행정부와의 학습경험에 따른 교훈으로 미국과 철군 보완조치에 대한 현실적 타협으로 자주국방을 추진하였다.

그러나 군사적으로 미 군부지도자들은 비현실적인 철군정책을 적극적으로 반대하면서 조직적, 지속적으로 저항하였다. 문민통제에 충실한 미 군부지도자들의 이러한 행태는 이례적인 현상이었다. 또한 한반도에서 전방전개전략을 유지하는 것이 미국의 국가이익이라는 입장을 견지하였다. 한국은 철군 보완조치의 강구를 위해 미 군부와 협조하면서, 최대한 미군의 개입을 지속시키고자 하였고, 보완조치의 일환으로 연합군사령부의 창설은 군부 간의 협조 속에서 순조롭게 추진될 수 있었다.

이처럼 카터 행정부의 한미안보파트너십은 닉슨-포드 행정부와 같은 군사주도형이었으나 현실적으로는 다르게 형성되었다. 또한 정치·군사적 수준의 안보파트너십의 행위자들도 차이를 보였다. 카터 행정부 초기 정치적인 안보파트너십에 영향을 미친 행위자들은 카터 대통령 개인과 핵심 측근 그리고 이에 복종하는 정치적 관료조직이었다. 그리고 카터 대통령이 그 중심에 있었다. 오버도퍼 기자와 글라이스틴 前NSC 참모/주한미대사의 증언을 통해서 오직 대통령의 권위로부터 지시된 명령을 수행해야만 하는 행정부 관료들에 의해서 철군정책이 추진되었음을 확인할 수 있었다.

그리고 군사적 수준의 안보파트너십 형성에 영향을 미친 행위자는 당사국인 양국의 군부였으나, 광범위한 동조 및 지원 세력이 이들을 받쳐주었다. 양국은 군사적인 가치를 공동기반으로 하여 공고히 결속하였고, 미 군부는 조직적이고 지속적으로 행정부의 철군정책에 저항하였다. 미 행정부 내에서도 국방부를 위시로 하여, 국무부 등 대부분의 관료들은 철군정책에 대해 반대 내지는 심각한 고려를 주장하였다. 또한 민주당이 절대 우세를 점하던 의회에서 조차도 일부 진보적 의원을 제외하고 대다수의 여야 의원들이 철군에 부정적이었다. 그리고 미국의 최우방국인 일본의 우려나 한반도에서의 이탈을 아시아로부터의 이탈로 받아들이고 놀라움과 두려움을 공유한 아시아 국가들도 큰 영향을 미쳤다.

소극적 보호-현실적 자주의 안보파트너십은 유엔군 주도의 한반도 방위체제를 연합방위체제로 변화하도록 영향을 미쳤다. 다음 절에서는 정치적 수준에서의 이견과 군사적 수준에서의 공고한 안보파트너십이 연합작전체제의 형성에 각각 어떻게 영향을 미쳤는지를 고찰할 것이다.

제4절 안보동맹의 제도화

카터 행정부 초기의 소극적 보호-현실적 자주의 안보파트너십은 연합방위체제의 형성에 영향을 미쳤다. 한미 연합군사령부의 창설은 한미 양국이 주한미지상군의 완전철군 협상과정에서 보완적 조치에 대한 합의를 통해서 실현되었다.

한미 연합군사령부의 창설은 정치적 갈등에 반하여 군사적 협조의 강화 속에서 이뤄졌다. 이에 따라서 한미 안보파트너십의 영향으로 한미 연합방위체제가 발전하게 되는 과정을 고찰할 것이다. 정치·군사적으로 연합군사령부의 창설 논의 과정을 통하여 양국의 개입에 대한 안보규범이 강화되고 상호작전 운용성이 체계화되는 과정에 주목할 것이다.

1. 개입의 강화: 한국의 연합군사령부 창설 요구와 합의

CFC는 선택적 보호-강요된 자주의 안보파트너십의 영향으로 창설되었다. 그러나 이는 한미 안보동맹을 공고하게 강화시키는 결과로 나타났다. 먼저 정치적 수준에서 미지상군의 철군과 인권의 강요로 양국은 전체적으로 이견을 보였으나, 철군 보완조치에 대해서는 양국은 현실적으로 타협하였다. 카터 행정부는 개입과 회피의 사이에서 혼란을 보이며 한국에 대한 개입 의지를 국내외적으로 시위할 필요가 있었다. 따라서 한국이 요구한 연합군사령부의 창설에 쉽게 합의하였다. 또한 군사적 수준에서는 봉쇄정책의 기조 하에서 북한의 군사력 증강과 도발에 대한 억제에 합의하면서 강력한 연합방위체제를 형성하고자 하였다. 본 항에서는 CFC의 창설 과정에 대한 정치적 논의와 군부 주도로 추진되는 과정을 고찰할 것이다.

가. 한미 양국의 정치·군사적 입장과 논의 과정

카터 행정부의 일방적인 철군정책에 대해 한미 양국은 보완조치를 강구하면서 연합군사령부의 창설에 대해 정치·군사적으로 논의를 전개해 가는 과정을 추적할 것이다.

한미 안보동맹에서 연합군사령부(Combined Forces Command) 창설로의 제도화는 최초에는 정치적인 차원에서 제기되었으나, 이후 군사적 수준의 억제의 요구에 의하여 이루어졌다. 먼저 1974년 미국이 UNC를 해체하고 연합사령부(Combined

Command)로의 전환을 검토하였을 때 한국도 전체적으로 동의하였으나 UN에서의 상황 변화 등에 따라 추가 진척이 유보되었다. 그러나 1977년도에는 한국 측이 먼저 연합사령부의 창설을 요구하고, 미국이 이에 동의하면서 연합군사령부(CFC)는 창설될 수 있었다.

UNC의 작전통제권을 연합사령부로 전환하는 문제와 관련하여서는 닉슨-포드 행정부에서 양국 간 논의 속에서 이루어졌다. 한미 간에는 정치외교 및 군사적으로 폭넓은 협의가 진행되었다. 먼저 1974년 4월 하비브 주한미대사와 김 외무장관은 NSDM 251(1974.3.29)의 적용방안에 대한 의견교환을 하였다.[158] 김 장관은 주한미군이 주둔한다는 전제 하에 UNC의 해체를 받아들이면서도, UNC라는 명분이 없이 한국정부가 한국군의 작전통제권을 지정된 미군사령관에게 전환함에 따른 정치적이고 심리적인 문제에 대해서는 신중한 입장을 피력하였었다. 이후 한국은 1974년 5월 1일 기본입장을 통해 연합사령부의 상부기구로서 군사위원회(Military Committee Meeting)를 설치하고 연합사령관과 연합사의 작전통제를 받는 한미 양국군 부대목록을 합의 하에 결정하며 지속적으로 협의할 것을 제의하였다.[159] 이에 대해 미측은 1975년 5월 28일 상당한 미군이 주둔하는 한 미군 대장을 사령관으로 임명하고, 미군은 전시에 제공하고, MC 운영에 대해서는 추가 검토를 고려할 것을 제의하였다.[160]

그리고 1975년 말 태평양사령관은 서종철 장관과 다음과 같이 협의하였다. 당시 유엔사령관의 의견은 UNC를 해체하고 연합사로 대체하는 것이었다. 그러나 서 장관은 UNC가 계속 존속하면서 형식적인 정전업무를 수행하고, 연합작전

---

158) Telegram from Amembassy SEOUL to SECSTATE, "Discussion with FONMIN on UN Command," April 18, 1974, folder: NSDM-251, box H-246, NSC H-files, Nixon Materials, National Archives II. 4장 4절을 참조.

159) 국방부 군사편찬연구소, 『한미군사관계사: 1871~2002』(2002), p. 595.

160) *Ibid.*, pp. 595-596.

기구를 연합사로 조기에 전환하기를 원하면서, 연합사에 대한 요구사항은 한미가 NATO에서와 같이 동등한 권한을 행사하며, 연합사의 작전통제권에는 한국군 작전부대는 물론 미군의 작전부대에게도 동일하게 적용될 것을 주장하였다. 태평양사령관은 이에 공감하였다. 이후 1975년 11월 UN 총회에서 자유, 공산측 안이 동시에 통과되는 상황이 벌어졌다. 1975년 말까지 한국이 유엔군사령관, 미 육군, 그리고 미 합참까지 합의한 방안은 MC의 통제를 받는 연합사를 창설하는 것이었다.[161)]

그리고 1976년 5월 14일 박 대통령은 9차 SCM에서 연합사의 지휘체제에 대한 한측 안을 제시하였다. 소수의 주한미군 장성이 한국군을 일방적으로 작전통제 하는 것은 모순이므로 한국군의 적극적인 참여가 필요하고, 베트남과 같은 별개의 지휘체제가 미군의 철수를 용이하게 하여 공산화를 촉진했으며, 필요한 경우 연합사의 해체는 미군 철수 결정 후에도 최소한 1년간의 소요시간이 필요하다고 제안하였다. 이러한 박 대통령의 요구에 대해 한미 양측은 상당한 수준의 미군이 주둔하는 한 사령관은 미군 장성으로 하며, 군사위원회는 NATO형으로 하고, 미군에 대한 작전통제는 미국 내 절차에 따른 유보사항이나 양해사항으로 하도록 합의하였다.[162)]

그리고 정치권 차원이 아닌 한미 군사지도자들 간에 연합작전체제를 발전시키고자 하는 논의도 지속되었다. 1976년 8월 18일 판문점 도끼만행사건은 한미 연합작전의 중요성에 대해서 미군이 다시 한 번 인식하는 사건이었다. 이 사건을 처리한 이후 스틸웰 사령관은 박 대통령의 전폭적인 지원으로 문제가 된 미루나무를 절단한 폴 번연 작전(Operation Paul Bunyan)[163)]을 성공적으로 완수할 수 있었다고

161) *CINCPAC History of 1975*, pp. 101-108.

162) 국방부 군사편찬연구소, 『한미군사관계사: 1871~2002』(2002), pp. 596-598.

163) Paul Bunyan은 미 북부 및 캐나다 지역의 민화(民話)에 나오는 거인 나무꾼 영웅을 말한다.

하였다.[164] 작전 종료 이후 스틸웰 사령관은 류병현 합참본부장을 직접 만나 그간의 협력과 조언에 사의를 표하면서, 작전의 성공에 따라 한미연합체제의 발전에 합의하였다.

당시 미 합참은 1976년 3월에 최종적으로 UNC의 대체지휘기구로서 연합사령부를 창설하는 방안을 확정지은 후 국방부에 보고하면서 한국 측과 최종안을 협조하겠다고 하였으나, 국방부로부터 협의를 중지하라는 지침을 받은 상태였었다. 1976년은 미국이 대선을 치루는 해였기 때문이다.[165] 이러한 상황에서 스틸웰 사령관은 한측이 요구하는 답을 가져올 수 없었을 것이다. 스틸웰 사령관은 이후 Battle Staff 제도를 한측에 제의하였으나 한측은 이를 굴욕적 제안이라고 거부하였다. 이처럼 당시 미국은 국내적으로 대선을 치루고 있었던 시점이었고, 또한 연합사 창설은 국제적인 사안으로서 UN에서 UNC 해체 논란이 멈춰진 직후였으며, 안건의 성격상 한미 간에 국한되지 않고 공산권의 반응과도 연관성을 갖고 있었기 때문에 군부의 권한 내에서 다룰 수 있는 수준 이상이었을 것이다.

그러나 1977년도 카터 행정부가 집권한 이후에는 1974년도와 비교하였을 때 상황이 바뀌었다. 즉 한미 양국은 더 이상 UNC 해체를 고려할 필요가 없었다는 점이다. 1975년도까지 UN에서의 UNC 해체 논란은 1976년도 총회 이후 사라져 버렸기 때문이다. 따라서 연합사를 창설하려는 목적이 UNC의 대안적인(alternative) 기구가 아니라, 카터 대통령의 미지상군 철군정책의 보완적인(compensatory) 조치로서 추진되는 것이었다.[166]

이와 같이 한미 양국의 안보파트너십은 정치·군사적 수준에서 연합사의 창설

164) Conrad A. Delateur, "Murder at Panmunjom: The Role of the Theater Commander in Commander Resolution," The Senior Seminar, Twenty-Ninth Session 1986-1987, Rosslyn Virginia (United States DoD Foreign Service Institute, March 1987), p. 13.

165) *CINCPAC History of 1977*, p. 58.

166) *Ibid.*

에 영향을 미쳤다. 먼저 정치적으로 양국은 갈등에도 불구하고 연합사의 창설에 쉽게 합의하였다. 미국은 철군을 추진하면서 정치적으로 개입의지의 약화에 대한 대내외적인 반발과 전략적 이익의 손실을 인식함으로써 미국의 영향력을 과시하기 위해 아시아나 한반도에 개입을 확고히 하겠다는 공약을 표명할 필요가 있었다. 이러한 인식은 철군 보완조치의 강구에 적극적인 모습을 나타내도록 하였다. 한국은 정치적으로 미국에 대한 신뢰의 위기를 겪으면서도 미국에 대한 비판보다는 현실적인 입장에서 선보완 조치를 강구하는데 역량을 기울였다. 양국은 갈등을 내면화하면서 보완조치의 강구를 통하여 갈등을 최소화하고자 하였다.

이에 반하여 군사적 수준에서 양국은 공고히 안보파트너십을 공유하였다. 봉쇄정책의 기조 하에서 소련의 팽창을 견제하고, 북한의 군사력 증강과 지속적인 도발에 대한 억제에 대해 높은 공유를 보이면서 강력한 연합방위체제를 형성하는데 공유하였다. 이러한 배경의 하나로 미국은 한국과 한국군의 성장과 역할을 인정하고 있었다. 그리고 양국의 군부지도자들 간에 한미 1군단의 성공적 운용과 8.18 도끼만행사건 이후 미류나무절단 작전 등의 성과 등을 통해 연합작전체제의 발전에 대한 논의가 지속적으로 논의되면서 공유되어 왔었다. 특히 카터 행정부에서 양국의 군부지도자들은 물론, 미 행정부의 일부 관료들까지 포함하여 한반도의 세력균형이나 안보 위협에 대한 인식을 공유하게 되었다. 이와 같이 주한미지상군 철군에 대한 정치·군사적 수준의 안보파트너십은 보완조치의 강구 차원에서 연합군사령부의 창설에 양국이 합의하도록 영향을 미쳤다.

나. 정치적 무관여와 군사적 위임

양국의 연합군사령부 창설에 대한 합의는 카터 행정부의 개입 회피 의도에 비추어 볼 때 다소 이례적인 결과였다. 정치적으로 큰 논란이 없이 쉽게 합의되면서, 군사적 수준에서의 원만한 협의를 통해서 창설되었다. 연합사 창설은 결과적으로 안보동맹의 제도화에 있어서 정치적 개입 회피 의도와는 다르게 공고한 정치·군사적 개입(commitment)을 가져왔다.

스타인버그(David Steinberg) 교수는 미 행정부가 연합사 창설에 합의한 것은 박 대통령에 대한 통제의 목적(keep control of Park)이 있었던 것으로 추정하였다. 이러한 배경에는 철군 문제, 인권정책, 그리고 특히 한국의 핵 개발 문제가 한미 간의 첨예한 문제를 야기시키고 있었다고 회고했다.[167] 이와 관련하여 CFC의 창설에 대해 미 행정부 내부적으로 논란이 된 자료들은 확인되지 않고 있다. 없는 것인지 공개가 안 된 것인지도 확인이 되지는 않고 있다.[168] 이러한 추정이 사실이라면 이승만 행정부에서와 같이 한미 간에 정치적 긴장이 작용했다고 할 수 있다. 그러나 이승만 행정부 시기처럼 연합군사령부 창설 문제로 양국 간에 공개적인 논란이나 갈등은 없었던 점은 확실하다. 따라서 미 행정부에서 그러한 의도가 있었다면 아마 묵시적인 수준에서 취급되었거나 아직 비공개되었을 것이다.

현재로서는 카터 행정부가 정치적 수준에서 연합사의 창설에 손쉽게 합의한 배경을 세 가지로 추정해 볼 수 있다. 첫째는 좀 전에 언급한 것처럼 묵시적으로 박 대통령에 대한 통제를 염두에 두었기 때문이라는 점이다. 둘째로는 지상군 철군에 목적을 두고 미 행정부가 연합사의 창설을 정치적인 타협의 수단으로 허용하면서 국내외적으로 한미 안보동맹의 결속을 정치적으로 시위하고자 했을 가능성이다. 이러한 추측은 NSC의 논의과정을 통해서 실제 확인이 되고 있다. 셋째로는 카터 행정부가 정치-군사 전략의 일관성을 상실하는 과오를 범했다는 점이다. 카터 행정부는 미 지상군 철군과 관련하여 닉슨 행정부에서처럼 정치·군사적으로 심도 깊은 토의를 거치지 않았기 때문에, CFC의 창설이 초래할 결과에 대해서도 구체적인 검토가 부족하였을 것이다. 따라서 CFC의 창설이 가져오는 개입

---

167) 미조지타운대학교의 남북한 전문가인 David Steiberg의 견해이다.(2009. 9. 23).

168) 이에 대해 조지타운대학교 Victor Cha 교수는 "증거가 없는 것이 증거가 있는 것이다."고 중립적으로 언급을 하였다. (2009. 10. 2).

의 강화라는 상반된 전략적 결과를 예측하지 못했다는 실수를 범했을 수도 있다. 현재로서는 이러한 세 가지 추정 모두가 부분적으로 타당성을 갖고 있다고 추정할 수 있다. 만약 이러한 세 가지의 배경에 의해서 CFC의 창설이 결정되었다면, 정치적인 걸림돌이 없는 상태에서 구체적인 추진은 양국의 군부에 위임되어 추진되었다는 일반론이 가능할 것이다.

〈표 5-5〉 한미 연합군사령부(CFC) 창설 협의 과정

구 분	시 기	내 용	부 서
닉슨 - 포드 행정부	**1974. 3. 29**	**NSDM 251 UNC 해체**	**미 NSC**
	1976.3	**연합사령부(CC) 창설안 보고 (이후 보류)**	**미 합참→국방부**
카터 행정부	1977.1.26	PRM 13 한국	미 NSC
	1977.2	**한국측, 연합사령부 창설 제의**	**한→미**
	1977.봄	미 국방장관, 연합사 창설 검토	미 합참
	1977.5.11	미, UNC와 별도 연합사 창설 건의	미 합참
	1977.5.24-27	**한미 연합사 창설 사실상 합의 (브라운 의장, 하비브 차관 방한)**	**한·미**
	1977.6.9	브라운장관, 한국과 협조 지시	미 합참
	1977.610-24	한·미 합동실무위원회	한·미
	1977.7.21	미 합참안 확정	미 합참→국방부
	1977.7.25-26	**10차 SCM, 연합사 창설 합의(서울)**	**한·미**
	1977.8.15	국방장관, 미 합참 건의안 승인	미 국방부
	1977.9.20	미 합참, 한국측 협상안 완성	미 합참
	1977.12.13	연합군사령부(CFC) 창설안 건의	한·미
	1978.4.21	78년 말 1차 철군 규모 축소	미
	1978.7.26-27	**11차 SCM(창설안 합의, 전략지시 1호)**	**한·미**
	1978.11.7	**한미연합군사령부 창설식(용산)**	**한·미**

출처: *CINCPAC Command History 1977*; *CINCPAC Command History 1978*; *Annual Historical Summary Command Forces Command 1979*; DDRS 등을 종합하여 작성함.

카터 행정부 시기의 CFC 창설은 〈도표 5-5〉와 같이 닉슨-포드 행정부로부터 연계되어 진행되었다. 그러나 실무적인 수준에서 CFC 창설은 이전 닉슨-포드 행정부에서 정치적으로 합의하고, 미 합참에서 창설방안까지 검토한 수준이었기에 구체적인 실행만이 남은 상태였었다.

한국은 카터 대통령의 철군 정책이 한국에 통보된 시기인 1977년 2월 경에 미측에게 최초로 연합사령부의 창설을 요구하였다. 당시 서종철 국방장관이 베시 사령관에게 연합사령부의 창설을 제의하였다고 한다.[169] 미국은 연합사 창설 제안을 받고 정전협정의 유지와 작전통제권을 어떻게 할 것인가를 고려하였다. 먼저 정전협정에 대한 미국의 견해는 UN에서의 찬반 논의과정을 통해서 한반도의 안정을 위한 만족할만한 합의가 이뤄진다는 조건으로 UNC를 해체할 수 있다는 입장이었다.

두 번째로 작전통제권은 NSC의 논의를 통하여 군부의 입장을 대변하는 국방부나 미 합참의 견해가 받아들여졌다. 4월 27일 PRM 13 논의 시 브라운 국방장관이 카터 대통령에게 주한미지상군의 2개 여단과 사단사령부의 지연철수 방안을 제시한 이유 중에 작전통제권 문제가 고려되어 있었다. 주한미지상군의 철수는 미 4성장군인 유엔군사령관의 작전통제권의 손실을 의미하기에 한국에 대한 영향력, 공군 및 지상전투의 협조가 어려워지므로 철수 기간 중에 작전통제권을 유지할 필요성에 따라 지연철군안을 제시하였었다. [170]합참도 미군이 주둔하는 한 작전통제권을 행사해야 한다고 주장하였고, 한측은 미지상군이 철군하게 되면 작전통제권을 양보할 수 없다는 입장이었다.[171] 5월 2일 합참의 전문을 통해 미 군부의 생각을 들여다 볼 수 있다. 주한미지상군이 삭감된 이후에 한국은 기존 지휘체제를 반대할 것이기에 한국정부의 반대를 만족시키기 위해서는 연합사령부로 나가야 할 것을 고려하고 있다. 즉 정전협정을 유지하기 위해 UNC를 유지하는 것이 긴요하고, 한국군의 한국의 방위에 참여하고자 하는 욕구를 충족시키

---

169) 주한미군사 기획참모부 실무 참고 자료(연월일 미명시).

170) "National Security Council Meeting(Subject:Korea)," April 27, 1977, NSC, DDRS.

171) Memorandum For Zbigniew Brzezinski From Mike Armacost, "PRC Meeting on PRM 13, Thursday, April 21, 1977," April 20, 1977, NSC, DDRS.

면서 전투력을 운용하는 방안으로서 연합사령부의 창설을 고려하는 것이 한미의 입장에서 가장 매력적인 형태라고 강조하였다.[172)]

이와 같이 정전협정의 유지와 작전통제권이라는 두 가지 조건을 충족시키는 방안으로 미측은 UNC를 유지하면서 연합사령부를 창설하는 방안을 고려하였다. 이 방안은 한측의 견해와도 같은 것이었다. 미 합참은 작전사령부의 의견과 검토를 통하여 UNC를 존속시킨 상태에서 연합사령부를 창설하는 방안을 정식으로 1977년 5월 11일에 국방부로 건의하였다.[173)] 연합사령부의 창설에 대한 미 국방부 및 합참 등 군부에서의 결정은 매우 신속하게 이뤄졌다. 아마 그 이유는 이미 1976년까지 한미 간에 이러한 합의를 거친 상태였고, 더욱이 5월 말에 브라운 합참의장과 하비브 차관이 방한하여 미지상군 철군 협의를 하도록 되어 있었기 때문이었을 것이다.

양국이 연합사령부를 1978년 말까지 창설한다는 합의는 5월 말 미국의 특사 방한 시 사실상 이루어졌다. 5월 말 브라운 합참의장과 하비브 차관보는 카터에게 방한 계획을 보고하면서 철군에 대해 한국은 연합사령부의 창설을 요구할 것이라고 언급하였다. 미측은 북한이 정전협정을 준수한다는 확고한 약속이 있을 때까지 UNC는 유지하면서, 국방부와 국무부는 주한미지상군 철수 시까지 미군 사령관이 작전통제권을 유지하는 연합사의 창설에 대한 세부적인 토의를 준비가 하고 있다고 하였다.[174)] 한국방문 후 브라운 의장과 하비브 차관은 카터에게 한국과 연합사의 창설과 창설 시기는 1978년도 말 1차 철군 이전까지 완료하며, 구체적인 논의는 한국군과 브라운 합참의장이 함께 진행하는 것에 합의하였음을 보

---

172) Transit From JCS To DoD, "Planning Options for Korea," May 2, 1977, DoD, DDRS.

173) *CINCPAC History of 1977*, p. 58.

174) Memorandum For The President From Zbigniew Brzezinski, "Your Meeting with General Brownd and Phil Habib," May 20, 1977, NSC, DDRS.

고하였다.[175]

앞에서 언급한 것처럼 미국이 연합사령부의 창설에 왜 합의하였는지에 대한 배경의 추정이 없다면, 정치적으로 미국이 최초 지상군 철군을 결정한 목표가 무엇이었는지 의문을 가질 만하다. 카터 행정부는 자동개입을 회피하며, 전진배치 전략에서 도서방위전략으로 전환하겠다는 의도를 갖고 있으면서도, 철군 보완조치 과정에서 오히려 미국의 전략적 개입을 강화시키는 연합사령부의 창설에 대해 상당한 검토나 토의가 없이 손쉽게 합의하고, 국방부나 군부의 후속 추진에 맡겨 버렸기 때문이다. 밝혀진 자료에 의하면 NSC의 보고나 검토도 국방부의 보고 수준을 크게 벗어나지는 않고 있었다. 이 문제는 자연스럽게 군부지도자들에게 위임되어 추진되었다.

군부지도자들은 정치적 입장과는 달리 순수하게 군사적 위협에 대응하고자 하였다. 한미 안보동맹이 직면한 이른바 Acceptable Risk를 최소화하는데 골몰하였다. 정치적으로는 미 행정부가 개입을 회피하고자 한 반면에, 군사적으로 미 군부지도자들은 1977년 주한미지상군 철군계획이 결정된 이후 군사적 개입을 위한 장치를 강구하고자 하였다. 이미 언급하였듯이 미 군부는 2사단이나 한미 1군단의 해체를 최대한 늦추고, JSA 내의 1개 중대는 철군시키지 않음으로써 한반도의 억제를 깨지 않도록 해야 한다는 입장을 견지하고 있었고, 유사시 한국의 자체방어 능력과 무관하게 미지상군의 재투사 계획 등을 준비하고자 하였다. 이러한 논의들은 철군정책이 지연되면서 정치권의 무관여 속에서 실질적으로 이를 추진해야 하는 미 군부가 독자적으로 적극적으로 검토하고 준비하였던 것이다.

이처럼 연합사령부의 창설은 미 행정부가 정치적 개입 의지를 과시하고자 하는 필요에서, 양국의 군부지도자들의 원활한 합의와 협조 속에서 추진되었다. 이

---

175) Memorandum To The President From General S. Brownd and Philip Habib, "Troop Withdrawal From Korea," May 28, 1977, DoD, DDRS.

와 같이 카터 행정부 초기 주한미지상군 완전 철군정책이 추진됨으로써 정치적 관계가 악화된 상황임에도 불구하고, 군사적 안보파트너십이 공고하게 작용함으로써 연합군사령부가 창설될 수 있게 되었다.

2. 상호작전 운용성의 체계화: 연합사의 창설과 한국의 참여

한미 안보파트너십에서의 변화는 비대칭성의 완화와 작전통제권의 공동 참여에 대한 합의를 통하여 연합작전에서의 상호작전 운용성을 체계화하는 연합군사령부의 창설에 영향을 미쳤다.

한미 연합군사령부의 창설은 한국의 방위에 한국군이 동등한 입장에서 참여하게 됨을 의미한다. 1970년대 중반 이후 한미 간에 수 년간의 논란과 협의를 가져왔으나, 오히려 카터 행정부의 주한미군 철수정책이 기폭제가 되어 한국이 요구하던 연합방위체제를 구축하게 되었다. 한국전쟁 당시 이 대통령이 유엔군 사령관에게 위임하였던 한국군에 대한 작전통제권을 한미가 공동으로 행사하는 동맹의 제도화가 발전되었다.

〈그림 5–1〉 한미 연합군 사령부 지휘관계[176)]

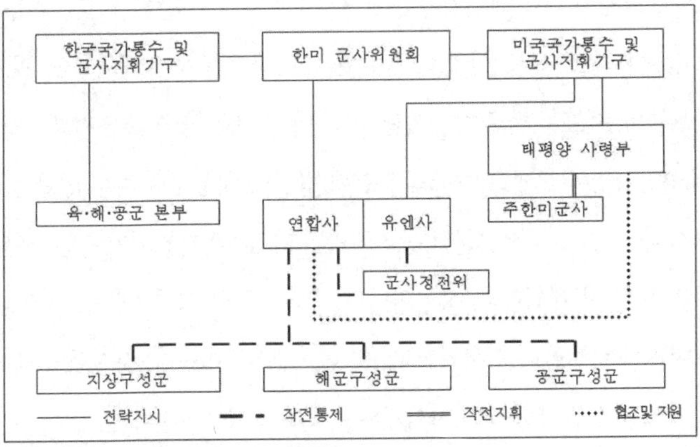

176) 서울신문사 편저, 『주한미군 30년』(서울: 행림출판사, 1979), p. 404.

연합군사령부는 공식적으로 1977년 7월 25~26일 서울에서 양국의 국방장관이 참석한 가운데 10차 SCM에서의 합의를 통해서 창설하게 되었다. 그리고 양국 간의 구체적인 협의를 거쳐서 1978년 7월 26~27일 샌디에고에서 11차 SCM을 통하여 한미연합사 창설 관련약정(TOR: Terms of Reference)에 합의하였다. 그리고 SCM 다음날인 7월 28일 1차 군사위원회 본회의(MCM)를 개최하고 전략지시 1호(Strategic Directive No.1)를 하달하면서 연합군사령부의 창설을 지시하였다.

관련약정(TOR)이란 군사위원회(MC : Military Committee) 및 한·미연합군사령부(CFC)의 성격을 규정하는 문서이다. 주요 내용은 MCM과 CFC의 임무, 기능, 편성 등을 포함하면서 UNC와 CFC의 관계를 정립하였다. UNC는 정전협정의 준수만을 담당하고 필요시 연합사령관의 지원을 요구할 수 있다. 연합사령관은 유엔사령관의 작전통제권을 위임받아 한국에 대한 방어 임무를 수행하는 것이다. UNC는 휴전협정의 당사자로서 남고, UNC의 모든 기능과 권한은 CFC로 전환된 것이다.

그리고 MC는 양국의 국가통수 및 군사지휘기구의 전략지침 또는 SCM의 결정사항에 관한 전략지시와 임무를 발전시켜 연합군사령관에게 전달하며, 한·미 국가통수 및 군사지휘기구와 연합군사령관 간의 의사소통을 원활히 할 수 있도록 중간역할을 담당해오고 있다. MC는 양국의 국가통수 및 군사지휘기구로부터 부여받은 전략지시 및 작전지침을 연합군사령관에게 부여하는 기관이며, 본회의(MCM)와 상설회의로 구분되어 있다. MCM은 SCM과 동시에 개최되며, 필요시 별도로 개최한다. 대표는 한국 합참의장, 미국 합참의장, 한국 합참 전략기획참모본부장, 태평양사령관 그리고 양국의 통합된 방위 노력을 대표하는 연합군 사령관으로 구성되어 있다. 군사위원회 상설회의는 MCM이 개최되지 않는 기간에, 어느 일방의 요청 시 개최한다. 상설회의의 구성은 한국 합참의장, 그리고 미 합참의장을 대리하는 주한미군 선임장교(연합사령관)로 이루어진다. 상설회의 대표의 보고 및 의사소통은 통상 자국의 지휘계통을 통하여 이루어진다.

따라서 UNC 주도의 한반도 방위체제에서는 미 대통령으로부터 미 합참의장을 경유하여 유엔군사령관이 한국군을 작전통제 하였으나, 연합방위체제에서는 한미 대통령의 전략지침을 받은 군사위원회의 전략지시를 연합군사령관이 받아서 한·미군을 작전통제 하는 체제로 바뀐 것이다. 전략지시는 연합사령관과 CFC에 작전지침 및 전략지시를 제공한다. 전략지시 1호는 1978년 11월 17일 CFC 창설을 지시하면서, 연합사령관에게 한국 방어의 책임을 부여하고 특히 수도 서울 방어의 중요성을 강조하고 있으며, 전·평시 CFC와 예하 구성군의 지휘관계를 명시하고, 전·평시 제공되는 한·미군 작전통제부대 목록을 하달하고, 군수지원은 자국의 책임임을 명시하고 있다. 따라서 전략지시 1호에 CFC는 한반도 방위를 위한 작전계획의 수립, 연합연습 실시, 기타 제반 임무를 수행하게 된 것이다.

〈그림 5-2〉 한미 연합군 사령부 조직도[177)]

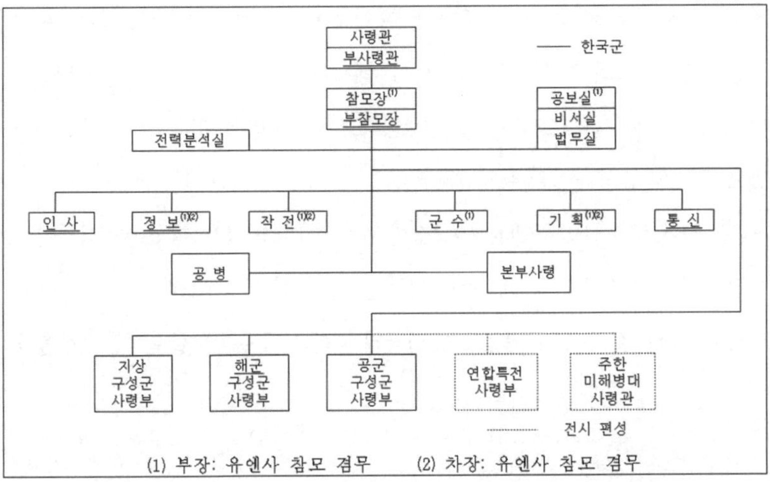

1978년 10월 23일 MC는 1978년 11월 7일 00:01시부로 연합군 사령부를 서

177) USFK 8th Army Annual Historical Report 1978, p. 20을 참조하여 구성군사령부와 한국군 참모를 추가 표기하였다.

울 용산에 창설하고, 11차 SCM에서 합의된 권한위임사항에 따라 부여된 임무를 수행하도록 지시하였다.[178] 연합사는 한미가 NATO와 같은 동등한 권한을 행사한다는 측면에서 양국군의 참모를 원칙적으로 1:1로 편성하였고, 1개의 직책에는 반드시 한미 장교가 정·부 임무를 수행하도록 하였다. 이러한 기준에 따라 1978년도 11월 7일 500여 명의 한·미 장교, 사병 및 군무원으로 편성된 연합군사령부가 창설되었다. 개략적으로 평시에는 한측이 280여명, 미측이 220여명으로 한측이 다소 많게 편성되었다.[179]

또한 UNC는 CFC의 창설로 정전협정의 임무만 수행하게 되고, 대부분의 조직이 CFC로 전환됨에 따라 일부 인원은 CFC의 참모가 겸직을 하도록 편성되었다. 참모장, 정보참모부장/차장, 작전참모부장/차장, 군수참모부장, 기획참모부장/차장, 공보참모 등이 여기에 해당된다. 정참부장, 작참차장, 기참차장 등 한국군 장군을 UNC 참모로 지정함에 있어 한미 간 논란이 되었으나, 베시 사령관은 한국전쟁 당시 UN의 결의를 근거로 하여 유엔사령관으로서 한국의 방위를 위해 한미 장교를 UNC 참모로 지정할 권한이 있다고 주장하면서 한국 측의 양해를 구하였고, CFC의 창설과 동시에 지명하였다.[180]

CFC의 창설은 한미 동맹의 역사에 새로운 전기가 되었다. 한국이 미국과 안보동맹을 통해서 얻고자 하였던 안보 개입을 유지시킴으로써 보다 더 억제력을 유지하고 강화시킬 수 있게 되었으며, 한국의 국력과 군사력의 실질적인 성장을 인

178) K/US CFC Activation Order To Designee, ROK/US CINC (October 23, 1978), 연합사 역사자료실. 1978년 11월 7일 CFC는 11차 SCM/1차 MCM 등을 근거로 초대사령관으로 존 베시 대장을 임명하는 "각서 1호 지휘권 인수"를 하달하면서, 베시 사령관은 "창설명령 1,2,3호"를 통하여 지상구성군 사령부, 해군구성군사령부, 공군구성군사령부의 창설을 지시하였다. MEMORANDUM NUMBER 1 "Assumption of Command,"; PERMANENTORDERS 1, PERMANENTORDERS 2, PERMANENTORDERS 3(November7,1978), 연합사 역사자료실.

179) Memorandum for the Commander In Chief, Pacific, "ROK/US Combined Forces Command, Appendix B," (May 23, 1978), The Joint Chief of Staff, 연합사 역사자료실.

180) Letter from General Vessey to General Kim, Chong Hwan, "Designation of Certain CFC Staff Members to Serve on UNC Staff." (January 16, 1978); "Designation of Certain CFC Members to Serve on UNC Staff," (November 7, 1978), 연합사 역사자료실.

정받음으로써 작전통제권을 공동으로 행사하면서, 또한 연합업무를 통해서 세계 최고의 군대인 미군의 기획과 전략, 전쟁연습 등 소프트웨어뿐만 아니라 시스템 등의 하드웨어를 포함하는 제반 전쟁수행능력을 가까이서 경험하고 벤치마킹함으로써 이후 한국군의 실질적인 전투력 발전에 획기적인 계기를 주는 것이었다. 그리고 무엇보다도 한미 간의 군사적 유대관계를 더욱 공고히 할 수 있는 매개체가 되었다.

카터 행정부 초기 안보파트너십과 안보동맹의 제도화의 관계를 이전 행정부에서와 같이 "안보파트너십이 정치적 수준에서는 낮더라도 군사적 수준에서 높으면 군사적 억제를 위한 안보동맹의 제도화 수준은 높아질 것이다."는 〈가설 II〉 군사주도 모형을 적용하여 검증하였다. 지금까지의 연구를 통해 카터 행정부 초기의 안보파트너십은 소극적(passive) 보호와 한국의 현실적(sensible) 자주로 변화하면서 군사적 수준의 안보파트너십의 작용으로 한미연합방위체제의 형성에 영향을 미쳤음을 규명하였다.

한미 연합방위체제의 제도화는 현존하는 안보동맹의 제도화에 있어서 최고의 수준으로 체계화되었다고 평가할 수 있겠다. 먼저 카터 행정부 초기 미국은 개입을 회피 내지는 약화하고자 함으로써 정치적 갈등을 겪으며 안보파트너십은 낮아졌으나, 연합사의 창설로 인하여 양국의 안보동맹의 개입에 대한 안보규범은 이후 공고하게 제도화되는 결과를 가져 왔다.

또한 양국의 연합작전체제에서 상호작전 운용성이 체계화되는 발전을 가져왔다. 양국의 군부지도자들은 유엔군 주도의 한반도 방위체제의 문제점으로부터 연합작전체제로의 발전을 위해 많은 노력을 경주해 왔었다. 또한 한미 양국은 한국의 국력과 군사력의 신장을 바탕으로 한국(군)이 한국의 방위에 미국(군)과 공동으로 참여할 수 있게 됨으로써 상호작전 운용성을 구현할 수 있게 된 것이다. 1978년 11월 7일 한미연합군사령부(CFC)의 창설로 한미 안보동맹은 새로운 차원으로 제도화되면 동맹의 결속력과 전쟁억제력을 획기적으로 제고시키게 되었다.

결론 : 안보파트너십의 정치군사학

제1절 한미 안보파트너십의 역동성

동맹 관계에서 발생하는 다양한 현상을 모두 일관성 있게 설명해 줄 수 있는 이론이란 사실상 비현실적이다. 한미동맹은 이른바 성공한 동맹이라는 일반적인 평가에도 불구하고 내부적으로 갈등과 협조가 공존해 왔었다. 어느 국면에서 일방적으로 한미 관계가 좋거나 나쁘다고 일반화해 온 기존의 설명 방식의 유용성은 한계가 있다. 특히 1970년대 한미 안보동맹은 분명히 양국의 관계에서 새로운 변화를 보여 주었고 그 과정에서 동적인 갈등과 협력이 공존하였다. 이 책에서는 1953년 한미 안보동맹의 결성 이후 특히 1970년대 한미 안보동맹에서 나타난 첨예한 정치적 갈등에도 불구하고 군사적으로는 1978년도 한미연합방위체제로 제도화가 심화된 이유와 과정을 분석하고자 하였다. 이를 통해서 1970년대까지의 한미 안보파트너십의 형성과 변화가 안보동맹의 제도화에 영향을 미쳤음을 규명하고자 하였다. 한미 연합방위체제는 전 세계적인 안보동맹제도를 통틀어서 보았을 때, 정치·군사적으로 개입에 대한 안보규범을 공고히 유지하고 상호작전 운용성이 체계적으로 잘 정착된 제도라고 할 수 있겠다.

따라서 이 책에서는 안보파트너십과 안보동맹의 제도화와의 관계에 대해 안보파트너십을 독립변수로, 안보동맹의 제도화를 종속변수로 분석모형을 구성하였다. 안보파트너십은 정치·군사적 수준의 작용을 고려하여 2x2 모형으로 이론화하였다. 본 연구에서 한미 안보동맹의 안보파트너십은 1960년대 말까지는 공고형으로, 이어서 1970년대에는 군사주도형으로 변화한 것으로 보았다. 군사주도형 안보파트너십은 한미 동맹에서 나타난 이례적 현상을 이해할 수 있는 통찰력을 주었다. 그리고 제도나 제도화에 대한 정의를 구체화하고, 제도화 수준을 평가하기 위한 기준을 제시하였다. 한미 안보동맹에서 제도화의 수준은 정치·군사적 수준의 상호작용으로 개입에 대한 안보규범과 상호작전 운용성이 체계화되는 정도로 평가하였다.

본 연구는 3개의 시대로 구분하여 분석을 시도하였다. 시대별로 안보파트너십의 형성과 제도화에 미친 영향은 〈표결-1〉로 도식화하였다. 먼저 3장에서는 미국의 아이젠하워-케네디-존슨행정부 시기의 안보파트너십은 'Ⅰ 공고형'으로 양국은 정치적 및 군사적으로 '보호-의존의 안보파트너십'에 합의하면서 〈가설1〉 공고 모형을 검증하였다. 양국은 정치·군사적 수준에서 안보파트너십의 요소별로 높은 공유를 보이면서 한반도 작전에서 한국군의 지휘권이 없는 유엔군이 주도하는 한반도 방위체제로 공고히 구축되었다. 그러나 1960년대 들어서 비대칭성이 완화되면서 한국의 정치적안보협조체제의 강화 요청에 의해 1968년 국방각료회담(한미연례안보협의회의)의 정례화나 유엔군사령부 내 연합작전기획단을 편성하는 등 한반도 방위체제에 한국군이 참여할 수 있는 여건이 조성되었다.

4장에서는 닉슨-포드 행정부 시기의 안보파트너십의 변화가 동맹의 제도화에 미친 영향을 분석하였다. 안보파트너십은 정치적으로 첨예한 이견을 보였으나, 군사적으로는 전체적 공유를 보이는 'Ⅱ 군사주도형'으로 양국은 비대칭성이 약화된 '선택적 보호-강요된 자주의 안보파트너십'에 합의하였다. 안보동맹의 제도화는 〈가설 2〉 군사주도 모형을 적용하여 검증하였다.

선택적 보호-강요된 자주의 안보파트너십은 아래와 같이 형성되었다. 먼저 정치적 수준에서 미국은 닉슨 독트린을 통하여 선택적으로 개입할 것을 표방하였다. 그러나 한국은 철군과 데탕트, 추가 철군 논의, 그리고 베트남의 붕괴 등을 통해 지속적으로 미국의 개입 축소와 절약-충분의 딜레마로 인한 미국의 지원 약화로 인해 미국과 갈등을 표출하였다. 이러한 논의는 한미 동맹의 비대칭성을 약화시키면서 핵무장 논란으로 이어지며 자율성의 회복 움직임을 가져왔다. 한국은 지속적으로 미국의 보호에 의존하고자 하였으나 닉슨 독트린에 따라 조기에 자주국방을 추진할 수밖에 없었다. 또한 미국은 정치적으로 한반도의 현상유지에 유의하였다. NSC와 키신저는 추가 철군 논의의 중지 등 한반도의 안정을 깨뜨리는 급격한 상황의 변화를 견제하였다.

〈표 결-1〉 안보파트너십의 형성과 영향

구분	아이젠하워–케네디–존슨 행정부(1953~68)		닉슨–포드 행정부 (1969.1~77.1)				카터 행정부 초기 (1977.1~78)			
	정치/군사적 수준		정치적 수준		군사적 수준		정치적 수준		군사적 수준	
	미국	한국	미국	한국	미국	한국	미국	한국	미국	한국
유형	미국의 보호 - 한국의 의존		미국의 선택적 보호 - 한국의 강요된 자주				미국의 소극적 보호 - 한국의 현실적 자주			
가치체계·국가이익	공 유		이 견		공 유		이 견		공 유	
위협인식	공 유		이 견		공 유		이 견		공 유	
손실감수	공 유 (비대칭성의 완화)		이 견 (동반자 관계 변화 징후)		공 유		이 견		공 유	
수행전략	공 유(인식의 차이)		이 견 (부분적 공유)		공 유		타 협		공 유	
종합	전체적 공유 (비대칭성 완화 / 인식의 차이 노정)		전체적 이견 / 불확실성		전체적 공유		전체적 이견 (일부 정치적 타협)		전체적 공유	
	미국 개입/ 억제 유지		미국의 선택적 개입		억제 유지		미국의 소극적 개입		억제 지속	
제도화 영향	· 유엔사 주도의 한반도 방위체제 형성 · 연합작전체제 기반의 상호작전운용성 기초 구축		· 유엔사 대체 기구로 연합사 검토		· 한국군 참여 확대 * 한미1군단 · 군부의 연합 작전 체제 논의 * 연합사 창설안과 Battle Staff		· 철군 보완 조치로 연합사 창설 합의		· 군사위원회 및 연합군 사령부 창설 * 한국군 성장/ 역할 인정	

그러나 군사적 수준에서는 외교적 봉쇄를 의미하는 데탕트 하에서 양국의 군부는 지속적으로 소련의 팽창과 비록 약화되었으나 중국의 위협, 그리고 북한의 위협을 억제하고자 하였다. 특히 미군 지휘관들은 수도 서울을 확보하고 단기간

에 전쟁을 종결하는 적극적, 공세적인 작전계획을 주도적으로 발전시키며 군사적 억제를 공고히 하였다. 이러한 와중에서 홀링스워스 장군은 미 행정부와 조율되지 않은 작전계획 5027-76을 언론에 보도함으로써 전역조치를 받았다. 이처럼 미 군부의 군사전략은 미 행정부의 선택적이고 개입을 축소하겠다는 정치전략과 조응하지 않는 것이었다.

닉슨-포드 행정부에서의 안보동맹의 제도화는 연합방위체제로의 전환을 모색하고 기반을 구축하는 것으로 나타났다. 정치적으로는 UNC 해체의 대안으로 검토된 한미연합군사령부(CFC)의 창설은 1976년 유엔에서 공산권의 UNC 해체 요구가 취소되면서 유보되었다. 그러나 군사적으로 한국군에서는 미군 장성이 연합군의 대부분인 한국군을 일방적으로 지휘하면서 발생하는 지휘통제의 문제점을 지적하였다. 이에 따라 한미 군부지도자들 간에는 효과적인 한미1군단의 운용(1971~1980)[1]과 1976년 8.18 도끼만행 사건 조치 등에서 나타난 성공적인 연합작전체제의 시험 가동 등을 토대로 NATO형 연합사 창설 논의가 활발하게 추진되었다.

5장에서는 카터 행정부 초기부터 CFC가 창설되는 1978년까지 안보파트너십의 변화가 연합방위체제의 형성에 미친 영향을 분석하였다. 카터 행정부의 안보파트너십은 이전 행정부에서와 같이 'II 군사주도형'을 유지하였으나 정치적 수준의 개입에 대한 이견과 군사적 수준의 억제에 대한 공유의 정도는 더욱 높아지면서 비대칭성이 더욱 약화된 '소극적 보호-현실적 자주의 안보파트너십'으로 변화하였다. 이 장에서도 닉슨-포드 행정부와 연계선상에서 〈가설 2〉 군사주도 모형을 검증하였다.

소극적 보호-현실적 자주의 안보파트너십은 아래와 같이 형성되었다. 먼저 정

1) 한미1군단은 최초 1971년까지 한시적으로 창설되었으나, 지속되다가 1975년 해체 논의가 연기되면서 1980년 한미연합야전군사령부(Combined Forces Army; CFA)로 개편되어 1992년까지 한미 연합억제력으로 존속하였다.

치적 수준에서 카터 대통령은 제한적인 안보지원으로 개입을 회피하고자 철군정책을 고집하였다. 카터의 철군과 인권정책의 강요 등으로 미국의 개입 이탈에 대한 안보 불안은 대내외적으로 확산되었다. 그리고 양국은 정치적으로 철군의 보완조치에 타협을 하였으나, 내면적으로 이견을 보이며 갈등을 겪었다. 한국은 닉슨 행정부에서의 학습효과로 미국의 태도를 현실적으로 받아들이고 보완조치를 강구하는데 최대한 주력하면서 자주국방을 추진하였다. 양국의 비대칭성은 더욱 완화되었고, 한국은 자율성을 회복하려는 움직임 속에서 핵무장 논란이 또 다시 야기되었다.

그러나 군사적 수준에서는 군사적 억제에 대한 타당성이 한미 군부는 물론 미 의회, 행정부, 일본 등 동맹국 등을 망라하여 광범위하게 공유되었다. 먼저 위협의 인식에서 중국의 위험은 배제되었으나, 소련의 팽창과 북한 위협을 지속적으로 억제하고자 하였다. 둘째로 미 정보기관의 북한 군사력 재평가가 현실화되면서 한반도의 군사력 균형에 대한 불안이 증가되었다. 셋째로 미 군부는 철군 정책을 Acceptable Risk로 정의하면서 불만을 은폐하였다. 1977년 싱글러브 장군의 해임과 소환, 베시 사령관의 한국정부 비밀 접촉 등 행정부의 철군정책에 공개적이고 조직적으로 저항하였다. 마찬가지로 미 군부지도자들의 행태는 카터 행정부의 개입을 축소하겠다는 정치전략과 조응하지 않는 것이었다. 끝으로 미 군부에서는 미지상군이 유사시 재개입할 수 있도록 재전개나 재투입 계획을 준비하는 등 개입을 지속하고자 하였다. 카터 대통령의 정치적 논리에 의한 철군은 막을 내리고 있었다.

카터 행정부 초기의 안보동맹의 제도화는 소극적 보호-현실적 자주의 안보파트너십에 의하여 한미 연합방위체제로 발전하였다. 정치적으로 미 행정부는 아시아에 대한 개입 회피로 인하여 미국에 대한 불신이 확대됨에 따라 한반도에 대한 개입 의지를 대내외적으로 시위해야만 하였다. 군사적 수준에서는 비현실적인 철군정책에 대해 강력하게 반발하면서 북한군 군사력의 재평가에 따른 군사적 불균형과 불안정을 억제하기 위한 제반 대비책을 강구하고자 하였고, 카터 대통령의 등장 이후 1977년 초 한국군의 선제의로 추진된 연합사의 창설에 합의하기에 이르렀다.

다음으로 1970년대까지의 안보파트너십을 정치·군사적 수준과 분석요소별로 변화과정을 비교하였다. 이를 분석함으로써 차후 안보파트너십의 요소를 개발하거나 이론을 이해, 활용 및 검증하고 발전시키는데 유용한 함의를 도출해 줄 것을 기대한다. 그러나 이 비교는 당시의 한미 상황에서의 상대적인 비교임을 전제하고자 한다. 〈그림 결-1〉에서는 1960년대 말까지의 공고형 안보파트너십의 각 요소를 7점으로 부여하고 1970년대의 시기를 상대적으로 계량화하였다. 시대별 안보파트너십의 변화, 정치 및 군사적 수준의 분석, 그리고 각 요소별 공유의 정도 등을 분석할 것이다.

〈그림 결-1〉 안보파트너십 분석요소의 변화

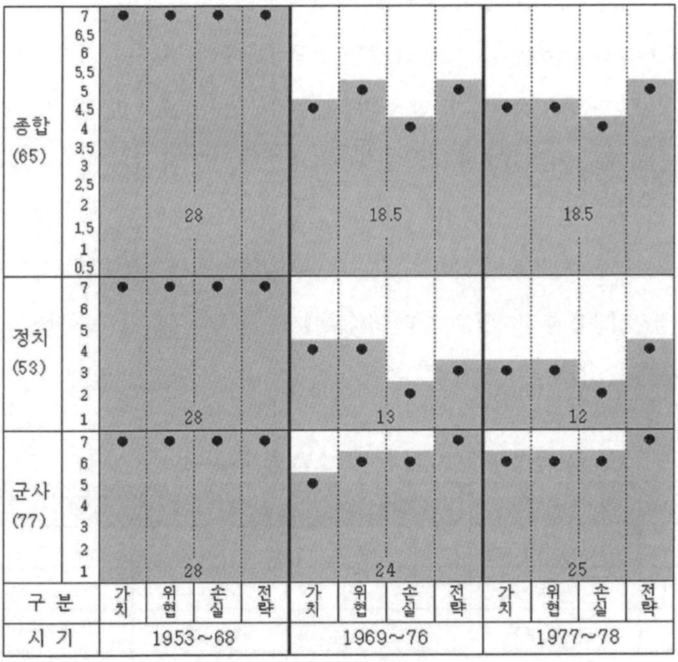

먼저 시대별 안보파트너십의 변화이다. 1970년대는 전체적으로 안보파트너십이 약화되었으나, 카터 행정부에서는 정치적 수준에서는 더욱 낮아진 반면, 군사적으로는 더욱 높아졌다. 정치적으로는 가치체계나 이익, 위협 인식에 있어서 낮아지고, 손실의 감수는 유지되었으나 전략에 있어서 카터 행정부에서는 타협을 통하여 높아졌다. 군사적으로는 억제에 대한 가치체계나 이익에 있어서 공유가 높아지면서 공고한 관계가 유지되었다.

두 번째로 군사적 수준의 안보파트너십이 제도화에 높게 영향을 미쳤다. 즉 군사적 수준(77)이 정치적 수준(53)보다 월등히 높게 공유되었다.

먼저 ⓐ 가치체계·이익에서는 정치적으로 철군 정책으로 낮았으나 카터행정부에서의 인권 정책으로 더욱 낮아졌다. 군사적으로 봉쇄정책이 지속적으로 유지되었고, 카터 행정부의 철군 정책으로 봉쇄의식이 더 강화되었다. ⓑ 위협 인식에서는 정치적으로 중국의 위협이 닉슨-포드 행정부에서 약화되고, 이후 카터 행정부에서는 배제됨으로써 낮아졌다. 그러나 군사적으로는 봉쇄정책의 기조로 지속되었고, 카터 행정부에서도 소련의 팽창, 철군정책에 대한 반발과 북한 군사력의 증강 등으로 인해 지속되었다. ⓒ 손실의 감수에서 정치적으로 미국은 연루-방기나 자원의 제약으로 절약-충분의 딜레마를 보였다. 그러나 군사적 수준에서 미군부지도자들은 1970년대 내내 적극적이고 공세적으로 개입을 지속하고자 하였다. 그리고 ⓓ 수행전략에 있어서 닉슨 행정부는 한국의 반발에도 불구하고 일방적인 철군정책을 추진하였고, 카터 행정부에서는 한국이 철군정책을 현실적으로 수용하고 타협함으로써 이전 행정부에 비해서는 원만하게 추진되었다.

〈표 결-2〉 안보파트너십 분석요소별 평가(1953~68, 69~76, 77~78년)

요 소	가치체계 이익	위협의 인식	손실의 감수	수행전략 공조
정 치	14(7, 4, 3)	14(7, 4, 3)	11(7, 2, 2)	14(7, 3, 4)
군 사	18(7, 5, 6)	19(7, 6, 6)	19(7, 6, 6)	21(7, 7, 7)
종 합	16(7, 4.5, 4.5)	16.5(7, 5, 4.5)	15(7, 4, 4)	17.5(7, 5, 5.5)

셋째로 각 요소별 분석은 다음과 같은 사항을 시사해 준다. ① 가장 높은 공유를 보여 준 요소는 수행전략(17.5)이었다. 이유는 두 가지로 분석할 수 있다. 먼저 다른 요소와 다르게 높게 나타난 수행전략은 추진과정에서 면밀히 검증되어야 함을 시사해 준다. 내부적인 이견이 노출되지 않으면서 정치적인 시위의 수준일 수 있기 때문이다. 두 번째로는 군사적으로는 높았으나 정치적으로 낮았다는 점이다. 억제로 인한 군사적 공조는 높아졌으나 정치적으로는 국내정치, 인권 등 다양한 요소의 영향을 받을 수 있음을 시사해 준다. ② 2번째로 높은 공유를 보여 준 요소는 위협의 인식(16.5)이었다. 1970년대는 봉쇄정책의 기조가 유지됨에 따라 군사적으로는 높은 공유가 가능하였다. 그러나 탈냉전 이후 상황에서는 변화가 있을 것이다. ③ 보통의 공유를 보여준 요소는 가치체계·이익(16)이다. 양극체제에서는 공고해 졌으나, 데탕트로 전환되면서 가치체계나 국가이익의 개념에 혼란이 발생되면서 완화되어 갔다. 양국 간에 인권이나 국내정치적 요소가 영향을 미침으로서 낮아졌음을 알 수 있다. 이후에도 가치체계나 국가이익의 요소는 더욱 광범위해지고 평가가 제한될 것이다. ④ 손실의 감수(15)는 가장 낮은 공유를 보였다. 특히 정치적으로 낮은 공유를 보였다. 안보동맹이 갖고 있는 방기-연루나 절약-충분의 딜레마를 시사해 준다. 한국전쟁 이전 미군 철군, 닉슨 독트린, 그리고 카터의 철군을 통해서 미국은 방기 의도를 보였다. 그리고 미국은 예산의 지원에 어려움을 겪었음을 고려해야 한다. 이 요소는 장차 안보동맹에서도 가장 큰 영향을 미칠 요소일 것이다.

〈그림 결-2〉 한미 안보동맹의 제도화 수준

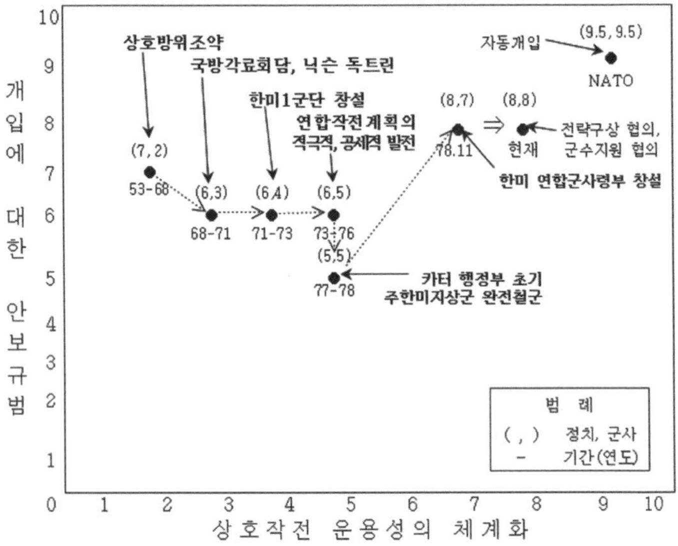

각 요소별 분석 결과이다. 먼저 각 요소별 공조가 높았던 순위는 수행전략 → 위협의 인식 → 가치체계·이익 → 손실의 감수 순이었다. 장차 안보파트너십 이론의 발전에 있어서 지속적인 검토와 보완이 필요할 것이다. 두 번째로 정치·군사적인 측면에서 볼 때 봉쇄정책의 기저가 군사적 수준의 안보파트너십의 형성에 큰 영향을 미쳤다. 군사적 수준의 안보파트너십은 국제정치 상황이나 양국의 국내사정에도 불구하고 안보동맹의 제도화를 발전시킬 수 있었다. 따라서 냉전이나 데탕트 이후의 안보파트너십에서는 정치·군사적 수준에 대한 추가적인 연구가 필요할 것이다.

다음으로 안보동맹의 제도화 수준에 대한 평가이다. 제도화의 수준은 〈그림 결-2〉와 같이 개입에 대한 안보규범과 상호작전 운용성의 체계화 정도에 따라 상대적으로 평가하였다. 제도화의 수준이 높은 예로서 미국이 자동개입을 보장하고 있는 NATO를 기준으로 개입에 대한 안보규범과 상호작전 운용성의 체계화의 수준에서 각각 9.5점 가량으로 평가하였다.

제도화의 수준은 전체적으로 상호방위조약의 체결(7, 2)로부터 카터 행정부에서의 연합군사령부의 창설 이후(8, 7)에 이르기까지 개입에 대한 안보규범은 어느 정도 높아진(7⇒8) 반면, 상호작전 운용성의 체계화는 비대칭성의 완화가 반영됨으로써 매우 높아졌다(2⇒7). 그러나 닉슨-포드-카터 행정부에서 정치적 개입에 대한 안보규범은 양국의 갈등으로 오히려 낮아지는 현상을 보였다. 정치·군사적 수준의 안보파트너십의 상호작용을 통하여 제도화 수준을 평가하고 제도화의 발전을 진단함으로써 안보파트너십의 이론화를 검증하는데 유용할 것이다.

이상과 같이 1970년대 한미 안보동맹에서 갈등과 협력이 공존하였던 이유를 설명하기 위하여 기존의 다양한 동맹이론과는 다른 접근방법을 통해 제시하였다. 안보파트너십의 유형을 통한 한미 동맹에 대한 연구는 기존의 이론들과는 다른 여러 차이점을 보여주고 있다. 방기와 연루, 그리고 안보나 자율성과 같은 고전적인 동맹이론이나 개념들을 통해서 설명해 줄 수 없는 한미 안보동맹의 딜레마들이 왜, 그리고 어떻게 전개되는지를 설명해 줄 수 있는 가능성을 보여주었다고 생각한다. 이를테면 한미 안보동맹에서 안보딜레마는 기존까지 "연루-방기의 딜레마"의 작용으로만 설명되었으나, 본 논문의 연구를 통하여 "절약-충분의 딜레마"가 동시에 작용하였음을 알 수 있었다. 한미 양국이 정치적 갈등을 겪는 과정에서 밝혀진 자료에 의하면, 구조적인 상황의 변화에도 불구하고 한미 양국은 일정 수준의 개입을 지속하고자 하였었다. 그러나 미국은 한국군 현대화 지원의 지연에서와 같이 자원의 제약으로 한국의 요구에 부합하지 못하였고 이는 안보불안으로 이어졌다. 따라서 안보파트너십의 연구에 있어서 절약-충분의 딜레마의 관점에서도 분석이 필요하고 또한 요구된다고 하겠다.

이 책의 연구를 통하여 양국의 동맹간에 표출되었던 갈등의 모습과는 달리 안보동맹의 제도화라는 협력의 산물을 가져다 준 안보파트너십의 역설적 현상을 규명하고자 노력하였다. 기존의 이론이나 접근방법들이 상대적으로 단일관점이나 비대칭동맹 상황 하에서 미국 주도의 관점으로부터 설명을 시도하였었다면,

이러한 연구는 그러한 시도들과 분명한 차이점을 보여주고 있다고 생각한다.

제2절 안보동맹 정책에서의 유용성과 적용 가능성

한미안보파트너십 연구로부터 동맹이나 한미 동맹에 대한 기존의 인식과 다른 연구결과를 얻을 수 있었다. 이미 앞에서 언급하였듯이 기존의 동맹에 대한 고전적 이론으로 설명할 수 없는 갈등과 협조가 공존하는 상황에 대한 설명을 구할 수 있었다. 그리고 이외에도 정치와 군사, 그리고 한국과 미국이라는 대표적 비대칭 관계에서 일방적인 상호작용과는 다른 양상을 식별하였다. 그리고 이 책을 통한 1970년대까지의 한미 안보동맹의 사례연구가 안보동맹의 연구에 학문적으로 기여할 수 있기를 기대한다. 한미 안보동맹에서는 물론, 미국과 동맹관계에 있는 외국의 안보동맹 사례에도 적용될 수 있다면 안보파트너십 이론의 타당성을 제고시킬 수 있을 것이다. 이 책에서는 〈가설 1〉 공고형과 〈가설 2〉 군사주도형을 중심으로 한미 안보동맹에서 나타난 안보파트너십의 모형을 연구하였다. 〈가설 4〉 쇠퇴형은 양국의 동맹이 해체되는 형태이므로 비교적 식별이 용이할 것이다. 〈가설 3〉 정치주도형은 정치적 개입은 높은 공유를 보이나 군사적 억제나 전쟁의 수행 등에 대해서는 낮은 공유를 보여 〈가설 2〉 군사주도형과 반대의 형태를 보여 매우 흥미로운 모형이다. 이 책에서는 한미 안보동맹을 통한 〈가설 2〉 군사주도형의 동맹관계에 대한 연구에 집중하였으나, 보론에서 이스라엘·미국 및 북한·중국의 안보딜레마 연구를 통해서 〈가설 3〉 정치주도형 동맹관계를 다루었다. 따라서 이 책에서의 연구를 통해 다음과 같은 안보동맹 정책에서의 유용성과 적용 가능성에 대해 생각해 보았다.

먼저 한미 안보동맹의 제도화와 발전은 후견-피후견 관계 내지는 비대칭 동맹임에도 불구하고 기존의 인식과는 달리 강대국인 미국의 일방적 영향력에 의해서가 아니고 동맹의 시작부터 한국이 선도하였다. 비대칭동맹에서 약소국은 국가자율성의 제한으로 강대국에 종속될 수밖에 없다는 일반적 인식과는 다른 현상이었다. 예를 들어 상호방위조약의 체결도 미국의 거부에 대해 이승만 대통령의 북한 공격 주장을 무마하고자 정전협정을 조건으로 추진되었다. 이처럼 한미 안보동맹은 상호방위조약의 체결부터 SCM의 정례화, 한미1군단의 창설, 그리고 CFC의 창설까지 한국의 선도적 노력에 의해서였다. 이승만 및 박정희 행정부에서 미국에 대한 도발에 가까운 대미 안보외교의 결과가 가져 온 현상이었다.

이처럼 한미동맹의 제도화에서 한국은 주로 '요구자로서 선도적인 역할'[2]을, 그리고 미국은 이에 대한 '응답자로서의 역할'을 공유한 것으로 보았다. 이처럼 한국이 선도하였고 선도할 수 있었던 이유는 다음과 같이 분석해 볼 수 있다. 첫째로 미국은 2차 대전 이후 자유권의 패권국가로서 세계적 수준의 전략에 집중할 수밖에 없었으며, 두 번째로는 한반도 지역에 대한 정보의 양에 있어서 한국에 뒤질 수밖에 없고,[3] 세 번째로는 미국은 세계전략 추진과 동맹국에 대한 통제와 안정을 목적으로 지역적 제도화를 방편으로 사용하거나 용인하였고, 넷째로 한국에게 안보는 절대적인 과제였기에 적극적이었고 국력과 군사력의 신장과 발전이 바탕이 되었기 때문이다. 한국전쟁 시 미국의 방기와 미국의 베트남에 대한 배신을 보고 과거의 전철을 되풀이하지 않고자 하였다. 그리고 끝으로 비대칭성의 점진적 완화는 상호작전 운용성의 체계화나 심화로 나타나게 되었다는 점이다. 한국이 안보동맹의 지역적인 제도화를 선도할 수 있었다는 사실은 미래 한미동맹

---

2) 2008. 11. 25 주한미군사령부 역사실장 Dr. Bernstine의 견해이다. 그 이유로는 미군이 유엔군으로서 한국군을 100% 작전통제(OPCON; Operational Control)하고 있었기 때문에 미국 측보다는 한국 측에서 먼저 요구하였을 것이라고 하였다.

3) 이동복의 인터뷰(2009. 1. 4)에 의하면, 1980~90년대까지만 하더라도 미국은 세계전략을 추진하면서 전 세계 200여개 국가의 구체적인 상황을 속속들이 파악할 수 없었다고 한다. 1991년 북핵 위기 발단 과정을 좋은 예로 제시하였다. 당시 한국의 분석관들이 '84년 미 CIA에 북한의 핵 관련 첩보를 제공했으나 '90년까지 미 CIA의 정보자산 능력의 미흡으로 무시하고 있다가 '90년 경부터 북한에 대한 재평가 작업 과정에서 북핵 위기를 식별하게 되었다고 한다.

의 발전에서도 한국이 오히려 더 많은 책임과 권한이 있음을 시사해 준다는 점이다.

다음으로 1970년대 한미 안보동맹에서 발생한 미 행정부의 정치-군사 관계의 모순과 갈등으로부터의 교훈이다. 미 행정부는 개입을 회피하고 감소하려고 하였으나 오히려 적극적, 공세적인 작전계획의 발전, 연합사의 창설과 같이 개입을 공고화하는 현상을 보였다. 이는 정치-군사 전략의 단절 혹은 정치의 군사방치 현상이었다. 개입을 회피하려는 정치전략에 조응하지 않는 군사전략은 순수이 군사적 억제라는 관점에서 추진되었다. 특히 이러한 현상이 벌어졌던 시기는 닉슨-포드 행정부에서 탁월한 외교정책으로 당대를 풍미하였던 헨리 키신저 대통령안보보좌관(1969~1975) 및 국무장관(1973~1977)이 재임하였던 시절이라 사뭇 의외라는 생각이 들었다.

미 행정부에서의 제반 정책결정에 있어서 정치-군사적 논란을 조정하는 기능은 NSC가 담당하였다고 보아야 할 것이다. 7사단의 철군 이후 주로 국방부 등에서 추가 철군 등을 제기하면서 논란을 제기하였으나, 키신저나 NSC의 중재나 조정을 통해서 정치적 안정을 유지하는 방향으로 견제가 되었다는 점이다. 그러나 NSC에서도 이러한 정치-군사의 단절현상을 조정하지 못하였다. 닉슨 독트린과 데탕트로 인한 중국 위협의 약화로 한미 재래식 연합전력이 북한의 전력보다 상대적인 군사적인 우위가 증가되었고, 대북중 대응전략은 공세적이고 적극적인 전략으로 발전할 수 있게 되었다(4장 참조). 1976년 1월 한미1군단장 홀링스워스 장군은 북한군이 남침하면 7일 내 단기결전으로 격멸이 가능하다고 언론에 보도함으로써 전역조치를 당하게 되었다. 이후 미 행정부 내에서 이에 대한 논란이 지속되었으나 작전계획 5027-76은 공식적으로 채택되었다. 중국 위협이 배제되고, 상대적으로 한국군의 전력이 현대화되며, 더구나 한미1군단의 역대 미군 사령관들은 적극적, 공세적인 전략을 추구함으로써 결과적으로 작전 지원을 위해 미군이 더 많이 개입하게 되면서 정치적으로 개입을 최소화하려는 의도와 달리 궁극적으로 정치-군사전략에서의 불일치 현상을 노출하였다.

이러한 과정을 주도하거나 내내 개입할 수 있는 직위에 재직하였던 키신저라는 걸출한 정치가조차도 이러한 혼란한 현상을 해결하지 못하였다. 아마도 세계 전략의 너무나 작은 한 부분이라고 할 수 있는 대한반도 전략이기 때문에 무시되었을 수도 있다. 어찌되었건 이로부터 정치-군사전략은 긴밀히 연계되어야 한다는 역설적인 교훈을 확인할 수 있다. 클라우제비츠의 언명처럼 통상 정치가 군사에 우선한다고 하더라도 이것이 지나쳐 정치가 일방적으로 군림하거나 혹은 군사 위주의 배타적 견해는 편중된 정책과 결과를 가져올 수 있다. 정치-군사 전략의 연계는 안보리더십의 주요한 과제이다. 정치와 군사의 조화로운 정책 운용은 정치·군사지도자들에게 부여된 학문(Science)적이고 술(Art)적인 연구를 필요로 한다.

셋째로 미 군부지도자들이 행정부 지시에 저항하는 행태로부터 문민통제에 대한 연구과제를 제기해 준다. 미국은 문민통제의 전통을 확립하고 있는 국가로 알려져 있다. 홀링스워스 장군의 현지 전역, 싱글러브 장군의 본국 소환, 그리고 베시 장군의 한국정부와의 비밀 공조 등 미 행정부의 정책 결정에 공개적으로 반대하는 행태들이 식별되었다.[4] 그리고 이후 그들이 주장한 바대로 정책이 번복되었다는 점에서 당위성의 논란을 제기해 준다.

반면에 서구식 문민통제의 전통과는 다른 한국에서 이러한 사례에 대한 연구는 발견하지 못했다. 따라서 한국 내 정치-군사 관계에서 군사적으로 중요한 결정들이 정치적인 논리로 일방적으로 결정되지는 않았는지? 이러한 결정들에 있어서 군사전문성과 역할은 어떻게 작동하였는지? 미군과 비교 시 역사적 전통과 문화적 배경이 다른 한국군에 있어서 바람직한 문민통제의 전통을 수립하기 위

4) 윤형호, "카터 행정부의 주한미군 철군정책에서의 민군관계 갈등 연구," 『군사 연구』 제136집 (2013), pp. 327-352.

한 연구가 필요할 것이다.

넷째로 한미 안보동맹의 현안과 발전에 대한 정책적 함의도 줄 수 있을 것이다. 카터 행정부 이후 현재까지의 한미 안보파트너십은 어떻게 유지되어 왔는가? 이 질문은 냉전과 데탕트 시대의 안보파트너십의 이론적 설명이 1980년대 이후의 신냉전과 탈냉전에서도 여전히 유효한가라는 질문을 포함하고 있다. 동북아에서 가장 큰 변화는 소련의 해체 이후 미국의 아시아 회귀전략과 부강한 중국의 등장이라고 하겠다. 이와 관련하여 일본의 보통국가로의 몸부림과 미일동맹의 확대를 요구하는 미국의 의도를 훨씬 앞지르는 군사적 역할의 확대, 그리고 이로 인한 파급효과가 가져 올 불안정성도 귀추가 주목된다. 더불어 불안정한 북한 문제까지 동북아에서 펼쳐지는 강대국의 역학관계는 여전히 역동적이다. 탈냉전 상황이 이미 수십년 전에 전개되었음에도 불구하고 동북아 구조가 안정적이고 평화적인 체제로 변화했다는 진단은 매우 요원하다.

박정희 행정부 이후의 안보파트너십은 지속성과 변화성을 동시에 보여 준다. 소련이 와해되는 신냉전의 과정에서 안보파트너십은 정치·군사적으로 공고하게 지속된 것으로 보인다. 전두환, 노태우, 김영삼 행정부에서의 안보파트너십은 1978년 연합방위체제를 정치적으로 공식화한 1979년 한미 동반자 관계의 선언이라는 선상에서 고찰될 수 있을 것이다.

다음으로 김대중, 노무현 행정부에서의 안보파트너십은 한국의 국력 발전과 위상의 신장에 따라 외교적으로 자주적 주도권이라는 변화를 시도하면서 지속성에도 불구하고 변화성을 두드러지게 보여 주었다. 특히 한국이 주도적으로 한미 관계의 주요한 이슈인 남북관계의 변화를 선도하고자 하였다. 이러한 변화 속에서 한미 안보동맹의 현안이 뜨겁게 달구어졌다. 이러한 시도는 2012년 전시작전통제권의 이양에 따라 연합방위체제에서 공동방위체제로의 전환으로 결정되었다.

김대중 정부를 뒤이은 참여정부에서의 전시작전통제권 이양의 정책결정과정은 이전의 한미 관계에서 나타난 현상과는 달리 분명 변화성을 크게 노출하였다. 냉전이나 데탕트 시기에는 미국의 방기에 대해 한국이 불안을 느끼고 반발하였다. 참여정부에서는 한국이 미국에 대한 연루를 회피하려는 태도를 보였고, 이에 대해 미국은 모호하고 불편한 반응을 보였다. 미 군부지도자들도 불만을 드러내면서 맥락을 같이 하였다. 2003년 4월 라포트 연합사령관은 “인계철선이라는 호칭은 미군 장병에 대한 모욕적 발언이고 파산한 개념”이라고 선언하였다. 북한에 대한 한미 양국의 인식 차이는 안보동맹의 기본적인 가치체계나 위협의 인식에서도 현저한 이견을 드러내었다. 국가원수의 리더십으로부터 용산 기지의 이전 과정 등에 이르기까지 제반 한미 관계에서 갈등들이 표출되었다. 양국의 안보파트너십은 정치·군사적 수준에서 공유보다는 이견이 확대되는 혼란한 모습을 보이면서 마치 Ⅳ형인 쇠퇴형과 유사하게 형성되었다. 한미 안보동맹에서 정치·군사적인 수준에서의 가치체계와 이익, 위협 인식, 손실의 감수, 그리고 수행전략 등에 대한 합의가 없이 안보파트너십이나 제도화에서 퇴보하고 있다는 대내외적인 평가에서 벗어나지는 못하였다.

2012년을 목표로 추진되었던 한국군 전시작전통제권의 이양 서도는 1978년 이후의 한미연합방위체제에서 한미 공동방위체제로의 전환을 의미하는 것이었다. 그러나 이후 이명박, 박근혜 정부를 거치면서 2014년 한미안보협의회의(SCM)를 통해서 한미연합방위체제는 “조건에 기초한 전시작전권 전환”으로 결정되면서 다시 원점으로 돌아갔다. 전작권은 반드시 환수되어야 하지만 현실 인식이나 추진과정, 그리고 양국의 합의 조건 등에서 궁극적으로 국민의 동의를 얻지 못하였다. 즉 안보파트너십의 변화를 이끌어 내지 못하면서 이후 양국의 관계가 오히려 공고화되는 부메랑의 역할을 한 것으로 나타났다.

한미 안보동맹의 안보파트너십은 앞으로도 지속성과 변화성을 동시에 나타내 보일 것이다. 이를테면 현 연합방위체제가 공동방위체제로 변화한다는 가정이 가능할 것이다. 조건에 기초하여 연기되어 추후에 논의될 사안이지만 공동방위체제의 제도화를 위해서 정치·군사적 수준에서 어떻게 개입에 대한 안보규범을 강화시키고 상호작전 운용성을 체계화해야 할 것인지 구체적으로 논의되어야 할 것이다. 안보파트너십의 분석요소와 정치·군사적 수준에서 안보파트너십의 발전을 고려해야 한다. 장기적으로 한미 안보동맹의 미래 발전이라는 관점에서 고려되어야 할 것이다. 국제적 환경이나 한반도 통일 등의 구조적 변화를 예측할 수 있을 것이다. 이러한 변화에 대비하여 어떠한, 그리고 어떻게 한미 안보파트너십을 구축해 나갈 것인지를 연구해야 할 것이다.

한미 안보동맹에서 군사적 안보파트너십의 작동으로 인하여 한미연합방위체제가 제도화되는 사례연구를 통해서 통상적으로 정치가 군사를 선도한다는 인식과는 달리 동맹국가 간의 군사적 논리가 갖는 당위성이 정치적 논리보다 우위에서 작동하였음을 확인할 수 있었다. 안보동맹이나 안보파트너십의 이론적 혹은 경험적 연구에 있어서 정치-군사 관계의 역동성을 통찰하는 계기가 되었지 않았나 생각한다.

동맹이론에 대하여 기존의 연루나 방기, 비대칭 등의 고전적 이론이나 개념을 고수하는 학자들에게 안보파트너십 모형에 의한 동맹의 정치군사학적인 연구에 대해 이질감을 가질 수도 있을 것이다. 그럼에도 불구하고 이 책에서의 연구결과로 갈등과 협조가 공존하는 동맹국가간의 인과관계를 설명함에 있어서 안보파트너십의 개념의 분석에 있어서 유용성을 발휘하고 적용성을 높힐 수 있다고 생각한다. 따라서 이러한 이론화 연구는 국제정치의 영역에서도 충분히 활용되고 적용될 수 있을 것으로 기대한다. 이 책에서는 한미 안보동맹을 대상으로 주로 〈가설 1〉 공고형으로 출발하여, 주로 〈가설 2〉 군사주도형 안보파트너십을 중심으로 연구하였다. 그러나 〈가설 3〉 정치주도형과 〈가설 4〉 쇠퇴형 안보파트너십에 대한 연구도 매우 흥미로울 수 있을 것이다. 실례를 든다면 과거 혹은 현재 미국과 동맹관계인 일본, 그리스, 사우디아라비아, 아프가니스탄, 이스라엘 등의 아시아, 유럽, 중동에 걸친 정치 및 군사적 수준에서의 안보파트너십에서도 한미 관계에서와 같은 갈등과 협조가 공존하는 현상이 있었다. 이외에도 중국 등 모든 나라들의 동맹관계에서도 공통적으로 연구될 수 있을 것이다. 따라서 이 책의 보론에서는 미국과 이스라엘, 그리고 중국과 북한의 안보파트너십을 〈가설 3〉 정치주도형 안보파트너십으로 설명하고자 하는 논문을 제시하였다. 이처럼 안보파트너십의 모형과 안보동맹의 제도화에 대한 연구는 그 동안 동맹을 1차원적인 분석을 통한 연구에서 갈등과 협조가 공존하는 통상적인 상황에 대한 연구로 관점을 전환시키는데 다소나마 기여할 수 있기를 기대한다.

보론
이스라엘·미국 및 북한·중국 동맹의 안보딜레마 비교 : 정치주도형 안보파트너십 모형을 중심으로[1)]

Ⅰ. 서론

동맹이라는 패러다임의 규범은 국가들 간의 공고한 관계를 동학으로 상정한다. 그러나 동맹의 규범을 고집하는 것은 국제정치에서는 무리한 주문이다. 동맹은 안보라는 군사적 측면을 포함하여 정치·경제 등에 걸친 포괄적인 연합현상으로 받아들여지기에 국가들 간의 상이한 인식에 따라 갈등과 협조를 드러낸다.[2)] 따라서 동맹을 통하여 이익이나 목적을 추구하는 안보파트너십(Security Partnership)에도 갈등은 존재한다. 안보딜레마(security dilemma in alliance politics) 이론은 동맹국 간의 갈등을 방기(abandonment)나 연루(entrapment)로 설명하고 있는 한 이론이다.[3)] 방기는 기대에 못 미침으로서, 그리고 연루는 과도하게 얽매이게 됨으로써 비롯된다. 그러나 어느 한 시점에서 동맹국 간에 방기나 연루의 갈등, 아니면 협조라는

---

1) 『국제정치논총』 제50집 5호(2010).

2) 본 논문에서 동맹은 월트의 정의처럼 "두 개 또는 그 이상의 주권국가들 간의 공식·비공식적인 안보협력 관계"라는 포괄적 개념으로 보았음. Stephen M. Walt, "Why Alliances Endure or Collapse," Survival, Vol. 39(1) (Spring 1997), p. 157; 따라서 이스라엘과 미국은 가치동맹 및 그 이상의 사실상의 동맹으로 간주함.

3) 본 논문에서 안보딜레마의 개념은 존 헤츠(John Herz)에 이어 로버트 저비스가 발전시킨 "한 국가의 안보증진 노력이 타국의 안보를 감소시키는 의도하지 않은 결과"라는 일반적인 주장보다는 글렌 스나이더의 안보동맹의 딜레마의 개념에 근거하여 분석하고자 하였음. Glenn H. Snyder, "The Security Dilemma in Alliance Politics," World Politics, Vol. 36, No. 4 (Jul., 1984), pp. 461-495; Robert Jervis, "Cooperation under the security dilemma," World Politics, Vol. 40, No. 1 (1978), pp. 167-214.

하나의 현상만이 존재하지 않는 경우는 의외로 빈번하다. 즉 정치적 수준에서는 방기(혹은 연루)의 딜레마가, 동시에 다른 군사적 수준에서는 연루(혹은 방기)의 딜레마가 공존하는 복합적인 현상을 보일 수 있다. 기존의 안보딜레마 이론은 이러한 복합적인 현상에 주목하지는 않았다.

이러한 현상을 이해하기 위해서 비대칭 동맹관계에 있는 북한과 중국, 이스라엘과 미국의 안보파트너십을 사례로 분석하고자 한다. 두 동맹은 공히 최초 공고한 동맹으로 출발하였으나, 언제부터인지 연루나 방기라는 단편적인 안보딜레마와는 다른 행태, 즉 협조와 갈등이 공존하는 현상을 보여주고 있다. 북한이나 이스라엘은 탈냉전 이후에도 국제사회의 일반적인 합의나 기대에 반하는 행태를 반복해 보여 주고 있다. 이에 대해 중국이나 미국은 국제사회의 비난에도 불구하고 UN에서의 실력 행사 등을 통해 공개적으로 비호하면서 강력한 정치적 협조관계를 과시하고 있다. 그럼에도 불구하고 그들의 내부 관계에서는 지속적으로 갈등을 보이고 있음도 사실이다. 동시에 미국이나 중국이 북한이나 이스라엘의 바램처럼 군사적 현상 변경을 지향하는데 동조할 것이라고 기대하기는 어렵다. 이처럼 비대칭 동맹 관계에서 공고한 협조와 첨예한 연루나 방기의 딜레마가 공존하는 안보파트너십을 어떻게 이해할 수 있는가?

본 논문은 북한·중국 및 이스라엘·미국의 안보파트너십에서 갈등과 협조가 공존하는 안보딜레마 현상의 논리를 분석하는데 있다. 북한은 벼랑 끝 전술을 지속하면서, 이스라엘은 영구적, 배타적인 생존을 꿈꾸면서 국제사회의 일반적인 요구나 평화적 공존을 거부하고 있다. 두 동맹의 안보파트너십은 갈등과 협조라는 안보딜레마를 동시에 보여주는 좋은 연구사례가 되고 있다. 왜 중국이나 미국은 패권국가로서 국제사회의 기대를 외면하면서 북한과 이스라엘을 비호하는데 망설이지 않는지? 북한이나 이스라엘은 어떻게 강대국을 자신들의 의도대로 붙잡아 두고 있는지? 그리고 방기와 연루라는 안보딜레마는 안보파트너십과 어떤 관계가 있는지?

이를 연구하기 위해서 안보딜레마와 안보파트너십에 대한 이론적 검토와 두 동맹의 발전과정을 분석할 것이다. 안보딜레마 이론이 보다 정교함을 갖추기 위해서는 갈등과 협조가 공존하는 현상을 설명할 수 있어야 한다. 이를 위해서 안보파트너십의 개념과 유형을 정의하고, 분석요소들의 변화에 대하여 분석하여야 한다. 강대국과 약소국 간에 갈등과 협조가 공존하는 안보파트너십의 연구는 동맹이론의 발전은 물론, 미래 북한·중국(이하 북·중) 및 이스라엘·미국(이하 이·미) 동맹의 변화에 대한 함의를 줄 수 있을 것으로 기대한다.

Ⅱ. 이론적 논의

1. 안보딜레마 이론에 대한 검토

동맹 이론에서 신뢰나 갈등은 아주 흔한 주제이다. 냉전 시기에 동맹국의 관심은 안보와 관련된 의제가 중심이 되었으나, 탈냉전 이후에는 안보 이외에도 다양한 이슈들이 복잡하게 영향을 미치고 있다. 동맹의 신뢰도가 높으면 지속성이 강화된다거나, 갈등이 높으면 파기될 가능성이 높다는 결론[4]은 너무나 당연하다. 그러나 실제 동맹의 갈등이 오직 동맹의 해체와 관련되지는 않는다. 오히려 동맹국들은 동맹의 유지에서 나타나는 갈등을 어떻게 취급해 나갈 것인지에 관심을 가진다. 그럼에도 불구하고 갈등의 진행과정에서 동맹의 해체라는 근본적인 문제가 기저에 작용한다. 이로부터 동맹의 불확실성과 불안정성에 따른 불안과 위기가 공존한다. 이는 동맹국의 안보파트너십의 형성과 변화와 안보딜레마에 영향을 미친다.

동맹국의 갈등에 대해서 스나이더(G. H. Snyder)는 동맹 형성 시에는 1차 딜레마

4) Stephen M. Walt (Spring 1997), pp. 156-179.

가, 동맹의 형성 이후에는 2차 딜레마가 단계적으로 발생한다고 하였다. 다극체제에서 동맹의 형성과 관련한 1차 안보딜레마는 수인의 딜레마를 보인다. 그러나 동맹의 유지 과정에서의 안보딜레마는 냉전 시기의 양극체제나 탈냉전 시기의 다극체제를 포함하여 상호 간의 공약이나 지지의 정도에 따라 동맹유지 가치와 이익의 비교로부터 방기나 연루를 나타난다. 특히 스나이더는 다극체제에서 안보딜레마가 심하다고 보았다. 그 이유는 안보파트너를 바꿀 수 있는 옵션이 많기 때문이라고 하였다.[5] 그러나 이러한 주장은 지정학적 변수의 고착성, 그리고 다양한 이슈에서 이견과 협조가 공존하는 동맹 관계 등과 같은 두 가지 측면에서 정교한 검토가 필요하다.

첫째로 비록 다극체제 상황이라고 하더라도 물리적으로 항구적인 지정학적인 상황은 동맹국에게 다양한 안보동맹의 옵션을 쉽게 허락해 주지 않는다는 점이다. 지정학적인 배경 하에서 잠재적인 적대국가들과의 전략적인 협조관계가 안보동맹의 옵션으로 발전할 가능성은 어렵기 때문이다. 한 예로 빅터 차(Victor Cha)는 한국과 일본이 미국을 두고 벌이는 안보딜레마를 적대적 제휴라는 관계로 분석하기도 하였으나,[6] 한·미·일 3국은 본래적으로 갖는 지정학적이고 전략적인 협조에 기반한 기존 동맹의 고착성을 여전히 지속하고 있다.

지정학적인 동맹관계의 고착성은 냉전의 종결 이후에도 냉전의 여파나 이념, 종교 등의 대결구도가 지속되는 상황에서 동맹의 자유로운 선택을 쉽게 허용해 주지는 않을 것 같다. 동북아에서 한국, 일본, 미국으로 이어지는 동맹 세력과 북한, 중국, 러시아로 이어지는 동맹 세력 간의 대결 구도는 여전히 유효하다. 그리고 중동에서도 이념이나 역사성 등에서 비롯되는 이스라엘이나 미국과 아랍이나 비동맹 세력 간의 대립 구도는 여전히 지속되고 있다.

5) Glenn H. Snyder (Jul., 1984), pp. 461-495.

6) Victor D. Cha, Alignment Despite Antagonism: the United States-Korea-Japan Security Triangle (Stanford: Stanford University Press, 1999).

두 번째로 스나이더의 연루-방기의 딜레마는 한 이슈와 관련하여서는 비교적 명료한 분석을 가능하게 해 주나, 다양한 이슈들에 있어서 갈등과 협조가 상반되게 존재하는 보다 복잡한 상황에서는 새로운 분석의 틀을 필요로 한다. 이미 언급하였듯이 탈냉전 이후에 동맹국들은 다양한 이슈들에 걸쳐서 동맹유지의 가치와 이익에 대한 복잡한 계산을 한다.

통상적인 동맹에서는 정치와 군사적 수준에서 일관된 갈등이나 협조로 나타나는 안보딜레마를 보여 준다고 생각하기 쉽다. 그러나 실제 많은 동맹에서 정치 혹은 군사라는 다른 수준과 이슈별로 갈등과 협조가 동시에 나타나는 복합적인 연루나 방기의 딜레마를 보여 준다.

본 논문에서는 정치·군사적 수준에서 갈등과 협조, 연루와 방기가 공존하는 복잡한 상황에서 안보딜레마와 안보파트너십의 관계에 대해 구체적으로 연구하고자 한다. 이와 같이 갈등과 협조가 공존하는 상황 등에서 나타나는 안보딜레마 현상을 이해하기 위해서 안보파트너십의 형성과 변화에 대한 구체적인 연구가 필요하다. 따라서 안보파트너십의 일반적인 정의와 정치·군사적 수준에서 상이하게 존재하는 갈등과 협조의 상황을 모형화함으로써 연루와 방기의 딜레마가 복합적으로 일어나는 현상을 이해하고 설명할 수 있을 것으로 생각한다.

2. 안보파트너십의 2x2 모형과 안보딜레마

동맹 결속의 형태와 정도를 나타내는 안보파트너십은 고전적인 동맹의 개념을 통하여 보다 구체적으로 정의될 수 있다. 서구의 학문에서 안보동맹은 정치 및 군사를 주제로 하였다. 로버트 오스굿(Robert Osgood)은 정치 및 군사적 목적을 달성하기 위한 동맹에 대해 "특수한 현상유지를 보장하기 위해 결성하는 정치 동맹과 평화 시 방어를 위한 .군사동맹의 형태"로 제기하였다.[7] 이에 따라서 안보파트너십의 개념을 정치-군사 동맹의 성격 속에서 정의하고자 한다.

정치나 군사의 개념적 구분이 간단하지는 않다. 정치적 수준은 특수한 현상유지를 위한 힘(power)과 이익(interest)에 관심을 둔다. 동맹에서는 "정치적 개입(engagement)이나 억제(deterrence)의 유지"가 초점이 되면서, 두 국가의 비대칭관계의 변화에도 영향을 미친다. 그리고 군사적 수준은 "군사적 개입이나 억제의 유지에 초점을 두면서, 전쟁 준비나 전쟁 수행 등"에 초점을 둔다. 여기서 전쟁의 폭력 현상적 본질은 군부지도자들이나 국민들의 인식에 영향을 미친다. 동서를 막론하고 군인들은 클라우제비츠가 언급하였듯이 군사적 불확실성이라는 요소에 주목하면서 특유의 직업의식을 나타낸다. 이에 대해 헌팅톤은 "직업군인의 사고방식에는 국가 위협의 지속성과 긴급성을 인식하고 강조하는 주관적인 전문직업적 편견이 있다."고 하였다.[8] 이러한 군사적 인식은 '위협'을 인식하는 국민들과 폭넓은 공유로 나타날 수 있다.

안보파트너십은 정치·군사적 수준에서 제반 이슈에 대한 공조 여부에 따라 형성된다. 동맹국들의 갈등과 협조에 영향을 미치는 이슈로는 동맹의 기반이 되는 가치체계, 이익의 공유나 교환, 위협의 인식, 손실의 감수, 그리고 수행전략 등을 제기하고자 한다.[9] 동맹의 기반적 가치체계란 이상적인 결속, 공유된 동일성, 그리고 다원론적 안보공동체 등의 개념으로 정의할 수 있다.[10] 위협 인식의 공유는 동맹의 형성과 유지에 있어서 핵심적인 이유가 된다.[11] 손실의 감수는 동맹의 유

---

7) Julian Lider, Military Theory: Concept, structure, problems (England: Gower Pub., 1983), p. 54.

8) Samuel P. Huntington, The Soldier and the State: the Theory and Politics of Civil-Military Relations (Cambridge, Massachusetts: Harvard University Press, 1957), pp. 65-67, 80-97; 윤형호, 「안보파트너십과 한미 안보동맹의 제도화」, 국민대학교 정치외교학과 박사학위 논문 (2009), pp. 28-43.

9) 윤형호 (2009), pp. 28-43.

10) Stephen M. Walt (1997), pp. 168-170.

11) Stephen M. Walt, "Alliance Formations and the Balance of World Power," International

지에 따라 상응한 비용을 감수하는가에 달려있다. 동맹은 신속하게 안보지원을 받을 수 있으나 신뢰성의 의문과 정치적 비용이 수반된다.[12] 그리고 수행전략에서의 공조 여부로서, 동맹국은 인식의 차이나 제 요인에 따라 협조나 이견, 혹은 조정 과정을 거친다.

〈그림 보-1〉 안보파트너십의 2x2 모형과 동맹안보 딜레마

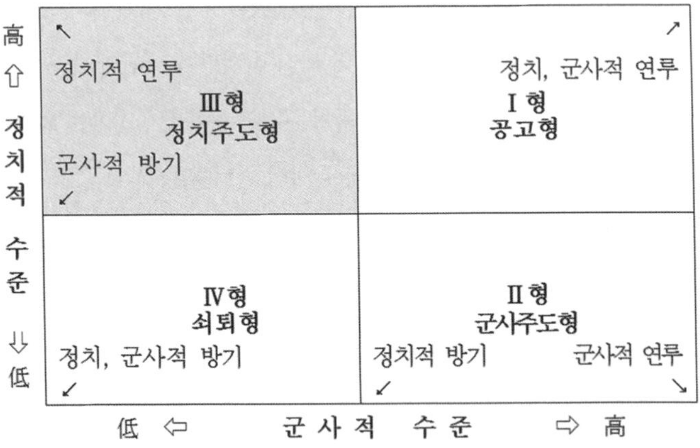

이러한 논의를 바탕으로 안보파트너십은 "정치적 및 군사적 수준에서의 가치체계, 이익의 공유나 교환, 위협의 인식, 손실의 감수, 그리고 수행전략의 공조 등에 대한 합의와 협력의 정신"[13]으로 정의하고자 한다. 정치·군사적 수준의 안보파트너십이 다양하게 갈등과 협력을 보여주는 현상을 〈그림 보-1〉과 같이 모형화하였다. 일반적으로 I형에서는 연루의, IV형에서는 방기의 딜레마가 작용할 수

Security, Vol. 9, No. 4 Spring (1985).

12) James D. Morrow, "Arms versus allies: trade-offs in the search for security," International Organization, Vol. 47, No. 2 (Spring 1993), p. 208.

13) 윤형호 (2009), pp. 28-43; 리스카나 홀스티는 동맹의 응집력(cohesion)의 개념에 대하여 동맹 강도의 역동적 변화보다는 주로 동맹이 '지속'되는 상태에 초점을 두고 있다. George F. Liska, Alliance and the Third World (Baltimore: The Johns Hopkins Press, 1968), pp. 61-115.

있다. 따라서 정치·군사적으로 상이하게 발생하는 협조와 갈등은 상이한 안보딜레마의 공존으로 나타날 수 있다. 통상적인 동맹인 Ⅰ, Ⅳ형에서는 일관되게 협조나 갈등이 지속되면서, 각각 정치·군사적 연루 혹은 방기라는 안보딜레마가 나타날 수 있다. 그러나 Ⅱ, Ⅲ형에서는 갈등과 협조가 반대로 공존한다. 정치적 수준에서는 갈등이, 군사적 수준에서는 협조적인 동맹인 Ⅱ형에서는 군사적 연루와 정치적 방기라는 안보딜레마가 나타날 수 있다. 1970년대 한미 동맹에서 양국은 주한미군 철수나 인권 문제 등의 첨예한 정치적 갈등에도 불구하고 한미연합군사령부의 창설과 같은 군사적 협조를 보임으로써 Ⅱ 군사주도형 안보파트너십의 사례를 보였다.[14] 그리고 정치적 수준에서는 협조가, 군사적 수준에서는 갈등 관계의 동맹인 Ⅲ형에서는 정치적 연루와 군사적 방기라는 안보딜레마가 나타날 수 있다.

본 논문에서는 북·중 및 이·미 동맹을 안보파트너십의 2x2 모형에서 Ⅲ 정치주도형에 적용하여 분석하고자 한다. 두 동맹들은 최초 공고한 동맹으로 형성되었으나, 이후 정치적 협조와 군사적 갈등이 공존하는 Ⅲ형으로 발전해 왔다는 가설에 적용하고자 한다. 두 동맹들은 냉전과 이후 국제정치 속에서 Ⅲ형으로의 변화나 징후를 보이고 있음을 검증할 것이다.

Ⅲ. 이스라엘 · 미국 동맹의 안보파트너십 변화

이스라엘과 미국은 지구상에서 가장 강력한 동맹관계를 유지해 왔으나, 팔레스타인의 평화정착 방안에서 이견을 보이는 상황이 전개되고 있다. 특히 오바마 행정부의 집권 이후 이러한 상황은 자주 관측되면서 이스라엘과의 관계 변화에 대한 궁금증이 제기된다. 과연 이·미 동맹은 장차 기존의 공고한 동맹 관계의 안

14) 윤형호 (2009).

보파트너십을 지속적으로 유지할 수 있을 것인가?

본 절에서는 이·미 동맹이 최초 매우 공고한 동맹으로 형성되어 왔으나 오바마 행정부 이후 평화정착 방안 등에 있어서 양국의 관계가 정치주도형 안보파트너십으로의 변화 징후를 보인다는 가설에 근거하여 분석하고자 한다. 미국은 중동이나 팔레스타인 분쟁에 있어서 미국의 패권을 바탕으로 이스라엘에 편향된 개입을 해 왔다. 이러한 편향된 개입은 이른바 "특별한 관계"[15]라는 양국 간의 매우 긴밀한 정치·군사적 관계로 발전하였다. 이 특별한 관계는 이스라엘이 국가목표로 설정하고 추구하는 배타적 생존에 부합하는 것이었다.

그러나 미국의 힘에 의한 패권도 이스라엘이 추구하는 배타적 생존을 온전히 보장하는데 한계를 보였다. 부시 행정부의 패권적 일방주의는 세계여론과 중동지역에서 거센 반발을 불러 일으켰고, 미 행정부 스스로도 힘에 의한 팔레스타인 평화 구축에 한계를 인식하게 되었다. 이러한 교훈은 오바마 행정부에게도 전달되었다. 오바마의 친이슬람적인 행태는 진정한 변화를 의미하는 것인지, 아니면 기존의 편향적 특별한 관계를 은폐하는 전략전술에 머무를 것인지? 이 질문에 대하여 이·미 동맹을 미국이 이스라엘에 대한 편향적 개입을 지속해 온 부시 행정부까지의 시기와 오바마 행정부 이후 일부 변화를 보이는 시기로 나누어 분석하고자 한다.

1. 미국의 이스라엘 편향적 개입 시기의 공고형 안보파트너십

양국의 특별한 관계는 냉전의 형성과 함께 봉쇄정책의 틀 속에서 모색되다가 1970년대 이후 편향적 개입으로 고착되면서 정치·군사적으로 공고한 안보파트너십으로 발전하였다. 당시 팔레스타인의 평화 문제가 제기되었고, 양국은 다소

15) 노암 촘스키, 최재훈 옮김, 『숙명의 트라이앵글』(서울: 도서출판 이후, 2001), pp. 63-112.

의 이견을 노출하기도 하였다. 그러나 이러한 이견이 양국의 특별한 관계를 해칠 정도는 아니었다. 미국 내의 친이스라엘 여론이나 로비 등의 영향력을 바탕으로 한 미국의 정치·군사적인 편향적 개입은 역대 미 행정부에 걸쳐서 공고하게 지속되면서 이스라엘이 바라는 배타적 생존을 옹호하고 지원하기에 충분하였다.

먼저 가치체계와 국가이익에서 양국은 정치·군사적으로 공고하게 공유하였다. 1948년 미국은 이스라엘이 독립을 선언한지 7분 만에 이를 승인하면서 대중동 외교정책의 기조를 이스라엘의 안보를 확보하는데 두면서 편향적 개입을 고착화하였다. 가치체계 측면에서는 폭 넓은 인식의 공유를 하였고, 국가이익의 추구에서도 이스라엘이 바라는 국가안보는 미국이 추구하는 중동에서의 이스라엘 방호와 지속적인 석유자원의 확보라는 축 속에서 공유되었다.

미국 등 서방 국가들은 이스라엘의 역사, 종교, 문화에 대한 일체감을 갖고 있었고, 이는 양국의 정치·군사적으로 공고한 안보파트너십으로 형성되었다. '맥마흔 서한'과 '발포아 선언'이라는 모순된 조치는 분쟁을 가져왔다. 윌슨 대통령은 발포아 선언을 지지하였고, 미 의회는 이를 의결하면서 미국의 중동정책의 틀이 형성되었다.[16] 윌슨은 시온주의가 민족자결주의 원칙과 팔레스타인인들의 권리를 침해하므로 수정되어야 한다는 킹-크레인 조사단의 보고서(King-Crane Commission)를 무시하였다.[17] 이처럼 미국 내부의 일부 반대 의견에도 불구하고 미국의 편향적 개입이 고착화되면서 양국의 공고한 관계가 형성되었다.

미국과 세계 여론은 유대인의 시온주의에 온정적이었다. 유대인의 팔레스타인 이주와 국가건설은 홀로코스트로 가속화되었다. 1945년 미 양원은 이스라엘의 민주국가 건설 원조 결의안을 채택하고, 1947년 UN은 이스라엘에 절대적으로 유리한 팔레스타인 분할안을 가결시켰다.

---

16) Daniel C. Diller, The Middle East (Washington D.C.: Congressional Quarterly Inc., 1994), p. 61.

17) 이종택, "미국의 아랍-이스라엘 분쟁에 대한 정책," 『한국중동학회논총』 제21-1호 (2000), p. 3.

이스라엘은 미국과의 유대를 토대로 전쟁 등을 통하여 배타적 생존을 추구하였다. 이 과정에서 미국은 온전히 이스라엘의 배타적인 생존을 지원하였다. 6일 전쟁 이후 안전보장이사회는 결의안 242호를 통해서 점령지 철수를 결의하였으나 미국은 이를 강요하지 않으면서 친이스라엘 정책을 노골화하였다. 미국은 중동정책에서 이스라엘을 봉쇄정책의 보루로서 최우선적으로 고려하였기 때문이다. 이 과정에서 이스라엘은 4차 중동전 이후 시나이 반도를 이집트에 돌려주는 대가로 이스라엘의 생존권을 미국으로부터 재차 확약받기도 하였다.[18]

미국 국민들은 이스라엘에 대한 편향적 지지를 하였다. 특히 1963년에 결성된 AIPAC(유대인 공공정책위원회)과 같은 유대계 로비단체의 영향력은 절대적이다. 최근 팔레스타인의 평화를 주장하는 J Street와 같은 진보적인 단체가 2008년에 출현하기도 하였으나 아직까지도 기존의 보수적인 영향력에는 못 미친다.[19] 정치자금과 선거에 미치는 유대계의 영향력은 역대 미 행정부가 이스라엘의 배타적 생존에 반하는 정책을 추구할 수 없도록 영향을 미쳤다.

두 번째로 위협의 인식에서 양국은 범위의 차이를 보이면서도 전체적으로는 공유하였다. 미국의 전통적 중동정책은 소련의 남하 저지 정책이었고, 소련이 약화되면서 미국의 패권에 저항하는 국가나 세력들이 위협의 대상이 되었다. 그리고 탈냉전 이후, 특히 9.11을 계기로 미국의 위협인식은 테러와의 전쟁으로 보다 구체화되었다. 그러나 이스라엘은 최초 국가 형성과정에서부터 배타적인 생존을 추구하면서 아랍인들과 아랍국가들을 적대적인 관계로 인식하였다.

냉전 초기 트루만 행정부의 중동정책은 소련의 남하 저지를 위한 봉쇄정책과 미국에 적대적인 아랍국가들을 상대로 구체화되었다. 1955년 이라크, 이란 등을 포함하는 바그다드 조약기구는 NATO, SEATO를 잇는 중동의 북방방위개념(The

18) 이종택 (2000), pp. 13-14.

19) 윤형호, "미국, 이스라엘, 그리고 이스라엘-팔레스타인 평화전망 모델," 『한국중동학회논총』제31-1호, pp. 39-40.

Northern Tier)을 형성하는 것이었다. 1956년 수에즈 전쟁으로 중동에서 힘의 공백 상태가 조성되자 미국은 아이젠하워 독트린을 구체화하면서 공산주의를 봉쇄하고자 하였다. 그러나 1958년 이라크 혁명과 1979년 이란 혁명으로 중동방위의 상징성이 붕괴되었다. 이후 1980년 헤이그 국무장관은 사우디아라비아, 이집트, 이스라엘로 연결되는 남방 방위개념(The Southern Tier)을 새로이 구축하였다.

소련의 영향력이 약화되면서 중동에서 미국의 위협은 적대적 아랍국가나 세력, 그리고 테러 세력으로 변화하였다. 특히 레이건 행정부 이후 봉쇄정책은 미국에 적대적이었던 이란, 리비아, 이라크의 봉쇄로 지향되었다. 미국은 중동 지역에서 석유 자원에 대한 영향력을 지속적으로 행사하고, 팔레스타인의 평화를 정착시킴으로써 미국의 패권을 유지하고자 하였다. 그리고 9.11 테러는 미국의 부시 행정부를 테러와의 전쟁으로 내몰았다. 미국은 세계전략의 위협을 테러로 상정하기에 이르렀고, 양국은 테러와의 전쟁에서 공동보조를 취해 나갔다. 양국은 위협의 범위나 수준의 차이에도 불구하고 공고하게 위협의 인식을 공유하였다.

세 번째로 양국은 손실의 감수를 공고하게 공유하면서 이스라엘이 주도하는 양상을 보였다. 미국 내 이스라엘에 대한 확고한 지지 기반은 미국의 중동정책을 이스라엘의 요구대로 따르게 하는 영향력을 발휘하였다. 미국은 이스라엘에 긴밀하고 광범위한 협력과 지원을 지속해 주었다. 이스라엘의 방호를 보장하고, 경제, 군사적 지원을 감수하며, UN 등 국제정치 현장에서 이스라엘에 편향된 정책을 지속하였다. 이스라엘도 친미 및 친서방 편향 외교로 아랍국가들과 군사적 충돌을 감수하였다. 양국은 공히 아랍과 3세계의 반발을 감수하였다.

이스라엘은 건국 이후 미국을 비롯한 서방 유대인의 지원과 독일의 보상으로 경제성장을 추진해 왔고, 미국은 '05년도 215억 달러 규모의 최대 교역국으로서 여타 서방국가들과 함께 편중된 관계를 유지하고 있다. 양국은 안보와 관련하여 1983년 전략협력협정, 1986년 SDI 연구 협정, 1998년 미사일방어협정 등을 통해 긴밀한 관계를 유지하고 있다. 그리고 '99년 이후에 경제원조는 삭감되었으나 군사원조는 늘어나고 있다. 미국은 1948~73년까지 총 31억불의 원조를 제공하다가 '73~'78년까지 연간 2~3억불의 지원을 제공하였다. 특히 '78년 캠프 데이비드 협정 이후에도 이스라엘에 대한 경제 및 군사원조를 지속하고 있다. 더구나 이스라엘은 매년 국방비의 1/5 규모를 미국의 지원에 의존하고 있다. '07년도 이스라엘의 국방비 106.6억불 중 미국의 군원 24억불이 포함되어 있다. '08년 미국은 이스라엘에 10년간 300억불 규모의 군사원조를 제공하기로 합의하였다. 연간 30억불 규모로 기존보다 1/4가량 증가되었고, 1/4은 국내에 사용하고, 나머지는 미국 무기도입에 사용하도록 되어 있다. 이스라엘의 무기체계는 미국 무기체계로 추진되고 있다. 이스라엘은 미국으로부터 신형 PAC-3(Patriot Advanced Capability-3)를, F-35 100여대를 '14년부터 도입할 예정이고, 벙커버스터 미사일, JDAM(Joint Direct Attack Munition, 합동직격탄)을 도입하고, 함정은 록히드마틴사의 차세대 해군 전투함을 도입하며, 이스라엘의 Arrow 탄도미사일 방어사업 등을 지원받고 있다. 이스라엘은 미국의 무기체계와 표준화를 추진하고 있다. 미국은 이스라엘에 대한 핵 안보 지원을 보장하고 있으면서, 국제적으로 이스라엘의 핵무장을 비호해 왔다.[20)]

미국은 대중동정책을 이스라엘의 요구와 로비에 굴복할 정도로 때때로 수동성을 보여 왔다. 존슨 행정부는 중동평화 5원칙을 제시하였으나 그저 방임적 수준에 머물렀을 뿐이다. 닉슨 행정부는 중립적 평화정책인 로저스 플랜을 발표하였으나 AIPAC의 로비로 포기하였었다. '75년 키신저는 이스라엘에게 PLO와 협상하지 않는다는 양해각서를 전달하기도 하였다. 클린턴 행정부도 이스라엘의 로비에 특히 약했다. '92년 12월 남부 레바논 안전지대에 거주하는 팔레스타인 난민 추방문제를 다루는 안보리 결의안 417호에서 이스라엘의 주장을 옹호하였다. 부시 2세는 UN에서 안보리결의안 242, 338호를 파기하는 활동을 벌이고, '02년

---

20) 이스라엘은 핵 제조능력과 약 100기의 핵 탄두와 투발수단을 보유하고 있을 것으로 추정하고 있다.

미 의회는 이스라엘의 팔레스타인인들에 대한 살상행위를 '테러로부터 이스라엘을 방어하기 위한 노력'이라는 결의안으로 상하 양원(상원 94:2, 하원 321:21, 기권 29)에서 압도적으로 통과시켰다.[21)]

미국의 이스라엘 편향으로 미국의 국가이익에서 손실을 감수하고 있다는 비판이 미국 내부에서 제기되었다. 최근 미국의 저명한 국제정치학자인 존 미어샤이머와 스티븐 월트 교수는 미국의 친이스라엘 외교정책이 미국의 안보를 위협하고 있다고 공개적으로 비판하면서 파문을 일으켰다.[22)] 1980년대 이후 노암 촘스키 교수와 같은 진보적 지식인들은 이스라엘에 편향된 미국의 외교정책을 강하게 비판하면서 파문을 확산시켜 나가고 있다. 이처럼 손실의 감수에 있어서 미국은 이스라엘의 주도에 따르는 일방적인 감수를 마다하지 않았다.

넷째로 양국은 수행전략을 공유하면서 이스라엘의 주도에 미국이 공조하는 양상을 보였다. 먼저 양국은 전쟁이나 군사전략을 공고하게 공유하였다. 1970년 요르단 내 PLO와 정부군 간의 교전 상황에서 소련과 시리아가 PLO를 지원하자, 미국은 이스라엘을 통해 이를 차단하고 요르단를 지원한 이후 이스라엘을 '전략적 자산(Strategic Assets)'으로 활용하게 되었다. 4차 중동전에서 이스라엘은 초기에 엄청난 손실을 겪었으나, 미국의 지원을 받은 후 승리하였다.

역대 미 행정부의 전략은 이스라엘에 대한 편향된 개입을 지속하는 것이었다. 1970년대 말 중동지역 정세의 변화는 카터 독트린으로 나타났다. 이집트와의 관

---

21) 이종택, "미-이스라엘 간 특별한 관계와 팔레스타인 평화," 『한국이슬람학회논총』 제13-1호 (2003), pp. 124-125.

22) 그들은 미국은 이스라엘을 보호하기 위해서 1982년 이후에만 무려 32차례나 거부권을 행사하였는데, 이는 다른 안보리 상임이사국들의 거부권 행사들을 합친 것보다 훨씬 많다고 하였다. 이스라엘은 미국의 비호로 오슬로 협정의 이행을 거부하는 배짱을 부리고 있다고 지적하였다. John J. Mearsheimer and Stephen M. Walt, "The Israel Lobby and U.S. Foreign Policy," John F. Kennedy School of Government Faculty Research Working Paper Series(2006), accessible at http://ksgnotes1.harvard.edu/Research/wpaper. nsf/rwp/RWP06-011/$File/rwp_06_011_walt.pdf(last viewed March 28, 2006).

계 개선에 반하여 이란 혁명, 소련의 아프가니스탄 침공 등으로 미국은 걸프지역에서 미 군사력을 강화하기에 이르렀다. 이후 레이건 행정부에서는 이란-이라크 전쟁과 GCC의 탄생 등으로 중동 지역에서 미국의 영향력을 극대화하고 안정적인 지역질서를 유지하면서 적절한 수준에서 석유 공급을 지속하고자 하였다. 부시 행정부에서는 이라크의 쿠웨이트 침공 시 소련을 포함하여 다국적군으로 종식함으로써 위상을 과시하였다. 그리고 이후 미국의 대중동정책은 팔레스타인 평화정착에 집중하고자 하였다.[23] 그러나 팔레스타인 평화 정책도 이스라엘의 일방적 입장을 아랍에 강요하는 형국이었다. 팔레스타인의 이스라엘에 대한 행위는 폭력으로 간주하고, 팔레스타인에 대한 이스라엘의 폭력은 방어라는 논리에서 평화정책이 추진되었다는 비판에서 자유롭지 못했다.

1993년 클린턴 행정부에서 '영토와 평화의 교환'이라는 오슬로 협정의 역사적 성과를 이룬 이후 부시의 아나폴리스 구상과 중동평화 로드맵의 결실로 "두 국가 공존안"이 채택되었다. 부시는 중동의 안정은 팔레스타인 문제의 해결이라는 가설에서만 가능하다는 사실을 인식하였다. 그러나 미국의 중동평화 구상은 이스라엘에 대한 폭력과 테러를 중지한다는 전제 하의 편향된 정책기조를 유지하는 것이었다. 이에 대하여 노암 촘스키는 이스라엘은 팔레스타인을 이스라엘의 허수아비 단체로 존속하도록 구상하고 있다고 지적하였다.[24] 역대 미 행정부의 중동 정책은 이스라엘의 배타적 생존을 옹호하는 범주에 머물렀다는 비판을 면하지 못하였다.

---

23) 박종평, "미국의 중동정책 기조와 부시행정부의 대중동정책 전망," 『국제지역연구』 제5권 제3호 (2001), pp. 66-68.

24) 홍순남, "미국의 대중동정책," 『지중해 지역연구』 제10권 제1호(2008), p. 123.

2. 오바마 행정부 이후 정치주도형 안보파트너십으로의 변화 가능성 분석

이 절에서는 오바마 행정부 이후 양국의 관계가 정치·군사적 수준에서 공고한 유대와 이견을 동시에 나타내는 정치주도형 안보파트너십으로 변화하고 있는지에 대해 검증하고자 한다. 오랜 기간의 특별한 관계가 오바마 행정부에서도 여전히 공고한 유대관계로 지속되고 있는 것인가? 미국은 이스라엘이 바라는 배타적 생존을 위해서 군사적 현상변경에 대하여 어떻게 공조하고 있는가? 이러한 분석을 통하여 양국은 정치적 수준에서는 현실적이고 관성적인 공고한 유대관계를 지속하고 있으나, 팔레스타인의 평화에서는 이견을 노출하고 있고, 또한 군사적 수준에서는 이스라엘의 군사적 현상변경의 인식에는 이견을 보이고 있음을 밝힐 것이다.

첫 번째로 가치체계와 국가이익에서 미국은 팔레스타인 평화에 대한 이견 속에서도 전반적인 공유를 하면서도 군사적 현상변경에는 이견을 보이고 있다. 먼저 정치적 수준에서는 평화정책에 대한 국가이익에서 인식의 차이를 보이면서도 전체적으로 공유를 하고 있다. 지난해 오바마의 노벨상 수상은 미 행정부가 세계 평화에 공헌할 것을 주문하는 것이었다. 아랍권은 최초 오바마의 집권과 팔레스타인의 평화를 위한 '중도조정자 역할'[25]로의 입장 전환 의지 표명 등에 대해 우호적인 반응을 보였다. 오바마는 취임 첫 날 압바스 수반을 외국 지도자 중 첫 전화 상대자로 선택하였고, 카이로 연설 등 수차례에 걸쳐 아랍권에 중도조정자 역할로서의 입장 변화를 표명하였다. 이스라엘은 이에 불안감과 반발을 드러내었고, 정착촌 건설로 양국의 갈등은 강화되었다. 그럼에도 불구하고 현재까지 이렇다 할 진전이 이뤄지지는 않고 있다.

---

25) 오바마 행정부의 집권 이후 팔레스타인 평화정착을 위해서 미 행정부가 '중도조정자 역할'로 입장을 변화한다면 팔레스타인 지역에서 평화적 공존을 모색할 가능성이 높을 것이라는 모델을 제시하였다. 윤형호 (2010).

그러나 평화정착 방안에서의 이견에도 불구하고 양국은 정치적 수준에서 매우 공고한 관계를 지속하는 것으로 보인다. 양국은 여전히 정치적으로 일체감을 유지하면서 관성적인 유대관계를 지속하고 있으며, 미국인 다수의 강력한 이스라엘 지지 기반은 지속되고 있다. J Street와 같은 진보적인 유대 로비단체들의 영향력은 아직도 미미해 보인다. 오바마는 집권 이후 네타냐후 총리와 정착촌 건설 등으로 갈등을 겪어 오다가, 7월 초 정상회담에서 오바마 대통령은 "미국과 이스라엘 간의 관계는 불가분"[26]이라면서 공고한 유대관계를 재천명하였다. 그간 양국 간의 갈등과 관련하여 7월 6일 워싱톤 포스트誌는 중간선거를 앞 둔 오바마의 '백기' 투항이라고 혹평하였다.[27] 오바마 대통령도 어쩔 수 없이 미국 내의 이스라엘에 대한 지지 기반과 영향력을 벗어날 수 없는 한계를 역대 행정부에서처럼 반복하는 사례라고 하겠다.

그러나 양국은 팔레스타인 평화의 정착과 관련하여 국가이익에 대한 인식에서 이견을 나타내고 있음에 주목해야 한다. 부시의 힘에 의한 외교와는 달리 오바마는 스마트 파워라는 평화적 방법으로 미국의 국가이익을 중동에서 달성하고자 한다.[28] 오바마 행정부는 이스라엘이 팔레스타인에서 비평화적 방법으로 현상을 변경하는 것에 동의하지는 않을 것이다. 양국 간의 잠재된 이견은 공고한 관계에도 불구하고 안보파트너십의 변화에 작용할 것이다. 정치적 수준에서 양국의 안보파트너십은 지속성 속에서도 모호한 변화의 조짐을 내포하고 있다고 하겠다.

다음으로 군사적 수준에서 미국은 이스라엘의 군사적 현상변경에 대한 안보이익의 인식에 이견을 보이고 있다. 미국은 안보예산의 지원을 감수하면서 지속적

---

26) CBS News, "What Rift? Obama: U.S., Israel Bond Tight As Ever," (July 6, 2010)http://cbs5.com/national/israel.us.ties.2.1790135.html.

27) Dana Milbank, "Netanyahu hears no discouraging word from Obama," (July 7, 2010)

28) 박찬기, "오바마 행정부의 대 중동·헤즈볼라정책에 관한 연구," 『국방연구』제53권 제2호 (2010. 8), pp. 105-131.

으로 이스라엘의 안보를 유지하고자 하나, 이스라엘이 군사적 방법을 추진하는 것에는 동의하지 않고 있다. 미국은 주로 테러 단체나 세력으로부터의 안보에 적극적으로 공조하길 바라면서, 팔레스타인 지역에서 분쟁이나 전쟁의 발발을 억제하고 평화가 정착되기를 바라고 있다. 오바마 행정부의 정책방향이 부시 행정부와 차이점을 보이는 대목이다.

두 번째로 위협 인식에 있어서 양국은 정도의 차이를 보이면서도 상호 공유하고 있다. 먼저 정치적 수준에서 미국은 중동에서 미국에 도전하는 세력, 특히 테러 단체들에 대해서 적극적으로 대응하고자 한다. 오바마는 부시의 중동정책이었던 이라크 전쟁, 민주주의 이식 정책, 이란에 대한 악의 축(axis of evil) 선언 등에 반대하는 정책 전환을 통하여 이른바 대화와 타협을 통한 외교적, 평화적 해결을 추진하고자 한다. 그러나 오바마는 여전히 부시 행정부에서처럼 헤즈볼라, 하마스 등의 이슬람 과격단체들을 적으로 인식하고 있다. 미국의 위협인식은 냉전 시기의 소련 봉쇄와 같은 대규모 전쟁으로부터 이란과 같이 미국 패권에 도전하는 세력과 테러 세력에 대한 대응으로 위협의 인식 수준에서 변화하였다고 하겠다.

따라서 미국은 이스라엘이 위협으로 인식하는 적대적 아랍민족주의나 테러 세력에 대한 위협과는 차이를 보인다. 이러한 배경에는 미국이 현재 중동에서 행사하는 패권이나 이스라엘의 상대적으로 월등한 군사적 우위에 기인한다. 미국은 정치적 수준에서 이스라엘과 위협의 인식에 있어서 비대칭적인 차이를 보인다. 이러한 상황에서 이스라엘은 배타적 생존을 위해 2008년 말 가자 침공과 같은 군사적 방법도 불사하였다. 미국은 중동의 안정과 평화를 국가이익으로 보기에 이스라엘의 군사적 방법에 동의하지 않을 것이다. 따라서 정치적으로 양국은 공고한 안보파트너십을 공유하면서도 위협의 인식에서 미묘한 차이를 보이고 있다.

다음으로 군사적 수준에서 이스라엘은 테러 및 전면전 위협을, 반면에 미국은 주로 테러 위협을 인식하는 차이점 속에서도 상호 공유를 보이고 있다. 오바마 행정부는 군사적 수준에서도 팔레스타인이나 중동 지역에서 미국의 패권과 안보에 위협을 주는 세력, 그리고 테러 세력을 위협으로 인식하고 있다. 이란 핵 문제는 첫 번째 위협으로 이는 이스라엘에게도 가장 큰 위협으로 인식되고 있다. 전체적으로 양국은 위협에 대한 인식을 공유하고 있다고 하겠다.

그러나 위협의 범위와 수준에 있어서 양국은 다소 차이를 갖고 있다. 미국은 이란 핵과 같은 패권이나 테러 위협에 대비하고자 하나, 이스라엘은 이란의 핵 개발과 팔레스타인 지역 내의 아랍국, 하마스, 헤즈볼라 등과의 전면전 및 테러전에 대한 위협을 인식하고 있다.

셋째로 손실의 감수에서 양국은 공고하게 공유하면서 이스라엘이 주도하는 양상을 보이나, 군사적으로 일정한 한계도 보여주고 있다. 먼저 정치적 수준에서 이러한 양상은 뚜렷하다. 오바마 행정부에서도 이스라엘에 대한 안보나 재정적인 지원 등을 기꺼이 감수하고 있다. 이스라엘은 배타적인 생존을 위하여 가자 침공과 같은 군사적 충돌도 불사하면서, 친미 및 서방권 외교에 치중함에 따라서 아랍, 비민주권, 그리고 제3세계의 반발 등을 여전히 감수하고 한다. UN 등 국제사회에서 미국의 이스라엘 편향 지원은 오바마 행정부에 들어서도 지속되었다. '09년 11월 UN에서 이스라엘의 가자침공에 대해, 특히 이스라엘에 가혹한 골드스톤 보고서의 결의안(찬성 114, 반대 18, 기권 44)에 미국은 반대하였고, 심지어 미 하원은 이를 편견에 사로잡힌 내용이었다고 비난하는 결의안을 채택하기도 하였다. 미국의 이스라엘 편향 여론은 일반적인 국제사회의 여론에 반하면서, 양국은 국제사회의 반발을 기꺼이 감수하려고 한다.

이처럼 미·이 동맹은 강대국과 약소국 간의 비대칭 동맹임에서 약소국이 자율성의 제한을 받는 일반적인 경향과는 다른 모습을 보인다. 오히려 이스라엘이 미국을 주도하고 있다. 역대 미 행정부는 미국 내의 친이스라엘 영향력에 부담을 느껴 왔다. 오바마 행정부가 중간선거를 앞두고 '백기'를 내걸었다는 언론의 비난도 이를 뒷받침하고 있다.

다음으로 군사적 수준에서 미국은 억제나 평화의 범위 내에서 일방적인 감수를 보인다. 미국은 군사적으로 이스라엘의 방어를 위해 핵 및 재래식 방어를 보장하고자 한다. 미국은 2008년도 이스라엘에 군사원조 지원을 합의하고 지속적으로 안보예산을 지원해 주면서, 이스라엘에 대한 군사지원이 팔레스타인의 평화에 필요하다고 생각하고 있다. 지난해 1천 여 명의 병력을 동원해 이스라엘과 합동군사훈련을 실시하였고, 올해 27억 달러의 안보지원예산을 의회에서 승인하고, 내년도 30억 달러의 지원을 요청해 놓고 있다.[29] 이에 반하여 이스라엘은 미국에 대해 상응하는 손실의 감수가 없이 군사적으로도 자율성을 갖는 것으로 보인다. 미국은 평화협상 과정에 있어서도 이스라엘의 안보를 기본적 요건으로 인식하고 있기 때문이다.

그렇다고 하여 오바마 행정부는 이스라엘이 공세적인 수단을 통해 현상을 변경하는데 동의한다고 할 수는 없을 것이다. 미 행정부는 팔레스타인 지역에서 평화적으로 전쟁을 억제하고 평화를 정착시키고자 이러한 범위 내에서 일방적인 손실을 감수하고 있는 것으로 보인다.

넷째로 수행전략에서 평화정책의 이견과 갈등을 보이면서도 대체적으로 공유를 보이나, 군사적으로는 일정한 협조를 유지하면서 지향하는 전략에서 이견을 보이고 있다. 정치적 수준에서 민주당인 오바마는 공화당의 부시와는 달리 비군사적 방법을 지향하는 이견을 노출하면서도 대체적으로 공유의 기조를 유지하고 있다. 양국은 지난 7월 정상회담에서 강력한 유대관계를 천명하면서 이전의 시기로 돌아가는 모습을 보였다.

그러나 오바마 행정부가 부시 행정부에서 합의한 두 국가 공존안을 중심으로 한 팔레스타인 평화정책을 포기했다고 할 수는 없다. 이스라엘은 정착촌 건설을 확대하면서 아랍권과 마찰을 일으키고, 미국의 평화정책 추진에 반발하면서 자

29) "미국-이스라엘 군사관계 어느 때보다 강력, 미 행정부 관리들," (VOANews.com, 2010. 7. 28)

국의 배타적 생존전략을 지지해 줄 것을 압박하고 있다. 양국은 팔레스타인의 평화에 대한 국가이익에서 이견을 노출하고 있기에, 정치적 수준에서 공고한 관계를 유지하면서도 이러한 이견은 쉽게 해소되지 못하고 있다.

다음으로 군사적 수준에서 미국은 억제적이고, 이스라엘은 공세적인 차이를 보이며 수행전략에서 이견을 나타내고 있다. 오바마 행정부는 중동에서의 전반적인 외교정책의 방향이나 국가이익의 설정에서 부시 행정부와는 차이를 보임으로써, 이란 핵 문제와 같이 이스라엘이 바라는 군사적, 공세적인 현상변경에는 동의하지 않고 있다고 하겠다. 오바마 행정부는 앞으로도 평화적, 비군사적인 방법으로 억제적인 수준에서 평화를 정착시키는데 기여하고자 할 것이다.

반면에 이스라엘은 두 국가 해결안을 사실상 거부하면서 정착촌 건설을 계속 확대해 나가면서 배타적인 생존 정책을 미국에 강요하고 있다. 이스라엘은 이란 핵 개발을 저지하기 위해서 미국에 군사적 수단의 사용을 강력히 주장하고 있다. 9월 26일 정착촌 건설 유예기간이 만료되자 이스라엘인들이 환호하는 장면이 전 세계 언론에 보도되었다.[30] 이스라엘은 미 행정부가 전통적으로 친이스라엘 여론에 약한 점을 이용하여 오바마 행정부를 계속 압박하고 있다.

이처럼 오바마 행정부에서도 양국은 정치적으로 공고한 유대관계를 지속하고 있다고 하겠다. 그러나 미국은 과거처럼 이스라엘의 배타적 생존을 위한 군사적 현상변경에는 동조하지 않고 평화적 방법을 추진하고자 한다. 오바마 행정부는 군사적 수준에서 이스라엘과 여전히 위협의 인식이나 손실의 감수를 공유하면서도, 국가이익이나 수행전략의 추진에 있어서는 현저히 이견을 드러내고 있다. 동시에 오바마 행정부는 경제 등 제반 현안 과제를 원만히 해결하지 못하면서, 추동력을 잃어가는 상황에서 이스라엘의 압력을 받고 있다고 하겠다.

---

30) "FACTBOX-Israeli settlements are first hurdle to peace talks," (26 Sep 2010) http://alertnet.org/thenews/newsdesk/LDE68O0AG.htm.

양국의 안보파트너십은 정치주도형 안보파트너십으로 변화를 보인다고 하겠다. 정치적 수준에서 이·미 동맹의 공고한 협조 관계가 약화될 가능성은 현재로서는 커 보이지 않는다. 그러나 상대적으로 군사적 수준에서는 이스라엘의 공세적 입장과는 다른 현저한 차이를 보이고 있다.

장차 이·미 동맹의 변화는 양국이 이른바 미국의 중도 조정자 역할에 대해 어떠한 입장을 지속하느냐에 달려 있다. 오바마는 이스라엘과의 유대관계를 강조하면서도 올해 9.11 추념식에서 "미국은 테러와 전쟁을 하는 것이지 이슬람과 전쟁을 하려는 것이 아니다."고 강조하였다. 장차 팔레스타인 평화정책의 향도가 매우 주목된다. 오바마 행정부의 안보파트너십은 국내의 강력한 친이스라엘 영향력과 국제적인 여론 등으로부터 영향을 받으며, 이스라엘과의 동맹을 유지하기 위해 감수할 정치적 연루에 대해 어떤 입장을 취할 것인가에 달려 있을 것이다.

〈표 보-1〉 이스라엘 · 미국 동맹의 안보파트너십 변화 시대

시대	미국의 이스라엘 편향적 개입 (2차 대전~부시행정부)	
구분	정치적 / 군사적 수준	
	미국	이스라엘
가치 체계 · 국가 이익	• 서방세계의 이스라엘에 대한 역사적동정,우호의식,그리고 (레이건의) 전략적 자산 선포 * 역사, 종교, 문화적 일체감 • 민주국가로서의 이스라엘 공조 • 중동지역의보루로서의이스라엘 • 이스라엘 편향의 중동평화 추진 • 내국민의 강력한 이스라엘 지지 기반	• 자유민주국가 건설 • 미국내 유대인 및 로비단체들의 친이스라엘 여론 주도 • 배타적 생존을 국가 목표와 이익으로 추구 • 미국에게 이스라엘의 배타적 생존 지원 요구
	공 유	
위협 인식	• 냉전 시기 소련 봉쇄 • 중동지역에서 미국에 도전하는 패권 세력, 적대적 아랍 세력 • 테러단체 및 세력	• 적대적 아랍민족주의, 그리고 아랍국가 • 테러 단체 및 세력
	공 유 (범위의 차이, 미국은 점차 테러 위주 인식)	
손실 감수	• 이스라엘 방호를 위한 핵 및 재래식 방어 지원 및 보장 • 이스라엘에 대한 경제/군사지원 • UN 등 국제무대에서 이스라엘 편향의 거부권 행사 등으로 반미 유발 • 대중동정책에서 이스라엘의 로비에 수동성 노출	• 친미/서방권 편향 외교로 아랍/비민주권/제3세계의 반발 및 여론 악화 • 이스라엘의 배타적 생존 추구로 인한 군사적 충돌 불사
	공 유 (이스라엘 주도, 미국의 수동적 태도)	
수행 전략공조	• 전쟁/군사 전략에서 반아랍 친이스라엘노선의관성적지속 • 국제정치 무대에서의 공개적인 이스라엘 옹호와 대아랍 공조 • 팔레스타인 평화 정책 추진 * "두 국가 공존안" 도출	• 미국/서방세계내 유대계 등을 연결고리로 동질성 유지 및 미국의 국제/국내정치 영향력 • 이스라엘 편향 팔레스타인 평화정착방안 추진(배타적독립유지)
	공 유 (이스라엘 주도 하 미국의 공조 형식)	
종합	공고형 안보동맹 (이스라엘의 주도)	

오바마 행정부 이후			
정치적 수준		군사적 수준	
미국	이스라엘	미국	이스라엘
• 친이스라엘 정책의 관성적 지속 * 역사, 종교, 문화적 일체감 • 내국민 중 다수의 강력한 이스라엘 지지 기반 • 이스라엘 편향보다 중동평화를 통한 국가이익에 보다 많은 관심 * 중도 조정자 역할의 고민/혼란	• 미국의 친이스라엘 정책 유지 요구(미국 내 영향력 행사) • 배타적 생존을 국가목표와 이익으로 추구	• 이스라엘 안보 유지 • 이스라엘 편향보다 중동평화를 통한 안보이익에 관심 * 억제, 평화 정책	• 아랍제국과 군사적 대결 감수 및 군사적 우위를 통한 배타적 생존 유지 * 군사적 수단
공유(미국은 이스라엘의 배타적 생존보다 평화에 관심, 이견 내포)		이견(군사적 수단의 현상 변경에 대한 안보이익 인식 차이)	
• 미국에 도전하는 세력 • 테러단체 및 세력 • 이스라엘의 군사적, 비평화적 현상변경 시도	• 적대적 아랍민족주의와 아랍국가 • 테러 단체 및 세력	• 미국에 위협을 미치는 세력(이란 핵) • 테러단체 및 세력	• 적대적 아랍민족주의, 그리고 아랍국가(이란 핵) • 테러단체 및 세력
공 유 (위협인식의 정도 차이)		일부 공유(미국: 테러 위협, 이스라엘: 테러+전면전 위협)	
• 안보 예산 지원 • UN 등에서 편향적 지원 지속	• 친미/서방권 편향 외교로 아랍/비민주권/제3세계의 반발 및 여론 악화 • 이스라엘의 배타적 생존 추구로 인한 군사적 충돌 불사 • 자율성 유지	• 이스라엘 방어를 위한 핵/재래식 방어 지원 및 보장 * 중동 평화협상 과정에 있어서의 기본조건으로 인식 * 억제, 평화의 수준 유지	• 자율성 유지
공 유 (이스라엘 주도, 미국의 수동적 태도)		공유(미국은 억제나 평화의 범위 내에서 일방적 감수)	
• 국제정치 무대에서의 이스라엘 편향 기조 유지 • 팔레스타인 평화 정착 전략 * "두 국가 공존안" 적극 추진	• 미국/서방세계 내 유대계 등을 연결고리로 동질성 유지 및 미국의 국제/국내정치 영향력 • 이스라엘 편향 팔레스타인 평화정착 방안 추진 * 군사적, 비평화적 수단 포함	• 이스라엘의 배타적 생존을 지원하기 위한 군사적 현상변경 의지는 약화 • 평화적 현상유지 및 개선	• 정착촌 건설 등 이스라엘의 배타적 생존 정책 고수 • 배타적 생존을 위한 군사적 위험 감수 - 이란 핵에 대한 군사조치
이견 속 공유 (평화정책 이견, 미-이스라엘 갈등 노출)		협조 속 이견 (미국 억제적 - 이스라엘 공격적)	
이견 속 공유 (관성적인 유대의 지속과 평화정책에서의 이견 노출)		공유 속 이견(군사적 수단을 통한 현상 변경 인식의 이견)	
공고형 안보동맹 ⇒ 정치주도형 안보동맹(이스라엘에 영향력에 의한 미국의 정치적 연루 부각)			

Ⅳ. 북 · 중 동맹의 안보파트너십 변화

중국과 북한은 한국전쟁을 전후하여 전통적으로 순망치한(脣亡齒寒)이라는 긴밀한 혈맹(血盟) 관계를 맺었으나, 이후부터 지속적으로 갈등을 노출해 왔다. 과연 양국은 영원한 동지라고 할 수 있겠는가? 한반도의 첨예한 냉전이 전개되던 시기에도 양국은 '8월 종파사건'으로 심각한 갈등을 겪었고, 이후 현재에 이르기까지 때때로 격렬한 분노와 갈등을 연출해 왔다. 혈맹 관계에 어울리지 않는 갈등이 공존하는 북·중 동맹의 동학을 과연 어떻게 이해할 수 있는가?

본 절에서 북·중 동맹은 최초 매우 공고한 동맹으로 형성되었으나, 이후 정치적 협조와 군사적 이견을 동시에 보여주는 정치주도형 안보파트너십으로 변화하였다는 가설에 근거하여 이를 분석하고자 한다. 북·중 동맹의 단계는 한국전쟁을 전후하여 공고한 동맹으로 형성된 이후 조·중 조약 체결 전후, 그리고 이후 탈냉전 이후 현재까지 정치주도형으로 변화한 것으로 보고 각 단계별로 분석하고자 한다. 이를 위해서 북·중 동맹의 안보파트너십을 분석요소에 따라 정치적 수준과 군사적 수준에서 다음의 과제들을 연구할 것이다. 먼저 최초 양국의 공고한 동맹 시기에서의 안보파트너십은 왜, 어떻게 공고할 수 있었는지? 조·중 조약의 체결과 데탕트를 전후한 시기에 양국의 안보파트너십이 어떻게 정치적 공유 속에서도 군사적 이견을 보이는 정치주도형 안보파트너십으로 변화하였는지? 그리고 현재에 이르기까지 지속되는 정치주도형 안보파트너십은 이전의 안보파트너십과 어떤 차이점을 보이고 있는지?

1. 동맹 형성기의 공고형 안보파트너십

북·중 동맹은 항일전쟁과 국공내전 기간에 공산주의 이데올로기를 통하여 양측의 공산주의자가 연합하는 과정에서, 그리고 한국전쟁에 중국이 참전하면서 순망치한이라는 혈맹으로 공고한 안보파트너십을 형성하였다. 당시의 국제질서 속에서 소련, 중국, 그리고 북한은 프롤레타리아 국제주의 위계성에 기반한 관계를 맺고 있었다.[31] 북한은 소련이나 중국의 도움이 절실하였다. 그러나 동맹의 형성 이후 김일성은 정권 장악 과정에서 프롤레타리아 국제주의의 위계적 질서를 거부하면서 양국은 비대칭성의 갈등을 노출하게 되었다. 그리고 이는 이후 북·중 동맹을 변화시키는 한 요인으로 작용하게 되었다.

먼저 양국은 동맹이 형성되는 과정에서 가치체계나 국가이익에 있어서 정치·군사적으로 온전히 공유하였으며, 중국은 프롤레타리아 혁명의 기치아래 한국전쟁에 참전하면서 이러한 공유는 더욱 확고해졌다. 북한의 지배계층은 항일전선이나 국공내전에 한인공산주의자로 참전하거나 연합작전을 펼치면서 중국 공산주의자들과 공고하게 가치체계를 공유하였다. 그러나 이후 국제 공산주의 운동은 내부 모순으로 갈등과 불안정성을 드러내면서 양국의 안보파트너십의 변화에 영향을 미치게 되었다.

1920년대 후반부터 연변지역 일대에서 중국과 북한의 공산주의자들은 게릴라전으로 대일본 무장투쟁을 전개하였고, 국공내전이 발발하자 김일성은 식량, 물자, 군대를 보내 중국 공산당을 지원하는 등 오랫동안 공고한 관계를 유지하였다. 이 과정에서 모택동과 김일성은 개인적으로도 친밀한 유대관계를 맺었다.[32] 중국과 북한은 이 시기에 동일한 가치체계와 이익을 바탕으로 공고한 혈맹관계를 맺을 수 있었다. 따라서 1949년 중국은 정부를 수립하자마자 10월 6일 곧바로 북한과 수교를 맺었다.

중국이 한국전쟁에 참전하는 배경에는 이데올로기적 요소를 배제할 수 없었던 게 분명했다.[33] 중국은 북한의 요청에 따라 '항미원조 보가위국'(抗美援朝 保家衛國)

---

31) 최명해, 『중국·북한 동맹관계: 불편한 동거의 역사』(서울: 도서출판 오름, 2009), pp. 60-65.

32) 국제위기감시기구, "중국과 북한: 영원한 동지인가?" 아시아 보고서 N°112 (2006. 2. 1), pp. 2-3.

33) 이옥정, "6.25전쟁이 중국외교에 미친 영향(1949~1978)," 국방부 군사편찬연구소 서상문 편저, 『동아

이라는 프롤레타리아 국제공산주의의 책무를 다하기 위해서 78만 여명의 병력을 한국전쟁에 파병하였다. 중국은 한국전쟁에서 모택동의 장자를 포함하여 약 40만 여명의 사상자를 냄으로써 북한과 명실상부한 혈맹관계를 강화했다.

중국은 역사적으로 한반도에 대하여 지정학적으로 공통된 인식을 견지하고 있었다. 중국의 역대 왕조에서는 한반도를 순망치한의 관계에 있다고 표현하였다. 특히 한말의 혼란 시기에 청조의 유력한 정치가였던 리홍장도 동일한 인식을 보여 주었다. 그는 조선을 중국의 동북 3성을 방어하기 위한 완충국으로 보전하기 위해서 실질적 지배권을 행사하려고 노력하였다. 그리고 이러한 인식은 모택동에게도 전이되었다. 1950년 5월 모택동은 북경을 방문한 김일성의 전쟁 구상에 동의하고 지지하였다. 그리고 소련의 참전요구에 따라 10월 한국전쟁에 군사적 개입을 하면서 중국은 북한이 친중국적이고 반미적인 요건을 갖춘 동맹국으로서 국가안보와 국가이익을 지속적으로 공유하고자 하였다.[34)]

그러나 당시 국제사회주의 운동은 내부적인 불안정을 잉태하기 시작하였다. 흐루시초프는 평화공존론을 주장하며 스탈린 격하 운동에 나섰고, 이후 중·소 분쟁으로 전개되었으며, 소련, 중국, 북한은 내부적으로 불안정성을 노출하게 되었다. 그러나 이러한 갈등과 불안정에도 불구하고 이념적으로 공고한 중국과 북한의 결속은 지속되었다.

두 번째로 양국은 동맹이 형성되는 시기에 매우 공고하게 위협의 인식을 공유하였다. 왜 동맹이 형성되는가에 대해서 위협균형이론은 위협 인식을 중요한 이유로 제기하였다. 헨리 키신저(Henry Kissinger)도 모택동은 한국전쟁 당시 북한에서 미국을 저지하지 못하면 중국 영토 내에서 미국과의 전쟁을 치러야 한다는 위기

시아 전쟁사 최근연구 논문선집』(2007), pp. 225-229.

34) 김한규, 『한중관계사』(서울: 도서출판 아르케, 1999), pp. 828, 830, 841; 서상문, 『모택동과 6·25전쟁』(서울: 국방부 군사편찬연구소, 2006), pp.265-280에서 재인용.

의식을 느꼈을 것이라고 언급하였다.[35] 이처럼 중국과 북한은 국가를 형성하기 이전과 이후에 걸쳐서 항일전쟁과 국공내전에서 일본제국주의를, 그리고 프롤레타리아 국제주의의 적인 미 제국주의를 위협으로 인식하는데 공유하였다.

세 번째로 손실의 감수에 있어서 중국은 국가수립의 어려운 여건 하에서도 한국전쟁에 기꺼이 참전하면서 북한을 지원하였으나, 북한은 동맹이 형성되자마자 중국과의 관계에서 프롤레타리아 국제주의의 위계성에 저항하였다. 따라서 양국은 공고한 동맹을 형성하면서도 북한에 의한 비대칭성의 갈등을 겪게 되었다.

중국은 프롤레타리아 혁명에 대한 우선순위에 입각하여 한국전쟁에 참전하였다. 당시 중국은 내부적으로 정치체제의 정비, 경제 여건 개선, 그리고 국민당 세력의 소탕 등 산적한 과제를 앞두고 있었기 때문이다. 중국은 항미원조의 기치아래 북한을 구하고자 하였다.[36]

그러나 국제공산주의 운동의 불안정성 속에서 양국의 비대칭성 갈등은 만주파인 김일성이 정권을 확립하는 과정 중에 중·소의 간섭을 물리치고 연안파나 소련파를 축출하면서 표출되었다. 김일성은 이른바 1956년 8월 종파사건을 처리하면서 중국과 타협을 통하여 중국군을 철수시키고 반김일성파를 숙청하면서 중국으로부터 자주성을 지키고자 하였다. 북한은 중·소의 갈등 조짐과 프롤레타리아 국제주의 운동의 불안정에서 비롯된 동유럽의 반발 등 사회주의권의 혼란을 효과적으로 이용하여 종파사건 직후인 9월 중·소 공동대표단의 파견과 간섭이라는 굴욕을 감수하면서도 중국으로부터 자주성을 유지하고자 하였다.

넷째로 양국은 한국전쟁을 통하여 수행전략을 공고히 공유하였다. 중국은 항미원조의 기치를 내걸고 국내 정치기반의 취약성에도 불구하고 한국전쟁에 참전하였고, 북한에 무기나 장비를 무상 제공하고, 북한에서 철군하면서 이것들을 이

---

35) Henry Kissinger, Diplomacy (New York : Simon & Schuster, 1994), p. 479; 서상문 (2006), p. 298에서 재인용.

36) 이단, "북·중 동맹 변화에 관한 연구," 『한국동북아논총』 제31집 (2004), p. 315.

전해 주었다. 북한은 항일전쟁이나 국공내전에 협조하면서, 한반도 적화를 위해 중국에 적극적으로 지원을 요구하였다.

양국은 이 시기에 1958년 2월 "중·조간 수뇌방문에 관한 협정"이라는 매우 독특한 의사소통 체제를 확립하여 수행전략을 협의하는 계기를 마련하였고, 이러한 관례는 이후에도 지속되었다. 양국은 1958년 이전에만 5회의 정상회담을 통하여 중요한 정책을 결정하였다. 금년 8월 김정일의 방중까지 60여 회가 넘게 이러한 관계가 이어져 오고 있는데, 북한이 이러한 형태의 정상외교를 갖는 국가는 중국이 유일하다.[37)]

이와 같이 동맹형성기에 양국은 공고형 안보파트너십을 형성하면서 정치·군사적 수준에서 순망치한의 혈맹을 맺게 되었다. 그러나 북한은 내부 정권의 확립 과정에서 중국과 비대칭성의 갈등을 노출하면서 이후 양국의 관계에 변수로 작용하게 되었다.

2. 조·중 우호협력조약 체결과 데탕트 전후(1960~70년대) 정치주도형 안보파트너십

최초 공고하게 형성되었던 양국의 안보파트너십은 그리 오래 지속되지 못하고 정치적 의도를 내포한 협조와 군사적으로 형식적인 관계 속에서 이견을 보이는 정치주도형 안보파트너십으로 변화하였다. 이 시기에 양국은 이념적으로 공고한 동질성에 바탕을 두고 1961년 「조·중 우호협력 및 상호원조에 관한 조약」(이하 조·중 조약)의 체결, 중·소 패권 경쟁으로 국제사회주의의 갈등 확산, 그리고 이후 데탕트라는 국제정치질서 환경의 변화 등을 겪게 되었다. 중국은 북한을 정치적인 의

---

37) 최명해, "북한의 대중 '의존'과 중국의 대북 영향력 평가," 외교안보연구원 「주요국제문제분석」(2010. 6. 11), p. 3.

도 속에서 관리하고자 하였으나, 북한은 동맹을 형성하면서 수립된 가치체계나 국가이익에 따라서 프롤레타리아 혁명을 통해 자신의 요구를 지속시키고자 하는 상반된 의도를 드러내면서 양국의 관계는 불안정과 갈등을 겪게 되었다. 이른바 정치적 협조와 군사적 이견이 공유하는 정치주도형 안보파트너십으로 변화하게 되었다. 중국은 의도적으로 정치적인 연루를 감수하고서라도 북한과 정치적인 유대를 지속하고자 하였다.

첫째로 가치체계와 국가이익에서 양국은 국제공산주의 내부 체제의 불안정과 데탕트로 인한 이념 정체성의 혼란을 겪게 되었다. 먼저 정치적 수준에서 중국은 소련과의 패권 경쟁으로 북한에 대한 영향력을 유지, 확대하고자 하였다. 북한은 이에 당황하면서 양국을 수정주의나 교조주의로 비난하였다. 중국은 북한의 비난에도 불구하고 배후에 있는 북한을 자신의 영향력 하에 두고자 하였다. 1961년 조·중 조약의 체결도 중·소 갈등 등의 배경에서 체결되기에 이르렀다.[38] 1970년대 초반 양국의 정상회담 등은 중국이 이러한 의도를 가지고 북한을 관리하고자 하는 목적에서 성사되었다. 반면에 북한은 프롤레타리아 혁명이라는 목표를 지속적으로 추구하였고, 중·소 분쟁에 연루되기를 회피하면서 양국의 화해를 시도하기도 하였다. 중국과 소련의 단결이나 지원은 북한의 적화통일 목표를 추진하기 위해서 필요하였기 때문이다. 이러한 과정에서 양국은 조·중 조약이나 무상 군사원조 협정을 체결하면서 이념적 단결을 과시하고 정치적인 협조를 지속하고자 하였다. 북한도 냉전이나 데탕트의 와중에서 기존의 이념적 동질성을 바탕으로 한 관계를 지속할 수밖에 없었다.

다음으로 군사적 수준에서 중국은 한반도의 현상유지나 긴장완화를 원한 반면에, 북한은 여전히 한·미·일 동맹에 적극적으로 대항하고자 하였다. 미·중 데탕

38) 조·중 조약의 체결 배경에 대해서 세 가지의 상황적 맥락, 즉 북한 내부의 정치역학 구도의 변화, 중·소 분쟁, 그리고 김일성의 외교적 능력 등이 복합적으로 작용하였다. 최명해, "북·중 동맹조약 체결에 관한 소고," 『한국정치학회보』제42집 제4호 (2008); 최명해 (2009).

트는 중·소의 갈등국면을 뚫고 들어 온 키신저의 활동으로 진전을 보였고, 양측 공히 전략적인 성과를 얻었다. 그러나 미·중 데탕트는 북한에 혼란을 주었고, 양국은 군사적 협조에서 이견을 드러내었다. 중국은 정치적으로 현상유지를 바랐으나, 북한은 군사적 수준에서 무력을 통해서라도 현상변경을 바랐다. 중국은 북한에 실질적인 협력을 주기보다는 친선우호의 수준에서 관리하고자 하였다.

둘째로 위협의 인식에서 정치적으로 양국은 우선순위의 차이나 불안정을 노출하였고, 군사적으로는 확고한 인식의 차이를 보이면서 그야말로 형식적인 공조에 그쳤다. 당시 중국은 최대 위협으로 소련을 가상하였고, 미국은 그 다음이었다. 데탕트는 이러한 공식을 고착시켰다. 먼저 정치적 수준에서 양국은 위협의 인식을 공유하면서도 우선순위 등 전반적으로 불안정성을 보이게 되었다. 중국에게 소련이, 북한에게는 여전히 한미일 동맹이 가장 큰 위협이었다. 더구나 중·소 양국이 수정주의와 교조주의로 갈등을 보이면서, 북한이 바라는 프롤레타리아 국제공산주의의 실질적 지원은 기대하기 어려운 상황이 되었기 때문이다.

다음으로 군사적 수준에서 중국은 미국에 대한 위협인식을 배제하였고, 북한에게는 미국의 위협이 우선적이었다. 1953년 한미 상호방위조약과 미일 방위조약, 그리고 1960년 미일 방위조약 수정, 1978년 한미연합사 창설 등으로 공고한 한미일 동맹의 위협은 지속, 고조되었다. 따라서 군사적 수준에서 양국의 위협 인식에서 이견을 보이면서 형식적인 공조만이 유지되었다.

셋째로 손실의 감수 측면에서 양국은 비대칭성의 정립 과정에서 갈등을 겪으면서 중국의 일방적인 감수라는 특징을 보였다. 먼저 정치적 수준에서 양국은 의도적으로 협조적인 관계를 유지하였으나, 중국은 북한의 자율성을 통제하고자 하였고(조·중 조약 4조), 북한은 내정간섭을 우려(조·중 조약 5조)하는 등 비대칭성의 정립에 대한 갈등이 공식적으로 표출되었다. 중국은 데탕트의 상황에서 북한이 한반도의 긴장을 고조시키지 못하도록 관리하고자 하였다. 이를 위해서 보상차원에서 막대한 자금, 기술, 그리고 물자를 북한에 지원하였다. 이는 사실상 북한을 매수하여 관리하고자 하는 의도를 드러낸 것이었다.

다음으로 군사적 수준에서 양국의 관계는 중국이 북한에게 일방적 지원을 제공하는 일방적인 감수로 나타났다. 중국은 데탕트에 대한 북한의 우려를 이해하고 이 충격을 완화시키고자 보상차원의 지원을 기꺼이 감수하였다. 1971년 중국은 북한을 방문하여 정상회담을 갖고 공고한 혈맹을 재천명하면서, 일부 전력증강을 포함하는 지원을 해 주었다.

넷째로 수행전략에 있어서 양국은 지속적으로 기존의 정상외교 중심의 의사소통체제를 유지하면서, 정치적 수준에서는 내부적인 불안정과 전략의 목표에서 이견을 보이면서도 의도적으로 공유를 보였으나, 군사적 수준에서 중국은 북한의 공세적인 대남 전략에 이견을 나타내었다. 먼저 정치적 수준에서 중국은 소련보다 우세한 위치에서 북한과 협조관계를 유지하면서 동북아 지역의 세력균형을 유지하고자 노력하였다. 그리고 한반도의 긴장완화는 중국에게 매우 중요한 문제였다. 그러나 북한은 한미일 동맹세력에 적극적으로 대항할 것을 요구하면서도, 동시에 미·중 데탕트의 흐름에 역류함으로써 겪게 될 불이익을 회피하고자 한국전쟁 이후 최초로 1970년대 초반에 남북대화에 동참하는 편승외교를 보이기도 하였다. 이처럼 양국은 정치적으로 국제무대에서 협조하는 등 제반 전략에서 공유를 하였으나, 프롤레타리아 국제주의의 내부적인 불안정과 목표의 이견을 내포하고 있었다고 하겠다.

다음으로 군사적 수준에서는 중국은 한반도의 현상유지나 긴장완화를 유지하고자 한 반면에 북한은 군사적 모험주의를 불사하면서 중국을 대결 국면으로 유인하고자 하였다. 중국은 북한의 물리적인 도발을 관리하는데 어려움을 느꼈다. 따라서 중국은 북한에 대한 실질적인 협력이라기보다는 친선우호 관계를 지속하는 수준의 형식적인 협조에 머물렀다.

이처럼 1960~70년대 양국의 안보파트너십은 공고형에서 정치주도형으로 변화되었다. 먼저 정치적 수준에서 이념적 동질성은 유지하면서도, 국제 공산주의

체제의 내부 불안정과 중·소 간의 갈등과 분쟁, 그리고 북한을 관리하고자 하는 중국과의 비대칭성 갈등 등으로 이견을 나타내면서도 전통적인 유대관계를 지속하고자 하였다. 그러나 군사적인 수준에서 중국은 북한의 공세적인 요구에 이견을 보이면서 형식적 협조관계를 지속하였다. 전체적으로 중국은 현상유지를 위해 의도적으로 북한에 대한 정치적인 연루를 감수하였다고 하겠다.

3. 탈냉전 전후(1980년대) 이후 정치주도형 안보파트너십

탈냉전을 전후한 이후의 시기에도 양국 간의 정치주도형 안보파트너십은 지속되고 있다. 그러나 정치적인 이견 속의 공유와 군사적 이견에서 그 폭은 더욱 커졌다. 양국은 약화된 공산주의의 이념적 관성 속에서 중국은 지정학적이고, 의도적으로 정치적인 연루를 감수하는 정치주도형 안보파트너십을 보이고 있다. 중국은 한중 수교처럼 국가이익의 다변화를 꾀하면서도 여전히 북한을 자국의 정치적인 의도 속에서 관리하고, 북한은 핵 개발 등의 모험주의적인 전략을 지속하면서 양국의 불안정과 갈등은 증가되고 있다. 중국은 지속적으로 현상유지와 지정학적이고 의도적인 정치적인 연루를 감수하면서 북한과 정치적인 연계를 지속하고자 한다.

첫째로 가치체계와 국가이익에서 양국은 공산주의의 이념적 관성을 유지하면서도 정치적인 이견 속에서 협조를 지속하면서 군사적인 이견을 확연히 드러내고 있다. 먼저 정치적 수준에서 중국은 한반도의 영향력과 현상유지를 바라며, 지정학적으로 북한에 대한 중요성을 고수하고자 하였으나, 북한은 1992년 한중 수교에 대한 배신감과 김일성의 사망으로 양국의 관계가 경색되면서 가치체계의 혼란을 표출하였고, 핵 개발 등을 통해 미국과의 협상으로 체제의 안정을 모색하면서도, 중국으로부터는 경제적인 실리를 획득하고자 하였다. 양국은 가치체계나 국가이익에서 갈등과 이견을 보이면서도 이념적 관성과 중국의 지정학적 국가이익의 고수, 그리고 북한의 체제 유지 등의 필요성에서 상호 정치적 협조관계를 유지하고 있다.

다음으로 군사적 수준에서 중국은 여전히 한반도의 현상유지나 긴장완화를 요구한 반면에, 북한은 폐쇄적인 체제의 생존을 유지하는데 역량을 집중하면서 전술적으로 한·미·일 동맹과 대결 구도를 지속하고자 하고 있다. 중국은 한반도 안정을 바라고 있으나, 북한은 핵 개발이나 국지도발을 통한 현상변경이나 폐쇄적 체제의 유지를 지향하고 있다. 이와 같이 양국은 군사적인 수준에서 이견을 확연히 나타내고 있다.

둘째로 위협의 인식에서 양국은 포괄적인 범위에서 이견을 드러내면서도 정치적으로 지정학적, 이념적인 공유와 군사적으로는 상징적인 공조의 수준에 머무는 이견을 보이고 있다. 먼저 정치적 수준에서 중국은 탈냉전으로 체제에 대한 위협의 인식은 약화되면서 국력이나 경제발전에 모든 역량을 집중하고 있다. 중국은 경제발전이나 국제정치의 외연을 신장하고자 한국과의 수교나 경제교류를 강화하는 등 냉전 시기의 위협과는 차이를 보이고 있다. 반면에 북한은 여전히 냉전 차원에서 한미일 동맹을 위협으로 간주하고, 또한 내부적인 경제파탄이나 후계 구도 등의 불안정 등과 같은 체제의 안정과 결속을 위협으로 인식하고 있다. 따라서 양국은 정치적 수준에서 위협의 인식은 지정학적이고 이념적인 결속의 수준에서 공유를 보이면서도 포괄적인 위협의 범위에서 인식의 차이를 보이고 있다.

다음으로 군사적 수준에서 중국은 미국에 대한 위협인식을 배제하였고 오히려 북한의 군사적 현상변경 시도로 인한 동북아의 불안정을 위협으로 인식하였으나, 북한에게는 체제생존의 유지를 위해 한미 안보동맹과 같은 외부적인 위협을 우선적으로 상정하고자 하고 있다. 따라서 군사적 수준에서 양국은 명확한 이견을 보이면서 상징적인 공조만이 유지되고 있다.

셋째로 손실의 감수 측면에서 양국은 비대칭성의 갈등이 확대되면서 중국의 일방적 감수라는 특징의 지속을 보이고 있다. 정치적 수준에서 양국은 이견 속에서도 협조하고자 한다. 중국은 북한의 핵 및 미사일 개발과 실험에 분노하면서 UN 제재의 동참 등 북한의 관리에 어려움을 토로하면서도, 북한을 매수하기 위하여 경제적 지원을 지속적으로 증가시키고 있다. 북한을 관리하고자 하는 중국, 핵 개발 등의 자율성을 유지하려는 북한과 비대칭적 갈등, 그리고 지정학적인 유대와 배후를 강화하려는 중국의 북한에 대한 지원은 앞으로도 지속될 것이다.

다음으로 군사적 수준에서 양국의 관계는 중국의 북한에 대한 지원이라는 소극적인 감수가 여전히 지속되고 있다. 중국은 국가이익의 다변화 등으로 나타나는 혼란과 갈등에 대한 북한의 우려를 달래며, 보상차원의 지원을 기꺼이 감수하고 있다. 그러나 군사적 지원은 1990년 전후 전력증강 장비를 지원한 이후 현재에는 수리비품 위주로 축소 지원되면서 상징적인 수준에 머물러 있을 뿐이다.

넷째로 수행전략에 있어서 양국은 이전 시기와 동일하게 기존의 정상외교 중심의 의사소통체제를 지속하면서, 정치적 수준에서는 내부적인 불안정과 전략목표에서 이견을 보이면서도 의도적으로 공유하고자 하였으나, 군사적으로서 중국은 북한의 공세적인 대남 전략에 반대하는 등 이견을 나타내고 있다. 먼저 정치적 수준에서 중국은 북한과 협조관계를 유지하면서 동북아 지역의 세력균형을 유지하고자 노력하였다. 그러나 북한의 핵 및 미사일 개발 등에 대해 분노하면서, 국제적인 제재에 동참하는 등 이견을 보이기도 하였다. 그리고 한반도의 긴장완화는 여전히 중국에게 매우 중요한 문제였다. 그러나 북한은 한미일 동맹세력에 적극적으로 대항할 것을 요구하면서 이견을 나타내면서도, 대중국 경제의존도는 증가하고 있다. 이처럼 양국은 이전 시기와 같이 정치적으로 국제무대에서의 협조를 지속하고는 있으나, 프롤레타리아 국제주의의 내부적인 불안정과 목표에서 이견을 내포하고 있다고 하겠다.

다음으로 군사적 수준에서는 중국은 한반도의 현상유지나 긴장완화를 유지하고자 한 반면에 북한은 핵이나 미사일 개발 및 실험 등과 같은 군사적 모험주의를 한층 강화하고 멈추려 하지 않고 있다. 중국은 여전히 북한의 물리적인 도발을 관리하는데 어려움을 느끼면서 친선우호 수준의 협조관계를 지속하고 있다. 양국은 지난해 수교 60주년 행사를 성대히 치루는 것과 같이 상징적인 수준에서의 교류를 과시하고 있다.

이와 같이 탈냉전 이후 양국의 안보파트너십은 여전히 공유나 이견의 폭이 더욱 커진 정치주도형으로 지속되고 있다. 이전 시기와는 달리 중국은 한반도의 현상유지에 국가이익을 두고, 지정학적인 이해관계에 집착하면서 이전 시기와 같이 의도적으로 정치적인 연루를 감수하면서 북한과의 유대관계를 지속하고자 한다. 동시에 양국은 안보파트너십의 제요소에 있어서 비대칭성의 갈등으로 불안정성을 지속적으로 노출하고 있다. 중국은 북한의 지난 3월 천안함 공격에 이어 11월 민간인까지도 무참하게 공격한 연평도 포격 도발로 인하여 국제적으로 정치적 연루의 대가를 혹독히 치루고 있다.

〈표 보-2〉 북한 · 중국 동맹의 안보파트너십 변화

시대	동맹 형성기(한국전쟁 전후)		조 · 중 조약 체결과 데탕트 전후	
구분	정치적 / 군사적 수준		정치적 수준	
	중국	북한	중국	북한
가치체계 · 국가이익	• 항일전쟁/국공내전에 한인공산주의자 충원 • 한국전쟁 참전으로 국제사회주의 공조 및 입지 확보 • 순망치한(脣亡齒寒)의 관계로 인식	• 조선의용군, 항일전쟁/국공내전 무장지원 * 1950년 북한군 지상병력의 1/3이 국공내전 참전자 • 프롤레타리아 혁명	• 공산주의 이념적 동질성 공고	
			• 공산주의 진영 영향력 확대 (대소 경쟁) • 북한영향력유지 *수정주의 비난 불구,관계유지	• 프롤레타리아 혁명 • 중·소 화해 시도 * 중·소 분쟁 연루 우려
	• 1949.10.6, 조·중 수교 • 중·소 간의 국제공산주의 갈등과 불안정성 태동		• 조·중, 조·소 우호협력조약 체결(1961) : 이념적 단결 과시 • 조·중 무상군사원조 제공 협정 체결(1971)	
	공유		공유(공산 진영 내부 불안정)	
위협 인식	• 일본 제국주의 • 국민당 정부 • 미 제국주의 (한국전쟁 참여)	• 일본 제국주의 • 미 제국주의	• 미·소패권주의에 대한 투쟁 • 위협 우선순위: 1.소련수정주의 2.미 제국주의 *데땅트로가시화	• 한·미·일 동맹 • 수정-교조주의 갈등으로 인한 공산권 분열 및 약화
	공유		공유(우선순위 상이, 불안정성)	
손실 감수	• 국가기반의취약 상태 불구,한국전쟁에참전 (국민당 소탕, 정치 체제 정비, 경제재건)	• 자율성 유지 노력 (김일성의 국내 정치 권력 쟁취 과정) - '56.8월 종파사건 *반대파축출(~'58) - '56.9.중·소 공동 대표단 파견 - '58.중국군 철수	• 북한자율성통제 요구 *북한문제 협의 (조·중조약4조) • 자금, 기술, 물자 지원 *데탕트 등으로 북한관리위해 보상차원의 매수	• 내정간섭 우려 (조·중조약5조)
	비대칭 갈등 속 공유(국제공산주의 위계성 혼란)		공 유(중국의 매수, 비대칭성 정립 갈등)	
수행 전략 공조	• 한국전쟁 참전, 항미원조 보가위국 (抗美援助 保家衛國) • 북한에 무기/장비 무상 제공 및 중국군 철수 시 이전	• 항일전쟁/국공내전 참여 • 한반도 적화	• 국제정치무대에서 대소 우위 북한 공조 유지 • 동북아 지역 세력균형 유지 • 한반도긴장완화	• 한미일 세력에 적극 대항 요구 • 70년대 초반 남북협상 진행 (편승 외교)
	• 정상외교 중심의 의사소통 체제(이후 지속) * 1958, 중조 간 수뇌 방문에 관한 협정		• 정상외교 중심의 의사소통 체제(계속)	
	공유		공유(양국의 불안정, 목표의 이견)	
종합	순망치한(혈맹) 관계의 공고한 안보동맹 (비대칭성의 갈등 내재)		이견 속 공유 (이념 공유, 체제 불안정, 비대칭성 갈등)	
			정치주도형 안보동맹 (중국의 의도적인 정치적 연루 감수)	

(1960~70년대)		탈냉전 전후(1980년대 이후~ 현재)			
군사적 수준		정치적 수준		군사적 수준	
중국	북한	중국	북한	중국	북한
		• 공산주의 이념적 관성 지속			
• 한반도긴장완화 및 현상유지	• 한·미·일 동맹에 적극 대항	• 한반도영향력 및 현상유지 *지정학적이익의 중요성 고수 • 대북경제지원 등으로 북한 관리 *미, 중국의대북 개입확대 요구	• 한·중수교('92), 김일성사망('94) 으로 갈등/경색 • 미국 협상 통한 체제안정 노력 *핵/미사일 개발 • 체제 유지	• 한반도긴장완화 및 현상유지 • 한반도긴장완화 및 현상유지	• 폐쇄적 체제의 생존 유지 • 한·미·일 동맹 에 적극 대항 • 폐쇄적 체제의 생존 유지 • 한·미·일 동맹 에 적극 대항
이견(정체성 공유, 데탕트로 갈등)		이견 속 공유(이념적 관성, 가치체계 혼란)		이견(이념적 관성)	
• 위협 우선순위: 1.소련수정주의 2.미제국주의 • 데탕트로 미국 위협 약화	• 한·미·일 동맹 위협 고조 *한미('53), 미일('53/'60) 등 • 미,반공정책강화	• 탈냉전으로 체제 위협 약화 • 국력/경제발전 최우선 추진 * 한·중 수교	• 한·미·일 동맹 • 내부체제 불안정 (경제파탄, 후계 구도 등)	• 탈냉전 이후 군사적위협완화 • 북한의 군사적 현상변경 기도	• 체제 생존 유지 위한 위협 증대 (한미 안보동맹)
이견(형식적 공조)		이견 속 공유(포괄적 위협 범위의 차이)		이견(상징적 공조)	
• 군사물자 지원 *데탕트 등으로 북한의충격 완화를 위한 보상 차원 (일부 전력증강 군사지원 포함)	•	• 중국의 대북경제 지원 지속적 증가 • 북핵 개발에 대한 분노	• 내정 간섭 우려 • 핵/미사일개발 로 자율성 유지	• 1990년 전후 전략증강장비 에서 수리비품 위주로축소지원	•
공유(중국의 일방적 감수)		이견 속 공유 (중국의 매수, 비대칭성 갈등 확대)		공유(중국의 소극적 감수)	
• 한반도긴장완화 및 현상유지 * 북한 관리의 어려움 노출	• 군사 모험주의 *중국을 대결 국면으로 유인	• 국제정치 무대 공조 유지 • 북핵에 대한 국제제재 동참 • 동북아 지역 세력균형 유지 • 한반도긴장완화	• 한미일 세력에 적극 대항 요구 • 대중국 경제의존 증가	• 한반도긴장완화 및 현상유지 * 북한 관리의 어려움 노출 * 6자회담추진	• 북핵실험/미사 일 시위등자구적 인 군사 모험주의 강화
* 군사관계 : 친선우호 〉 실질적 협력				* 군사관계 : 친선우호 〉 실질적 협력	
		• 정상외교 중심의 의사소통 체제(현재까지 지속)			
이견(북한의 공세적 요구 수용 제한)		이견 속 공유(양국의 불안정, 목표의 이견)		이 견(북한의 공세적 요구 수용 곤란)	
이견(형식적 협조 관계)		이견 속 공유 (지정학적 유대, 비대칭성 갈등)		이견(상징적 협조 관계)	
		정치주도형 안보동맹 (중국의 현상유지와 지정학적, 의도적인 정치적 연루 감수)			

Ⅴ. 결 론

본 논문에서는 동맹국 간에 의외로 빈번히 갈등과 협조가 공존하는 현상에 주목하여, 안보딜레마 이론을 검토하고, 또한 정치·군사적 수준의 조합으로 형성되는 안보파트너십의 2x2 모형을 통하여 분석하고자 하였다. 북·중 동맹과 이·미 동맹은 동맹의 규범에 입각하여 최초 공고한 동맹으로 출발하였으나 이후 단편적인 연루나 방기와는 다른 형태인 정치적 협조와 군사적 이견이 공존하는 정치주도형 안보파트너십으로 형성되거나 변화하고 있음을 검증하였다.

먼저 미국이나 중국은 이스라엘이나 북한과 정치적으로 공고한 안보파트너십을 형성하면서 군사적인 수준의 이견에도 불구하고 패권국가로서 동맹국과 유대관계를 강화하고 있다. 두 동맹의 차이점이라면 북·중 동맹은 이미 오래전부터 정치주도형 안보파트너십으로 변화한 것으로 보이나, 이·미 동맹은 최근에 들어서 정치주도형 안보파트너십으로 변화하는 징후를 보이고 있다는 점이다. 〈그림 보 - 2〉에서 이러한 두 동맹의 변화와 동학을 도식으로 표현하였다.

〈그림 보-2〉 이 · 미 동맹과 북 · 중 동맹의 안보파트너십 변화와 동학

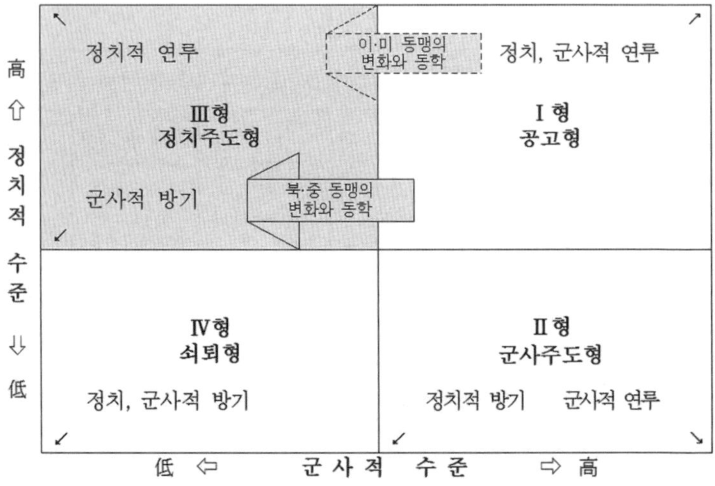

두 번째로 두 동맹에서는 강대국과 약소국 간의 비대칭 동맹에서 통상적으로 나타나는 약소국의 자율성 제한이라는 현상과는 달리, 오히려 강대국이 약소국의 정책이나 전략에 수동적으로 이끌리며 자율성을 제한받는 모습을 보여 주고 있다. 미국이나 중국은 중동이나 한반도의 지역분쟁을 평화적, 외교적, 비군사적인 방법으로 해결하고자 하면서, 이스라엘이나 북한의 군사적, 모험주의적 현상변경의 방법에 이견을 보이고 있다. 동시에 강대국들은 약소국들의 군사적, 모험주의적 행동에 분노하고 갈등을 보이면서도, 동맹국을 외교적으로 비호, 강변해 줌으로써 국제적인 비난으로부터 자유롭지 못하다. 미국은 이스라엘의 2008년 말 가자 침공, 최근의 구호선 공격, 그리고 정착촌 건설 등에 대해서 객관적인 입장이나 실질적인 조치를 보여주지 못하고 있다. 중국도 북한의 핵 및 미사일 개발이나 실험에 영향력을 행사하지 못하고 이에 분노하면서도, 천안함 사건에서는 북한의 관련성을 부인하면서 유엔 안전보장이사회 의장의 규탄 성명에 북한을 명기하는 것을 반대하고, 북한의 시대착오적인 3대 세습체제를 방조하는 등 북한을 옹호하고 있다. 그 이유나 배경으로서 미 행정부는 국내외의 강력한 이스라엘 지지 기반의 영향력을 벗어나지 못하기 때문이며, 중국은 역사적으로 지속되는 이념적이고 지정학적인 유대 관계, 특히 탈냉전 이후에는 한반도의 지정학적인 중요성과 유대관계에 과도히 집착하면서, 동북아라는 지역정세의 현상유지와 긴장완화가 중국의 국가이익에 부합한다고 보고 있기 때문인 것으로 분석된다.

따라서 두 동맹에서의 안보딜레마는 매우 특이한 형태를 보이고 있다. 두 동맹에서는 강대국의 자율성 제한이라는 특이한 현상과 함께 강대국이 정치적 연루를 감수하는 양상을 보이고 있다. 미국은 팔레스타인 평화정책의 추진이 필요하기에 정치적 연루의 부각에 대해서는 부담을 보일 것으로 보인다. 그러나 중국은 한반도의 현상유지와 지정학적인 중요성에 대한 집착으로 북한과의 비대칭성 갈등에도 불구하고 정치적 연루를 기꺼이 감수하려고 하고 있다.

미국에 비해 중국은 북한에 더욱 집착하고 있다. 중국의 시사평론가인 양헝쥔은 "중국에게 북한은, 미국에게 이스라엘이 갖는 의미와 다소 다르지만 그 중요성은 뒤지지 않는다. 미국에게는 이스라엘 외에도 동맹국이 있지만 중국에게는 북한밖에 없다."고 밝혔다.[39] 따라서 북·중 양국은 한미 양국이 천안함 사건의 후속조치로 서해에서 실시하는 연합합동군사훈련을 노골적으로 비난하면서 지정학적 이익에 집착하는 생존 차원의 민감한 반응을 보였다.

셋째로 두 동맹의 변화와 동학에 대한 연구를 통하여 현재 국제사회에서의 분쟁해결 전략의 단면을 엿볼 수 있게 해 준다. 이스라엘과 북한은 냉전의 기준으로 볼 때 각각 자유권과 공산권에서 지역적, 국제적으로 파급효과가 매우 큰 갈등의 원인을 제공하고 있는 당사국들이다. 미국과 중국은 이 나라들과 배타적인 동맹관계를 지속하고자 하면서도, 이스라엘이나 북한이 지속적으로 추구하고 있는 군사적, 모험주의적 수단과 방법에 동의하지 않고 비군사적, 평화적 방법으로 평화를 정착시키고자 하고 있다. 이러한 현상은 동맹 형성기의 공고한 안보파트너십에서는 볼 수 없는 정치적 협조와 군사적 이견을 명확히 보여주는 사례라고 하겠다.

따라서 동맹의 이론적 연구라는 관점에서 국제사회의 평화를 진작시키기 위해서는 정치주도형 안보파트너십을 정착시키기 위한 노력과 제도화가 바람직할 수 있다는 기대를 가져 본다. 왜냐하면 두 동맹의 사례를 통해서 현대 국제정치에서 강대국 동맹의 규범성을 비군사적, 평화적 안보로 요구하면서, 강대국들이 분쟁의 해결을 위한 동맹의 동학을 평화지향적인 패러다임으로 지속하도록 주문할 수 있기 때문이다.

그러나 외교적, 평화적 분쟁해결에는 많은 시간과 지속적인 노력이 필요하다

39) 중국은 북한, 러시아, 인도, 베트남, 몽골 등과 접경을 하고 있으나 북한을 제외하고 다른 나라들과 국경분쟁 등으로 다투고 있다. "중국에 북은 미국의 이스라엘보다 중요," 내일신문(2010. 6. 14)

는 사실도 일깨워 준다. 그 동안에 팔레스타인과 한반도에서 많은 사람들이 고통을 겪을 것이고, 평화적 분쟁해결 구도가 어떤 지체 요인이나 상황으로 답보될 때 다시금 군사적 해결의 망령이 살아날 수도 있을 것이다. 배타적 생존을 추구하면서 이란 핵에 대해 군사적 조치까지도 불사하고자 하는 이스라엘과 연평도 포격 등을 통해 후계체제를 공고히 하면서 공산독재정권의 생존과 세습체제의 유지에 집착하면서 군사적 모험주의를 계속하고 있는 북한은 아직도 이러한 인식에 머물러 있다는 우려를 떨치지 못하게 해 준다. 역설적으로 중국이나 미국이 감수해야 할 정치적 연루는 갈등이나 분쟁의 해결에 긍정적으로 영향을 미칠 수 있을 것이다.

국제정치 환경이나 중동 및 동북아의 지정학적 상황의 변화로 인하여 두 동맹은 언제든지 다른 안보파트너십으로 발전하면서 새로운 안보딜레마를 겪을 수 있다. 안보파트너십을 통한 동맹 안보딜레마의 연구가 안보동맹의 이론이나 현실을 이해하고 정책적 함의를 도출하는데 작은 기여가 될 수 있기를 기대한다.

참고문헌

1. 1차 자료

가. 미국 정부기관 운영 Archives 자료

1) National Archives II, College Park, Maryland, USA

가) Nixon Presidential Materials, Textual Materials

(1) National Security Files, National Security Council(NSC) Files

(2)National Security Files, Henry A.Kissinger(HAK) Office Files

(3) National Security Files, Institutional Files(H-Files)

나) RG 273, NSC Documents

다) RG 59, State Departments Documents

라) RG 218, Chairman of JCS Files.

마) RG 338, Records of U.S. Army Operational, Tactical, andSupport Organizations(World War II and Thereafter), 8th Army

바) RG 550, Records of US Army Pacific(USARPAC)

사) CIA Records Search Tool(CREST): 3층, CIA 인트라넷 공개 자료

2) Ford Presidential Library, Ann Arnor, Michigan, USA

가) NSC Institutional Files

나) National Security Adviser Files

다) 기타 참모, 관련인사 자료

3) Jimmy Carter Library, Atlanta, Georgia, USA

가) National Security Agency Materials

나) White House Staff Office Files

다) Brzezinski Collection 등 참모 Files

라) Carter Library 內 인터넷 공개 자료

※ 참고: Carter Library ESDN Numbers

예) NLC-26-42-4-1-2: NLC(Jimmy Carter Library), 26(Collection Number), 42(Box Number), 4(Folder Number), 1-2(locations)

나. 미국 정부기관 간행문서

Committee on International Relations Committee on Foreign Relations, 2003, *Foreign Relations Through 2002*, Washington: U.S. Government Printing Office.

Department of State, *Foreign Relations of United States*: 1948~1976

Nixon, Richard M., 1970, U.S. Foreign Policy for the 1970's: A New Strategy for Peace, Washington D.C.: U.S. Government Printing Office.

Office of the Assistant to the Secretary of Defense (Atomic Energy), 1978, *History of the Custody and Deployment of Nuclear Weapons: July 1945 Through Setempber 1977*.

Policy Planning Council of the Department of State, 1968, *U.S. Policy Toward Korea* (June 15).

U.S. Congress, 1975, *The War Powers Resolution: Relevant Documents, Correspondences, Reports*, Prepared by the Committee on International Relations, Washington,D.C.: U.S. Government Printing Office.

U.S. House of Representative, Report of the Subcommittee on International Organization of the Committee on International Relations of the Committee on International Relations U.S. House of Representatives, 1978, *Investigation of Korean-American Relations*.

Headquarters, Department of the Army, 1976, *FM 100-5 Operations*.

다. 인터넷 자료

1) Declassified Documents Reference System

2) Digital National Security Archive

3) Nautilus Institute (http://www.nautilus.org/)

가) *CINCPAC(Commander in Chief Pacific Command) History*: 1965-78

나) *Eighth U.S. Army Chronology*: 1967-1978

다) *U.S. Forces Korea / 8th U.S. Army Annual Historical Review*:1973-1979

4) *Foreign Relations of United States* (http://digicoll.library.wisc.edu/FRUS/)

5) American Presidency Project (http://www.presidency.ucsb.edu/index.php)

6) Georgetown University Library Site(http://www.library.georgetown.edu/)

7) 기타

가) "미국-이스라엘 군사관계 어느 때보다 강력, 미 행정부 관리들," (VOANews.com, 2010. 7. 28) http://www.voanews.com/korean/news/ US-Israel-99472224.html (검색일: 2010. 9. 15).

나) "중국에 북은 미국의 이스라엘보다 중요," 내일신문 (2010. 6. 14) http://www.naeil.com/news /pop_viewnews_print.asp?sid=E&tid=3&nnum=550254 (검색일: 2010. 9. 2).

다) CBS News, "What Rift? Obama: U.S., Israel Bond Tight As Ever," (July 6, 2010) http://cbs5.com/national/israel.us.ties.2.1790135.html (검색일: 2010. 9. 15).

라) "FACTBOX-Israeli settlements are first hurdle to peace talks," (26 Sep 2010) http://alertnet.org/thenews/newsdesk/LDE68O0AG.htm (검색일: 2010. 9. 29).

마) Mearsheimer, John J. and Stephen M. Walt, "The Israel Lobby and U.S. Foreign Policy,"(2006), http://ksgnotes1.harvard.edu/Research/wpaper.nsf/rwp/RWP06-011/$File/rwp_06_011_walt.pdf(March 28, 2006).

바) Milbank, Dana. "Netanyahu hears no discouraging word from Obama," (July 7, 2010) http://www. washingtonpost.com/wp-dyn/content/article/2010/07/06/ AR2010070604005.html (검색일: 2010. 9. 15).

라. 대한민국 외교통상부 외교사료관 자료

「FY70 미국의 대외원조법, 1969-70, 전 2권 (V.1 기본문서, 1970)」, MF, Re-0028(화일번호 11).

「국군 현대화 계획, 1970」, MF, Re-0028(7).

「한국안보에 관한 한·미 간 협의 (국군 현대화 5개년 계획 및 주한미군 감축) 1970-71. 전8권 (V.1 기본문서, 1970.4-8)」, MF, G-0020(4308).

「한국안보에 관한 한·미 간 협의(국군현대화 5개년 계획 및 주한미군 감축) 1970-71. 전8권 (V.2 기본문서, 1970.9-12)」, MF, G-0021(4309).

「한국안보에 관한 한·미 간 협의(국군현대화 5개년 계획 및 주한미군 감축) 1970-71. 전8권 (V.3 기본문서, 1971.1-2)」, MF, G-0021(4310).

「한·미 국방각료회담, 제3차. Honolulu, 1970.7.21-22. 전2권 (V.1 기본문서철)」, MF,

G-0017(3634).
「주한미군 철수(감축) 1975, 전7권 (V.3 5-6월)」, MF, G-0040.
「Kissenger,Henry미국국무장관의 한국문제에관한 4자회담 제의,1976.9.30,」, D-06-0024.
「한·미국 정무일반, 1977」, MF, 롤번호 2007-8, 파일번호 18(프레임번호 1-165).
「주한미군 철수(감축): 한,미국(행정부) 간 협의, V-1, 1-4월, 전 7권, 1977」, MF, 롤번호 2007-227, 파일번호 6(프레임번호 1-292).
「미국산 군수물자 구매, 1977」, MF, 롤번호 2007-26, 파일번호 7(프레임번호 1-113).
「Vance, Cyrus 미국 국무장관 중국(구 중공) 방문, 1977.8.22-26」, MF, 롤번호 2007-9, 파일번호 4(프레임번호 1-243).
「미국 Carter 신정부 수립에 따른 한·미국 관계, 1977」, MF, 롤번호 2007-7, 파일번호 22(프레임번호 1-126), 외교사료관.
「북한·미국 관계, 1977」, MF, 롤번호 2007-23, 파일번호 16(프레임번호 1-201).
「주한미군 철수(감축) : 미국 의회에서의 논의, 1977, 전3권」, MF, 롤번호 2007-26, 파일번호 12(프레임번호 1-166).
「주한미군 철수(감축):미국 의회에서의논의, 1977, 전3권」,MF, 롤번호 2007-26,파일번호14(프레임번호 1-216).
「주한미군 철수(감축): 미국 의회에서의 논의, 1977, 전3권, V.2 6-7월」, MF, 롤번호 2007-26, 파일번호 13(프레임번호 1-284).
「주한미군 철수(감축): 한·미국(행정부) 간 협의, 1977,전7권, V.4 5-6월」, MF, 롤번호 2007-27, 파일번호 9(프레임번호 1-154).
「주한미군 철수(감축): 한.미국(행정부) 간 협의, 1977, 전7권, V-1, 1-4월」, MF, 롤번호 2007-27, 파일번호 6(프레임번호 1-292).

마. 한국 정부기관 간행문서

국방부, 1990, 『국방사: 1950.6-1961.5』.
국방부, 1990, 『국방사 3: 1961.5-1971.12)』.
국방군사연구소, 1994, 『국방사년표: 1945-1990』
국방군사연구소, 1995, 『국방정책변천사: 1945-1994』.
국방군사연구소, 1998, 『대비정규전사II: 1961-1980』.

국방부 군사편찬연구소, 2002 a, 『국방편년사: 1971-1975』.
국방부 군사편찬연구소, 2002 b, 『한미군사관계사: 1871~2002』.
국방부 군사편찬연구소, 2002 c, 『국방사: 1972.1 - 1981.12』.
국방부전사편찬위원회,1967, 『한국전쟁사』제1권.
국방부 전사편찬위원회, 1989, 『한국전쟁 휴전사』.
대통령 비서실, 1965~1979, 『박정희 대통령 연설문집』.
육군본부, 1984, 『육군발전사』 제4집.
합참정보본부, 1995, 『군사정전위원회 편람』.
합참정보본부, 2001, 『군사정전위원회 편람 제5집』.
합동참모본부, 2006, 『연합합동작전 군사용어사전』.

바. 연합사령부 역사자료실 및 기획참모부 자료 및 문서

CINC USFK, 1978, "Designation of Certain CFC Members to Serve on UNCStaff," (November 7).
CINC USFK, 1978, Letter from General Vessey to General Kim, Chong Hwan, "Designation of Certain CFC Staff Members to Serve on UNC Staff." (January 16).
HQs I Corps(ROK/US) Group, 1973, "Annual History Supplement," (Mar 20).
Joint Chief of Staff, 1978, Memorandum for the Commander In Chief, Pacific, "ROK/US Combined Forces Command, Appendix B," (May 23).
ROK and US, 1978, ROK/US CFC Activation Order To Designee, ROK/US CINC (October 23).
USFK, 1978, MEMORANDUM NUMBER 1 "Assumption of Command,"; PERMANENT ORDERS 1, PERMANENT ORDERS 2, PERMANENT ORDERS 3(November7).
연합사 기획참모부, "SCM Steering Group (실무참고자료, 77년 6월 추정)."
주한미군사 기획참모부, "실무 참고 자료(연월일 미명시)."
한미연합사, 1993, "한미군사 지휘관계의 어제와 오늘: 작전통제권 변천과정을 중심으로." (국방대학교 도서관 보관).

사. 회고록 및 저술

Carter, Jimmy, 1996, *Why Not the Best?*, Fayetville: University of Arkansas Press.

Kissinger, Henry, 1994, Diplomacy, New York: Simon & Schuster.

Laird, Melvin R., 1985, "A Strong Start in a Difficult Decade: Defense Policy in the Nixon-Ford Year," *International Security*, Vol.10, No.2.

Nixon, Richard M., 1978, *The Memoirs of Richard Nixon* (New York: Grosset and Dunlap.

Oberdorfer, Don, 1997, *Two Korea: A Contemporary History*, Indianapolis: Basic Books.

Vance, Cyrus, 1983, *Hard Choices: Critical Years in America's Foreign Policy*, New York: Simon and Schuster.

글라이스틴, 황정일 역, 1999, 『알려지지 않은 역사』, 서울: 중앙M&B.

김재홍, 1994, 『군②: 핵개발 극비작전』, 서울: 동아일보사.

김정렴, 1997, 『아 박정희: 전 청와대 비서실장 김정렴 정치 회고록』, 서울: 중앙M&B.

류병현, 2006, "류병현 초대 한미연합사부사령관의 병상 기고," 『월간조선』9월.

류병현, 2007, 『한미동맹과 작전통제권』, 서울: 대한민국 재향군인회, 안보복지대학.

이동복, 2001, "베시 사령관, 카터에 항명하고 박정희를 도와 주한미군철수계획을 좌절시키다!," 『월간조선』 7월호.

이재전, 2003, "제1화 온고지신, ① 이장군, 로우니 사령관을 못 가게 하시오," (국방일보 전자신문, 기획연재, 기획시리즈, 그때 그 이야기, 2003.2.4)

아. 인터뷰

1) 류병현 전 주미대사 및 합참의장: 2008. 11. 25.

2) 전 중앙정보부장 특별보좌관 이동복: 2009. 1. 4.

3) Dr. Bernstine, 주한미군사령부 역사실장: 2008. 11. 25.

4) Professor David Steinberg, 조지타운대학교: 2009. 9. 23.

5) Professor Victor D. Cha, 조지타운대학교: 2009. 10. 2.

자. 한국, 미국 및 세계 언론 보도 자료: 한국 및 미국 내 도서관 및 인터넷

2. 2차 자료

가. 단행본

1) 영문

Allison, Graham T., 1971, *Essence of Decision: Explaining the Cuban Missile*, 1ed , Boston: Little Brown and Co..

Allison, Graham T. and Philip Zelikow, 1999, *Essence of Decision: Explaining the Cuban Missile*, 2ed, Boston: Longman.

Andrew, Christopher, 1995, *For the President's Eyes Only*, New York: HaperCollins Publisher, Inc.

Baek, Kwang-Il, 1988, *Korea and The Unites States*, Seoul: Research Center for Peace and Unification of Korea.

Bandow, Doug, 1996, *Tripwire: Korea and U.S. foreign policy in a changed world*, Washington D.C.: Cato Institute.

Barringer, Richard E., 1972, *War Patterns of Conflict*, Cambridge: The MIT Press.

Betts, Richard K., 1991, *Soldiers, Statesmen, and Cold War Crises*, New York: Columbia University Press.

Blechman, Barry M., et al, 1975, *Setting National Priorities*, Washington, D.C.: Brookings Institution.

Buss, Claud A., 1982, *The United States and The Republic of Korea: Background for Policy*, Stanford: Hoover Institution Press.

Cha, Victor D., 1999, *Alignment Despite Antagonism: the United States-Korea-Japan Security Triangle*, Stanford: Stanford University Press.

Clausewitz, Carl von, ed. and trans. by Michael Howard and Peter Paret, 1977, *On War*, Princeton. N.J.: Princeton University Press.

Cline, Ray S., 1980, *World Power Trends and U.S. Foreign Policy for the 1980s*, Boulder, Colorado: Westview Press.

Coser, Lewis A., 1956/1964, *The Functions of Social Conflict*, New York: Free Press.

Cumings, Bruce, 1999, *Parallax Visions: Making Sense of American-East Asian Relations at the End of the Century*, Durham: Duke University Press.

Diller, Daniel C. 1994, *The Middle East*, Washington D.C.: Congressional Quarterly Inc.

Dumbrell, John, 1965, *The Carter Presidency; A Re-evaluation*, Manchester UK: Manchester University Press.

Endicott, Osgood, Robert and Robert W. Tucker, 1967, *Force, Order, and Justice*, Baltimore: Hopkins.

Froman, Michael B., 1991, *The Development of the Idea of Detente*, New York: St. Martin's Press.

Gaddis, John L., 1982, *Strategies of Containment: A Critical Appraisal of Postwar Americal National Security Policy*, New York: Oxford University Press.

Garthoff, Raymond L., 1985, Detente and Confrontation: American-Soviet Relations from Nixon to Reagan, Washington, D.C.: The Brookings Institution.

Garthoff, Raymond L., 1994, *Detente and Confrontation: American-Soviet Relations from Nixon to Reagon*, Revised Edition, Washington, D.C.: The Brookings Institution.

Halperin, Morton H., 1974, *Bureaucratic Politics and Foreign Policy*, Washington, D.C.: Brookings Institution.

Hempel, Carl G., 1952, *Fundamentals of Concept Formation in Empirical Science, International Encyclopedia of Unified Science, Vol. II, No. 7*, Chicago: The University of Chicago Press.

Hempel, Carl G., 1966, *Philosophy of Natural Science*, Englewood Cliffs, N.J.: Prentice-Hall, Inc.

Harkabi, Y., 1966, *Nuclear War and Nuclear Peace*, Jerusalem: Israel Program for Scientific Translation.

Hunt, Michael, 1987, *Ideology and U.S. Foreign Policy*, New Haven: Yale University Press.

Huntington, Samuel P., 1957, *The Soldier and the State: the Theory and Politics of Civil-Military Relations*, Cambridge, Massachusetts: Havard University Press.

Huntington, Samuel P., 1968, *Political Order in Changing Societies*, New Heaven and London: Yale University Press.

Kahin, George McT, 1986, *Intervention: How America became Involved In Vietnam*, New York: Alfred A. Knopf..

Kaplan, Abraham, 1964, *The Conduct of Inquiry*, San Francisco: Chandler Publishing Co.

Katzenstein, Peter J.(eds.), 1996, *The Culture of National Security: Norms and Identity in World Politics*, New York: Columbia University Press.

Kaufman, Burton I., 1993, *The Presidency of Jimmy Earl Carter*, Jr., Lawrence: University Press of Kansas.

Kennan, George, 1984, *The Fateful Alliance: France, Russia and the Coming of the First World War*, New York: Pantheon Books.

Keohane, Robert O., 1989, *International Institutions and State Power: Essays in International Relations Theory*, Boulder: Westview Press.

Kissinger, Henry. , 1994, *Diplomacy*, New York : Simon & Schuster.

Krasner, Stephen D. (eds.), 1983, *International Regimes*, London: Cornell University Press.

Kriesberg, Louis, 1973, *The Sociology of Social Conflict*, Englewood Cliffs: Prentice-Hall.

Larsen, Stanley Robert and James Lawton Collins. Jr, 1975, *Allied Participation in Vietnam*, Washington D.C.: Department of the Army.

Latham, Robert, 1997, *The Liberal Moment: Modernity, Security and the Making of Postwar International Order*, New York: Columbia University Press.

Lee, Chae-Jin, 2006, *A Troubled Peace*, Baltimore: The Johns Hopkins University Press.

Lider, Julian, 1983, *Military Theory: Concept, structure, problems*, England: Gower Pub. Co. Lt..

Liska, George F., 1968, *Alliance and thr Third World*, Baltimore: The Johns

Hopkins Press.

Litwak, Robert S., 1984, *Detente and the Nixon Doctrine: American Foreign Policy and the Pursuit of Stability*, 1969-1976, London: Cambridge University Press.

MacDonald, Donald Stone, 1992, *U.S.-Korean Relations from Liberationto Self-Reliance:TheTwenty-Year Record*, Boulder: West Press.

Matray, James, 1991, *Historical Dictionary of the Korean War*, Westport: Greenwood Press.

Mearsheimer, John, 2001, *The Tragedy of Great Power Politics*, N.Y.: Norton.

Morgenthau, Hans J., 1973, *Politics Among Nations: The Struggle for Power and Peace*, New York: Alfred A. Knopf,Inc.

Nam, Joo-Hong,1986, *America's Commitment to South Korea: The First Decade of the Nixon Doctrine*, Cambridge: Cambridge University Press.

North, Douglas, 1990, *Institutions,Institutional Change and Economic Performance*, Cambridge: Cambridge University Press.

Osgood, Robert E. and Robert W. Tucker, 1967, *Force, Order, and Justice*, Baltimore: Hopkins.

Osgood, Robert E., 1979, *Limited War Revisited*, Colorado, Boulder: Westview Press.

Paul, Roland A., 1973, *American Military Commitment Abroad*, New Jersey: Ruters University Press.

Rhee, Jong-Chan, 1994, *The state and industry in South Korea*, London and New York: Routledge.

Richard, Saull, 2006, *The Cold War and After: Capitalism, Revolution and Superpower Politics*, London: Pluto Press.

Riker, William H., 1962, *The Theory of Political Coalitions*, New Heaven: Yale University.

Smith, Gaddis, 1986, *Morality, Reason, and Power: American Diplomacy in the Carter Years*, New York: Hill and Wang.

Snyder, Glenn H., 1961, *Deterrence and Defense: Toward a Theory of National Security,* Westport: Greenwood Press.

Snyder, Glenn H., 1997, *Alliance Politics*, Ithaca and London: Cornell University Press.

Spanier, John, 1992, American Foreign Policy Since World War II(12the ed.), Washington, D.C.: Congressional Quarterly Inc.

Terriff, Terry, 1995, *The Nixon Adminstration and The Making of U.S. Nuclear Strategy*, Ithaca: Cornell University Press.

Walt, Stephen, 1987, *The Origins of Alliances*, Ithaca: Cornell University Press.

Waltz, Kenneth N., 1979, *The Theory of International Politics*, N.Y.: Random House.

Woo, Jung-en, 1991, *Race to the Swift: State Finance in Korean Industrialization*, New York: Columbia University Press.

2) 한글

구영록·배영수, 1982, 『한미관계, 1882-1982』, 서울: 서울대학교 미국학연구소.

김한규. 1999, 『한중관계사』 서울: 도서출판 아르케.

노암 촘스키. 최재훈 옮김. 2001, 『숙명의 트라이앵글』 서울: 도서출판 이후.

루이스 A. 코저, 박재환 옮김, 1980, 『갈등의 사회적 기능』, 서울: 한길사.

서상문. 2006, 『모택동과 6·25전쟁』 서울: 국방부 군사편찬연구소.

서울신문사 편저, 1979, 『주한미군 30년』, 서울: 행림출판사.

유재갑·강진석, 1989, 『전쟁과 정치 -전략의 철학: 클라우제비츠론고-』, 서울: 도서출판 한원.

윤형호, 1994, 『전쟁론: 평화와 본질』, 서울: 도서출판 한원.

이석우, 1995, 『한미행정협정연구』, 서울: 도서출판 민.

이원덕, 1996, 『한일 과거사 처리의 원점: 일본의 전후 처리 외교와 한일회담』, 서울: 서울대학교 출판부.

중앙일보 특별취재팀, 1998, 『실록 박정희』, 서울: 중앙 M&B.

차상철, 2004, 『한미동맹 50년』, 서울: 생각의 나무.

최명해, 2009, 『중국·북한 동맹관계: 불편한 동거의 역사』, 서울: 도서출판 오름.

하영선, 1991, 『한반도의 핵무기와 세계질서』, 서울: 나남.

황성수, 1968, 『한미행정협정 연구』, 서울: 최신의학사.

나. 논문

1) 영문

Allison, Graham T., and Philip Zelikow, 1969, "Conceptual Models and the CubanMissileCrises," *American Political Science Review*(September).

Altfeld, Michael T., 1984, "The Decision to Ally," *Western Political Quarterly*, Vol. 37.

Bandow, Doug, 1999, "Old Wine in New Bottles: The Pentagon's East Asian Security Strategy Report," *Cato Institute Policy Analysis*, No. 344.

Bandow, Doug, 2003, "Bring the Troops Home: Ending the Obsolete Korean Commitment," *Cato Institute Policy Analysis*, No. 474.

Barnett, Doak, 1974, "The Changing Strategic Balance in Asia," in Hsiao Gene T. ed. *Sino-American Detente and its Implications*, New York: Praeger.

Brinkley, Douglas, 1996, "The Rising Stock of Jimmy Carter: The 'Hands-On' Legacy of Our Thirty-Ninth President," *Diplomatic History 20* (Fall).

Bundy, McGeorge, 1978/1979, "Maintaining Stable Deterrence," *International Security*, Vol. 3, No. 3 (Winter),

Brezinski, Zbigniew, 1971, "The State of Nixon's World(1): Half Past Nixon," *Foreign Policy* (Summer).

Duffield, John S., 1992, "International Regimes and Alliance Behavior: Explaining NATO Conventional Force Levels," *International Organization*, Vol. 46, No. 4 (Autumn).

Eisenstadt, S. N., and L. Roniger, 1980, "Patron-Client Relations as a Model of Structuring Social Exchange," *Comparative Study of Society and History*, 46.

Goldstein, Avery, 1992, "Discounting the Free Ride: Alliances and Security in the Postwar World," *International Organization*, Vol. 49, No. 1.

Grimmeth, Richard F., 2004, "War Powers Resolution: Presidential Compliance," 「Congressional Research Service Issue Brief forCongress」.

Han, Sung-Joo, 1978, "South Korea's Participation in the vietnam Conflict: An Analysis of the U.S.-Korean Alliance," *ORBIS* (Winter).

Herman, Margaret, 1976, "The Effects of Political Leader's Orientation on Foreign Policy Behavior," paper presented at Peace Science Society.

Herman, Margaret, 1976, "Who Becomes a Political Leader? Some Societal and Regime Influences on Selection of a Head of State," *Psychological Models in International Politics*.

Hitz, Hans, 1956, "Taktik und Strategie, Zur Entwicklung Kriegswissenschaftlicher Begriffe," *WR*.

Hoffman, Fred, 2002, "The role of intelligence in president Jimmy Carter's troop withdrawal decisions," *Military Intelligence Professional Bulletin*, Vol. 28, No. 1 (Jan-March).

Huntington, Samuel P., 1981, "Human Right and American Power," *Commentary* (September).

Hwang, Ji-whan, 2005, "Weaker States, Risk-taking and Foreign Policy: Rethinking North Korea's Nuclear Policy, 1989-2005," The University of Colorado's doctoral thesis.

Hwang, Jin Hwoan, 1994, "The Politics of Conflict and Arms Control Between Small States: The Case of the Two Koreas," The University of Southern California's Doctoral Dissertation.

Hymans, Jaques E. C., Seung-Young Kim, and Henning Riecke, 2000, "To Go of Not to Go: South and North Korea's Nuclear Decisions in Comparative Context," presented to the Conference on "Korea: Its International and Comparative Contexts," co-prepared by the Peace Research Institute of Korea University and the Weatherhead Center for International Affairs, Harvard University, Cambirdge, MA.

Kahneman, Daniel, and Amos Tversky, 1979, "Prospect Theory: An Analysis of Decision under Risk," *Econometrica*, Vol. 47(2).

Keohane, Robert O., 1988, "Alliances, Threats, and the Uses of Neorealism," *International Security*, Vol. 13, No.1.

Kim, Stephen Jin-Woo, 1999, "The Carrot and the Leash: Eisenhower, Syngman Rhee, and the Dual Containment of Korea," Ph.D Dissertation, Yale University.

Kim, Taewan, 2005, "The Korean Paradox of the 1972 Sino-American Rapprochement: An East Asian Perspective," The University of Colorado's doctoral thesis.

Lee, Jong-Sup and Uk Heo, 2001, "The U.S.-South Korea Alliance: Free-Riding or Bargaining?," *Asian Survey*, Vol. 41, No. 5.

Morrow, James D., 1991, "Alliances and Asymmetry: An Alternative to the Capability Aggregation Model of Alliances," *American Journal of Political Science*, Vol. 35, No. 4.

Morrow, James D., 1993, "Arms versus allies: trade-offs in the search for security," *International Organization*, Vol. 47, No. 2 (Spring).

Olson, Mancur and M. Zeckhauser, 1966, "An Economic Theory of Alliance," *Review of Economics and Statistics*, Vol. 48.

Park, Sang-hyun, 2004, "Cognitive Theory of War: Why Do Weak States Choose War Against Strong States?," The University of Tennessee's doctoral thesis.

Parsons, Talcott, 1945, "Racial and Religious Differences as Factors in Group Tension," in Bryson, Finkelstein and Maclver(eds.), *Approaches to National Unity*, New York: Harper Bros.

Putnam, Robert D., 1988, "Diplomacy and Domestic Politics: The Logic of Two-Level Games," *International Organization*, Vol 42.

Ravenal, Earl C., 1971, "The Nixon Doctrine and Our Asian Commitments," *Foreign Affairs* Vol. 49, No. 2 (January).

Reiter, Dan, 1994, "Learning, Realism, and Alliances: The Weight of the Shadow of the Past," *World Politics*, Vol. 46, No. 4 (July).

Rhee, Jong-Chan, 2007, "The U.S. Policy Change toward Korea, 1948-50: from Withdrawal to Intervention," 『사회과학연구』 제20집.

Rosati, Jerel A., 1994, "The Rise and Fall of America's First Post-Cold War," in Hebert D. Rosenbaum and Alexej Urgrinsky, Jimmy Carter: *Foreign Policy and Post-Presidential Year*, Wesport: Greenwood Press.

Rosenau, James N., 1966, "Pre-theories and Theories of Foreign Policy," in Barry Farrell(eds.), *Approaches to Comparative and International Politics*, Evanston, IL: Northwestern University Press,

Schweller, Randall L., 1994, "Bandwagoning for Profit: Bringing the Revisionist State Back In," *Internationnal Security*, Vol. 19, No. 1.

Snyder, Glenn H., 1984, "The Security Dilemma in Alliance Politics," *World Politics*, Vol. 36, No. 4.

Walt, Stephen M., 1985, "Alliance Formations and the Balance of World Power," *Internationnal Security*, Vol. 9, No. 4 (Spring).

Walt, Stephen M., 1989, "Alliances in Theory and Practice: What Lies Ahead?," *Journal of International Affairs*, Vol. 43, No. 1(Summer-Fall).

Walt, Stephen M., 1985, "Alliance Formations and the Balance of World Power," *Internationnal Security*, Vol. 9, No. 4 Spring.

Walt, Stephen M., 1997, "Why Alliances Endure or Collapse," *Survival*, Vol. 39, No. 1 (Spring).

Wendt, Alexander, 1995, "Construction International Politics," *International Security*, Vol. 20, No.1 (Summer).

2) 한글

국제위기감시기구. 2006, "중국과 북한: 영원한 동지인가?" 아시아 보고서 N°112 (2006. 2. 1).

김계동, 2001, "한미동맹관계의 재조명: 동맹이론을 분석틀로," 『국제정치논총』 제41집 2호.

김병렬, 2001, "한미 주둔군 지위협정의 개정에관한 일고," 『교수논총』제22집.

김수광, 2008, 「닉슨-포드 행정부의 대한반도 안보정책 연구: 한국방위의 한국화 정책과 한미연합방위체제의 변화」, 서울대학교 외교학과 박사학위 논문.

김일영, 2001, "5.16 군사쿠데타, 군정 그리고 미국," 『국제정치논총』제41집.

김정배, 2008, "북한, 미국, 그리고 냉전체제: 1968년 Pueblo호 사건을 중심으로," 『미국사 연구』 제27권.

김창수, 2001, "한미상호방위조약과 한미행정협정," 『역사비평』(봄).

남기정, 2004, "한미지위협정 체결의 정치과정," 심지연·김일영 편, 『한미동맹50년』, 서울: 백산서당.

박인숙, 2008, "카터 행정부와 '봉쇄군사주의'의 승리," 『미국사 연구』 제27집.

박인휘, 2007, "박정희, 김대중의 국가이익과 외교전략: 동맹-자주의 '분절' 혹은 '통합'," 연세대 국가관리 연구원 발표 (2007. 10 .29).

박종평. 2001, "미국의 중동정책 기조와 부시행정부의 대중동정책 전망," 『국제지역연구』 5권 3호.

박찬기. 2010, "오바마 행정부의 대 중동·헤즈볼라정책에 관한 연구," 『국방연구』제53권 제2호.

박창희, 2007, "지정학적 이익 변화와 북중동맹관계: 기원, 발전, 그리고 전망," 『중소연구』 제113호 (봄).

박태균, 2000, "1950·60년대 미국의 한국군 감축론과 한국정부의 대응," 『국제·지역연구』 제9권 3호 (가을).

박태균, 2004, "1960년대 초 미국의 후진국 정책변화: 후진국 사회변화의 필요성," 『미국사 연구』 제20집.

신욱희, 2001, "한미동맹의 내부적 역동성: 분석틀의 모색," 『국가전략 』 제7권 2호.

신욱희·김영호, 2000, "전환기의 동맹: 데탕트 시기의 한미안보관계," 한국정치학회 세미나, 『박정희 시대의 한국: 국가·시민사회·동맹체제』.

유인석, 2006, 「닉슨 행정부의 주한미군 철수정책: 안정자 역할과 부분감축」, 서울대학교 외교학과 박사학위 논문.

윤형호. 2009, 「안보파트너십과 한미안보동맹의 제도화」, 국민대학교 정치외교학과 박사학위 논문.

윤형호. 2010, "미국,이스라엘,그리고 이스라엘-팔레스타인 평화전망모델," 『한국중동학회논총』제31-1호.

윤형호, 2013, "카터 행정부의 주한미군 철군정책에서의 민군관계 갈등 연구," 『군사 연구』 제136집.

이경수, 2007, 「박정희·노무현 정부의 '자주국방' 정책 비교 연구」, 성균관대학교 정치외교학과 박사학위 논문.

이기종, 1991, "한국군 베트남 참전의 결정요인과 대외관계의 변화," 『국제정치논총』 제31집 1호.

이기종, 1991, 「한국군 베트남 참전의 결정요인과 결과 연구」, 고려대학교 정치외교학과 박사학위 논문.

이기택, 1995, "민족통일과 한미관계의 어제와 오늘," 『민족발전연구』.

이 단. 2004, "북·중 동맹 변화에 관한 연구," 『한국동북아논총』 제31집.

이상우, 1978, "한·미관계의 안보적 측면: 한미 안보연계분석," 『사회과학논집』 제9호.

이상현, 2006, "한미동맹과 전략적 유연성: 쟁점과 전망," 『국제정치논총』 제46집 4호.

이수형, 1999, "동맹의 안보딜레마와 포기-연루의 순환: 북핵문제를 둘러싼 한미갈등 관계를 중심으로," 『국제정치논총』 제39집 1호.

이영희, 1992, "1953년 한미상호방위조약-북진통일과 예속의 이중주," 『역사비평』 제17권.

이옥정. 2007, "6.25전쟁이 중국외교에 미친 영향(1949~1978)," 국방부 군사편찬연구소, 서상문 편저, 『동아시아 전쟁사 최근연구 논문선집』.

이장희, 1983, "한미행정협정의 문제점," 「주한미군범죄 근절 대책 수립을 위한 공청회 자료집」.

이정훈, 2003, "미2사단,중국팽창견제하는 군단급파워," 『신동아』제46권 6호.

이종찬, 1996, "동아시아 정치경제이론들에 대한 비판적 고찰: 신제도주의 이론을 중심으로," 『한국정치학회보』 제29집 4호.

이종택. 2000, "미국의 아랍-이스라엘 분쟁에 대한 정책," 『한국중동학회논총』 제21-1호.

이종택. 2003, "미-이스라엘 간 특별한관계와 팔레스타인평화," 『한국이슬람학회논총』 제13-1호.

이철순, 2000, 「이승만정권기 미국의 대한정책 연구 (1948-1960)」, 서울대학교 정치학과 박사학위 논문.

이춘근, 1995, "한미연합억제전략체제의 발전과정," 『군사논단』 제14-1호.

이필중·김용휘, 2007, "주한미군의 군사력 변화와 한국의 군사력 건설: 한국의 국방예산 증가율 및 그 추이를 중심으로," 『국제정치논총』제47집 1호.

이혜정, 2005, "한미동맹 기원의 재조명: 한미 상호방위조약의 발효는 왜 연기되었는가?" 『한국정치외교사논총』 제26집 1호.

자크 하이만스·김승영·헤닝 리이키, 2000, "핵무장을 강행할 것인가 말 것인가: 비교 관점에서 본 남북한 핵무장 결정," 『사상』, 여름호.

장노순, 1996, "교환동맹모델의 교환성: 비대칭 한미안보동맹," 『국제정치논총』 제36집 1호.

전재성, 2005, "1965년 한일국교정상화와 베트남 파병을 둘러싼 미국의 대한외교정책," 『한국정치외교사논총』 재26집 1호.

정병호, 1990, "중국의 핵군비통제정책: 변화와그원인," 『국방연구』제33권2호.

정성철, 2005, 「카터행정부의 주한미지상군 철수정책: 관료정치를 통해 본 정책의 지속과 중지」, 서울대학교 외교학과 석사학위 논문.

정일준, 2000, 「미국의 대한정책 변화와 한국 발전국가의 형성, 1953-1968」, 서울대학교 사회학과 박사학위 논문.

조성렬, 2004, "한미 상호방위조약과 한미동맹 50년의 평가," 『한미동맹 50년』, 서울: 백산서당.

조철호, 2000, 「박정희 핵외교와 한미관계 변화」, 고려대학교 정치외교학과 박사학위 논문.

지효근, 2006, 「동맹안보문화와 동맹결속력 변화: 한미동맹 사례연구, 1968-2005」, 연세대학교 정치학과 박사학위 논문.

최동주, 1996, "한국의 베트남 전쟁 참전 동기에 관한 재고찰," 『한국정치학회보』제30집 2호.

최명해. 2010, "북한의 대중 '의존'과 중국의 대북 영향력 평가," 외교안보연구원 「주요국제문제분석」.

최명해. 2008, "북·중 동맹조약 체결에 관한 소고," 『한국정치학회보』제42-4호.

최철영, 2004, "한미상호방위조약의 수평화," 『민주법학』 제25호.

한용섭, 2004, "한국의 자주국방과 한미동맹: 역사적 고찰과 양립가능성에 관한 연구," 국방부 군사편찬연구소 편, 『군사사 연구총서』 제4집.

홍용표, 1997, "국가안보와 정권안보: 이승만 대통령의 안보정책을 중심으로, 1953-1960," 『국제정치논총』 제36집 3호.

홍석률, 1997, 「1953-1961년 통일 논의의 전개와 성격」, 서울대학교 국사학과 박사학위 논문.

홍석률, 2000, "5.16 쿠데타의 원인과 한미관계," 『역사학보』 제168집.

홍석률, 2001, "1968년 푸에블로 사건과 남한, 북한, 미국의 삼각관계," 『한국사연구』 제113호.

홍석률, 2001, "1970년대 전반 동북아 데탕트와 한국통일 문제," 『역사와 현실』 제42권.

홍석률, 2005, "1960년대 한미관계와 박정희 군사정권," 『역사와 현실』 제56권.

홍순남. 2008, "미국의 대중동정책," 『지중해 지역연구』 10-1.

안보파트너십의 역설
한미 연합군사령부 창설의 정치군사학

발행일 2014년 12월 31일
저자 윤형호
펴낸이 이정수
책임 편집 최민서 · 신지항
펴낸곳 연경문화사
등록 1-995호
주소 서울시 강서구 양천로 551-24 한화비즈메트로 2차 807호
대표전화 02-332-3923
팩시밀리 02-332-3928
이메일 ykmedia@naver.com
값 25,000원
ISBN 978-89-8298-166-1 (93390)

본서의 무단 복제 행위를 금하며, 잘못된 책은 바꾸어 드립니다.

「이 도서의 국립중앙도서관 출판예정도서목록(CIP)은 서지정보유통지원시스템 홈페이지(http://seoji.nl.go.kr)와 국가자료공동목록시스템(http://www.nl.go.kr/kolisnet)에서 이용하실 수 있습니다.(CIP제어번호: CIP2015003988)」